《量子电动力学(第四版)》

本书是《理论物理学教程》的第四卷，内容包括外场中自由粒子的相对论理论，光发射和散射理论，相对论微扰理论及其在电动力学过程中的应用，辐射修正理论，高能过程的渐近理论。本书的处理透彻、仔细而不学究式。本书可作为高等学校物理专业高年级本科生教材，也可供相关专业的研究生、科研人员和教师参考。

《统计物理学I(第五版)》

本书是《理论物理学教程》的第五卷，以吉布斯方法为基础讲述经典统计与量子统计。全书论述热力学基础，理想气体的统计物理学，非理想气体理论，费米分布与玻色分布及其对黑体辐射热力学与固体理论的应用，溶液理论，化学平衡与表面现象理论，气体的磁性质，晶体的对称性理论，涨落，一级相变、二级相变和物质在临界点附近的性质，以及涨落在这些现象中的作用。本书可作为高等学校物理专业高年级本科生教材，也可供相关专业的研究生、科研人员和教师参考。

《流体力学(第五版)》

本书是《理论物理学教程》的第六卷，将流体力学作为理论物理学的一部分来阐述，全书风格独特，内容和视角与其它教材相比有很大不同。作者尽可能全面地研究了所有对物理学有重要意义的问题，尽可能清晰地描述了诸多物理现象和它们之间的相互关系。主要内容除了流体力学的基本理论外，还包括湍流、传热传质、声波、气体力学、激波、燃烧、相对论流体力学和超流体等专题。本书可作为高等学校物理专业高年级本科生教材，也可供相关专业的研究生和科研人员参考。

列夫·达维多维奇·朗道（1908—1968）　理论物理学家、苏联科学院院士、诺贝尔物理学奖获得者。1908年1月22日生于今阿塞拜疆共和国的首都巴库，父母是工程师和医生。朗道19岁从列宁格勒大学物理系毕业后在列宁格勒物理技术研究所开始学术生涯。1929—1931年赴德国、瑞士、荷兰、英国、比利时、丹麦等国家进修，特别是在哥本哈根，曾受益于玻尔的指引。1932—1937年，朗道在哈尔科夫担任乌克兰物理技术研究所理论部主任。从1937年起在莫斯科担任苏联科学院物理问题研究所理论部主任。朗道非常重视教学工作，曾先后在哈尔科夫大学、莫斯科大学等学校教授理论物理，撰写了大量教材和科普读物。

朗道的研究工作几乎涵盖了从流体力学到量子场论的所有理论物理学分支。1927年朗道引入量子力学中的重要概念——密度矩阵；1930年创立电子抗磁性的量子理论（相关现象被称为朗道抗磁性，电子的相应能级被称为朗道能级）；1935年创立铁磁性的磁畴理论和反铁磁性的理论解释；1936—1937年创立二级相变的一般理论和超导体的中间态理论（相关理论被称为朗道相变理论和朗道中间态结构模型）；1937年创立原子核的概率理论；1940—1941年创立液氦的超流理论（被称为朗道超流理论）和量子液体理论；1946年创立等离子体振动理论（相关现象被称为朗道阻尼）；1950年与金兹堡一起创立超导理论（金兹堡－朗道唯象理论）；1954年创立基本粒子的电荷约束理论；1956—1958年创立了费米液体的量子理论（被称为朗道费米液体理论）并提出了弱相互作用的CP不变性。

朗道于1946年当选为苏联科学院院士，曾3次获得苏联国家奖；1954年获得社会主义劳动英雄称号；1961年获得马克斯·普朗克奖章和弗里茨·伦敦奖；1962年他与栗弗席兹合著的《理论物理学教程》获得列宁奖，同年，他因为对凝聚态物质特别是液氦的开创性工作而获得了诺贝尔物理学奖。朗道还是丹麦皇家科学院院士、荷兰皇家科学院院士、英国皇家学会会员、美国国家科学院院士、美国国家艺术与科学院院士、英国和法国物理学会的荣誉会员。

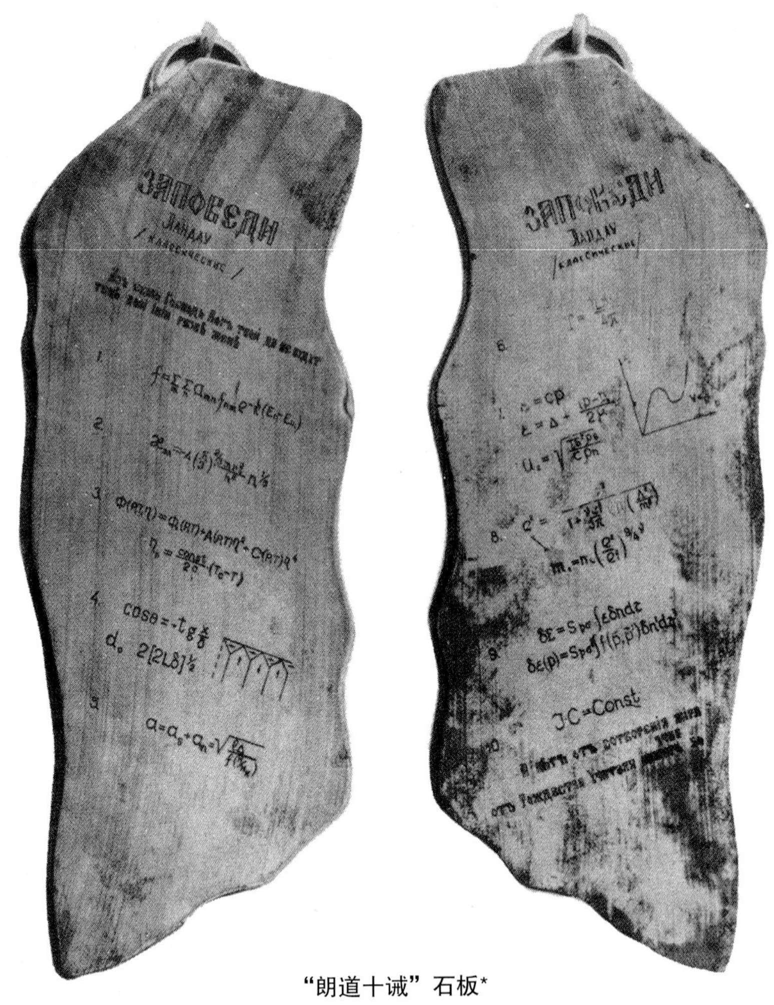

“朗道十诫”石板*

1958年苏联原子能研究所为庆贺朗道50岁寿辰，送给他的刻有朗道在物理学上最重要的10项科学成果的大理石板，这10项成果是：

1. 量子力学中的密度矩阵和统计物理学（1927年）
2. 自由电子抗磁性的理论（1930年）
3. 二级相变的研究（1936—1937年）
4. 铁磁性的磁畴理论和反铁磁性的理论解释（1935年）
5. 超导体的混合态理论（1934年）
6. 原子核的概率理论（1937年）
7. 氦Ⅱ超流性的量子理论（1940—1941年）
8. 基本粒子的电荷约束理论（1954年）
9. 费米液体的量子理论（1956年）
10. 弱相互作用的CP不变性（1957年）

*Бессараб М. Я. Ландау: Страницы жизни. Москва: Московский рабочий, 1988.

ТЕОРЕТИЧЕСКАЯ ФИЗИКА ТОМ X

Е. М. ЛИФШИЦ
Л. П. ПИТАЕВСКИЙ

ФИЗИЧЕСКАЯ КИНЕТИКА

理论物理学教程 第十卷

物理动理学（第二版）

Е. М. 栗弗席兹 Л.П. 皮塔耶夫斯基 著 徐锡申 徐春华 黄京民 译

俄罗斯联邦教育部推荐大学物理专业教学参考书

高等教育出版社·北京

图字:01－2007－0919 号

Л. Д. Ландау. Е. М. Лифшид. Теоретическая физика. В10 томах

图书在版编目(CIP)数据

物理动理学:第 2 版/(俄罗斯)栗弗席兹,(俄罗斯)皮塔耶夫斯基著;徐锡申,徐春华,黄京民译.—北京:高等教育出版社,2008.1(2020.1重印)

ISBN 978－7－04－023069－7

Ⅰ.物…　Ⅱ.①栗…②皮…③徐…④徐…⑤黄…　Ⅲ.理论物理学－高等学校－教材　Ⅳ.O41

中国版本图书馆 CIP 数据核字(2007)第 159397 号

策划编辑　王　超　　责任编辑　王　超　　封面设计　刘晓翔
版式设计　史新薇　　责任校对　王效珍　　责任印制　赵义民

出版发行	高等教育出版社	咨询电话	400－810－0598
社　　址	北京市西城区德外大街 4 号	网　　址	http://www.hep.edu.cn
邮政编码	100120		http://www.hep.com.cn
印　　刷	三河市春园印刷有限公司	网上订购	http://www.landraco.com
开　　本	787mm×1092mm　1/16		http://www.landraco.com.cn
印　　张	27	版　　次	2008 年 1 月第 1 版
字　　数	500 千字	印　　次	2020 年 1 月第 5 次印刷
插　　页	1	定　　价	79.00 元
购书热线	010－58581118		

本书如有缺页、倒页、脱页等质量问题，请到所购图书销售部门联系调换

物 料 号　23069－00

序　　言

《理论物理学教程》的最后这一卷用于论述物理动理学①,就广义而言,应该理解为统计非平衡系统中过程的微观理论.

与统计平衡系统的性质不同的是,任何物理客体中的动理学性质和微观相互作用特性的联系要更加紧密得多. 由此可以看出这些性质的极其多样性以及它们的理论的极其复杂性. 因此,哪些材料应该进入理论物理学一般教程的问题,就变得不那么简单了.

本书内容由目录可清楚了解. 这里仅想再作几点说明.

气体理论通常被认为是动理学理论的最简单的一个分支,本书对此给予了相当的注意. 书中用了几章篇幅来论述等离体理论,这不仅是由于动理学理论的这个分支本身在物理学中的重要性,而且还因为许多等离体动理学问题已经可以彻底解决,给动理学理论的一般方法提供了大有教益的例证.

固体的动理学性质尤其多种多样. 在选择相应章节的材料时,我们自然须将注意力仅限于那些能阐明物理动理学基本现象及其研究方法的最普遍问题. 这里应当再一次着重指出,本书仅是理论物理学教程的一部分,绝无打算将本书写成固体理论教程.

本书内容有两个很明显的不足:没有包括磁过程动理学问题以及与快粒子穿越物质相关的动理现象理论. 这与时间不够有关,在这一版中我们决意容忍这些不足,以使这本书的出版不致更加延迟. 我们可以期望虽然本书并不包含可能需要的一切内容,但我们相信,它已包含的全部内容对读者来说都是饶有兴趣和有用的.

这卷书的出版完成了列夫·达维多维奇·朗道四十多年前拟定的计划. 整个教程由下列十卷组成:

第一卷:力学,

---

① 英文"kinetics"现订名为"动理学",专指研究稀薄流体微观粒子(或准粒子)运动机理的学科. 曾用名"动力学"易与经典力学中研究物体受力和运动状态变化规律的分支学科"动力学(dynamics)"相混淆.——译者注.

第二卷:场论,

第三卷:量子力学(非相对论理论),

第四卷:量子电动力学,

第五卷:统计物理学Ⅰ,

第六卷:流体力学,

第七卷:弹性理论,

第八卷:连续介质电动力学,

第九卷:统计物理学Ⅱ(凝聚态理论),

第十卷:物理动理学.

应该注意,《统计物理学Ⅱ》列于这套教程中第九卷的位置是由于它要应用到许多流体力学和宏观电动力学的知识.

这套教程从1973年开始的俄文新版本到现在为止已经出版的有第一、二、三、五、九、十各卷①. 第七卷可能无需很多修改就可再版. 以前出版的名为《相对论性量子理论》的第四卷,将从中删除关于弱相互作用和强相互作用的章节,不久将作为《量子电动力学》再版. 第六卷和第八卷已有多年未曾再版,需要进行相当大的修改和补充,我们打算在近期着手这件工作.

А. Ф. 安德列耶夫,Р. Н. 古尔日,В. Л. 古列维奇,Ю. М. 卡甘,М. И. 卡甘诺夫和 И. М. 栗弗席兹曾参加研讨过本书所论述的若干问题,谨在此表达我们的衷心感谢.

Л. П. 戈里科夫和 А. А. 鲁哈泽通读过本书手稿并作了若干评注,谨在此表示谢意.

1978年11月

Е. М. 栗弗席兹

Л. П. 皮塔耶夫斯基

① 目前原著新版本已全部出齐,中译本将由高等教育出版社陆续翻译出版——译者注.

符　　号

粒子分布函数 f(第一至六章):按动量的分布总是相对于 d^3p.

电子的和声子的分布函数-量子态占有数 $n(\boldsymbol{p})$ 和 $N(\boldsymbol{k})$(第七,九至第十一章);按动量的分布总是相对于 $\mathrm{d}^3p/(2\pi\hbar)^3$.

碰撞积分 C,线性化碰撞积分 I.

热力学量:温度 T,压强 P,化学势 μ,粒子数密度 N,粒子总数 $\mathcal{N}$. 总体积 $\mathscr{V}$.

电场强度 $\boldsymbol{E}$,磁感应强度 $\boldsymbol{B}$,元电荷 e(电子电荷 $-e$).

估计时采用下列符号:特征长度 L;原子尺度,晶格常量 d;平均自由程 l;声速 u.

求平均由角括号〈…〉或在字母上加横线来表示.

三维矢量的下标用希腊字母 $\alpha,\beta,\cdots$表示.

在第三至第六章中:

电子质量 m,离子质量 M.

电子电荷 $-e$,离子电荷 ze.

电子和离子的热速度

$$v_{Te}=(T_e/m)^{1/2},\quad v_{Ti}=(T_i/M)^{1/2}.$$

等离体频率

$$\Omega_e=(4\pi N_e e^2/m)^{1/2},\quad \Omega_i=(4\pi N_i z^2 e^2/M)^{1/2}.$$

德拜半径

$$a_e=\left(\frac{T_e}{4\pi N_e e^2}\right)^{1/2},\quad a_i=\left(\frac{T_i}{4\pi N_i z^2 e^2}\right)^{1/2}.$$

$$a^{-2}=a_e^{-2}+a_i^{-2}.$$

拉莫尔频率 $$\omega_{Be}=\frac{eB}{mc},\quad \omega_{Bi}=\frac{zeB}{Mc}.$$

引用《理论物理学教程》其它各卷中的章节号和公式号时:

第一卷 =《力学》,俄文第五版,中文第一版,2007,

第二卷 =《场论》,俄文第八版,中文第一版,

第三卷 =《量子力学(非相对论理论)》,俄文第六版,中文第一版,

第四卷 =《量子电动力学》,俄文第四版,中文第一版,
第五卷 =《统计物理学Ⅰ》,俄文第五版,中文第一版,
第六卷 =《流体力学》,俄文第五版,中文第一版,
第七卷 =《弹性理论》,俄文第五版,中文第一版,
第八卷 =《连续介质电动力学》,俄文第四版,中文第一版,
第九卷 =《统计物理学Ⅱ(凝聚态理论)》,俄文第四版,中文第一版.

目　　录

第一章

气体动理学理论

§1 分布函数

这一章论述气体动理学理论①,只考虑由电中性原子或分子组成的普通气体. 这个理论的研究对象是理想气体中的非平衡状态和过程. 应该注意到,这里理想气体是指稀薄到如此程度的气体,以致其中每个分子几乎总是作自由运动,只有在与其它分子切近碰撞时才发生相互作用. 换句话说,这意味着分子间的平均距离 $\bar{r} \sim N^{-1/3}$(N 是单位体积中的分子数)要远大于它们本身的尺度,更精确地说,要远大于分子间力的作用半径 d,小量 $Nd^3 \sim (d/\bar{r})^3$ 有时称为"气态参量".

气体的统计描述可以利用气体分子在其相空间中的*分布函数* $f(t,q,p)$ 来实现. 一般地说,它是以某种方式选定的分子的广义坐标(其总体用 q 表示)和相应的广义动量(其总体用 p 表示)的函数,而在非定态情况下,它还是时间 t 的函数. 利用 $\mathrm{d}\tau = \mathrm{d}q\mathrm{d}p$ 来表示分子相空间的体积元,这里约定 $\mathrm{d}q$ 和 $\mathrm{d}p$ 分别表示全体坐标和全体动量的相应微分的乘积. 乘积 $f\mathrm{d}\tau$ 是处于给定相空间体积元 $\mathrm{d}\tau$ 中的平均分子数,也就是说,具有 q 和 p 的值在给定区间 $\mathrm{d}q$ 和 $\mathrm{d}p$ 内的平均分子数. 关于这个定义中的平均概念的意义,我们将在后面再来论述.

虽然函数 f 总是理解为相空间中的分布密度,但是在动理学理论中,最好采用适当选择的变量来表达,这些变量甚至可以不是正则共轭的广义坐标和动量. 让我们首先来约定这个选择.

分子的平移运动总是经典的. 它由分子的质心坐标 $\boldsymbol{r} = (x,y,z)$ 和整体运动的动量 $\boldsymbol{p}$(或速度 $\boldsymbol{v} = \boldsymbol{p}/m$)描述. 在单原子气体中,粒子(原子)只有平移运动. 在多原子气体中,分子还具有转动和振动自由度.

---

① 简称气体动理论,曾用名"气体分子运动论". ——译者注.

气体中分子的转动实际上也总是经典的①. 首先,它由分子的角动量矢量 $\boldsymbol{M}$ 描述. 对于双原子分子,这就足够了. 这样的分子是转子,它在垂直于矢量 $\boldsymbol{M}$ 的平面内转动. 至于在这个平面中分子轴转动的角度 φ,在实际物理问题中,可以认为分布函数与它无关,也就是说,在上述平面内分子的一切取向都是等概率的. 这个情况与分子转动时角度 φ 变化迅速有关,它的起源可以解释如下.

φ 的变化速率(分子转动角速度)是 $\dot{\varphi}\equiv\Omega=M/I$. 这个速率的平均值是 $\bar{\Omega}\sim\bar{v}/d$,其中 d 是分子的尺度,而 $\bar{v}$ 是线速度的平均值. 但是不同分子具有不同的 Ω 值,它们围绕 Ω 值按某种规律分布. 因此,初始时具有相同 φ 的分子很快形成 φ 值的分散;发生所谓按角度的迅速"匀化". 假设在初始时刻 $t=0$ 时分子按角度 $\varphi=\varphi_0$(在从 0 到 2π 区间内)和按 Ω 的分布由某个函数 $f(\varphi_0,\Omega)$ 给出. 让我们从其中分出不依赖于 φ 的平均值 $\bar{f}(\Omega)$:

$$f=\bar{f}(\Omega)+f'(\varphi_0,\Omega),$$

$$\bar{f}(\Omega)=\frac{1}{2\pi}\int_0^{2\pi}f(\varphi_0,\Omega)\,\mathrm{d}\varphi_0.$$

因此,$f'(\varphi_0,\Omega)$ 是 φ_0 的周期函数,其周期为 2π,平均值等于零. 在时间进程中,由于分子的自由转动($\varphi=\Omega t+\varphi_0$),分布函数按下列方式变化:

$$f(\varphi,\Omega,t)=\bar{f}(\Omega)+f'(\varphi-\Omega t,\Omega)$$

(并且利用减去 2π 的适当的整倍数的方法,变量 $\varphi-\Omega t$ 可以认为是简化至从 0 到 2π 的区间). 在时间进程中,f' 变成随 Ω 愈来愈快振荡的函数:特征振荡周期是 $\Delta\Omega\sim2\pi/t$,它在分子(两次碰撞之间的)平均自由运动时间内就已经变得远小于 $\bar{\Omega}$ 了. 但是,所有可观察物理量本身含有分布函数按 Ω 的某种平均;在这种平均中,迅速振荡函数 f' 的贡献本来就小得可以忽略. 正是这一点使我们能够用对角度平均的函数 $\bar{f}(\Omega)$ 来代替分布函数 $f(\varphi,\Omega)$.

上述论点显然具有普遍性,并且适用于在有限区间内取值的任何迅变量(相位).

现在回到分子的转动自由度,我们注意到在多原子气体中,分布函数还可能依赖于另外的角度,它们确定着分子轴相对于矢量 $\boldsymbol{M}$ 的固定取向. 例如,在对称陀螺型分子中,这个角度是 $\boldsymbol{M}$ 和陀螺轴之间的夹角(旋进角);再次可以认为分布函数不依赖于陀螺绕其本身轴转动和这个轴绕 $\boldsymbol{M}$ 旋进这些迅速变化着的

① 我们注意到,要使转动成为经典的,条件是要满足不等式* $\hbar^2/2I\ll T$(其中 I 是分子的转动惯量,T 是气体的温度). 在普通气体中,只有低温下的氢气和氘气,才可能不满足这个条件.

* 本书采用令玻尔兹曼常量 $k=1$ 的单位,故这里的温度 T 是以能量单位量度的.——译者注.

角度①.

分子内部原子的振动实际上总是量子化的,因此分子的振动态由相应的量子数确定. 然而,在通常条件下(在不太高的温度下),振动根本不能激发,分子处于它的基态(零点)振动能级.

本章今后将用符号 Γ 来表示分布函数所依赖的除分子质心坐标(和时间 t)以外的一切变量总体. 从相空间体积元 $d\tau$ 中分出因子 $dV = dxdydz$,而把其余部分变换为所用变量(并对分布函数 f 与之无关的角度进行积分)由符号 $d\Gamma$ 表示. 量 Γ 具有一个重要的共同特征:它们是运动积分,对于每个分子在其连续两次碰撞之间的自由运动期间内(不存在外场时),保持为常量;但每次碰撞的结果,一般说来,这些 Γ 量会发生改变. 相反,分子的质心坐标 x,y,z,在自由运动过程中当然要发生改变.

对于单原子气体,量 Γ 是原子动量 $\boldsymbol{p} = m\boldsymbol{v}$ 的三个分量,因此 $d\Gamma = d^3p$. 对于双原子分子,在 Γ 中除动量 $\boldsymbol{p}$ 以外还有角动量 $\boldsymbol{M}$,相应微元 $d\Gamma$ 可以表示成下列形式:

$$d\Gamma = 2\pi d^3pMdMdo_{\boldsymbol{M}} \tag{1.1}$$

其中 $do_{\boldsymbol{M}}$ 是对于矢量 $\boldsymbol{M}$ 方向的立体角元②. 对于对称陀螺分子,在 Γ 中同时还有 $\boldsymbol{M}$ 和陀螺轴之间的夹角 θ,于是微元 $d\Gamma$ 变成

$$d\Gamma = 4\pi^2 d^3pM^2dMdo_{\boldsymbol{M}}d\cos\,\theta$$

(其中一个 2π 因数是由于对陀螺绕其轴转动的角度积分而来;另一个 2π 因数则是由于对旋进角度积分而来).

积分

$$\int f(t,\boldsymbol{r},\Gamma)\,d\Gamma = N(t,\boldsymbol{r})$$

是气体粒子的空间分布密度,NdV 是体积元 dV 中的平均分子数. 在这方面,必须作下列说明.

这里说到无穷小体积元 dV,其实所指的并不是数学上的小体积,而是物理

---

① 当球形陀螺分子(例如 CH_4)转动时,确定分子相对于方向 $\boldsymbol{M}$(与角速度 $\boldsymbol{\Omega}$ 的方向一致)的取向的两个角度始终是常数. 当不对称陀螺分子转动时,由转动能量 $E_r = M_\xi^2/(2I_1) + M_\eta^2/(2I_2) + M_\zeta^2/(2I_3)$ 守恒所表达的角度组合始终是常量. 这里 M_ξ, M_η, M_ζ 是矢量 $\boldsymbol{M}$ 在分子的转动惯量主轴上的投影,而 I_1, I_2, I_3 是相应的主转动惯量.

② 按下列方式可以得到表达式(1.1). 首先将 $d\Gamma$ 写成

$$d\Gamma = d^3p\delta(\boldsymbol{M}\cdot\boldsymbol{n})d^3Mdo_{\boldsymbol{n}} = d^3p\delta(M\cos\,\theta)M^2dMdo_{\boldsymbol{M}}d\cos\,\theta d\varphi$$

的形式,其中 $do_{\boldsymbol{n}} = d\cos\,\theta d\varphi$ 是分子轴方向的立体角元(θ 是分子轴与 $\boldsymbol{M}$ 之间的夹角). δ 函数表达这样的事实,$\boldsymbol{M}$ 只有两个独立分量(相应于双原子分子转动自由度的数目):角动量 $\boldsymbol{M}$ 与分子轴互相垂直. 将上面写出的表达式对 $d\cos\,\theta d\varphi$ 积分,就得到(1.1).

上的小体积,即这样的空间区域,它的尺度远小于问题的特征尺度 L,同时又远大于分子的尺度. 换句话说,所谓某分子处于给定体积元 dV 中,这个断言所确定的分子位置至多只能准确到一个分子尺度量级的距离. 这个情况非常重要. 假如气体粒子的坐标可以精确地确定,那么当比如说单原子气体的两个原子碰撞时,就会按确定的经典轨道运动,碰撞的结果也就会是完全确定的了. 但是,如果问题是关于(像通常在气体动理学理论中那样)发生在给定的物理小体积中的原子碰撞,那么由于原子相互的精确位置的不确定性,碰撞的结果也将是不确定的,因而只可能考虑它的某种结局的概率.

现在我们可以明确规定,说到平均粒子数密度时,我们指的是按上述物理无穷小体积元的平均,并且时间上相应地也是按粒子穿越该体积元的时间这样的量级的平均.

既然用来确定分布函数的体积元的尺度远大于分子尺度 d,那么分布函数发生显著变化的距离 L 在一切场合应该同样也远大于 d. 至于物理无穷小体积元的尺度与平均分子间距离 $\bar{r}$ 之间的比值,一般地说可以是任意的. 然而,由分布函数所确定的密度的性质会由于这个比值的不同而存在差异. 如果体积元 dV 的尺度不是远大于 $\bar{r}$,那么密度 N 就不是宏观量:这时 dV 中粒子数的涨落变得可与粒子数的平均值相比较. 只有当密度 N 是相对于包含许多粒子的体积 dV 而定义时,它才变成宏观量;这时在这些体积中粒子数的涨落相对来说较小. 然而显然的是,只有当问题的特征尺度 L 同样也满足 $L \gg \bar{r}$ 的条件时,这样的定义才是可能的.

§2 细致平衡原理

让我们考虑两个分子之间的碰撞,其中一个分子的 Γ 值在给定区间 $d\Gamma$,另一个分子的 Γ 值在给定区间 $d\Gamma_1$,而在碰撞后分别获得的 Γ 值在 $d\Gamma'$ 和 $d\Gamma'_1$ 区间内,为简洁起见,我们将之简称为初值为 Γ 和 Γ_1 而结果为 Γ' 和 Γ'_1 的两个分子的碰撞,或 $\Gamma,\Gamma_1\to\Gamma',\Gamma'_1$. 气体每单位体积在单位时间内这种碰撞的总数,可以写成两个因子的乘积:每单位体积中的分子数 $f(t,\boldsymbol{r},\Gamma)d\Gamma$,与其中任一分子经受该类型碰撞的概率的乘积. 这个概率总是正比于单位体积中 Γ_1 分子数 $f(t,\boldsymbol{r},\Gamma_1)d\Gamma_1$,并且正比于碰撞后两个分子 Γ 值的区间 $d\Gamma'$ 和 $d\Gamma'_1$. 因此,单位时间和单位体积内 $\Gamma,\Gamma_1\to\Gamma',\Gamma'_1$ 碰撞数可写为

$$w(\Gamma',\Gamma'_1;\Gamma,\Gamma_1)ff_1\,d\Gamma d\Gamma_1 d\Gamma' d\Gamma'_1, \tag{2.1}$$

由此以后函数 f 的附标均对应于其变量 Γ 的附标:$f_1\equiv f(t,\boldsymbol{r},\Gamma_1)$,$f'\equiv f(t,\boldsymbol{r},\Gamma')$,等等. 系数 w 是其所有变量的函数①. $w\,d\Gamma' d\Gamma'_1$ 与互碰分子相对速度

① w 中初态(i)和末态(f)的特征从右向左书写,$w(f,i)$,对应于量子力学中的习惯.

$\boldsymbol{v}-\boldsymbol{v}_1$ 绝对值的比值具有面积的量纲,即为有效碰撞截面:

$$d\sigma=\frac{w(\Gamma',\Gamma'_1;\Gamma,\Gamma_1)}{|\boldsymbol{v}-\boldsymbol{v}_1|}d\Gamma'd\Gamma'_1. \tag{2.2}$$

假定粒子间按某个给定定律相互作用,函数 w 原则上只能通过求解粒子碰撞的力学问题来确定. 然而,这个函数的某些性质亦可按一般考虑予以阐明①.

大家知道,碰撞概率具有一个重要性质,它是根据(经典的或量子的)力学定律的时间反演对称性得出的(见第三卷, §144). 令 Γ^T 表示量 Γ 经时间反演所得到的值,这个操作使所有动量和角动量变号,因此,若 $\Gamma=(\boldsymbol{p},\boldsymbol{M})$,则 $\Gamma^T=(-\boldsymbol{p},-\boldsymbol{M})$. 因为时间反演使碰撞"前"状态与碰撞"后"状态相交换,于是

$$w(\Gamma',\Gamma'_1;\Gamma,\Gamma_1)=w(\Gamma^T,\Gamma_1^T;\Gamma'^T,\Gamma_1'^T). \tag{2.3}$$

我们注意到,这个关系式保证在统计平衡态时满足*细致平衡原理*. 根据这个原理,在平衡态时,$\Gamma,\Gamma_1\to\Gamma',\Gamma'_1$ 的碰撞数等于 $\Gamma'^T,\Gamma_1'^T\to\Gamma^T,\Gamma_1^T$ 的碰撞数. 确实,将这些碰撞数表达成(2.1)的形式,我们有

$$w(\Gamma',\Gamma'_1;\Gamma,\Gamma_1)f_0f_{01}d\Gamma d\Gamma_1d\Gamma'd\Gamma'_1=$$
$$=w(\Gamma^T,\Gamma_1^T;\Gamma'^T,\Gamma_1'^T)f'_0f'_{01}d\Gamma^Td\Gamma_1^Td\Gamma'^Td\Gamma_1'^T,$$

其中 f_0 是平衡(玻尔兹曼)分布函数. 相空间体积元的乘积 $d\Gamma d\Gamma_1d\Gamma'd\Gamma'_1$ 在时间反演下不变;因此上述等式左右两边的微分因数可以省略. 其次,当用 $-t$ 替代 t 时能量不变:$\varepsilon(\Gamma)=\varepsilon(\Gamma^T)$,其中 $\varepsilon(\Gamma)$ 是分子的能量,它是量 Γ 的函数. 因为(在整体静止的气体中)平衡分布函数仅依赖于能量,

$$f_0(\Gamma)=\text{const}\cdot e^{-\varepsilon(\Gamma)/T}, \tag{2.4}$$

其中 T 是气体的温度,于是有 $f_0(\Gamma)=f_0(\Gamma^T)$. 最后,根据两个分子碰撞时的能量守恒定律,有 $\varepsilon+\varepsilon_1=\varepsilon'+\varepsilon'_1$. 因此,

$$f_0f_{01}=f'_0f'_{01}, \tag{2.5}$$

从而前述等式化至(2.3).

当然,对于以宏观速度 $\boldsymbol{V}$ 运动的气体,这个论断仍然正确. 这种情况下的平衡分布函数是

$$f_0(\Gamma)=\text{const}\cdot\exp\left(-\frac{\varepsilon(\Gamma)-\boldsymbol{p}\cdot\boldsymbol{V}}{T}\right), \tag{2.6}$$

因为碰撞中动量守恒 $\boldsymbol{p}+\boldsymbol{p}_1=\boldsymbol{p}'+\boldsymbol{p}'_1$,等式(2.5)继续适用②.

---

① 应该立即着重指出,虽然分子的自由运动假定为经典的,但这绝不排除其碰撞截面应由量子力学确定;事实上,通常必须这样来确定. 这里给出的动理方程的整个推论不依赖于函数 w 的(经典的或量子的)性质.

② 通过将分子的能量从气体静止的参考系 K_0 变换至气体以速度 $\boldsymbol{V}$ 运动的参考系 K:$\varepsilon_0(\Gamma)=\varepsilon(\Gamma)-\boldsymbol{p}\cdot\boldsymbol{V}+\frac{1}{2}mV^2$(比较第一卷,(3.5)),就可以由(2.4)得出公式(2.6).

应该注意到,等式(2.5)仅取决于作为 Γ 的函数的分布(2.4)或(2.6)的函数形式,而参量 T 和 V 可在气体体积内变化.

细致平衡原理也可以用稍微不同的形式来表达. 为此,在进行时间反演的同时还进行空间反演,改变所有坐标的符号. 如果分子不具有充分对称性,则在反演下它们"变成"立体异构分子,因而不可能使它们经过分子整体的任何转动而与这些立体异构分子重合.①换句话说,在这些情况,反演变换就意味着用本质上不同的(立体异构的)物质来代替原来的气体,而关于其本身的性质不能作出任何新的结论. 然而,如果分子的对称性不允许有立体异构现象,则在反演下气体照旧相同,而描述宏观均匀气体性质的量应保持不变.

令 Γ^{TP} 代表由 Γ 同时经过时间反演和空间反演而得到的一组量. 空间反演使所有寻常(极)矢量(其中包括动量 $\boldsymbol{p}$)变号,而使轴矢量(其中包括角动量 $\boldsymbol{M}$)保持不变. 因此,若 $\Gamma=(\boldsymbol{p},\boldsymbol{M})$,则 $\Gamma^{\mathrm{TP}}=(\boldsymbol{p},-\boldsymbol{M})$. 于是除(2.3)之外,我们还有等式②

$$w(\Gamma',\Gamma'_1;\Gamma,\Gamma_1)=w(\Gamma^{\mathrm{TP}},\Gamma_1^{\mathrm{TP}};\Gamma'^{\mathrm{TP}},\Gamma'^{\mathrm{TP}}_1). \tag{2.7}$$

相应于等式(2.3)两边函数 w 的跃迁过程被称为互为时间反演的. 它们不是严格字面意义上的正跃迁和逆跃迁,因为 Γ 和 Γ^{T} 并不相同. 然而,对于单原子气体,细致平衡原理也可以用正跃迁和逆跃迁的术语来表达. 因为量 Γ 在这里正好是原子动量的三个分量,于是 $\Gamma=\Gamma^{\mathrm{TP}}=\boldsymbol{p}$,而由(2.7)我们有

$$w(\boldsymbol{p}',\boldsymbol{p}'_1;\boldsymbol{p},\boldsymbol{p}_1)=w(\boldsymbol{p},\boldsymbol{p}_1;\boldsymbol{p}',\boldsymbol{p}'_1). \tag{2.8}$$

这是字面意义上的"细致平衡":每个微观碰撞过程由其逆过程所平衡.

函数 w 还满足一个普遍关系,它不依赖于时间反演对称性. 这个关系式可用量子力学术语更清楚地推导出来,所研究的跃迁是在形成离散系列的状态之间的跃迁;问题是在给定的有限体积内运动的一对分子的状态. 众所周知,各种碰撞过程的概率幅形成幺正矩阵 $\hat{S}$(所谓散射矩阵或 S 矩阵). 幺正性条件是:$\hat{S}^{+}\hat{S}=1$,或用标记各个状态的矩阵下标写成显示形式:

$$\sum_n S_{in}^{+}S_{nk}=\sum S_{ni}^{*}S_{nk}=\delta_{ik}.$$

特别是,当 $i=k$ 时,

$$\sum_n |S_{ni}|^2=1.$$

---

① 我们注意到,对于既没有对称中心又没有对称平面的分子,存在立体异构体.

② 如果量 Γ 中也包括规定分子转动取向的变量,那么在反演变换至 Γ^{T} 或 Γ^{TP} 时它们也应按一定方式变换. 例如,对称陀螺的旋进角由乘积 $\boldsymbol{M}\cdot\boldsymbol{n}$ 给出,其中 $\boldsymbol{n}$ 是分子轴的方向;这个量在时间反演下和在空间反演下都变号.

平方 $|S_{ni}|^2$ 确定跃迁 $i \to n$ 的碰撞概率①，而上述等式只不过是概率归一化条件：从给定初态的所有可能跃迁概率之和等于 1. 但是么正性条件也可写成 $\hat{S}\hat{S}^+ = 1$，其中因子 $\hat{S}$ 和 $\hat{S}^+$ 的次序相反. 于是我们有 $\sum\limits_n S_{in}S_{kn}^* = \delta_{ik}$，而当 $i = k$ 时，

$$\sum_n |S_{in}|^2 = 1,$$

即，跃迁至给定终态的所有可能跃迁的概率之和也等于 1. 在两个求和中除去 $n = i$ 的项（无状态变化的跃迁），我们可以写出

$$\sum_n{}' |S_{ni}|^2 = \sum_n{}' |S_{in}|^2.$$

这就是所求的等式. 用函数 w 表示可写成下列形式：

$$\int w(\Gamma', \Gamma'_1; \Gamma, \Gamma_1) \mathrm{d}\Gamma' \mathrm{d}\Gamma'_1 = \int w(\Gamma, \Gamma_1; \Gamma', \Gamma'_1) \mathrm{d}\Gamma' \mathrm{d}\Gamma'_1. \tag{2.9}$$

§3 玻尔兹曼动理方程

现在让我们来推导气体动理论中的基本方程，即确定分布函数 $f(t, \boldsymbol{r}, \Gamma)$ 的方程.

如果分子间的碰撞可以完全忽略，则每个气体分子会构成一个闭合子系统，而刘维尔定理对于分子分布函数会是正确的，根据此定理

$$\frac{\mathrm{d}f}{\mathrm{d}t} = 0 \tag{3.1}$$

（见第五卷，§3），这里全导数对应于沿分子的相轨道所取的导数，分子的相轨道由分子的运动方程确定. 我们注意到，刘维尔定理适用于定义为相空间（即正则共轭变量——广义坐标和广义动量的空间）中密度的分布函数. 当然，这并不妨碍 f 本身在以后用任何其它变量来表达.

在没有外场的情况下，自由运动分子的量 Γ 保持为常量，而只有其坐标 $\boldsymbol{r}$ 改变，于是

$$\frac{\mathrm{d}f}{\mathrm{d}t} = \frac{\partial f}{\partial t} + \boldsymbol{v} \cdot \nabla f. \tag{3.2}$$

另一方面，如果气体处于例如作用于分子质心的外场 $U(\boldsymbol{r})$ 中（譬如说重力场中），则

$$\frac{\mathrm{d}f}{\mathrm{d}t} = \frac{\partial f}{\partial t} + \boldsymbol{v} \cdot \nabla f + \boldsymbol{F} \cdot \frac{\partial f}{\partial \boldsymbol{p}}, \tag{3.3}$$

---

① 对于较长的时间 t. 平方 $|S_{ni}|^2$ 正比于 t，而当除以 t 之后给出单位时间的跃迁概率（比较第四卷，§64）. 如果初态粒子和终态粒子的波函数归一化为“每单位体积中 1 个粒子”，那么，这个“概率”应与由(2.1)所定义的量 $w\mathrm{d}\Gamma\mathrm{d}\Gamma_1$ 具有相同的量纲（体积/时间）.

其中 $\boldsymbol{F}=-\nabla U$ 是外场作用于分子上的力.

当考虑碰撞时,等式(3.1)不再有效;分布函数不再是沿相轨道为恒定的.代替(3.1)应该写成

$$\frac{\mathrm{d}f}{\mathrm{d}t}=C(f), \tag{3.4}$$

其中符号 $C(f)$ 表示分布函数由于碰撞引起的变化率:$\mathrm{d}V\mathrm{d}\Gamma\cdot C(f)$ 是相空间体积元 $\mathrm{d}V\mathrm{d}\Gamma$ 中单位时间内由于碰撞引起的分子数的改变量. 利用式(3.2),方程(3.4)可写成下列形式:

$$\frac{\partial f}{\partial t}=-\boldsymbol{v}\cdot\nabla f+C(f),$$

这个方程给出相空间中给定点分布函数中的总改变量,项 $\mathrm{d}V\mathrm{d}\Gamma(\boldsymbol{v}\cdot\nabla f)$ 是给定相空间体积元中与分子自由运动有关的单位时间内减少的分子数.

量 $C(f)$ 称为*碰撞积分*,而(3.4)形式的方程一般称为*动理方程*①. 当然,只有确立了碰撞积分的形式之后,动理方程才开始具有实际意义. 现在我们转而讨论这个问题.

当两个分子碰撞时,其 Γ 值发生变化. 因此,一个分子所经受的每次碰撞都使它转移出给定区间 $\mathrm{d}\Gamma$;这类碰撞称为"损失". 单位时间内发生于体积 $\mathrm{d}V$ 中,具有一切可能 $\Gamma_1,\Gamma',\Gamma'_1$ 值和给定 Γ 值的碰撞 $\Gamma,\Gamma_1\to\Gamma',\Gamma'_1$,碰撞总数等于下列积分

$$\mathrm{d}V\mathrm{d}\Gamma\int w(\Gamma',\Gamma'_1;\Gamma,\Gamma_1)ff_1\mathrm{d}\Gamma_1\mathrm{d}\Gamma'\mathrm{d}\Gamma'_1.$$

然而,同时还有这样一些碰撞("增益"),其结果使原来具有初值位于给定区间 $\mathrm{d}\Gamma$ 外的分子最后进入该区间. 这些是碰撞 $\Gamma',\Gamma'_1\to\Gamma,\Gamma_1$,依然是具有一切可能 $\Gamma_1,\Gamma',\Gamma'_1$ 值和给定 Γ 值. 单位时间内发生于体积 $\mathrm{d}V$ 中的这类碰撞的总数等于

$$\mathrm{d}V\mathrm{d}\Gamma\int w(\Gamma,\Gamma_1;\Gamma',\Gamma'_1)f'f'_1\mathrm{d}\Gamma_1\mathrm{d}\Gamma'\mathrm{d}\Gamma'_1.$$

从增益减去损失,因而我们求得,由于所有各种碰撞的结果,单位时间内有关分子数的增加量是

$$\mathrm{d}V\mathrm{d}\Gamma\int(w'f'f'_1-wff_1)\mathrm{d}\Gamma_1\mathrm{d}\Gamma'\mathrm{d}\Gamma'_1,$$

这里为简洁起见,令

$$w\equiv w(\Gamma',\Gamma'_1;\Gamma,\Gamma_1),\ w'\equiv w(\Gamma,\Gamma_1;\Gamma',\Gamma'_1). \tag{3.5}$$

---

① 亦有称为输运方程的,不过似乎更恰当的是,将任意物理量通过此方程(的具体形式)求平均后所得宏观方程称为输运方程. 然而本书据俄文版将一律译为动理方程.——译者注.

因此,对碰撞积分我们有下列表达式:

$$C(f)=\int(w'f'f'_1-wff_1)\,\mathrm{d}\Gamma_1\mathrm{d}\Gamma'\mathrm{d}\Gamma'_1. \tag{3.6}$$

在被积函数的第二项中,对 $\mathrm{d}\Gamma'\mathrm{d}\Gamma'_1$ 的积分只与 w 有关;因为因子 f,f_1 并不依赖于这些变量. 因此,这部分积分可以借助于么正性关系(2.9)进行变换. 从而碰撞积分变成下列形式:

$$C(f)=\int w'(f'f'_1-ff_1)\,\mathrm{d}\Gamma_1\mathrm{d}\Gamma'\mathrm{d}\Gamma'_1, \tag{3.7}$$

其中两项都含有同样的因子 w'①.

确立了碰撞积分的形式后,我们也就可以将动理方程写成

$$\frac{\partial f}{\partial t}+\boldsymbol{v}\cdot\nabla f=\int w'(f'f'_1-ff_1)\,\mathrm{d}\Gamma_1\mathrm{d}\Gamma'\mathrm{d}\Gamma'_1. \tag{3.8}$$

这个积分微分方程也称为*玻尔兹曼方程*,它是动理学理论的奠基者路德维希·玻尔兹曼于1872年首先推导出来的.

平衡统计分布应该同样满足动理方程. 这个条件事实上是满足的. 平衡分布是稳定的和(在没有外场下是)均匀的;因此,方程(3.8)左边恒为零. 碰撞积分也等于零,因为根据(2.5)被积函数为零. 当然,对于外场中气体的平衡分布也满足动理方程. 我们只需回想起动理方程的左边是全导数 $\mathrm{d}f/\mathrm{d}t$,对于仅依赖于运动积分的所有函数 f 都恒为零,而平衡分布仅通过运动积分——分子的总能 $\varepsilon(\Gamma)$ 来表达.

在动理方程的上述推导中,分子碰撞被认为基本上是瞬时的,并发生在空间一特定点上. 因此显而易见,动理方程原则上仅允许我们探究在远比碰撞期间为长的时间内和远比碰撞区域尺度为长的距离上分布函数的变化. 这些距离为分子力作用范围 d(对中性分子等于其尺度)的量级;碰撞时间是 $d/\bar{v}$ 的量级. 这些值给出能够用动理方程进行讨论的距离和时间的下限,这些限制的来源将在§16中考虑. 然而实际上,对于系统行为的这种详细描写,通常无此必要,也无此可能. 特别是因为这会要求以相同精确度详述其初条件(气体分子的坐标和速度),这是不现实的. 在实际物理问题中,根据问题的条件对系统强加有特征的长度 L 和时间 T(对气体宏观性质来说,特征的梯度长度,其中所传播声波的波长和周期,等等). 因此,在远小于这些 L 和 T 的距离和时间的尺度上来探究系统的行为就足够了. 这就是说,物理上无穷小的体积元和时间元意即与 L 和 T 比较起来远为小即可. 问题的初条件也是对这些体积元和时间元求平均的结果.

---

① 借助于(2.9)将碰撞积分进行变换的可能性曾由斯图克尔伯格(E. C. G. Stückelberg(1952))指出过.

对于单原子气体,量 Γ 归结为动量 $\boldsymbol{p}$ 的三个分量,碰撞积分中的函数 w' 由(2.8)可以用 $w=w(\boldsymbol{p}',\boldsymbol{p}'_1;\boldsymbol{p},\boldsymbol{p}_1)$ 代替. 然后,由 $w\mathrm{d}^3p'\mathrm{d}^3p'_1=v_{\mathrm{r}}\mathrm{d}\sigma$ 利用微分碰撞截面 $\mathrm{d}\sigma$(其中 $v_{\mathrm{r}}=|\boldsymbol{v}-\boldsymbol{v}_1|$;见(2.2))来表达这个函数,我们求得

$$C(f)=\int v_{\mathrm{r}}(f'f'_1-ff_1)\mathrm{d}\sigma\mathrm{d}^3p_1. \tag{3.9}$$

由于函数 w,从而由(2.2)所定义的截面 $\mathrm{d}\sigma$,包含表达动量和能量守恒定律的 δ 函数的因数,所以(对于给定 $\boldsymbol{p}$)变量 $\boldsymbol{p}_1$,$\boldsymbol{p}'$和 $\boldsymbol{p}'_1$ 事实上不是独立的. 然而,当碰撞积分用(3.9)的形式表达时,我们可以假设这些 δ 函数已经通过适当积分而消除了,于是 $\mathrm{d}\sigma$ 将是寻常散射截面,(对于给定的 v_{r})仅依赖于散射角.

对于气体中动理现象的定性处理,碰撞积分可利用平均自由程 l 来粗略地估计,平均自由程是分子在连续两次碰撞之间所经过的平均距离①. 当然,即使它的定义按照所考虑的动理现象而变化,它也是仅具有定性意义.

平均自由程可以用气体中分子的碰撞截面 σ 和数密度 N 来表达. 如果一个分子在其路径上移动单位距离,它与体积 σ(截面积为 σ 的单位长度的柱体的体积)内存在的分子碰撞,这个碰撞数是 σN. 因此

$$l\sim 1/N\sigma. \tag{3.10}$$

碰撞截面 $\sigma\sim d^2$,其中 d 是分子的尺度. 分子数密度 $N\sim\bar{r}^{-3}$,$\bar{r}$ 为分子间的平均距离,我们求得

$$l\sim\bar{r}\left(\frac{\bar{r}}{d}\right)^2=d\left(\frac{\bar{r}}{d}\right)^3. \tag{3.11}$$

因为气体中 $\bar{r}\gg d$,所以平均自由程 $l\gg\bar{r}$.

比值 $\tau\sim l/\bar{v}$ 称为平均自由时间. 对于碰撞积分的粗略估计,我们可以令

$$C(f)\sim-\frac{f-f_0}{\tau}\sim-\frac{\bar{v}}{l}(f-f_0). \tag{3.12}$$

上式分子中所写差值 $f-f_0$,是我们考虑到对平衡分布函数碰撞积分为零的事实. (3.12)中的负号表达了碰撞是建立统计平衡的机理,即它们趋于使分布函数对其平衡形式的偏差减少. 在这个意义上,对于在气体每个体积元中建立平衡,τ 起弛豫时间的作用.

§4　H 定理②

让气体像任何闭合宏观系统那样不受干扰,它将趋向平衡态. 相应地,非平衡分布函数按动理方程的演化,必然伴随气体的熵增加,我们将证明确实如此.

---

① 这个概念应归于克劳修斯(R. Clausius(1858)).

② 玻尔兹曼在 1872 年引进函数 H,其定义是 $H=\int f\ln f\mathrm{d}\boldsymbol{v}$. ——译者注.

理想气体处于宏观非平衡态的熵,由分布函数f描述为

$$S=\int f\ln\frac{\mathrm{e}}{f}\mathrm{d}V\mathrm{d}\Gamma \tag{4.1}$$

(见第五卷,§40). 这个表达式对时间求导数,我们有

$$\frac{\mathrm{d}S}{\mathrm{d}t}=\int\frac{\partial}{\partial t}\left(f\ln\frac{\mathrm{e}}{f}\right)\mathrm{d}V\mathrm{d}\Gamma=-\int\ln f\frac{\partial f}{\partial t}\mathrm{d}V\mathrm{d}\Gamma. \tag{4.2}$$

因为气体中统计平衡的建立是由分子的碰撞实现的,熵的增加必然是由分布函数变化中的碰撞部分引起的. 另一方面,与分子自由运动有关的分布函数变化不能改变气体的熵. 因为分布函数中的这部分变化(对处于外场$U(\boldsymbol{r})$中的气体)是由方程

$$\frac{\partial f}{\partial t}=-\boldsymbol{v}\cdot\nabla f-\boldsymbol{F}\cdot\frac{\partial f}{\partial\boldsymbol{p}}+C(f)$$

右边开头两项给出的. 它们对导数$\mathrm{d}S/\mathrm{d}t$的贡献是

$$-\int\ln f\left[-\boldsymbol{v}\cdot\frac{\partial f}{\partial\boldsymbol{r}}-\boldsymbol{F}\cdot\frac{\partial f}{\partial\boldsymbol{p}}\right]\mathrm{d}V\mathrm{d}\Gamma=$$

$$=\int\left[\boldsymbol{v}\cdot\frac{\partial}{\partial\boldsymbol{r}}+\boldsymbol{F}\cdot\frac{\partial}{\partial\boldsymbol{p}}\right]\left(f\ln\frac{f}{\mathrm{e}}\right)\mathrm{d}V\mathrm{d}\Gamma.$$

含有导数$\partial/\partial\boldsymbol{r}$的项对$\mathrm{d}V$的积分,可通过高斯定理变换为面积分;对气体整个体积的积分为零,因为在气体所占据区域外$f=0$. 类似地,含有导数$\partial/\partial\boldsymbol{p}$的项对$\mathrm{d}^3p$的积分,变成对动量空间中无穷远曲面的积分,结果同样为零.

因此,熵的变化可表达为

$$\frac{\mathrm{d}S}{\mathrm{d}t}=-\int\ln f\cdot C(f)\,\mathrm{d}\Gamma\mathrm{d}V. \tag{4.3}$$

这个积分可设法加以变换,为便于以后的应用,我们将推出一般积分

$$\int\varphi(\Gamma)C(f)\,\mathrm{d}\Gamma$$

的表达式,其中$\varphi(\Gamma)$是变量Γ的任意函数. 对于(3.6)形式的碰撞积分,我们写出

$$\int\varphi(\Gamma)C(f)\,\mathrm{d}\Gamma=\int\varphi w(\Gamma,\Gamma_1;\Gamma',\Gamma'_1)f'f'_1\mathrm{d}^4\Gamma-$$

$$-\int\varphi w(\Gamma',\Gamma'_1;\Gamma,\Gamma_1)ff_1\mathrm{d}^4\Gamma,$$

其中为简洁起见,令$\mathrm{d}^4\Gamma=\mathrm{d}\Gamma\mathrm{d}\Gamma_1\mathrm{d}\Gamma'\mathrm{d}\Gamma'_1$. 因为这里是对所有变量$\Gamma,\Gamma_1,\Gamma',\Gamma'_1$进行积分,我们可用任何方式重新命名这些变量而不改变积分值. 在第二个积分中将Γ,Γ_1和Γ',Γ'_1对换,我们得到

$$\int\varphi(\Gamma)C(f)\,\mathrm{d}\Gamma=\int(\varphi-\varphi')w(\Gamma,\Gamma_1;\Gamma',\Gamma'_1)f'f'_1\mathrm{d}^4\Gamma.$$

这里再作变换 $\Gamma,\Gamma'\leftrightarrow\Gamma_1,\Gamma'_1$,取所得结果与上式之和的一半,并注意到 w 对两个碰撞粒子的明显对称性,我们得到下列变换公式:

$$\int\varphi(\Gamma)C(f)\mathrm{d}\Gamma=\frac{1}{2}\int(\varphi+\varphi_1-\varphi'-\varphi'_1)w'f'f'_1\mathrm{d}^4\Gamma. \tag{4.4}$$

特别是,$\int C(f)\mathrm{d}\Gamma=0$;这里利用 $C(f)$ 的表达式(3.7),我们有

$$\int C(f)\mathrm{d}\Gamma=\int w'(f'f'_1-ff_1)\mathrm{d}^4\Gamma=0. \tag{4.5}$$

对于积分(4.3),应用公式(4.4)有

$$\frac{\mathrm{d}S}{\mathrm{d}t}=\frac{1}{2}\int w'f'f'_1\ln\frac{f'f'_1}{ff_1}\mathrm{d}^4\Gamma\mathrm{d}V=$$
$$=\frac{1}{2}\int w'ff_1x\ln x\mathrm{d}^4\Gamma\mathrm{d}V,$$

其中 $x=f'f'_1/ff_1$. 从这个方程减去等于零的积分(4.5)的一半,最后变换为

$$\frac{\mathrm{d}S}{\mathrm{d}t}=\frac{1}{2}\int w'ff_1(x\ln x-x+1)\mathrm{d}^4\Gamma\mathrm{d}V. \tag{4.6}$$

被积函数括号中的函数对所有 $x>0$ 都是非负的;当 $x=1$ 时它为零,在该点两边都是增加的. 根据定义,被积函数中的因子 w',f 和 f_1 也都是正的. 于是我们获得所需结果

$$\frac{\mathrm{d}S}{\mathrm{d}t}\geqslant0, \tag{4.7}$$

它表达了熵增加定律;等号发生在平衡时①.

我们注意到,因为(4.6)中的(从而(4.3)中的)被积函数是非负的,所以不仅对 $\mathrm{d}\Gamma\mathrm{d}V$ 的整个积分(4.3)是正的,而且只对 $\mathrm{d}\Gamma$ 的积分也是正的. 于是,碰撞使气体每个体积元中的熵都增加. 当然,这并不意味着在每个体积元中熵本身增加,因为熵可以由于分子的自由运动而从一个区域传递到另一区域.

§5　向宏观方程的转变

玻尔兹曼动理方程给出气体状态如何随时间变化的微观描述. 我们将说明怎样能把动理方程变换成通常的流体力学方程,它们给出这个时间演化的并不那么详细的宏观描述. 当气体的宏观性质(温度、密度、速度等等)在其体积中的变化充分缓慢时,宏观描述是适用的. 所谓缓慢指的是:宏观性质发生明显变化的距离尺度 L 必须远大于分子的平均自由程 l.

我们早已提到过,积分

① 利用动理方程证明熵增加定律是玻尔兹曼给出的. 这是该定律的首次微观证明. 当应用于气体时,该定律常被称为 H 定理,因为玻尔兹曼用符号 $-H$ 表示熵.

$$N(t,\boldsymbol{r}) = \int f(t,\boldsymbol{r},\Gamma)\,\mathrm{d}\Gamma \tag{5.1}$$

是气体分子的空间分布密度；乘积 $\rho = mN$ 相应地是气体的质量密度．气体的宏观速度用 $\boldsymbol{V}$ 表示（与分子的微观速度 $\boldsymbol{v}$ 对比）；它定义为分子微观速度 $\boldsymbol{v}$ 的平均值

$$\boldsymbol{V} = \bar{\boldsymbol{v}} = \frac{1}{N}\int \boldsymbol{v} f\mathrm{d}\Gamma. \tag{5.2}$$

碰撞既不改变碰撞粒子的数目，也不改变它们的总能量和总动量．因此很明显，分布函数变化的碰撞部分也不能影响气体每个体积元中的宏观量——它的密度，内能和宏观速度 $\boldsymbol{V}$：对于单位体积气体中，分子的总数，总能量和总动量，其变化的碰撞部分由为零的积分给出：

$$\int C(f)\,\mathrm{d}\Gamma = 0, \quad \int \varepsilon C(f)\,\mathrm{d}\Gamma = 0, \quad \int \boldsymbol{p} C(f)\,\mathrm{d}\Gamma = 0. \tag{5.3}$$

通过对积分应用(4.4)的变换，分别以 $\varphi = 1, \varepsilon$ 和 $\boldsymbol{p}$ 代入，就很容易推导出这些方程；第一个积分恒等地为零，另两个积分为零是由于碰撞中能量和动量的守恒．

现在让我们以动理方程

$$\frac{\partial f}{\partial t} + \frac{\partial}{\partial x_\alpha}(v_\alpha f) = C(f) \tag{5.4}$$

为例，对它们首先乘以 m, p_β 或 ε，然后对 $\mathrm{d}\Gamma$ 积分．对每个情况，右边都为零，我们得到下列方程：

$$\frac{\partial \rho}{\partial t} + \nabla \cdot \rho \boldsymbol{V} = 0, \tag{5.5}$$

$$\frac{\partial}{\partial t}\rho V_\alpha + \frac{\partial \Pi_{\alpha\beta}}{\partial x_\beta} = 0, \tag{5.6}$$

$$\frac{\partial}{\partial t} N\bar{\varepsilon} + \nabla \cdot \boldsymbol{q} = 0. \tag{5.7}$$

这些式中的第一个方程是流体力学通常的连续性方程，表达气体质量的守恒．第二个方程表达动量守恒；张量 $\Pi_{\alpha\beta}$ 定义为

$$\Pi_{\alpha\beta} = \int m v_\alpha v_\beta f \mathrm{d}\Gamma, \tag{5.8}$$

它是动量流密度张量；其分量 $\Pi_{\alpha\beta}$ 是在单位时间内穿过垂直于 x_β 轴单位面积的分子所传递动量的 α 分量．最后，(5.7)是能量守恒方程；矢量 $\boldsymbol{q}$ 定义为

$$\boldsymbol{q} = \int \varepsilon \boldsymbol{v} f \mathrm{d}\Gamma, \tag{5.9}$$

它是气体中的能流密度．

然而，为将(5.6)和(5.7)化至通常的流体力学方程，我们还必须将 $\Pi_{\alpha\beta}$ 和 $\boldsymbol{q}$

用宏观量来表达. 前面已经提到过,对于气体的宏观描述,先决条件是其宏观性质的梯度充分小. 因此作为一级近似我们可以假设,在每个个别区域内气体达到平衡,而气体整体并不处于平衡. 换句话说,假设每个体积元中的分布函数 f 为局域平衡的,等于对该体积元中所呈现的密度、温度和宏观速度的平衡分布函数 f_0. 这个近似意味着忽略气体中的所有耗散过程(黏性和热传导). 因此方程(5.6)和(5.7)自然地化为对于理想流体的方程,这个可以证明如下.

气体整体以速度 $\boldsymbol{V}$ 运动的区域中的平衡分布与静止气体中的分布仅相差一个伽利略变换;当变换至随气体运动的参考系 K′时,我们得到寻常的玻尔兹曼分布. 这个参考系中分子的速度$\boldsymbol{v}'$与原参考系 K 中的$\boldsymbol{v}$以$\boldsymbol{v}=\boldsymbol{v}'+\boldsymbol{V}$相联系. 我们写出

$$\begin{aligned}\Pi_{\alpha\beta} &= mN\langle v_\alpha v_\beta\rangle = \\ &= mN\langle (V_\alpha + v'_\alpha)(V_\beta + v'_\beta)\rangle = \\ &= mN(V_\alpha V_\beta + \langle v'_\alpha v'_\beta\rangle);\end{aligned}$$

当对$\boldsymbol{v}$的方向求平均时,$V_\alpha v'_\beta$ 和 $V_\beta v'_\alpha$ 的项给出结果为零,因为在参考系 K′中分子速度的一切方向都是等概率的. 根据同样理由,

$$\langle v'_\alpha v'_\beta\rangle = \frac{1}{3}\langle v'^2\rangle\delta_{\alpha\beta}, \tag{5.10}$$

热速度的方均值是$\langle v'^2\rangle = 3T/m$,其中 T 是气体的温度. 最后,因为 NT 等于气体压强 P,我们求得

$$\Pi_{\alpha\beta} = \rho V_\alpha V_\beta + \delta_{\alpha\beta}P, \tag{5.11}$$

这是理想流体中对于动量流密度张量的熟知表达式;用这个张量,方程(5.6)相当于流体力学中的欧拉方程(见第六卷,§7).

为了变换积分(5.9),我们注意到在参考系 K 中分子的能量 ε 与参考系 K′中它的能量 ε'之间的联系是

$$\varepsilon = \varepsilon' + m\boldsymbol{V}\cdot\boldsymbol{v}' + \frac{1}{2}mV^2.$$

将这个表达式和$\boldsymbol{v}=\boldsymbol{v}'+\boldsymbol{V}$代入 $\boldsymbol{q}=N\overline{\varepsilon\boldsymbol{v}}$ 中,在求乘积$\boldsymbol{v}'(\boldsymbol{V}\cdot\boldsymbol{v}')$的平均时应用(5.10),我们有

$$\begin{aligned}\boldsymbol{q} &= N\boldsymbol{V}\left[\frac{mV^2}{2} + \frac{m}{3}\overline{v'^2} + \overline{\varepsilon'}\right] = \\ &= \boldsymbol{V}\left(\frac{\rho V^2}{2} + P + N\overline{\varepsilon'}\right).\end{aligned}$$

但是 $N\overline{\varepsilon'}$是每单位体积气体的热力学内能;而 $N\overline{\varepsilon'}+P$ 是每单位体积气体的热力学焓 W①. 因此,

① 焓的标准符号为 H.——译者注.

$$q = V\left(\frac{\rho V^2}{2} + W\right), \tag{5.12}$$

与流体力学中对于理想流体的能流密度的已知表达式一致(见第六卷,§6).

最后,让我们考虑动理方程中的角动量守恒定律. 这个定律仅严格适用于气体的总角动量,它由分子在其平动运动中的轨道角动量和其内禀转动角动量 $\boldsymbol{M}$ 所组成;总角动量密度由两个积分之和给出:

$$\int [\boldsymbol{r} \times \boldsymbol{p}] f \mathrm{d}\Gamma + \int \boldsymbol{M} f \mathrm{d}\Gamma. \tag{5.13}$$

然而,这两项具有不同数量级. 处于平均距离为 $\bar{r}$ 的两个分子,其相对运动的轨道角动量是 $m\bar{v}\bar{r}$ 的量级,但内禀角动量 $M \sim m\bar{v}d$,后者远小于前者,因为我们总有 $d \ll \bar{r}$.

因此,自然地,玻尔兹曼动理方程相当于就小量 $d/\bar{r}$ 来说,一级量不为零的近似,不能考虑到由于总角动量(5.13)两部分之间的交换所引起的轨道角动量的小变化. 结果是玻尔兹曼方程使气体的总轨道角动量守恒:表达动量守恒的方程 $\int \boldsymbol{p} C(f)\,\mathrm{d}\Gamma = 0$ 必然意味着

$$\int \boldsymbol{r} \times \boldsymbol{p} C(f)\,\mathrm{d}\Gamma = \boldsymbol{r} \times \int \boldsymbol{p} C(f)\,\mathrm{d}\Gamma = 0. \tag{5.14}$$

这个性质的理由是显然的:因为,在玻尔兹曼方程中,认为碰撞是在一点发生的,互相碰撞粒子的轨道角动量之和像其动量之和一样也是守恒的. 为了推导关于轨道角动量变化的方程,有必要考虑到在碰撞时刻分子相互处于有限距离这样的事实所引起的 $d/\bar{r}$ 的高一级项.

然而,平动和转动自由度之间角动量交换的实际过程可以用

$$\frac{\mathrm{d}\mathscr{M}}{\mathrm{d}t} = \int \boldsymbol{M} C(f)\,\mathrm{d}\Gamma \tag{5.15}$$

形式的关系通过玻尔兹曼方程来描述,其中 $\mathscr{M}$ 是分子的内禀角动量密度. 因为两个分子的内禀角动量之和在碰撞中不需要守恒,(5.15)右边一般不为零,而给出 $\mathscr{M}$ 的变化率. 如果通过某种方法在气体中产生不为零的角动量密度,它随后的弛豫将用(5.15)来描述.

§6 微弱不均匀气体的动理方程

为了考虑到微弱不均匀气体中的耗散过程(热传导和黏性),我们必须(超出上节所讨论过的近似而)求助于高一级近似. 我们不再认为气体每个区域中的分布函数就是局域平衡分布 f_0 而认为是 f,并设 f 对 f_0 有微小偏差,且令

$$f = f_0 + \delta f, \quad \delta f = -\frac{\partial f_0}{\partial \varepsilon}\chi(\Gamma) = \frac{1}{T} f_0 \chi, \tag{6.1}$$

其中 δf 是一个小校正($\delta f \ll f_0$). 上述表达形式是适当的,从其中可分出因子 $-\partial f_0/\partial\varepsilon$;对于玻尔兹曼分布,这个导数与 f_0 本身仅相差一个因数 $1/T$. 校正 δf 原则上必须通过求解关于校正的线性化方程而确定①.

函数 χ 不仅必须满足动理方程本身,而且还必须满足某些附加条件. 原因是:f_0 是相应于气体的粒子数密度,能量密度和动量密度(有关体积元中)为给定值的平衡分布函数,即,相应于积分

$$\int f_0 \mathrm{d}\Gamma, \quad \int \varepsilon f_0 \mathrm{d}\Gamma, \quad \int \boldsymbol{p} f_0 \mathrm{d}\Gamma \tag{6.2}$$

为给定值的平衡分布函数. 非平衡分布函数(6.1)必须对这些量给出相同值,即,用 f 和 f_0 时,积分值必须相同. 因此,函数 χ 必须满足条件

$$\int f_0 \chi \mathrm{d}\Gamma = 0, \quad \int f_0 \chi\varepsilon \mathrm{d}\Gamma = 0, \quad \int f_0 \chi \boldsymbol{p} \mathrm{d}\Gamma = 0. \tag{6.3}$$

必须强调指出,在非平衡气体中,即使温度的概念,仅当对积分(6.2)赋予特定值时,才变成明确的. 仅当气体作为整体处于完全平衡时,这个概念才变得完全严格,为了在非平衡气体中定义温度需要有补充条件,它或许是这些值的具体规定.

让我们首先变换动理方程(3.8)中的碰撞积分. 当将函数(6.1)代入时,不含小校正 χ 的项相消,因为平衡分布使碰撞积分为零. 一级项给出

$$C(f) = \frac{f_0}{T} I(\chi), \tag{6.4}$$

其中 $I(\chi)$ 表示线性积分算符:

$$I(\chi) = \int w' f_{01}(\chi' + \chi'_1 - \chi - \chi_1) \mathrm{d}\Gamma_1 \mathrm{d}\Gamma' \mathrm{d}\Gamma'_1. \tag{6.5}$$

这里我们应用了方程 $f_0 f_{01} = f'_0 f'_{01}$;因子 f_0 可以放到积分号外面,因为这里没有对 $\mathrm{d}\Gamma$ 的积分.

我们注意到,对于以下函数:

$$\chi = \mathrm{const}, \quad \chi = \mathrm{const} \cdot \varepsilon, \quad \chi = \boldsymbol{p} \cdot \delta \boldsymbol{V}, \tag{6.6}$$

积分(6.5)恒为零,其中 $\delta\boldsymbol{V}$ 是恒定矢量;对于第二和第三个函数,这个结果是从每次碰撞中能量和动量守恒得出的. 函数(6.6)不依赖于时间和坐标,所以也满足动理方程本身.

这些解的来源是简单的. 动理方程对于具有任何(恒定)粒子密度和温度的平衡分布函数是恒等地得到满足的. 因此,对于当密度改变 δN 引起的小校正

① 动理方程的这个求解方法应归于恩斯库格(D. Enskog(1917)).

$$\delta f=\frac{\partial f_0}{\partial N}\delta N=f_0\,\frac{\delta N}{N},$$

方程也必然得到满足,这给出(6.6)的第一个解. 类似地,对于当温度 T 改变一恒定小量 δT 所引起的增量

$$\delta f=\frac{\partial f_0}{\partial T}\delta T,$$

方程也必然得到满足。导数 $\partial f_0/\partial T$ 由 const $\times f_0$(对 f_0 中归一化因数求导引起的)的一项和正比于 εf_0 的一项构成;这给出(6.6)的第二个解. 第三个解表达伽利略相对性原理;平衡分布函数必须满足任何其它惯性参考系中的动理方程. 当我们变换到相对于原参考系以恒定小速度 $\delta\boldsymbol{V}$ 运动的参考系时,分子的速度$\boldsymbol{v}$变成$\boldsymbol{v}+\delta\boldsymbol{V}$,因此分布函数得到增量

$$\delta f=\frac{\partial f_0}{\partial \boldsymbol{v}}\cdot\delta\boldsymbol{V}=-\frac{f_0}{T}\boldsymbol{p}\cdot\delta\boldsymbol{V},$$

相应于(6.6)的第三个解. 通过应用(6.3)的三个条件排除了(6.6)这样的"寄生"解.

我们将对动理方程的左边以一般方式进行变换,使它适用于热传导和黏性这两种情况. 这就是我们容许气体中出现宏观性质的梯度,包括宏观速度 $\boldsymbol{V}$ 的梯度.

静止气体($\boldsymbol{V}=\boldsymbol{0}$)中的平衡分布函数是玻尔兹曼分布,我们写成

$$f_0=\exp\left(\frac{\mu-\varepsilon(\Gamma)}{T}\right),\tag{6.7}$$

其中 μ 是气体的化学势. 如在 §5 中早已注意到的,运动气体中的分布与(6.7)仅相差速度的伽利略变换. 为了明确地写出这个函数,我们从分子的总能 $\varepsilon(\Gamma)$ 中分出其平动的动能:

$$\varepsilon(\Gamma)=\frac{mv^2}{2}+\varepsilon_{\text{int}};\tag{6.8}$$

内部运动能 ε_{int}包括分子的转动能和振动能. 用$\boldsymbol{v}-\boldsymbol{V}$代替$\boldsymbol{v}$,我们求得运动气体中的玻尔兹曼分布为

$$f_0=\exp\left(\frac{\mu-\varepsilon_{\text{int}}}{T}\right)\exp\left(-\frac{m(\boldsymbol{v}-\boldsymbol{V})^2}{2T}\right).\tag{6.9}$$

在微弱不均匀气体中,由于通过气体时(和时间进程中)其宏观性质:速度 $\boldsymbol{V}$,温度 T 和压强 P(以及化学势 μ)的变化,f_0 依赖于坐标和时间. 因为假设这些量的梯度很小,(在这样的近似下)动理方程左边的 f 用 f_0 代替就足够了.

注意到我们真正感兴趣的动理系数并不依赖于速度 $\boldsymbol{V}$,从而计算可以稍微简化. 因此只要考虑气体中任何一点就够了,所以我们可选择 $\boldsymbol{V}$ 为零(当然,其

导数不为零)的点.

将表达式(6.9)对时间求导数,然后令 $\boldsymbol{V}=0$,我们得到

$$\frac{T}{f_0}\frac{\partial f_0}{\partial t}=\left[\left(\frac{\partial \mu}{\partial T}\right)_P-\frac{\mu-\varepsilon(\Gamma)}{T}\right]\frac{\partial T}{\partial t}+\left(\frac{\partial \mu}{\partial P}\right)_T\frac{\partial P}{\partial t}+m\boldsymbol{v}\cdot\frac{\partial \boldsymbol{V}}{\partial t}.$$

利用熟知的热力学公式,

$$\left(\frac{\partial \mu}{\partial T}\right)_P=-s,\quad \left(\frac{\partial \mu}{\partial P}\right)_T=\frac{1}{N},\quad \mu=w-Ts,$$

其中 w,s 和 $1/N$ 是每个气体粒子的焓、熵和体积,因此

$$\frac{T}{f_0}\frac{\partial f_0}{\partial t}=\frac{\varepsilon(\Gamma)-w}{T}\frac{\partial T}{\partial t}+\frac{1}{N}\frac{\partial P}{\partial t}+m\boldsymbol{v}\cdot\frac{\partial \boldsymbol{V}}{\partial t}. \tag{6.10}$$

类似地①,

$$\frac{T}{f_0}\boldsymbol{v}\cdot\nabla f_0=\frac{\varepsilon(\Gamma)-w}{T}\boldsymbol{v}\cdot\nabla T+\frac{1}{N}\boldsymbol{v}\cdot\nabla P+mv_\alpha v_\beta V_{\alpha\beta}, \tag{6.11}$$

其中为简洁起见,引进

$$V_{\alpha\beta}=\frac{1}{2}\left(\frac{\partial V_\alpha}{\partial x_\beta}+\frac{\partial V_\beta}{\partial x_\alpha}\right),\quad V_{\alpha\alpha}=\nabla\cdot\boldsymbol{V}; \tag{6.12}$$

在(6.11)最后一项中,我们曾作了恒等替换

$$v_\alpha v_\beta\frac{\partial V_\beta}{\partial x_\alpha}=v_\alpha v_\beta V_{\alpha\beta}.$$

动理方程的左边可通过将表达式(6.10)和(6.11)相加而求得。同时,宏观量对时间的所有导数都可通过理想(无黏性和不传热)介质的方程用其空间梯度来表达;这里把耗散项包括在内会导致高阶小量. 在 $V=0$ 的点,欧拉方程给出

$$\frac{\partial \boldsymbol{V}}{\partial t}=-\frac{1}{\rho}\nabla P=-\frac{1}{Nm}\nabla P. \tag{6.13}$$

在同一点,连续性方程给出 $\partial N/\partial t=-N\nabla\cdot\boldsymbol{V}$,或者

$$\frac{1}{N}\frac{\partial N}{\partial t}=\frac{1}{P}\frac{\partial P}{\partial t}-\frac{1}{T}\frac{\partial T}{\partial t}=-\nabla\cdot\boldsymbol{V}, \tag{6.14}$$

这里用了理想气体的物态方程 $N=P/T$. 最后,由熵守恒方程 $\partial s/\partial t+\boldsymbol{V}\cdot\nabla s=0$,给出 $\partial s/\partial t=0$,或者

$$\frac{c_e}{T}\frac{\partial T}{\partial t}-\frac{1}{P}\frac{\partial P}{\partial t}=0, \tag{6.15}$$

其中用了热力学公式

① 公式中下标 $\alpha,\beta,\cdots$ 取值 1,2,3,分别对应于矢量和张量沿 x,y,z 轴的分量. 当一个希腊字母下标在任何一项中出现两次时,总是理解为对所有 1,2,3 的值求和. 这种下标有时称为傀标. ——译者注.

$$\left(\frac{\partial s}{\partial T}\right)_P=\frac{c_p}{T},\quad \left(\frac{\partial s}{\partial P}\right)_T=-\frac{1}{P},$$

这里 c_p 为每个分子的热容量，第二个公式与理想气体有关. 方程(6.14)和(6.15)给出

$$\frac{1}{T}\frac{\partial T}{\partial t}=-\frac{1}{c_v}\nabla\cdot\boldsymbol{V},\quad \frac{1}{P}\frac{\partial P}{\partial t}=-\frac{c_p}{c_v}\nabla\cdot\boldsymbol{V} \tag{6.16}$$

(因为对于理想气体 $c_p-c_v=1$).

通过简易计算即可得到

$$\frac{\partial f_0}{\partial t}+\boldsymbol{v}\cdot\nabla f_0=\frac{f_0}{T}\left\{\frac{\varepsilon(\Gamma)-w}{T}\boldsymbol{v}\cdot\nabla T+ +mv_\alpha v_\beta V_{\alpha\beta}+\frac{w-Tc_p-\varepsilon(\Gamma)}{c_v}\nabla\cdot\boldsymbol{V}\right\}. \tag{6.17}$$

必须着重指出，关于热力学量对温度的依赖关系，迄今没有作任何特定假设；仅仅应用过理想气体的一般物态方程. 对于分子具有经典转动而振动未激发的气体的情况，热容量不依赖于温度，而焓是①

$$w=c_pT. \tag{6.18}$$

于是(6.17)中最后一项可以简化；令(6.17)与(6.4)相等，我们写出动理方程的最后形式为

$$\frac{\varepsilon(\Gamma)-c_pT}{T}\boldsymbol{v}\cdot\nabla T+\left[mv_\alpha v_\beta-\delta_{\alpha\beta}\frac{\varepsilon(\Gamma)}{c_v}\right]V_{\alpha\beta}=I(\chi). \tag{6.19}$$

在以下两节中，将就热传导和黏性问题而对这个方程作进一步研究.

根据熵增加原理，(不存在温度和速度梯度的情况下)压强梯度并不导致耗散过程(比较第六卷，§49). 在动理方程中，这个条件必然是满足的，如(6.19)左边不存在压强梯度所显示的.

§7　气体中的热传导

为了计算气体的热导率，我们必须求解带有温度梯度的动理方程. 在(6.19) 的左边仅保留首项，我们有

$$\frac{\varepsilon(\Gamma)-c_pT}{T}\boldsymbol{v}\cdot\nabla T=I(\chi). \tag{7.1}$$

现在要寻求下列形式的解：

$$\chi=\boldsymbol{g}\cdot\nabla T, \tag{7.2}$$

其中矢量 $\boldsymbol{g}$ 仅依赖于量 Γ，因为将其代入(7.1)后，结果方程两边都有因子∇T.

① 假设分子的能量 $\varepsilon(\Gamma)$以其最低值为起点量度；相应地，略去了 w 中与温度无关的相加常量。

既然方程对任何矢量∇T都必须成立，方程两边∇T的系数必须相等，从而我们得到对于$\boldsymbol{g}$的方程

$$\boldsymbol{v}\frac{\varepsilon(\Gamma)-c_pT}{T}=I(\boldsymbol{g}), \tag{7.3}$$

它并不含有∇T（从而不含有对坐标的任何明显依赖关系）.

函数χ还必须满足条件(6.3). 对于(7.2)形式的χ，(6.3)的头两个条件必然是满足的，这由下列事实显然可以看出：方程(7.3)不含有任何这样的矢量参量，它们会给出恒定矢量方向，即积分$\int f_0\boldsymbol{g}\mathrm{d}\Gamma$和$\int f_0\varepsilon\boldsymbol{g}\mathrm{d}\Gamma$的方向. 第三个条件对(7.3)的解强加一个补充条件：

$$\int f_0\boldsymbol{v}\cdot\boldsymbol{g}\mathrm{d}\Gamma=0. \tag{7.4}$$

如果动理方程已经解出，函数χ已知，则热导率可以通过计算能流而确定，确切地说，通过能流的耗散部分来确定. 这部分不是简单归因于运流的能量传递，我们将用$\boldsymbol{q}'$来表示. 气体中不存在宏观运动时，$\boldsymbol{q}'$等于积分(5.9)所给出的总能流$\boldsymbol{q}$. 当$f=f_0$时，这个积分恒等于零，因为对$\boldsymbol{v}$的方向积分为零的缘故. 因此，将(6.1)的f代入，剩下的是

$$\boldsymbol{q}=\frac{1}{T}\int\boldsymbol{v}f_0\chi\varepsilon\mathrm{d}\Gamma=\frac{1}{T}\int f_0\varepsilon\boldsymbol{v}(\boldsymbol{g}\cdot\nabla T)\mathrm{d}\Gamma,$$

或者用分量写出得

$$q_\alpha=-\kappa_{\alpha\beta}\frac{\partial T}{\partial x_\beta},\quad \kappa_{\alpha\beta}=-\frac{1}{T}\int f_0\varepsilon v_\alpha g_\beta\mathrm{d}\Gamma. \tag{7.5}$$

因为处于平衡的气体是各向同性的，其中没有任何从尤方向，张量$\kappa_{\alpha\beta}$只能用单位张量$\delta_{\alpha\beta}$表达，即它简化为一个标量：

$$\kappa_{\alpha\beta}=\kappa\delta_{\alpha\beta},\qquad \kappa=\kappa_{\alpha\alpha}/3.$$

因此能流是

$$\boldsymbol{q}=-\kappa\nabla T, \tag{7.6}$$

其中标量热导率是

$$\kappa=-\frac{1}{3T}\int f_0\varepsilon\boldsymbol{v}\cdot\boldsymbol{g}\mathrm{d}\Gamma. \tag{7.7}$$

动理方程必然使这个量为正（见§9）：能流$\boldsymbol{q}$必然与温度梯度的方向相反.

在单原子气体中，速度$\boldsymbol{v}$是函数$\boldsymbol{g}$所依赖的唯一矢量；因此，显然的是这个函数必须具有下列形式

$$\boldsymbol{g}=\frac{\boldsymbol{v}}{v}g(v) \tag{7.8}$$

在多原子气体中，$\boldsymbol{g}$依赖于两个矢量：速度$\boldsymbol{v}$和角动量$\boldsymbol{M}$. 如果分子的对称

性不容许立体异构现象，碰撞积分是反演不变的，因而方程(7.3)也是反演不变的；类似的解χ也必须是反演不变的．换句话说，$\chi=\boldsymbol{g}\cdot\nabla T$必须是一个真标量，同时因为$\nabla T$是一个真矢量；所以函数$\boldsymbol{g}$也必须是真矢量．例如，在双原子气体中，量$\Gamma$恰好是$\boldsymbol{v}$和$\boldsymbol{M}$，函数$\boldsymbol{g}(\Gamma)$具有形式

$$\boldsymbol{g}=\boldsymbol{v}g_1+\boldsymbol{M}(\boldsymbol{v}\cdot\boldsymbol{M})g_2+(\boldsymbol{v}\times\boldsymbol{M})g_3, \tag{7.9}$$

其中g_1,g_2,g_3是标量变量$\boldsymbol{v}^2,\boldsymbol{M}^2,(\boldsymbol{v}\cdot\boldsymbol{M})^2$的标量函数；这是从真矢量$\boldsymbol{v}$和赝矢量$\boldsymbol{M}$所能构造的真矢量的最一般形式．①

然而，如果物质是立体异构体，没有任何反演不变性：如在§2中早已提到过的，反演于是将气体“变换”为基本上不同的物质．因此，函数χ也可能包含赝标量项，而函数$\boldsymbol{g}$也可能包含赝矢量项(例如，形式为$g_4\boldsymbol{M}$的项)．

求解动理方程(以f接近于f_0的假设为基础)的上述方法，其适用条件可通过按(3.12)估计碰撞积分而弄清楚．一个分子的平均能量是$\bar{\varepsilon}\sim T$，因而对(7.3)两边的估计给出$\bar{v}\sim g/\tau\sim g\bar{v}/l$，由此$g\sim l$．因此，条件$\chi/T\sim g|\nabla T|/T\ll1$(相当于$\delta f\ll f_0$)表明温度经历显著变化的距离$L(|\nabla T|\sim T/L)$必须远大于$l$．换句话说，(6.1)形式的函数乃是按小比值$l/L$的幂展开时动理方程级数展开解的首项．

用$g\sim l$对(7.7)的估计给出

$$\kappa\sim cNl\bar{v}, \tag{7.10}$$

其中c是气体每个分子的热容．这是气体动理学理论中众所周知的基本公式(见36页的脚注②)．令$l\sim1/N\sigma, c\sim1$和$\bar{v}\sim\sqrt{(T/m)}$，我们有

$$\kappa\sim\frac{1}{\sigma}\sqrt{\frac{T}{m}}. \tag{7.11}$$

在这个估计中，截面σ与分子的平均热速率有关，而在这种意义上可认为是温度的函数．截面一般随速率的增加而减小，因此，σ是温度的减函数．当温度不太低时，气体分子定性上表现得像硬弹性粒子，仅当它们直接碰撞时才发生相互作用．这种类型相互作用相当于随速率(因此随温度)仅略微变化的碰撞截面．在这些条件下，κ近似正比于$\sqrt{T}$．

在给定温度，由(7.11)看出热导率不依赖于气体密度，亦即，不依赖于压强．必须强调，这个重要性质与用以作出估计的假设无关，而是玻尔兹曼动理方程的一个严格推论；由于这个方程仅考虑到分子间的对碰撞(因此，平均自由程反比于气体密度)的结果．

---

① 对于转动分子气体，玻尔兹曼方程的解最早是由卡甘和阿法纳斯耶夫(Ю. М. Каган, А. М. Афанасьев(1961))讨论的．

§8　气体中的黏性

气体的黏度①可以类似于求热导率那样通过动理方程来计算. 唯一差别是产生对平衡的偏差的原因不是温度梯度,而是气流在宏观运动速度 $\boldsymbol{V}$ 方面的不均匀性. 这里再次假设问题的特征尺度 $L \gg l$.

众所周知,存在两类黏性,相应系数通常用 η 和 ζ 来表示. 它们被定义为黏性应力张量 $\sigma'_{\alpha\beta}$中的系数,$\sigma'_{\alpha\beta}$形成动量流密度张量的一部分:

$$\Pi_{\alpha\beta} = P\delta_{\alpha\beta} + \rho V_\alpha V_\beta - \sigma'_{\alpha\beta}, \tag{8.1}$$

$$\sigma'_{\alpha\beta} = 2\eta\left(V_{\alpha\beta} - \frac{1}{3}\delta_{\alpha\beta}\nabla\cdot\boldsymbol{V}\right) + \zeta\delta_{\alpha\beta}\nabla\cdot\boldsymbol{V}, \tag{8.2}$$

其中 $V_{\alpha\beta}$由(6.12)定义(见第六卷,§15). 在不可压缩流体中,仅出现黏度 η. "第二黏度"ζ 在$\nabla\cdot\boldsymbol{V}\neq 0$ 的运动中出现. 方便的是分别计算这两个系数.

从一般动理方程(6.19)中省略温度梯度项,我们可以写出

$$mv_\alpha v_\beta\left(V_{\alpha\beta} - \frac{1}{3}\delta_{\alpha\beta}\nabla\cdot\boldsymbol{V}\right) + \left(\frac{mv^2}{3} - \frac{\varepsilon(\Gamma)}{c_v}\right)\nabla\cdot\boldsymbol{V} = I(\chi), \tag{8.3}$$

其中在左边已将含有第一黏度和第二黏度的项分开. 在计算第一黏度时,我们必须假设$\nabla\cdot\boldsymbol{V}=0$. 所得到的方程可以恒等地重新写成

$$m\left(v_\alpha v_\beta - \frac{1}{3}\delta_{\alpha\beta}v^2\right)V_{\alpha\beta} = I(\chi), \tag{8.4}$$

其中左边两个张量因子具有零迹.

现在来求这个方程的下列形式的解:

$$\chi = g_{\alpha\beta}V_{\alpha\beta}, \tag{8.5}$$

其中 $g_{\alpha\beta}(\Gamma)$是一对称张量;因为迹 $V_{\alpha\alpha}=0$,通过对 $g_{\alpha\beta}$加上含 $\delta_{\alpha\beta}$的项总可以保证 $g_{\alpha\alpha}=0$ 而不改变χ. 关于 $g_{\alpha\beta}$的方程是

$$m\left(v_\alpha v_\beta - \frac{1}{3}\delta_{\alpha\beta}v^2\right) = I(g_{\alpha\beta}). \tag{8.6}$$

补充条件(6.3)必然自动满足.

动量流作为积分(5.8)由分布函数计算. 所需求的动量流部分,即黏性应力张量是

$$\sigma'_{\alpha\beta} = -\frac{m}{T}\int v_\alpha v_\beta f_0\chi\,\mathrm{d}\Gamma = \eta_{\alpha\beta\gamma\delta}V_{\gamma\delta}, \tag{8.7}$$

$$\eta_{\alpha\beta\gamma\delta} = -\frac{m}{T}\int f_0 v_\alpha v_\beta g_{\gamma\delta}\,\mathrm{d}\Gamma. \tag{8.8}$$

量 $\eta_{\alpha\beta\gamma\delta}$形成一个四阶张量,对下标对 α,β 和 γ,δ 为对称,而 γ,δ 对的缩并给

① 黏度,亦称黏性系数. ——译者注.

出零. 由于气体是各向同性的,这个张量只能用单位张量 $\delta_{\alpha\beta}$来表达. 满足这些条件的表达式是

$$\eta_{\alpha\beta\gamma\delta}=\eta\left[\delta_{\alpha\gamma}\delta_{\beta\delta}+\delta_{\alpha\delta}\delta_{\beta\gamma}-\frac{2}{3}\delta_{\alpha\beta}\delta_{\gamma\delta}\right].$$

于是 $\sigma'_{\alpha\beta}=2\eta V_{\alpha\beta}$,所以 η 是所需求的标量黏度. 它通过将张量按下标对 α,γ 和 β,δ 的缩并来确定:

$$\eta=-\frac{m}{10T}\int v_\alpha v_\beta g_{\alpha\beta}f_0\,\mathrm{d}\Gamma. \tag{8.9}$$

在单原子气体中,$g_{\alpha\beta}$仅是矢量$\boldsymbol{v}$ 的函数. 具有零迹的这种对称张量,其一般形式是

$$g_{\alpha\beta}=\left(v_\alpha v_\beta-\frac{1}{3}\delta_{\alpha\beta}v^2\right)g(v), \tag{8.10}$$

带有单一标量函数 $g(v)$. 在多原子气体中,张量 $g_{\alpha\beta}$由许多变量,包括两个矢量$\boldsymbol{v}$和 $\boldsymbol{M}$ 组成. 不存在立体异构性的情况下,$g_{\alpha\beta}$可以仅包括真张量项,在立体异构性气体中,赝张量项也是可能的.

黏度的一个估计,类似关于热导率估计(7.10),给出气体动理学理论中熟知的初级公式

$$\eta\sim m\bar{v}Nl; \tag{8.11}$$

见对 36 页的脚注②. 我们发现,温度传导率和运动黏度原来具有相同量级:

$$\kappa/(Nc_p)\sim\eta/(Nm)\sim\bar{v}l. \tag{8.12}$$

在(8.11)中令 $l\sim1/N\sigma$ 和 $\bar{v}\sim(T/m)^{1/2}$,我们得到

$$\eta\sim\sqrt{mT}/\sigma. \tag{8.13}$$

§7 中关于 κ 对压强和温度的依存关系的描述也完全适用于黏度 η 的情况.

为了计算第二黏度,我们必须选择动理方程(8.3)左边第二项不为零的情况:

$$\left(\frac{mv^2}{3}-\frac{\varepsilon(\Gamma)}{c_v}\right)\nabla\cdot\boldsymbol{V}=I(\chi). \tag{8.14}$$

我们将寻求下列形式的解:

$$\chi=g\,\nabla\cdot\boldsymbol{V}, \tag{8.15}$$

对于函数 g 得到下列方程:

$$\frac{mv^2}{3}-\frac{\varepsilon(\Gamma)}{c_v}=I(g). \tag{8.16}$$

计算应力张量并与表达式 $\zeta\delta_{\alpha\beta}\nabla\cdot\boldsymbol{V}$ 比较,给出第二黏度为

$$\zeta=-\frac{m}{3T}\int v^2gf_0\,\mathrm{d}\Gamma. \tag{8.17}$$

在单原子气体中，$\varepsilon(\Gamma)=\frac{1}{2}mv^2$，$c_v=3/2$，从而(8.16)左边为零. 由方程 $I(g)=0$，于是表明 $g=0$，从而 $\zeta=0$. 因此，我们得出结论：单原子气体的第二黏度为零.①

习　题

对于极端相对论性粒子组成的气体. 证明其第二黏度为零(И. М. Халатников, 1955).

解：在参考系 K 中. 气体以(非相对论性)速度 $\boldsymbol{V}$ 运动. 一个相对论性粒子的能量为 ε. 在气体静止的坐标系 K′中. 粒子的能量为 ε'. 两者的关系为 $\varepsilon'=\varepsilon-\boldsymbol{p}\cdot\boldsymbol{V}$，其中 $\boldsymbol{p}$ 是粒子在参考系 K 中的动量，这是洛伦兹变换公式. 其中高于 $\boldsymbol{V}$ 一阶的项省略了. 在参考系 K 中的分布函数是 $f_0(\varepsilon-\boldsymbol{p}\cdot\boldsymbol{V})$，其中 $f_0(\varepsilon')$ 是玻尔兹曼分布.

仅考虑黏度时，我们可以立即假设除速度 $\boldsymbol{V}$ 的梯度外，其它所有宏观量的梯度都为零，并且 $\partial\boldsymbol{V}/\partial t=0$，而(6.10)中最后一项变为零②. 在(6.11)中. 开头两项也不存在. 而第三项变为

$$\boldsymbol{v}\cdot\nabla(\boldsymbol{p}\cdot\boldsymbol{V})=v_\alpha p_\beta\frac{\partial V_\beta}{\partial x_\alpha}=v_\alpha p_\beta V_{\alpha\beta};$$

$\boldsymbol{v}$ 和 $\boldsymbol{p}$ 的方向相同，所以 $p_\alpha v_\beta=p_\beta v_\alpha$. §6 中所用形式的连续性方程和熵守恒方程，在相对论性气体的(以小速度 $\boldsymbol{V}$)运动中仍保持有效. 因此，公式(6.16)也保持有效. 于是动理方程变成

$$\left(v_\alpha p_\beta-\delta_{\alpha\beta}\frac{\varepsilon}{c_v}\right)V_{\alpha\beta}=I(\chi).$$

在第二黏度的问题中，我们必须令 $V_{\alpha\beta}=\frac{1}{3}\delta_{\alpha\beta}\nabla\cdot\boldsymbol{V}$，于是

$$\left(\frac{vp}{3}-\frac{\varepsilon}{c_v}\right)\nabla\cdot\boldsymbol{V}=I(\chi).$$

在极端相对论性气体中，$v\approx c$，$\varepsilon=cp$，而热容 $c_v=3$(见第五卷，§44，习题)；于是方程左边为零，因此 χ 为零.

---

① 必须强调这些气体是在气态参量 Nd^3 对应于玻尔兹曼方程的近似下进行处理的(在此近似下 η 不依赖于密度). 在高阶近似下("位力展开"中随后的项；见 §18)，的确出现非零黏度 ζ. 另外的重要点是粒子能量对动量的平方依赖关系：在相对论性"单原子"气体中. 第二黏度已不为零(虽然它在另一极限情况，极端相对论性情况下重新变为零，见习题).

② 为避免误解，可以提及相对论性气体中压强梯度对热传导能流有贡献(见第六卷，§126).

§9 动理系数的对称性

对于稍微偏离平衡的系统,热导率和黏度属于控制其弛豫过程的量. 这些量称为动理系数①,满足昂萨格对称原理②. 这个原理可以一般形式予以确立,无需讨论特殊弛豫机理. 然而,在根据动理方程对动理系数的特定计算中,对称原理并不产生强加于方程的求解的任何额外条件. 在这种计算中,对称原理的必要条件必然是满足的. 查看一下这个如何发生是有益的.

在昂萨格原理的一般表述中(见第五卷,§120),出现一组描述系统对平衡偏差的量 x_a 和一组与这些是"热力学共轭"的量 $X_a = -\partial S/\partial x_a$(其中 S 是系统的熵). 对于稍微偏离平衡的系统,其弛豫过程由确定 x_a 的变率作为 X_a 的线性函数的方程组描述:

$$\dot{x}_a = -\sum_b \gamma_{ab} X_b, \tag{9.1}$$

其中 γ_{ab} 是动理系数. 根据昂萨格原理,如果 x_a 和 x_b 在时间反演下表现相同,则有

$$\gamma_{ab} = \gamma_{ba}. \tag{9.2}$$

这时熵的变率给出为二次型:

$$\dot{S} = -\sum_a X_a \dot{x}_a = \sum_{a,b} \gamma_{ab} X_a X_b. \tag{9.3}$$

这些表达式中的第一个对于确立 $\dot{x}_a$ 和 X_a 之间的对应关系来说通常是方便的.

对于热导率的情况,我们取(介质中任意给定点的)耗散热流矢量的分量 q'_α 作为"速率"$\dot{x}_a$;下标 a 于是与矢量下标 α 相同. 对应量 X_a 是导数 $T^{-2}\partial T/\partial x_a$(见第九卷,§88). 方程(9.1)对应于 $q'_\alpha = -\kappa_{\alpha\beta}\partial T/\partial x_\beta$,所以动理系数 γ_{ab} 是量 $T^2\kappa_{\alpha\beta}$. 按照昂萨格原理,我们应该有 $\kappa_{\alpha\beta} = \kappa_{\beta\alpha}$.

类似地,对于黏度的情况,我们取黏性动量流张量的分量 $\sigma'_{\alpha\beta}$ 作为 $\dot{x}_a$;对应的 X_a 是 $-V_{\alpha\beta}/T$(这里下标 a 与张量下标对 $\alpha\beta$ 一致). 方程(9.1)对应于 $\sigma'_{\alpha\beta} = \eta_{\alpha\beta\gamma\delta}V_{\gamma\delta}$,而动理系数是 $T\eta_{\alpha\beta\gamma\delta}$. 按照昂萨格原理,我们必须有 $\eta_{\alpha\beta\gamma\delta} = \eta_{\gamma\delta\alpha\beta}$.

在前两节中所考虑的气体的热传导和黏性的问题中,张量 $\kappa_{\alpha\beta}$ 和 $\eta_{\alpha\beta\gamma\delta}$ 的对称性已是介质各向同性的必然结果,不论动理方程的解如何. 然而,我们将证明这种对称性也会从动理方程的解得出,而不论气体是否各向同性.

对于微弱不均匀气体中的热传导和黏性问题,求解程序是寻求对平衡分布函数的下列形式的校正:

$$\chi = \sum_a g_a(\Gamma) X_a, \tag{9.4}$$

① 本书从俄文版译为动理系数,通常称为输运系数.——译者注.

② 非平衡热力学中,一般称为唯象系数和昂萨格倒易关系.——译者注.

对函数 g_a 得到下列形式的方程：

$$L_a = I(g_a). \tag{9.5}$$

关于量 L_a，对热传导的情况是矢量的分量

$$T[\varepsilon(\Gamma) - c_p T] v_a,$$

而对黏性的情况，则是张量的分量

$$-T\left[m v_\alpha v_\beta - \frac{\varepsilon(\Gamma)}{c_v}\delta_{\alpha\beta}\right]$$

（比较(6.19)）. 方程(9.5)的解还必须满足下列补充条件：

$$\int f_0 g_a \mathrm{d}\Gamma = 0, \quad \int f_0 g_a \varepsilon \mathrm{d}\Gamma = 0, \quad \int f_0 g_a \boldsymbol{p} \mathrm{d}\Gamma = 0.$$

考虑到这些条件，动理系数 γ_{ab} 可以写成下列积分形式：

$$T^2 \gamma_{ab} = -\int f_0 L_a g_b \mathrm{d}\Gamma. \tag{9.6}$$

于是对称性 $\gamma_{ab} = \gamma_{ba}$ 的证明归结为要证明下列积分等式：

$$\int f_0 L_a g_b \mathrm{d}\Gamma = \int f_0 L_b g_a \mathrm{d}\Gamma. \tag{9.7}$$

这个证明根据于线性化算符 I 的“自共轭”性质，它可得出如下.

让我们考虑积分

$$\int f_0 \varphi I(\psi) \mathrm{d}\Gamma = \int f_0 f_{01} w' \varphi(\psi' + \psi'_1 - \psi - \psi_1) \mathrm{d}^4\Gamma,$$

其中 $\psi(\Gamma)$ 和 $\phi(\Gamma)$ 是变量 Γ 的任何两个函数. 因为积分是对所有变量 $\Gamma, \Gamma_1, \Gamma', \Gamma'_1$ 进行的，不管怎样给这些变量重新命名（如在 §4 中所做那样）都不会影响积分的值. 我们先作变换 $\Gamma, \Gamma' \leftrightarrow \Gamma_1, \Gamma'_1$，然后在这样所得到的两个形式中，对每一个再作进一步的变换 $\Gamma, \Gamma_1 \leftrightarrow \Gamma', \Gamma'_1$. 所有这四个表达式之和给出

$$\int f_0 \varphi I(\psi) \mathrm{d}\Gamma = \frac{1}{4}\int f_0 f_{01} [w'(\varphi + \varphi_1) - w(\varphi' + \varphi'_1)] \times$$
$$\times [(\psi' + \psi'_1) - (\psi + \psi_1)] \mathrm{d}^4\Gamma; \tag{9.8}$$

记号 w 和 w' 如在(3.5)中那样. 现在让我们考虑一个类似积分；其中 $\psi(\Gamma)$ 和 $\varphi(\Gamma)$ 分别由 $\varphi(\Gamma^{\mathrm{T}})$ 和 $\psi(\Gamma^{\mathrm{T}})$ 代替（w 和 w' 没有变化！）. 在这个积分中进行变换 $\Gamma^{\mathrm{T}}, \Gamma_1^{\mathrm{T}}, \cdots \to \Gamma, \Gamma_1, \cdots$，并利用细致平衡原理(2.3)，我们有

$$\int f_0 \psi^{\mathrm{T}} I(\varphi^{\mathrm{T}}) \mathrm{d}\Gamma = \frac{1}{4}\int f_0 f_{01} [w(\psi + \psi_1) - w'(\psi' + \psi'_1)] \times$$
$$\times [(\varphi' + \varphi'_1) - (\varphi + \varphi_1)] \mathrm{d}^4\Gamma \tag{9.9}$$

（其中已经应用了 $f_0(\Gamma^{\mathrm{T}}) = f_0(\Gamma)$）. 将(9.8)和(9.9)中的方括号展开，并对相应项进行比较，我们看到两个积分是相等的. 在进行比较时，必须考虑到么正性关系(2.9)，它给出，例如

$$\int f_0 f_{01} w(\psi+\psi_1)(\varphi+\varphi_1)\,\mathrm{d}^4\Gamma = \int f_0 f_{01} w'(\psi+\psi_1)(\varphi+\varphi_1)\,\mathrm{d}^4\Gamma$$

(这里将关系式(2.9)应用到对变量 Γ' 和 Γ'_1 的积分,被积表达式中仅有 w 和 w' 依赖于它们).

因此我们得到等式

$$\int f_0 \varphi I(\psi)\,\mathrm{d}\Gamma = \int f_0 \psi^{\mathrm{T}} I(\varphi^{\mathrm{T}})\,\mathrm{d}\Gamma. \tag{9.10}$$

我们注意到,如果细致平衡原理以其简单形式(2.8),$w=w'$成立,则(9.10)简化至算符 I 的原义自共轭:

$$\int f_0 \varphi I(\psi)\,\mathrm{d}\Gamma = \int f_0 \psi I(\varphi)\,\mathrm{d}\Gamma, \tag{9.11}$$

其中两个积分都包含相同变量 Γ 的函数 φ 和 ψ(当 $w=w'$时根据表达式(9.8)这是立即显而易见的).

回到动理系数,我们在(9.7)第一个积分中作变换 $\Gamma\to\Gamma^{\mathrm{T}}$,并注意到

$$L_a(\Gamma^{\mathrm{T}}) = \pm L_a(\Gamma), \tag{9.12}$$

上面和下面的符号分别与黏度和热导率相对应. 我们现在应用关系式(9.5)和(9.10). 在(9.10)中,我们可以用对 Γ^{T}积分来代替对 Γ 的积分;这显然并不影响积分值. 我们有

$$\int f_0 g_b L_a \mathrm{d}\Gamma = \pm\int f_0 g_b^{\mathrm{T}} I(g_a)\,\mathrm{d}\Gamma^{\mathrm{T}} =$$

$$= \pm\int f_0 g_a^{\mathrm{T}} I(g_b)\,\mathrm{d}\Gamma^{\mathrm{T}} = \pm\int f_0 g_a^{\mathrm{T}} L_b(\Gamma)\,\mathrm{d}\Gamma^{\mathrm{T}}.$$

现在在右边作变换 $\Gamma^{\mathrm{T}}\to\Gamma$,并考虑到(9.12),我们就可得到所需求的结果(9.7).

动理系数也必须满足从熵增加原理得出的条件;特别是,“对角”系数 γ_{aa}必须为正. 因为动理方程保证了熵增加,当动理系数是由该方程计算出时,自然就必定满足这些条件.

熵增加可用不等式表达为

$$-\int \ln f\cdot C(f)\,\mathrm{d}\Gamma > 0$$

(见§4). 这里用

$$f=f_0\left(1+\frac{\chi}{T}\right),\quad C(f)=\frac{f_0}{T}I(\chi)$$

代入,我们有

$$-\int \ln f_0 C(f)\,\mathrm{d}\Gamma - \frac{1}{T}\int f_0 \ln\left(1+\frac{\chi}{T}\right) I(\chi)\,\mathrm{d}\Gamma > 0.$$

第一个积分恒等于零;在第二个积分中,因为 χ 很小,$\ln(1+\chi/T)\approx\chi/T$,所以我

们求得

$$-\int f_0 \chi I(\chi)\,\mathrm{d}\Gamma > 0. \tag{9.13}$$

这个不等式保证了动理系数的必要性质. 特别是,当$\chi = g_a$时,它表达了 γ_{aa}为正的事实.

§10　动理方程的近似解

由于分子(尤其是多原子分子)相互作用定律(它确定碰撞积分中的函数w)的复杂性,对于具体气体来说,实际上甚至不能以严格形式写出其玻尔兹曼方程. 而且,即使在作出关于分子相互作用性质的某些简单假设的条件下,由于动理方程数学结构的复杂性,一般不可能以严格解析形式进行求解;甚至连线性化方程也属于此情况. 因此,关于求玻尔兹曼方程近似解的相当有效方法,在气体动理学理论中具有特殊意义. 这里将应用于单原子气体的这种方法的原理阐述如下(S. Chapman,1916).

我们首先考虑热传导问题. 对于单原子气体,分子热容 $c_p = 5/2$,线性化方程(7.3)变成

$$-\boldsymbol{v}\left(\frac{5}{2} - \beta v^2\right) = I(\boldsymbol{g}), \tag{10.1}$$

其中 $\beta = m/(2T)$;线性积分算符 $I(\boldsymbol{g})$由

$$I(\boldsymbol{g}) = \iint v_{\mathrm{r}} f_{01}(\boldsymbol{g}' + \boldsymbol{g}'_1 - \boldsymbol{g} - \boldsymbol{g}_1)\,\mathrm{d}^3p_1\,\mathrm{d}\sigma \tag{10.2}$$

定义,相当于碰撞积分(3.9),而平衡分布函数是①

$$f_0(\boldsymbol{v}) = \frac{N\beta^{3/2}}{m^3\pi^{3/2}}\mathrm{e}^{-\beta v^2}. \tag{10.3}$$

近似求解方程(10.1)的一种有效方法是以将所求函数用互相正交函数的完备组进行展开为基础的,索宁多项式作为正交函数可能具有特殊优点(D. Burnett,1935). 索宁多项式由下列公式②

$$\mathrm{S}_r^s(x) = \frac{1}{s!}\mathrm{e}^x x^{-r}\frac{\mathrm{d}^s}{\mathrm{d}x^s}\mathrm{e}^{-x}x^{r+s} \tag{10.4}$$

定义,其中 r 是任何数,s 是正整数或零. 特别是,

$$\mathrm{S}_r^0 = 1, \quad \mathrm{S}_r^1(x) = r + 1 - x. \tag{10.5}$$

---

① 分布函数到处被认为定义于动量空间. 然而,这并不妨碍为了方便起见把它用速度$\boldsymbol{v} = \boldsymbol{p}/m$ 来表达.

② 它们与广义拉盖尔多项式仅相差归一化和附标的编号:

$$\mathrm{S}_r^s(x) = \frac{(-1)^r}{(r+s)!}\mathrm{L}_{r+s}^r(x).$$

对于给定 r 和不同 s,这些多项式的正交性质是

$$\int_0^\infty e^{-x}x^r S_r^s(x)S_r^{s'}(x)\,dx=\frac{\Gamma(r+s+1)}{s!}\delta_{ss'}. \tag{10.6}$$

我们将寻求(10.1)的解为展开式

$$\boldsymbol{g}(\boldsymbol{v})=\frac{\beta}{N}\boldsymbol{v}\sum_{s=1}^{\infty}A_s S_{3/2}^s(\beta v^2). \tag{10.7}$$

通过略去 $s=0$ 的项,我们自动满足(7.4)的积分为零的条件,因为具有 $s=0$ 和 $s\neq0$ 的多项式是正交的. (10.1)左边括号中的表达式是多项式 $S_{3/2}^1(\beta v^2)$,因此这个方程变成

$$-\boldsymbol{v}S_{3/2}^1(\beta v^2)=\frac{\beta}{N}\sum_{s=1}^{\infty}A_s I(\boldsymbol{v}S_{3/2}^s). \tag{10.8}$$

以$\boldsymbol{v}f_0(v)S_{3/2}^l(\beta v^2)$对两边进行标乘并对 d^3p 积分,我们得到一组代数方程

$$\sum_{s=1}^{\infty}a_{ls}A_s=\frac{15}{4}\delta_{l1},\quad l=1,2,\cdots, \tag{10.9}$$

其中

$$a_{ls}=-\frac{\beta^2}{N^2}\int f_0\boldsymbol{v}\cdot S_{3/2}^l I(\boldsymbol{v}S_{3/2}^s)\,d^3p=\frac{\beta^2}{4N^2}\{\boldsymbol{v}S_{3/2}^l,\boldsymbol{v}S_{3/2}^s\}, \tag{10.10}$$

这里采用了下列记号:

$$\{F,G\}=\int f_0(v)f_0(v_1)\,|\boldsymbol{v}-\boldsymbol{v}_1|\,\Delta(F)\Delta(G)\,d^3p\,d^3p_1\,d\sigma, \tag{10.11}$$

$$\Delta(F)=F(\boldsymbol{v}')+F(\boldsymbol{v}'_1)-F(\boldsymbol{v})-F(\boldsymbol{v}_1).$$

(10.9)中没有 $l=0$ 的方程,因为,由于动量守恒:$\Delta(\boldsymbol{v}S_{3/2}^0)=\Delta(\boldsymbol{v})=0$,而有 $a_{0s}=0$. 热导率可通过将(10.7)代入积分(7.7)而予以计算. 条件(7.4)表明这个积分(具有 $\varepsilon=\frac{1}{2}mv^2$)可以写成下列形式

$$\kappa=-\frac{1}{3}\int f_0 S_{3/2}^1(\beta v^2)\boldsymbol{v}\cdot\boldsymbol{g}\,d^3p,$$

结果是

$$\kappa=\frac{5}{4}A_1. \tag{10.12}$$

方程组(10.9)右边和表达式(10.12)的简单性,显示出用索宁多项式进行展开的优点.

对于黏度的计算是完全类似的. 我们寻求(8.6)的下列形式的解:

$$g_{\alpha\beta}=-\frac{\beta^2}{N^2}\left(v_\alpha v_\beta-\frac{1}{3}v^2\delta_{\alpha\beta}\right)\sum_{s=0}^{\infty}B_s S_{5/2}^s(\beta v^2). \tag{10.13}$$

代入(8.6)并乘以

$$f_0(v)\mathrm{S}_{5/2}^{l}(\beta v^2)\left(v_\alpha v_\beta-\frac{1}{3}v^2\delta_{\alpha\beta}\right),$$

和对 d^3p 积分导致方程组

$$\sum_{s=0}^{\infty} b_{ls}B_s=5\delta_{l0},\quad l=0,1,2,\cdots,\tag{10.14}$$

其中

$$b_{ls}=\frac{\beta^2}{N^2}\left\{\left(v_\alpha v_\beta-\frac{v^2}{3}\delta_{\alpha\beta}\right)\mathrm{S}_{5/2}^{l},\left(v_\alpha v_\beta-\frac{v^2}{3}\delta_{\alpha\beta}\right)\mathrm{S}_{5/2}^{s}\right\}.\tag{10.15}$$

由(8.9)求得黏度为

$$\eta=\frac{1}{4}mB_0.\tag{10.16}$$

通过仅保留展开式(10.7)或(10.13)中开头几项,即通过人为地使方程组终止,无穷方程组(10.9)或(10.14)可以近似求解. 当项数增加时,近似异常迅速地收敛:一般,仅仅保留一项给出 κ 或 η 的值达到 1% ~2% 的精确度①.

我们将证明,对于单原子气体的线性化动理方程,利用上述方法的近似解,给出动理系数值肯定小于由方程的严格解会得出的值.

动理方程可以写成符号形式

$$I(g)=L,\tag{10.17}$$

其中函数 g 和 L 在热传导问题中是矢量,而在黏性问题中是二阶张量. 相应的动理系数由函数 g 作为正比于积分

$$-\int f_0 gI(g)\,d^3p\tag{10.18}$$

的一个量确定,见 §9. 然而,近似函数 g 满足的不是方程(10.17)本身,而仅是积分关系

$$\int f_0 gI(g)\,d^3p=\int f_0 Lg\,d^3p,\tag{10.19}$$

根据确定 g 的展开式中系数的方式就很显然.

上面所作陈述由“变分原理”立即可以得到证实. 根据变分原理,(10.17)的解在满足条件(10.19)的函数类内给出泛函(10.18)的一个极大. 这个原理的有效性通过考虑积分

$$-\int f_0(g-\varphi)I(g-\varphi)\,d^3p$$

容易证明,其中 g 是(10.17)的解,而 φ 是只需满足条件(10.19)的任何试探函数. 根据算符 I 的一般性质(9.13),这个积分是正的. 展开括号,我们写出

① 然而,在扩散问题中,尤其是热扩散问题中,收敛性稍微差些.

$$-\int f_0\{gI(g)+\varphi I(\varphi)-\varphi I(g)-gI(\varphi)\}\mathrm{d}^3p.$$

因为对于单原子气体,细致平衡原理以形式(2.8)成立,算符 I 具有自共轭性质(9.11).①因此,括号中最后两项的积分相等. 于是代入 $I(g)=L$ 给出:

$$-\int f_0\{gI(g)+\varphi I(\varphi)-2\varphi I(g)\}\mathrm{d}^3p=$$

$$=-\int f_0\{gI(g)+\varphi I(\varphi)-2L\varphi\}\mathrm{d}^3p>0.$$

最后,利用(10.19)变换最后一项的积分,我们求得

$$-\int f_0 gI(g)\mathrm{d}^3p>-\int f_0\varphi I(\varphi)\mathrm{d}^3p,$$

这正是所要证明的.

有一个情况虽然没有任何直接物理意义,但具有形式上的重要性,这就是按照 $U=\alpha/r^4$ 规律相互作用着的粒子组成的气体. ②③ 这种情况具有下列性质,对于这种粒子的(由经典力学所确定的)碰撞截面反比于相对速率 v_r,所以碰撞积分中出现的乘积 $v_r\mathrm{d}\sigma$ 仅依赖于散射角 θ 而不依赖于 v_r. 该性质容易用量纲论据予以证明. 实际上,截面仅依赖于三个参量,即常量 α,粒子质量 m 和速度 v_r. 从这些参量我们不能构成任何量纲为 1 的组合,而仅仅一个具有面积量纲的组合 $v_r^{-1}(\alpha/m)^{1/2}$,因此它必然正比于截面. 截面的这个性质极大地简化了碰撞积分的结构,使得寻求对热传导和黏性问题的线性化动理方程的严格解成为可能. 结果发现,这些解正好是展开式(10.7)和(10.13)中的首项. ④

习　　题⑤

1. 求单原子气体的热导率,在展开式(10.7)中仅保留首项.

解:用展开式的首项,方程(10.9)化为 $A_1=15/(4a_{11})$. 为计算 $l=s=1$ 时的积分(10.10),我们用两个原子的质心速度和相对速度来表达 $\boldsymbol{v}, \boldsymbol{v}_1, \boldsymbol{v}', \boldsymbol{v}'_1$:

$$\boldsymbol{V}=\frac{1}{2}(\boldsymbol{v}+\boldsymbol{v}_1)=\frac{1}{2}(\boldsymbol{v}'+\boldsymbol{v}'_1),$$

$$\boldsymbol{v}_r=\boldsymbol{v}-\boldsymbol{v}_1,\quad \boldsymbol{v}'_r=\boldsymbol{v}'-\boldsymbol{v}'_1,$$

---

① 必须强调如上所述的变分原理依赖于这种情况,而当细致平衡原理仅具有其最一般形式(2.3)时是不成立的.

② 这种气体模型的动理学性质是麦克斯韦(J. C. Maxwell(1866))首先讨论的.

③ 文献上有时称为麦克斯韦气体.——译者注.

④ 《物理大全》中瓦尔德曼(L. Waldmann)的文章[Handbuch der Physik, **12**(1958), 295]的 §38 - §40 给出这种情况的理论的详细描述.

⑤ 公式(1)—(6)应归于查普曼和恩斯库格.

$$v^2+v_1^2=2V^2+\frac{1}{2}v_r^2,$$

$$d^3pd^3p_1=m^6d^3Vd^3v_r.$$

简单计算给出

$$\Delta(\boldsymbol{v}S_{3/2}^1)=\Delta(\beta v^2\boldsymbol{v})=\beta[(\boldsymbol{V}\cdot\boldsymbol{v}'_r)\boldsymbol{v}'_r-(\boldsymbol{V}\cdot\boldsymbol{v}_r)\boldsymbol{v}_r].$$

求这个表达式的平方并对 $\boldsymbol{V}$ 的方向求平均,我们得到

$$\frac{2\beta^2}{3}[v_r^4-(\boldsymbol{v}_r\cdot\boldsymbol{v}'_r)^2]V^2=\frac{2\beta^2}{3}v_r^4V^2\sin^2\theta.$$

对 $4\pi V^2dV$ 积分并对$\boldsymbol{v}_r$的方向积分(后者化为乘以 4π),最后给出

$$a_{11}=\frac{\beta^4}{4}\left(\frac{\beta}{2\pi}\right)^{1/2}\int_0^{\pi}\int_0^{\infty}\exp\left(-\frac{\beta v_r^2}{2}\right)v_r^7\sin^2\theta\frac{d\sigma}{d\theta}dv_rd\theta;\tag{1}$$

热导率是

$$\kappa=75/(16a_{11}).\tag{2}$$

2. 和题 1 相同. 现在是求黏度.

解:类似地我们求得

$$B_0=5/b_{00},\ \eta=5m/(4b_{00}).$$

在积分(10.15)中用 $l=s=0$,求得

$$\Delta\left(v_\alpha v_\beta-\frac{1}{3}v^2\delta_{\alpha\beta}\right)=\frac{1}{2}(v_{r\alpha}v_{r\beta}-v'_{r\alpha}v'_{r\beta}).$$

这个表达式的平方是

$$\frac{1}{2}v_r^4\sin^2\theta.$$

对 d^3V 积分并对$\boldsymbol{v}_r$的方向积分表明 $b_{00}=a_{11}$,所以

$$\eta=4m\kappa/15.\tag{3}$$

对于单原子气体,每个分子的热容 $c_p=5/2$;因此运动黏度 $\nu=\eta/Nm$ 与温度传导率 $\chi=\kappa/(Nc_p)$之比值,称为普朗特数,在这个近似下是

$$\nu/\chi=2/3,\tag{4}$$

而不管什么样的原子间相互作用定律.①

3. 认为原子是具有直径为 d 的弹性硬球,在相同近似下,求单原子气体的热导率和黏度.

解:硬球对硬球的散射相当于点粒子被半径为 d 的不可入性球的散射;因此

---

① 对于具有相互作用律 $U=\alpha/r^4$的气体,公式(1)—(4)变成严格的,并导致下列值

$$\kappa=3.04T(m\alpha)^{-1/2},\ \eta=0.81T(m/\alpha)^{1/2}.$$

截面是 $d\sigma=\left(\frac{1}{2}d\right)^2do$. 积分(1)的计算给出结果为①

$$\kappa=\frac{75}{64\sqrt{\pi}d^2}\sqrt{\frac{T}{m}}=\frac{0.66}{d^2}\sqrt{\frac{T}{m}}, \tag{5}$$

$$\eta=\frac{5}{16\sqrt{\pi}d^2}\sqrt{mT}=0.18\frac{\sqrt{mT}}{d^2}. \tag{6}$$

§ 11　轻气体在重气体中的扩散

这里将研究两种气体的混合物中的扩散现象，主要讨论容许作相当广泛详尽的理论分析的某些特殊情况.

令 N_1 和 N_2 表示混合气体两组分的粒子数密度，而令混合气体的浓度用 $c=N_1/N$ 表达，其中 $N=N_1+N_2$. 总的粒子数密度与压强和温度由 $N=P/T$ 相联系. 气体压强在整个体积内是常量；令浓度和温度沿 x 轴变化（通过允许有温度变化，我们在问题中包括热扩散）.

让我们考虑这样的混合气体中的扩散，其中一种气体（"重"气体）的粒子质量远大于另一种气体（"轻"气体）的粒子质量. 假设后一种是单原子气体. 因为平动的平均热能（在给定温度下）对所有粒子都相同，重分子的平均速率远小于轻分子的速率，可以近似认为重分子是静止的. 当一个轻粒子与一个重粒子碰撞时，后者可假设为保持固定不动，而轻粒子的速度改变方向但绝对值保持不变.

本节中我们将考虑混合气体中轻气体（气体 1）的浓度很小的情况. 因此轻原子之间的碰撞相对来说很稀少，我们可以假定轻粒子仅与重粒子碰撞. ②③

在任意气体混合物的一般情况，必须对每个组分粒子的分布函数建立一个单独的动理方程，其方程右边包含给定组分粒子之间的碰撞积分以及该组分粒子与所有其它组分粒子之间的碰撞积分之和. 然而，在考虑中的特殊情况，方便的是从头开始推导简化的动理方程.

所寻求方程是要确定轻气体粒子的分布函数，我们用 $f(\boldsymbol{p},x)$ 表示. 利用所作假设，轻粒子和重粒子之间的碰撞并不影响重粒子的分布，在扩散问题中这个分布可认为已知.

设 θ 为轻粒子的动量 $\boldsymbol{p}=m_1\boldsymbol{v}$ 的方向与 x 轴之间的夹角. 根据问题中条件

---

① 为阐明递次近似收敛的快速程度，可以提及在展开式(10.7)和(10.13)中包括第二项和第三项时，表达式(5)和(6)分别乘以(1+0.015+0.001)和(1+0.023+0.002).

② 这个气体模型的动理学理论是由洛伦兹(H. A. Lorentz(1905))首先发展的.

③ 文献上有时将这种混合气体称为洛伦兹气体. ——译者注.

的对称性,很明显,分布函数将仅依赖于 θ(以及依赖于变量 p 和 x). 设 $\mathrm{d}\sigma = F(p,\alpha)\mathrm{d}o'$表示这样的碰撞截面:由于碰撞的结果,具有动量 $\boldsymbol{p}$ 的轻粒子动量变为 $\boldsymbol{p}' = m_1\boldsymbol{v}'$,其方向位于立体角元 $\mathrm{d}o'$内,α 是 $\boldsymbol{p}$ 和 $\boldsymbol{p}'$(其绝对值相同)之间的夹角. 每单位路径长度上粒子发生这种碰撞的概率是 $N_2\mathrm{d}\sigma$,其中 N_2 是重粒子的数密度;每单位时间的概率通过乘以粒子速率而求得:$N_2v\mathrm{d}\sigma$.

让我们考虑给定单位体积中具有动量,绝对值在给定区间 $\mathrm{d}p$,方向位于立体角元 $\mathrm{d}o$ 内的粒子. 这种粒子的数目是 $f\mathrm{d}^3p = f(p,\theta,x)p^2\mathrm{d}p\mathrm{d}o$. 由于碰撞,这些粒子中每单位时间内有

$$f(p,\theta,x)p^2\mathrm{d}p\mathrm{d}o \cdot N_2vF(p,\alpha)\mathrm{d}o'$$

个粒子取得动量 p'方向位于 $\mathrm{d}o'$. 因此,动量改变方向的粒子总数是

$$\mathrm{d}^3p\int N_2vf(p,\theta,x)F(p,\alpha)\mathrm{d}o'.$$

相反地,处于 $\mathrm{d}^3p' = p'^2\mathrm{d}p'\mathrm{d}o'$的粒子中有

$$f(p',\theta',x)p'^2\mathrm{d}p'\mathrm{d}o' \cdot N_2v'F(p',\alpha)\mathrm{d}o$$

个粒子取得速度方向位于 $\mathrm{d}o$ 内. 因为 $p' = p$,碰撞的结果取得速度处于 d^3p 内的粒子总数是

$$\mathrm{d}^3p\int N_2vf(p,\theta',x)F(p,\alpha)\mathrm{d}o'.$$

因此,d^3p 中粒子数的变化是差值

$$\mathrm{d}^3p \cdot N_2v\int F(p,\alpha)[f(p,\theta',x) - f(p,\theta,x)]\mathrm{d}o'.$$

另一方面,这个变化必须等于对时间的全导数

$$\mathrm{d}^3p\frac{\mathrm{d}f}{\mathrm{d}t} = \mathrm{d}^3p(\boldsymbol{v}\cdot\nabla f) = \mathrm{d}^3p\frac{\partial f}{\partial x}v\cos\theta.$$

两个表达式相等给出所寻求的动理方程

$$v\cos\theta\frac{\partial f}{\partial x} = N_2v\int F(p,\alpha)[f(p,\theta',x) - f(p,\theta,x)]\mathrm{d}o' \equiv \equiv C(f). \tag{11.1}$$

我们注意到,对于并不依赖于 $\boldsymbol{p}$ 的方向的任何分布函数 f,上式右边都为零;这与玻尔兹曼方程的情况不同,后者只有对麦克斯韦分布函数 f_0,右边碰撞积分才为零. 这是因为假设轻粒子被重粒子散射中动量的绝对值不改变:这种碰撞显然使轻粒子的任何能量分布处于定态. 实际上,方程(11.1)仅相当于关于小量 m_1/m_2 的零级近似,而在高一级近似下会出现能量弛豫.

如果浓度和温度梯度不是太大(这些量在平均自由程量级的距离上仅有略微变化),则可寻求 f 为下列和的形式:

$$f = f_0(p,x) + \delta f(p,\theta,x),$$

其中 δf 是对局域平衡分布函数 f_0 的小校正，它对于 c 和 T 的梯度是线性的．我们照样地也寻求 δf 的下列形式：

$$\delta f=\cos\theta\cdot g(p,x),\tag{11.2}$$

其中 g 仅是 p 和 x 的函数．将它代入(11.1)，在左边仅保留 f_0 的项就够了；在碰撞积分中，含 f_0 的项消失了，

$$C(f)=gN_2v\int F(p,\alpha)(\cos\theta'-\cos\theta)\mathrm{d}o';$$

函数 g 不依赖于角度，已将它放到积分号外．

这个积分可简化如下．我们选动量 $\boldsymbol{p}$ 的方向作为角度测量的极轴．设 φ 和 φ' 是 x 轴和动量 $\boldsymbol{p}'$ 相对于这个极轴的方位角．因此

$$\cos\theta'=\cos\theta\cos\alpha+\sin\theta\sin\alpha\cos(\varphi-\varphi').$$

立体角元 $\mathrm{d}o'=\sin\alpha\mathrm{d}\alpha\mathrm{d}\varphi'$，因为 α 是动量 $\boldsymbol{p}'$ 的极角．对 $\mathrm{d}\varphi'$ 积分后，含 $\cos(\varphi-\varphi')$ 项的积分给出为零．结果是

$$C(f)=-N_2\sigma_{\mathrm{t}}(p)vg\cos\theta=-N_2\sigma_{\mathrm{t}}(p)v\delta f,\tag{11.3}$$

其中引进记号

$$\sigma_{\mathrm{t}}(p)=2\pi\int F(p,\alpha)(1-\cos\alpha)\sin\alpha\mathrm{d}\alpha=\int(1-\cos\alpha)\mathrm{d}\sigma,\tag{11.4}$$

量 σ_{t} 称为碰撞的输运截面．

由(11.1)，我们现在求得

$$g(p,x)=-\frac{1}{N_2\sigma_{\mathrm{t}}}\frac{\partial f_0}{\partial x}.\tag{11.5}$$

根据定义，扩散流 $\boldsymbol{i}$ 是混合物中一个组分(在这个情况是轻组分)的分子流密度．它可以由分布函数计算为下列积分

$$\boldsymbol{i}=\int f\boldsymbol{v}\,\mathrm{d}^3p,\tag{11.6}$$

或者，因为矢量 $\boldsymbol{i}$ 的方向是沿 x 轴．

$$i=\int\cos\theta\cdot fv\mathrm{d}^3p=\int\cos^2\theta\cdot gv\mathrm{d}^3p\tag{11.7}$$

(在对角度积分时，含 f_0 的项消失了)．用(11.5)代入给出

$$i=-\frac{1}{N_2}\frac{\partial}{\partial x}\int\frac{f_0v\cos^2\theta}{\sigma_{\mathrm{t}}(p)}\mathrm{d}^3p=$$

$$=-\frac{1}{3N_2}\frac{\partial}{\partial x}\int\frac{f_0v}{\sigma_{\mathrm{t}}}\mathrm{d}^3p.$$

这个表达式可写成

$$i=-\frac{1}{3N_2}\frac{\partial}{\partial x}\left\{N_1\left\langle\frac{v}{\sigma_{\mathrm{t}}}\right\rangle\right\},$$

其中〈　〉表示对麦克斯韦分布求平均．最后，我们应用浓度 $c=N_1/N\approx N_1/N_2$

(因为按假设 $N_2 >> N_1$),并近似地用 $N=P/T$ 来代替 N_2. 考虑到压强为恒定量,我们求得结果为

$$i = -\frac{T}{3}\frac{\partial}{\partial x}\left\{\frac{c}{T}\left\langle\frac{v}{\sigma_t}\right\rangle\right\} = -\frac{1}{3}\left\langle\frac{v}{\sigma_t}\right\rangle\frac{\partial c}{\partial x} - \frac{cT}{3}\frac{\partial}{\partial T}\left[\frac{1}{T}\left\langle\frac{v}{\sigma_t}\right\rangle\right]\frac{\partial T}{\partial x}. \tag{11.8}$$

这个结果要与对于扩散流的唯象表达式

$$\boldsymbol{i} = -ND\left(\nabla c + \frac{k_T}{T}\nabla T\right) \tag{11.9}$$

进行比较,它定义扩散系数 D 和热扩散比 k_T;乘积 $D_T=Dk_T$ 是热扩散系数(见第六卷, §58). ①因而我们求得

$$D = \frac{T}{3P}\langle v/\sigma_t\rangle, \tag{11.10}$$

$$k_T = cT\frac{\partial}{\partial T}\ln\frac{\langle v/\sigma_t\rangle}{T}. \tag{11.11}$$

不均匀加热气体中的扩散平衡,形成使扩散流 $\boldsymbol{i}=\boldsymbol{0}$ 的浓度分布. 使(11.8)中大括号内的表达式等于常量,我们得到

$$c = \text{const}\frac{T}{\langle v/\sigma_t\rangle}. \tag{11.12}$$

假设截面 σ_t 不依赖于速度,并注意到 $\langle v\rangle \sim (T/m_1)^{1/2}$,我们发现对于低浓度轻气体的混合物,在扩散平衡中,该浓度正比于 $\sqrt{T}$,即轻气体浓集于温度高的区域.

扩散系数数量级上是

$$D \sim \bar{v}l, \tag{11.13}$$

其中 $\bar{v}$ 是轻气体分子的平均热速率,而 $l\sim 1/(N\sigma)$ 是平均自由程. 这个公式有一个众所周知的初级推导方法. 每单位时间通过垂直于 x 轴的单位面积从左方流向右方的气体 1 的分子数,数量级上等于乘积 $N_1\bar{v}$,其中密度 N_1 必须在离该面积左方距离 l 处取,即在这样的点气体分子能不经受碰撞而达到该面积. 我们类似地求得通过同一面积从右方流向左方的分子数,而两者之间的差值给出扩散流:

$$i \sim N_1(x-l)\bar{v} - N_1(x+l)\bar{v} \sim -l\bar{v}\frac{\mathrm{d}N_1}{\mathrm{d}x},$$

它给出(11.13). ②

---

① 热扩散现象是由恩斯库格(Enskog(1911))对混合气体的正好这个模型所预示的.

② 扩散、热传导和黏性是由同一机理,即直接的分子输运引起的,热传导可以认为是"能量的扩散",而黏性可以认为是"动量的扩散". 因此我们可以断言,扩散系数 D、温度传导率 $\chi=\kappa/Nc_p$ 和运动黏度 $\nu=\eta/Nm$ 具有相同数量级;这导致对于热导率的公式(7.10)和对于黏度的公式(8.11).

§12 重气体在轻气体中的扩散

现在让我们考虑相反的极限情况,混合物中重气体的浓度很小的情况. 在这种情况,扩散系数可以间接地进行计算,无需应用动理方程. 就是说,通过寻求重气体粒子的迁移率来计算,认为这个气体处于外场中. 迁移率 b 与相同粒子的扩散系数由熟知的爱因斯坦关系

$$D = bT \tag{12.1}$$

相联系(见第六卷, §59).

根据定义,迁移率是气体粒子在外场中获得的平均速度 $\boldsymbol{V}$ 与场对粒子所施加的力 $\boldsymbol{f}$ 之间的比例系数:

$$\boldsymbol{V} = b\boldsymbol{f}. \tag{12.2}$$

而速度 $\boldsymbol{V}$ 在给定情况下由力 $\boldsymbol{f}$ 与轻粒子施加于运动重粒子的阻力 $\boldsymbol{f}_r$ 相互平衡的条件来确定,重粒子之间的碰撞可以忽略,因为重粒子相对来说很少. 同时,轻粒子的分布函数是麦克斯韦分布:

$$f_0 = \frac{N_1}{(2\pi m_1 T)^{3/2}} \exp\left(-\frac{m_1 v^2}{2T}\right),$$

其中 m_1 是一个轻粒子的质量.

让我们考虑具有速度 $\boldsymbol{V}$ 的一个特定重粒子,并取与该粒子一起运动的坐标系,令$\boldsymbol{v}$ 表示轻粒子在此新坐标系中的速度. 在此坐标系中轻粒子的分布函数是 $f_0(\boldsymbol{v}+\boldsymbol{V})$;与(6.9)比较. 假设 $\boldsymbol{V}$ 很小,我们可以写出

$$f_0(\boldsymbol{v}+\boldsymbol{V}) \approx f_0(v)\left(1 - \frac{m_1 \boldsymbol{v}\cdot\boldsymbol{V}}{T}\right). \tag{12.3}$$

所寻求的阻力 $\boldsymbol{f}_r$ 可以这样来计算,把它看成轻粒子与重粒子碰撞时单位时间内轻粒子传递给该重粒子的总动量. 碰撞中重粒子不动,即参考系不改变. 轻粒子携带动量 $m_1\boldsymbol{v}$;碰撞后,其动量转过一角度 α,它带走平均动量 $m_1\boldsymbol{v}\cos\alpha$. 在这种碰撞中传递给重粒子的平均动量因此是 $m_1\boldsymbol{v}(1-\cos\alpha)$. 这个量乘以具有速度$\boldsymbol{v}$ 的轻粒子流,再乘以这种碰撞的截面 $\mathrm{d}\sigma$,并进行积分,我们得到传递给重粒子的总动量为

$$\boldsymbol{f}_r = m_1 \int f_0(\boldsymbol{v}+\boldsymbol{V}) v \boldsymbol{v} \sigma_t \mathrm{d}^3 p,$$

其中再次应用了(11.4)的记号. 当用(12.3)形式的 $f_0(\boldsymbol{v}+\boldsymbol{V})$ 代入时,第一项在对$\boldsymbol{v}$ 的方向积分时给出为零的结果,剩下

$$\boldsymbol{f}_r = -\frac{m_1^2}{T} \int f_0(v)(\boldsymbol{V}\cdot\boldsymbol{v})\boldsymbol{v} v \sigma_t \mathrm{d}^3 p,$$

或者,对$\boldsymbol{v}$ 的方向求平均,

$$\boldsymbol{f}_{\mathrm{r}} = -\frac{m_1^2}{3T}\boldsymbol{V}\int f_0(v)\sigma_{\mathrm{t}}v^3\mathrm{d}^3p = -N_1\frac{m_1^2}{3T}\boldsymbol{V}\langle\sigma_{\mathrm{t}}v^3\rangle,$$

其中角括号〈　〉再次表示对寻常麦克斯韦分布求平均. 最后,注意到在这个情况 $N_1 >> N_2$,我们写出 $N_1 \approx N = P/T$,所以

$$\boldsymbol{f}_{\mathrm{r}} = -\frac{m_1^2 P}{3T^2}\langle\sigma_{\mathrm{t}}v^3\rangle\boldsymbol{V}.$$

令阻力 $\boldsymbol{f}_{\mathrm{r}}$ 与外力 $\boldsymbol{f}$ 之和等于零,由(12.2)我们求得迁移率 b,于是所求扩散系数为

$$D = bT = \frac{3T^3}{m_1^2 P\langle\sigma_{\mathrm{t}}v^3\rangle}. \tag{12.4}$$

至于为了计算这种情况的热扩散系数,必须知道存在温度梯度情况下轻气体粒子的分布函数. 因而热扩散系数这里不能以一般形式进行计算.

数量级上 $D \sim \bar{v}/N\sigma$,其中 $\bar{v} \sim \sqrt{T/m_1}$,如(11.13)中那样是轻气体分子的平均热速率. 因此扩散系数的数量级在两种情况下是相同的:

$$D \sim T^{3/2}/(\sigma P m_1^{1/2}). \tag{12.5}$$

习　　题

确定两种气体(一个轻气体和一个重气体)混合物中的扩散系数. 认为气体粒子是具有直径为 d_1 和 d_2 的弹性硬球.

解:碰撞截面 $\mathrm{d}\sigma = \pi(d_1+d_2)^2\mathrm{d}o/16\pi$,所以输运截面 $\sigma_{\mathrm{t}} = \frac{1}{4}\pi(d_1+d_2)^2$,在这个情况等于总截面 σ. 扩散系数是

$$D = \frac{AT^{3/2}}{(d_1+d_2)^2 P m_1^{1/2}},$$

其中 m_1 是一个轻粒子的质量而 A 是数值因数. 当轻气体的浓度很低时,按(11.10)的计算给出

$$A = \frac{4}{3}\left(\frac{2}{\pi}\right)^{3/2} = 0.68.$$

而当重气体的浓度很低时. 按(12.4)的计算给出

$$A = 3/(2\sqrt{2\pi}) = 0.6.$$

我们注意到在两种极限情况下 A 的值很接近.

§13　存在外场时气体中的动理现象

分子的转动自由度提供一种机理,使外磁场或外电场能影响气体中的动理

现象.①在磁场情况和在电场情况,该影响具有相同性质,我们将首先讨论磁场中的气体.

转动分子一般具有磁矩,其(量子力学意义上的)平均值将用 $\boldsymbol{\mu}$ 表示. 我们将假设磁场很弱,使得 μB 远小于分子能级的精细结构间距.②因此我们可以忽略磁场对分子态的影响,于是磁矩可对未受扰态进行计算. 对于我们将考虑的不太低温度的情况,μB 也远小于 T;这使我们能忽略磁场对气体分子平衡分布函数的影响.

磁矩平行于分子的转动角动量 $\boldsymbol{M}$,可写成

$$\boldsymbol{\mu}=\gamma\boldsymbol{M}. \tag{13.1}$$

分子的经典转动相应于大的转动量子数;因此我们可以忽略 $\boldsymbol{M}$ 中总角动量(包括自旋)与转动角动量之间的差别. 常系数 γ 的值依赖于分子的种类及其磁矩的性质. 例如,对于具有非零自旋 S 的双原子分子,

$$\gamma\approx\frac{2\sigma}{M}\mu_{\mathrm{B}}, \tag{13.2}$$

其中 μ_{B} 是玻尔磁子,而数 $\sigma=J-K$ 是总角动量量子数 J 与转动角动量量子数 K 之间的差值(σ 取值 $S,S-1,\cdots,-S$);在分母中,J 和 K 之间的差别不显著:$M\approx\hbar J\approx\hbar K$. 在公式(13.2)中假定分子中的自旋-轴相互作用远小于转动能级间距(洪德情况 b).③

在磁场 $\boldsymbol{B}$ 中,分子受到力矩 $\boldsymbol{\mu}\times\boldsymbol{B}$ 的作用. 在其影响下,矢量 $\boldsymbol{M}$ 在分子的"自由"运动中不再是常量,而是按照

$$\frac{\mathrm{d}\boldsymbol{M}}{\mathrm{d}t}=\boldsymbol{\mu}\times\boldsymbol{B}=-\gamma\boldsymbol{B}\times\boldsymbol{M} \tag{13.3}$$

变化,矢量 $\boldsymbol{M}$ 以角速度 $-\gamma\boldsymbol{B}$ 环绕场的方向而旋进. 因此动理方程左边有一添加项 $(\partial f/\partial\boldsymbol{M})\cdot\dot{\boldsymbol{M}}$,而方程变为

$$\frac{\partial f}{\partial t}+\boldsymbol{v}\cdot\frac{\partial f}{\partial\boldsymbol{r}}+\gamma[\boldsymbol{M}\times\boldsymbol{B}]\cdot\frac{\partial f}{\partial\boldsymbol{M}}=C(f). \tag{13.4}$$

分布函数所依赖的变量 Γ 必须也包括离散变量 σ(如果有这种变量,如(13.2)中那样),它确定磁矩的值.

在热传导和黏性问题中,我们再次采用接近平衡的分布,并将它表达成

① 这个机理是卡甘和马克西莫夫(Ю. М. Каган. Л. А. Максимов(1961))指出的,他们还推导了本节所给出的结果.

② 应注意到,宏观电动力学中,磁场(对物理上无穷小体积)的平均值称为磁感应强度并用 $\boldsymbol{B}$ 表示. 当介质密度如气体中那样低时,磁化作用可以忽略,于是矢量 $\boldsymbol{B}$ 与宏观磁场强度 $\boldsymbol{H}$ 一致.

③ 利用第三卷,§ 113,习题 3 推出的(关于情况 b 的)严格公式,在 J 和 K 很大而且具有给定差值 $J-K$ 的极限下,就可得出公式(13.2). 因此轨道角动量 Λ 的贡献(为 $1/J$ 的高一阶小量)可以忽略.

$$f=f_0(1+\chi/T). \tag{13.5}$$

我们首先将证明,动理方程中并不出现含$\partial f_0/\partial M$的项. 的确,因为f_0仅依赖于分子的能量$\varepsilon(\Gamma)$,而$\partial\varepsilon/\partial M$等于角速度$\boldsymbol{\Omega}$,我们有

$$\gamma[\boldsymbol{M}\times\boldsymbol{B}]\cdot\frac{\partial f_0}{\partial\boldsymbol{M}}=\gamma([\boldsymbol{M}\times\boldsymbol{B}]\cdot\boldsymbol{\Omega})\frac{\partial f_0}{\partial\varepsilon}. \tag{13.6}$$

对于转子和球形陀螺等类型的分子,$\boldsymbol{M}$和$\boldsymbol{\Omega}$是平行的,(13.6)的表达式恒等于零. 其它情况下,在对迅速变化着的相位求平均后,它变为零,此必然性曾在§1中阐明过. 当对称陀螺分子或不对称陀螺分子转动时,分子本身的轴的方向及其角速度$\boldsymbol{\Omega}$的方向都迅速变化. 按所述的方法取平均后,$\boldsymbol{\Omega}$仅能保留沿恒定矢量$\boldsymbol{M}$方向的分量$\boldsymbol{\Omega}_M$,而对于这个分量,乘积$(\boldsymbol{M}\times\boldsymbol{B})\cdot\boldsymbol{\Omega}_M=0$.

动理方程中剩余项类似于§7或§8中的方式作变换. 例如,在热传导问题中,我们求得方程

$$\frac{\varepsilon(\Gamma)-c_pT}{T}\boldsymbol{v}\cdot\nabla T=-\gamma[\boldsymbol{M}\times\boldsymbol{B}]\cdot\frac{\partial\chi}{\partial\boldsymbol{M}}+I(\chi). \tag{13.7}$$

我们再次来求这个方程的形式为$\chi=\boldsymbol{g}\cdot\nabla T$的解,但是现在不是拥有两个,而是拥有三个矢量:$\boldsymbol{v}$,$\boldsymbol{M}$,$\boldsymbol{B}$,可以用来构造矢量函数$\boldsymbol{g}(\Gamma)$. 外场在气体中引起一个独特方向. 因此,热传导过程变成各向异性的,而标量系数κ必须用热导率张量$\kappa_{\alpha\beta}$来代替,由它确定热流的方程是

$$q_\alpha=-\kappa_{\alpha\beta}\frac{\partial T}{\partial x_\beta}. \tag{13.8}$$

张量$\kappa_{\alpha\beta}$由分布函数用下列积分来计算,

$$\kappa_{\alpha\beta}=-\frac{1}{T}\int f_0\varepsilon v_\alpha g_\beta\mathrm{d}\Gamma, \tag{13.9}$$

见(7.5).

依赖于矢量$\boldsymbol{B}$的二阶张量的一般形式是

$$\kappa_{\alpha\beta}=\kappa\delta_{\alpha\beta}+\kappa_1 b_\alpha b_\beta+\kappa_2 e_{\alpha\beta\gamma}b_\gamma, \tag{13.10}$$

其中$\boldsymbol{b}=\boldsymbol{B}/B$,$e_{\alpha\beta\gamma}$是反对称单位张量,而$\kappa,\kappa_1,\kappa_2$是依赖于场强$B$的标量. 张量(13.10)显然具有下列性质:①

$$\kappa_{\alpha\beta}(\boldsymbol{B})=\kappa_{\beta\alpha}(-\boldsymbol{B}). \tag{13.11}$$

表达式(13.10)相应于热流

$$\boldsymbol{q}=-\kappa\nabla T-\kappa_1\boldsymbol{b}(\boldsymbol{b}\cdot\nabla T)-\kappa_2[\nabla T\times\boldsymbol{b}]. \tag{13.12}$$

这里最后一项是所谓**奇效应**:热流的这个部分跟随场的变号而变号.

---

① 这个性质表达了存在磁场情况下动理系数的对称性. 对于目前这个情况,这是由于仅存在一个矢量$\boldsymbol{b}$,借此能构造出张量$\kappa_{\alpha\beta}$的必然结果.

方程(13.7)右边积分项 $I(\chi)$ 由公式(6.5)给出. 在其被积函数中包含函数 f_0,它正比于气体密度 N. 分离出这个因数,并将方程两边除以此因数,我们发现 N 仅出现在与场的组合 $\boldsymbol{B}/N$ 和与温度梯度的组合 $\nabla T/N$ 中. 因此很明显,函数 $f_0\chi = f_0\boldsymbol{g}\cdot\nabla T$ 将仅通过比值 B/N 的形式而依赖于参量 N 和 B;积分(13.9)也将仅依赖于这同一个量,因此(13.12)中的系数 κ,κ_1,κ_2 也将如此. 密度 N(在给定温度下)正比于气体压强 P. 因而磁场中气体的热导率仅通过比值 B/P 而依赖于场强和压强.①

当 B 增加时,方程(13.7)右边第一项增加,但第二项不变. 因此很显然,当 $B\to\infty$ 时,方程的解必然是仅依赖于磁场方向(而不依赖于其大小)的函数,从而这个函数应该使方程中的 $\boldsymbol{M}\times\boldsymbol{B}\cdot\partial\chi/\partial\boldsymbol{M}$ 项恒为零,因此当 $B\to\infty$ 时,同样还有系数 κ,κ_1,κ_2 趋向于不依赖于 B 的恒定极限.

关于磁场中气体黏度的处理是类似的. 相应的动理方程是

$$\left(mv_\alpha v_\beta - \frac{\varepsilon(\Gamma)}{c_v}\delta_{\alpha\beta}\right)V_{\alpha\beta} = I(\chi) - \gamma[\boldsymbol{M}\times\boldsymbol{B}]\cdot\frac{\partial\chi}{\partial\boldsymbol{M}}, \tag{13.13}$$

参见(6.19). 要寻求形式为 $\chi = g_{\alpha\beta}V_{\alpha\beta}$ 的解. 代替原来的两个黏性系数 η 和 ζ,现在我们必须应用一个四阶张量 $\eta_{\alpha\beta\gamma\delta}$,它确定黏性应力张量:

$$\sigma'_{\alpha\beta} = \eta_{\alpha\beta\gamma\delta}V_{\gamma\delta}; \tag{13.14}$$

按定义,张量 $\eta_{\alpha\beta\gamma\delta}$ 是对两组下标 α,β 和 γ,δ 为成组对称的. 对于已知函数 χ,该张量的分量可计算出为

$$\eta_{\alpha\beta\gamma\delta} = -\int mv_\alpha v_\beta f_0 g_{\gamma\delta}\,\mathrm{d}\Gamma. \tag{13.15}$$

这样求得的黏度张量必然会满足条件

$$\eta_{\alpha\beta\gamma\delta}(\boldsymbol{B}) = \eta_{\gamma\delta\alpha\beta}(-\boldsymbol{B}), \tag{13.16}$$

它表达了动理系数的对称性.

用矢量 $\boldsymbol{b} = \boldsymbol{B}/B$(以及单位张量 $\delta_{\alpha\beta}$ 和 $e_{\alpha\beta\gamma}$),我们可以构造出具有 $\eta_{\alpha\beta\gamma\delta}$ 的对称性质的下列独立张量组合:

$$\left.\begin{aligned}
&(1)\ \delta_{\alpha\gamma}\delta_{\beta\delta}+\delta_{\alpha\delta}\delta_{\beta\gamma},\\
&(2)\ \delta_{\alpha\beta}\delta_{\gamma\delta},\\
&(3)\ \delta_{\alpha\gamma}b_\beta b_\delta+\delta_{\beta\gamma}b_\alpha b_\delta+\delta_{\alpha\delta}b_\beta b_\gamma+\delta_{\beta\delta}b_\alpha b_\gamma,\\
&(4)\ \delta_{\alpha\beta}b_\gamma b_\delta+\delta_{\gamma\delta}b_\alpha b_\beta,\\
&(5)\ b_\alpha b_\beta b_\gamma b_\delta,\\
&(6)\ b_{\alpha\gamma}\delta_{\beta\delta}+b_{\beta\gamma}\delta_{\alpha\delta}+b_{\alpha\delta}\delta_{\beta\gamma}+b_{\beta\delta}\delta_{\alpha\gamma},\\
&(7)\ b_{\alpha\gamma}b_\beta b_\delta+b_{\beta\gamma}b_\alpha b_\delta+b_{\alpha\delta}b_\beta b_\gamma+b_{\beta\delta}b_\alpha b_\gamma,
\end{aligned}\right\} \tag{13.17}$$

① 磁场中气体热导率的变化称为森夫特利本效应.

其中 $b_{\alpha\beta} = -b_{\beta\alpha} = e_{\alpha\beta\gamma}b_\gamma$. 在除(4)以外的所有这些组合中,(13.16)的对称性质是从它们对两组下标 α,β 和 γ,δ 的成组对称性而自动得出的;而(4)中两项正是为了满足条件(13.16)而组合起来的.①

与(13.17)的张量数目一致,磁场中的气体一般具有七个独立的黏性系数. 这些可以定义为关于黏性应力张量的下列表达式中的系数:

$$\begin{aligned}\sigma'_{\alpha\beta} = {}& 2\eta\left(V_{\alpha\beta} - \frac{1}{3}\delta_{\alpha\beta}\nabla\cdot\boldsymbol{V}\right) + \zeta\delta_{\alpha\beta}\nabla\cdot\boldsymbol{V} + \\ & + \eta_1(2V_{\alpha\beta} - \delta_{\alpha\beta}\nabla\cdot\boldsymbol{V} + \delta_{\alpha\beta}V_{\gamma\delta}b_\gamma b_\delta - 2V_{\alpha\gamma}b_\gamma b_\beta - \\ & - 2V_{\beta\gamma}b_\gamma b_\alpha + b_\alpha b_\beta\nabla\cdot\boldsymbol{V} + b_\alpha b_\beta V_{\gamma\delta}b_\gamma b_\delta) + \\ & + 2\eta_2(V_{\alpha\gamma}b_\gamma b_\beta + V_{\beta\gamma}b_\gamma b_\alpha - 2b_\alpha b_\beta V_{\gamma\delta}b_\gamma b_\delta) + \\ & + \eta_3(V_{\alpha\gamma}b_{\beta\gamma} + V_{\beta\gamma}b_{\alpha\gamma} - V_{\gamma\delta}b_{\alpha\gamma}b_\beta b_\delta - V_{\gamma\delta}b_{\beta\gamma}b_\alpha b_\delta) + \\ & + 2\eta_4(V_{\gamma\delta}b_{\alpha\gamma}b_\beta b_\delta + V_{\gamma\delta}b_{\beta\gamma}b_\alpha b_\delta) + \zeta_1(\delta_{\alpha\beta}V_{\gamma\delta}b_\gamma b_\delta + b_\alpha b_\beta\nabla\cdot\boldsymbol{V}),\end{aligned} \tag{13.18}$$

其中 $V_{\alpha\beta}$定义于(6.12). 上述表达式是这样构造的,使得 $\eta,\eta_1,\cdots,\eta_4$ 是这类张量的系数,它们对下标 α,β 进行缩并时给出为零;ζ 和 ζ_1 是具有非零迹的张量的系数,可称为第二黏性系数. 我们注意到它们不仅包含标量$\nabla\cdot\boldsymbol{V}$,而且还包含 $V_{\gamma\delta}b_\gamma b_\delta$. (13.18)中的开头两项对应于应力张量的通常表达式,所以 η 和 ζ 是寻常黏性系数.

我们注意到,张量 $\kappa_{\alpha\beta}$ 和 $\eta_{\alpha\beta\gamma\delta}$ 必然是真张量,因为它们满足反演对称的条件. 因此,(对于立体异构材料的气体)放弃这个条件不会导致任何新项的出现.

然而,这种放弃会导致新效应出现,有一个归因于速度梯度的热流 $\boldsymbol{q}^{(V)}$和归因于温度梯度的黏性应力 $\sigma'^{(T)}$. 这些所谓**交扰效应**由下列公式描述:

$$q_\gamma^{(V)} = c_{\gamma,\alpha\beta}V_{\alpha\beta}, \qquad \sigma'^{(T)}_{\alpha\beta} = -a_{\alpha\beta,\gamma}\frac{\partial T}{\partial x_\gamma}, \tag{13.19}$$

其中 $c_{\gamma,\alpha\beta}$和 $a_{\alpha\beta,\gamma}$是三阶张量,它们对由逗号分开的下标对是对称的. 用§9 中那样选出的 $\dot{x}_a$ 和 X_a,动理系数 γ_{ab}和 γ_{ba}是 $Tc_{\gamma,\alpha\beta}$和 $T^2a_{\alpha\beta,\gamma}$. 于是昂萨格原理表明,存在磁场情况下我们必须有

$$Ta_{\alpha\beta,\gamma}(\boldsymbol{B}) = c_{\gamma,\alpha\beta}(-\boldsymbol{B}). \tag{13.20}$$

这种张量的一般形式是

$$a_{\alpha\beta,\gamma} = a_1b_\alpha b_\beta b_\gamma + a_2b_\gamma\delta_{\alpha\beta} + a_3(b_\alpha\delta_{\beta\gamma} + b_\beta\delta_{\alpha\gamma}) + a_4(b_{\alpha\gamma}b_\beta + b_{\beta\gamma}b_\alpha). \tag{13.21}$$

这个表达式中的所有项都是赝张量,所以带有这些系数的关系式(13.19)在反

---

① 不必要写下带两个 $b_{\alpha\beta}$因子的项的组合:因为两个张量 $e_{\alpha\beta\gamma}$的乘积化至张量 $\delta_{\alpha\beta}$的积,这种组合会化至(13.17)中已经包括的那些组合.

演下不是不变式.

现在让我们简要地考虑,存在电场的气体中的动理现象. 我们选用由对称陀螺类型的有极分子(即具有偶极矩 $\boldsymbol{d}$ 的分子)构成的气体. 在电场中,有力矩 $\boldsymbol{d}\times\boldsymbol{E}$ 作用于有极分子,所以动理方程包含一项

$$\dot{\boldsymbol{M}}\cdot\frac{\partial f}{\partial \boldsymbol{M}}=[\boldsymbol{d}\times\boldsymbol{E}]\cdot\frac{\partial f}{\partial \boldsymbol{M}}.$$

$\boldsymbol{d}$ 的方向沿分子轴,与其转动角动量 $\boldsymbol{M}$ 无关. 然而,由于陀螺轴绕恒定矢量 $\boldsymbol{M}$ 的方向迅速旋进,对此求平均的结果,上述项中仅保留沿 $\boldsymbol{M}$ 的分量 d,从而变成

$$\gamma[\boldsymbol{M}\times\boldsymbol{E}]\cdot\frac{\partial f}{\partial \boldsymbol{M}},\tag{13.22}$$

其中 $\gamma=\sigma d/M$,并且变量 σ($\boldsymbol{d}$ 和 $\boldsymbol{M}$ 之间夹角的余弦)现在取从 -1 至 $+1$ 的一系列连续值. 表达式(13.22)与磁场情况中相应项的差别仅在于用 $\boldsymbol{E}$ 代替了 $\boldsymbol{B}$. 于是所有前述的动理方程以及由此得出的结论仍然适用. ①

然而,有一个差别起因于下列事实:电场 $\boldsymbol{E}$ 是真矢量而非赝矢量,不受时间反演的影响. 因此,对于热导率张量和黏度张量的昂萨格原理这里表达为:

$$\kappa_{\alpha\beta}(\boldsymbol{E})=\kappa_{\beta\alpha}(\boldsymbol{E}),\qquad \eta_{\alpha\beta\gamma\delta}(\boldsymbol{E})=\eta_{\gamma\delta\alpha\beta}(\boldsymbol{E}),\tag{13.23}$$

而不是(13.11)和(13.16)那样. 相应地,表达式(13.10)和(13.18)中 $\kappa_2\equiv0$ 和 $\eta_3=\eta_4\equiv0$(其中现在 $\boldsymbol{b}=\boldsymbol{E}/E$). ②同时,交扰效应不仅在立体异构气体中是可能的,对此表达式(13.21)完全适用,而且在非立体异构分子的气体中也是可能的:带有 $a_4\equiv0$ 的表达式(13.21)现在是一真张量.

§14　轻度稀薄气体中的现象

气体的动力学运动方程,考虑到热传导和内摩擦过程,包含热流 $\boldsymbol{q}'$(能流 $\boldsymbol{q}$ 的耗散部分)和黏性应力张量 $\sigma'_{\alpha\beta}$(动量流 $\Pi_{\alpha\beta}$ 的耗散部分). 当 $\boldsymbol{q}'$ 和 $\sigma'_{\alpha\beta}$ 已经用气体中的温度梯度和速度梯度表达时,这些方程获得实际意义. 然而,通常的表达式对这些梯度是线性的,因此只是按小比值 l/L(平均自由程对问题的特征尺度之比值,称为克努森数 Kn)作幂展开时,展开式中的第一项. 如果这个比值不是很小,考虑到 l/L 的高一级小量的项作校正也许是适当的. 这样的校正不但在运动方程本身中出现,而且在气体流动中物体表面处对这些方程的边界条件中出现.

流 $\boldsymbol{q}'$ 和 $\sigma'_{\alpha\beta}$ 展开式中递次各项,用温度,压强和速度的各阶空间导数及其各幂次来表达. 这些项原则上必须通过动理方程解的高一级近似来计算. “零级”

① 双原子分子在垂直于 $\boldsymbol{M}$ 的平面内转动;因此对于有极双原子分子 $\sigma=0$. 在这种情况动理方程中电场对分子运动的影响,仅在场的二次近似下才出现.

② 对于非立体异构分子构成的气体,在电场中没有 κ_2,η_3,η_4 的项也是反演不变性条件所要求的.

近似相当于局域平衡分布函数 f_0，和理想流体的动力学方程相适应．一级近似相当于 §6—§8 中所考虑的分布函数 $f=f_0(1+\chi^{(1)}/T)$，和流体力学的纳维－斯托克斯方程及热传导方程相适应．二级近似中，要寻求分布函数的下列形式：

$$f=f_0\left[1+\frac{1}{T}\chi^{(1)}+\frac{1}{T}\chi^{(2)}\right], \tag{14.1}$$

并且要将动理方程相对于二级校正 $\chi^{(2)}$ 线性化．获得的方程具有下列形式：

$$\frac{T}{f_0}\left(\frac{\partial_0}{\partial t}+\boldsymbol{v}\cdot\nabla\right)\frac{f_0\chi^{(1)}}{T}+\frac{T}{f_0}\left(\frac{\partial_1}{\partial t}\right)f_0-$$

$$-\frac{1}{T^2}\int w'f_{01}[\chi^{(1)\prime}\chi^{(1)\prime}{}_1-\chi^{(1)}\chi_1^{(1)}]\mathrm{d}\Gamma_1\mathrm{d}\Gamma'\mathrm{d}\Gamma'_1=\frac{1}{T}I(\chi^{(2)}), \tag{14.2}$$

其中 I 是以前引进的线性积分算符(6.5)．符号 $\partial_0/\partial t$ 表示宏观量的那种时间导数，它们表现为对 $f_0\chi^{(1)}/T$ 的求导结果要借助于一级近似的流体力学方程(欧拉方程)通过空间导数来表达．左边第二项中符号($\partial_1/\partial t$)表示时间导数要借助于纳维－斯托克斯方程或热传导方程中的一阶项(含有 η,ζ 或 κ 的项)来消去．

我们将不写出二级近似中出现的 $\boldsymbol{q}'$ 和 $\sigma'_{\alpha\beta}$ 中所有众多项(这些项称为伯内特项；D. Burnett, 1935)．在许多情况下，这些项对解作出的贡献是远小于下面要讨论的边界条件中的校正．在这样一些情况下，方程本身中包括校正会是可达到准确度的不合理夸大．我们将仅限于考虑一些典型校正项并就各类运动对它们作估计．

首先，让我们注意到小参量 $Kn=l/L$ 以某种方式与描述流体运动的两个参量，即雷诺数 Re 和马赫数 Ma 相联系．雷诺数定义为 $Re\sim VL/\nu$，其中 V 是流速的特征尺度而 ν 是运动黏度；马赫数定义为 $Ma\sim V/u$，其中 u 是声速．在气体中，声速与分子的平均热速率 $\bar{v}$ 是相同数量级，而运动黏度 $\nu\sim l\bar{v}$．因此 $Re\sim VL/l\bar{v}$，$Ma\sim V/\bar{v}$ 而克努森数

$$Kn\sim Ma/Re. \tag{14.3}$$

因此很明显，运动的流体力学性的条件 $Kn\ll 1$，对 Re 和 Ma 的相对数量级强加一个限制．让我们首先考虑“慢”运动，具有

$$Re\lesssim 1,\quad Ma\ll 1. \tag{14.4}$$

让我们考虑黏性应力张量中含有两个速度一阶导数乘积的任何伯内特项，例如

$$\rho l^2\frac{\partial V_\alpha}{\partial x_\gamma}\frac{\partial V_\beta}{\partial x_\gamma}; \tag{14.5}$$

系数 ρl^2(其中 ρ 是气体密度)是数量级估计．这项对 $\sigma'_{\alpha\beta}$ 给出贡献 $\sigma^{(2)}\sim\rho l^2V^2/L^2$．黏性应力中主要项(纳维－斯托克斯项)的数量级是

$$\sigma^{(1)} \sim \eta \frac{\partial V}{\partial x} \sim \frac{\rho l \bar{v} V}{L},$$

而比值

$$\frac{\sigma^{(2)}}{\sigma^{(1)}} \sim \frac{lV}{L\bar{v}} \sim \frac{l^2}{L^2} Re.$$

因为 $Re \lesssim 1$，我们看到项(14.5)给出对黏性应力的改正，其相对量级是 $\lesssim (l/L)^2$；然而边界条件中的改正(见下面)对运动给出远大得多的改正($\sim l/L$).

如果温度梯度起因于运动本身，由下列形式的项①

$$\frac{\rho l^2}{m^2 \bar{v}^2} \frac{\partial T}{\partial x_\alpha} \frac{\partial T}{\partial x_\beta} \tag{14.6}$$

引起的校正甚至更小；这是因为特征温度差 $\Delta T \sim TV^2/u^2$. 然而，如果温度差是"由外界"(例如，浸于气体中的加热物体)强加的，(14.6)形式的伯内特项可能引起定常运动，其特征速度由平衡方程

$$\frac{\partial}{\partial x_\beta}(\sigma_{\alpha\beta}^{(1)} + \sigma_{\alpha\beta}^{(2)}) = \frac{\partial P}{\partial x_\alpha}$$

确定，这个运动的速率的估计量是

$$V \sim \frac{l}{L} \frac{(\Delta T)^3}{m\bar{v}T^2}. \tag{14.7}$$

(М. Н. Коган，В. С. Галкин 和 О. Г. Фридлендер，1970.)

在作估计时，必须记住 ΔT(这里 Δ 是有限增量符号②)可借助于热传导方程 $\nabla \cdot (\kappa \nabla T) = 0$ 利用温度梯度的平方来估计，以及记住运动仅是由力的无势部分 $\partial\sigma_{\alpha\beta}^{(2)}/\partial x_\beta$ 引起的；有势部分被压强所平衡.

类似考虑适用于热流 $\boldsymbol{q}'$ 中的校正项. 不可能仅从温度的导数构造二级校正项；($-\kappa \nabla T$ 之后)第一个这种校正项是 $\mathrm{const} \times \nabla(\Delta T)$(这里 Δ 是拉普拉斯算符)，因此是三级项. 除温度的导数之外还包括速度的导数的项，例如

$$\frac{\rho l^2}{m}(\nabla \cdot \boldsymbol{V}) \nabla T,$$

又是给出相对量级为 l^2/L^2 的校正.

现在让我们接着考虑"快"运动，具有

$$Re \gg 1, \quad Ma \lesssim 1. \tag{14.8}$$

在这种情况，气体运动发生在两个区域内：主要体积，这里运动方程中的黏性项不重要；和一个薄边界层，这里气体速度迅速减小.

---

① 黏性应力中的这类项是麦克斯韦(Maxwell(1879))首先讨论的.

② 俄文版(和英文版)将此处的 Δ 称为拉普拉斯符号(Laplacian)，而将下面的 Δ 称为拉普拉斯算符(Laplacian operator)，易混淆. 为了区别，后者有时也常用 ∇^2 这一符号表示. ——译者注.

例如，让我们考虑气流通过平板的情况，流动方向取作 x 轴. 平板上边界层厚度 δ 是

$$\delta \sim \left(\frac{x\nu}{V}\right)^{1/2} \sim \left(\frac{xl\bar{v}}{V}\right)^{1/2},$$

其中 x 是离前缘的距离，见第六卷，§ 39. 对于速度沿 x 方向变化的特征尺度由坐标 x 本身给出，而沿 y 方向（垂直于平板）的由边界层的厚度 δ 给出. 这里，按连续性方程，$V_y \sim V_x\delta/x$. 纳维－斯托克斯黏性应力张量中的主要项是

$$\sigma'_{xy} \sim \rho\nu\frac{\partial V_x}{\partial y} \sim \rho\frac{\bar{v}lV}{\delta}.$$

然而，σ'_{xy} 的伯内特项中没有一个含有 $(\partial V_x/\partial y)^2$；容易看出导数 $\partial V_\alpha/\partial x_\beta$ 并不能以其二次项构成这样的二阶张量，其 xy 分量会包含该平方项. $\sigma_{xy}^{(2)}$ 中的最大项只能是形式为

$$\rho l^2\frac{\partial V_x}{\partial y}\nabla\cdot\boldsymbol{V} \sim \frac{\rho l^2V^2}{x\delta}$$

的那些项. 它们对 $\sigma_{xy}^{(1)}$ 的比值是 $\sigma^{(2)}/\sigma^{(1)} \sim lV/x\bar{v} \sim (l/\delta)^2$，它又是二级项.

现在我们将证明在气体与固体边界上的极限条件下，校正项给出 (l/L) 的一级效应. 由此可见邻近固体表面发生气体稀疏的明显现象.

在非稀薄气体中，固体表面处的边界条件是气体和固体的温度相等. 然而，实际上，这是一个近似条件，仅当平均自由程可以认为是无穷小时才适用. 当考虑到固体与不均匀加热气体接触面处的有限平均自由程时，存在一个温度差；一般仅当有完全热平衡和气体温度恒定时，温差才降至零. ①

接近固体表面处（离表面的距离小，但不是太小处），气体的温度梯度可假设为常量，因此温度随距离线性变化. 然而，在离器壁（距离 $\sim l$ 的）紧邻处，温度变化一般很复杂，其梯度不是常量. 图 1 中的连续曲线描绘邻近表面处气体温度的示例性变化.

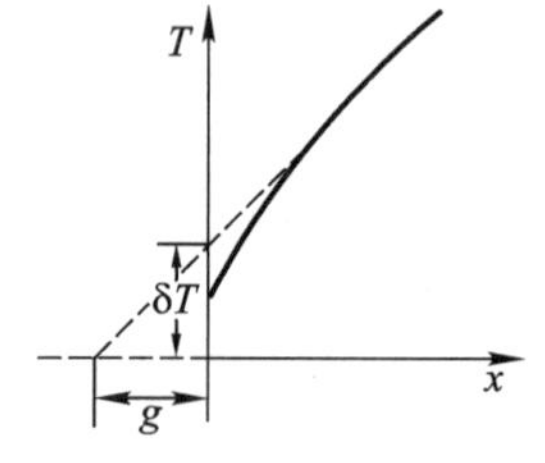

图 1

然而，当考虑整个气体的温度分布时，在器壁邻近可与平均自由程相比的有关距离内，温度的确切形式是不重要的. 至于靠近固壁的温度分布，我们主要关心的仅是图 1 中曲线的直线部分，它延伸至远大于自由程的距离. 这个直线的方程由其斜率和

① 当所说的是平均自由程量级大小的区域内气体的温度时，严格地说，必须给所谓温度的意义下定义. 目前情况下，可以用气体中给定点分子的平均能量来定义. 由该平均能量确定温度的函数取为与大体积气体的相同.

在纵坐标轴上的截距来确定. 因而我们涉及的不是器壁处温度的实际间断,而是当温度梯度接近器壁所有距离直至零都假设为常量时导致的间断,如图 1 中虚线所示. 设 δT 表示这个外推的温度间断,定义为气体温度减器壁温度(后者在图 1 中任意地取为零).

当温度梯度为零时,间断 δT 也为零. 因此,对于不太大的温度梯度,

$$\delta T = g\frac{\partial T}{\partial n}, \tag{14.9}$$

导数是沿进入气体表面的法线取的. 系数 g 可称为*温度间断系数*. 如果进入气体体积内时其温度增加($\partial T/\partial n>0$),我们也必须有 $\delta T>0$,所以系数 g 是正的.

固体器壁与运动气体之间的边界处出现类似效应. 稀薄气体不是完全"黏附"于表面,而是在其附近维持一个小而有限的速度,并沿表面滑移. 如在(14.9)中那样,我们有滑移速率为

$$v_0 = \xi\frac{\partial V_t}{\partial n}, \tag{14.10}$$

其中 V_t 是接近器壁气体速度的切向分量. 与 g 一样,*滑移系数* ξ 也是正的. 对(14.9)给出的温度间断 δT 所作评注,同样也适用于 v_0. 严格地说,这个速率不是在器壁本身处气体的实际速率,而是在沿器壁气体层内梯度 $\partial V_t/\partial n$ 恒定的假设下所外推的速率.

系数 g 和 ξ 具有长度量纲,与平均自由程为相同数量级:

$$g\sim l, \quad \xi\sim l. \tag{14.11}$$

温度间断和滑移速率本身因而是 l/L 的一级量. 为计算 g 和 ξ,必须求解关于表面附近气体分子分布函数的动理方程,这个方程必须考虑到气体分子与器壁之间的碰撞,因而了解决定这种碰撞中分子散射的规律是必要的.

如果图 1 中的虚线延伸至与横坐标轴相交,造成长为 g 的截距. 因而我们可以说存在温度间断时的温度分布与下列情况相同,好像没有间断而器壁移后一段距离 g 那样. 对气体滑移的情况同样也适用,这时器壁移后一段距离 ξ. 当然,对于这些改变,意味着在流体力学问题的解中应该仅保留 g 或 ξ 的一级项. 因为考虑到温度或速度的间断,等效于移动边界 l 量级的距离,解中引起的校正,量级为 $l\partial/\partial x\sim l/L$,即为 l/L 的一级项.

除对边界条件的上述校正外,还有与 l/L 相同量级的其它效应,在许多情况下更加重要,因为出现某些定性上新的现象.

一种新现象是接近不均匀加热固体表面的气体的运动,称为*热滑移*. 它与混合气体中的热扩散有某种相似之处. 正如混合气体中存在温度梯度时,与"别种"气体分子的碰撞产生粒子流那样,在这个情况由于器壁处厚度 $\sim l$ 的气体薄层内的分子与不均匀加热器壁的碰撞同样引起一个流.

设 V_{t} 表示器壁附近气体由于热滑移所获得的切向速度，$\nabla_{\mathrm{t}}T$ 表示温度梯度的切向分量. 一级近似中，我们可以假定 V_{t} 正比于 $\nabla_{\mathrm{t}}T$，即，对于各向同性表面，

$$V_{\mathrm{t}}=\mu\ \nabla_{\mathrm{t}}T. \tag{14.12}$$

系数 μ 必须正比于平均自由程 l，因为它与厚度为 l 的气体层中的粒子有关. 因此很明显，按照量纲论据，$\mu\sim l/(m\bar{v})$. 用碰撞截面和气体密度来表达平均自由程，我们有 $l\sim1/(N\sigma)\sim T/(\sigma P)$，而最后得到

$$\mu\sim\frac{1}{\sigma P}\sqrt{\frac{T}{m}}. \tag{14.13}$$

μ 的正负号不是由热力学条件确定；实验结果表明通常 $\mu>0$.

最后还有一种一级效应是运动气体中存在附加的表面热流（即局限于器壁附近厚度 $\sim l$ 的层内的热流）$\boldsymbol{q}'_{\mathrm{surf}}$，正比于切向速度的法向梯度：

$$\boldsymbol{q}'_{\mathrm{surf}}=\varphi\frac{\partial\boldsymbol{V}_{\mathrm{t}}}{\partial n}, \tag{14.14}$$

具有量纲为[能量/长度×时间].

系数 μ 和 φ 由根据昂萨格原理得出的一个关系式相联系. 为推导这个关系式，让我们考虑熵增加率的“表面”部分 $\dot{S}_{\mathrm{surf}}$，这归因于器壁处气体的运动并取为器壁表面每单位面积的量. 这个增量包括两部分. 首先，存在热流 $\boldsymbol{q}_{\mathrm{surf}}$ 给出对 $\dot{S}_{\mathrm{surf}}$ 的贡献为

$$-T^{-2}\boldsymbol{q}'_{\mathrm{surf}}\cdot\nabla T,$$

参看归因于体积热流的熵增加率的对应表达式（第六卷，§49；第九卷，§88）. 其次，气体流过器壁时每单位面积经受的摩擦力为 $-\eta\partial\boldsymbol{V}_{\mathrm{t}}/\partial n$. 每单位时间耗散的能量等于这个力所作功

$$-\eta\frac{\partial\boldsymbol{V}_{\mathrm{t}}}{\partial n}\cdot\boldsymbol{V}_{\mathrm{t}},$$

而除以 T 后给出对熵增加率的贡献. 因此我们有

$$\dot{S}_{\mathrm{surf}}=-\frac{1}{T^2}\boldsymbol{q}'_{\mathrm{surf}}\cdot\nabla T-\frac{1}{T}\eta\boldsymbol{V}_{\mathrm{t}}\cdot\frac{\partial\boldsymbol{V}_{\mathrm{t}}}{\partial n}. \tag{14.15}$$

在昂萨格原理的一般表述中（§9），现在我们取作 X_a 的量是矢量：

$$\boldsymbol{X}_1=\frac{1}{T^2}\nabla_{t}T,\quad \boldsymbol{X}_2=\frac{1}{T}\frac{\partial\boldsymbol{V}_{\mathrm{t}}}{\partial n}.$$

将(14.15)与表达式(9.3)进行比较，表明对应量 $\dot{x}_a$ 是矢量：

$$\dot{\boldsymbol{x}}_1=\boldsymbol{q}'_{\mathrm{surf}},\quad \dot{\boldsymbol{x}}_2=\eta\boldsymbol{V}_{\mathrm{t}}.$$

起“运动方程”(9.1)的作用的是关系式(14.12)和(14.14)；把这些写作

$$\dot{\boldsymbol{x}}_1=T\varphi\boldsymbol{X}_2,\quad \dot{\boldsymbol{x}}_2=\eta\mu T^2\boldsymbol{X}_1,$$

我们获得所要寻求的关系式

$$\varphi = T\eta\mu \tag{14.16}$$

(L. Waldmann,1967).

习　题

1. 含有气体处于不同温度 T_1 和 T_2 的两个容器,由一长管道相连通. 由于热滑移,在两容器中气体间建立起压强差(热分子压强效应). 试确定这个压强差.

解:对于泊肃叶流动,在压强和温度梯度影响下,考虑到热滑移,管道表面处的边界条件是在 $r=R$ 处,$v=\mu \mathrm{d}T/\mathrm{d}x$(其中 R 是管道半径而 x 是沿管道方向). 我们按通常方法(第六卷,§17)求出管道截面上的速度分布为:

$$v = -\frac{1}{4\eta}\frac{\mathrm{d}P}{\mathrm{d}x}(R^2-r^2)+\mu\frac{\mathrm{d}T}{\mathrm{d}x}.$$

每单位时间流经管道截面的气体质量是

$$Q = -\frac{\rho\pi R^4}{8\eta}\frac{\mathrm{d}P}{\mathrm{d}x}+\rho\mu\pi R^2\frac{\mathrm{d}T}{\mathrm{d}x}, \tag{1}$$

其中 ρ 是气体密度. 在力学平衡 $Q=0$,由此

$$\frac{\mathrm{d}P}{\mathrm{d}x}=\frac{8\eta\mu}{R^2}\frac{\mathrm{d}T}{\mathrm{d}x}.$$

对管道整个长度上的积分给出压强差为

$$P_2-P_1=\frac{8\eta\mu}{R^2}(T_2-T_1)$$

(如果 T_2-T_1 相当小,η 和 μ 可取为常量). 利用(14.13)和(8.11)对该效应的数量级估计给出

$$\frac{\delta P}{P}\sim\frac{l^2}{R^2}\frac{\delta T}{T}.$$

当 $Q=0$ 时管道截面上的速度分布是

$$v=\mu\left(\frac{2r^2}{R^2}-1\right)\frac{\mathrm{d}T}{\mathrm{d}x}.$$

气体沿管壁按温度梯度方向流动($v>0$),而在管道轴附近它按相反方向流动($v<0$).

2. 具有长度为 L 和不同半径($R_1<R_2$)的两根管道在其两端相连接;两结点维持在不同温度($T_2>T_1$),设其差值很小,由于热滑移,在管道中建立起气体的环流运动,试求通过管道截面的总气体流.

解:用 R^4 去除题 1 中公式(1),并沿两个管道所形成的闭合围道积分,我们有

$$Q=\frac{\rho\mu\pi}{L}(T_2-T_1)(R_2^2-R_1^2)\frac{R_1^2R_2^2}{R_2^4+R_1^4}.$$

流动在图 2 所示的方向发生.

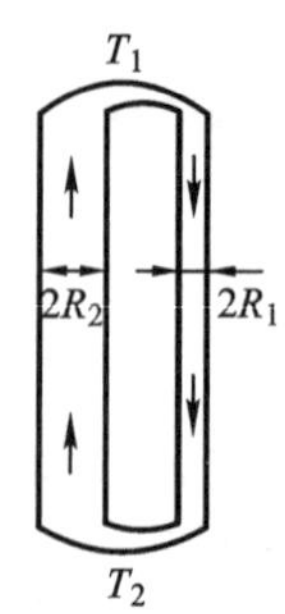

图 2

3. 半径为 R 的球体浸没于气体中,设气体维持有恒定温度梯度$\nabla T=\boldsymbol{A}$,试确定作用于球体的力 $\boldsymbol{F}$.

解:球内的温度分布给出为

$$T=\frac{3\kappa_2}{\kappa_1+2\kappa_2}Ar\cos\theta,$$

其中 κ_1 和 κ_2 分别是球体和气体的热导率;r 和 θ 是以球心为原点和极轴沿 $\boldsymbol{A}$ 的球极坐标(见第六卷,§50,题 2). 因此我们求得沿球表面的温度梯度为

$$\frac{1}{R}\frac{\partial T}{\partial\theta}=-\frac{3\kappa_2}{\kappa_1+2\kappa_2}A\sin\theta.$$

热滑移引起的气体层流仅由一个矢量 $\boldsymbol{A}$ 确定. 因此,对于这种情况的纳维-斯托克斯方程. 可以像液体流过在其中运动的球体的问题中那样,寻求同样形式的相应解(见第六卷,§20):

$$\boldsymbol{v}=-a\frac{\boldsymbol{A}+\boldsymbol{n}(\boldsymbol{A}\cdot\boldsymbol{n})}{r}+b\frac{3\boldsymbol{n}(\boldsymbol{A}\cdot\boldsymbol{n})-\boldsymbol{A}}{r^3},$$

其中 $\boldsymbol{n}=\boldsymbol{r}/r$;忽略了$\boldsymbol{v}$ 中的相加常量,因为我们必须有当 $r\to\infty$ 时 $v=0$. 常量 a 和 b 由条件

$$v_r=0,\quad v_\theta=\frac{\mu}{R}\frac{\partial T}{\partial\theta}\quad 当\quad r=R$$

求得,它们的值是

$$a=\frac{b}{R^2}=-\frac{3\kappa_2R\mu}{2(\kappa_1+2\kappa_2)}.$$

作用于球体的力是

$$\boldsymbol{F}=8\pi a\eta\boldsymbol{A}=-\frac{12\pi\eta\mu R\kappa_2}{\kappa_1+2\kappa_2}\nabla T.$$

为了使这些问题中所考虑的表面效应实际上小于体积效应,题 1 和题 2 中在管道半径上,题 3 中在球体半径上,温度必须仅有微小变化.

4. 两个容器由一长管道相连通,含有气体处于压强为 P_1 和 P_2,但处于相同温度. 试确定容器之间伴随着管中的泊肃叶流动的热流(力热效应).

解:按照(14.14)和(14.16),沿管壁的热流是

$$q'=2\pi R\boldsymbol{q}'_{\text{surf}}=2\pi RT\eta\mu\frac{\mathrm{d}V}{\mathrm{d}r}.$$

另一方面,根据定常流动下流体的力学平衡条件,我们有

$$2\pi R\eta\frac{\mathrm{d}V}{\mathrm{d}r}=\pi R^2\frac{\mathrm{d}P}{\mathrm{d}x}=\pi R^2\frac{P_2-P_1}{L}.$$

因而最后求得

$$q'=\pi R^2 T\mu(P_2-P_1)/L.$$

§15 高度稀薄气体中的现象

§14 中所讨论的现象，不过是与平均自由程 l 对问题中特征尺度 L 之比值的高阶幂相联系的校正效应；这个比值仍假定为很小. 当气体是如此稀薄，或尺度 L 是如此小，以致 $l/L\gtrsim 1$，即使带有经校正边界条件，流体力学方程也变得完全不适用.

对任何 l/L 值的一般情况，原则上必须在与气体接触的固体表面上的特定边界条件下来求解动理方程. 这些条件依赖于气体分子与表面之间的相互作用，并且将入射到表面上的粒子分布函数与离开表面的粒子的分布函数联系起来. 如果这个相互作用相当于分子散射而没有诸如化学变化、电离，或被表面吸收这些过程，则可用概率 $w(\Gamma',\Gamma)\mathrm{d}\Gamma'$ 来描述，它表示一个具有给定 Γ 值的分子碰撞表面后反射进入给定范围 $\mathrm{d}\Gamma'$；函数 w 的归一化条件是

$$\int w(\Gamma',\Gamma)\mathrm{d}\Gamma'=1. \tag{15.1}$$

用这个函数，对分布函数 $f(\Gamma)$ 的边界条件变成

$$\int_{\boldsymbol{n}\cdot\boldsymbol{v}<0} w(\Gamma',\Gamma)\boldsymbol{n}\cdot\boldsymbol{v}f(\Gamma)\mathrm{d}\Gamma=-\boldsymbol{n}\cdot\boldsymbol{v}'f(\Gamma'),\ \boldsymbol{n}\cdot\boldsymbol{v}'>0. \tag{15.2}$$

左边的积分乘以 $\mathrm{d}\Gamma'$ 是每单位时间入射到表面的单位面积上并被散射进入给定范围 $\mathrm{d}\Gamma'$ 内的分子数；对这样的 Γ 值范围积分，它们对应于分子向表面运动（$\boldsymbol{n}$ 为物体表面外向法线的单位矢量）. (15.2) 右边的表达式是每单位时间离开表面单位面积的分子数. 方程两边 Γ' 的值必须对应于离开表面运动的分子.

平衡时，气体温度与物体温度相同，对于入射和反射粒子，它们的分布函数必须都是玻尔兹曼分布形式. 因此函数 w 必须恒等地满足下列方程：

$$\int_{\boldsymbol{n}\cdot\boldsymbol{v}<0} w(\Gamma',\Gamma)\boldsymbol{n}\cdot\boldsymbol{v}\,\mathrm{e}^{-\varepsilon/T_1}\mathrm{d}\Gamma=-\boldsymbol{n}\cdot\boldsymbol{v}'\mathrm{e}^{-\varepsilon'/T_1}, \tag{15.3}$$

它是通过用 $f(\Gamma)=\text{const}\times\exp(-\varepsilon/T_1)$（这里 T_1 是物体的温度）代入 (15.2) 得到的.

在所描述的一般表述中，对于高度稀薄气体流动的问题，其求解当然是很困难的. 然而，当气体稀薄到如此程度，以致达到 $l/L\gg 1$ 这样的极限情况，该问题可很简单地予以陈述.

一大类这种问题与下列情况有关：相当大量气体所占据的体积，其线度远大于浸入气体中固态物体的线度 L，并且也远大于平均自由程 l. 因此分子与固体

表面的碰撞比较稀少，相对于分子间的碰撞来说是不重要的．如果气体本身处于平衡，具有温度 T_2，在这些条件下我们可以假设平衡没有受到浸入物体的破坏．同时气体与物体之间可能有任何温度差．对两者的宏观运动速度同样如此．

设 $\tau = T_2 - T_1$ 是气体温度与物体表面某部分 $\mathrm{d}f$ 的温度之差，而 $\boldsymbol{V}$ 是气体相对于物体的速度，对于 τ 和 $\boldsymbol{V}$ 不为零的情况，气体和物体之间有热交换，而且物体受到气体所施加的力．设 q 为由气体传向物体的耗散热流，并令 $\boldsymbol{F} - P\boldsymbol{n}$ 表示作用于物体表面每一点沿外法线 $\boldsymbol{n}$ 方向每单位面积上的力．这里第二项是寻常的气体压强；$\boldsymbol{F}$ 是考虑中归因于 τ 和 $\boldsymbol{V}$ 的附加力．量 q 和 $\boldsymbol{F}$ 是 τ 和 $\boldsymbol{V}$ 的函数；当后者为零时它们变为零．

如果 τ 和 $\boldsymbol{V}$ 充分小（τ 相对于气体和固体的温度本身，$\boldsymbol{V}$ 相对于气体分子的热速度），于是 q 和 $\boldsymbol{F}$ 可以展开成 τ 和 $\boldsymbol{V}$ 的幂至线性项为止．令 F_{n} 和 V_{n} 表示 $\boldsymbol{F}$ 和 $\boldsymbol{V}$ 沿法线 $\boldsymbol{n}$ 的分量；$\boldsymbol{F}_{\mathrm{t}}$ 和 $\boldsymbol{V}_{\mathrm{t}}$ 表示其切向部分，后者是具有两个独立分量的矢量．于是所述展开式是

$$q = \alpha\tau + \beta V_{\mathrm{n}}, \quad F_{\mathrm{n}} = \gamma\tau + \delta V_{\mathrm{n}}, \quad \boldsymbol{F}_{\mathrm{t}} = \theta \boldsymbol{V}_{\mathrm{t}}, \tag{15.4}$$

其中 $\alpha, \beta, \gamma, \delta, \theta$ 是表示任何给定气体和固体材料特征的常量（确切地说是温度和压强的函数）．根据对称性，“标”量 q 和 F_{n} 不能含有矢量 $\boldsymbol{V}_{\mathrm{t}}$ 的线性项．根据同样理由，矢量 $\boldsymbol{F}_{\mathrm{t}}$ 的展开式并不包含“标”量 τ 和 V_{n} 的线性项．

量 α, δ 和 θ 是正的．例如，当气体温度超过物体温度（$\tau > 0$）时，热量将从气体传递给物体，热流 q 的相应部分将为正；因此 $\alpha > 0$．其次，由于气体相对于物体流动引起的作用于物体的力 F_{n} 和 $\boldsymbol{F}_{\mathrm{t}}$ 必须分别与 V_{n} 和 $\boldsymbol{V}_{\mathrm{t}}$ 处于同样方向；因此 $\delta > 0$ 和 $\theta > 0$．至于系数 β 和 γ 的正负号并不能从一般热力学考虑得出，虽然实际上它们通常似乎是正的．它们之间有一简单关系式，那是动理系数的对称性的一个推论．

为了推导这个关系式，我们来计算由气体和在其中的物体组成的系统中总熵的时间导数．物体在单位时间内通过每个面元 $\mathrm{d}f$ 从气体获得的热量为 $q\mathrm{d}f$．物体的熵 S_1 中的增量是

$$\dot{S}_1 = \oint \frac{q}{T_1}\mathrm{d}f,$$

其中积分是对物体的整个表面进行的．

为了计算气体的熵增加，我们采取使气体在物体位置处为静止的坐标系；于是在表面上每一点的速度是 $-\boldsymbol{V}$．为了阐明所要求的关系式，我们将假定在运动期间物体的形状可能变化；于是在其表面上各点的速度 $\boldsymbol{V}$ 是任意独立变量．根据热力学关系式 $\mathrm{d}E = T\mathrm{d}S - P\mathrm{d}\mathscr{V}$，每单位时间气体的熵的变化是

$$\dot{S}_2 = \frac{1}{T_2}(\dot{E}_2 + P_2\dot{\mathscr{V}}_2),$$

具有下标 2 的量属于气体. 根据系统的总能量守恒，导数 $\dot{E}_2$是物体能量变化的负值. 这个变化由热量 $\oint q\mathrm{d}f$ 和对物体所作功 $\oint(-\boldsymbol{V})\cdot(\boldsymbol{F}-P\boldsymbol{n})\mathrm{d}f$ 两部分组成. 因此我们求得气体能量的变化为

$$\dot{E}_2=\oint(-q+F_\mathrm{n}V_\mathrm{n}+\boldsymbol{F}_\mathrm{t}\cdot\boldsymbol{V}_\mathrm{t}-P_2V_\mathrm{n})\mathrm{d}f.$$

气体体积的变化等于物体体积变化的负值：

$$\dot{\mathscr{V}}_2=\oint V_\mathrm{n}\mathrm{d}f.$$

所以气体熵的变化是

$$\dot{S}_2=\frac{1}{T_2}\oint(-q+F_\mathrm{n}V_\mathrm{n}+\boldsymbol{F}_\mathrm{t}\cdot\boldsymbol{V}_\mathrm{t})\mathrm{d}f.$$

将 S_1和 S_2的导数相加，然后令（对于 τ 很小）$T_1\approx T_2\equiv T$，我们最后有系统总熵的变率为

$$\dot{S}=\oint\left[\frac{q\tau}{T^2}+\frac{F_\mathrm{n}V_\mathrm{n}}{T}+\frac{\boldsymbol{F}_\mathrm{t}\cdot\boldsymbol{V}_\mathrm{t}}{T}\right]\mathrm{d}f. \tag{15.5}$$

对于昂萨格原理一般表述（§9）中的量 $\dot{x}_1,\dot{x}_2,\dot{x}_3,\dot{x}_4$，我们分别取为物体表面上任意给定点的 q,F_n和矢量 $\boldsymbol{F}_\mathrm{t}$的两个分量. 为求得对应量 X_a，我们将（15.5）与关于熵的变率的一般表达式（9.3）相比较，结果看到 X_1,X_2,X_3,X_4分别是在同一点的 $-\tau/T^2$，$-V_\mathrm{n}/T$ 以及矢量 $-\boldsymbol{V}_\mathrm{t}/T$ 的两个分量.（关系式（9.1）中的那些）动理系数是

$$\gamma_{11}=\alpha T^2,\quad \gamma_{22}=\delta T,\qquad \gamma_{33}=\gamma_{44}=\theta T,$$
$$\gamma_{12}=\beta T,\quad \gamma_{21}=\gamma T^2.$$

于是对称性 $\gamma_{12}=\gamma_{21}$给出所要求的关系式：

$$\beta=\gamma T. \tag{15.6}$$

此外，根据二次型（9.3）为正（$\dot{S}>0$）的条件，我们有早已提到的不等式 α，$\beta,\theta>0$，并且还有不等式

$$T\alpha\delta>\beta^2.$$

为了计算（15.4）中的系数，我们需要知道气体分子受物体表面散射时，由前面所定义的函数 $w(\Gamma',\Gamma)$所表达的散射定律的特定形式. 作为例子，让我们推导一个原则上能用来计算 α 的公式.

因为一个分子与壁的每次碰撞传递给壁的能量是 $\varepsilon-\varepsilon'$，于是气体传递给物体的能流密度由下列积分给出：

$$q=\int(\varepsilon-\varepsilon')|v_x|w(\Gamma',\Gamma)f(\Gamma)\mathrm{d}\Gamma\mathrm{d}\Gamma', \tag{15.7}$$

积分是对 $v_x<0,v'_x>0$ 的范围进行的.

让我们将这个表达式利用细致平衡原理进行变换. 根据细致平衡原理,平衡时,分子受壁散射中 $\Gamma \to \Gamma'$ 跃迁的数目等于 $\Gamma'^{\mathrm{T}} \to \Gamma^{\mathrm{T}}$ 跃迁的数目. 这意味着

$$w(\Gamma', \Gamma)\,|v_x|\exp\left(\frac{\mu - \varepsilon}{T_1}\right) = w(\Gamma^{\mathrm{T}}, \Gamma'^{\mathrm{T}})\,|v'_x|\exp\left(\frac{\mu - \varepsilon'}{T_1}\right); \qquad (15.8)$$

平衡时,气体和壁的温度相等.

让我们对(15.7)中的积分变量重新命名:$\Gamma \to \Gamma'^{\mathrm{T}}$, $\Gamma' \to \Gamma^{\mathrm{T}}$. 将得到的两个表达式相加,然后用 2 除,结果给出

$$q = \frac{1}{2}\int(\varepsilon - \varepsilon')\mathrm{e}^{\mu/T_2} \times$$
$$\times\left[w(\Gamma', \Gamma)\,|v_x|\,\mathrm{e}^{-\varepsilon/T_2} - w(\Gamma^{\mathrm{T}}, \Gamma'^{\mathrm{T}})\,|v'_x|\,\mathrm{e}^{-\varepsilon'/T_2}\right]\mathrm{d}\Gamma\mathrm{d}\Gamma'.$$

最后,将(15.8)的 $w(\Gamma', \Gamma)$ 代入,然后将被积函数用小差值 $\tau = T_2 - T_1$ 的幂展开,我们求得 $q = \alpha\tau$,其中

$$\alpha = \frac{1}{2T^2}\int(\varepsilon - \varepsilon')^2\,|v_x|\,w(\Gamma', \Gamma)\exp\left(\frac{\mu - \varepsilon(\Gamma)}{T}\right)\mathrm{d}\Gamma\mathrm{d}\Gamma' \qquad (15.9)$$

($v_x < 0$, $v'_x > 0$;温度 $T_1 \approx T_2$ 的下标已经省略).

关于从壁散射的分子的分布函数,依赖于它们与壁相互作用的特定性质. 有所谓*完全适应*,如果从物体每个面元所反射的分子(不管其碰撞前速度的大小和方向如何),具有这样的分布,它与离开容器上小孔径的分子束中的分布相同,而容器中气体温度等于物体温度. 换句话说,对于完全适应,受壁散射的气体达到与壁热平衡. 有意义的是将(15.4)中系数的值与完全适应情况的系数相比较. 特别是,气体分子和固体壁之间的能量交换通常用适应系数来描述,它定义为比值 α/α_0,其中 α_0 对应于完全适应的情况. 在实际情况下,通常不能达到完全适应,因而适应系数小于 1.

α_0 实际是最大可能值的事实容易证明如下. 让我们从稍许不同的观点来看(15.5)中的熵 S:不是把它当作物体和气体整个在一起的总熵,而是当作物体与时间 Δt 内达到物体表面的正好那些气体分子在一起的熵. 对于这个系统,具有完全适应的分子反射表示向一个完全平衡态的转变,所以它的熵取最大可能值. 因此,伴随这个转变的熵的变化 $\Delta S = \dot{S}\Delta t$ 也将是极大①. 换句话说,对于完全适应的情况,二次型(9.3)必须对 X_a(即 τ, V_{n} 和 $\boldsymbol{V}_{\mathrm{t}}$)的任何给定值都是极大. 系数 γ_{ab} 的相应值此时用下标零表示,我们可以将这个条件写成

$$\frac{\alpha_0 - \alpha}{T^2}\tau^2 + \frac{2(\beta_0 - \beta)}{T^2}\tau V_{\mathrm{n}} + \frac{\delta_0 - \delta}{T}V_{\mathrm{n}}^2 + \frac{\theta_0 - \theta}{T}V_{\mathrm{t}}^2 > 0.$$

① 这个论证的要点是,可以认为物体(它起“热库”的作用)在整个过程中处于平衡,而理想气体的熵仅依赖于其分子的分布律,而不依赖于它们之间的相互作用律.

由此得出下列不等式

$$\alpha_0 > \alpha,\quad \delta_0 > \delta,\quad \theta_0 > \theta,$$
$$T(\alpha_0 - \alpha)(\delta_0 - \delta) > (\beta_0 - \beta)^2. \tag{15.10}$$

让我们考虑高度稀薄气体从具有线性尺度 L 的小孔的流出[①]. 在极限 $l/L \gg 1$,这个过程是很简单的过程. 分子将各自独立地离开容器,形成分子束,其中每个分子以其到达小孔的速率运动. 每单位时间离开小孔的分子数等于分子与具有面积 s 等于小孔面积的表面之间每单位时间的碰撞数. 器壁每单位面积上的碰撞数是 $P/(2\pi mT)^{1/2}$,其中 P 是气体压强,m 是一个分子的质量;见第五卷,§39. 因此,每单位时间流出的气体质量是

$$Q = sP\sqrt{\frac{m}{2\pi T}}\ . \tag{15.11}$$

如果含有气体的两个容器由一小孔相连通,对 $l \ll L$ 的情况,在力学平衡时两个容器中气体的压强 P_1 和 P_2 相等,不管它们的温度 T_1 和 T_2 如何. 如果 $l \gg L$,力学平衡条件是每个方向通过小孔的分子数相等. 根据(15.11),这个条件给出

$$\frac{P_1}{\sqrt{T_1}} = \frac{P_2}{\sqrt{T_2}}\ . \tag{15.12}$$

因此两个相连通容器中稀薄气体的压强是不同的,它们分别正比于温度的平方根(克努森效应).

迄今为止我们已经讨论的是独自处于平衡的大量高度稀薄气体中的现象. 现在让我们扼要考虑另一类型的现象,其中气体本身不是处于平衡态. 例如,对于两个加热至不同温度并浸没于稀薄气体中的两个固体平板之间的热量传递,板间距离远小于平均自由程. 在两板间运动的分子,相互之间几乎不经受任何碰撞,从一个平板反射后,它们自由地运动直至撞到另一板上. 当被较热的板散射时,分子从板上获得一些能量,然后当它们达到较冷板时将一些能量传递给冷板. 因而这个情况下的热传递机理与非稀薄气体中的寻常热传导机理本质上不同. 它可用一个传热系数 κ 来描述,(按寻常热导率类推)它可以这样定义,使得

$$q = \frac{\kappa(T_2 - T_1)}{L}, \tag{15.13}$$

其中 q 是每单位时间每单位面积平板所传递的热量,T_1 和 T_2 是两平板的温度,L 是它们间的距离. κ 的值可利用(7.10)作数量级估计. 因为分子间的碰撞现在是用分子与板的碰撞代替,平均自由程 l 必须用两板间的距离 L 来代替. 因此

---

① 这种现象称为泻流. ——译者注.

$$\kappa \sim L\bar{v}N \sim \frac{PL}{\sqrt{mT}}. \tag{15.14}$$

高度稀薄气体中的传热系数正比于压强，和非稀薄气体中的热导率大不相同，后者不依赖于压强. 然而，应该强调，这里的 κ 不仅仅是气体本身的性质：它还依赖于问题的特定条件，也就是板间距离 L.

一个类似效应是高度稀薄气体中的"黏性"，例如，气体中两块平板的相对运动下(再次具有 $L \ll l$)会出现. 这里的黏度 η 必须这样来定义，使得

$$F = \eta V/L, \tag{15.15}$$

其中 F 是作用于运动平板每单位面积上的摩擦力，而 V 是一个平板相对于另一个平板的运动速率. 用距离 L 来代替(8.11)中的平均自由程，我们有

$$\eta \sim m\bar{v}NL \sim LP\sqrt{\frac{m}{T}}, \tag{15.16}$$

即，稀薄气体中的黏度同样正比于压强.

习　题

1. 在初始瞬间 $t=0$，气体占据半空间 $x<0$. 忽略碰撞，确定随后瞬间的密度分布.

解：如果忽略碰撞，动理方程简化为

$$\frac{\partial f}{\partial t} + \boldsymbol{v} \cdot \frac{\partial f}{\partial \boldsymbol{r}} = 0,$$

其通解为 $f = f(\boldsymbol{r} - \boldsymbol{v}t, \boldsymbol{v})$. 对给定初始条件，我们有

$$v_x > x/t \text{ 时}, \quad f = f_0(v), \quad v_x < x/t \text{ 时 } f = 0.$$

其中 f_0 是麦克斯韦分布. 气体密度是

$$N(t,x) = \iint_{-\infty}^{\infty}\int_{x/t}^{\infty} f_0(v)m^3 \mathrm{d}v_x \mathrm{d}v_y \mathrm{d}v_z = \frac{N_0}{2}\left[1 - \Phi\left(\frac{x}{t}\sqrt{\frac{m}{2T}}\right)\right],$$

其中

$$\Phi(\xi) = \frac{2}{\sqrt{\pi}}\int_0^{\xi} \mathrm{e}^{-y^2}\mathrm{d}y,$$

而 N_0 是初始密度. 因为已经忽略碰撞. 这些公式实际仅适用于 $|x| \ll l$ 范围内.

2. 一个半径为 R 的球，在稀薄气体中以速度 $\boldsymbol{V}$ 运动. 试确定作用于球上的力.

解：对球的运动的总阻力是

$$\boldsymbol{F} = -\frac{4\pi}{3}\boldsymbol{V}R^2(\delta + 2\theta).$$

3. 一个无重量平盘的两面被加热至不同温度 T_1 和 T_2，试确定平盘在稀薄气体中的运动速率.

解：平盘的（垂直于其平面方向的）速度由下列条件求得：作用于平盘两面的合力为零. 它以冷面向前运动，速率 V 给出（当 $T_2 > T_1$ 时）为

$$V = \frac{\gamma}{2\delta}(T_2 - T_1).$$

4. 对于完全适应情况，计算适应系数 α 的值 α_0.

解：每单位时间与物体表面单位面积碰撞的分子，所贡献出的能量是 $\int f_2 v_x \varepsilon \mathrm{d}\Gamma$，其中 f_2 是具有温度为 T_2 的气体的玻尔兹曼分布函数，ε 是一个分子的能量，而 x 轴垂直于表面. 上述同样分子所携带走的能量（在完全适应情况下）可简单地通过用物体的温度 T_1 代替 T_2 而求得. 于是热流是

$$q = \int (f_2 - f_1)\varepsilon v_x \mathrm{d}\Gamma,$$

对 v_x 的积分是从 0 至 ∞. 分子的能量写成 $\varepsilon = \varepsilon_{\text{int}} + \frac{1}{2}mv^2$，其中 ε_{int} 是内部运动能量. 通过计算给出每个积分的值为

$$\int f\varepsilon v_x \mathrm{d}\Gamma = \nu(\bar{\varepsilon}_{\text{int}} + 2T) = \nu\left(\bar{\varepsilon} + \frac{T}{2}\right) = \nu T\left(c_v + \frac{1}{2}\right).$$

其中 $\bar{\varepsilon} = c_v T$ 是一个分子的平均能量. 而 $\nu = P/\sqrt{2\pi m T}$ 是每单位时间碰撞到表面单位面积上的分子数. 热量 q 是在到达和离去的分子数相等，即相同 ν 情况下两者之间的能量差. 这样获得 $q = \alpha(T_2 - T_1)$ 中的系数的值是

$$\alpha_0 = \frac{P}{\sqrt{2\pi m T}}\left(c_v + \frac{1}{2}\right).$$

假设差值 $T_2 - T_1$ 很小，所以我们令 $T_1 \approx T_2 \equiv T$.

5. 与题 4 相同. 但要计算的是系数 β 和 γ 的值.

解：每单位时间与物体表面单位面积碰撞的分子，所贡献动量的法向分量，等于气体压强的一半. 用 ν 来表达压强，我们有

$$\frac{P}{2} = \nu\sqrt{\frac{\pi m T}{2}}.$$

对于相同 ν 但不同温度 T_1 和 T_2 的情况，该量有不同值，其差值给出由温度差引起的附加力 F_n. 如果 $T_2 - T_1$ 很小，我们求得

$$\gamma_0 = P/(4T).$$

对于 β，按照(15.6)有 $\beta_0 = P/4$.

6. 与题 4 相同，但要计算的是系数 δ 和 θ 的值.

解：我们取物体在其中为静止的而气体以速度 V 运动的坐标系，x 轴为表面

的法向而 xy 平面含有 $\boldsymbol{V}$. 这个坐标系中的分布函数是

$$f=\text{const}\cdot\exp\left\{-\frac{\varepsilon_{\text{int}}}{T}-\frac{m}{2T}[(v_x-V_x)^2+(v_y-V_y)^2+v_z^2]\right\}.$$

对于完全适应的情况,反射分子具有 $\boldsymbol{V}=0$ 的分布函数;τ 被假设为零.

为计算切向力 F_y,我们令 $V_x=0$. 到达物体表面的分子所贡献总动量的 y 分量是:

$$\int mv_yv_xf\mathrm{d}\Gamma=mV_y\int v_xf\mathrm{d}\Gamma=mV_y\nu,$$

对 v_x 的积分为从 0 至 ∞. 这些分子所带走的动量的 y 分量为零. 因此 $F_y=m\nu V_y$,所以

$$\theta_0=\nu m=P\sqrt{\frac{m}{2\pi T}}.$$

现在令 $V_x\neq0,V_y=0$. 直至 V_x 的一阶项,我们有

$$f=f_0+V_x\frac{mv_x}{T}f_0,$$

其中 f_0 是 $\boldsymbol{V}=0$ 时的分布函数. 每单位时间与表面单位面积碰撞的分子数是

$$\nu=\int fv_x\mathrm{d}\Gamma=\frac{P}{\sqrt{2\pi mT}}+\frac{PV_x}{2T}.$$

这些分子所贡献的动量的 x 分量是

$$\int mv_x^2f\mathrm{d}\Gamma=\frac{P}{2}+PV_x\sqrt{\frac{2m}{\pi T}}.$$

从反弹面所反射分子具有 $V_x=0$ 的分布函数,这样归一化使得积分 $\int fv_x\mathrm{d}\Gamma$ 等于上面所确定的入射分子数 ν. 这些分子所携走动量的 x 分量是

$$-\frac{\nu}{2}\sqrt{2\pi mT}=-\frac{P}{2}-\frac{PV_x}{2}\sqrt{\frac{\pi m}{2T}}.$$

附加于压强的法向力是 $F_x=\delta_0V_x$,其中

$$\delta_0=P\sqrt{\frac{m}{2\pi T}}\left(2+\frac{\pi}{2}\right)=\frac{\theta_0}{2}(4+\pi).$$

7. 一块平板在稀薄气体中以速率 V 沿自身平面方向运动,假设完全适应,试确定平板的温度.

解:如题 4 中那样进行,我们求得携带来的能量为

$$\nu\left(c_vT_2+\frac{T_2}{2}+\frac{mV^2}{2}\right),$$

而携带走的能量为

$$\nu T_1\left(c_v+\frac{1}{2}\right),$$

令两者相等给出

$$T_1-T_2=\frac{mV^2}{2c_v+1}.$$

8. 一个半径为 R 的柱形管，由于压强和温度梯度引起管道中气体流动，试确定通过管道截面的气体流量. 气体是如此稀薄使得 $l>>R$①. 在分子与管壁碰撞中发生完全适应.

解：从具有完全适应壁反射的分子，其速率分布是 $v_x f\mathrm{d}^3p$，其中 f 是麦克斯韦分布函数而 x 轴垂直于表面. 如果 ϑ 是一个分子的速度与 x 轴之间的夹角，我们求得所反射分子相对于其运动方向（不管它们的速率如何）的分布是

$$\frac{\nu}{\pi}\cos\vartheta\mathrm{d}o;$$

这个函数的归一化是使得对平面一侧整个立体角积分后给出 ν.

我们取 z 轴沿管轴，而原点选在所考虑截面处. 最近一次从管道表面各部分所反射的分子通过这个截面. 距离 z 处壁表面面元 $\mathrm{d}f$ 所散射分子中，反射方向位于所述截面对管壁表面有关点所张的立体角中的那些分子，能通过该截面；因此，这些分子的数目是 $\mathrm{d}f\cdot\nu\int\cos\vartheta\mathrm{d}o/\pi$，对所述立体角范围积分.

对位于离所述截面相同距离的所有点，这个积分显然是相同的. 因此，每单位时间通过这个截面的分子总数，可通过用表面环元 $2\pi R\mathrm{d}z$ 代替 $\mathrm{d}f$，并对管道的整个长度进行积分而获得；再乘以一个分子的质量 m，我们得到通过管道截面的气体的质量流率：

$$Q=2mR\int\nu\left(\int\cos\vartheta\mathrm{d}o\right)\mathrm{d}z.$$

数目 ν 为压强和温度的函数，沿管道长度变化. 如果压强和温度沿长度方向（z 方向）的梯度不太大，我们可以给出

$$\nu(z)=\nu(0)+z\left.\frac{\mathrm{d}\nu}{\mathrm{d}z}\right|_{z=0}.$$

含有 $\nu(0)$ 的积分显然为零，因此②

$$Q=2mR\left.\frac{\mathrm{d}\nu}{\mathrm{d}z}\right|_{z=0}\iint z\cos\vartheta\mathrm{d}o\mathrm{d}z.$$

为了完成积分，我们在所考虑截面的平面中取坐标 r 和 φ；r 为截面上变动

① 这个类型的气体流动称为自由分子流动.

② 俄文版将下式中的 m 误为 π，同时经验算后面两个 Q 的表达式中前者少了 m 而后者多了 π，现已改正. ——译者注.

点 A' 离截面周界上固定点 O 的距离. 而 φ 为 OA' 与截面半径间的夹角(图 3). 从器壁上(与位于同一母线上的) A 点处反射然后通过 A' 的分子,其速度与管壁在 A 点的法线之间的夹角 ϑ,应使得

$$\cos\vartheta = \frac{r\cos\varphi}{\sqrt{r^2+z^2}}.$$

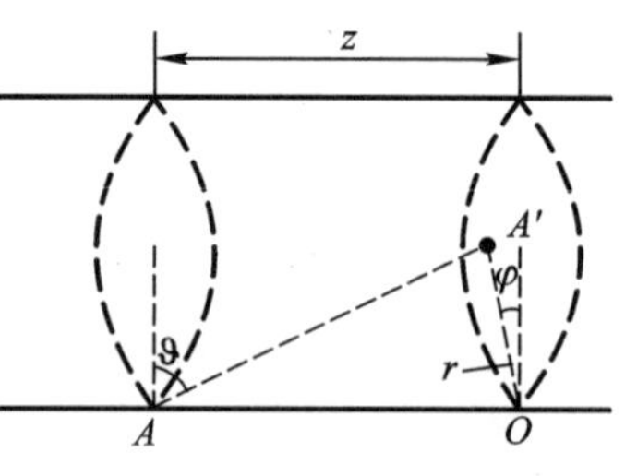

图 3

立体角元可以写成

$$\mathrm{d}o = \frac{r\mathrm{d}r\mathrm{d}\varphi}{r^2+z^2}\frac{z}{\sqrt{r^2+z^2}};$$

即,面积 $r\mathrm{d}r\mathrm{d}\varphi$ 被投射到垂直于线段 AA' 的平面上,其结果用该线段长度的平方来除. 积分是在

$$-\pi/2 \leqslant \varphi \leqslant \pi/2, \quad 0 \leqslant r \leqslant 2R\cos\varphi, \quad -\infty \leqslant z \leqslant \infty$$

区域内实现的,结果是

$$Q = \frac{8\pi m R^3}{3}\frac{\mathrm{d}\nu}{\mathrm{d}z}.$$

最后,令 $\nu = P/\sqrt{2\pi m T}$,我们得到

$$Q = \frac{4R^3}{3L}\sqrt{2\pi m}\left(\frac{P_2}{\sqrt{T_2}} - \frac{P_1}{\sqrt{T_1}}\right),$$

其中括号内的差值是在管道一段长度 L 上 $P/\sqrt{T}$ 的差值;用差分来代替导数是允许的,因为 Q 恒定,因而这个导数,沿管道是恒定的.

9. 设有两个固体平面相距 $L \ll l$,以相对速率 V 运动,并分别具有温度 T_1 和 T_2;假设完全适应,求固体平面之间的摩擦力.

解:令平面 1(温度 T_1)为静止,而平面 2 在 x 方向以速率 V 运动,并令 y 方向为从平面 1 向平面 2. 具有速率 $v_y>0$ 和 $v_y<0$ 的分子分别被从平面 1 和平面 2 反射;对完全适应情况,它们的分布函数是

$$f = \frac{2N_1}{(2\pi m T_1)^{3/2}}\exp\left(-\frac{mv^2}{2T_1}\right), \qquad v_y>0,$$

$$f = \frac{2N_2}{(2\pi m T_2)^{3/2}}\exp\left(-\frac{m(\boldsymbol{v}-\boldsymbol{V})^2}{2T_2}\right), \qquad v_y<0,$$

其中 N_1 和 N_2 是相应的粒子数密度;总密度 $N = N_1 + N_2$. y 方向总流为零的条件给出

$$N_1\sqrt{T_1} = N_2\sqrt{T_2}.$$

作用于每个平面的压强为 $P = N_1T_1 + N_2T_2$,每单位面积的摩擦力是

$$F_2 = -F_1 = mV\int_{v_y>0} v_y f\mathrm{d}^3p$$

$$= VN_2\sqrt{\frac{2mT_2}{\pi}} = VN\sqrt{\frac{2m}{\pi}}\,\frac{(T_1T_2)^{1/2}}{T_1^{1/2}+T_2^{1/2}}.$$

如果 $T_1 = T_2 \equiv T$，于是

$$F_2 = -F_1 = VP\sqrt{\frac{m}{2\pi T}}.$$

与(15.15)和(15.16)一致.

10. 假设完全适应，试确定具有几乎相等温度 T_1 和 T_2 的两个平板之间的传热系数 κ.

解：对完全适应的情况，入射到平板 1 上的分子具有温度为 T_2 的平衡分布. 因此，从板 1 至板 2 的能流是 $q = \alpha_0(T_2 - T_1)$. 取题 4 的 α_0，并由(15.13)确定 κ，我们求得

$$\kappa = \alpha_0 L = \frac{PL}{\sqrt{2\pi mT}}\left(c_v + \frac{1}{2}\right),$$

与(15.14)的估计一致.

11. 一个半径为 $R \ll l$ 的圆盘，在气体中以速度 $-\boldsymbol{V}$ 运动，其速率 V 远大于原子的平均热速率 v_T. 试确定圆盘后面轴上的气体密度.

解：当 $V \gg v_T$ 时，从圆盘后表面所反射的粒子是不重要的(接近表面狭窄区域除外；见下面). 这是入射流中圆盘的“影区”问题. 在圆盘为静止的坐标系中(气体以速度 $\boldsymbol{V}$ 运动)，在没有圆盘时分布函数应为

$$f_0(\boldsymbol{v}) = \frac{N_0}{(2\pi mT)^{3/2}}\exp\left\{-\frac{m(\boldsymbol{v}-\boldsymbol{V})^2}{2T}\right\}.$$

在有圆盘的情况下，在 z 轴上(图 4)气体粒子的数密度是

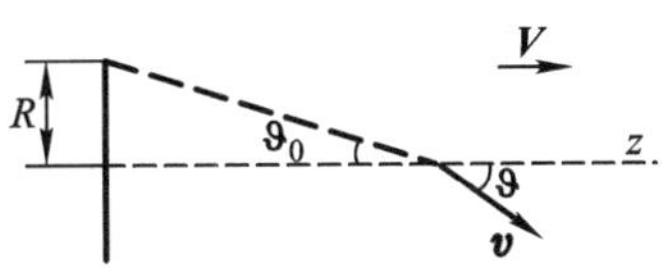

图 4

$$N(z) = 2\pi\int_0^{\infty}\int_{\vartheta_0}^{\pi} f_0(\boldsymbol{v})p^2\sin\vartheta\,d\vartheta\,dp,$$

其中 ϑ 是 $\boldsymbol{v}$ 和 z 轴之间的夹角，ϑ_0 是盘半径在 z 轴上观察点所张角($\tan\vartheta_0 = R/z$；具有 $\vartheta < \vartheta_0$ 的粒子被圆盘所遮断). 在 $V \gg v_T$ 条件下，积分给出

$$N(z) = \frac{N_0}{V}\left(\frac{m}{2\pi T}\right)^{1/2}\int_0^{\infty}\exp\left\{-\frac{m}{2T}\left[(v - V\cos\vartheta_0)^2 + V^2\sin^2\vartheta_0\right]\right\}v\,dv \approx$$

$$\approx N_0 \cos\vartheta_0 \exp\left\{-\frac{mV^2}{2T}\sin^2\vartheta_0\right\} = N_0\frac{z}{\sqrt{R^2+z^2}}\exp\left\{-\frac{mV^2}{2T}\frac{R^2}{R^2+z^2}\right\},$$

其中 N_0 是远离圆盘的气体密度. 对 $\mathrm{d}v$ 的积分是在 $\cos\vartheta_0 \gg v_T/V$ 的假设下实现的(可以证明这个不等式也是使从后表面所反射的粒子可以忽略的条件).

§16　动理方程的动力学推导

§3 所给出的关于动理方程的推导,虽然从物理观点来说是令人满意的;但是引起人们很大兴趣的是:怎样根据理论的数学形式体系,即根据气体粒子的运动方程将动理方程解析地推导出来. 这种推导已由博戈留波夫(Н. Н. Боголюбов(1946))给出. 这个方法的价值还在于下列事实,它提供一种正规步骤,原则上不仅适用于推导玻尔兹曼方程,而且适用于推导对它的校正,即,小"气态参量"——比值 $(d/\bar{r})^3$ 的高阶项,其中 d 是分子尺度(分子力的作用程)而 $\bar{r}$ 是分子间的平均距离. 下面所给推导限于纯经典描述的单原子气体,即假设不仅气体粒子的自由运动,而且其碰撞过程都是用经典力学来描述.

我们从关于气体整体作为 $\mathscr{N}$ 粒子系统的分布函数的刘维尔定理出发. $6\mathscr{N}$ 维相空间中的这个函数,用 $f^{(\mathscr{N})}(t,\tau_1,\tau_2,\cdots,\tau_{\mathscr{N}})$ 表示,其中 τ_a 是第 a 个粒子的一组坐标和动量的分量:$\tau_a=(\boldsymbol{r}_a,\boldsymbol{p}_a)$. 假设分布函数归一化为 1:

$$\int f^{(\mathscr{N})}(t,\tau_1,\cdots,\tau_{\mathscr{N}})\,\mathrm{d}\tau_1\cdots\mathrm{d}\tau_{\mathscr{N}}=1,$$

$$\mathrm{d}\tau_a=\mathrm{d}^3x_a\mathrm{d}^3p_a.$$

玻尔兹曼方程中出现的"单粒子"分布函数,通过 $f^{(\mathscr{N})}$ 对除一个之外的所有 $\mathrm{d}\tau_a$ 积分而获得:

$$f^{(1)}(t,\tau_1)=\int f^{(\mathscr{N})}\,\mathrm{d}\tau_2\cdots\mathrm{d}\tau_{\mathscr{N}};\tag{16.1}$$

函数 $f^{(1)}$ 也是归一化为 1,我们将保留(不带上标的)记号 f 作为归一化至粒子总数的分布函数:$f=\mathscr{N}f^{(1)}$.

我们注意到(见第五卷,§3),刘维尔定理是由相空间中的连续性方程得出的推论,对于闭合系统的分布函数必须满足这个方程:

$$\frac{\partial f^{(\mathscr{N})}}{\partial t}+\sum_{a=1}^{\mathscr{N}}\left\{\frac{\partial}{\partial \boldsymbol{r}_a}(f^{(\mathscr{N})}\dot{\boldsymbol{r}}_a)+\frac{\partial}{\partial \boldsymbol{p}_a}(f^{(\mathscr{N})}\dot{\boldsymbol{p}}_a)\right\}=0.\tag{16.2}$$

利用哈密顿方程

$$\dot{\boldsymbol{r}}_a=\frac{\partial H}{\partial \boldsymbol{p}_a},\quad \dot{\boldsymbol{p}}_a=-\frac{\partial H}{\partial \boldsymbol{r}_a},\tag{16.3}$$

从而得出下列等式:

$$\frac{\partial f^{(\mathscr{N})}}{\partial t}+\sum_{a=1}^{\mathscr{N}}\left\{\frac{\partial f^{(\mathscr{N})}}{\partial \boldsymbol{r}_a}\cdot\dot{\boldsymbol{r}}_a+\frac{\partial f^{(\mathscr{N})}}{\partial \boldsymbol{p}_a}\cdot\dot{\boldsymbol{p}}_a\right\}=\frac{\mathrm{d}f^{(\mathscr{N})}}{\mathrm{d}t}=0,\tag{16.4}$$

其中假设 $\dot{\boldsymbol{r}}_a \equiv \boldsymbol{v}_a$ 和 $\dot{\boldsymbol{p}}_a$ 通过方程(16.3)用 $\tau_1, \tau_2, \cdots$ 来表达. 方程(16.4)表达了刘维尔定理的内容.

我们将单原子气体的哈密顿函数写成下列形式:

$$H = \sum_{a \leqslant \mathscr{N}} \frac{p_a^2}{2m} + \sum_{b < a \leqslant \mathscr{N}} U(|\boldsymbol{r}_a - \boldsymbol{r}_b|). \tag{16.5}$$

这里假设没有外场,并假设气体粒子之间的相互作用简化为它们的对相互作用之和①. 于是方程(16.4)变成

$$\frac{\partial f^{(\mathscr{N})}}{\partial t} + \sum_{a=1}^{\mathscr{N}} \left\{ \frac{\partial f^{(\mathscr{N})}}{\partial \boldsymbol{r}_a} \cdot \boldsymbol{v}_a - \frac{\partial f^{(\mathscr{N})}}{\partial \boldsymbol{p}_a} \cdot \sum_{b<a} \frac{\partial U_{ab}}{\partial \boldsymbol{r}_a} \right\} = 0, \tag{16.6}$$

其中 $U_{ab}(a \neq b)$ 表示 $U(|\boldsymbol{r}_a - \boldsymbol{r}_b|)$.

现在让我们将这个方程对 $d\tau_2 \cdots d\tau_{\mathscr{N}}$ 积分. 于是,(16.6)中求和的所有项中,仅剩下含有对 $\boldsymbol{p}_1$ 或 $\boldsymbol{r}_1$ 的导数的那些项;其它项的积分可变换成对动量空间或坐标空间中无穷曲面的积分,结果为零. 因此我们有

$$\frac{\partial f^{(1)}(t, \tau_1)}{\partial t} + \boldsymbol{v}_1 \cdot \frac{\partial f^{(1)}(t; \tau_1)}{\partial \boldsymbol{r}_1} =$$

$$= \mathscr{N} \int \frac{\partial U_{12}}{\partial \boldsymbol{r}_1} \cdot \frac{\partial f^{(2)}(t, \tau_1, \tau_2)}{\partial \boldsymbol{p}_1} d\tau_2, \tag{16.7}$$

其中 $f^{(2)}$ 是归一化为 1 的双粒子分布函数,即积分

$$f^{(2)}(t, \tau_1, \tau_2) = \int f^{(\mathscr{N})} d\tau_3 \cdots d\tau_{\mathscr{N}}. \tag{16.8}$$

(16.7)中的因子 $\mathscr{N}$ 考虑到仅积分变量标志上不同的各项,严格地说,这类项的数目是 $\mathscr{N}-1$,但这个数很大,$\mathscr{N}-1 \approx \mathscr{N}$,可用 $\mathscr{N}$ 来代替.

类似地,将(16.6)对 $d\tau_3 \cdots d\tau_{\mathscr{N}}$ 积分,我们得到

$$\frac{\partial f^{(2)}}{\partial t} + \boldsymbol{v}_1 \cdot \frac{\partial f^{(2)}}{\partial \boldsymbol{r}_1} + \boldsymbol{v}_2 \cdot \frac{\partial f^{(2)}}{\partial \boldsymbol{r}_2} - \frac{\partial U_{12}}{\partial \boldsymbol{r}_1} \cdot \frac{\partial f^{(2)}}{\partial \boldsymbol{p}_1} - \frac{\partial U_{12}}{\partial \boldsymbol{r}_2} \cdot \frac{\partial f^{(2)}}{\partial \boldsymbol{p}_2} =$$

$$= \mathscr{N} \int \left[\frac{\partial f^{(3)}}{\partial \boldsymbol{p}_1} \cdot \frac{\partial U_{13}}{\partial \boldsymbol{r}_1} + \frac{\partial f^{(3)}}{\partial \boldsymbol{p}_2} \cdot \frac{\partial U_{23}}{\partial \boldsymbol{r}_2} \right] d\tau_3, \tag{16.9}$$

其中 $f^{(3)}(t, \tau_1, \tau_2, \tau_3)$ 是三粒子分布函数.

用这种方法继续进行下去,我们会得到几乎无穷(由于 $\mathscr{N}$ 很大!)级列的方程②,每个方程通过 $f^{(n+1)}$ 来表达 $f^{(n)}$. 所有这些方程在下述意义上是严格的:

---

① 后一假设具有模型性质. 然而,要着重指出的是,在一级近似(相应于玻尔兹曼方程)下,它一般并不影响结果:在这个近似下,只有粒子的对碰撞发生,其它(非成对的)相互作用不起作用.

② 现在一般称为 BBGKY 级列方程,因为是由博戈留波夫(H. H. Боголюбов(1946)),玻恩和格林(M. Born, H. S. Green(1949)),柯克伍德(J. G. Kirkword(1946)),伊翁(J. Yvon(1939))最初独立地推导出来的. ——译者注.

关于气体的稀薄程度未曾作任何假设. 然而,为了得到闭合方程组,就必须通过利用气体是稀薄的这个条件以某种方式使方程级列终止. 特别是,这个方程中的一级近似相当于使级列已经终止在第一个方程(16.7),其中双粒子函数 $f^{(2)}$ 用 $f^{(1)}$ 来近似表达. 这是考虑到气体的稀薄性质,通过方程(16.9)完成的.

回到这个方程,我们将首先证明右边的积分很小. 的确,函数 $U(r)$ 仅在作用力程内,即当 $r\lesssim d$ 时才显著不等于零. 因此,在(16.9)右边积分的两部分中,对坐标的积分实际上仅是对区域 $|\boldsymbol{r}_3-\boldsymbol{r}_1|\lesssim d$ 或 $|\boldsymbol{r}_3-\boldsymbol{r}_2|\lesssim d$ 的积分,或对一个体积 $\sim d^3$ 的区域积分. 还要注意,在对气体整个体积 $\mathscr{V}\sim\mathscr{N}\bar{r}^3$ 的积分中,应该有 $\int f^{(3)}\mathrm{d}\tau_3=f^{(2)}$,我们得到下列估计量

$$\mathscr{N}\int\frac{\partial f^{(3)}}{\partial\boldsymbol{p}_1}\cdot\frac{\partial U_{13}}{\partial\boldsymbol{r}_1}\mathrm{d}\tau_3\sim\frac{\partial U(r)}{\partial r}\frac{\partial f^{(2)}}{\partial\boldsymbol{p}_1}\frac{d^3}{\bar{r}^3}.$$

由此可以看出,方程(16.9)右边相对于左边含 $\partial U/\partial\boldsymbol{r}$ 的项来说,小一个比值 $(d/\bar{r})^3$,因此可以忽略. 方程左边的项全体乃是全导数 $\mathrm{d}f^{(2)}/\mathrm{d}t$,其中 $\boldsymbol{r}_1,\boldsymbol{r}_2,\boldsymbol{p}_1,\boldsymbol{p}_2$ 被认为是时间的函数,它满足具有二体问题哈密顿函数

$$H=\frac{\boldsymbol{p}_1^2}{2m}+\frac{\boldsymbol{p}_2^2}{2m}+U(|\boldsymbol{r}_1-\boldsymbol{r}_2|)$$

的运动方程(16.3). 因此我们有

$$\frac{\mathrm{d}}{\mathrm{d}t}f^{(2)}(t,\tau_1,\tau_2)=0. \tag{16.10}$$

迄今为止,对方程所作的所有变换都纯粹是力学变换. 当然,为了推导动理方程,某种统计假设也是必要的. 这个可以表述为每对碰撞粒子的统计独立性,在推导§3 中的动理方程时(那里碰撞概率被写成(2.1)的形式,正比于乘积 ff_1)实质上曾假设过. 正在考虑的方法中,这个陈述当作微分方程(16.10)的初条件. 正是它导致关于时间的两个方向的不对称性,结果由时间反演下不变的力学方程推导出了不可逆的动理方程. 气体粒子位置和动量间的关联只是在其碰撞期间($\sim d/\bar{v}$)引起的,同时仅延伸至距离 $\sim d$. 因此关于相碰撞粒子的统计独立性的假设,也是§3 中早已讨论过的关于动理方程所允许的距离和时间间隔的根本限制的来源.

令 t_0 为碰撞前某瞬间,那时两个粒子仍离得很远($|\boldsymbol{r}_{10}-\boldsymbol{r}_{20}|\gg d$,其中下标零表示物理量在该瞬间的值). 相碰撞粒子的统计独立性意味着在该瞬间 t_0,双粒子分布函数分解成两个单粒子分布函数 $f^{(1)}$ 的乘积. 因此,(16.10)从 t_0 至 t 的积分给出

$$f^{(2)}(t,\tau_1,\tau_2)=f^{(1)}(t_0,\tau_{10})f^{(1)}(t_0,\tau_{20}). \tag{16.11}$$

这里要把 $\tau_{10}=(\boldsymbol{r}_{10},\boldsymbol{p}_{10})$ 和 $\tau_{20}=(\boldsymbol{r}_{20},\boldsymbol{p}_{20})$ 理解为,为了使两粒子在瞬间 t 获得所

必需的坐标和动量值 $\tau_1=(\boldsymbol{r}_1,\boldsymbol{p}_1)$ 和 $\tau_2=(\boldsymbol{r}_2,\boldsymbol{p}_2)$，在瞬间 t_0 两粒子应具有的那样的坐标和动量值；在这个意义上，τ_{10} 和 τ_{20} 是 τ_1，τ_2 和 $t-t_0$ 的函数（只有 $\boldsymbol{r}_{10}$ 和 $\boldsymbol{r}_{20}$ 依赖于 $t-t_0$；$\boldsymbol{p}_{10}$ 和 $\boldsymbol{p}_{20}$ 的值与碰撞前粒子的自由运动有关，而并不依赖于 $t-t_0$ 的选择）.

现在让我们转到(16.7)，它将要成为动理方程. 方程左边早已具有所需要的形式；现在我们关心的是右边的积分，它最终要变成玻尔兹曼方程中的碰撞积分. 把(16.11)的 $f^{(2)}$ 代入这个积分并在两边从 $f^{(1)}$ 改变至 $f=\mathscr{N}f^{(1)}$，我们写出

$$\frac{\partial f(t,\tau_1)}{\partial t}+\boldsymbol{v}_1\cdot\frac{\partial f(t,\tau_1)}{\partial \boldsymbol{r}_1}=C(f),$$

其中

$$C(f)=\int\frac{\partial U_{12}}{\partial \boldsymbol{r}_1}\cdot\frac{\partial}{\partial \boldsymbol{p}_1}\{f(t_0,\tau_{10})f(t_0,\tau_{20})\}\mathrm{d}\tau_2. \tag{16.12}$$

积分(16.12)中只有在 $|\boldsymbol{r}_2-\boldsymbol{r}_1|\sim d$ 的范围内，即发生碰撞的区域内才是重要的. 然而，在这个范围，我们（在这里所考虑的一级近似下）可以忽略 f 对坐标的依赖关系；因为 f 仅在距离 L 上才发生显著变化，L 是问题的特征尺度，它总之远大于 d. 因此，如果为了使分析和公式稍微简化些，我们将研究空间均匀的例子，即假设 f 不依赖于坐标，碰撞积分的最后形式将不改变. 立即可以注意到，函数 $f(t_0,\boldsymbol{p}_{10})$ 和 $f(t_0,\boldsymbol{p}_{20})$ 中（通过 $\boldsymbol{r}_{10}(t)$ 和 $\boldsymbol{r}_{20}(t)$）对时间的显式依存关系，因此也消失了.

我们可以利用(16.12)的被积函数括号中的表达式是运动积分的事实（正是像(16.11)中所显示的那样），来对被积函数进行变换；显然与此无关，固定瞬间 t_0 的动量值 $\boldsymbol{p}_{10}$ 和 $\boldsymbol{p}_{20}$ 按定义已经是运动积分. 同时注意到上面所提及的它们不显含 t 的事实，我们有

$$\begin{aligned}&\frac{\mathrm{d}}{\mathrm{d}t}f(t_0,\boldsymbol{p}_{10})f(t_0,\boldsymbol{p}_{20})=\\&=\left(\boldsymbol{v}_1\cdot\frac{\partial}{\partial \boldsymbol{r}_1}+\boldsymbol{v}_2\cdot\frac{\partial}{\partial \boldsymbol{r}_2}-\frac{\partial U_{12}}{\partial \boldsymbol{r}_1}\cdot\frac{\partial}{\partial \boldsymbol{p}_1}-\frac{\partial U_{12}}{\partial \boldsymbol{r}_2}\cdot\frac{\partial}{\partial \boldsymbol{p}_2}\right)f(t_0,\boldsymbol{p}_{10})f(t_0,\boldsymbol{p}_{20})=0.\end{aligned} \tag{16.13}$$

由此，我们将对 $\boldsymbol{p}_1$ 的导数通过对 $\boldsymbol{r}_1$，$\boldsymbol{r}_2$ 和 $\boldsymbol{p}_2$ 的导数来表达，并代入(16.12). 当将积分变换到动量空间中的面积分时，含有 $\partial/\partial\boldsymbol{p}_2$ 导数的项消失. 于是我们求得

$$C(f(t,\boldsymbol{p}_1))=\int\boldsymbol{v}_{\mathrm{r}}\cdot\frac{\partial}{\partial \boldsymbol{r}}\{f(t_0,\boldsymbol{p}_{10})f(t_0,\boldsymbol{p}_{20})\}\mathrm{d}^3x\,\mathrm{d}^3p_2, \tag{16.14}$$

其中用了两粒子的相对速度 $\boldsymbol{v}_{\mathrm{r}}=\boldsymbol{v}_1-\boldsymbol{v}_2$，并考虑到 $\boldsymbol{p}_{10}$ 和 $\boldsymbol{p}_{20}$（因而括号中的整个表达式）仅通过差值 $\boldsymbol{r}=\boldsymbol{r}_1-\boldsymbol{r}_2$ 而依赖于 $\boldsymbol{r}_1$ 和 $\boldsymbol{r}_2$ 的事实. 用 z 轴沿 $\boldsymbol{v}_{\mathrm{r}}$ 的柱面坐标 z,ρ,φ 来代替 $\boldsymbol{r}=(x,y,z)$，注意到 $\boldsymbol{v}_{\mathrm{r}}\cdot\partial/\partial\boldsymbol{r}=v_{\mathrm{r}}\partial/\partial z$，而对 $\mathrm{d}z$ 积分后将(16.14)变

换成①

$$C(f(t,\boldsymbol{p}_1)) = \int \{f(t_0,\boldsymbol{p}_{10})f(t_0,\boldsymbol{p}_{20})\}\Big|_{z=-\infty}^{z=\infty} v_r\rho\mathrm{d}\rho\mathrm{d}\varphi\mathrm{d}^3p_2. \qquad (16.15)$$

现在我们忆及 $\boldsymbol{p}_{10}$ 和 $\boldsymbol{p}_{20}$ 是(在时刻 t_0)粒子的初始动量,而在最后瞬间 t 具有动量 $\boldsymbol{p}_1$ 和 $\boldsymbol{p}_2$ 这个事实. 如果在最后瞬间 $z = z_1 - z_2 = -\infty$,很显然在初始瞬间粒子相互离开得“甚至更远”,即,一般没有碰撞. 换句话说,在这个情况,初始动量和最终动量是相同的

$$\boldsymbol{p}_{10} = \boldsymbol{p}_1,\quad \boldsymbol{p}_{20} = \boldsymbol{p}_2 \qquad (z = -\infty).$$

如果 $z = +\infty$,$\boldsymbol{p}_{10}$ 和 $\boldsymbol{p}_{20}$ 作为对碰撞的初始动量,该碰撞给出粒子动量为 $\boldsymbol{p}_1$ 和 $\boldsymbol{p}_2$;在这个情况,我们写出

$$\boldsymbol{p}_{10} = \boldsymbol{p}'_1(\rho),\quad \boldsymbol{p}_{20} = \boldsymbol{p}'_2(\rho) \qquad (z = +\infty).$$

这些量是坐标 ρ 的函数,ρ 起碰撞参量的作用,乘积

$$\rho\mathrm{d}\rho\mathrm{d}\varphi = \mathrm{d}\sigma$$

是经典碰撞截面.

最后,还要注意到函数 $f(t_0,\boldsymbol{p}_{10})$ 和 $f(t_0,\boldsymbol{p}_{20})$ 对 t_0 的显示依存关系在这个近似下可用对 t 的同样依存关系来代替. (16.11)的正确性仅要求满足不等式 $t - t_0 \gg d/\bar{v}$:在瞬间 t_0,粒子间距离必须远大于力程 d. 然而,差值 $t - t_0$ 应这样选择,使得还满足 $t - t_0 \ll l/\bar{v}$ 的条件,其中 l 是平均自由程;比值 $l/\bar{v}$ 是平均自由时间,它正好是确定分布函数的可能时间变化周期的特征量. 因此,分布函数在 $t - t_0$ 期间的变化比较小,而可以忽略.

根据这些考虑,我们得到积分(16.15)的最终表达式为

$$C(f(t,\boldsymbol{p}_1)) = \int \{f(t,\boldsymbol{p}'_1)f(t,\boldsymbol{p}'_2) - f(t,\boldsymbol{p}_1)f(t,\boldsymbol{p}_2)\}v_r\mathrm{d}\sigma\mathrm{d}^3p_2, \quad (16.16)$$

它与玻尔兹曼碰撞积分(3.9)一致.

§17 考虑到三粒子碰撞的动理方程

为了求得对玻尔兹曼方程的第一校正项,我们必须回到§16 中这些项被忽略之处,并通过计及气态参量的高一阶项以增加计算准确度. 首先,(16.9)中曾经省略了含有三粒子关联 $f^{(3)}$ 的项,因此三粒子碰撞不在考虑之列. 而且,在将碰撞积分(16.12)变换至最终形式(16.16)时,我们忽略了分布函数超过距离 $\sim d$ 和时间 $\sim d/\bar{v}$ 范围以外的变化;对碰撞从而被认为是发生在单一点上的“局域”事件. 现在我们必须考虑到这两种本源的校正:三粒子碰撞以及对碰撞的

① 极限 $z = \pm\infty$ 要理解为距离远大于 d 但远小于平均自由程 l(如果照字义来看待. 结果会为零,因为在气体所占据区域之外 $f \equiv 0$). 出现这种情况是由于从(16.12)变为(16.14)时应用了方程(16.13),而该方程仅在粒子经历下一次碰撞前才是正确的.

“非局域性”.

在一级近似下,方程级列终止在第二个方程,它把$f^{(2)}$和$f^{(3)}$联系起来. 在二级近似下,我们必须探究第三个方程,它把$f^{(3)}$和$f^{(4)}$联系起来,以类似于一级近似在(16.9)中省略$f^{(3)}$项的方式省略掉$f^{(4)}$项. 于是方程变为

$$\frac{\mathrm{d}}{\mathrm{d}t}f^{(3)}(t,\tau_1,\tau_2,\tau_3)=0, \tag{17.1}$$

相当于早先对$f^{(2)}$的方程(16.10);假设(17.1)中的变量τ_1,τ_2,τ_3在三体问题中按照运动方程随时间而变化;再次假设粒子间的对相互作用①. 利用碰撞前粒子的统计独立性,(17.1)的解是

$$f^{(3)}(t,\tau_1,\tau_2,\tau_3)=f^{(1)}(t_0,\tau_{10})f^{(1)}(t_0,\tau_{20})f^{(1)}(t_0,\tau_{30}). \tag{17.2}$$

这里的量$t_0,\tau_{a0}(a=1,2,3)$具有像(16.11)中那样相同的意义,$\tau_{a0}=\tau_{a0}(t,t_0,\tau_1,\tau_2,\tau_3)$是粒子在时刻$t_0$必须具有的坐标和动量值,以便在时刻$t$达到相空间中特定点$\tau_1,\tau_2,\tau_3$. 与(16.11)的唯一差别是,现在$\tau_{a0}=(\boldsymbol{r}_{a0},\boldsymbol{p}_{a0})$是三体(而非二体)问题中的初始坐标和动量,假定这个问题原则上已解出②.

为了写下和变换后继的公式,方便的是定义一个算符$\hat{S}_{123}$,它作用于变量为τ_1,τ_2,τ_3(属于三体问题中三个粒子)的函数,其结果是使这些变量按照下列方式

$$\boldsymbol{r}_a\to\tilde{r}_a=\boldsymbol{r}_{a0}+\frac{\boldsymbol{p}_{a0}}{m}(t-t_0),$$

$$\boldsymbol{p}_a\to\tilde{p}_a=\boldsymbol{p}_{a0} \tag{17.3}$$

变换. 类似地,算符$\hat{S}_{12}$将作用于变量τ_1,τ_2(属于二体问题中的两个粒子)的函数而导致这种变换. 变换(17.3)的一个重要性质是,对于时间$t-t_0\gg d/\bar{v}$,它不再与时间有关. 的确,对于这种$t-t_0$,粒子相离很远,以恒定速度$\boldsymbol{v}_{a0}=\boldsymbol{p}_{a0}/m$自由运动,$\boldsymbol{r}_{a0}$的值随时间的变化为$\mathrm{const}-\boldsymbol{v}_{a0}(t-t_0)$,在(17.3)中失去了对时间的依存性. 而且,如果粒子间没有相互作用,变换(17.3)会化为恒等式:在不论何时总是自由运动的情况下,右边恒等于左边. 根据同样理由,如果粒子中的一个,例如粒子1,并不与粒子2和3发生相互作用,则$\hat{S}_{123}\equiv\hat{S}_{23}$;算符$\hat{S}_{12}$和$\hat{S}_{13}$于是简化为1. 因此,很显然,如果三个粒子中任何一个并不与其余两个发生相互作用,算符

---

① 与一级近似大不相同(比较63页的脚注①),这个假设对处理方法的一般性设置了一些限制,因为在三体碰撞中可能有三体相互作用效应(即在哈密顿函数中形式为$U(\boldsymbol{r}_2-\boldsymbol{r}_1,\boldsymbol{r}_3-\boldsymbol{r}_1)$的项的效应)它并不能简化为对相互作用.

② 当然,实际上对于三体问题,仅在例如硬球的少数情况才能给出解析解.

$$\hat{G}_{123}=\hat{S}_{123}-\hat{S}_{12}-\hat{S}_{13}-\hat{S}_{23}+2 \tag{17.4}$$

为零. 换句话说,这个算符把归因于所有三个粒子相互作用的部分从函数中分离出来(而作为特例,三体问题也包括对相互作用,第三个粒子处于自由运动).

利用算符 $\hat{S}_{123}$,(17.2)变成

$$f^{(3)}(t,\tau_1,\tau_2,\tau_3)=\hat{S}_{123}\tilde{f}^{(1)}(t,t_0,\tau_1)\times \\ \times\tilde{f}^{(1)}(t,t_0,\tau_2)\tilde{f}^{(1)}(t,t_0,\tau_3), \tag{17.5}$$

其中

$$\tilde{f}^{(1)}(t,t_0,\tau)=f^{(1)}\left(t_0,\boldsymbol{r}-\frac{\boldsymbol{p}}{m}(t-t_0),\boldsymbol{p}\right) \tag{17.6}$$

($f^{(1)}$ 中自变量 $\boldsymbol{r}$ 的移动补偿了归因于算符 $\hat{S}_{123}$的相应移动).

双粒子分布函数$f^{(2)}$通过将函数$f^{(3)}$对变量 τ_3积分求得,而$f^{(3)}$对 τ_2和 τ_3的积分给出分布函数$f^{(1)}$:

$$f^{(2)}(t,\tau_1,\tau_2)=\int f^{(3)}(t,\tau_1,\tau_2,\tau_3)\mathrm{d}\tau_3, \tag{17.7}$$

$$f^{(1)}(t,\tau_1)=\int f^{(3)}(t,\tau_1,\tau_2,\tau_3)\mathrm{d}\tau_2\mathrm{d}\tau_3. \tag{17.8}$$

随后计算的目的是要通过从这两个方程(用(17.5)的$f^{(3)}$)消去 $\tilde{f}^{(1)}$,从而以所需准确度将$f^{(2)}$用$f^{(1)}$来表达. 然后,将这个表达式代入(16.7),它本身是严格的,我们得出所寻求的动理方程.

为实现这个程序,我们首先对积分(17.8)进行变换,用(17.4)的算符 $\hat{G}_{123}$来表达(17.5)中的算符 $\hat{S}_{123}$. 注意到(基于分子总数守恒的)显然等式:

$$\int\tilde{f}^{(1)}(t,t_0,\tau)\mathrm{d}\tau=\int f^{(1)}(t_0,\tau)\mathrm{d}\tau=1,$$

$$\int\hat{S}_{12}\tilde{f}^{(1)}(t,t_0,\tau_1)\tilde{f}^{(1)}(t,t_0,\tau_2)\mathrm{d}\tau_1\mathrm{d}\tau_2=1,$$

我们得到

$$f^{(1)}(t,\tau_1)=\tilde{f}^{(1)}(t,t_0,\tau_1)+2\int\{(\hat{S}_{12}-1)\tilde{f}^{(1)}(t,t_0,\tau_1)\tilde{f}^{(1)}(t,t_0,\tau_2)\}\mathrm{d}\tau_2+ \\ +\int\{\hat{G}_{123}\tilde{f}^{(1)}(t,t_0,\tau_1)\tilde{f}^{(1)}(t,t_0,\tau_2)\tilde{f}^{(1)}(t,t_0,\tau_3)\}\mathrm{d}\tau_2\mathrm{d}\tau_3. \tag{17.9}$$

这个方程可以用逐步求近法进行求解,记住 $\hat{S}_{12}-1$ 是一阶小而 $\hat{G}_{123}$是二阶小;与(16.9)右边的估计进行比较. 在零级近似,$\tilde{f}^{(1)}(t,t_0,\tau_1)=f_1^{(1)}(t,\tau_1)$. 在其次两级近似,

$$\tilde{f}^{(1)}(t,t_0,\tau_1)=f^{(1)}(t,\tau_1)-2\int\{(\hat{S}_{12}-1)f^{(1)}(t,\tau_1)f^{(1)}(t,\tau_2)\}\mathrm{d}\tau_2-$$

$$-\int\{[\hat{G}_{123}-4(\hat{S}_{12}-1)(\hat{S}_{13}+\hat{S}_{23}-2)]f^{(1)}(t,\tau_1)f^{(1)}(t,\tau_2)f^{(1)}(t,\tau_3)\}\mathrm{d}\tau_2\mathrm{d}\tau_3.$$

现在还需把这个表达式代入(17.5),然后代入(17.7),并且仅保留不高于二阶小 $\sim(\hat{S}_{12}-1)^2$ 和 $\sim\hat{G}_{123}$ 的项. 最后结果是

$$f^{(2)}(t,\tau_1,\tau_2)=\hat{S}_{12}f^{(1)}(t,\tau_1)f^{(1)}(t,\tau_2)+$$
$$+\int\{\hat{R}_{123}f^{(1)}(t,\tau_1)f^{(1)}(t,\tau_2)f^{(1)}(t,\tau_3)\}\mathrm{d}\tau_3,\qquad(17.10)$$

其中

$$\hat{R}_{123}=\hat{S}_{123}-\hat{S}_{12}\hat{S}_{13}-\hat{S}_{12}\hat{S}_{23}+\hat{S}_{12}.\qquad(17.11)$$

必须强调 S 算符在其乘积中的次序是值得注意的. 例如,算符 $\hat{S}_{12}\hat{S}_{23}$ 首先作变量变换 $\tau_1,\tau_2,\tau_3\to\tau_1,\tilde{\tau}_2(\tau_2,\tau_3)\tilde{\tau}_3(\tau_2,\tau_3)$,函数 $\tilde{\tau}_{2,3}(\tau_2,\tau_3)$ 应由相互作用着的粒子 2 和 3 的运动方程确定;然后变量再经受变换 $\tau_1,\tau_2,\tau_3\to\tilde{\tau}_1(\tau_1,\tau_2)$, $\tilde{\tau}_2(\tau_1,\tau_2),\tau_3$,现在其中函数 $\tilde{\tau}_{1,2}(\tau_1,\tau_2)$ 由一对相互作用着的粒子 1 和 2 的运动问题来确定.

现在将(17.10)代入(16.7)并到处将函数 $f^{(1)}$ 变换至 $f=\mathcal{N}f^{(1)}$,我们求得下列形式的动理方程①

$$\frac{\partial f(t,\tau_1)}{\partial t}+\boldsymbol{v}_1\cdot\frac{\partial f(t,\tau_1)}{\partial\boldsymbol{r}_1}=C^{(2)}(f)+C^{(3)}(f),\qquad(17.12)$$

其中

$$C^{(2)}(f(t,\tau_1))=\int\frac{\partial U_{12}}{\partial\boldsymbol{r}_1}\cdot\frac{\partial}{\partial\boldsymbol{p}_1}\{\hat{S}_{12}f(t,\tau_1)f(t,\tau_2)\}\mathrm{d}\tau_2,\qquad(17.13)$$

$$C^{(3)}(f(t,\tau_1))=\frac{1}{\mathcal{N}}\int\frac{\partial U_{12}}{\partial\boldsymbol{r}_1}\cdot\frac{\partial}{\partial\boldsymbol{p}_1}\{\hat{R}_{123}f(t,\tau_1)f(t,\tau_2)f(t,\tau_3)\}\mathrm{d}\tau_2\mathrm{d}\tau_3\qquad(17.14)$$

这里第一个是对碰撞积分,而第二个是三体碰撞积分. 让我们更详细地考虑它们的结构.

两个积分中,被积函数都含有在空间不同点取值的函数 f. 在对碰撞积分中,要把这个“非局域性”效应分开作为对寻常(玻尔兹曼)碰撞积分的校正. 为此,我们将被积函数中(在距离 $\sim d$ 范围内)慢变的函数 f 以 $\boldsymbol{r}_2-\boldsymbol{r}_1$ 的幂展开.

因为被积函数中的这些函数之前有算符 $\hat{S}_{12}$,让我们首先考虑量 $\hat{S}_{12}\boldsymbol{r}_1$ 和

① 推导对玻尔兹曼方程的校正项的方法,早已由博戈留波夫(Н. Н. Боголюбов(1946))指出. 后来格林(M. S. Green(1956))首先给出这些项的最终形式.

$\hat{S}_{12}\boldsymbol{r}_2$，算符 $\hat{S}_{12}$ 将变量 $\boldsymbol{r}_1$ 和 $\boldsymbol{r}_2$ 变换成怎样的量. 在二体问题中两个粒子的质心 $\frac{1}{2}(\boldsymbol{r}_1+\boldsymbol{r}_2)$ 均匀地运动；因此算符 $\hat{S}_{12}$ 使这个和不变化. 从而我们可以写出

$$\hat{S}_{12}\boldsymbol{r}_1=\hat{S}_{12}\left(\frac{\boldsymbol{r}_1+\boldsymbol{r}_2}{2}+\frac{\boldsymbol{r}_1-\boldsymbol{r}_2}{2}\right)=\boldsymbol{r}_1+\frac{\boldsymbol{r}_2-\boldsymbol{r}_1}{2}-\frac{1}{2}\hat{S}_{12}(\boldsymbol{r}_2-\boldsymbol{r}_1),$$

$$\hat{S}_{12}\boldsymbol{r}_2=\boldsymbol{r}_1+\frac{\boldsymbol{r}_2-\boldsymbol{r}_1}{2}+\frac{1}{2}\hat{S}_{12}(\boldsymbol{r}_2-\boldsymbol{r}_1).$$

现在，展开函数

$$\hat{S}_{12}f(t,\boldsymbol{r}_1,\boldsymbol{p}_1)=f(t,\hat{S}_{12}\boldsymbol{r}_1,\boldsymbol{p}_{10}),$$

$$\hat{S}_{12}f(t,\boldsymbol{r}_2,\boldsymbol{p}_2)=f(t,\hat{S}_{12}\boldsymbol{r}_2,\boldsymbol{p}_{20})$$

为 $\boldsymbol{r}_2-\boldsymbol{r}_1$ 的幂直至一阶项，我们得到

$$C^{(2)}(f)=C_0^{(2)}(f)+C_1^{(2)}(f),\tag{17.15}$$

其中

$$C_0^{(2)}(f(t,\boldsymbol{r}_1,\boldsymbol{p}_1))=\int\frac{\partial U_{12}}{\partial\boldsymbol{r}_1}\cdot\frac{\partial}{\partial\boldsymbol{p}_1}\{f(t,\boldsymbol{r}_1,\boldsymbol{p}_{10})f(t,\boldsymbol{r}_2,\boldsymbol{p}_{20})\}\mathrm{d}\tau_2,\tag{17.16}$$

$$C_1^{(2)}(f(t,\boldsymbol{r}_1,\boldsymbol{p}_1))=\frac{1}{2}\int\frac{\partial U_{12}}{\partial\boldsymbol{r}_1}\cdot\frac{\partial}{\partial\boldsymbol{p}_1}\Big\{(\boldsymbol{r}_2-\boldsymbol{r}_1)\frac{\partial}{\partial\boldsymbol{r}_1}f(t,\boldsymbol{r}_1,\boldsymbol{p}_{10})f(t,\boldsymbol{r}_2,\boldsymbol{p}_{20})+$$
$$+\left[f(t,\boldsymbol{r}_1,\boldsymbol{p}_{10})\frac{\partial}{\partial\boldsymbol{r}_1}f(t,\boldsymbol{r}_1,\boldsymbol{p}_{20})-f(t,\boldsymbol{r}_1,\boldsymbol{p}_{20})\frac{\partial}{\partial\boldsymbol{r}_1}f(t,\boldsymbol{r}_1,\boldsymbol{p}_{10})\right]\cdot\hat{S}_{12}(\boldsymbol{r}_2-\boldsymbol{r}_1)\Big\}\mathrm{d}\tau_2,\tag{17.17}$$

对 $\boldsymbol{r}_1$ 的导数是在恒定 $\boldsymbol{p}_{10}$ 或 $\boldsymbol{p}_{20}$ 下取值.

积分(17.16)与(16.12)相同①；在§16中曾经阐明，怎样(通过完成对空间坐标的三个积分之中的一个而)将这个积分化至寻常的玻尔兹曼形式.

现在让我们考虑三体碰撞积分(17.14). 为了使这个积分中包括“非局域性”，应该要超过所假设的准确度，因为积分本身是小校正. 因此，在三个函数 f 的自变量中，所有径矢 $\boldsymbol{r}_1,\boldsymbol{r}_2,\boldsymbol{r}_3$ 都被取作为相同的 $\boldsymbol{r}_1$，而且我们必须假设算符 $\hat{R}_{123}$ 并不作用于这些变量上②：

$$C^{(3)}(f(t,\boldsymbol{r}_1,\boldsymbol{p}_1))=$$
$$=\frac{1}{\mathcal{N}}\int\frac{\partial U_{12}}{\partial\boldsymbol{r}_1}\cdot\frac{\partial}{\partial\boldsymbol{p}_1}\{\hat{R}_{123}f(t,\boldsymbol{r}_1,\boldsymbol{p}_1)f(t,\boldsymbol{r}_1,\boldsymbol{p}_2)f(t,\boldsymbol{r}_1,\boldsymbol{p}_3)\}\mathrm{d}\tau_2\mathrm{d}\tau_3.\tag{17.18}$$

---

① 表达式(17.16)与(16.12)的差别在于函数 f 的自变量中的 t_0 用 t 来替换. 然而，替换后反正一样有(16.13)右边的等式，因为对 $\boldsymbol{r}_1,\boldsymbol{r}_2,\boldsymbol{p}_1,\boldsymbol{p}_2$ 的依赖性仅通过 $\boldsymbol{p}_{10}$ 和 $\boldsymbol{p}_{20}$ 而进入，而后者是运动积分.

② 为了避免误解必须强调，这些简化并不意味着被积表达式不再依赖于 $\boldsymbol{r}_2$ 和 $\boldsymbol{r}_3$，对这些变量的依存性通过 S 算符仍然出现，S 算符将动量 $\boldsymbol{p}_a$ 变换成函数 $\boldsymbol{p}_a(\boldsymbol{r}_1,\boldsymbol{r}_2,\boldsymbol{r}_3,\boldsymbol{p}_1,\boldsymbol{p}_2,\boldsymbol{p}_3)$.

其次让我们稍微详细地来考察算符 $\hat{R}_{123}$ 的结构,以便阐明积分(17.18)所考虑到的碰撞过程的性质.

首先,当三个粒子中任何一个与其余并无相互作用时,算符 $\hat{R}_{123}$(像(17.4)中的算符 $\hat{G}_{123}$ 一样)为零. 然而,对 $\hat{R}_{123}\neq 0$ 的那些过程不仅包括字义上的三体碰撞,而且还包括几个对碰撞的组合.

在真三体碰撞中,三个粒子同时进入"相互作用范围",如图 5a 中图式所示. 但是算符 $\hat{R}_{123}$ 对于下列这样的"三体相互作用"也不为零,这种相互作用包括三个连续的对碰撞,并且有一对粒子互相碰撞两次,图 5b 中图式所示是这种过程的一个例子(对此 $\hat{S}_{13}=1$ 使得 $\hat{R}_{123}=\hat{S}_{123}-\hat{S}_{12}\hat{S}_{23}$①). 不仅如此,算符 $\hat{R}_{123}$ 还考虑到这类情况,那是三个碰撞中的一个(或多个)是"虚设的",即仅当任何真实碰撞对粒子路径的影响可以忽略时才发生的情况. 图 5c 中显示一个例子,那里碰撞 1-3 仅当粒子 3 的路径不受它与粒子 2 的碰撞的影响时才会发生②(对于这个过程,$\hat{S}_{123}=\hat{S}_{12}\hat{S}_{23}$,但是 $\hat{S}_{13}\neq 1$,所以 $\hat{R}_{123}=-\hat{S}_{12}\hat{S}_{13}+\hat{S}_{12}$).

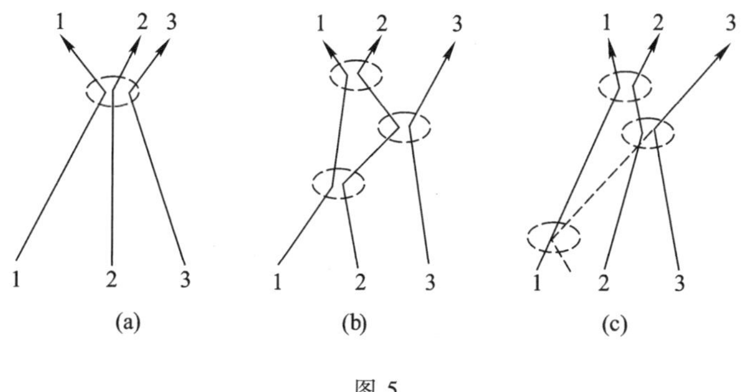

图 5

如同在 §16 中对积分 $C_0^{(2)}$ 进行变换那样,三体碰撞积分中同样能完成对坐标的六重积分之一,因此经变换后,相互作用势 U_{12} 不再显式地在公式中出现③.

① 同时,算符 $\hat{R}_{123}$(与算符 $\hat{G}_{123}$ 不同!)对所有两个对碰撞的序列为零. 例如,对于由碰撞 2-3 和 1-2 组成的过程,我们应该有 $\hat{S}_{123}=\hat{S}_{12}\hat{S}_{23}$,$\hat{S}_{13}=1$,所以 $\hat{R}_{123}=0$.

② 注意到 S 算符作用的意义,我们必须按逆时间追随粒子路径.

③ 格林的一篇文章(M. S. Green, Phys. Rev., **136A**(1964), 905)中完成了这种变换.

§ 18　动理系数的位力展开

在 § 7 和 § 8 中曾经表明，热导率和黏度不依赖于气体密度（或压强），是由于仅考虑分子间对碰撞的结果．对于这类碰撞，碰撞频率（即一个给定分子每单位时间内所经受的碰撞数）正比于密度 N，平均自由程 $l\propto 1/N$，而因为 η 和 κ 正比于 Nl，所以它们不依赖于 N．当然，这样获得的 η_0 和 κ_0 仅是这些量的密度幂展开式（称为位力展开式）中的首项．在高一级近似中，已经有形式为

$$\kappa=\kappa_0(1+\alpha Nd^3),\quad \eta=\eta_0(1+\beta Nd^3) \tag{18.1}$$

的密度依存关系．其中 d 是分子尺度量级的参量，而 α 和 β 是量纲为 1 的常数．这些一级校正具有双重来源，反映在动理方程的校正项 $C^{(3)}$ 和 $C_1^{(2)}$ 中．三体碰撞（其频率正比于 N^2）使平均自由程减小．而对碰撞的非局域性造成这样一种可能性，通过某表面的动量和能量传递，也可在碰撞粒子并未实际通过表面的情况下实现：粒子逼近距离 $\sim d$，然后分离开，仍处于表面两侧．这个效应使动量流和能量流增加．

应用更准确的动理方程（17.12）对热传导或黏性问题的解，要以 § 6— § 8 中早已描述过的同样方案为基础．我们寻求形式为 $f=f_0(1+\chi/T)$ 的分布函数，其中 f_0 是局域平衡分布函数，而 $\chi/T\sim l/L$ 是一小校正．三体碰撞积分 $C^{(3)}$，与 $C_0^{(2)}$ 一样，对函数 f_0 来说，其值为零．因此，我们必须保留其中带 χ 的项，所以相对于玻尔兹曼积分 $C^{(2)}$ 来说，积分 $C^{(3)}$ 是相对量级 $\sim(d/\bar r)^3$ 的校正．然而，在积分 $C_1^{(2)}$ 中，它含有分布函数的空间导数，只要取 $f=f_0$ 就足够了；在这个意义上，项 $C_1^{(2)}$ 应拿到方程左边，那里它给出同一相对量级 $\sim(d/\bar r)^3$ 的校正．因此，动理方程中的两个附加项 $C^{(3)}$ 和 $C_1^{(2)}$ 给出同一量级的贡献①．

为参考起见，对于气体的热导率和黏度，用（半径为 d 的）硬球模型求解更准确的动理方程的结果是

$$\kappa=\kappa_0(1+1.2Nd^3),\quad \eta=\eta_0(1+0.35Nd^3), \tag{18.2}$$

其中 κ_0 和 η_0 是 § 10，习题 3 中获得的值（J. V. Sengers，1966）②．

通过对动理方程作出（由四体碰撞等引起的）进一步校正，原则上还有可能确定动理系数位力展开的后续项．然而，重要的是要注意到，这些项将会含有 N 的非整数幂；函数 $\kappa(N)$ 和 $\eta(N)$ 在点 $N=0$ 被发现为非解析的．为阐明这个行

---

① 这个论据消除了可能引起的任何误解，因为积分 $C_1^{(2)}$ 包含 $C^{(3)}$ 中没有的导数 $\partial f/\partial \boldsymbol{r}\sim f/L$，由于这点，似乎两项会给出不同数量级的校正．

② 相应计算非常费力，在理论物理讲义，第九卷 C，动理学理论[Lectures in Theoretical Physics，Vol. IX C，Kinetic Theory（ed. by W. E. Brittin），Gordon & Breach，New York，1967]中森杰斯（Sengers）的一篇文章中可找到其计算进程的阐述．

为的来源,让我们考虑理论中出现的积分的收敛性(E. G. D. Cohen, J. R. Dorfman, J. Weinstock, 1963).

我们来研究(17.10)中的积分,它确定三体碰撞对二粒子分布函数的贡献. 积分的收敛特征对于算符 $\hat{R}_{123}$ 所考虑到的不同类型碰撞过程是不同的. 让我们用图 5b 中那样的过程作为一个例子.

积分是在给定相点 τ_1 和 τ_2 下对相体积 $d\tau_3$ 求积的. 留作最后一个积分变量的是粒子 3(在时刻 t)离 2-3 发生碰撞点的距离 r_3. 在这个最后积分过程之前,被积表达式将包括下列因子:(1) 对变量 r_3 的体积元 $r_3^2dr_3$;(2) 如果我们按时间反演追随粒子 3 的运动,要能够使碰撞 3-2 发生,粒子 3 的动量 $\boldsymbol{p}_3$ 的方向很显然必须位于某个立体角元内,也就是碰撞区域在距离 r_3 处所张的角,给出一个因子 d^2/r_3^2;(3) 另一个这种因子来自下述情况:要求"反冲"粒子 2 进入与粒子 1 的碰撞范围,这个条件对动量 $\boldsymbol{p}_3$ 可能方向强加的进一步限制. 因此我们得到形式为 $\int dr_3/r_3^2$ 的积分,积分限取为从 $r_3 \sim d$ 到 ∞,它显然是收敛的. 类似地可以证明,对于其它类型碰撞过程,积分的收敛性甚至更快.

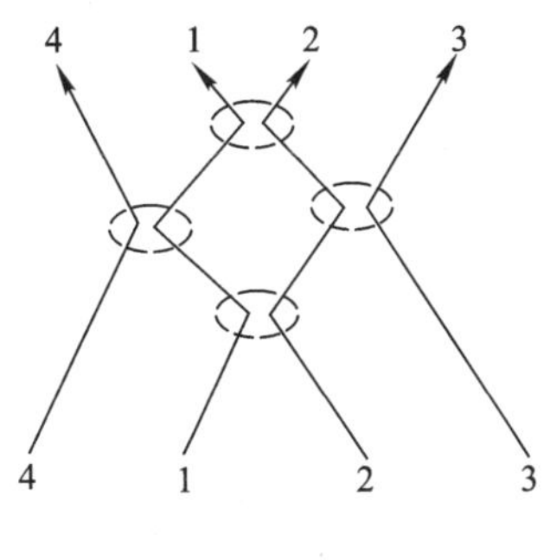

图 6

四体碰撞的贡献在(17.10)中能用类似形式的积分来表达,也是在给定 τ_1 和 τ_2 下对粒子 3 和 4 的相空间求积.

让我们考虑图 6 所示类型的四体碰撞. 我们再次将距离 r_3 留作最后一个积分变量. 与前述估计的差别在于这里的被积表达式中存在对 dr_4 的积分. 显然,这个积分给出的贡献正比于 1-4 之间的碰撞截面,即,$\sim d^2$. (1-2 之间的第二次碰撞,像以前一样,会保证限制其积分范围按 p_3 的方向.) 于是根据量纲考虑,显然,对 $d\tau_4$ 的积分引进量级为 $\bar{p}^3 r_3 d^2$ 的附加贡献. 对 dr_3 的积分结果为 $\int dr_3/r_3$ 形式,即,在上限为对数发散的. 在某一距离 Λ 处截断积分,我们得到函数 $f^{(2)}$ 中的一个贡献,它含有大对数 $\ln(\Lambda/d)$. 这个对数也相应地出现在对动理系数的校正中,它结果不是正比于$(Nd^3)^2$而是正比于$(Nd^3)^2\ln(\Lambda/d)$.

发散项的出现意味着不能把四体碰撞与所有那些更高阶(五体等)碰撞分开来单独处理. 的确,发散表明大r_4是重要的. 但是即使当$r_4\sim l$时,粒子4能与某个粒子5碰撞,等等. 消除发散的方法,因而是很清楚的:在对$f^{(2)}(t,\tau_1,\tau_2)$的表达式中,我们必须考虑到与所有各阶碰撞有关的项,保留每阶中的最快发散积分. 这种求和可以实现,并具有可预见到的结果:对数中的任意大参量Λ用平均自由程的数量级$l\sim 1/Nd^2$来代替①.

因此,动理系数的展开式具有形式

$$\kappa=\kappa_0\left[1+\alpha_1 Nd^3+\alpha_2(Nd^3)^2\ln\frac{1}{Nd^3}+\cdots\right], \tag{18.3}$$

对于η有类似结果.

§19　平衡气体中分布函数的涨落

动理方程所确定的分布函数(在§19和§20中将用$\bar{f}$表示)给出相空间体积元$d^3x d\Gamma$中的平均分子数;对处于统计平衡的气体,$\bar{f}(\Gamma)$是玻尔兹曼分布函数f_0(6.7),不依赖于时间t和(如果没有外场时)不依赖于坐标$\boldsymbol{r}$. 很自然会出现关于严格微观分布函数$f(t,\boldsymbol{r},\Gamma)$的涨落问题,即当气体粒子按其严格运动方程运动时,$f$随时间变化进程中所经受的涨落问题②.

我们定义涨落的关联函数(或者更简短所谓关联)为

$$\langle \delta f(t_1,\boldsymbol{r}_1,\Gamma_1)\delta f(t_2,\boldsymbol{r}_2,\Gamma_2)\rangle, \tag{19.1}$$

其中$\delta f=f-\bar{f}$. 在平衡气体中,这个函数仅依赖于时间差$t=t_1-t_2$;求平均是在固定差值下相对于时间t_1和t_2之一取的. 因为气体是均匀的,坐标$\boldsymbol{r}_1$和$\boldsymbol{r}_2$在关联函数中也是作为差值$\boldsymbol{r}=\boldsymbol{r}_1-\boldsymbol{r}_2$出现. 因此我们可以任意取$t_2$和$\boldsymbol{r}_2$为零,并写出关联函数为

$$\langle \delta f(t,\boldsymbol{r},\Gamma_1)\delta f(0,\boldsymbol{0},\Gamma_2)\rangle. \tag{19.2}$$

因为气体是各向同性的,这个函数对$\boldsymbol{r}$的依存关系事实上化为对绝对值r的依存关系.

如果函数(19.2)为已知,则其积分给出粒子数密度关联函数

$$\langle \delta N(t,\boldsymbol{r})\delta N(0,\boldsymbol{0})\rangle=\int\langle \delta f(t,\boldsymbol{r},\Gamma_1)\delta f(0,\boldsymbol{0},\Gamma_2)\rangle d\Gamma_1 d\Gamma_2. \tag{19.3}$$

对远大于平均自由程l的距离r,密度关联函数可通过涨落的流体力学理论计算(见第九卷,§88),而对距离$r\lesssim l$则需要应用动理学处理方法.

---

① 见下列文献:K. Kawasaki, I. Oppenheim, Phys. Rev., **139A**(1965). 1763.

② 这个问题是卡多姆采夫(Б. Б. Кадомцев(1957))首先讨论的.

直接根据定义(19.1)明显看出

$$\langle \delta f(t,\boldsymbol{r},\Gamma_1)\delta f(0,\boldsymbol{0},\Gamma_2)\rangle=\langle \delta f(-t,-\boldsymbol{r},\Gamma_2)\delta f(0,\boldsymbol{0},\Gamma_1)\rangle. \tag{19.4}$$

关联函数也具有很深刻的对称性,它对应于时间反演下系统的平衡态的对称性. 时间反演过程用较早时刻 $-t$ 来代替较后时刻 t,同时还用反演的 Γ^{T} 值代替 Γ 值. 因此,所考虑的对称性可表达为下列等式:

$$\langle \delta f(t,\boldsymbol{r},\Gamma_1)\delta f(0,\boldsymbol{0},\Gamma_2)\rangle=\langle \delta f(-t,\boldsymbol{r},\Gamma_1^{\mathrm{T}})\delta f(0,\boldsymbol{0},\Gamma_2^{\mathrm{T}})\rangle. \tag{19.5}$$

当 $t=0$ 时,函数(19.2)把同一时刻相空间中不同点的涨落联系起来. 但是同时涨落之间的关联仅传播粒子力程量级距离,而在所考虑理论中这个距离认为是零,所以同时关联函数变为零. 必须强调这个结果是由于考虑的涨落联系于平衡态的性质. 在§20 我们将看到在非平衡情况下同时涨落也是关联着的.

在非零距离上没有关联时,同时关联函数化为 δ 函数,其系数是相空间中一点处的方均涨落(比较第九卷,§88). 在处于平衡的理想气体中,分布函数的方均涨落等于分布函数本身的平均值(见第五卷,§113);因此,

$$\langle \delta f(0,\boldsymbol{r},\Gamma_1)\delta f(0,\boldsymbol{0},\Gamma_2)\rangle=\bar{f}(\Gamma_1)\delta(\boldsymbol{r})\delta(\Gamma_1-\Gamma_2). \tag{19.6}$$

不同点涨落之间的非同时关联,即使在忽略分子尺度的理论中也会出现. 这一关联必然产生是显然的,因为某个瞬间在相空间中某点参与涨落的粒子,在任何随后瞬间已经是处于其它点了.

对 $t\neq0$ 关联函数的计算问题,不能以一般形式求解,但可以化为特定方程的解. 为此,需要忆及准定态涨落一般理论的以下命题(见第五卷,§118 和§119).

令 $x_a(t)$ 为平均值等于零的涨落量. 我们假定,如果系统处于非平衡态,具有 x_a 的值超出其平均涨落的极限(但仍很小),则系统趋向平衡的弛豫过程可用线性"运动方程"描述:

$$\dot{x}_a=-\sum_b \lambda_{ab}x_b, \tag{19.7}$$

带有恒定系数 λ_{ab}. 因此我们可以断言 x_a 的关联函数满足类似方程:

$$\frac{\mathrm{d}}{\mathrm{d}t}\langle x_a(t)x_c(0)\rangle=-\sum_b \lambda_{ab}\langle x_b(t)x_c(0)\rangle,\quad t>0, \tag{19.8}$$

其中 c 为自由下标. 对 $t>0$ 求解这些方程,根据对称性质,

$$\langle x_a(t)x_b(0)\rangle=\langle x_b(-t)x_a(0)\rangle, \tag{19.9}$$

它是关联函数定义的结果,于是我们求得对 $t<0$ 时函数的值.

在现在的情况下,运动方程(19.7)由对平衡分布函数 $\bar{f}$ 的小增量 δf 的线性化玻尔兹曼方程描述. 因此分布函数的关联函数必须满足积分微分方程

$$\left(\frac{\partial}{\partial t}+\boldsymbol{v}_1\cdot\frac{\partial}{\partial \boldsymbol{r}}-\hat{I}_1\right)\langle \delta f(t,\boldsymbol{r},\Gamma_1)\delta f(0,\boldsymbol{0},\Gamma_2)\rangle=0,\quad t>0, \tag{19.10}$$

其中 $\hat{I}_1$ 是作用于其后函数中变量 Γ_1 上的线性积分算符:

$$\hat{I}_1 g(\Gamma_1) = \int w(\Gamma_1, \Gamma; \Gamma_1', \Gamma')[\bar{f}_1' g_1' + \bar{f}' g' - \bar{f}_1 g_1 - \\ -\bar{f} g] \mathrm{d}\Gamma \mathrm{d}\Gamma_1' \mathrm{d}\Gamma'. \tag{19.11}$$

(19.10)中变量 Γ_2是自由变量. 用作方程初始条件的是 $t=0$ 时关联函数的值(19.6);而在 $t<0$ 时的关联函数以后取决于等式(19.4)(而条件(19.5)是这些结果所自动满足的). 公式(19.10),(19.11)和(19.4)构成一组方程,原则上足以完全确定关联函数.

通常感兴趣的不是关联函数本身而是其相对于坐标和时间的傅里叶变换,由$(\delta f_1 \delta f_2)_{\omega k}$表示,其中下标 1 和 2 指自变量 Γ_1和 Γ_2:

$$(\delta f_1 \delta f_2)_{\omega \boldsymbol{k}} = \int_{-\infty}^{\infty} \mathrm{d}t \int \langle \delta f(t, \boldsymbol{r}, \Gamma_1) \delta f(0, \boldsymbol{0}, \Gamma_2) \rangle \mathrm{e}^{-\mathrm{i}(\boldsymbol{k} \cdot \boldsymbol{r} - \omega t)} \mathrm{d}^3 x, \tag{19.12}$$

称为涨落的*谱函数*或*谱关联函数*. 如果一个涨落函数展开为相对于时间和坐标的傅里叶积分,其傅里叶分量乘积的平均值与谱关联函数由公式

$$\langle \delta f_{\omega \boldsymbol{k}}(\Gamma_1) \delta f_{\omega' \boldsymbol{k}'}(\Gamma_2) \rangle = (2\pi)^4 \delta(\omega + \omega') \delta(\boldsymbol{k} + \boldsymbol{k}') (\delta f_1 \delta f_2)_{\omega \boldsymbol{k}} \tag{19.13}$$

相联系(见第五卷,§122).

容易推出这样一个方程,它原则上允许确定涨落的谱函数而无需预先计算时空关联函数.

将(19.12)中对 t 的积分范围分成两部分(从 $-\infty$ 至 0 和从 0 至∞)并应用(19.4),我们有

$$(\delta f_1 \delta f_2)_{\omega \boldsymbol{k}} = (\delta f_1 \delta f_2)_{\omega \boldsymbol{k}}^{(+)} + (\delta f_2 \delta f_1)_{-\omega -\boldsymbol{k}}^{(+)}, \tag{19.14}$$

其中

$$(\delta f_1 \delta f_2)_{\omega \boldsymbol{k}}^{(+)} = \int_0^{\infty} \mathrm{d}t \int \langle \delta f(t, \boldsymbol{r}, \Gamma_1) \delta f(0, \boldsymbol{0}, \Gamma_2) \rangle \mathrm{e}^{-\mathrm{i}(\boldsymbol{k} \cdot \boldsymbol{r} - \omega t)} \mathrm{d}^3 x. \tag{19.15}$$

我们对方程(19.10)应用单侧傅里叶变换(19.15). 同时将包含对 t 和对 $\boldsymbol{r}$ 导数的项作分部积分,并考虑到当 $\boldsymbol{r}\to\infty$ 时和当 $t\to\infty$ 时关联函数必须趋于零而当 $t=0$ 时必须由(19.6)给出这个事实. 结果得到所寻求方程为下列形式:

$$[\mathrm{i}(\boldsymbol{k} \cdot \boldsymbol{v}_1 - \omega) - \hat{I}_1](\delta f_1 \delta f_2)_{\omega \boldsymbol{k}}^{(+)} = \bar{f}(\Gamma_1) \delta(\Gamma_1 - \Gamma_2). \tag{19.16}$$

如果我们仅关心气体密度的涨落,而不是关心分布函数本身的涨落,将方程(19.16)对 $\mathrm{d}\Gamma_2$ 进行积分是适当的:

$$[\mathrm{i}(\boldsymbol{k} \cdot \boldsymbol{v} - \omega) - \hat{I}](\delta f(\Gamma) \delta N)_{\omega \boldsymbol{k}}^{(+)} = \bar{f}(\Gamma). \tag{19.17}$$

所寻求谱函数$(\delta N^2)_{\omega k}$可由这个方程的解通过一重积分求得,而不是如(19.3)中那样要通过二重积分求得.

求$(\delta N^2)_{\omega k}$的另一方法根据于密度关联函数与对形式为

$$U(t, \boldsymbol{r}) = U_{\omega \boldsymbol{k}} \mathrm{e}^{\mathrm{i}(\boldsymbol{k} \cdot \boldsymbol{r} - \omega t)} \tag{19.18}$$

的弱外场的响应率之间的关系(见第九卷，§86①)．如果这个场引起密度变化为

$$\delta N_{\omega k}=\alpha(\omega,\boldsymbol{k})U_{\omega k},\tag{19.19}$$

于是(根据第九卷的(86.20)),密度的谱关联函数在经典极限下是

$$(\delta N^2)_{\omega k}=\frac{2T}{\omega}\mathrm{Im}\alpha(\omega,\boldsymbol{k}).\tag{19.20}$$

令 $\delta f(t,\boldsymbol{r})$ 为同一场引起的分布函数的变化;它满足动理方程

$$\frac{\partial\delta f}{\partial t}+\boldsymbol{v}\cdot\frac{\partial\delta f}{\partial\boldsymbol{r}}-\frac{\partial U}{\partial\boldsymbol{r}}\cdot\frac{\partial\bar{f}}{\partial\boldsymbol{v}}=\hat{I}\delta f.$$

$\delta f(t,\boldsymbol{r},\Gamma)$ 的傅里叶分量写出为

$$f_{\omega k}(\Gamma)=\chi_{\omega k}(\Gamma)U_{\omega k},$$

在其中将外场分离成为一个因子．于是对 $\chi_{\omega k}$ 的方程是

$$[\mathrm{i}(\boldsymbol{k}\cdot\boldsymbol{v}-\omega)-\hat{I}]\chi_{\omega k}(\Gamma)=\mathrm{i}\boldsymbol{k}\cdot\frac{\partial\bar{f}}{\partial\boldsymbol{v}}.\tag{19.21}$$

通过对这个方程的解的一重积分,给出所寻求的谱关联函数:

$$(\delta N^2)_{\omega k}=\frac{2T}{\omega}\mathrm{Im}\int\chi_{\omega k}(\Gamma)\,\mathrm{d}\Gamma.\tag{19.22}$$

习　　题

1．对处于平衡的单原子气体,在忽略碰撞的情况下,确定其密度关联函数.

解:对于单原子气体,量 Γ 是动量 $\boldsymbol{p}$ 的三个分量．方程(19.10)对 $\hat{I}_1=0$ 的解是

$$\langle\delta f(t,\boldsymbol{r},\boldsymbol{p}_1)\delta f(0,\boldsymbol{0},\boldsymbol{p}_2)\rangle=\bar{f}(\boldsymbol{p}_1)\delta(\boldsymbol{r}-\boldsymbol{v}_1t)\delta(\boldsymbol{p}_1-\boldsymbol{p}_2).$$

而其傅里叶分量是

$$(\delta f_1\delta f_2)_{\omega k}=2\pi\bar{f}(\boldsymbol{p}_1)\delta(\boldsymbol{p}_1-\boldsymbol{p}_2)\delta(\omega-\boldsymbol{k}\cdot\boldsymbol{v}_1).$$

将这些表达式(用麦克斯韦函数 $\bar{f}$)进行积分,给出密度关联函数为

$$\langle\delta N(t,\boldsymbol{r})\delta N(0,\boldsymbol{0})\rangle=\bar{N}\left(\frac{m}{2\pi T}\right)^{3/2}\frac{1}{t^3}\exp\left(-\frac{mr^2}{2Tt^2}\right),\tag{1}$$

$$(\delta N^2)_{\omega k}=\frac{\bar{N}}{k}\left(\frac{2\pi m}{T}\right)^{1/2}\exp\left(-\frac{m\omega^2}{2Tk^2}\right).\tag{2}$$

2．与题1相同,但考虑到碰撞,碰撞积分形式为 $\hat{I}_1g=-g/\tau$, τ 为恒定时间.

解:方程(19.16)化为代数方程,由此我们确定 $(\delta f_1\delta f_2)^{(+)}_{\omega k}$,然后由(19.14)求得

---

① 应着重指出,这个关系仅在平衡情况下才存在.

$$(\delta f_1 \delta f_2)_{\omega k} = \frac{2\tau \bar{f}(\boldsymbol{p}_1)}{1+\tau^2(\boldsymbol{k}\cdot\boldsymbol{v}_1-\omega)^2}\delta(\boldsymbol{p}_1-\boldsymbol{p}_2). \tag{3}$$

我们注意到,甚至少量碰撞的存在,也改变了高频($\omega >> k\bar{v}$,对于具有相速度远大于分子热速度的涨落)下密度谱关联函数的渐近行为:

$$(\delta N^2)_{\omega k} = 2\bar{N}/\tau\omega^2, \tag{4}$$

即关联函数按幂律而不是如(2)中那样指数式地随频率增加而减小.

§20　非平衡气体中分布函数的涨落

令气体处于非平衡定态,具有某种分布函数 $\bar{f}(\boldsymbol{r},\Gamma)$ 满足动理方程:

$$\boldsymbol{v}\cdot\frac{\partial \bar{f}}{\partial \boldsymbol{r}} = C(\bar{f}), \tag{20.1}$$

函数 $\bar{f}$ 可能对平衡分布函数 f_0 有很大偏差,因而不能假设碰撞积分 $C(\bar{f})$ 相对于差值 $\bar{f}-f_0$ 为线性化的. 非平衡定态在气体中必须通过与外界相互作用而维持:例如,气体可能具有靠外源维持的温度梯度,或者它可能作定常运动(它并不归结于气体整体的运动),等等.

让我们设法计算分布函数 $f(t,\boldsymbol{r},\Gamma)$ 相对于 $\bar{f}(\boldsymbol{r},\Gamma)$ 的涨落. 这些涨落又可通过关联函数(19.1)来描述,其中求平均是以通常方式在给定差值 $t=t_1-t_2$ 下相对于时间完成的,而关联函数仅依赖于 t. 然而,由于分布 $\bar{f}(\boldsymbol{r},\Gamma)$ 的非均匀性,现在关联函数分别地依赖于坐标 $\boldsymbol{r}_1$ 和 $\boldsymbol{r}_2$,而不是仅依赖于其差值. 性质(19.4)现在变成

$$\langle \delta f_1(t)\delta f_2(0)\rangle = \langle \delta f_2(-t)\delta f_1(0)\rangle, \tag{20.2}$$

其中

$$f_1(t) \equiv f(t,\boldsymbol{r}_1,\Gamma_1),\quad f_2(0)\equiv f(0,\boldsymbol{r}_2,\Gamma_2).$$

可是关系式(19.5)涉及时间反演,一般并不适用于非平衡情况.

分布函数的关联函数仍然满足同样的方程(19.10):

$$\left(\frac{\partial}{\partial t}+\boldsymbol{v}_1\cdot\frac{\partial}{\partial \boldsymbol{r}_1}-\hat{I}_1\right)\langle \delta f_1(t)\delta f_2(0)\rangle = 0, \tag{20.3}$$

其中 $\hat{I}_1$ 是线性积分算符(19.11),它作用于变量 Γ_1.①关于这个方程的初条件问题,即同时关联函数的形式,比平衡情况下要复杂得多,后者简单地由表达式(19.6)给出. 在非平衡气体中,同时关联函数本身是由某个动理方程确定的,而后者的形式可以利用关联函数与§16所定义的双粒子分布函数 $\bar{f}^{(2)}$ 之间的关系来确立. 定态时,函数 $\bar{f}^{(2)}(\boldsymbol{r}_1,\Gamma_1;\boldsymbol{r}_2,\Gamma_2)$,跟 $\bar{f}(\boldsymbol{r},\Gamma)$ 一样,并不显式地依赖于时间.

---

① 在非平衡情况下应用这个方程应归于拉克斯(M. Lax(1966)).

为推导这个关系,我们注意到,因为相空间体积元 $d\tau = d^3x d\Gamma$ 是无穷小,能同时处于其中的不过一个粒子.①因此平均数 $\bar{f} d\tau$ 也是一个粒子处于体积元 $d\tau$ 中的概率(有两个粒子同时在其中的概率为高阶小量).由此可见,两个体积元 $d\tau_1$ 和 $d\tau_2$ 中粒子数乘积的平均值等于它们每个当中同时各发现一个粒子的概率.对于一对给定粒子,根据双粒子分布函数的定义,这是乘积 $\bar{f}_{12}^{(2)} d\tau_1 d\tau_2$.可是因为从(很大的)粒子总数中可以有 $\mathscr{N}(\mathscr{N}-1) \approx \mathscr{N}^2$ 方式选出一对粒子,于是我们有

$$\langle f_1 d\tau_1 \cdot f_2 d\tau_2 \rangle = \mathscr{N}^2 \bar{f}_{12}^{(2)} d\tau_1 d\tau_2.$$

然而,这样获得的等式 $\langle f_1 f_2 \rangle = \mathscr{N}^2 \bar{f}_{12}^{(2)}$ 仅与相空间中不同点相联系.而过渡至极限 $\boldsymbol{r}_1, \Gamma_1 \to \boldsymbol{r}_2, \Gamma_2$,必须考虑到如果 $d\tau_1$ 和 $d\tau_2$ 重合,$d\tau_1$ 中的一个原子也在 $d\tau_2$ 中.考虑到这种情况的关系式是

$$\langle f_1 f_2 \rangle = \mathscr{N}^2 \bar{f}_{12}^{(2)} + \bar{f}_1 \delta(\boldsymbol{r}_1 - \boldsymbol{r}_2) \delta(\Gamma_1 - \Gamma_2). \tag{20.4}$$

的确,将此等式乘以 $d\tau_1 d\tau_2$ 并对某个小体积 $\Delta\tau$ 积分后,右边第一项给出 ~ $(\Delta\tau)^2$ 的二阶小量,而含有 δ 函数的项给出 $\bar{f} \Delta\tau$ 为一阶量.因此我们有

$$\left\langle \int_{\Delta\tau} \bar{f} d\tau \right\rangle = \bar{f} \Delta\tau,$$

正应该如此,注意到精确至一阶量在小体积 $\Delta\tau$ 中只能是或者没有任何粒子或者有一个粒子.

将(20.4)代入单时关联函数的定义中

$$\langle \delta f_1(0) \delta f_2(0) \rangle = \langle f_1(0) f_2(0) \rangle - \bar{f}_1 \bar{f}_2,$$

我们得到所寻求的单时关联函数和双粒子分布函数之间的关系:

$$\langle \delta f_1(0) \delta f_2(0) \rangle = \mathscr{N}^2 \bar{f}_{12}^{(2)} - \bar{f}_1 \bar{f}_2 + \bar{f}_1 \delta(\boldsymbol{r}_1 - \boldsymbol{r}_2) \delta(\Gamma_1 - \Gamma_2). \tag{20.5}$$

在处于平衡的理想气体中,双粒子分布函数化为乘积 $\bar{f}_{12}^{(2)} = \bar{f}_1 \bar{f}_2 / \mathscr{N}^2$,而(20.5)化至(19.6).至少,当点 1 和 2 之间距离增加时,$\bar{f}_{12}^{(2)}$ 趋于这个乘积,所以

$$\langle \delta f_1(0) \delta f_2(0) \rangle \to 0, \quad \text{当} |\boldsymbol{r}_1 - \boldsymbol{r}_2| \to \infty \text{ 时}. \tag{20.6}$$

双粒子分布函数满足类似于玻尔兹曼方程的一个动理方程.这个方程可以从对 $\bar{f}^{(2)}$ 的方程(16.9)推导出来,类似于对单粒子分布函数的方程由(16.7)推出那样.②然而,我们这里将给出对 $\bar{f}^{(2)}$ 的方程的另一种推导,类似于§3 中对玻尔兹曼方程的推导,以直观物理论据为基础.

我们取作未知函数的不是 $\bar{f}^{(2)}$ 本身,而是差值

$$\varphi(\boldsymbol{r}_1, \Gamma_1; \boldsymbol{r}_2, \Gamma_2) = \mathscr{N}^2 \bar{f}_{12}^{(2)} - \bar{f}_1 \bar{f}_2, \tag{20.7}$$

---

① 下面的推导套用第五卷.§116 中的论证.

② 在§17 中,方程(16.9)仅用作特定目的,即用来从对 $\bar{f}$ 的方程消去 $\bar{f}^{(2)}$.

当$|\boldsymbol{r}_1-\boldsymbol{r}_2|\to\infty$时,它趋于零(它是不带最后一项的关联函数(20.5)).这个量在涨落理论的通常意义上是小量,即与$\bar{f}_1\bar{f}_2$比较起来是$1/\mathcal{N}$的量级.

没有碰撞时,函数φ满足一个方程,它仅仅表达刘维尔定理,$\bar{f}^{(2)}$沿一对粒子相轨道的恒定性:

$$\frac{\mathrm{d}\bar{f}^{(2)}}{\mathrm{d}t}=\frac{\mathrm{d}\varphi}{\mathrm{d}t}=\boldsymbol{v}_1\cdot\frac{\partial\varphi}{\partial\boldsymbol{r}_1}+\boldsymbol{v}_2\cdot\frac{\partial\varphi}{\partial\boldsymbol{r}_2}=0. \tag{20.8}$$

由于碰撞引起的φ的变化归因于两类过程.

粒子1和2与任何其它粒子的碰撞,而非互相碰撞,引起(20.8)右边出现$\hat{I}_1\varphi+\hat{I}_2\varphi$的项,其中$\hat{I}_1$和$\hat{I}_2$是分别作用于变量$\Gamma_1$和$\Gamma_2$的线性积分算符(19.11).

粒子1和2之间的相互碰撞起特殊作用,引起两个粒子1和2从相空间中一对点同时"跳变"到另一对点.与推导(3.7)所用严格相同的论据,在(20.8)右边给出一项$\delta(\boldsymbol{r}_1-\boldsymbol{r}_2)C_{12}(\bar{f})$,其中

$$C_{12}(\bar{f})=\int\omega(\Gamma_1,\Gamma_2;\Gamma'_1,\Gamma'_2)(\bar{f}'_1\bar{f}'_2-\bar{f}_1\bar{f}_2)\mathrm{d}\Gamma'_1\mathrm{d}\Gamma'_2 \tag{20.9}$$

(在这个积分中,涨落可以忽略);因子$\delta(\boldsymbol{r}_1-\boldsymbol{r}_2)$表达经受碰撞的粒子处于空间同一点这个事实.①

这样一来,最后我们得到下列方程

$$\boldsymbol{v}_1\cdot\frac{\partial\varphi}{\partial\boldsymbol{r}_1}+\boldsymbol{v}_2\cdot\frac{\partial\varphi}{\partial\boldsymbol{r}_2}-\hat{I}_1\varphi-\hat{I}_2\varphi=\delta(\boldsymbol{r}_1-\boldsymbol{r}_2)C_{12}(\bar{f}). \tag{20.10}$$

这个方程的解,按照(20.5)给出作为对方程(20.3)在$t=0$时的初条件的函数.②没有右边时,齐次方程(20.10)具有解

$$\varphi=f_{01}\Delta f_{02}+f_{02}\Delta f_{01},$$
$$\Delta f_0=\frac{\partial f_0}{\partial\mathcal{N}}\Delta\mathcal{N}+\frac{\partial f_0}{\partial T}\Delta T+\frac{\partial f_0}{\partial\boldsymbol{v}}\cdot\Delta\boldsymbol{V}, \tag{20.11}$$

对应于平衡分布f_0中粒子数、温度,以及宏观速度的任意小变化.

然而,这个"寄生"解,由于条件当$|\boldsymbol{r}_1-\boldsymbol{r}_2|\to\infty$时$\varphi\to0$而被排除.因此,在平衡的情况,当积分$C_{12}$恒为零时,方程(20.10)给出$\varphi=0$,我们回到了初条件(19.6).

方程(20.10)右边,即处于给定态Γ_1和Γ_2的粒子间的对碰撞,因此可被认为是在非平衡气体中涨落的单时关联的来源.通过使两个态的占据数产生一个同时的变化,对碰撞产生这些数之间的关联.在平衡态,由于分子对的正碰撞和

---

① (20.9)再对$\mathrm{d}\Gamma_2$积分给出寻常玻尔兹曼碰撞积分.

② 这个结果应归于下列诸人:С. В. Ганцевич, В. Л. Гуревич, Р. Катилюс(1969),Ш. М. Коган, А. Я. Шульман(1969).

逆碰撞的严格补偿,这个机理没有任何效应,从而没有任何单时关联.

如果分布$\overline{f}$不依赖于坐标 $\boldsymbol{r}$(如当偏离平衡是由外场维持时可能出现的那样),我们可以考虑对气体整个体积平均后的分布函数的涨落,即函数

$$f(t,\Gamma)=\frac{1}{\mathscr{V}}\int f(t,\boldsymbol{r},\Gamma)\,\mathrm{d}^3x \tag{20.12}$$

的涨落(这里我们用相同字母 f 来表示,但自变量中不含 $\boldsymbol{r}$). 相应关联函数满足的方程,它不同于(20.3),不包含对坐标的导数的项:

$$\left(\frac{\partial}{\partial t}+\boldsymbol{F}_1\cdot\frac{\partial}{\partial\boldsymbol{p}_1}-\hat{I}_1\right)\langle\delta f(t,\Gamma_1)\delta f(0,\Gamma_2)\rangle=0,\quad t>0; \tag{20.13}$$

方程左边增加了外场作用于粒子的力 $\boldsymbol{F}$ 引起的一项. 单时关联函数

$$\begin{aligned}\langle\delta f(0,\Gamma_1)\delta f(0,\Gamma_2)\rangle&=\\&=\mathscr{N}^2\overline{f}^{(2)}(\Gamma_1,\Gamma_2)-\overline{f}(\Gamma_1)\overline{f}(\Gamma_2)+\frac{\overline{f}(\Gamma_1)}{\mathscr{V}}\delta(\Gamma_1-\Gamma_2)\equiv\\&\equiv\varphi(\Gamma_1,\Gamma_2)+\frac{\overline{f}(\Gamma_1)}{\mathscr{V}}\delta(\Gamma_1-\Gamma_2)\end{aligned} \tag{20.14}$$

满足方程

$$\left[\boldsymbol{F}_1\cdot\frac{\partial}{\partial\boldsymbol{p}_1}+\boldsymbol{F}_2\cdot\frac{\partial}{\partial\boldsymbol{p}_2}-(\hat{I}_1+\hat{I}_2)\right]\varphi(\Gamma_1,\Gamma_2)=C_{12}(\varphi(\Gamma_1,\Gamma_2)). \tag{20.15}$$

如果气体处于闭合容器中. 这个方程要在表达气体中粒子总数为固定值(无涨落)的附加条件下来求解:

$$\int\langle\delta f(0,\Gamma_1)\delta f(0,\Gamma_2)\rangle\,\mathrm{d}\Gamma_1=\int\langle\delta f(0,\Gamma_1)\delta f(0,\Gamma_2)\rangle\,\mathrm{d}\Gamma_2=0. \tag{20.16}$$

这个条件在平衡情况下也必须满足,但它不是被表达式$[\overline{f}(\Gamma_1)/\mathscr{V}]\delta(\Gamma_1-\Gamma_2)$所满足,后者对应于关联函数(19.6). 正确的表达式可以依靠任意选择(20.11)而获得,适当地挑选参量 $\Delta\mathscr{N}$,我们得到

$$\langle\delta f(0,\Gamma_1)\delta f(0,\Gamma_2)\rangle=\frac{1}{\mathscr{V}}\overline{f}(\Gamma_1)\delta(\Gamma_1-\Gamma_2)-\frac{1}{\mathscr{N}}\overline{f}(\Gamma_1)\overline{f}(\Gamma_2). \tag{20.17}$$

这个关联函数还包括并不含有 δ 函数的一项.

第二章

扩 散 近 似

§21 福克尔-普朗克方程

相当大一类动理现象是由这样一些过程构成的,这类过程的每次基元事件中(分布函数所依赖的)物理量的平均改变量远小于其特征值.这类过程的弛豫时间远大于构成其微观机理的各基元事件的时间;在这个意义上,它们可称为慢过程.

一个典型例子是轻气体中小量搀质重气体的动量弛豫问题,认为轻气体本身处于平衡.由于重粒子的浓度低,可以忽略它们之间的相互碰撞,而仅考虑重粒子与基质(轻)气体粒子的碰撞.然而,当一个重粒子与轻粒子碰撞时,重粒子的动量仅经受比较小的改变.

为明确起见,我们将讨论的正是这个例子,并推导这种情况下杂质粒子的动量分布函数 $f(t,\boldsymbol{p})$ 所满足的动理方程.

令 $w(\boldsymbol{p},\boldsymbol{q})\mathrm{d}^3q$ 表示与轻粒子碰撞的基元事件中每单位时间内重粒子的动量变化为 $\boldsymbol{p}\to\boldsymbol{p}-\boldsymbol{q}$ 的概率.于是对函数 $f(t,\boldsymbol{p})$ 的动理方程是

$$\frac{\partial f(t,\boldsymbol{p})}{\partial t}=\int\{w(\boldsymbol{p}+\boldsymbol{q},\boldsymbol{q})f(t,\boldsymbol{p}+\boldsymbol{q})-w(\boldsymbol{p},\boldsymbol{q})f(t,\boldsymbol{p})\}\mathrm{d}^3q,\qquad(21.1)$$

其中右边是单位时间内进入和离开一给定动量空间体元 d^3p 的粒子数之间的差值.根据所用假设,函数 $w(\boldsymbol{p},\boldsymbol{q})$ 随 $\boldsymbol{q}$ 的增加而迅速减小,因而积分中起最重要作用的 $\boldsymbol{q}$ 值是比粒子的平均动量要小得多的那些值.这种情况允许在被积表达式中使用下列展开式:

$$\begin{aligned}w(\boldsymbol{p}+\boldsymbol{q},\boldsymbol{q})f(t,\boldsymbol{p}+\boldsymbol{q})\approx\,&w(\boldsymbol{p},\boldsymbol{q})f(t,\boldsymbol{p})+\\&+\boldsymbol{q}\cdot\frac{\partial}{\partial\boldsymbol{p}}w(\boldsymbol{p},\boldsymbol{q})f(t,\boldsymbol{p})+\frac{1}{2}q_\alpha q_\beta\frac{\partial^2}{\partial p_\alpha\partial p_\beta}w(\boldsymbol{p},\boldsymbol{q})f(t,\boldsymbol{q}).\end{aligned}$$

于是动理方程变成

$$\frac{\partial f}{\partial t}=\frac{\partial}{\partial p_\alpha}\left\{\widetilde{A}_\alpha f+\frac{\partial}{\partial p_\beta}(B_{\alpha\beta}f)\right\},\qquad(21.2)$$

其中

$$\widetilde{A}_\alpha = \int q_\alpha w(\boldsymbol{p},\boldsymbol{q})\,\mathrm{d}^3 q, \quad B_{\alpha\beta} = \frac{1}{2}\int q_\alpha q_\beta w(\boldsymbol{p},\boldsymbol{q})\,\mathrm{d}^3 q. \tag{21.3}$$

因而动理方程（从一个积分微分方程）现在变成一个微分方程. 为了更清楚地显示其意义，可将物理量$\widetilde{A}_\alpha$ 和 $B_{\alpha\beta}$用符号形式写出如下：

$$\widetilde{A}_\alpha = \frac{\sum q_\alpha}{\delta t}, \quad B_{\alpha\beta} = \frac{\sum q_\alpha q_\beta}{2\delta t}, \tag{21.4}$$

其中求和是对时间 δt 内发生的大量碰撞进行的.

(21.2)右边的表达式是矢量 $\boldsymbol{s}$ 在动量空间中的散度 $-\partial s_\alpha/\partial p_\alpha$ 的形式，这里 s_α 定义为：

$$s_\alpha = -\widetilde{A}_\alpha f - \frac{\partial}{\partial p_\beta}(B_{\alpha\beta} f) = -A_\alpha f - B_{\alpha\beta}\frac{\partial f}{\partial p_\beta},$$

$$A_\alpha = \widetilde{A}_\alpha + \frac{\partial B_{\alpha\beta}}{\partial p_\beta}. \tag{21.5}$$

换言之，方程(21.2)具有，应该说，动量空间中的连续性方程的形式，从而在过程中自动保持粒子数守恒. 矢量 $\boldsymbol{s}$ 是动量空间中的粒子流密度.

按照公式(21.4)，动理方程中的系数可利用碰撞的平均特征来表达，在这个意义上，它们的计算是纯力学问题. 然而事实上，并不需要分别计算 A_α 和 $B_{\alpha\beta}$；利用统计平衡时粒子流应为零的条件，它们中的一个可以通过另一个来相互表达. 在目前这个例子中，平衡分布函数是

$$f = \mathrm{const}\cdot\exp\left(-\frac{\boldsymbol{p}^2}{2MT}\right),$$

其中 M 是重气体粒子的质量，而 T 是主要气体（轻气体）的温度. 将这个表达式代入方程 $\boldsymbol{s}=0$ 中给出

$$MTA_\alpha = B_{\alpha\beta} p_\beta. \tag{21.6}$$

因而动理方程变成下列形式：

$$\frac{\partial f(t,\boldsymbol{p})}{\partial t} = \frac{\partial}{\partial p_\alpha}\left[B_{\alpha\beta}\left(\frac{p_\beta}{MT}f + \frac{\partial f}{\partial p_\beta}\right)\right]. \tag{21.7}$$

我们注意到，碰撞积分展开式开头两项中的系数具有相同数量级；原因是对于(21.4)中的可变号量 q_α，其一次幂的平均要比二次表达式的平均，涉及更大程度的相消. 展开式的后面各项全比开头两项小.

与系数 $B_{\alpha\beta}$能有依存关系的唯一矢量是重粒子的动量 $\boldsymbol{p}$. 如果这些重粒子的速度 $\boldsymbol{p}/M$ 平均来说远小于轻粒子的速度，就可以认为重粒子在碰撞中是不动的；在这个近似下，$B_{\alpha\beta}$不依赖于 $\boldsymbol{p}$. 从而张量 $B_{\alpha\beta}$归结为一个常标量 B：

$$B_{\alpha\beta} = B\delta_{\alpha\beta}, \quad B = \frac{1}{6}\int q^2 w(0,\boldsymbol{q})\,\mathrm{d}^3 q, \tag{21.8}$$

而方程(21.7)具有下列形式：

$$\frac{\partial f}{\partial t}=B\frac{\partial}{\partial \boldsymbol{p}}\cdot\left(\frac{\boldsymbol{p}}{MT}f+\frac{\partial f}{\partial \boldsymbol{p}}\right). \tag{21.9}$$

注意到方程(21.7)与外场中的扩散方程之间具有形式上的相似性，由形式(21.9)来看尤其明显. 扩散方程具有形式：

$$\frac{\partial c}{\partial t}=\nabla\cdot(D\nabla c-bc\boldsymbol{F}),$$

其中 c 是杂质浓度，$\boldsymbol{F}$ 是外场对杂质粒子所施加的力，D 是扩散系数，而 b 是迁移率. 可以认为方程(21.9)所描述的过程是动量空间中的扩散，B 起扩散系数的作用；(21.9)右边两项中系数之间的关系类似于扩散系数与迁移率之间熟知的爱因斯坦关系 $D=bT$(见第六卷，§59).

(21.2)形式的动理方程，其中的系数通过(21.4)用基元事件的平均特性来确定，称为*福克尔-普朗克方程*(A. D. Fokker, 1914; M. Planck, 1917). 变量 p_α 作为粒子动量的特定性质在所阐述的推导中没有起什么作用.

因此，显然的是，对于其它变量的分布函数 f，相同形式的方程也是适用的，只要满足作为该推导基础的条件：基元事件中该量的变化相对很小，以及表达这些事件中引起函数 f 变化的积分算符相对于 f 的线性性质.

作为另一个例子，让我们再叙及轻气体在重气体中形成少量杂质的情况. 在与重粒子碰撞中，轻粒子的动量在方向上有很大改变而在绝对值上仅有很小改变.

虽然在这些条件下，对于杂质气体粒子的分布函数就动量矢量 $\boldsymbol{p}$ 而论，方程(21.7)已不适用，但是对于分布函数仅就绝对值 p 而论，可以建立起一个类似方程. 如果分布函数如前所述那样是相对于动量空间体元 d^3p 取的(所以具有动量绝对值 p 在范围 dp 内的粒子数是 $f(t,p)4\pi p^2dp$)，于是，对与 dp 有关的函数 $4\pi p^2f$ 来说，将有福克尔-普朗克方程：

$$\frac{\partial(fp^2)}{\partial t}=\frac{\partial}{\partial p}\left\{fp^2A+B\frac{\partial}{\partial p}(fp^2)\right\},$$

或

$$\frac{\partial f}{\partial t}=\frac{1}{p^2}\frac{\partial}{\partial p}p^2\left\{fA+\frac{B}{p^2}\frac{\partial}{\partial p}(fp^2)\right\}, \tag{21.10}$$

其中

$$B=\frac{1}{2}\frac{\sum(\delta p)^2}{\delta t}. \tag{21.11}$$

花括号中表达式是动量空间中的径向流 s. 对于平衡分布

$$f=\text{const}\cdot e^{-p^2/(2mT)}$$

(其中 m 是轻粒子的质量，而 T 是主要气体(重气体)的温度)的情形，径向流 s 应该化为零. 这个条件给出 A 和 B 之间的关系，而动理方程(21.10)因此具有下列形式：

$$\frac{\partial f}{\partial t}=-\frac{1}{p^2}\frac{\partial(p^2 s)}{\partial p},$$

$$s=-B\left(\frac{p}{mT}f+\frac{\partial f}{\partial p}\right). \tag{21.12}$$

习　题

1. 对于轻气体中的搀质重气体,假设重粒子的速率与轻粒子的速率相比为很小,试确定其动量空间中的扩散系数(方程(21.9)中的 B).

解:如正文中所指出的,在所述条件下,动量传递可以通过假定在碰撞中重粒子为固定并忽略其能量变化而进行计算. 于是计算重粒子的动量改变时认为轻粒子有同样改变:$(\Delta\boldsymbol{p})^2=2p'^2(1-\cos\alpha)$,其中 p' 是轻粒子的动量值而 α 是其散射角. 因此

$$\sum(\Delta\boldsymbol{p})^2=\delta t\int 2p'^2(1-\cos\alpha)Nv'\mathrm{d}\sigma,$$

其中 N 是轻气体粒子的数密度,最后我们有

$$B=\frac{N}{3m}\langle p'^3\sigma_{\mathrm{t}}\rangle,$$

其中 $\sigma_{\mathrm{t}}=\int(1-\cos\alpha)\mathrm{d}\sigma$ 是输运截面,求平均是对轻气体粒子分布取的.

2. 应用福克尔－普朗克方程确定重粒子在轻气体中的迁移率.

解:当存在外场时,方程(21.9)左边要增加一项 $\boldsymbol{F}\cdot\frac{\partial f}{\partial\boldsymbol{p}}$,其中 $\boldsymbol{F}$ 为作用于粒子上的力. 假设这个力很小,我们寻求方程的形式为 $f=f_0+\delta f$ 的定态解. 其中 f_0 是麦克斯韦分布,而 $\delta f\ll f_0$. 于是对 δf 的方程为

$$B\frac{\partial}{\partial\boldsymbol{p}}\cdot\left(\frac{\partial\delta f}{\partial\boldsymbol{p}}+\frac{\boldsymbol{p}}{MT}\delta f\right)=\boldsymbol{F}\cdot\frac{\partial f_0}{\partial\boldsymbol{p}}.$$

因此

$$B\left(\frac{\partial\delta f}{\partial\boldsymbol{p}}+\frac{\boldsymbol{p}}{MT}\delta f\right)=\boldsymbol{F}f_0,$$

于是 $\delta f=f_0\boldsymbol{F}\cdot\boldsymbol{p}/B$. 迁移率 b 是方程

$$\bar{\boldsymbol{v}}=\int\delta f\cdot\boldsymbol{v}\,\mathrm{d}^3p=b\boldsymbol{F}$$

中的系数. 积分的计算给出

$$b=\frac{T}{B}=\frac{3mT}{N\langle\sigma_{\mathrm{t}}p'^3\rangle},$$

它与(12.4)一致.

§22　电场中的弱电离气体

让我们考虑均匀电场 $\boldsymbol{E}$ 中的电离气体. 这个场扰动了气体中自由电子的平衡分布,并在其中引起电流. 我们将推导确定电子分布的动理方程①.

对于微弱电离的情况,意味着气体中的电子(和离子)浓度很小,因此电子与中性分子之间的碰撞才是重要的;电子之间的碰撞以及电子与离子的碰撞可以忽略. 我们还将假设电子在电场中(即使在强场中,见下面)所获得的平均能量不足以使分子激发或电离,于是电子和分子之间的碰撞可以认为是弹性的.

由于电子质量 m 和分子质量 M 之间的很大差别,电子的平均速度远大于分子的平均速度. 根据同样理由,在碰撞中电子动量的方向改变很大,但是其绝对值仅改变很小. 在这些条件下,动理方程中的碰撞积分变成两部分之和,它们分别代表由于动量绝对值的改变和由于动量方向的改变而引起的在动量空间给定体元中粒子数的变化;其中第一部分可以表达成福克尔 - 普朗克微分形式.

由于对场方向的对称性,分布函数(除了时间以外)仅依赖于两个变量,动量的绝对值 p 和动量 $\boldsymbol{p}=m\boldsymbol{v}$ 与场 $\boldsymbol{E}$ 的方向(我们取为 z 轴)之间的夹角 θ,对于函数 $f(t,p,\theta)$ 的动理方程具有形式②

$$\frac{\partial f}{\partial t}-e\boldsymbol{E}\cdot\frac{\partial f}{\partial \boldsymbol{p}}=-\frac{1}{p^2}\frac{\partial}{\partial p}(p^2 s)+Nv\int[f(t,p,\theta')-f(t,p,\theta)]\mathrm{d}\sigma, \tag{22.1}$$

其中

$$s=-B\left(\frac{v}{T}f+\frac{\partial f}{\partial p}\right),\quad B=\frac{\sum(\Delta p)^2}{2\delta t}.$$

(22.1)右边第一项相当于福克尔 - 普朗克方程(21.12)的右边. 第二项是对于动量方向变化的碰撞积分. 在这个积分中,可认为分子是不动的(N 为分子的数密度);一个电子经受碰撞后动量方向由 θ 变为 θ'(或者由 θ' 变为 θ),这样每单位时间的碰撞数为 $Nv\mathrm{d}\sigma$,其中 $\mathrm{d}\sigma$ 是电子被静止分子所散射的截面,它依赖于 p 以及 $\boldsymbol{p}$ 和 $\boldsymbol{p}'$ 之间的夹角 α(假设截面已经对分子的取向进行过平均).

下面将考虑一个定态,具有与时间无关的分布函数,因此将略去方程(22.1)中的项 $\partial f/\partial t$.

为计算 B,我们应用等式

$$(\boldsymbol{v}-\boldsymbol{V})^2=(\boldsymbol{v}'-\boldsymbol{V}')^2,$$

它表达弹性碰撞前后两粒子的相对速度数值保持不变($\boldsymbol{v}$,$\boldsymbol{V}$ 与 $\boldsymbol{v}'$,$\boldsymbol{V}'$ 分别是电子和分子的初速度与末速度). 分子速度的变化远小于电子速度的变化($\Delta\boldsymbol{V}=$

---

① 本节阐述的理论应归于达维多夫(Б. И. Давыдов(1936)). 极限公式(22.18)是较早时候由德鲁维斯坦(M. J. Druyvesteyn(1930))推导出的.

② 在本书中,e 总是表示正量,元电荷的绝对数值,因此,电子上的电荷是 $-e$.

$-m\Delta\boldsymbol{v}/M$)；因此，将上列等式展开后，我们可令 $\boldsymbol{V}=\boldsymbol{V}'$. 于是

$$2\boldsymbol{V}\cdot(\boldsymbol{v}-\boldsymbol{v}')=v^2-v'^2\approx 2v\Delta v,$$

其中 $\Delta v=v-v'$是小量. 从而

$$(\Delta p)^2=m^2(\Delta v)^2=\frac{m^2}{v^2}[(\boldsymbol{V}\cdot\boldsymbol{v})^2+(\boldsymbol{V}\cdot\boldsymbol{v}')^2-2(\boldsymbol{V}\cdot\boldsymbol{v})(\boldsymbol{V}\cdot\boldsymbol{v}')].$$

对这个表达式的求平均分两个阶段实现. 首先，我们对分子速度 $\boldsymbol{V}$ 的(麦克斯韦)分布求平均. 由于这个分布的各向同性，我们有 $\langle V_\alpha V_\beta\rangle=\frac{1}{3}\delta_{\alpha\beta}\langle V^2\rangle$，而 $\langle V^2\rangle=3T/M$. 因此，我们有

$$(\Delta p)^2=\frac{m^2T}{Mv^2}(v^2+v'^2-2\boldsymbol{v}\cdot\boldsymbol{v}')\approx\frac{2m^2T}{M}(1-\cos\alpha). \tag{22.2}$$

现在我们必须对电子每单位时间所经受的碰撞求平均，这通过对 $Nv\mathrm{d}\sigma$ 求积分而完成. 结果是

$$B=\frac{Nm^2v\sigma_{\mathrm{t}}T}{M}=\frac{pmT}{Ml}, \tag{22.3}$$

其中 $\sigma_{\mathrm{t}}=\int(1-\cos\alpha)\mathrm{d}\sigma$ 是输运截面，l 是平均自由程，其定义为

$$l=1/N\sigma_{\mathrm{t}} \tag{22.4}$$

(一般来说 l 是 p 的函数). 因此(22.1)中的流 s 是

$$s=-\frac{mp}{Ml}\left(vf+T\frac{\partial f}{\partial p}\right). \tag{22.5}$$

我们注意到，根据(22.2)，碰撞中电子能量的变化是 $\Delta\varepsilon\sim\bar{v}\Delta p\sim T(m/M)^{1/2}\sim\bar{\varepsilon}(m/M)^{1/2}$. 因此，这个能量的显著变化仅在发生 $\sim M/m$ 次碰撞后，而电子动量的方向在甚至一次碰撞后也会有相当大的改变. 也就是说，电子能量弛豫时间 $\tau_\varepsilon\sim\tau_pM/m$，其中 $\tau_p\sim l/\bar{v}$ 是动量方向的弛豫时间.

方程(22.1)左边也要变换至变量 p 和 θ：

$$e\boldsymbol{E}\cdot\frac{\partial f}{\partial\boldsymbol{p}}=eE\frac{\partial f}{\partial p_z}=eE\left[\cos\theta\frac{\partial f}{\partial p}+\frac{\sin^2\theta}{p}\frac{\partial f}{\partial\cos\theta}\right]. \tag{22.6}$$

这样推导出来的动理方程，可寻求按勒让德多项式展开形式的解：

$$f(p,\theta)=\sum_{n=0}^{\infty}f_n(p)\mathrm{P}_n(\cos\theta). \tag{22.7}$$

下面我们将看到这个展开式中递次各项的数量级迅速递减. 因此，实际上仅取展开式中开头两项

$$f(p,\theta)=f_0(p)+f_1(p)\cos\theta \tag{22.8}$$

就足够了.

将(22.8)代入(22.1)中的积分，给出

$$\int\left[f(p,\theta')-f(p,\theta)\right]\mathrm{d}\sigma=-f_1\sigma_{\mathrm{t}}\cos\theta$$

(比较(11.1)中一个类似积分的变换). 于是动理方程变为

$$-eE\left[f'_0\cos\theta+f'_1\cos^2\theta+\frac{f_1}{p}\sin^2\theta\right]+\frac{1}{p^2}(s_0p^2)'+\frac{v}{l}f_1\cos\theta=0,$$

式中撇号表示对 p 求导数. 这里已省略 $p^{-2}(s_1p^2)'\cos\theta$ 项,因为它显然比 $(vf_1/l)\cos\theta$项小得多(比值 $\sim m/M$)(s_0 和 s_1 是在表达式(22.5)中用f_0 或f_1 代替f 的结果). 将这个方程乘以 $\mathrm{P}_0=1$ 或 $\mathrm{P}_1=\cos\theta$ 并对 $d\cos\theta$ 积分,我们得到两个方程:

$$\frac{1}{p^2}(p^2S)'=0,\qquad S=-\frac{1}{lM}(p^2f_0+mpTf'_0)-\frac{eE}{3}f_1,\tag{22.9}$$

$$f_1=\frac{eEl}{v}f'_0.\tag{22.10}$$

表达式 S 代表经电场修正的动量空间中的粒子流密度. 由(22.9)可见 $S=\mathrm{const}/p^2$. 然而,流 S 对所有 p 值都必须是有限的,因此 const $=0$. 现在将(22.10)的f_1 代入方程 $S=0$ 中,我们求得确定$f_0(p)$的方程:

$$\left[pT+\frac{(eEl)^2M}{3p}\right]f'_0+\frac{p^2}{m}f_0=0.\tag{22.11}$$

迄今我们对于函数 $l(p)$ 的形式未作任何假设,一阶方程(22.11)的积分可以对任意 $l(p)$写出. 为了得到更具体的结果,我们将假设 $l=\mathrm{const}$,它相当于假设截面 σ_{t} 不依赖于动量①. 于是方程(22.11)的积分给出

$$f_0(p)=\mathrm{const}\cdot\left(\frac{\varepsilon}{T}+\frac{\gamma^2}{6}\right)^{\gamma^2/6}\mathrm{e}^{-\varepsilon/T},\tag{22.12}$$

其中

$$\gamma=\frac{eEl}{T}\sqrt{\frac{M}{m}}.\tag{22.13}$$

对于函数$f_1(p)$,由(22.10)和(22.12)我们有

$$f_1=-f_0\sqrt{\frac{m}{M}}\,\frac{\gamma\varepsilon/T}{\varepsilon/T+\gamma^2/6}.\tag{22.14}$$

量 γ 是描述场对电子分布的影响程度的参量. 弱场的极限情况相当于 $\gamma\ll1$. 于是,一级近似下,$f_0(p)$归结为未受扰麦克斯韦分布:$f_0\propto\mathrm{e}^{-\varepsilon/T}$,$\bar{\varepsilon}=3T/2$,而

$$f_1=-\frac{eEl}{T}f_0,\quad\gamma\ll1.\tag{22.15}$$

---

① 在电子温度充分低的情况下,这总是正确的,因为对于慢粒子来说. 截面趋于不依赖于能量的极限值(见第三卷,§132).

气体中产生的电流由电子迁移率

$$b=\frac{\bar{v}_z}{-eE}=\frac{1}{-eEN_e}\int v\cos\theta\cdot f\mathrm{d}^3p=-\frac{1}{3eEN_e}\int vf_1\mathrm{d}^3p \tag{22.16}$$

确定,其中 N_e 是电子数密度①. 利用(22.15)的 f_1,简单计算给出弱场下的迁移率为

$$b_0=\frac{2^{3/2}l}{3\pi^{1/2}(mT)^{1/2}}. \tag{22.17}$$

这个表达式应该满足爱因斯坦关系 $D=bT$,其中 D 是扩散系数(11.10).

作为弱场判据的不等式 $\gamma\ll1$ 的意义,可以由下列简单论据加以理解. 显然,只要电子在其平均自由时间内所获得的能量远小于一次碰撞中所丢失给原子的能量,场对电子分布的影响就很小. 前者的能量是 eEl,而后者是

$$\delta\varepsilon\sim V\delta P\sim Vp\sim\sqrt{\frac{T}{M}}\sqrt{Tm},$$

其中 P 和 V 是原子的动量和速率;变化 δP 是电子动量的量级. 判据是根据这两个表达式的比较得出的.

在强场($\gamma\gg1$)的相反情况,我们求得②

$$\left.\begin{aligned}&f_0(p)=A\exp\left(-\frac{3\varepsilon^2}{\gamma^2T^2}\right),\\&A=\frac{3^{3/4}N_e}{2^{3/2}\pi\Gamma(3/4)(m\gamma T)^{3/2}},\end{aligned}\right\} \tag{22.18}$$

$$f_1=-6\sqrt{\frac{m}{M}}\frac{\varepsilon}{T\gamma}f_0. \tag{22.19}$$

电子平均能量是

$$\bar{\varepsilon}=\frac{2}{\pi}\sqrt{\frac{2M}{3m}}\Gamma^2\left(\frac{5}{4}\right)eEl=0.43eEl\sqrt{\frac{M}{m}}, \tag{22.20}$$

而电子迁移率是

$$b=\frac{4\Gamma(5/4)l^{1/2}}{3^{3/4}\pi^{1/2}(mM)^{1/4}(eE)^{1/2}}. \tag{22.21}$$

还需阐明使展开式(22.7)收敛的判据. 为此我们注意到它的递次各项之间在数量级上有下列关系

① 由于不同勒让德多项式的正交性,展开式(22.7)的各项中只有 f_0 的项对归一化积分有贡献,而只有 $f_1\cos\theta$ 的项对 $\bar{v}_z$ 有贡献.

② 通过重新求解方程(22.11)(在其中令 $T=0$)来推导公式(22.18),这要比在(22.12)中取极限更为简单.

$$\frac{eE}{mv}f_{n-1}\sim\frac{v}{l}f_n \tag{22.22}$$

(经过(22.7)的代入,乘以 $P_n(\cos\theta)$,并对 $d\cos\theta$ 积分后,动理方程左边剩下 f_{n-1}的项而在碰撞积分中剩下 f_n 的项). 当 $\gamma \ll 1$ 时,电子平均能量 $\bar{\varepsilon}\sim T$,由(22.22)我们有

$$\frac{f_n}{f_{n-1}}\sim\frac{eEl}{T}\ll\left(\frac{m}{M}\right)^{1/2}\ll 1.$$

在强场情况有 $\gamma\gg 1$,平均能量 $\bar{\varepsilon}\sim eEl(M/m)^{1/2}$,所以又有

$$f_n/f_{n-1}\sim(m/M)^{1/2}\ll 1.$$

因为 m/M 很小,所以展开式是收敛的①.

§23 非平衡弱电离气体中的涨落

本节我们将讨论处于非平衡定态的弱电离气体中电子分布函数的涨落,假定气体是空间均匀的并处于恒定均匀电场 $\boldsymbol{E}$ 中.

这里将仅考虑涨落的时间关联而不考虑它们的空间关联. 于是,用对气体的整个体积求平均后的函数

$$f(t,\boldsymbol{p})=\frac{1}{\mathscr{V}}\int f(t,\boldsymbol{r},\boldsymbol{p})\,d^3x \tag{23.1}$$

来代替严格的(涨落着的)随空间变化的分布函数 $f(t,\boldsymbol{r},\boldsymbol{p})$ 是适当的(这一节将用相同字母 f 来表示这个平均后的分布函数,但不含变量 $\boldsymbol{r}$);它仅随时间涨落. 函数 $\bar{f}(\boldsymbol{p})$ 是上一节中求得的分布(22.8),f 相对于 $\bar{f}$ 而涨落.

对于所讨论的系统,我们最感兴趣的主要不是寻求分布函数本身的涨落,而是与之有关的电流密度 $\boldsymbol{j}$ 的涨落. 对于这些量的关联函数由下列显然公式

$$\langle\delta j_\alpha(t)\delta j_\beta(0)\rangle=e^2\int\langle\delta f(t,\boldsymbol{p})\delta f(0,\boldsymbol{p}')\rangle v_\alpha v'_\beta d^3p\,d^3p' \tag{23.2}$$

相联系,当然,其中 $\delta\boldsymbol{j}$ 是对气体体积求平均后的电流密度涨落②.

对于非平衡气体问题的求解是根据 §20 指出的一般方法③.

按此方法,关联函数 $\langle\delta f(t,\boldsymbol{p})\delta f(0,\boldsymbol{p}')\rangle$ 满足(相对于变量 t 和 $\boldsymbol{p}$ 的)动理方程(22.1),这里它相当于一般方法中的方程(20.13). 函数

---

① 然而,我们注意到,校正项 $f_2,f_3,\cdots$ 不能借助于方程(22.1)来确定. 因为这个方程是以福克尔-普朗克近似为基础的,在此近似下按 m/M 为高阶项的量已经被忽略掉了.

② 这个求平均相当于一个实验情况. 其中测量的是气体中总电流的涨落:这种涨落等于在给定方向的平均电流密度的涨落乘以样本的截面.

③ 普里斯(P. J. Price(1959))对这个问题的研究是计算非平衡系统中涨落的第一个例子. 这里我们将按照古列维奇和卡蒂留斯(Б. Л. Гуревич, Р. Катилюс(1965))的阐述.

$$g(t,\boldsymbol{p})=\int\langle\delta f(t,\boldsymbol{p})\delta f(0,\boldsymbol{p}')\rangle\boldsymbol{v}'\mathrm{d}^3p' \tag{23.3}$$

满足一个类似方程,而所需求的电流关联函数同样也可以通过这个函数表达为

$$\langle\delta j_\alpha(t)\delta j_\beta(0)\rangle=e^2\int g_\beta(t,\boldsymbol{p})v_\alpha\mathrm{d}^3p. \tag{23.4}$$

这样我们得出下列方程

$$\frac{\partial\boldsymbol{g}}{\partial t}-e\left(\boldsymbol{E}\cdot\frac{\partial}{\partial\boldsymbol{p}}\right)\boldsymbol{g}=$$

$$=\frac{1}{p^2}\frac{\partial}{\partial p}\left[p^2B\left(\frac{v}{T}\boldsymbol{g}+\frac{\partial\boldsymbol{g}}{\partial p}\right)\right]-Nv\int[\boldsymbol{g}(t,p,\theta)-\boldsymbol{g}(t,p,\theta')]\mathrm{d}\boldsymbol{\sigma}, \tag{23.5}$$

其中 B 由(22.3)给出.

动理方程(22.1)仅考虑到电子与分子的碰撞,而没有考虑电子相互之间的碰撞. 因此,这里没有任何机理去建立不同动量电子间的单时关联,而对于函数 $\boldsymbol{g}(t,\boldsymbol{p})$ 的“初始”条件与处于平衡态下的相同. 因为我们涉及的是对气体整个体积求平均后的分布函数的涨落,必须考虑到粒子(电子)数的恒定不变性①. 于是根据(20.17),在这种条件下我们有

$$\langle\delta f(0,\boldsymbol{p})\delta f(0,\boldsymbol{p}')\rangle=\frac{1}{\mathscr{V}}\left[\bar{f}(\boldsymbol{p})\delta(\boldsymbol{p}-\boldsymbol{p}')-\frac{1}{N_\mathrm{e}}\bar{f}(\boldsymbol{p})\bar{f}(\boldsymbol{p}')\right]$$

(其中 N_e 是电子密度),因而对于初始函数有

$$\boldsymbol{g}(0,\boldsymbol{p})=\frac{1}{\mathscr{V}}\bar{f}(\boldsymbol{p})(\boldsymbol{v}-\boldsymbol{V}), \tag{23.6}$$

其中 $\boldsymbol{V}$ 是具有分布 $\bar{f}(\boldsymbol{p})$ 的状态下电子的平均速度. 当然,这个速度平行于场 $\boldsymbol{E}$,我们可将它写成

$$\boldsymbol{V}=-eb\boldsymbol{E}, \tag{23.7}$$

其中 b 是迁移率. 电子总数的恒定性意味着 $\int\delta f\mathrm{d}^3p=0$,因而也有

$$\int\boldsymbol{g}(t,\boldsymbol{p})\mathrm{d}^3p=0. \tag{23.8}$$

按照 § 19 中所描述的方法,我们作(23.5)的单侧傅里叶变换:将该式乘以 $\mathrm{e}^{\mathrm{i}\omega t}$ 和对 t 从 0 至 ∞ 进行积分. 同时考虑到初条件(23.6)和 $\boldsymbol{g}(\infty,\boldsymbol{p})=\boldsymbol{0}$,对项 $\mathrm{e}^{\mathrm{i}\omega t}\partial\boldsymbol{g}/\partial t$ 作分部积分,结果得到方程

---

① 因为我们仅涉及场的存在所引起的对偏离平衡的涨落的影响,我们忽略了由电离和复合过程所产生的电子总数的涨落. 当所有电子是由具有低电离势的杂质所形成时,这些涨落也许严格没有;于是电子的总数简单地等于杂质原子总数. 我们还忽略中性分子浓度的涨落,这个浓度的相对涨落肯定远小于电子的相对量,因为电子浓度远小于分子浓度.

$$-\mathrm{i}\omega \boldsymbol{g}^{(+)} - e\left(\boldsymbol{E}\cdot\frac{\partial}{\partial \boldsymbol{p}}\right)\boldsymbol{g}^{(+)} - \frac{1}{p^2}\frac{\partial}{\partial p}\left[\frac{mTp^3}{Ml}\left(\frac{v}{T}\boldsymbol{g}^{(+)} + \frac{\partial \boldsymbol{g}^{(+)}}{\partial p}\right)\right] +$$

$$+ N_e v\int[\boldsymbol{g}^{(+)}(\boldsymbol{p}) - \boldsymbol{g}^{(+)}(\boldsymbol{p}')]\mathrm{d}\sigma = \frac{1}{\mathscr{V}}\bar{f}(\boldsymbol{p})(\boldsymbol{v} - \boldsymbol{V}), \tag{23.9}$$

其中

$$\boldsymbol{g}^{(+)}(\omega,\boldsymbol{p}) = \int_0^\infty \mathrm{e}^{\mathrm{i}\omega t}\boldsymbol{g}(t,\boldsymbol{p})\,\mathrm{d}t. \tag{23.10}$$

由于(23.8),这个方程要在下列附加条件

$$\int \boldsymbol{g}^{(+)}(\omega,\boldsymbol{p})\,\mathrm{d}^3p = 0 \tag{23.11}$$

下求解.

如果方程(23.9)的解为已知,则所需求的电流关联函数的谱展开式可以通过简单积分而求得,我们写出:

$$(j_\alpha j_\beta)_\omega = \int_{-\infty}^{\infty}\mathrm{d}t\int \mathrm{e}^{\mathrm{i}\omega t}\langle\delta f(t,\boldsymbol{p})\delta f(0,\boldsymbol{p}')\rangle v_\alpha v'_\beta\,\mathrm{d}^3p\,\mathrm{d}^3p',$$

并严格像推导(19.14)那样进行,获得

$$(j_\alpha j_\beta)_\omega = e^2\int\{g_\beta^{(+)}(\omega,\boldsymbol{p})v_\alpha + g_\alpha^{(+)}(-\omega,\boldsymbol{p})v_\beta\}\,\mathrm{d}^3p. \tag{23.12}$$

为具体起见,我们将认为平均自由程 $l = \mathrm{const}$. 在平衡态,没有电场时,函数 $\bar{f}$ 是平衡麦克斯韦分布 $f_0(p)$. 于是容易看出,方程(23.9)的解是

$$\boldsymbol{g}^{(+)} = \frac{\boldsymbol{p}}{p}\frac{f_0(p)}{\mathscr{V}}\frac{l}{1 - \mathrm{i}\omega l/v}, \tag{23.13}$$

因为

$$\int(\boldsymbol{p} - \boldsymbol{p}')\,\mathrm{d}\sigma = \sigma_t\,\boldsymbol{p}. \tag{23.14}$$

如果 $\omega\tau_p \ll 1$(其中 $\tau_p \sim l/v_T$ 是关于动量方向的弛豫时间),我们可以忽略(23.13)分母中的项 $-\mathrm{i}\omega l/v$. 于是积分(23.12)的计算导致结果为

$$(j_\alpha j_\beta)_\omega = \frac{2T\sigma}{\mathscr{V}}\delta_{\alpha\beta}, \tag{23.15}$$

其中 $\sigma = e^2N_e b_0$ 是气体在弱场中的电导率,b_0 是由公式(22.17)给出的弱场中的迁移率. 当然,结果(23.15)与关于电流的平衡涨落的尼奎斯特一般公式相一致(见第九卷,§78). 的确,让我们考虑平行于 x 轴的圆柱体积内的气体. 因为电流密度已经是对体积平均过的,则总电流 $J = j_x S$,其中 S 是圆柱的截面积. 于是,按照(23.15),我们有

$$(J^2)_\omega = \frac{2T\sigma S^2}{\mathscr{V}} = \frac{2T\sigma S}{L} = \frac{2T}{R}, \tag{23.16}$$

其中 $L=\mathscr{V}/S$ 是样本的长度，$R=L/\sigma S$ 是其电阻①.

当 $\boldsymbol{E}\neq0$ 时，方程(23.9)用逐步求近法求解，与对(22.6)求解的方式相同，但是后一方程确定一个标量函数，而(23.9)是对矢量函数写出的. 这种函数(依赖于恒定矢量 $\boldsymbol{E}$ 和可变矢量 $\boldsymbol{p}$)的展开式的为首几项可写成

$$\boldsymbol{g}^{(+)}(\omega,\boldsymbol{p})=h(\omega,p)\boldsymbol{n}+\boldsymbol{e}\{g_0(\omega,p)+\boldsymbol{n}\cdot\boldsymbol{e}g_1(\omega,p)\},\tag{23.17}$$

而且 $g_1\ll g_0$(这里 $\boldsymbol{n}=\boldsymbol{p}/p,\boldsymbol{e}=\boldsymbol{E}/E$). 函数 $\bar{f}(\boldsymbol{p})$ 是

$$\bar{f}(\boldsymbol{p})=f_0(p)+\boldsymbol{n}\cdot\boldsymbol{e}f_1(p),\tag{23.18}$$

其中 f_0 和 $f_1=eElf'_0/v$ 如§22 中所计算得的那样.

我们将(23.17)和(23.18)代入(23.9)，并将对 $\boldsymbol{p}$ 的奇次项和偶次项分开. 再次假设 $\omega\tau_p\ll1$，我们得到，集合奇次项：

$$\frac{v}{l}\{h\boldsymbol{n}+g_1\boldsymbol{e}(\boldsymbol{n}\cdot\boldsymbol{e})\}-\boldsymbol{e}\left(\boldsymbol{e}\cdot\frac{\partial g_0}{\partial\boldsymbol{p}}\right)eE=\frac{f_0\boldsymbol{v}}{\mathscr{V}},$$

这里将与所给出的项(按比值 m/M)比较起来显然为小的那些项忽略了. 因此，

$$h(p)=\frac{l}{\mathscr{V}}f_0(p),\quad g_1(\omega,p)=\frac{eElm}{p}\frac{\partial g_0(\omega,p)}{\partial p}.\tag{23.19}$$

至于 $\boldsymbol{p}$ 的偶次项，它们必须满足方程(23.9)，仅当对 $\boldsymbol{p}$ 的方向求平均后，这与下列事实符合，(23.17)仅给出所求函数展开式中的为首几项. 应用表达式(23.19)并经过简单计算，导致对函数 $g_0(\omega,p)$ 的下列方程：

$$-\mathrm{i}\omega g_0+\frac{1}{p^2}\frac{\partial}{\partial p}(p^2S)=\frac{1}{\mathscr{V}}\left\{eEbf_0+\frac{2eEl}{3p}\frac{\partial}{\partial p}(pf_0)\right\},\tag{23.20}$$

其中

$$S=-\frac{1}{lM}\left(p^2g_0+mpT\frac{\partial g_0}{\partial p}\right)-\frac{e^2E^2lm}{3p}\frac{\partial g_0}{\partial p}.$$

这个方程要在下列附加条件

$$\int g_0(\omega,p)\,\mathrm{d}^3p=0\tag{23.21}$$

下求解，这个条件是将(23.17)代入(23.11)后简化得到的.

当函数 $\boldsymbol{g}^{(+)}$ 是已知时，所需求的电流关联函数由公式(23.12)确定. 将展开式(23.17)代入该公式，并利用(23.19)作简单变换，我们得到

$$(j_\alpha j_\beta)_\omega=\delta_{\alpha\beta}\frac{2e^2l}{3\mathscr{V}}\int vf_0\,\mathrm{d}^3p-E_\alpha E_\beta\frac{2le^3}{3E}\int[g_0(\omega,p)+g_0(-\omega,p)]\frac{\mathrm{d}^3p}{p}.\tag{23.22}$$

---

① 在与第九卷(78.1)比较时，必须考虑到 $\hbar\omega\ll T$ 和根据 $\omega\tau_p\ll1$ 的条件没有电导率的色散，所以 $Z=R$.

当 $\omega \sim mv/Ml$，即当 $\omega\tau_\varepsilon \sim 1$ 时，方程(23.20)中的项 $-\mathrm{i}\omega g_0$ 变成重要的，其中 τ_ε 是关于电子能量的弛豫时间. 因此，电流涨落的色散从这些频率处开始.

在一般情况下，方程(23.20)是很复杂的. 作为说明，让我们举出低频($\omega\tau_\varepsilon \ll 1$)和满足条件 $\gamma \gg 1$ 的强场的例子，其中 γ 是参量(22.13). 由于后一条件，函数 $f_0(p)$ 由表达式(22.18)给出. (23.22)中第一项积分的计算给出

$$\delta_{\alpha\beta}\frac{2^{3/2}}{3^{5/4}\Gamma(3/4)}\frac{N_e e^2 l}{\mathscr{V}}\left(\frac{eEl}{m}\right)^{1/2}\left(\frac{M}{m}\right)^{1/4}.$$

对于(23.22)中的第二项，我们将仅作出不带数值因数的估计. 方程(23.20)(不带 $-\mathrm{i}\omega g_0$ 项)给出估计

$$g_0 \sim \frac{eEl^2M}{\mathscr{V}p^2}f_0.$$

于是积分可以估计出为

$$e^3lE\frac{g_0}{p}p^3.$$

结果对于电流关联函数的表达式是

$$(j_\alpha j_\beta)_\omega = \frac{N_e e^2 l}{\mathscr{V}}\left(\frac{eEl}{m}\right)^{1/2}\left(\frac{M}{m}\right)^{1/4}\left[0.6\delta_{\alpha\beta} - \beta\frac{E_\alpha E_\beta}{E^2}\right], \tag{23.23}$$

其中 $\beta \sim 1$，是数值常数.

§24 复合与电离

部分电离气体中的平衡电离度是通过相碰撞带电粒子间的各种基元事件：碰撞电离事件与相反的碰撞复合事件建立的. 对于气体中除电子外仅包含一类离子的简单情况，电离平衡的建立过程可用下列形式的方程

$$\frac{\mathrm{d}N_e}{\mathrm{d}t} = \beta - \alpha N_e N_i \tag{24.1}$$

描述. 这里 β 是(由于中性原子的碰撞或通过原子的光致电离)在每单位体积和每单位时间内所形成的电子数，它不依赖于现存的电子密度 N_e 和离子密度 N_i. 第二项给出由于与离子的复合而引起的电子数的减少；α 称为复合系数.

复合过程与等离体中建立平衡的其它过程相比来说通常是很慢的. 问题在于在离子与电子碰撞中形成中性原子需要排除所释放的能量(原子中电子的结合能). 此能量可能在辐射复合中作为光子辐射掉；于是，这个过程的缓慢归因于很小的量子电动力学发射概率. 所释放能量也可能传递给第三个粒子，一个中性原子；于是这个过程的缓慢归因于三体碰撞的小概率. 结果是在认为所有粒子都是处于麦克斯韦分布的条件下来考虑复合过程常常是合理的.

在平衡时，导数 $\mathrm{d}N_e/\mathrm{d}t$ 为零. 于是(24.1)中的量 α 和 β 由

$$\beta = \alpha N_{0e} N_{0i} \tag{24.2}$$

相联系,其中 N_{0e} 和 N_{0i} 是由适当的热力学公式所给出的平衡态的电子和离子密度(见第五卷,§104)①.

辐射复合系数直接由电子与静止离子(离子的速度远小于电子的速度,可以忽略)之间的碰撞复合截面 σ_{rec} 予以计算:

$$\alpha = \langle v_e \sigma_{rec} \rangle, \tag{24.3}$$

其中求平均是对电子速率 v_e 的麦克斯韦分布取的(见习题 1).

然而,辐射复合仅在充分稀薄气体中当粒子的三体碰撞可以完全忽略时才是重要的. 在不太稀薄的气体中,主要机理是有第三个粒子,中性原子参与下的复合. 正是对于这个机理我们将更详细地予以考虑.

在与原子碰撞时,电子能量改变很小. 因此,复合过程以形成高度受激原子开始,而在这个原子的进一步碰撞中,电子逐渐“降”至越来越低的能级. 过程的这种特征可以认为是被俘获电子的“能量扩散”,所以对它可以应用福克尔 - 普朗克方程(Л. П. ПИТаевский,1962).

让我们考虑:被俘获电子关于其(负)能量 ε 的分布函数. 最重要的“扩散”自然是在能量范围 $|\varepsilon| \sim T$. 这里必须总是把温度作为远小于原子的电离势 I 来讨论;当 $T \sim I$,气体实际上已经几乎是完全电离的(见第五卷,§104).

福克尔 - 普朗克方程是

$$\frac{\partial f}{\partial t} = -\frac{\partial s}{\partial \varepsilon}, \quad s = -B\frac{\partial f}{\partial \varepsilon} - Af. \tag{24.4}$$

照例,系数 A 可以用 B 来表达,这要借助于当 $f = f_0$ 时 $s = 0$ 的条件,其中 f_0 是平衡分布. 于是流 s 变为

$$s = -Bf_0 \frac{\partial}{\partial \varepsilon}\left(\frac{f}{f_0}\right). \tag{24.5}$$

“扩散系数”$B(\varepsilon)$ 按一般定则确定为

$$B(\varepsilon) = \frac{\sum (\Delta\varepsilon)^2}{2\delta t}, \tag{24.6}$$

其中 $\Delta\varepsilon$ 是一个受激原子在与一个未受激原子的碰撞中原子激发能的变化. 按照这个公式计算 $B(\varepsilon)$ 归结为求解碰撞的力学问题以及然后对未受激原子的速度求平均(见习题 2).

为求函数 $f_0(\varepsilon)$,我们注意到对于在电荷为 ze(离子电荷)的库仑场中的电子关于动量和坐标的平衡分布由玻尔兹曼公式给出为

$$f_0(\boldsymbol{p}, \boldsymbol{r}) = (2\pi mT)^{-3/2} e^{-\varepsilon/T}, \quad \varepsilon = \frac{p^2}{2m} - \frac{ze^2}{r} \tag{24.7}$$

---

① 在辐射复合情况中,态的平衡也含有等离体中辐射的平衡.

(关于其归一化见下面);具有 $|\varepsilon| \sim T \ll I$ 的电子的运动是准经典的,这使我们可以应用能量 ε 的经典表达式. 因此,关于 ε 的分布函数是

$$f_0(\varepsilon)\mathrm{d}\varepsilon = (2\pi mT)^{-3/2}\mathrm{e}^{|\varepsilon|/T}\tau(\varepsilon)\mathrm{d}\varepsilon, \tag{24.8}$$

其中 $\tau(\varepsilon)$ 对应于范围 $\mathrm{d}\varepsilon$ 的相空间体积:

$$\tau(\varepsilon) = \int \delta\left(|\varepsilon| + \frac{p^2}{2m} - \frac{ze^2}{r}\right)\mathrm{d}^3x\mathrm{d}^3p. \tag{24.9}$$

用 $\mathrm{d}^3x\mathrm{d}^3p = 4\pi r^2\mathrm{d}r \cdot 4\pi p^2\mathrm{d}p$ 代入并完成积分,我们求得

$$\tau(\varepsilon) = \frac{\sqrt{2}\pi^3(ze^2)^3m^{3/2}}{|\varepsilon|^{5/2}}. \tag{24.10}$$

为表述确定方程(24.4)和(24.5)的适当解的条件,方便的是假设气体中呈现的电子密度是 $N_e \gg N_{0e}$;于是我们可以忽略(24.1)中的电离率 β,所以 N_e 的减小仅取决于复合. 在这些条件下,方程(24.4)的定态解中流 s 的恒定值直接给出复合系数的值($s = \text{const} = -\alpha$),倘若 $f(\varepsilon)$ 是适当地归一化的. 就是说,在最高能级处($|\varepsilon| \ll T$)的电子与自由电子处于平衡,这意味着我们必须有

$$f(\varepsilon)/f_0(\varepsilon) \to 1, \quad \text{当} |\varepsilon| \to 0 \text{ 时}, \tag{24.11}$$

并且 $f_0(\varepsilon)$ 的归一化应该相当于每单位体积中一个自由电子(如(24.7)中所实现的).

为寻求(当 $\varepsilon \to -\infty$ 时的)第二个边界条件,我们注意到受激原子深能级的分布不会受自由电子存在的扰动,从而不依赖于它们的数目:它正比于平衡数 N_{0e} 而与实际数 N_e 无关. 当 $N_e \gg N_{0e}$ 时,这个情况由边界条件表达为

$$f(\varepsilon)/f_0(\varepsilon) \to 0, \quad \text{当} |\varepsilon| \to \infty \text{ 时}. \tag{24.12}$$

在边界条件(24.11)以及 $s = \text{const}$ 的情况下求方程(24.5)的积分,我们有

$$\frac{f}{f_0} = \text{const} \cdot \int_0^{|\varepsilon|} \frac{\mathrm{d}|\varepsilon|}{Bf_0} + 1.$$

这个 const 是 $-\alpha$,如果它是由满足条件(24.12)来确定. 因此,我们求得最后结果为

$$\frac{1}{\alpha} = \int_0^\infty \frac{\mathrm{d}|\varepsilon|}{Bf_0} = \frac{2T^{3/2}}{\pi^{3/2}(ze^2)^3}\int_0^\infty \frac{\mathrm{e}^{-|\varepsilon|/T}|\varepsilon|^{5/2}}{B(-|\varepsilon|)}\mathrm{d}|\varepsilon|. \tag{24.13}$$

这个公式与下列过程有关,其中"第三个物体"是一个未受激原子. 如果气体已经是高度电离的(然而,它与条件 $T \ll I$ 仍相容)和充分稠密的,具有第二个电子作为第三个物体参与的复合可能变成主要过程. 于是复合率变成正比于 $N_e^2N_i$. 因此如前按(24.1)所定义的复合系数本身正比于 N_e. 因为电子碰撞中的能量弛豫是快过程,上面所描述的计算复合系数的方法在这个情况不适用.

习　题

1. 设有处于温度 $T \ll I$ 下的氢气，其中 $I = e^4 m/(2\hbar^2)$ 是氢原子的电离势. 试求俘获一个电子至氢原子基态的辐射复合系数.

解:慢电子与处于静止的质子复合成氢原子基态的截面是

$$\sigma_{\text{rec}} = \frac{2^{10}\pi^2(e^2/\hbar c)a_B^2 I^2}{3(2.71\cdots)^4 m^2 c^2 v_e^2}.$$

其中 v_e 是电子的速率，$a_B = \hbar^2/me^2$ 是玻尔半径(见第四卷，§56 的公式(56.13)和(56.14)). 平均值 $\langle v_e^{-1}\rangle = (2m/\pi T)^{1/2}$. 按照(24.3)，结果是

$$\alpha = \frac{2^{10}\pi^{3/2}}{3(2.71)^4}\left(\frac{e^2}{\hbar c}\right)^3 \frac{a_B^3 I}{\hbar}\left(\frac{I}{T}\right)^{1/2} = 35\left(\frac{e^2}{\hbar c}\right)^3 \frac{a_B^3 I}{\hbar}\left(\frac{I}{T}\right)^{1/2}.$$

2. 确定由(24.13)给出的复合系数，忽略电子束缚于受激原子这一事实对它与未受激原子碰撞的过程的影响，并假设这些碰撞的输运截面不依赖于速度.

解:"扩散系数"$B(\varepsilon)$ 如 §22 中那样进行计算，结果是

$$B(\varepsilon) = \frac{N}{3m}\langle v_{\text{at}}^2\rangle\langle\sigma_t p^3\rangle; \tag{1}$$

其中 N 是气体中原子的密度. m 是电子质量，v_{at} 是受激原子与未受激原子之间的相对速率. 速率 v_{at} 具有麦克斯韦分布，其中粒子质量由约化质量 $\frac{1}{2}M$ 表示(其中 M 是原子的质量)；因此 $\langle v_{\text{at}}^2\rangle = 6T/M$. 其次，(1)中的 p 是离子场中的电子动量；$\sigma_t p^3$ 的求平均是对相应于 $|\varepsilon|$ 的给定值的电子相空间区域 $\tau(\varepsilon)$ 进行的. 在 $\sigma_t = \text{const}$ 下，我们求得

$$\langle\sigma_t p^3\rangle = \frac{\sigma_t}{\tau(\varepsilon)}\int p^3 \delta\left(|\varepsilon| + \frac{p^2}{2m} - \frac{ze^2}{r}\right)\mathrm{d}^3x\,\mathrm{d}^3p = \frac{32\sqrt{2}}{3\pi}\sigma_t m|\varepsilon|^{3/2}.$$

因此

$$B = \frac{64\sqrt{2}T\sigma_t N|\varepsilon|^{3/2}}{3\pi M},$$

于是按(24.13)的计算最后给出

$$\alpha = \frac{32\sqrt{2\pi}m^{1/2}(ze^2)^3\sigma_t N}{3MT^{5/2}}. \tag{2}$$

如果由靠近电子的原子所引起的扰动频率($\sim\bar{v}_{\text{at}}/d$ 其中 d 是原子尺度)① 远大于具有能量 $|\varepsilon|\sim T$ 的电子的转动频率，忽略电子束缚于原子中这假设是合理的. 这导致条件 $T \ll (e^2/d)(m/M)^{1/2}$.

① 俄文版为 $d/\bar{v}_{\text{at}}$，而按频率的量纲应为 $\bar{v}_{\text{at}}/d$——译者注.

§ 25　双极扩散

让我们考虑弱电离气体中带电粒子的扩散. 如 § 22 中那样,假设电离度是如此小,使得与带电粒子和中性原子之间的碰撞比较起来,带电粒子之间的碰撞可以忽略. 即使在这些条件下,两类带电粒子(电子和离子)的扩散也不是相互独立的,因为扩散过程中会引起电场(W. Schottky,1924).

扩散方程具有对于电子(e)和离子(i)的连续性方程的形式:

$$\frac{\partial N_e}{\partial t}+\nabla\cdot\boldsymbol{i}_e=0,\quad \frac{\partial N_i}{\partial t}+\nabla\cdot\boldsymbol{i}_i=0, \tag{25.1}$$

粒子流密度利用粒子数密度及其梯度表达为

$$\begin{aligned}\boldsymbol{i}_e&=-N_e b_e e\boldsymbol{E}-D_e\nabla N_e,\\ \boldsymbol{i}_i&=N_i b_i e\boldsymbol{E}-D_i\nabla N_i,\end{aligned} \tag{25.2}$$

其中 D_e 和 D_i 是电子和离子的扩散系数,而 b_e 和 b_i 是相应的迁移率①. 这些量由爱因斯坦公式相联系:

$$D_e=Tb_e,\quad D_i=Tb_i, \tag{25.3}$$

它们表达平衡时流(25.2)为零的条件. 利用这些关系式并通过电势来表达电场 $\boldsymbol{E}=-\nabla\varphi$,我们可将方程(25.1)重写成

$$\frac{\partial N_e}{\partial t}=D_e\nabla\cdot\left[\nabla N_e-\frac{eN_e}{T}\nabla\varphi\right], \tag{25.4}$$

$$\frac{\partial N_i}{\partial t}=D_i\nabla\cdot\left[\nabla N_i+\frac{eN_i}{T}\nabla\varphi\right]. \tag{25.5}$$

此外,我们必须增加对于电势的泊松方程:

$$\Delta\varphi=-4\pi e(N_i-N_e). \tag{25.6}$$

如果密度 N_e 和 N_i 具有几乎均匀分布时,方程组(25.4)—(25.6)可以极大程度地简化. 于是我们可在(25.4)和(24.5)中 $\nabla\varphi$ 前的系数中令 $N_e\approx N_i\approx\mathrm{const}\equiv N_0$,并利用(25.6)来消去 φ. 结果得到

$$\frac{\partial N_e}{\partial t}=D_e\left[\Delta N_e-\frac{N_e-N_i}{a^2}\right], \tag{25.7}$$

$$\frac{\partial N_i}{\partial t}=D_i\left[\Delta N_i+\frac{N_e-N_i}{a^2}\right], \tag{25.8}$$

其中 $a^{-2}=4\pi e^2N_0/T$(a 是对于电子和离子的德拜半径,见下面的 § 31).

虽然电子和离子散射截面一般是相同数量级,由于它们的平均热运动速率(v_T)的差异,它们的扩散系数有很大差别

---

① 离子电荷取为 $z_i=1$,当气体的电离度很小时,这通常是正确的.

$$\frac{D_e}{D_i} \sim \frac{v_{Te}}{v_{Ti}} \sim \sqrt{\frac{M}{m}}, \tag{25.9}$$

因此 $D_e \gg D_i$. 这种状况导致扩散过程的某些异常特点.

让我们考虑电子和离子密度的微扰随时间的变化,微扰的特征尺度 $L \gg a$①. 在过程的初始阶段,直至密度的变化部分

$$|\delta N_e| \sim |\delta N_i| \sim |\delta N_e - \delta N_i|,$$

方程(25.7)和(25.8)右边第一项远小于第二项:

$$\Delta N_e \sim \delta N_e / L^2 \ll (\delta N_e - \delta N_i)/a^2. \tag{25.10}$$

还注意到由于(25.9)得 $|\partial N_i/\partial t| \ll |\partial N_e/\partial t|$,我们有

$$\frac{\partial}{\partial t}(\delta N_e - \delta N_i) = -\frac{D_e}{a^2}(\delta N_e - \delta N_i),$$

因而

$$\delta N_e - \delta N_i = (\delta N_e - \delta N_i)_0 \exp\left(-\frac{D_e}{a^2}t\right). \tag{25.11}$$

由此我们看到,在时间 $\tau_{e1} \sim a^2/D_e$ 后,差值 $|\delta N_e - \delta N_i|$ 变成远小于 δN_e 和 δN_i 本身,即,气体变成准中性的.

过程的下一阶段是(对于给定离子分布下)电子分布的发展达到平衡形式,由(25.7)右边变为零的条件确定:

$$\delta N_e - \delta N_i = a^2 \Delta N_e \approx a^2 \Delta N_i \sim \frac{a^2}{L^2}\delta N_i. \tag{25.12}$$

这个阶段遵循扩散方程(25.7),具有特征时间 $\tau_{e2} \sim L^2/D_e$. 此时间远小于离子扩散特征时间 $\tau_i \sim L^2/D_i$;因此离子分布仍可认为未改变.

电子和离子密度微扰的最后弛豫按照方程(25.8)发生,在以(25.12)代入后它变成

$$\frac{\partial N_i}{\partial t} = 2D_i \Delta N_i. \tag{25.13}$$

因此,在时间 $\sim \tau_i$ 期间,电子和离子($\delta N_e \approx \delta N_i$)以二倍于离子的扩散系数一起扩散;这个过程称为*双极扩散*. 扩散系数的一半归因于离子的内禀扩散,而另一半起因于加速电子引起的电场.

最后,让我们注意到方程(25.13)具有比所引推导过程得出的要更为广泛的适用性. 即使扰动不是微弱的,电子的运动迅速导致建立起它们在场中的玻尔兹曼分布,并使电子和离子密度相等,即导致准中性. 于是

---

① 为了扩散方程本身的适用性. 在所有情况下 L 必须远大于离子和电子的自由程 l. 因此仅当 $a > l$ 时,条件 $L \gg a$ 是附加限制.

$$N_e = N_i = N_0 e^{e\varphi/T},\quad e\varphi = T\ln\frac{N_i}{N_0}. \tag{25.14}$$

将(25.14)代入(25.5)再次得出方程(25.13),但是已经不用扰动很小的假设.

§26　强电解质溶液中的离子迁移率

上节中所导出的方程容易推广到存在不同种类离子的情况.它们也适用于强电解质溶液中离子的运动.①在“无穷”稀释溶液的极限下(即当其浓度趋于零时),每类离子 a 的迁移率趋于恒定极限 $b_a^{(0)}$,而其扩散系数相应地趋于

$$D_a^{(0)} = Tb_a^{(0)}. \tag{26.1}$$

本节专门讨论对于弱溶液中离子迁移率(相对于小浓度)的一级校正项的计算.②因而也得以确定对溶液电导率的校正项.在电场 $\boldsymbol{E}$ 中,有力 $ez_a\boldsymbol{E}$ 作用于每个离子,从而使它获得定向速度 $b_a ez_a\boldsymbol{E}$.因此,溶液中的电流密度是

$$\boldsymbol{j} = \boldsymbol{E}\sum_a ez_a N_a \cdot b_a ez_a,$$

其中 N_a 是 a 类离子的浓度(每单位体积的 a 类离子数),因而电导率是

$$\sigma = e^2\sum_a N_a z_a^2 b_a. \tag{26.2}$$

下面所阐述的理论,与等离体和强电解质的热力学性质理论一样,是建立在相同的概念基础之上的.这些概念就是每个离子周围形成电荷(离子云)的不均匀分布,它对离子场形成屏蔽.在第五卷 §78 和 §79 中曾经推导过对于等离体的相应公式.对强电解质溶液的类似公式,差别仅在于有电容率 $\varepsilon\neq 1$ 的溶剂存在的情况,将在下面给出.

由于两种不同效应,屏蔽云使离子的迁移率发生变化.首先,外电场中离子的运动改变了离子云的电荷分布,从而引起一个附加场作用于离子.其次,离子云的运动引起液体的运动,从而引起离子的“漂移”.这两种校正分别称为*弛豫校正*和*电泳校正*.

弛豫校正

让我们首先计算第一类校正.因为屏蔽云起因于不同离子位置间存在关联,这是外场 $\boldsymbol{E}$ 对关联函数的影响的问题.

我们将这样来定义对关联函数 w_{ab} 使得:如果在 $\boldsymbol{r}_b$ 点有一个 b 类离子,则 $N_a w_{ab}(\boldsymbol{r}_a,\boldsymbol{r}_b)\mathrm{d}V_a$ 是围绕 $\boldsymbol{r}_a$ 点的体积 $\mathrm{d}V_a$ 中 a 类离子数;类型 a 和 b 可能相同或者不同.显然

---

①　强电解质是指溶解时完全离解成离子的物质.

②　下面所阐述的理论是由德拜和休克尔(P. Debye, E. Hückel(1923))与昂萨格(L. Onsager(1927))作出的.

$$w_{ab}(\boldsymbol{r}_a,\boldsymbol{r}_b)=w_{ba}(\boldsymbol{r}_b,\boldsymbol{r}_a),\tag{26.3}$$

而当$|\boldsymbol{r}_a-\boldsymbol{r}_b|\to\infty$时$w_{ab}\to 1$. 在平衡时，函数$w_{ab}$仅依赖于距离$|\boldsymbol{r}_a-\boldsymbol{r}_b|$；在外场中，情况不是这样. ①

关联函数，像任何分布函数那样，满足适当空间中的连续性方程，这里是两粒子的位形空间，于是

$$\frac{\partial w_{ab}}{\partial t}+\nabla_a\cdot\boldsymbol{j}_a+\nabla_b\cdot\boldsymbol{j}_b=0,\tag{26.4}$$

其中$\boldsymbol{j}_a$和$\boldsymbol{j}_b$是对a和b粒子的概率流密度，算符∇的下标表明相对于哪个变量($\boldsymbol{r}_a$或$\boldsymbol{r}_b$)求导.

流$\boldsymbol{j}_a$具有下列形式：

$$\boldsymbol{j}_a=-Tb_a^{(0)}\ \nabla_a w_{ab}+b_a^{(0)}z_a e w_{ab}(\boldsymbol{E}-\nabla_a\varphi_b),\tag{26.5}$$

而$\boldsymbol{j}_b$与之相同，但下标a和b互相交换. (26.5)中的第一项描述a类离子的扩散移动，即使没有外场的情况也会发生. 第二项是在外场$\boldsymbol{E}$以及场$-\nabla_a\varphi_b$所施加的力的作用下引起的离子流密度. 这里的$-\nabla_a\varphi_b$是在$\boldsymbol{r}_b$点有一个b类离子的条件下，经修正的离子云在$\boldsymbol{r}_a$所产生的场. 这个场的电势$\varphi_b=\varphi_b(\boldsymbol{r}_a,\boldsymbol{r}_b)$满足泊松方程：

$$\Delta_a\varphi_b(\boldsymbol{r}_a,\boldsymbol{r}_b)=-\frac{4\pi}{\varepsilon}\left[\sum_c ez_cN_cw_{cb}(\boldsymbol{r}_a,\boldsymbol{r}_b)+ez_b\delta(\boldsymbol{r}_a-\boldsymbol{r}_b)\right].\tag{26.6}$$

方括号中第一项是离子云中所有类型离子的平均电荷密度，第二项是(根据条件)定域于$\boldsymbol{r}_b$点的电荷密度. 因数$1/\varepsilon$表示介电溶剂中电场的减小.

假设溶液为充分稀释的，我们忽略离子位置间的三体关联. 在此近似下，对关联函数w_{ab}几乎为1，我们引进小量

$$\omega_{ab}=w_{ab}-1.\tag{26.7}$$

电势φ_a是具有相同量级的小量. 忽略二阶小量项，我们可以把(26.5)重写成下列形式：

$$\boldsymbol{j}_a=b_a^{(0)}[-T\ \nabla_a\omega_{ab}+ez_a(1+\omega_{ab})\boldsymbol{E}-ez_a\ \nabla_a\varphi_b].\tag{26.8}$$

在方程(26.6)中，我们可以简单地用ω_{ab}代替w_{ab}，因为平均来说溶液是电中性的($\sum ez_cN_c=0$)：

$$\Delta_a\varphi_b(\boldsymbol{r}_a,\boldsymbol{r}_b)=-\frac{4\pi}{\varepsilon}\left[\sum_c ez_cN_c\omega_{cb}(\boldsymbol{r}_a,\boldsymbol{r}_b)+ez_b\delta(\boldsymbol{r}_a-\boldsymbol{r}_b)\right].\tag{26.9}$$

在均匀恒定电场$\boldsymbol{E}$中，函数w_{ab}不依赖于时间，而且它们仅以差$\boldsymbol{r}=\boldsymbol{r}_a-\boldsymbol{r}_b$的形式而涉及两点的坐标，同时$\nabla_a w_{ab}=-\nabla_b w_{ab}$. 现在将(26.8)的$\boldsymbol{j}_a$和类似表达式的$\boldsymbol{j}_b$代入(26.4)，现在导致下列方程：

① 适用于等离体(或电解质)平衡态的关联函数方法描述于第五卷§79.

$$T(b_a^{(0)}+b_b^{(0)})\Delta\omega_{ab}(\boldsymbol{r})+ez_a b_a^{(0)}\Delta\varphi_b(\boldsymbol{r})+ez_b b_b^{(0)}\Delta\varphi_a(-\boldsymbol{r})=$$
$$=(z_a b_a^{(0)}-z_b b_b^{(0)})e\boldsymbol{E}\cdot\nabla\omega_{ab}(\boldsymbol{r}),\tag{26.10}$$

其中所有导数都是相对于 $\boldsymbol{r}$ 求的.

假设外场微弱,这个问题的求解可以相对于 $\boldsymbol{E}$ 用逐步求近法进行. 在零级近似,当 $\boldsymbol{E}=0$,电势 $\varphi_a^{(0)}(\boldsymbol{r})$ 是 $\boldsymbol{r}$ 的偶函数. 注意到当 $r\to\infty$ 时所有函数 ω_{ab} 和 φ_a 都必须趋于零,于是由(26.10)我们求得

$$T(b_a^{(0)}+b_b^{(0)})\omega_{ab}^{(0)}+e(b_a^{(0)}z_a\varphi_b^{(0)}+b_b^{(0)}z_b\varphi_a^{(0)})=0.\tag{26.11}$$

我们寻求下列形式的解

$$\omega_{ab}^{(0)}(\boldsymbol{r})=z_a z_b\omega^{(0)}(\boldsymbol{r}),\quad e\varphi_a^{(0)}(\boldsymbol{r})=-Tz_a\omega^{(0)}(\boldsymbol{r}).\tag{26.12}$$

于是方程(26.11)恒等地满足,而由(26.9)我们得到对于 $\omega^{(0)}(\boldsymbol{r})$ 的方程:

$$\Delta\omega^{(0)}(\boldsymbol{r})-\frac{1}{a^2}\omega^{(0)}(\boldsymbol{r})=\frac{4\pi e^2}{\varepsilon T}\delta(\boldsymbol{r}),\tag{26.13}$$

其中

$$a^{-2}=\frac{4\pi e^2}{\varepsilon T}\sum_c N_c z_c^2.\tag{26.14}$$

这个方程的解是

$$\omega^{(0)}(\boldsymbol{r})=-\frac{e^2}{\varepsilon T}\frac{\mathrm{e}^{-r/a}}{r}.\tag{26.15}$$

a 是电解质溶液中的德拜屏蔽半径.

在下一级近似,我们令

$$\varphi_a=\varphi_a^{(0)}+\varphi_a^{(1)},\quad \omega_{ab}=\omega_{ab}^{(0)}+\omega_{ab}^{(1)},\tag{26.16}$$

其中上标(1)标志对零级值的小校正. 因为是标量,所有这些校正具有形式 $\boldsymbol{E}\cdot\boldsymbol{r}f(r)$,其中 $f(r)$ 仅是绝对值 r 的函数;由此所有 $\omega_{ab}^{(1)}$ 和 $\varphi_a^{(1)}$ 是 $\boldsymbol{r}$ 的奇函数. 因为,按照(26.3)有

$$\omega_{ab}^{(1)}(\boldsymbol{r}_1,\boldsymbol{r}_2)\equiv\omega_{ab}^{(1)}(\boldsymbol{r})=\omega_{ba}^{(1)}(\boldsymbol{r}_2,\boldsymbol{r}_1)\equiv\omega_{ba}^{(1)}(-\boldsymbol{r}),$$

如果我们记住到处有 $\boldsymbol{r}=\boldsymbol{r}_a-\boldsymbol{r}_b$,由此也可见

$$\omega_{ab}^{(1)}(\boldsymbol{r})=-\omega_{ba}^{(1)}(\boldsymbol{r}).\tag{26.17}$$

如果离子 a 和 b 属于同一类型,下标的交换不能使函数 $\omega_{ab}^{(1)}(\boldsymbol{r})$ 改变,从而(26.17)表明这样的 $\omega_{aa}^{(1)}=0$. 因此,校正 $\omega_{ab}^{(1)}$ 仅对于不同离子对的关联函数才出现.

为简化随后的计算,我们将限于仅具有两类离子的电解质的情况. 这个情况下仅有一个函数 $\omega_{12}^{(1)}(\boldsymbol{r})=-\omega_{21}^{(1)}(\boldsymbol{r})$ 不为零,将(26.16)代入泊松方程(26.9)给出

$$\Delta\varphi_2^{(1)}(\boldsymbol{r})=-\frac{4\pi e}{\varepsilon}z_1 N_1\omega_{12}^{(1)}(\boldsymbol{r}),\tag{26.18}$$

其中 $\boldsymbol{r}=\boldsymbol{r}_1-\boldsymbol{r}_2$. 考虑到溶液的电中性条件和函数的上述对称性质,容易证实电势 $\varphi_1^{(1)}(\boldsymbol{r})$ 满足一个类似方程,因此 $\varphi_1^{(1)}(\boldsymbol{r})=\varphi_2^{(1)}(\boldsymbol{r})$.

将(26.16)代入方程(26.10),仅保留右边带有 $\omega_{12}^{(0)}$ 的项,结果得到

$$T(b_1^{(0)}+b_2^{(0)})\Delta\omega_{12}^{(1)}(\boldsymbol{r})+e(b_1^{(0)}z_1-b_2^{(0)}z_2)\Delta\varphi_2^{(1)}(\boldsymbol{r})=$$
$$=(b_1^{(0)}z_1-b_2^{(0)}z_2)ez_1z_2\boldsymbol{E}\cdot\nabla\omega^{(0)}(\boldsymbol{r}). \tag{26.19}$$

方程组(26.18)和(26.19)可用傅里叶分析法求解. 这样获得对于傅里叶分量 $\omega_{12\boldsymbol{k}}^{(2)}$ 和 $\varphi_{2\boldsymbol{k}}^{(1)}$ 的代数方程组,它们与(26.18)和(26.19)的差别是将算符 ∇ 和 Δ 作变换 $\nabla\to\mathrm{i}\boldsymbol{k},\Delta\to-\boldsymbol{k}^2$. (26.19)右边函数 $\omega^{(0)}(\boldsymbol{r})$(26.15)的傅里叶分量是

$$\omega_{\boldsymbol{k}}^{(0)}=-\frac{e^2}{\varepsilon T}\frac{4\pi}{k^2+a^{-2}}.$$

我们立即导出对于电势的傅里叶分量的最后结果是

$$\varphi_{2\boldsymbol{k}}^{(1)}=\frac{4\pi e^2z_1z_2q}{\varepsilon Ta^2}\frac{\mathrm{i}\boldsymbol{k}\cdot\boldsymbol{E}}{k^2(k^2+a^{-2})(k^2+qa^{-2})}, \tag{26.20}$$

其中

$$q=\frac{b_1^{(0)}z_1-b_2^{(0)}z_2}{(z_1-z_2)(b_1^{(0)}+b_2^{(0)})}. \tag{26.21}$$

因为 z_1 和 z_2 异号,显然有 $0<q<1$.

函数 $\varphi_2^{(1)}(\boldsymbol{r}_1,\boldsymbol{r}_2)$ 是当在 $\boldsymbol{r}_2$ 处有一个离子 2 时,它在 $\boldsymbol{r}_1$ 处产生的附加势. 相应场强是

$$\boldsymbol{E}_2^{(1)}(\boldsymbol{r})=-\nabla_1\ \varphi_2^{(1)}(\boldsymbol{r}_1,\boldsymbol{r}_2)=-\nabla\varphi_2^{(1)}(\boldsymbol{r}).$$

当 $\boldsymbol{r}_1=\boldsymbol{r}_2$(即 $\boldsymbol{r}=\boldsymbol{0}$)时,它的值给出所需求的作用于离子 2 本身的场,并从而改变了其迁移率.

傅里叶分量 $\boldsymbol{E}_{2\boldsymbol{k}}^{(1)}=-\mathrm{i}\boldsymbol{k}\varphi_{2\boldsymbol{k}}^{(1)}$. 因此

$$\boldsymbol{E}_2^{(1)}(\boldsymbol{0})=-\int\mathrm{i}\boldsymbol{k}\varphi_{2\boldsymbol{k}}^{(1)}\mathrm{e}^{\mathrm{i}\boldsymbol{k}\cdot\boldsymbol{r}}\frac{\mathrm{d}^3k}{(2\pi)^3}\bigg|_{\boldsymbol{r}=0}=-\int\mathrm{i}\boldsymbol{k}\varphi_{2\boldsymbol{k}}^{(1)}\frac{\mathrm{d}^3k}{(2\pi)^3}.$$

这里用(26.20)代入,导致积分

$$\boldsymbol{I}=\int\frac{\boldsymbol{k}(\boldsymbol{k}\cdot\boldsymbol{E})}{k^2(k^2+a^{-2})(k^2+a^{-2}q)}\frac{\mathrm{d}^3k}{(2\pi)^3}.$$

对 $\boldsymbol{k}$ 的方向的求平均是用 $\frac{1}{3}k^2\boldsymbol{E}$ 代替 $\boldsymbol{k}(\boldsymbol{k}\cdot\boldsymbol{E})$,然后对 k 的积分由被积表达式在极点 $k=\mathrm{i}/a$ 和 $k=\mathrm{i}\sqrt{q}/a$ 的残数加以计算,给出

$$\boldsymbol{I}=\frac{\boldsymbol{E}a}{12\pi(1+\sqrt{q})}.$$

因此作用于离子 2 的总电场是

$$\boldsymbol{E}+\boldsymbol{E}_2^{(1)}(0)=\left[1-\frac{e^2|z_1z_2|q}{3\varepsilon Ta(1+\sqrt{q})}\right]\boldsymbol{E}. \tag{26.22}$$

对作用于离子 1 的电场可得到同样结果,因为根据表达式(26.22)对下标 1 和 2 的对称性,这是很显然的. 用 $b^{(0)}ez$ 去乘电场(26.22),我们求得离子所获得的速度,如果将这个速度写成 $bez\boldsymbol{E}$ 的形式,从而方括号中的表达式给出比值 $b/b^{(0)}$. 因此可得所需求的对离子迁移率的弛豫校正为

$$b_{\mathrm{r}}=-b\frac{e^2|z_1z_2|q}{3\varepsilon Ta(1+\sqrt{q})}. \tag{26.23}$$

我们注意到这个效应使迁移率减小.

电泳校正

现在让我们接着计算与溶剂运动有关的校正,问题表述如下.

我们考虑溶液中的一个特殊离子以及围绕该离子的屏蔽云. 这个云携带电荷密度为

$$\delta\rho=\sum_a ez_a\delta N_a,$$

其中,δN_a 是云中 a 类离子的浓度与溶液中的平均值 N_a 之间的差值. 因此,在有电场 $\boldsymbol{E}$ 存在的情况下,作用于携带这个云的液体上的力密度为 $\boldsymbol{f}=\boldsymbol{E}\delta\rho$. 这些力导致液体运动,而运动本身又带走所考虑的中心离子.

云中离子的分布与该处的场势 φ 由玻尔兹曼公式相联系:

$$\delta N_a=N_0\left[\mathrm{e}^{-\frac{z_ae\varphi}{T}}-1\right]\approx-\frac{z_ae\varphi N_a}{T}.$$

因为场 $\boldsymbol{E}$ 微弱,在目前所考虑的问题中我们可以忽略离子云的形变. 在球对称云的情况,电势由下列玻尔兹曼公式给出为

$$\varphi=ez_b\frac{\mathrm{e}^{-r/a}}{r},$$

其中 ez_b 是中心离子上的电荷,而 a 由公式(26.14)确定(见第五卷,§78). 因此,离子云中的总电荷密度是

$$\delta\rho=-\frac{e^2\varphi}{T}\sum_a N_az_a^2=-\frac{ez_b}{4\pi a^2}\frac{\mathrm{e}^{-r/a}}{r}. \tag{26.24}$$

因为场 $\boldsymbol{E}$ 所引起的运动很慢,可以认为液体是不可压缩的,所以

$$\nabla\cdot\boldsymbol{v}=0. \tag{26.25}$$

根据同样理由,可以从纳维-斯托克斯方程中略去速度的二次项,于是(对定态运动)它化至下列方程

$$\eta\Delta\boldsymbol{v}-\nabla P+\boldsymbol{f}=0, \tag{26.26}$$

其中 P 和 η 分别是溶剂的压强和黏度.

在(26.25)和(26.26)中取傅里叶分量,我们有

$$\boldsymbol{k}\cdot\boldsymbol{v}_k=0,\qquad -\eta k^2\boldsymbol{v}_k-\mathrm{i}\boldsymbol{k}P_k+\boldsymbol{E}\delta\rho_k=0.$$

以 i$\boldsymbol{k}$ 标乘第二个方程,我们求得 $P_k=-\mathrm{i}\boldsymbol{k}\cdot\boldsymbol{E}\delta\rho_k/k^2$,所以

$$\boldsymbol{v}_k=\frac{\delta\rho_k}{\eta}\frac{k^2\boldsymbol{E}-\boldsymbol{k}(\boldsymbol{k}\cdot\boldsymbol{E})}{k^4}. \tag{26.27}$$

电荷密度(26.24)的傅里叶分量是

$$\delta\rho_k=-\frac{ez_b}{a^2k^2+1}. \tag{26.28}$$

所想知道的中心离子处即 $\boldsymbol{r}=0$ 点,液体的速度由下列积分

$$\boldsymbol{v}(0)=\int\boldsymbol{v}_k\frac{\mathrm{d}^3k}{(2\pi)^3}$$

给出. 将由(26.27)和(26.28)得出的$\boldsymbol{v}_k$代入,并对 $\boldsymbol{k}$ 的方向积分后得到

$$\boldsymbol{v}(0)=-\boldsymbol{E}\frac{ez_b}{(2\pi)^3\eta}\frac{8\pi}{3}\int_0^\infty\frac{\mathrm{d}k}{k^2a^2+1},$$

最后得到

$$\boldsymbol{v}(0)=-\frac{ez_b}{6\pi\eta a}\boldsymbol{E}.$$

这个速度附加于离子通过场的直接作用所获得的速度 $ez_bb_b^{(0)}\boldsymbol{E}$. 因此显然的是,所需求的对迁移率的电泳校正为

$$b_{\mathrm{el-ph}}=-1/(6\pi a\eta), \tag{26.29}$$

对所有类型离子都相同. 总校正由两个表达式(26.23)和(26.29)之和给出. 两者都是负的,并且通过因数 $1/a$ 而正比于浓度的平方根.

第三章

无碰撞等离体

§27　自洽场

动理学理论应用的一个广阔领域是等离体. 这里所谓等离体我们应理解为完全电离气体.①关于平衡态等离体的热力学理论已经在本教程的其它卷中讨论过(见第五卷, §78—§80 和第九卷, §85). 本书的第三至第五章将专门讨论等离体的动理性质. 为避免没有任何原则意义的复杂性,(需要时)我们将认为等离体仅有两个组分:(带电荷 $-e$ 的)电子和带电荷 ze 的一种类型正离子.

像在寻常气体中那样,要使动理方程能应用于等离体,它也必须充分稀薄;气体必须是几近于理想的. 然而,因为随着距离的增加,库仑力仅缓慢地减小,对等离体来说,这个条件要比对中性粒子组成的气体严格得多. 目前暂不考虑具有不同电荷的粒子间的区别,我们可以写出等离体弱非理想的条件:

$$T \gg e^2/\bar{r} \sim e^2 N^{1/3}, \tag{27.1}$$

其中 T 是等离体的温度,N 是每单位体积的粒子总数,而 $\bar{r} \sim N^{-1/3}$ 是粒子间的平均距离. 这个条件表现为两个离子的平均互作用能远小于其平均动能. 上述条件还可用不同形式来表达. 引进所谓等离体的德拜半径 a,定义为

$$a^{-2} = \frac{4\pi}{T} \sum_a N_a (z_a e)^2, \tag{27.2}$$

其中 $\sum\limits_a$ 是对所有类型离子求和;可以注意到(见第五卷, §78),a 确定等离体中一个电荷的库仑场被屏蔽掉的距离. 用 $a \sim (T/4\pi N e^2)^{1/2}$ 代入(27.1),我们有

$$e^2 N^{1/3}/T \sim \bar{r}^2/(4\pi a^2) \ll 1; \tag{27.3}$$

在稀薄等离体中,粒子间平均距离必须远小于德拜半径,即一个电荷周围的"离子

---

① 这个术语是朗缪尔(I. Langmuir(1923))引进的,他为等离体的系统理论研究打下了基础.

云”实际上必须包含许多粒子. 对等离体来说,小比值(27.3)起“气态参量”的作用.

在整个第三至第五章中(仅 §40 除外)都假定等离体是经典的. 这个意味着只须满足一个很弱的条件:等离体温度必须远高于其电子组分的简并温度,

$$T \gg \hbar^2 N^{2/3}/m, \tag{27.4}$$

其中 m 是电子质量(见第五卷, §80).

对等离体中每类粒子(电子和离子)的动理方程具有形式

$$\frac{\partial f}{\partial t}+\boldsymbol{v}\cdot\frac{\partial f}{\partial \boldsymbol{r}}+\dot{\boldsymbol{p}}\cdot\frac{\partial f}{\partial \boldsymbol{p}}=C(f), \tag{27.5}$$

其中 f 是给定粒子按坐标和动量的分布函数,而 C 是其(与所有种类粒子的)碰撞积分. 同时,导数 $\dot{\boldsymbol{p}}$ 由作用于粒子的力确定. 这个力又是用所有其它粒子在给定粒子位置处产生的电场和磁场来表达的. 然而,这里出现下列问题.

对于中性粒子(原子或分子)的情况,由于相互作用力的迅速减小,仅在原子尺度量级的很小碰撞参量处它们的运动才有显著变化,可以解释为碰撞. 在这类碰撞之间,粒子仿佛自由运动似的;正因为如此,对寻常气体在动理方程左边假设 $\dot{\boldsymbol{p}}=0$. 然而,在等离体中由于长程库仑力,即使在较大碰撞参量处,粒子的运动也会发生显著变化,在等离体中库仑力仅在距离 $\sim a$ 处受到屏蔽,按条件(27.3)它甚至远大于粒子间的距离(见第五卷. §78 以及本书的 §31,题 1). 然而,在动理方程中,并非所有这类情况都要解释为碰撞. 动理学理论中,无规碰撞是促使趋向平衡态的机理,带有系统的熵的相应增加. 但是在大($\geqslant a$)碰撞参量处的碰撞不能充当这种弛豫机理. 原因是两个带电粒子在这种距离上的相互作用实际上是涉及大量粒子参与的一种集体效应. 因此,能够描述这个相互作用的有效场也是由大量粒子所产生的,即具有宏观性质的场. 于是整个过程变成宏观上确切的过程而不是一个无规过程;这类过程不能引起系统的熵增加. 因此,必须将它们排除在施加于动理方程右边的“碰撞”概念之外.

这种划分相当于将作用于等离体中某一个粒子上的电场 $\boldsymbol{e}$ 和磁场 $\boldsymbol{h}$ 的严格微观值表示成

$$\boldsymbol{e}=\boldsymbol{E}+\boldsymbol{e}',\quad \boldsymbol{h}=\boldsymbol{B}+\boldsymbol{h}', \tag{27.6}$$

其中 $\boldsymbol{E}$ 和 $\boldsymbol{B}$ 是对这样的区域求平均后的场,该区域包含许多粒子,并具有尺度远大于粒子间距离,但远小于德拜半径. 于是项 $\boldsymbol{e}'$ 和 $\boldsymbol{h}'$ 描述场的无规涨落,它引起粒子运动的无规变化,即碰撞.

在(27.6)中,$\boldsymbol{E}$ 和 $\boldsymbol{B}$ 的精确意义是,它们乃是给定粒子位置处的平均场. 因为假定等离体是稀薄的,可以忽略其中粒子同时位置间的关联. 于是,每个给定粒子的位置决不是有区别性的,因此可以认为 $\boldsymbol{E}$ 和 $\boldsymbol{B}$ 正好是作为宏观电动力学的寻常意义上求平均后的场. 这些“场”将确定洛伦兹力,它要被用来代替(27.5)中的 $\dot{\boldsymbol{p}}$.

本章中所要讨论的现象,将是等离体粒子间的碰撞在其中并不重要的那些现象. 这种等离体称为无碰撞等离体. 对于碰撞可忽略的确切条件,一般来说依赖于问题的特定提法. 但一个必要条件通常是要求有效碰撞频率 ν(粒子平均自由时间的倒数)应该远小于所涉及过程中宏观场 $\boldsymbol{E}$ 和 $\boldsymbol{B}$ 的变化频率 ω:

$$\nu \ll \omega. \tag{27.7}$$

由于这个条件,动理方程中的碰撞积分远小于 $\partial f/\partial t$. 即使粒子的平均自由程 $l \sim \bar{v}/\nu$ 远大于场发生变化的距离 L(场"波长"),在这样的情况下碰撞仍可忽略. 若令 $1/L \sim k$,我们可将这个条件写成

$$\nu \ll k\bar{v}. \tag{27.8}$$

同时,碰撞积分远小于动理方程左边的项 $\boldsymbol{v} \cdot \nabla f$.

当忽略碰撞积分时,对于电子和离子分布函数 f_e 和 f_i 的动理方程变成:①

$$\left.\begin{aligned}\frac{\partial f_e}{\partial t}+\boldsymbol{v}\cdot\frac{\partial f_e}{\partial \boldsymbol{r}}-e\left(\boldsymbol{E}+\frac{1}{c}\boldsymbol{v}\times\boldsymbol{B}\right)\cdot\frac{\partial f_e}{\partial \boldsymbol{p}}=0,\\ \frac{\partial f_i}{\partial t}+\boldsymbol{v}\cdot\frac{\partial f_i}{\partial \boldsymbol{r}}+ze\left(\boldsymbol{E}+\frac{1}{c}\boldsymbol{v}\times\boldsymbol{B}\right)\cdot\frac{\partial f_i}{\partial \boldsymbol{p}}=0.\end{aligned}\right\} \tag{27.9}$$

对这些方程我们还应加上求平均后的麦克斯韦方程组:

$$\left.\begin{aligned}\nabla\times\boldsymbol{E}=-\frac{1}{c}\frac{\partial \boldsymbol{B}}{\partial t},\quad \nabla\cdot\boldsymbol{B}=0,\\ \nabla\times\boldsymbol{B}=\frac{1}{c}\frac{\partial \boldsymbol{E}}{\partial t}+\frac{4\pi}{c}\boldsymbol{j},\quad \nabla\cdot\boldsymbol{E}=4\pi\rho,\end{aligned}\right\} \tag{27.10}$$

其中 ρ 和 $\boldsymbol{j}$ 是平均电荷密度和平均电流密度,它们可以通过明显的公式用分布函数来表达:

$$\left.\begin{aligned}\rho &= e\int(zf_i-f_e)\,\mathrm{d}^3p,\\ \boldsymbol{j} &= e\int(zf_i-f_e)\,\boldsymbol{v}\,\mathrm{d}^3p.\end{aligned}\right\} \tag{27.11}$$

方程(27.9)—(27.11)形成耦合方程组,用来同时确定分布函数 f_e,f_i 和场 $\boldsymbol{E}$,$\boldsymbol{B}$;这样所确定的场称为*自洽场*. 自洽场是由弗拉索夫(A. A. Власов(1937))引进动理方程内的;方程组(27.9)—(27.11)称为*弗拉索夫方程*.

根据前述讨论,具有自洽场的无碰撞等离体中,分布函数的时间演化并不伴随熵的增加. 因此无碰撞等离体本身不能导致统计平衡的建立. 这从方程(27.9)的形式显然也可直接看出,其中 $\boldsymbol{E}$ 和 $\boldsymbol{B}$ 形式上仅是作为外场而强加给等离体的.

动理方程(27.9)中的每一个都具有形式

---

① 严格地说,有磁场存在的情况下,粒子的相空间要定义为$(\boldsymbol{r},\boldsymbol{P})$空间,其中 $\boldsymbol{P}=\boldsymbol{p}-e\boldsymbol{A}(t,\boldsymbol{r})/c$ 是广义动量. 但是 $\mathrm{d}^3x\mathrm{d}^3\boldsymbol{P}=\mathrm{d}^3x\mathrm{d}^2p$,因为新增的 $\boldsymbol{A}$ 仅改变空间中每点动量的零点. 因此我们可以继续把分布函数与 $\mathrm{d}^3x\mathrm{d}^3p$ 相联系.

$$\frac{\mathrm{d}f}{\mathrm{d}t}=0, \tag{27.12}$$

其中全导数意味着沿粒子轨道求导. 这类方程的通解,是在场 $\boldsymbol{E}$ 和 $\boldsymbol{B}$ 中粒子全部运动积分的一个任意函数.

§28　等离体中的空间色散

我们可以将方程(27.10)重写成宏观电动力学中更通常的形式,使之除包括电场 $\boldsymbol{E}$ 外还包括电位移 $\boldsymbol{D}$. 我们通过关系式

$$\frac{\partial \boldsymbol{P}}{\partial t}=\boldsymbol{j}, \quad \nabla\cdot\boldsymbol{P}=-\rho, \tag{28.1}$$

定义电极化矢量 $\boldsymbol{P}$,连续性方程 $\nabla\cdot\boldsymbol{j}=-\partial\rho/\partial t$ 保证了这两个公式的相容性(关于这个定义将在本节后半部分进一步讨论). 于是利用 $\boldsymbol{D}=\boldsymbol{E}+4\pi\boldsymbol{P}$,方程(27.10)变成

$$\left.\begin{aligned}\nabla\times\boldsymbol{E}&=-\frac{1}{c}\frac{\partial \boldsymbol{B}}{\partial t}, \quad \nabla\cdot\boldsymbol{B}=0,\\ \nabla\times\boldsymbol{B}&=\frac{1}{c}\frac{\partial \boldsymbol{D}}{\partial t}, \quad \nabla\cdot\boldsymbol{D}=0.\end{aligned}\right\} \tag{28.2}$$

在弱场中,电位移 $\boldsymbol{D}$ 与电场 $\boldsymbol{E}$ 之间的关系是线性的.①但即使在寻常介质中,该关系也非瞬时性的:$\boldsymbol{D}(t,\boldsymbol{r})$ 在某一时刻 t 的值,一般来说,不仅依赖于 $\boldsymbol{E}(t,\boldsymbol{r})$ 在该瞬间的值,而且依赖于在所有以前瞬间的值(见第八卷,§58). 而且,在等离体中,它还是一个非局域关系:$\boldsymbol{D}(t,\boldsymbol{r})$ 在某一点 $\boldsymbol{r}$ 的值,不仅依赖于 $\boldsymbol{E}(t,\boldsymbol{r})$ 在该点的值,而且一般还依赖于在整个等离体中的值. 这是因为等离体中粒子的"自由"(即无碰撞)运动是由沿其整个轨道的场值所支配的.

函数 $\boldsymbol{D}(t,\boldsymbol{r})$ 与 $\boldsymbol{E}(t,\boldsymbol{r})$ 之间的最一般线性关系,(在未受扰等离体处于定态的假设之下)可以写成下列形式:

$$D_{\alpha}(t,\boldsymbol{r})=E_{\alpha}(t,\boldsymbol{r})+\int_{-\infty}^{t}\int K_{\alpha\beta}(t-t',\boldsymbol{r},\boldsymbol{r}')\times E_{\beta}(t',\boldsymbol{r}')\,\mathrm{d}^3x'\mathrm{d}t'.$$

对于空间均匀等离体,积分算符的核函 $K_{\alpha\beta}$ 仅依赖于其空间自变量的差值 $\boldsymbol{r}-\boldsymbol{r}'$. 写 $\boldsymbol{r}-\boldsymbol{r}'=\boldsymbol{\rho}$, $t-t'=\tau$,我们可以将上述关系式重写为下列形式

$$D_{\alpha}(t,\boldsymbol{r})=E_{\alpha}(t,\boldsymbol{r})+\int_{0}^{\infty}\int K_{\alpha\beta}(\tau,\boldsymbol{\rho})E_{\beta}(t-\tau,\boldsymbol{r}-\boldsymbol{\rho})\,\mathrm{d}^3\rho\mathrm{d}\tau. \tag{28.3}$$

通常,利用傅里叶级数或傅里叶积分的展开,可将场表达成一组平面波,其中 $\boldsymbol{E}$ 和 $\boldsymbol{D}$ 正比于 $\mathrm{e}^{\mathrm{i}(\boldsymbol{k}\cdot\boldsymbol{r}-\omega t)}$. 对于这种波,$\boldsymbol{D}$ 和 $\boldsymbol{E}$ 之间的关系变成

---

① 关于弱场的条件将在§29中予以表述.

$$D_\alpha = \varepsilon_{\alpha\beta}(\omega,\boldsymbol{k})E_\beta, \tag{28.4}$$

其中电容率张量是

$$\varepsilon_{\alpha\beta}(\omega,\boldsymbol{k}) = \delta_{\alpha\beta} + \int_0^\infty\int K_{\alpha\beta}(\tau,\boldsymbol{\rho})\mathrm{e}^{\mathrm{i}(\omega\tau-\boldsymbol{k}\cdot\boldsymbol{\rho})}\mathrm{d}^3\rho\mathrm{d}\tau. \tag{28.5}$$

按照这个定义,直接得出

$$\varepsilon_{\alpha\beta}(-\omega,-\boldsymbol{k}) = \varepsilon^*_{\alpha\beta}(\omega,\boldsymbol{k}). \tag{28.6}$$

因此 $\boldsymbol{E}$ 和 $\boldsymbol{D}$ 之间的关系的非局域性,其结果是等离体的电容率不仅依赖于频率而且依赖于波矢;后者被称为空间色散,与频率依存性被称为时间色散(或频率色散)类似.

回到方程(28.1)和(28.2),我们可以想起,在寻常介质中可变场的麦克斯韦方程组的表述中,电极化强度 $\boldsymbol{P}$ 的引入同时也伴随着磁化强度 $\boldsymbol{M}$ 的引进,平均微观电流被分成$\partial\boldsymbol{P}/\partial t$ 和 $c\,\nabla\times\boldsymbol{M}$ 两部分;在平面波中,它们变成 $-\mathrm{i}\omega\boldsymbol{P}$ 和 $\mathrm{i}c\boldsymbol{k}\times\boldsymbol{M}$. 然而,存在空间色散情况下,当所有量反正依赖于 $\boldsymbol{k}$ 时,这个划分是不适当的.

我们还注意到,如果电流 $\boldsymbol{j}$ 和电荷密度 ρ(如在(28.1)中那样)全被包括在电极化强度 $\boldsymbol{P}$ 的定义中,则后者一般既依赖于电场 $\boldsymbol{E}$,又依赖于磁场 $\boldsymbol{B}$. 然而,按麦克斯韦方程组(28.2)的第一对方程,它们仅包含 $\boldsymbol{B}$ 和 $\boldsymbol{E}$ 这两个量,即(对于平面波)有 $\boldsymbol{k}\times\boldsymbol{E}=\omega\boldsymbol{B}/c$ 和 $\boldsymbol{k}\cdot\boldsymbol{B}=0$. 因此,磁场 $\boldsymbol{B}$ 可以用电场 $\boldsymbol{E}$ 来表达,从而电极化 $\boldsymbol{P}$ 可仅用 $\boldsymbol{E}$ 来表达,如根据(28.3)—(28.5)给出的 $\varepsilon_{\alpha\beta}$的定义中所暗指的那样.

对波矢的依存性,在函数 $\varepsilon_{\alpha\beta}(\omega,\boldsymbol{k})$ 中引进一个有区别性的方向,即其自变量 $\boldsymbol{k}$ 的方向. 因此,当存在空间色散时,即使在各向同性介质中,电容率也是一个张量,这种张量的一般形式可以写成

$$\varepsilon_{\alpha\beta}(\omega,\boldsymbol{k}) = \varepsilon_\mathrm{t}(\omega,k)\left(\delta_{\alpha\beta}-\frac{k_\alpha k_\beta}{k^2}\right)+\varepsilon_\mathrm{l}(\omega,k)\frac{k_\alpha k_\beta}{k^2}. \tag{28.7}$$

乘以 E_β 后,(28.7)中第一项给出对电位移 $\boldsymbol{D}$ 的贡献垂直于波矢 $\boldsymbol{k}$,第二项给出的贡献平行于 $\boldsymbol{k}$. 对电场 $\boldsymbol{E}$ 垂直于 $\boldsymbol{k}$ 或平行于 $\boldsymbol{k}$ 的情况,$\boldsymbol{D}$ 和 $\boldsymbol{E}$ 之间的关系分别简化为 $\boldsymbol{D}=\varepsilon_\mathrm{t}\boldsymbol{E}$ 或 $\boldsymbol{D}=\varepsilon_\mathrm{l}\boldsymbol{E}$. 标量函数 ε_t 和 ε_l 分别称为横向和纵向电容率. 它们依赖于两个独立变量:频率 ω 和波矢的绝对值 k. 当 $\boldsymbol{k}\to\boldsymbol{0}$ 时,区别性方向消失,于是张量 $\varepsilon_{\alpha\beta}$必须化至形式 $\varepsilon(\omega)\delta_{\alpha\beta}$,其中 $\varepsilon(\omega)$是寻常标量电容率. 相应地,ε_t 和 ε_l 的极限值相等:

$$\varepsilon_\mathrm{t}(\omega,0) = \varepsilon_\mathrm{l}(\omega,0) = \varepsilon(\omega). \tag{28.8}$$

按照(28.6),标量函数 ε_l 和 ε_t 具有性质

$$\varepsilon_\mathrm{l}(-\omega,k) = \varepsilon_\mathrm{l}^*(\omega,k),\quad \varepsilon_\mathrm{t}(-\omega,k) = \varepsilon_\mathrm{t}^*(\omega,k). \tag{28.9}$$

空间色散并不影响 ε_l 和 ε_t 作为复变量 ω 的函数的性质. 关于无空间色散寻常

介质电容率 $\varepsilon(\omega)$ 的全部已知结果(见第八卷，§62)，对这些函数仍然有效.

我们在本章中将仅考虑各向同性等离体. 必须强调这不仅意味着没有外磁场，而且意味着(在未受外场扰动的等离体中)粒子动量分布的各向同性. 否则，会出现新的区别性方向，使 $\varepsilon_{\alpha\beta}$ 的张量结构更加复杂.

前面早已指出过，等离体中空间色散的起源，是与粒子的"自由"运动对沿其轨道的场值的依存性有关的. 当然，实际上对粒子在其轨道任一点的运动有显著影响的场值，不是沿整个轨道的场值，而仅是沿轨道相当短一段的场值. 这些长度的数量级可能取决于两种机理：碰撞机理，它们扰动了沿轨道的自由运动，或在粒子飞行期间对振荡场的求平均机理. 第一个机理的特征距离是粒子的平均自由程 $l\sim\bar{v}/\nu$；而第二个机理的特征距离是 $\bar{v}/\omega$，这是粒子在场变化的一个周期内以平均速率 $\bar{v}$ 横越的距离.

在表达式(28.3)中，$\boldsymbol{D}$ 和 $\boldsymbol{E}$ 在空间不同点的值之间的关联范围，相当于使函数 $K_{\alpha\beta}(\tau,\boldsymbol{\rho})$ 显著减小的距离 r_{cor}. 因此我们可以肯定地说，这些距离的数量级是由 l 和 $\bar{v}/\omega$ 中较小的一个给出(并且，对粒子(电子或离子)应选其中具有较大值的). ①如果 $\nu\ll\omega$，则 $\bar{v}/\omega$ 较小，于是

$$r_{\text{cor}}\sim\bar{v}/\omega. \tag{28.10}$$

当 $kr_{\text{cor}}\gtrsim 1$ 时，空间色散是值得重视的，而当 $kr_{\text{cor}}\ll 1$ 时，它消失；在后一情况，(28.5)中 $e^{-i\boldsymbol{k}\cdot\boldsymbol{\rho}}\approx 1$，而积分不再依赖于 $\boldsymbol{k}$. 因此，用(28.10)的 r_{cor}，我们发现，对于相速 ω/k 与等离体中粒子平均速率可相比或小于后者这样的波，空间色散是重要的. 在相反极限情况下，当

$$\omega\gg k\bar{v} \tag{28.11}$$

时，空间色散是不显著的.

重要的是要注意到，等离体中 r_{cor} 的值可能远比粒子间平均距离($\sim N^{-1/3}$)大. 恰好是这个条件使得，即使在色散值得重视的情况下，通过电容率对空间色散作宏观描述成为可能. 让我们注意到(见第八卷，§83)，寻常介质中关联长度是由原子尺度代表的，因而宏观理论可适用的条件已经要求满足不等式 $kr_{\text{cor}}\ll 1$(波长必须远大于原子尺度)；正因为如此，这种介质中的空间色散(例如，所谓自然旋光性中所显示的)永远只是小校正.

§29　无碰撞等离体的电容率

在任意 $\boldsymbol{k}$ 的一般情况下，当空间色散起重要作用时，电容率的计算需要应用动理方程. 我们将在等离体的介电极化仅涉及电子，而离子的运动不重要这样的假定下(这称为电子等离体)来进行计算. 允许这样假设的条件，以及这些结果

---

① 对于 ε_{t}，这是正确的. 对于 ε_{l}(若 $l\ll\bar{v}/\omega$)，由于粒子沿场的扩散，$r_{\text{cor}}\sim(l\bar{v}/\omega)^{1/2}$.

的推广,将在§31中讨论.

对于弱场,我们寻求$f=f_0+\delta f$形式的电子分布函数,其中f_0是未受场扰动的均匀各向同性定态分布函数,而δf是在场的影响下分布中的变化部分.在动理方程中忽略二阶小项,我们得到

$$\frac{\partial\delta f}{\partial t}+\boldsymbol{v}\cdot\frac{\partial\delta f}{\partial\boldsymbol{r}}=e\left(\boldsymbol{E}+\frac{1}{c}\boldsymbol{v}\times\boldsymbol{B}\right)\cdot\frac{\partial f_0}{\partial\boldsymbol{p}}.$$

在各向同性等离体中,分布函数仅依赖于动量的绝对值.对于这种函数,矢量$\partial f_0/\partial\boldsymbol{p}$的方向与$\boldsymbol{p}=m\boldsymbol{v}$的方向相同,它与$\boldsymbol{v}\times\boldsymbol{B}$的标积为零.因此,在线性近似下,磁场并不影响分布函数.对于δf的方程结果是

$$\frac{\partial\delta f}{\partial t}+\boldsymbol{v}\cdot\frac{\partial\delta f}{\partial\boldsymbol{r}}=e\boldsymbol{E}\cdot\frac{\partial f_0}{\partial\boldsymbol{p}}.\tag{29.1}$$

函数δf与电场$\boldsymbol{E}$一起被假定为正比于$\exp[\mathrm{i}(\boldsymbol{k}\cdot\boldsymbol{r}-\omega t)]$.于是由(29.1)求得

$$\delta f=\frac{e\boldsymbol{E}}{\mathrm{i}(\boldsymbol{k}\cdot\boldsymbol{v}-\omega)}\cdot\frac{\partial f_0}{\partial\boldsymbol{p}}.\tag{29.2}$$

关于电场要小的条件起因于要求δf远小于f_0.(29.2)中$\partial f_0/\partial\boldsymbol{p}$的系数是电子在电场$\boldsymbol{E}$中所获得动量的振幅.这个振幅必须远小于(按分布$f_0$所确定的)平均动量$m\bar{v}$.

未受扰等离体中,电子电荷密度在每一点都被离子电荷所平衡,而电流密度恒等于零,因为等离体是各向同性的.受场扰动等离体中所出现的电荷密度和电流密度是

$$\rho=-e\int\delta f\mathrm{d}^3p,\quad \boldsymbol{j}=-e\int\boldsymbol{v}\,\delta f\mathrm{d}^3p.\tag{29.3}$$

像δf那样,这些量也正比于$\exp[\mathrm{i}(\boldsymbol{k}\cdot\boldsymbol{r}-\omega t)]$,而按照(28.1),它们与电极化强度的关系由下列公式给出:

$$\mathrm{i}\boldsymbol{k}\cdot\boldsymbol{P}=-\rho,\quad -\mathrm{i}\omega\boldsymbol{P}=\boldsymbol{j}.\tag{29.4}$$

然而,对于(29.3)中的积分,需要更精确地规定进行积分的方法,因为函数δf有一极点在

$$\omega=\boldsymbol{k}\cdot\boldsymbol{v}.\tag{29.5}$$

为了对积分赋予意义,我们将考虑的不是一个严格谐波场($\propto e^{-\mathrm{i}\omega t}$),而是从$t=-\infty$无限缓慢地施加上的场.场的这种描述相当于对其频率增加一个无限小的正虚部,即用带有$\delta\to+0$的$\omega+\mathrm{i}\delta$代替ω.于是我们有,当$t\to-\infty$时$E\propto e^{-\mathrm{i}\omega t}e^{t\delta}\to0$;而当$t\to\infty$时由因子$e^{t\delta}$引起的场的无限增长是不重要的,因为因果性原理表明,它不能影响在有限时间t所观察的结果(可是,对$\delta<0$,场会在过去为很大,这会使对场为线性的近似不适用).因此,回避极点(29.5)的围道定则取决于下

列替换：

$$\omega \to \omega + \mathrm{i}0; \tag{29.6}$$

这是由朗道（Л. Д. Ландау（1946））首先建立的.

定则(29.6)的依据还可从另一个不同的观点得出，即通过在动理方程中引进一个无限小碰撞积分 $C(f) = -\nu\delta f$ 而得出. 在方程(29.1)右边增加这种项，相当于在项 $\partial\delta f/\partial t = -\mathrm{i}\omega\delta f$ 中作变换 $\omega \to \omega + \mathrm{i}\nu$；于是，当 $\nu \to 0$ 时，我们再次得到定则(29.6). ①

应用定则(29.6)求积分涉及下列形式的积分

$$\int_{-\infty}^{\infty} \frac{f(z)\,\mathrm{d}z}{z - \mathrm{i}\delta}, \quad \delta > 0.$$

在这种积分中，复 z 平面上的积分路径从点 $z = \mathrm{i}\delta$ 下面通过；当 $\delta \to 0$ 时，这相当于沿实轴但沿极点 $z = 0$ 下面一无穷小半圆通过的一个积分. 这个半圆对积分的贡献由被积函数的残数的一半给出，结果是

$$\int_{-\infty}^{\infty} \frac{f(z)}{z - \mathrm{i}0}\mathrm{d}z = \mathrm{P}\int_{-\infty}^{\infty} \frac{f(z)}{z}\mathrm{d}z + \mathrm{i}\pi f(0), \tag{29.7}$$

其中 P 表示积分的主值. 这个公式还可用符号方式写成

$$\frac{1}{z - \mathrm{i}0} = \mathrm{P}\frac{1}{z} + \mathrm{i}\pi\delta(z), \tag{29.8}$$

其中 P 现在表示在随后的积分中取主值.

让我们来计算等离体电容率的纵向部分. 为此应用(29.4)的第一个关系式，我们用从(29.3)和(29.2)得出的 $\delta\rho$ 代入其中：

$$\mathrm{i}\boldsymbol{k} \cdot \boldsymbol{P} = -e^2\boldsymbol{E} \cdot \int \frac{\partial f_0}{\partial \boldsymbol{p}} \frac{\mathrm{d}^3 p}{\mathrm{i}(\boldsymbol{k} \cdot \boldsymbol{v} - \omega - \mathrm{i}0)}.$$

令电场 $\boldsymbol{E}$（因而电极化强度 $\boldsymbol{P}$）平行于 $\boldsymbol{k}$，于是 $4\pi\boldsymbol{P} = (\varepsilon_l - 1)\boldsymbol{E}$. 从而我们得出具有任何定常分布函数 $f(p)$（省略掉对 f 的下标 0）的等离体纵向电容率的下列公式：

$$\varepsilon_l = 1 - \frac{4\pi e^2}{k^2}\int \boldsymbol{k} \cdot \frac{\partial f}{\partial \boldsymbol{p}} \frac{\mathrm{d}^3 p}{\boldsymbol{k} \cdot \boldsymbol{v} - \omega - \mathrm{i}0}. \tag{29.9}$$

我们取 x 轴沿 $\boldsymbol{k}$. (29.9)中被积函数内，仅有 f 依赖于 p_y 和 p_z. 因此，通过引用仅相对于 $p_x = mv_x$ 的分布函数

$$f(p_x) = \int f(p)\,\mathrm{d}p_y\mathrm{d}p_z,$$

---

① 在这个分析中，基本上要取两个极限：小场的极限（方程的线性化）和 $\nu \to 0$ 的极限. 必须注意到首先取前一个极限. 这个顺序的必要性是由于要满足线性化条件 $\delta f \ll f_0$ 而引起的；当 $\nu = 0$ 时，增量 δf 在 $\boldsymbol{k} \cdot \boldsymbol{v} = \omega$ 趋于无穷.

可将上述公式写成不同形式. 于是

$$\varepsilon_1 = 1 - \frac{4\pi e^2}{k}\int_{-\infty}^{\infty}\frac{\mathrm{d}f(p_x)}{\mathrm{d}p_x}\frac{\mathrm{d}p_x}{kv_x - \omega - \mathrm{i}0}. \tag{29.10}$$

在各向同性等离体中,$f(p_x)$是偶函数.

立即可以注意到一个重要结果. 无碰撞等离体的电容率是一复量;积分(29.10)的虚部由(29.7)确定. 这个重要结果将在下节中进一步讨论;这里,我们将考虑由积分(29.10)所定义的频率 ω 的函数的解析性质. 根据电容率的一般性质,大家知道这个函数仅在复 ω 的下半平面上能有奇点(见第八卷,§62),这是定义(28.5)的推论. 然而,我们来察看它怎样直接从公式(29.10)得出,并阐释这些奇点与分布函数 $f(p_x)$ 的性质之间的关系,这样做是有益的.

利用对积分变量的记号变换,我们可将(29.10)中的积分写成

$$\int_C \frac{\mathrm{d}f(z)}{\mathrm{d}z}\frac{\mathrm{d}z}{z-\omega/k}. \tag{29.11}$$

积分路径取为沿复 z 平面上的实轴,但在点 $z=\omega/k$ 下面通过(图 7a). 于是积分(29.11)也在 ω 的整个上半平面定义一个解析函数:对任何这种 ω,积分路径总是从极点 $z=\omega/k$ 下方通过,如应该的那样. 然而,在这个函数向 ω 的下半平面的解析延拓中,需要从极点下方通过就要求积分围道的适当移位(图 7b). 但是函数 $\mathrm{d}f(z)/\mathrm{d}z$,对实 z 它是正则的,对复 z 一般具有奇点(比如说,在 z_0),其中有些在下半平面. 当极点 $z=\omega/k$ 接近一个奇点 z_0 时,不可能使积分围道 C 远离这个极点,而 C 被紧夹在两点之间. 因此,函数(29.11)在 ω 的下半平面具有的奇点,其 ω/k 的值与 $\mathrm{d}f(z)/\mathrm{d}z$ 的奇点重合.

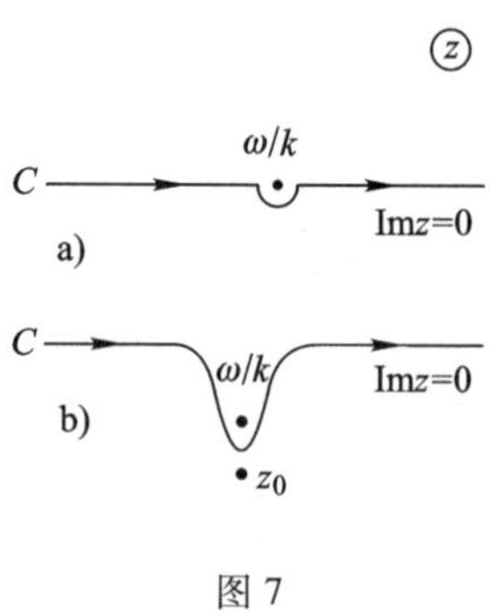

图 7

§30　朗道阻尼

我们早已指出无碰撞等离体的电容率是复量($\varepsilon_1=\varepsilon'_1+\mathrm{i}\varepsilon''_1$). 利用公式(29.8)将虚部分出,我们有

$$\varepsilon''_1 = -4\pi^2 e^2\int\frac{\partial f}{\partial \boldsymbol{p}}\cdot\frac{\boldsymbol{k}}{k^2}\delta(\omega-\boldsymbol{k}\cdot\boldsymbol{v})\,\mathrm{d}^3p, \tag{30.1}$$

或

$$\varepsilon''_1 = -\frac{4\pi^2 e^2 m}{k^2}\frac{\mathrm{d}f(p_x)}{\mathrm{d}p_x}\bigg|_{v_x=\omega/k}. \tag{30.2}$$

大家知道,复电容率意味着介质中电场能有耗散. 关于每单位时间和单位体积内所耗散的单色电场的平均能量 Q,其公式可表述如下. 如果这个场用复数形

式写成

$$\boldsymbol{E}=\boldsymbol{E}_{\omega\boldsymbol{k}}\mathrm{e}^{\mathrm{i}(\boldsymbol{k}\cdot\boldsymbol{r}-\omega t)},$$

于是在各向异性介质的一般情况下①

$$Q=\frac{\mathrm{i}\omega}{8\pi}\cdot\frac{1}{2}\left[\varepsilon_{\beta\alpha}^{*}(\omega,\boldsymbol{k})-\varepsilon_{\alpha\beta}(\omega,\boldsymbol{k})\right]E_{\alpha}^{*}E_{\beta},\tag{30.3}$$

耗散由张量 $\varepsilon_{\alpha\beta}$的反厄米部分所决定. 如果这个张量是对称的,该部分正好是张量 $\varepsilon_{\alpha\beta}$的虚部:

$$Q=\frac{\omega}{8\pi}\varepsilon''_{\alpha\beta}(\omega,\boldsymbol{k})E_{\alpha}E_{\beta}^{*}.\tag{30.4}$$

在纵场情况,只有纵向电容率的虚部还存在:

$$Q=\frac{\omega}{8\pi}\varepsilon''_{1}|\boldsymbol{E}|^{2}.\tag{30.5}$$

用(30.2)代入,于是给定情况下求得

$$Q=-|\boldsymbol{E}|^{2}\frac{\pi m e^{2}\omega}{2k^{2}}\left.\frac{\mathrm{d}f(p_{x})}{\mathrm{d}p_{x}}\right|_{v_{x}=\omega/k}.\tag{30.6}$$

因此,即使在无碰撞等离体中也出现耗散,这是朗道(Л. Д. Ландау(1946))所预言的现象,并以*朗道阻尼*著称. 由于不依赖于碰撞,它与寻常吸收介质中的耗散现象根本不同:无碰撞耗散并不含有熵的增加,因而是热力学可逆过程(在§35 中我们还将要讲到现象的这个方面).

朗道阻尼的机理与空间色散有密切联系. 正如由(30.6)可以看出的,耗散归因于那些电子,它们在电波传播方向的速率等于波的相速 $v_x=\omega/k$,这类电子被说成随波同相运动②. 对于这些电子来说,场是定常的,因此能对它们作功,对时间求平均不为零(如对其他电子进行的那样,因为电场相对于它们是振荡的). 不应用动理方程而直接推导(30.6),这样更仔细地来考察这个机理是有教益的.

---

① 这个表达式是从一般公式

$$Q=\langle\boldsymbol{E}\cdot\dot{\boldsymbol{D}}\rangle/(4\pi)$$

得出的. 其中角括号〈 〉表示对时间平均(见第八卷, §61). 这里假设 $\boldsymbol{E}$ 和 $\boldsymbol{D}$ 是实量. 如果将 $\boldsymbol{E}$ 表示成复量形式,在 Q 的公式中必须用$\frac{1}{2}(\boldsymbol{E}+\boldsymbol{E}^{*})$来代替 $\boldsymbol{E}$. 相应的矢量 $\boldsymbol{D}$ 具有分量

$$\frac{1}{2}\{\varepsilon_{\alpha\beta}(\omega,\boldsymbol{k})E_{\beta}+\varepsilon_{\alpha\beta}(-\omega,-\boldsymbol{k})E_{\beta}^{*}\},$$

而矢量 $\dot{\boldsymbol{D}}$ 具有分量

$$\frac{\mathrm{i}\omega}{2}\{-\varepsilon_{\alpha\beta}(\omega,\boldsymbol{k})E_{\beta}+\varepsilon_{\alpha\beta}(-\omega,-\boldsymbol{k})E_{\beta}^{*}\}.$$

对乘积 $\boldsymbol{E}\cdot\dot{\boldsymbol{D}}$ 求平均并应用性质(28.6). 我们得到(30.3)(比较 116 页的脚注).

② 我们注意到,在这方面差值 $\omega-\boldsymbol{k}\cdot\boldsymbol{v}$ 是在同电子一起运动的参考系中电场的频率.

设沿 x 方向的弱电场为

$$E(t,x)=\mathrm{Re}\{E_0\mathrm{e}^{\mathrm{i}(kx-\omega t)}\mathrm{e}^{t\delta}\},\tag{30.7}$$

因子 $\mathrm{e}^{t\delta}$ 描述电场是在 $t=-\infty$ 开始缓慢施加的. 一个电子在此弱电场中沿 x 方向运动. 我们将寻求运动电子的速率 $v_x\equiv w$ 和坐标 x 的下列形式

$$w=w_0+\delta w,\quad x=x_0+\delta x,$$

其中 δw 和 δx 是对具有恒定速率 w_0 的未受扰运动 $x_0=w_0t$ 的校正. 电子的运动方程,相对于小量作线性化后,是

$$m\frac{\mathrm{d}\delta w}{\mathrm{d}t}=-eE(t,x_0)=-e\mathrm{Re}\{E_0\exp[\mathrm{i}kt(w_0-\omega/k)]\mathrm{e}^{t\delta}\}.$$

由此

$$\delta w=-\frac{e}{m}\mathrm{Re}\frac{E(t,x_0)}{\mathrm{i}k(w_0-\omega/k)+\delta},$$

$$\delta x=-\frac{e}{m}\mathrm{Re}\frac{E(t,x_0)}{[\mathrm{i}k(w_0-\omega/k)+\delta]^2}.\tag{30.8}$$

场对电子每单位时间所作平均功是

$$q=-e\langle wE(t,x)\rangle=-e\langle(w_0+\delta w)E(t,x_0+\delta x)\rangle\approx$$

$$\approx -ew_0\left\langle\frac{\partial E}{\partial x_0}\delta x\right\rangle-e\langle\delta w\cdot E(t,x_0)\rangle,$$

或者,用复数形式①,

$$q=-\frac{e}{2}\mathrm{Re}\left\{w_0\delta x\frac{\partial E^*}{\partial x_0}+\delta w\cdot E^*\right\}.$$

用(30.7)和(30.8)的 $E,\delta x$ 和 δw 代入,经过简化后给出

$$q=\frac{e^2}{2m}|E|^2\frac{\mathrm{d}}{\mathrm{d}w_0}\frac{w_0\delta}{\delta^2+k^2(w_0-\omega/k)^2}.$$

现在还要将 q 对具有一切初始动量 $p_x=mw_0$ 的电子求和:

$$Q=\int_{-\infty}^{\infty}qf(p_x)\mathrm{d}p_x=-\frac{e^2|E|^2}{2}\int_{-\infty}^{\infty}\frac{w_0\delta}{\delta^2+k^2(w_0-\omega/k)^2}\frac{\mathrm{d}f}{\mathrm{d}p_x}\mathrm{d}p_x$$

(用分部积分法). 过渡到极限是利用下列公式

$$\lim_{\delta\to 0}\frac{\delta}{\delta^2+z^2}=\pi\delta(z)\tag{30.9}$$

---

① 如果两个具有时间周期性的量 A 和 B 写成复数形式($\propto\mathrm{e}^{-\mathrm{i}\omega t}$),则

$$\langle\mathrm{Re}\,A\cdot\mathrm{Re}\,B\rangle=\frac{1}{4}\langle(A+A^*)(B+B^*)\rangle.$$

乘积 AB 和 A^*B^* 含有 $\mathrm{e}^{-2\mathrm{i}\omega t}$ 和 $\mathrm{e}^{2\mathrm{i}\omega t}$,求平均后结果为零. 剩下为

$$\langle\mathrm{Re}\,A\cdot\mathrm{Re}\,B\rangle=\frac{1}{4}(AB^*+A^*B)=\frac{1}{2}\mathrm{Re}(AB^*).$$

作出并直接导致(30.6).

与无碰撞耗散的可逆性质相一致,热力学条件并不要求 Q 为正(如对真正耗散所要求的那样). 当分布 $f(p)$ 为各向同性时,表达式(30.6)总是正的(见习题). 然而,对于各向异性分布,Q 可能为负量:于是平均来说电子将能量传递给波,而不是相反①. 这类情况与等离体的可能的不稳定性密切相关(见 § 61),因此,条件 $Q>0$(从而 $\varepsilon''>0$)只是等离体态的稳定性的结果.

根据朗道阻尼的上述物理图像的观点,公式(30.6)中导数 $\mathrm{d}f/\mathrm{d}p_x$ 的存在可直观地解释如下. 与电场的能量交换涉及具有速率 v_x 接近 ω/k 的粒子,具有 $v_x<\omega/k$ 的那些粒子从波获得能量,而具有 $v_x>\omega/k$ 的那些粒子失去能量传给波. 如果前者的分布比后者多得相当多,波将损失能量.

习 题

证明在各向同性等离体中,无碰撞耗散 Q 总是正的.

解:在各向同性等离体中,f 仅是 $p^2=p_x^2+p_\perp^2$ 的函数,其中 p_x 和 $p_\perp$ 是 $\boldsymbol{p}$(相对于 $\boldsymbol{k}$)的纵向和横向分量. 我们写出

$$\frac{\mathrm{d}f(p_x)}{\mathrm{d}p_x}=\frac{\mathrm{d}}{\mathrm{d}p_x}\int_0^\infty f(p_x^2+p_\perp^2)\pi\mathrm{d}(p_\perp^2)=2\pi p_x\int_0^\infty f'(p_x^2+p_\perp^2)\mathrm{d}(p_\perp^2),$$

因为当 $p^2\to\infty$ 时,$f(p^2)\to0$,结果得到

$$\frac{\mathrm{d}f(p_x)}{\mathrm{d}p_x}=-2\pi p_x f(p_x^2),$$

因此,当 $p_x=\omega/k>0$ 时,$\mathrm{d}f/\mathrm{d}p_x<0$.

§ 31 麦克斯韦等离体的电容率

我们可将公式(29.10)应用于具有平衡(麦克斯韦)电子分布

$$f(p_x)=\frac{N_e}{(2\pi mT_e)^{1/2}}\exp\left(-\frac{p_x^2}{2mT_e}\right)\tag{31.1}$$

的电子等离体,其中 T_e 是电子气的温度(属于电子的量用下标 e 标志,目的在于以后还将考虑离子组分). 我们求得

$$\varepsilon_1(\omega,k)=1+\frac{1}{(ka_e)^2}\left[1+F\left(\frac{\omega}{\sqrt{2}kv_{Te}}\right)\right],\tag{31.2}$$

① 上面所给(30.6)的直观推导,并不依赖于分布的各向同性,表达式(30.2)也是如此(见 § 32).

其中函数 $F(x)$ 由下列积分定义①：

$$F(x)=\frac{x}{\sqrt{\pi}}\int_{-\infty}^{\infty}\frac{\mathrm{e}^{-z^2}\mathrm{d}z}{z-x-\mathrm{i}0}=\frac{x}{\sqrt{\pi}}\mathrm{P}\int_{-\infty}^{\infty}\frac{\mathrm{e}^{-z^2}\mathrm{d}z}{z-x}+\mathrm{i}\sqrt{\pi}x\mathrm{e}^{-x^2},\tag{31.3}$$

而所用参量为

$$v_{T\mathrm{e}}=\sqrt{\frac{T_\mathrm{e}}{m}},\quad a_\mathrm{e}=\sqrt{\frac{T_\mathrm{e}}{4\pi N_\mathrm{e}e^2}}.\tag{31.4}$$

量 $v_{T\mathrm{e}}$ 是电子的某个平均热速率；a_e 是德拜半径，由电子的电荷、温度和密度确定.

关于函数 $F(x)$ 对 x 很大和很小时的极限表达式，很容易直接由定义(31.3)求得. 对于 $x\gg1$，我们写出

$$\frac{x}{\sqrt{\pi}}\mathrm{P}\int_{-\infty}^{\infty}\frac{\mathrm{e}^{-z^2}\mathrm{d}z}{z-x}=-\frac{1}{\sqrt{\pi}}\int_{-\infty}^{\infty}\mathrm{e}^{-z^2}\left(1+\frac{z}{x}+\frac{z^2}{x^2}+\cdots\right)\mathrm{d}z.$$

x 的奇次幂项的积分为零，剩余项给出

$$F(x)+1\approx-\frac{1}{2x^2}-\frac{3}{4x^4}+\mathrm{i}\sqrt{\pi}x\mathrm{e}^{-x^2},\quad x\gg1.\tag{31.5}$$

对于 $x\ll1$，我们首先作积分变量的变换 $z=u+x$，然后以 x 的幂展开

$$\frac{x}{\sqrt{\pi}}\mathrm{P}\int_{-\infty}^{\infty}\frac{\mathrm{e}^{-z^2}\mathrm{d}z}{z-x}=\frac{x\mathrm{e}^{-x^2}}{\sqrt{\pi}}\mathrm{P}\int_{-\infty}^{\infty}\mathrm{e}^{-u^2-2ux}\frac{\mathrm{d}u}{u}\approx$$

$$\approx\frac{x}{\sqrt{\pi}}\mathrm{P}\int_{-\infty}^{\infty}\mathrm{e}^{-u^2}\left(\frac{1}{u}-2x\right)\mathrm{d}u.$$

第一项（u 的奇次项）的积分的主值为零，而第二项给出

$$F(x)\approx-2x^2+\mathrm{i}\sqrt{\pi}x,\quad x\ll1.\tag{31.6}$$

这些公式可用来写出对电容率的极限表达式. 在高频，我们有

$$\varepsilon_1=1-\frac{\Omega_\mathrm{e}^2}{\omega^2}\left(1+\frac{3k^2v_{T\mathrm{e}}^2}{\omega^2}\right)+$$

---

① 关于 $F(x)$ 的各种表示式以及详细数值表，在法捷耶娃，捷连梯耶夫的书《复变量概率积分数值表》(В. Н. Фаддеева, Н. М. Терентьев, Таблицы значений интеграла вероятностей от комылексного аргумента——М.: Гостехиздат, 1954.) 中给出.［英译：V. N. Faddeeva N. M Terent'ev, Tables of Values of the Function $w(z)=\mathrm{e}^{-z^2}\left[1-(2\mathrm{i}/\sqrt{\pi})\int_0^z\mathrm{e}^{t^2}\mathrm{d}t\right]$ for Complex Argument, Pergamon, Oxford, 1961］他们所表列的函数 $w(x)$ 由 $F(x)=\mathrm{i}\sqrt{\pi}xw(x)$ 相联系. 亦见 M. Abramowitz and I. A. Stegun. Handbook of Mathematical Functions, National Bureau of Standards, Washington, 1964; Dover Publishing Company, New York, 1965. 另一个方便而且更加全面的表是 $Z(x)=F(x)/x$ 的表，见 B. D. Fried and S. D. Conte, The Plasma Dispersion Function, Academic Press, New York, 1961.

$$+\mathrm{i}\sqrt{\frac{\pi}{2}}\frac{\omega\Omega_{\mathrm{e}}^{2}}{(kv_{T\mathrm{e}})^{3}}\exp\left(-\frac{\omega^{2}}{2k^{2}v_{T\mathrm{e}}^{2}}\right),\quad 当\ \omega/kv_{T\mathrm{e}}\gg 1. \tag{31.7}$$

这里引进参量

$$\Omega_{\mathrm{e}}=\frac{v_{T\mathrm{e}}}{a_{\mathrm{e}}}=\sqrt{\frac{4\pi N_{\mathrm{e}}e^{2}}{m}} \tag{31.8}$$

是对于电子的所谓等离体频率或朗缪尔频率. 在 $\omega/kv_{T\mathrm{e}}\gg 1$ 的情况,空间色散正应该仅导致电容率中的小校正,其中 ε_1 的虚部是指数式地小,因为在麦克斯韦分布中仅有指数式小分数的电子具有速率 $v_x=\omega/k\gg v_{T\mathrm{e}}$. 电容率的极限值,它不依赖于 k,是

$$\varepsilon(\omega)=1-(\Omega_{\mathrm{e}}/\omega)^{2}. \tag{31.9}$$

这个表达式对纵向和横向电容率都适用(见(28.8)). 可以通过简易论证很容易地推导出这个结果,而无需应用动理方程.

的确,当 $k\to 0$ 时,可认为波场是均匀的,于是电子运动方程 $m\dot{\boldsymbol{v}}=-e\boldsymbol{E}$ 给出 $\boldsymbol{v}=e\boldsymbol{E}/\mathrm{i}m\omega$,所以由于电子引起的电流密度是

$$\boldsymbol{j}=-\frac{e^{2}N_{\mathrm{e}}}{\mathrm{i}m\omega}\boldsymbol{E}.$$

另一方面,我们还有

$$\boldsymbol{j}=-\mathrm{i}\omega\boldsymbol{P}=-\mathrm{i}\omega\frac{\varepsilon(\omega)-1}{4\pi}\boldsymbol{E}.$$

将这两个表达式进行比较,即给出公式(31.9).

在相反的低频极限情况,我们有

$$\varepsilon_{1}=1+\left(\frac{\Omega_{\mathrm{e}}}{kv_{T\mathrm{e}}}\right)^{2}\left[1-\left(\frac{\omega}{kv_{T\mathrm{e}}}\right)^{2}+\mathrm{i}\sqrt{\frac{\pi}{2}}\frac{\omega}{kv_{T\mathrm{e}}}\right],当\ \omega/kv_{T\mathrm{e}}\ll 1. \tag{31.10}$$

注意到,空间色散消除了寻常导电介质中电容率在 $\omega=0$ 的极点. 同时注意到,低频电容率的虚部也是相对很小(虽然不是指数式地小),这个情况是由于满足条件 $\boldsymbol{k}\cdot\boldsymbol{v}=\omega$ 的电子相体积很小.

§29 中已经表明,积分(29.10)所定义的函数 $\varepsilon_1(\omega)$ 在 ω 的上半平面没有奇点,而它在下半平面的奇点由作为复变量 p_x 的函数的 $\mathrm{d}f(p_x)/\mathrm{d}p_x$ 的奇点确定. 然而,对于麦克斯韦分布,函数

$$\frac{\mathrm{d}f(p_x)}{\mathrm{d}p_x}\propto p_x\exp\left(-\frac{p_x^{2}}{2mT}\right)$$

在复 p_x 平面有限距离的任何处都没有奇点(即是整函数). 因此,无碰撞麦克斯韦等离体的电容率也是 ω 的整函数,对有限 ω 没有任何奇点.

迄今为止,我们仅考虑了等离体的电子组分对电容率的贡献. 离子组分的贡献可按严格相同方式进行计算,而对 ε_1-1 的两部分贡献是简单地相加. 因此,

我们得到公式(31.2)的明显推广：

$$\varepsilon_1 - 1 = \frac{1}{(ka_e)^2}\left[F\left(\frac{\omega}{\sqrt{2}kv_{Te}}\right)+1\right] + \frac{1}{(ka_i)^2}\left[F\left(\frac{\omega}{\sqrt{2}kv_{Ti}}\right)+1\right]. \quad (31.11)$$

下标 e 和 i 分别表示属于电子和离子的量，

$$v_{Ti} = \left(\frac{T_i}{M}\right)^{1/2}, \quad a_i = \frac{v_{Ti}}{\Omega_i} = \left[\frac{T_i}{4\pi N_i(ze)^2}\right]^{1/2},$$

$$\Omega_i^2 = \frac{4\pi N_i(ze)^2}{M}, \quad (31.12)$$

其中 M 和 ze 是离子的质量和电荷. 表达式(31.11)适用于"双温"等离体，其中每个组分具有平衡分布但带有不同温度，所以电子和离子相互之间没有达到平衡. 这样的情况是很自然发生的，由于质量的很大差别阻碍了电子离子碰撞中能量的交换.

最通常的情况是 $T_i \lesssim T_e$，同时 $v_{Ti} \ll v_{Te}$. 注意到总是还有 $\Omega_i \ll \Omega_e$，容易推出当 $\omega \gg kv_{Te} \gg kv_{Ti}$时，离子的贡献可以忽略，从而公式(31.7)是有效的. 在相反的极限情况，我们有

$$\varepsilon_1 - 1 = \frac{1}{(ka_e)^2} + \frac{1}{(ka_i)^2} + i\sqrt{\frac{\pi}{2}}\frac{\omega}{(ka_i)^2 kv_{Ti}},$$
$$\omega \ll kv_{Ti} \ll kv_{Te}. \quad (31.13)$$

$kv_{Ti} \ll \omega \ll kv_{Te}$的情况将在 §32 中讨论.

§30 和 §31 中已经作出的所有计算都是关于电容率纵向部分的. 横向电容率的计算不大重要. 问题在于横场通常归纳为寻常电磁波，它们的频率和波数由关系式 $\omega/k = c/\sqrt{\varepsilon_t}$相联系，同时 $\omega/k > c \gg v_{Te}$，即 $\omega \gg kv_{Te}$，所以空间色散很小而电容率由公式(31.9)给出. 对于这些波也没有朗道阻尼，因为波的相速超过光速，于是等离体中不含有能随波同相运动的任何粒子(严格地说，这个陈述的证明要求相对论性处理，见习题 4).

习　题

1. 等离体中有一个静止的小试验点电荷 e_1. 试求此电荷所产生的电场的电势.

解：当考虑到等离体的极化时. 该场由方程$\nabla\cdot\boldsymbol{D} = 4\pi e_1\delta(\boldsymbol{r})$确定. 对于恒定场，电位移和电势的傅里叶分量由关系式 $\boldsymbol{D}_k = \varepsilon_1(0,k)\boldsymbol{E}_k = -i\boldsymbol{k}\varepsilon_1(0,k)\varphi_k$ 相联系. 因此，对于 φ_k 的方程我们有

$$i\boldsymbol{k}\cdot\boldsymbol{D}_k = k^2\varepsilon_1(0,k)\varphi_k = 4\pi e_1.$$

取(31.13)的 $\varepsilon_1(0,k)$，我们有

$$\varphi_k = \frac{4\pi e_1}{k^2 + a^{-2}}, \quad a^{-2} = a_e^{-2} + a_i^{-2}.$$

相应的坐标的函数是

$$\varphi = \frac{e_1}{r}e^{-r/a};$$

因此电容率(31.13)描述一个静电荷的屏蔽.与第五卷.§78相一致.电荷很小的条件是 $e_1 \ll Na^3 e$,即,e_1 必须远小于体积 $\sim a^3$ 中等离体粒子上的电荷.

2. 计算等离体的横向电容率.

解:通过应用(29.3)的 $\boldsymbol{j}$ 所计算的电子极化强度 $\boldsymbol{P} = -\boldsymbol{j}/(\mathrm{i}\omega)$,我们获得电容率张量①

$$\varepsilon_{\alpha\beta} = \delta_{\alpha\beta} - \frac{4\pi e^2}{\omega}\int \frac{v_\alpha}{\boldsymbol{k}\cdot\boldsymbol{v} - \omega - \mathrm{i}0}\frac{\partial f}{\partial p_\beta}\mathrm{d}^3 p. \tag{1}$$

分出 $\varepsilon_{\alpha\beta}$ 的横向部分为

$$\varepsilon_t = \frac{1}{2}\left[\varepsilon_{\alpha\alpha} - \varepsilon_{\alpha\beta}\frac{k_\alpha k_\beta}{k^2}\right],$$

它由积分

$$\varepsilon_t = 1 - \frac{2\pi e^2}{\omega}\int \boldsymbol{v}_\perp \cdot \frac{\partial f}{\partial \boldsymbol{p}_\perp}\frac{\mathrm{d}^3 p}{\boldsymbol{k}\cdot\boldsymbol{v} - \omega - \mathrm{i}0} \tag{2}$$

给出.其中 $\boldsymbol{p}_\perp = m\boldsymbol{v}_\perp$ 是垂直于 $\boldsymbol{k}$ 的动量分量.对于麦克斯韦分布,对 $\mathrm{d}^2 p_\perp$ 积分,最后给出

$$\varepsilon_t - 1 = \frac{\Omega_e^2}{\omega^2}F\left(\frac{\omega}{\sqrt{2}kv_{Te}}\right), \tag{3}$$

其中函数 F 由(31.3)给出;离子组分对 $\varepsilon_t - 1$ 也作出类似的贡献.在极限情况.

$$\varepsilon_t - 1 = -\frac{\Omega_e^2}{\omega^2}\left[1 + \left(\frac{kv_{Te}}{\omega}\right)^2\right] + \mathrm{i}\sqrt{\frac{\pi}{2}}\frac{\Omega_e}{\omega k a_e}\exp\left(-\frac{\omega^2}{2k^2 v_{Te}^2}\right)$$
$$(\omega \gg kv_{Te} \gg kv_{Ti}), \tag{4}$$

$$\varepsilon_t - 1 = -\frac{1}{(ka_e)^2} - \frac{1}{(ka_i)^2} + \mathrm{i}\sqrt{\frac{\pi}{2}}\frac{\Omega_e}{\omega k a_e}$$
$$(\omega \ll kv_{Ti} \ll kv_{Te}). \tag{5}$$

3. 对于极端相对论性电子等离体,具有温度 $T_e \gg mc^2$,试确定其电容率(В. П. Силин,1960).

解:即使对于相对论性情况,动理方程仍保持(27.9)的形式.因此,例如(29.9)和题2中的(2)这些公式仍相应地保持有效.在极端相对论性情况,电子

① 这个表达式并未假设等离体是各向同性的.

速度 $v \approx c$，电子能量是 cp，而平衡分布函数是

$$f(p)=\frac{N_e c^3}{8\pi T_e^3}e^{-cp/T_e}.$$

纵向电容率求得为

$$\varepsilon_1-1=\frac{4\pi e^2 c}{kT_e}\int_{-1}^{1}\int_{0}^{\infty}\frac{f(p)\cos\theta\cdot 2\pi p^2\mathrm{d}p\mathrm{d}\cos\theta}{kc\cos\theta-\omega-\mathrm{i}0},\tag{6}$$

其中 θ 是 $\boldsymbol{k}$ 和 $\boldsymbol{v}$ 之间的夹角. f 对 $2\pi p^2\mathrm{d}p$ 的积分给出 $\frac{1}{2}N_e$. 然后对 $\mathrm{d}\cos\theta$ 的积分按回避规则从极点 $\cos\theta=\omega/k$ 下边通过，导致结果

$$\begin{aligned}\varepsilon_1'(\omega,k)-1&=\frac{4\pi N_e e^2}{k^2T_e}\left[1+\frac{\omega}{2kc}\ln\left|\frac{\omega-ck}{\omega+ck}\right|\right],\\ \varepsilon_1''(\omega,k)&=\begin{cases}\pi\omega/2kc, & \omega/k<c,\\ 0, & \omega/k>c.\end{cases}\end{aligned}\tag{7}$$

类似地. 从(2)出发，我们求得横向电容率为

$$\left.\begin{aligned}\varepsilon_t'(\omega,k)-1&=\frac{\pi e^2N_e c}{\omega kT_e}\left[\left(1-\frac{\omega^2}{c^2k^2}\right)\ln\left|\frac{\omega-ck}{\omega+ck}\right|-\frac{2\omega}{ck}\right].\\ \varepsilon_t''(\omega,k)&=\begin{cases}\pi[1-\omega^2/(c^2k^2)], & \omega/k<c,\\ 0, & \omega/k>c.\end{cases}\end{aligned}\right\}\tag{8}$$

4. 对于非相对论性($T_e \ll mc^2$)电子等离体. 当 $\omega/k\sim c\gg v_{Te}$ 时，求 ε_1 的虚部(В. П. Силин, 1960).

解：根据公式(29.9)(它对任何电子速率都是正确的). 我们通过对 $\mathrm{d}\cos\theta$ 积分求得

$$\varepsilon_1''(\omega,k)=\frac{8\pi^3e^2\omega}{k^3T_e}\int_{p_m}^{\infty}\frac{f(p)p^2}{v}\mathrm{d}p,\quad p_m=\frac{mc\omega}{\sqrt{c^2k^2-\omega^2}}\tag{9}$$

(仅当 $\omega/kv<1$ 时，极点 $\cos\theta=\omega/(kv)$ 才位于对 $\cos\theta$ 的积分围道上；因此，对 $\mathrm{d}p$ 的积分的下限相当于 $v=\omega/k$). 对于 $T_e\ll mc^2$ 的分布函数，对所有电子速率都有效，是

$$f(p)=\frac{N_e}{(2\pi mT_e)^{3/2}}\exp\left(\frac{mc^2}{T_e}-\frac{\varepsilon(p)}{T_e}\right),$$

$$\varepsilon=c(p^2+m^2c^2)^{1/2}$$

(归一化积分的值由 $\varepsilon-mc^2\approx p^2/2m\sim T_e\ll mc^2$ 的范围确定). 在积分(9)中，当 $\omega/k\sim c\gg v_{Te}$ 时，p 值的重要范围是在下限附近. 在指数中令

$$\varepsilon(p)\approx\varepsilon(p_m)+\left.\frac{\mathrm{d}\varepsilon}{\mathrm{d}p}\right|_{p=p_m}(p-p_m)=\varepsilon(p_m)+\frac{\omega}{k}(p-p_m)$$

(而在指数的系数中令 $p\approx p_m, v\approx\omega/k$)并对 $p-p_m$ 从 0 至 ∞ 积分，我们得到

$$\varepsilon_1'' = \sqrt{\frac{\pi}{2}}\frac{\omega\Omega_e^2}{(kv_{Te})^3}\frac{1}{1-(\omega/kc)^2}\exp\left\{-\frac{mc^2}{T_e}\left[\frac{1}{\sqrt{1-(\omega/kc)^2}}-1\right]\right\}.$$

这给出当 $\omega/(kc)\to 1$ 时 ε_1'' 趋于零的形式.

§ 32 纵等离体波

空间色散使得纵电波在等离体中的传播成为可能. 对于这些波,频率对波数的依存关系(或所谓色散关系)由下列方程给出:

$$\varepsilon_1(\omega,k)=0. \tag{32.1}$$

的确,当 $\varepsilon_1=0$ 时,对于纵电场 $\boldsymbol{E}$ 有 $\boldsymbol{D}=\boldsymbol{0}$. 同时令 $\boldsymbol{B}=\boldsymbol{0}$,这样麦克斯韦方程组(28.2)的第二对方程恒等地得到满足. 第一对方程中还有 $\nabla\times\boldsymbol{E}=0$ 也是满足的,因为 $\boldsymbol{E}$ 是纵场: $\nabla\times\boldsymbol{E}=\mathrm{i}\boldsymbol{k}\times\boldsymbol{E}=\boldsymbol{0}$.

方程(32.1)的根是复量($\omega=\omega'+\mathrm{i}\omega''$). 如果电容率的虚部 $\varepsilon_1''>0$,则这些根位于复 ω 平面的下半平面,即,$\omega''<0$. 量 $\gamma=-\omega''$是波的阻尼率,因为阻尼正比于 $e^{-\gamma t}$. 当然,仅当 $\gamma\ll\omega'$时才存在传播着的波:阻尼率必须远小于频率.

如果我们假设

$$\omega\gg kv_{Te}\gg kv_{Ti}, \tag{32.2}$$

可以得到方程(32.1)的这种根. 于是振荡仅涉及电子,函数 $\varepsilon_1(\omega,k)$ 由公式(31.7)给出. 方程 $\varepsilon_1=0$ 可通过逐步求近法来求解. 在一级近似下,忽略依赖于 k 的所有项,我们求得①

$$\omega=\Omega_e, \tag{32.3}$$

即波具有不依赖于 k 的恒定频率. 这些称为等离体波或朗缪尔波(I. Langmuir, L. Tonks, 1926). 它们在下述意义上:

$$ka_e\ll 1, \tag{32.4}$$

是长波,正如当 $\omega=\Omega_e$ 时由(32.2)得到的.

为了确定频率实部中与 k 有关的校正,只要在 ε'的校正项中令 $\omega=\Omega_e$ 就行了,于是我们得到

$$\omega=\Omega_e\left(1+\frac{3}{2}k^2a_e^2\right) \tag{32.5}$$

(А. А. Власов, 1938).

在这个情况下,频率的虚部是

$$\omega''=-\frac{1}{2}\Omega_e\varepsilon_1''(\omega,k), \tag{32.6}$$

与 ε_1'' 一样是指数式地小. 为了确定它(以及还有指数的系数),我们必须将已经

① 如果把离子振荡包括在内. 按 $\omega^2=\Omega_e^2+\Omega_i^2$,仅会给出这个频率的稍许位移.

校正过的值(32.5)代入 ε_1'',结果得到

$$\gamma=\sqrt{\frac{\pi}{8}}\frac{\Omega_e}{(ka_e)^3}\exp\left[-\frac{1}{2(ka_e)^2}-\frac{3}{2}\right] \tag{32.7}$$

(Л. Д. Ландау,1946). 因为条件 $ka_e \ll 1$,对等离体波的阻尼率事实上表明它是指数式小量. 它随波长减小而增加,而对于 $ka_e \sim 1$(当公式(32.7)已经不再适用时)它变成与频率为相同数量级,所以传播着的等离体波的概念失去意义.

严格地说,上述处理仅与各向同性等离体相联系,它的电容率张量按(28.7)化为两个标量 ε_l 和 ε_t. 在各向异性等离体中(即当分布函数 $f(\boldsymbol{p})$ 依赖于 $\boldsymbol{p}$ 的方向时),不存在严格纵波. 然而,在某些条件下,"殆纵"波能够传播,在这些波中,垂直于 $\boldsymbol{k}$ 的电场分量 $\boldsymbol{E}^{(t)}$ 远小于其纵分量 $\boldsymbol{E}^{(l)}$:

$$E^{(t)} \ll E^{(l)}. \tag{32.8}$$

为了弄清这些条件,我们首先注意到,当忽略掉 $\boldsymbol{E}^{(t)}$ 时,方程 $\nabla\cdot\boldsymbol{D}=0$ 给出

$$\boldsymbol{k}\cdot\boldsymbol{D}\approx k_\alpha\varepsilon_{\alpha\beta}E_\beta^{(l)}=\frac{1}{k}k_\alpha k_\beta\varepsilon_{\alpha\beta}E^{(l)}=0.$$

这个等式确定波的色散关系. 如果将"纵"电容率定义为

$$\varepsilon_l=\frac{1}{k^2}k_\alpha k_\beta\varepsilon_{\alpha\beta}; \tag{32.9}$$

色散关系又可写成(32.1)的形式,但必须强调,它现在依赖于 $\boldsymbol{k}$ 的方向. 然而,条件 $\varepsilon_l=0$ 并不意味着 $\boldsymbol{D}=\boldsymbol{0}$;量

$$D_\alpha\approx\varepsilon_{\alpha\beta}E_\beta^{(l)}=\varepsilon_{\alpha\beta}\frac{k_\beta}{k}E^{(l)}\equiv\varepsilon_\alpha E^{(l)}$$

不为零(而在各向同性等离体中,当 $\varepsilon_l=0$ 时 $\varepsilon_\alpha\equiv0$). 其次,由麦克斯韦方程 $\nabla\times\boldsymbol{B}=(1/c)\partial\boldsymbol{D}/\partial t$,我们估计出波中磁场为:

$$B\sim\frac{\omega}{ck}\varepsilon E^{(l)},$$

于是由方程 $\nabla\times\boldsymbol{E}=-(1/c)\partial\boldsymbol{B}/\partial t$ 获得对横电场的估计量为

$$E^{(t)}\sim\frac{\omega}{ck}B\sim\left(\frac{\omega}{ck}\right)^2\varepsilon E^{(l)}. \tag{32.10}$$

因此,当波在下述意义上

$$\omega/k\ll c/\sqrt{\varepsilon} \tag{32.11}$$

是"慢"波时,"殆纵"波的条件(32.8)是满足的.

最后,必须注意到,在各向异性等离体中,对于按(32.9)所定义的量 ε_l,公式(29.10)仍然正确,这从它用纵场 $\boldsymbol{E}$ 由表达式

$$\boldsymbol{k}\cdot\boldsymbol{P}=\frac{1}{4\pi}(k_\alpha\varepsilon_{\alpha\beta}E_\beta-\boldsymbol{k}\cdot\boldsymbol{E})$$

推导出来的过程是很明显的. 这里重要的是动理方程中的洛伦兹力 $e\boldsymbol{v}\times\boldsymbol{B}/c$ 与

eE 比较起来可以忽略（虽然它与 $\partial f/\partial \boldsymbol{p}$ 的乘积对于各向异性函数 $f(\boldsymbol{p})$ 不是恒等于零）. 事实上，(32.10)的估计给出

$$\frac{|\boldsymbol{v}\times\boldsymbol{B}|}{cE^{(1)}}\sim\frac{\omega\varepsilon\bar{v}}{kc^2}\ll 1.$$

按照对于"慢"波的条件(32.11)和按照不等式 $\bar{v}\ll c$ 来说，这个比值都是小的.

习　题

1. 对于等离体的横振荡，确定其色散关系.

解：对于横波，色散关系由 $\omega^2=c^2k^2/\varepsilon_t$ 给出. 高频振荡（$\omega\gg kv_{Te}$）对应于寻常电磁波. 用(31.9)的 ε_t（亦见 §31，题 2）我们求得

$$\omega^2=c^2k^2+\Omega_e^2.$$

这对任何 $\boldsymbol{k}$ 值都是正确的，没有朗道阻尼，如在 §31 末尾早已指出过的.

对于低频振荡（$\omega\ll kv_{Te}$），离子的运动又是不重要的. 对长波（$ka_e\ll 1$），色散关系中的主项是

$$\omega=-\mathrm{i}\sqrt{\frac{2}{\pi}}\frac{k^3c^2v_{Te}}{\Omega_e^2};$$

ω 为纯虚值表示非周期性阻尼，所以波传播一般不能出现.

2. 对于极端相对论性电子等离体中的等离体波，试求其色散关系（В. П. Силин，1960）.

解：当 $\omega\gg ck$ 时，由 §31 题 3 中得到的公式给出

$$\varepsilon_l(\omega,k)=1-\frac{\Omega_{e,r}^2}{\omega^2}\left(1+\frac{3k^2c^2}{\omega^2}\right),$$

其中

$$\Omega_{e,r}^2=\frac{4\pi e^2N_ec^2}{3T_e}.$$

令 ε_l 的这个表达式等于零，我们得到色散关系

$$\omega^2=\Omega_{e,r}^2+\frac{3}{5}c^2k^2\qquad(ck\ll\Omega_{e,r}).$$

当 k 增大时，这个公式变得不适用，但我们仍有 $\omega>ck$（因而没有朗道阻尼）. 在 k 很大的极限，频率 ω 按照

$$\omega=ck\left[1+2\exp\left(-\frac{2k^2c^2}{3\Omega_{e,r}^2}-2\right)\right]$$

趋于 ck.

3. 与题 2 相同. 但对横波的情况.

解：用 §31 题 3 中推得的对于 $\varepsilon_t(\omega,k)$ 的表达式，我们求得色散关系

$$\omega^2 = \Omega_{e,r}^2 + \frac{6}{5}c^2k^2, \quad 当\ \omega >> ck.$$

对于大 k 的极限表达式是

$$\omega^2 = \frac{3}{2}\Omega_{e,r}^2 + c^2k^2.$$

这里同样有 $\omega > ck$,所以也没有阻尼.

§ 33　离子声波

除与电子振荡相联系的等离体波之外,等离体中还能传播电子密度和离子密度都有可观振荡的波. 当等离体中离子气温度远小于电子气温度时,

$$T_i << T_e, \tag{33.1}$$

这个振荡谱分支具有弱阻尼(所以波传播的概念有意义).

计算结果会证实,这些波的相速满足不等式:

$$v_{Ti} << \omega/k << v_{Te}. \tag{33.2}$$

这些条件下朗道阻尼的微小性从一开始就是明显的:因为相速是在离子和电子两者热速率的主要范围之外,仅有很小部分粒子能随波同相运动,并参与与波的能量交换.

在条件(33.2)下,对电容率的电子贡献部分由极限公式(31.10)给出,而离子贡献部分由(31.7)给出(其中用离子量替换电子量). 到需要的精确度,我们有

$$\varepsilon_1 = 1 - \frac{\Omega_i^2}{\omega^2} + \frac{1}{(ka_e)^2}\left[1 + i\sqrt{\frac{\pi}{2}}\frac{\omega}{kv_{Te}}\right]. \tag{33.3}$$

起先忽略相对较小的虚部,我们由方程 $\varepsilon_1 = 0$ 得到

$$\omega^2 = \Omega_i^2\frac{k^2a_e^2}{1+k^2a_e^2} = \frac{zT_e}{M}\frac{k^2}{1+k^2a_e^2}, \tag{33.4}$$

最后的表达式中我们曾用了 $N_e = zN_i$ 的事实.

对于最长的波,具有 $ka_e << 1$,色散关系(33.4)化为①

$$\omega = k\sqrt{\frac{zT_e}{M}}, \quad ka_e << 1. \tag{33.5}$$

结果是频率正比于波数,如寻常声波中那样. 具有这个色散关系的波称为离子声波. 这些波的相速是 $\omega/k \sim (T_e/M)^{1/2}$,所以条件(33.2)事实上是满足的. 在高一级近似中考虑到 ε_1 的虚部,我们容易求得阻尼率

① 定律(33.5)是由朗缪尔和汤克斯(Langmuir, Tonks(1926))发现的;而戈尔杰耶夫(Г. В. Гордеев(1954))指出条件(33.1)的必要性.

$$\gamma = \omega\sqrt{\frac{\pi z m}{8M}}. \tag{33.6}$$

这个阻尼归因于电子. 离子对 γ 的贡献是指数式小,含有因子 $\exp(-zT_e/2T_i)$.

对于较短波长,在 $1/a_e \ll k \ll 1/a_i$ 范围(由于所假定的不等式(33.1)而存在),我们从(33.4)简单地得到

$$\omega \approx \Omega_i. \tag{33.7}$$

这些是类似于电子等离体波的离子波. 这里也容易证实,条件(33.2)是满足的,而阻尼不大. 然而,当波长进一步减小时,阻尼增加,而当 $ka_i \gtrsim 1$ 时,阻尼率中的离子贡献变得可与频率相比较,所以波传播的概念不再有任何意义.

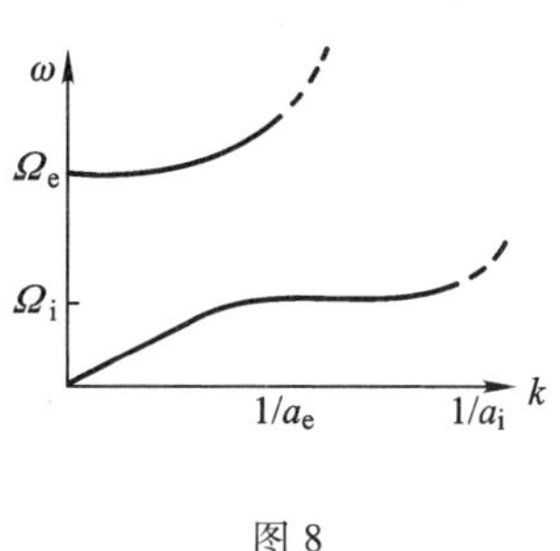

图 8

图 8 用图解显示这里所考虑的低频振荡谱(色散关系)(下面的曲线),与高频电子等离体波的谱(上面的曲线)两者的比较. 虚线标明阻尼变大的区域.

§34 初始微扰的弛豫

让我们考虑给定初条件下,带自洽场的动理方程的求解问题(Л. Д. Ландау 1946). 我们将仅限于纯势电场($\boldsymbol{E} = -\nabla\varphi$)和零磁场的情况,并假设仅电子分布是受扰的(离子分布保持不变).

我们还将认为初始扰动很小:初始电子分布函数是

$$f(0,\boldsymbol{r},\boldsymbol{p}) = f_0(p) + g(\boldsymbol{r},\boldsymbol{p}), \tag{34.1}$$

其中 $f_0(p)$ 是平衡(麦克斯韦)分布,而 $g \ll f_0$. 当然,在随后瞬间,扰动仍很小,使得方程可以线性化,我们将寻求分布函数的下列形式:

$$f(t,\boldsymbol{r},\boldsymbol{p}) = f_0(p) + \delta f(t,\boldsymbol{r},\boldsymbol{p}). \tag{34.2}$$

对于小校正 δf 和自洽场的势 $\varphi(t,\boldsymbol{r})$(同量级小量),我们求得包括动理方程

$$\frac{\partial \delta f}{\partial t} + \boldsymbol{v}\cdot\frac{\partial \delta f}{\partial \boldsymbol{r}} + e\nabla\varphi\cdot\frac{\partial f_0}{\partial \boldsymbol{p}} = 0 \tag{34.3}$$

和泊松方程

$$\Delta\varphi = 4\pi e\int \delta f \mathrm{d}^3 p \tag{34.4}$$

的一组方程(平衡电子电荷为离子电荷所补偿).

因为这些方程是线性的,而且并不显含坐标,所寻求的函数 δf 和 φ 可展为相对于坐标的傅里叶积分,同时可分别写出对每个傅里叶分量的方程. 换句话说,考虑具有下列形式

$$\delta f(t,\boldsymbol{r},\boldsymbol{p})=f_{\boldsymbol{k}}(t,\boldsymbol{p})\mathrm{e}^{\mathrm{i}\boldsymbol{k}\cdot\boldsymbol{r}},\quad \varphi(t,\boldsymbol{r})=\varphi_{\boldsymbol{k}}(t)\mathrm{e}^{\mathrm{i}\boldsymbol{k}\cdot\boldsymbol{r}} \tag{34.5}$$

的解就够了. 对于这类解,方程(34.3)和(34.4)变成

$$\frac{\partial f_{\boldsymbol{k}}}{\partial t}+\mathrm{i}\boldsymbol{k}\cdot\boldsymbol{v}f_{\boldsymbol{k}}+\mathrm{i}e\varphi_{\boldsymbol{k}}\boldsymbol{k}\cdot\frac{\partial f_0}{\partial\boldsymbol{p}}=0, \tag{34.6}$$

$$k^2\varphi_{\boldsymbol{k}}=-4\pi e\int f_{\boldsymbol{k}}\mathrm{d}^3p. \tag{34.7}$$

为求解这些方程,方便的是应用单侧傅里叶变换,函数 $f_{\boldsymbol{k}}(t,\boldsymbol{p})$ 的变换 $f_{\omega\boldsymbol{k}}^{(+)}(\boldsymbol{p})$ 定义为

$$f_{\omega\boldsymbol{k}}^{(+)}(\boldsymbol{p})=\int_0^{\infty}\mathrm{e}^{\mathrm{i}\omega t}f_{\boldsymbol{k}}(t,\boldsymbol{p})\mathrm{d}t. \tag{34.8}$$

逆变换由公式

$$f_{\boldsymbol{k}}(t,\boldsymbol{p})=\int_{-\infty+\mathrm{i}\sigma}^{\infty+\mathrm{i}\sigma}\mathrm{e}^{-\mathrm{i}\omega t}f_{\omega\boldsymbol{k}}^{(+)}(\boldsymbol{p})\frac{\mathrm{d}\omega}{2\pi} \tag{34.9}$$

给出,其中积分路径取沿复 ω 平面中的一条直线,它平行于实轴并位于其上($\sigma>0$),而且还是从 $f_{\omega\boldsymbol{k}}^{(+)}$ 的所有奇点以上通过①.

我们用 $\mathrm{e}^{\mathrm{i}\omega t}$ 乘(34.6)两边,并对 t 积分. 注意到

$$\int_0^{\infty}\frac{\partial f_{\boldsymbol{k}}}{\partial t}\mathrm{e}^{\mathrm{i}\omega t}\mathrm{d}t=f_{\boldsymbol{k}}\mathrm{e}^{\mathrm{i}\omega t}\Big|_0^{\infty}-\mathrm{i}\omega\int_0^{\infty}f_{\boldsymbol{k}}\mathrm{e}^{\mathrm{i}\omega t}\mathrm{d}t=-g_{\boldsymbol{k}}-\mathrm{i}\omega f_{\omega\boldsymbol{k}}^{(+)},$$

其中 $g_{\boldsymbol{k}}(\boldsymbol{p})\equiv f_{\boldsymbol{k}}(0,\boldsymbol{p})$,用 $\mathrm{i}(\boldsymbol{k}\cdot\boldsymbol{v}-\omega)$ 去除方程两边,我们求得

$$f_{\omega\boldsymbol{k}}^{(+)}=\frac{1}{\mathrm{i}(\boldsymbol{k}\cdot\boldsymbol{v}-\omega)}\left[g_{\boldsymbol{k}}-\mathrm{i}e\varphi_{\omega\boldsymbol{k}}^{(+)}\boldsymbol{k}\cdot\frac{\partial f_0}{\partial\boldsymbol{p}}\right], \tag{34.10}$$

其中 $\varphi_{\omega\boldsymbol{k}}^{(+)}$ 是 $\varphi_{\boldsymbol{k}}(t)$ 的单侧傅里叶变换. 类似地,由(34.7)求得

$$k^2\varphi_{\omega\boldsymbol{k}}^{(+)}=-4\pi e\int f_{\omega\boldsymbol{k}}^{(+)}(\boldsymbol{p})\mathrm{d}^3p. \tag{34.11}$$

用(34.10)的 $f_{\omega\boldsymbol{k}}^{(+)}$ 代入(34.11)已可得出对单独 $\varphi_{\omega\boldsymbol{k}}^{(+)}$ 的一个方程,由此求得

$$\varphi_{\omega\boldsymbol{k}}^{(+)}=-\frac{4\pi e}{k^2\varepsilon_1(\omega,k)}\int\frac{g_{\boldsymbol{k}}(p)\mathrm{d}^3p}{\mathrm{i}(\boldsymbol{k}\cdot\boldsymbol{v}-\omega)}, \tag{34.12}$$

其中的纵向电容率 ε_1 是按(29.9)引进的. 如§29 中那样,再次应用沿 $\boldsymbol{k}$ 的动量分量 $p_x=mv_x$,我们可将这个公式重新写成

$$\varphi_{\omega\boldsymbol{k}}^{(+)}=-\frac{4\pi e}{k^2\varepsilon_1(\omega,k)}\int_{-\infty}^{\infty}\frac{g_{\boldsymbol{k}}(p_x)\mathrm{d}p_x}{\mathrm{i}(kv_x-\omega)}, \tag{34.13}$$

---

① 变换(34.8),(34.9)正好是熟知的拉普拉斯变换

$$f_p=\int_0^{\infty}f(t)\mathrm{e}^{-pt}\mathrm{d}t,\quad f(t)=\frac{1}{2\pi\mathrm{i}}\int_{-\mathrm{i}\infty+\sigma}^{\mathrm{i}\infty+\sigma}f_p\mathrm{e}^{pt}\mathrm{d}p,$$

其中 p 用 $-\mathrm{i}\omega$ 代替,而在用其换式 f_p 给出函数 $f(t)$ 的表达式中积分路径相应地改变.

其中

$$g_k(p_x) = \int g_k(\boldsymbol{p})\,\mathrm{d}p_y\mathrm{d}p_z.$$

为了通过反演公式

$$\varphi_k(t) = \frac{1}{2\pi}\int_{-\infty+\mathrm{i}\sigma}^{\infty+\mathrm{i}\sigma} \mathrm{e}^{-\mathrm{i}\omega t}\varphi_{\omega k}^{(+)}\mathrm{d}\omega \tag{34.14}$$

进一步决定势对时间的依存性，必须首先确立 $\varphi_{\omega k}$ 作为复变量 ω 的函数的解析性质.

形式为

$$\varphi_{\omega k}^{(+)} = \int_0^{\infty} \varphi_k(t)\mathrm{e}^{\mathrm{i}\omega t}\mathrm{d}t$$

的表达式作为复变量 ω 的函数，仅在上半平面才是有意义的. 同样情况相应地适用于表达式(34.13)，其中积分沿这样一条路径(实 p_x 轴)，它从极点 $p_x = m\omega/k$ 下面通过. 我们在 § 29 曾经看到，这种积分所定义的变量 ω 的函数，当解析延拓到下半平面时，具有奇点仅在 $g_k(p_x)$ 的奇点处. 我们将认为 $g_k(p_x)$ 作为复变量 p_x 的函数是一个整函数(即在有限 p_x 处没有任何奇点)，因此，考虑中的积分也定义 ω 的一个整函数.

在 § 31 中曾经注意到，麦克斯韦等离体的电容率 ε_1 也是 ω 的整函数. 因此，函数 $\varphi_{\omega k}$，在整个 ω 平面上解析，是两个整函数的商. 由此可见 $\varphi_{\omega k}$ 的唯一奇点(极点)是其分母的零点，即 $\varepsilon_1(\omega, k)$ 的零点.

这些论据使能确定当时间 t 很大时势 $\varphi_k(t)$ 衰减的渐近形式. 在反演公式(34.14)中，积分路径沿 ω 平面中的水平线. 然而，如果理解 $\varphi_{\omega k}$ 是上述方式定义的整个平面上的整函数，我们可以这样来将积分路径移动到下半平面，以致使得不穿过函数的任何极点. 令 $\omega_k = \omega_k' + \mathrm{i}\omega_k''$ 为方程 $\varepsilon_1(\omega, k) = 0$ 的根中具有(数量上)最小虚部(即位于最邻近实轴处)的根. (34.14)中的积分将沿这样的路径进行，它被移动到在点 $\omega = \omega_k$ 以下充分远处并且如图 9 中所示那样绕过此点(以及绕过位于其上的其他极点). 于是，(当 t 很大时)积分中仅有对于极点 ω_k 处的残数是重要的，积分的剩余部分，也包括沿路径水平部分的积分在内与该残数比较起来是指数式小量，因为被积表达式中存在因子 $\mathrm{e}^{-\mathrm{i}\omega t}$，它随 $|\mathrm{Im}\,\omega|$ 的增加而迅速减小. 因此，势衰减的渐近形式由以下表达式

$$\varphi_k(t) \sim \mathrm{e}^{-\mathrm{i}\omega_k' t}\mathrm{e}^{-|\omega_k''|t} \tag{34.15}$$

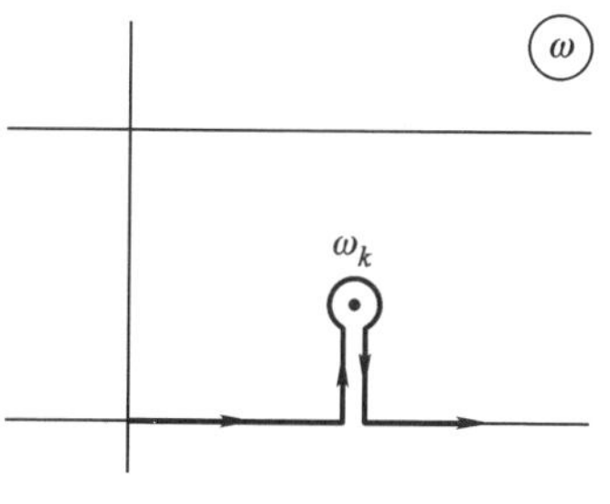

图 9

给出，即在时间进程中，场微扰以阻尼率 $\gamma_k = |\omega''_k|$ 指数式衰减①.

对于长波微扰($ka_e \ll 1$)，频率 ω'_k 和阻尼率 γ_k 像对等离体波那样由公式(32.5)和(32.6)给出. 这类微扰的阻尼率是指数式小量. 在短波微扰的相反情况，当 $ka_e \sim 1$ 时，阻尼渐渐变得很强，阻尼率 γ_k 甚至可能远大于 ω'_k②.

最后，让我们详细论述电子分布函数本身的性质. 所寻求函数 $f_k(t,\boldsymbol{p})$ 可通过将(34.10)代入积分(34.9)而求得. 除起源于 $\varphi_{\omega k}$ 的下半平面中的极点外，被积表达式在实轴上点 $\omega = \boldsymbol{k}\cdot\boldsymbol{v}$ 处还有一极点. 正是这个极点将确定积分在大 t 时的渐近行为. 按那里的残数求得

$$f_k(t,\boldsymbol{p}) \propto \mathrm{e}^{-\mathrm{i}\boldsymbol{k}\cdot\boldsymbol{v}t}. \tag{34.16}$$

这样一来，分布函数的微扰并不随着时间的推移而衰减. 然而，分布变为速度的愈来愈迅速振荡的函数(振荡周期按速度为 $\sim 1/(kt)$). 所以，密度微扰(即积分 $\int f_k \mathrm{d}^3 p$)像势 φ_k 那样被阻尼③.

当场被认为是阻尼场时，分布函数按照(34.16)随时间变化；这个公式不过相当于粒子各以其恒定速度自由飞散. 的确，下列形式的函数

$$f(t,\boldsymbol{r},\boldsymbol{p}) = g(\boldsymbol{p})\mathrm{e}^{\mathrm{i}(\boldsymbol{k}\cdot\boldsymbol{r}-\boldsymbol{k}\cdot\boldsymbol{v}t)} \tag{34.17}$$

是自由粒子动理方程

$$\frac{\partial f}{\partial t} + \boldsymbol{v}\cdot\frac{\partial f}{\partial \boldsymbol{r}} = 0 \tag{34.18}$$

的解，具有给定初始($t=0$)速度分布和周期性($\propto \mathrm{e}^{\mathrm{i}\boldsymbol{k}\cdot\boldsymbol{r}}$)坐标分布.

§35　等离体回波

朗道阻尼的热力学可逆性，在称为等离体回波的一些不寻常非线性现象中显现出来. 这些现象是由分布函数的无阻尼振荡(34.16)引起，它们在等离体中密度(和场)微扰的无碰撞弛豫后仍继续存在. 它们的起源本质上是运动学的，与等离体中自洽电场的存在无关. 我们首先用无碰撞不带电粒子气体的例子来阐明.

设初始瞬间规定了气体中的微扰，使得分布函数沿 x 方向周期性变化

---

① 如果初始函数 $g_k(p_x)$ 有一奇点，相竞争的 ω 值不仅包括 $\varepsilon_l(\omega,k)$ 的零点，而且还包括由(34.13)中积分的奇点引起的 $\varphi_{\omega k}$ 的奇点. 尤其是，如果 g_k 在实轴上有一奇点(例如折点)，于是 $\varphi_{\omega k}$ 将有在实值 $\omega = kv_x$ 处的一个奇点. 这种微扰(无碰撞等离体中!)一般并不受阻尼.

② 若"相速" ω'_k/k 位于热速率主要范围以外，可能提出关于大阻尼源自何处的问题. 然而，事实上，当 $\gamma > \omega'$ 时，比值 ω'/k 一般不应称为相速. 如果我们再次把形式为 $\mathrm{e}^{-\mathrm{i}\omega' t}\mathrm{e}^{-\gamma t}$ 的函数展成傅里叶积分，它将包含具有从 0 至 γ 的全部频率的分量，因此具有从 0 至 $\sim\gamma/k$ 的"相速".

③ 然而，我们可预先注意到，大 t 时分布函数的振荡性质导致有效库仑碰撞数的大量增加，从而加速了微扰的最终被阻尼(见 §41 习题).

$$\delta f=A_1\cos(k_1x)\cdot f_0(p),\quad 当\ t=0, \tag{35.1}$$

而在空间每一点就速率来说仍是麦克斯韦分布(在本节中,$p=mv$ 表示动量的 x 分量,而假设分布函数已经对 p_y 和 p_z 积分过了). 气体密度的微扰,即积分 $\int\delta f\mathrm{d}p$ (同一瞬间 $t=0$ 时)沿 x 方向按相同方式变化. 随后,分布函数的微扰将按

$$\delta f=A_1\cos k_1(x-vt)f_0(p) \tag{35.2}$$

变化,它相当于每个粒子沿 x 方向以自身速率 v 自由运动. 然而,密度微扰是受阻尼的(在时间 $\sim1/(k_1v_T)$ 内),因为积分 $\int\delta f\mathrm{d}p$ 靠被积表达式中的速率振荡因子 $\cos[k_1(x-vt)]$ 而变小. 在时间 $t\gg1/(k_1v_T)$ 时,这个阻尼的渐近形式为下列表达式:

$$\delta N=\int\delta f\mathrm{d}p\propto\exp\left(-\frac{1}{2}k_1^2v_T^2t^2\right) \tag{35.3}$$

(利用鞍点法对积分进行估计).

现在令分布函数在某时刻 $t=\tau\gg1/(k_1v_T)$ 以振幅 A_2 和某个新波数 $k_2>k_1$ 再次进行调制. 结果所得密度微扰也是受阻尼的(在时间 $\sim1/(k_2v_T)$ 内),但在时刻

$$\tau'=\frac{k_2}{k_2-k_1}\tau \tag{35.4}$$

重新出现. 的确,第二次调制在分布函数中($t=\tau$ 时刻)产生一个二阶项,形式为

$$\delta f^{(2)}=A_1A_2\cos(k_1x-k_1v\tau)\cos(k_2x)f_0(p). \tag{35.5}$$

这个微扰当 $t>\tau$ 时的进一步发展使它变成

$$\begin{aligned}\delta f^{(2)}&=A_1A_2f_0(p)\cos[k_1x-k_1vt]\cos[k_2x-k_2v(t-\tau)]=\\&=\frac{1}{2}A_1A_2f_0(p)\{\cos[(k_2-k_1)x-(k_2-k_1)vt+k_2v\tau]+\\&\quad+\cos[(k_2+k_1)x-(k_2+k_1)vt+k_2v\tau]\}.\end{aligned}$$

现在我们看到,在 $t=\tau'$时刻,第一项对 v 的振荡依存性消失了,所以这项对具有波数 k_2-k_1 的气体密度微扰给出有限的贡献. 因此,结果产生的回波在时间 $\sim1/[v_T(k_2-k_1)]$内是受阻尼的,这个阻尼的最后阶段遵循类似于(35.3)的形式.

现在让我们转到研究电子等离体中的这个现象(R. W. Gould, T. M. O'Neil, J. H. Malmberg, 1967). 它的机理仍如前所述,但由于自洽场的影响,具体阻尼律改变了.

我们将假定,微扰是由(归因于“外赋”电荷的)某个外势 φ^{ex} 的脉冲产生的,在 $t=0$ 和 $t=\tau$ 施加于等离体:

$$\varphi^{\mathrm{ex}}=\varphi_1\delta(t)\cos(k_1x)+\varphi_2\delta(t-\tau)\cos(k_2x), \tag{35.6}$$

同时假定 $k_2>k_1$ 和 $\tau\gg1/(k_1v_T),1/\gamma(k_1)$(其中 $\gamma(k)$是朗道阻尼率).

分布函数的微扰($f=f_0+\delta f$)满足无碰撞动理方程,至二阶项具有形式

$$\frac{\partial\delta f}{\partial t}+v\frac{\partial\delta f}{\partial x}+e\frac{\partial\varphi}{\partial x}\frac{\mathrm{d}f_0}{\mathrm{d}p}=-e\frac{\partial\varphi}{\partial x}\frac{\partial\delta f}{\partial p}. \tag{35.7}$$

同时,等离体中产生的场的势 φ(包括“外赋”部分 φ^{ex})满足方程

$$\Delta(\varphi-\varphi^{\mathrm{ex}})=4\pi e\int\delta f\mathrm{d}p. \tag{35.8}$$

我们将寻求这些方程的傅里叶积分形式的解

$$\delta f=\int f_{\omega'k'}\mathrm{e}^{\mathrm{i}(k'x-\omega't)}\frac{\mathrm{d}\omega'\mathrm{d}k'}{(2\pi)^2},$$

$$\varphi=\int\varphi_{\omega''k''}\mathrm{e}^{\mathrm{i}(k''x-\omega''t)}\frac{\mathrm{d}\omega''\mathrm{d}k''}{(2\pi)^2}.$$

将这些表达式代入,然后用 $\mathrm{e}^{-\mathrm{i}(kx-\omega t)}$ 乘方程(35.7)和(35.8)并对 $\mathrm{d}x\mathrm{d}t$ 积分,我们得到

$$(kv-\omega)f_{\omega k}+ek\varphi_{\omega k}\frac{\mathrm{d}f_0}{\mathrm{d}p}=$$

$$=-e\int(k-k')\varphi_{\omega-\omega',k-k'}\frac{\mathrm{d}f_{\omega'k'}}{\mathrm{d}p}\frac{\mathrm{d}\omega'\mathrm{d}k'}{(2\pi)^2}, \tag{35.9}$$

$$-k^2\varphi_{\omega k}=4\pi e\int f_{\omega k}\mathrm{d}p-k^2\varphi_{\omega k}^{\mathrm{ex}}, \tag{35.10}$$

其中

$$\varphi_{\omega k}^{\mathrm{ex}}=\pi\varphi_1[\delta(k+k_1)+\delta(k-k_1)]+\pi\varphi_2[\delta(k+k_2)+$$
$$+\delta(k-k_2)]\mathrm{e}^{\mathrm{i}\omega\tau}.$$

在线性近似下(即当忽略掉(35.9)的右边时),这些方程的解是

$$f_{\omega k}^{(1)}=-e\frac{\mathrm{d}f_0}{\mathrm{d}p}\frac{k}{kv-\omega}\varphi_{\omega k}^{(1)},\quad \varphi_{\omega k}^{(1)}=\frac{\varphi_{\omega k}^{\mathrm{ex}}}{\varepsilon_1(\omega,k)}, \tag{35.11}$$

其中 ε_1 是电容率(29.10).这个解相当于从 $t=0$ 起和 $t=\tau$ 起的受阻尼微扰,分别具有阻尼率 $\gamma(k_1)$ 和 $\gamma(k_2)$.

在第二级近似中,我们必须用(35.11)代入方程(35.9)的右边,得到分布函数和势的微扰中的二级项的方程

$$(kv-\omega)f_{\omega k}^{(2)}+ek\varphi_{\omega k}^{(2)}\frac{\mathrm{d}f_0}{\mathrm{d}p}=\frac{\mathrm{d}I_{\omega k}}{\mathrm{d}p}, \tag{35.12}$$

$$k^2\varphi_{\omega k}^{(2)}=-4\pi e\int f_{\omega k}^{(2)}\mathrm{d}p, \tag{35.13}$$

其中

$$I_{\omega k}=-e\int(k-k')\varphi_{\omega-\omega',k-k'}^{(1)}f_{\omega'k'}^{(1)}\frac{\mathrm{d}\omega'\mathrm{d}k'}{(2\pi)^2}. \tag{35.14}$$

我们感兴趣的效应,即具有波数为 k_2-k_1 的回波,将被包括在(35.12)右边含有

$\delta[k\pm(k_2-k_1)]$的项中. 让我们将表达式 $I_{\omega k}$ 中的这些项收集在一起. 在 $t=\tau$ 时刻,归因于 $t=0$ 时刻所施加的脉冲 φ_1 的微扰 $\varphi^{(1)}$ 早已受阻尼掉. 因此很明显,在将(35.11)代入(35.14)时,我们仅必须考虑到 $\varphi_{\omega k}^{(1)}$ 中的 φ_2 项,于是具有形式

$$I_{\omega k}=I_\omega(k_1,k_2)\delta(k-k_2+k_1)+I_\omega(-k_1,-k_2)\delta(k+k_2-k_1) \qquad (35.15)$$

的有关项是从 $f_{\omega k}^{(1)}$ 中含 φ_1 的项得到的. 在(35.14)中完成对 dk' 的积分后,我们求得结果为①

$$I_\omega(k_1,k_2)=\frac{1}{4}e^2\varphi_1\varphi_2k_1k_2\frac{df_0}{dp}\times$$

$$\times\int_{-\infty}^{\infty}\frac{e^{i(\omega-\omega')\tau}d\omega}{(k_1v+\omega')\varepsilon_1(\omega',k_1)\varepsilon_1(\omega-\omega',k_2)}, \qquad (35.16)$$

其中积分变量 ω' 照例要理解为 $\omega'+i0$.

积分(35.16)可以在假设 τ 很大($\tau\gg1/kv_T,1/\gamma$)的基础上进行计算. 为此我们将积分围道移动到复 ω' 平面的下半平面,围道仍必须从被积表达式的极点上面通过,从而变成"围绕"着它们. 这些极点位于函数 ε_1 的零点以及点 $\omega'=-k_1v-i0$. 前者具有负的非零虚部($-\gamma(k_1)$或$-\gamma(k_2)$),而它们对积分的贡献(极点处的残数)随 τ 的增加而如 $e^{-\gamma\tau}$ 那样衰减. 未衰减贡献仅来自实极点 $\omega'=-k_1v-i0$. 因此,我们有

$$I_\omega(k_1,k_2)=-e^2\frac{i\pi}{2}\frac{df_0}{dp}\frac{\varphi_1\varphi_2k_1k_2e^{i(\omega+k_1v)\tau}}{\varepsilon_1(-k_1v,k_1)\varepsilon_1(\omega+k_1v,k_2)}. \qquad (35.17)$$

回到方程(35.12)和(35.13),并用由前者得出的 $f_{\omega k}^{(2)}$ 代入后者,我们求得

$$\varphi_{\omega k}^{(2)}=-\frac{4\pi e}{k^2\varepsilon_1(\omega,k)}\int_{-\infty}^{\infty}\frac{dI_{\omega k}}{dp}\frac{dp}{kv-\omega-i0}. \qquad (35.18)$$

在计算导数 $dI_{\omega k}/dp$ 时,仅对(35.17)中的指数因子求导,因为 $k_1v_T\tau\gg1$.

现在集合所得表达式(35.15)—(35.18),并完成傅里叶逆变换,我们得到所要的具有波数 $k_3=k_2-k_1$ 的回波势的下列形式

$$\varphi^{(2)}(t,x)=\mathrm{Re}\{A(t)e^{ik_3x}\}. \qquad (35.19)$$

振幅 $A(t)$ 将立即写成当 $t-\tau\to\infty$ 时的渐近极限. 在该极限,对 ω 的积分仅由极点 $\omega=k_3v-i0$ 处被积表达式的残数确定. 最后结果我们求得

$$A(t)=-i\pi e^3\varphi_1\varphi_2\tau\frac{k_1^2k_2}{k_3^2}\int_{-\infty}^{\infty}\frac{df_0}{dp}\frac{e^{-iv\,k_3(t-\tau')}dp}{\varepsilon_1(k_3v,k_3)\varepsilon_1(-k_1v,k_1)\varepsilon_1(k_2v,k_2)}. \qquad (35.20)$$

---

① 在计算中,必须记住 ε_1 仅依赖于 $|\boldsymbol{k}|$,因此,在本节的记号中(这里 $k\equiv k_x$). 我们有 $\varepsilon_1(\omega,-k)=\varepsilon_1(\omega,k)$.

其中 $\tau' = k_2\tau/k_3$.

回波振幅的这个表达式在 $t=\tau'$为最大,并且最大值正比于 τ,即两脉冲间隔时间. 在极大值的任一侧,$A(t)$ 减小,但按不同方式. 在 $t-\tau'\to\infty$ 的极限. 积分(35.20)由被积表达式在下述极点处的残数渐近确定,这种极点具有最小数量的负虚部,它位于使 $\varepsilon_1(k_3 v, k_3)=0$ 处,虚部为 $\operatorname{Im} v = -\gamma(k_3)/k_3$①. 在最大值的另一侧,当 $t-\tau'\to-\infty$ 时,积分由位于使 $\varepsilon_1(-k_1 v, k_1)=0$ 的极点处的残数渐近确定,对此 $\operatorname{Im} v=\gamma(k_1)/k_1$,因此,积分围道必须移动到复 v 平面上半平面内. 结果求得为

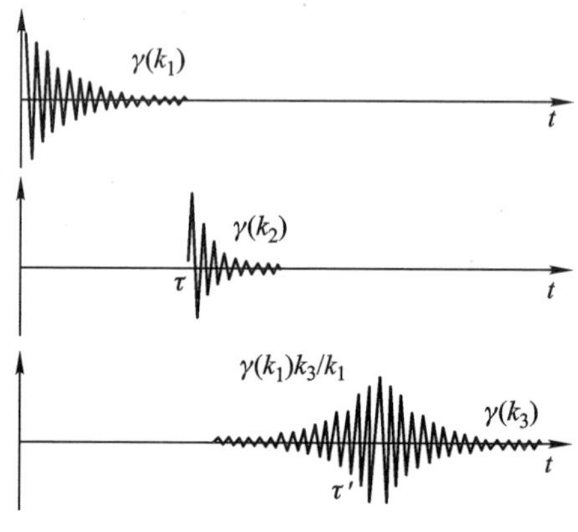

图 10

$$A(t) \propto \exp[-\gamma(k_3)(t-\tau')], \quad 当\ t-\tau'\to\infty,$$

$$A(t) \propto \exp\left[-\frac{k_3}{k_1}\gamma(k_1)(\tau'-t)\right], \quad 当\ t-\tau'\to-\infty. \tag{35.21}$$

因此,回波振幅在达到最大值前以增长率 $k_3\gamma(k_1)/k_1$ 增大,而超过最大值后以阻尼率 $\gamma(k_3)$减小. 图 10 阐明所研究的现象. 上面两个曲线表明在 $t=0$ 和 $t=\tau$ 所施加的两个脉冲中势的变化,第三个曲线表明回波的形状. 曲线旁还标明了相应的增长率和衰减率.

这些计算忽略了碰撞. 因此,定量公式(35.20)的适用性条件要求,在给定时刻 t,分布函数的振荡尚未被碰撞的影响所阻尼掉. 提前借助于 §41 习题中将要得到的结果,我们可以将这个条件表述为

$$\nu(v_T)(kv_T)^2 t^3 \ll 1, \tag{35.22}$$

① 这意味着所有波数 $k \ll 1/a_e$. 于是 $\gamma(k)$ 是指数式小量,并随 k 的增加而减小. 因为 $k_3<k_2$,从而位于使 $\varepsilon_1(k_2 v, k_2)=0$ 的极点肯定比位于使 $\varepsilon_1(k_3 v, k_3)=0$ 的极点更远离实轴.

其中 $\nu(v_T)$ 是对于一个电子的库仑碰撞的平均频率.

§ 36　浸渐电子陷俘

让我们考虑,缓慢施加的有势电场中,等离体电子的分布问题. 令 L 为场程的数量级,而 τ 为场变化的特征时间. 我们将假定

$$\tau \gg L/\bar{v}_e. \tag{36.1}$$

同时还假定 τ 远小于电子的平均自由时间,因此,所考虑的仍然是无碰撞等离体.

根据条件(36.1),在电子穿越场的期间可以认为场是定常的. 同样精确度下,电场中的电子分布函数也是定常的. 在 § 27 末尾已经注意到,无碰撞动理方程的解仅依赖于粒子的运动积分;而对于定常分布,只能是并不明显依赖于时间的那些积分.

我们将仅考虑一维情况,其中场势 φ 仅依赖于一个坐标 x. 这时因为在 y 和 z 方向的运动不重要,我们将仅考虑按动量 p_x(和按坐标 x)的分布函数 f.

在一维情况,运动方程有两个积分,其中不明显依赖于时间的(在定态场中)只有一个,这就是电子能量

$$\varepsilon = \frac{p_x^2}{2m} + U(x), \tag{36.2}$$

其中 $U(x) = -e\varphi(x)$. 因此,定态分布函数将仅以(36.2)的组合形式依赖于 p_x 和 x:

$$f = f[\varepsilon(x, p_x)]. \tag{36.3}$$

函数 $f(\varepsilon)$ 的形式取决于边界条件.

令场 $U(x)$ 具有势垒的形式(图 11a). 函数 $f(\varepsilon)$ 于是由从无穷远到达势垒的电子的分布确定. 例如,如果远离势垒在任一方向电子都是空间均匀具有温度为 T_e 的平衡分布,则在整个空间出现玻尔兹曼分布:

$$f = \frac{N_0}{(2\pi m T_e)^{1/2}} \exp\left(-\frac{\varepsilon}{T_e}\right). \tag{36.4}$$

电子气的密度到处按公式

$$N_e(x) = N_0 e^{-U(x)/T_e} \tag{36.5}$$

分布,其中 N_0 是远离势垒的密度.

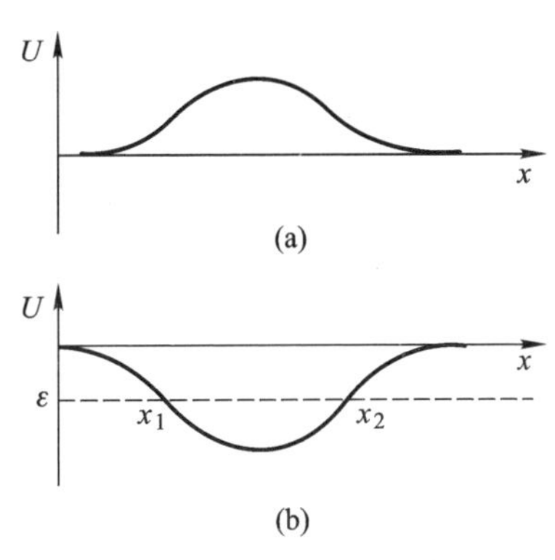

图 11

---

① 第二个运动积分也许是,例如,(在某特定瞬间)粒子坐标的初始值 x_0,表达为时间 t 和沿路径的变量坐标 x 的函数 $x_0(t, x)$.

现在令场具有势阱的形式(图 11b). 于是具有正能量 ε 的电子的分布,又是由来自无穷远处粒子的分布确定,对无穷远处的平衡分布,能量 $\varepsilon>0$ 的电子在整个空间具有玻尔兹曼分布. 但是在这个情况,除能量 $\varepsilon>0$ 的粒子之外,还有一些粒子能量 $\varepsilon<0$,这些粒子在势阱内作有限运动,它们是被"陷俘的". 在无穷远处没有 $\varepsilon<0$ 的粒子,从而采用以前的论据,其中认为能量为严格守恒量,要给出陷俘粒子的分布是不充分的. 我们必须也考虑到在并非严格定常的场中能量的变化,结果发现这个分布一般依赖于以前经历的事件,这就是在其中施加场的方式(А. В. Гуревцч,1967).

由于条件(36.1),在陷俘粒子有限运动周期期间,场仅稍微变化. 大家知道,在这种情况下,有一个守恒的所谓浸渐不变量,即下列积分

$$I(t,\varepsilon)=\frac{1}{2\pi}2\int_{x_1}^{x_2}[2m(\varepsilon-U(t,x))]^{1/2}\mathrm{d}x, \tag{36.6}$$

(对给定 ε 和 t)在运动的两个界限之间求积. 这个量现在起运动积分的作用,陷俘粒子分布函数可通过它表达为

$$f_{\mathrm{tr}}=f_{\mathrm{tr}}(I(t,\varepsilon)), \tag{36.7}$$

其中能量 ε 又是假设为按(36.2)用 x 和 p_x 来表达. 函数(36.7)的形式根据下述事实确定:当场是缓慢施加上去时,分布函数将是 ε 的连续函数. 因此,对于陷俘粒子能量的极限值,函数 $f_{\mathrm{tr}}(I)$ 必须是对在势阱以上作无限运动的粒子的分布函数.

然而,如图 11b 所示势阱的情况是特别简单的,因为如果场是缓慢施加上时,极限能量仍具有恒定值零. 于是根据所述边界条件得出,f_{tr} 简化为常量:

$$f_{\mathrm{tr}}=f(0), \tag{36.8}$$

其中 $f(\varepsilon)$ 是对势阱以上粒子的分布函数. 现在我们将寻求在这个情况下电子的空间分布,如果 $f(\varepsilon)$ 是玻尔兹曼函数(36.4).

将具有 $\varepsilon>0$ 和 $\varepsilon<0$ 的电子数相加,我们有

$$N_{\mathrm{e}}=2\int_{p_1}^{\infty}f(\varepsilon)\,\mathrm{d}p_x+2\int_0^{p_1}f(0)\,\mathrm{d}p_x,\quad p_1=(2m|U|)^{1/2},$$

因数 2 是考虑到具有 $p_x>0$ 和 $p_x<0$ 的粒子. 将(36.4)的 $f(\varepsilon)$ 代入,我们有

$$N_{\mathrm{e}}(t,x)=N_0\left\{\mathrm{e}^{|U|/T_{\mathrm{e}}}\left[1-\mathrm{erf}\left(\sqrt{\frac{|U|}{T_{\mathrm{e}}}}\right)\right]+2\sqrt{\frac{|U|}{\pi T_{\mathrm{e}}}}\right\}, \tag{36.9}$$

其中引用了误差函数

$$\mathrm{erf}(\xi)=\frac{2}{\sqrt{\pi}}\int_0^{\xi}\mathrm{e}^{-u^2}\mathrm{d}u. \tag{36.10}$$

当 $\xi\ll1$ 时,将(36.10)中的被积函数用 u 的幂展开,我们求得

$$\operatorname{erf}(\xi) \approx \frac{2}{\sqrt{\pi}}\left(\xi - \frac{\xi^3}{3}\right).$$

因此,陷俘在浅势阱($|U| \ll T_e$)内的电子分布是

$$N_e = N_0\left[1 + \frac{|U|}{T_e} - \frac{4}{3\sqrt{\pi}}\left(\frac{|U|}{T_e}\right)^{3/2}\right]. \tag{36.11}$$

第一个校正项与由玻尔兹曼公式(36.5)得出的相同,但下一项校正与由玻尔兹曼公式得出的不同.

当 $\xi \gg 1$ 时,差值 $1-\operatorname{erf}(\xi)$ 是指数式小量($\propto \exp(-\xi^2)$). 因此,对于深势阱($|U| \gg T_e$),只有(36.9)括号中的第二项才重要,而

$$N_e(t,x) = 2N_0\left(\frac{|U|}{\pi T_e}\right)^{1/2}. \tag{36.12}$$

当$|U|$增加时,密度的增加要比由玻尔兹曼公式得出的慢得多.

§37 准中性等离体

等离体动力学方程容许对于下面一大类现象得到显著简化;这类现象具有长度和时间的特征尺度满足下列条件:(1) 假设等离体中不均匀性的特征尺度 L 远大于电子德拜半径,

$$a_e/L \ll 1. \tag{37.1}$$

(2)假设过程的速率由离子的运动所支配,因此速率的特征尺度由 v_{Ti} 给出,它远小于电子速率. (3)离子的运动引起电势的缓慢变化,而电子分布浸渐跟随这种变化.

令 δN_e 和 δN_i 分别为受扰等离体中电子和离子密度的变化. 这些变化导致等离体中未补偿电荷的平均密度 $\delta\rho = e(z\delta N_i - \delta N_e)$. 归因于这些电荷的电场势由泊松方程

$$\Delta\varphi = -4\pi e(z\delta N_i - \delta N_e) \tag{37.2}$$

确定. 数量级上,$\Delta\varphi \sim \varphi/L^2$. 因此,

$$\left|\frac{z\delta N_i - \delta N_e}{\delta N_e}\right| \sim \frac{1}{4\pi e L^2}\left|\frac{\varphi}{\delta N_e}\right|. \tag{37.3}$$

如果场很弱($e\varphi \ll T_e$),则电子密度的变化是

$$\delta N_e \sim e\varphi N_e/T_e$$

[参见(36.11)],于是

$$\left|\frac{z\delta N_i - \delta N_e}{\delta N_e}\right| \sim \frac{a_e^2}{L^2} \ll 1. \tag{37.4}$$

对于具有 $e\varphi \sim T_e$ 的强扰动,这个不等式仍有效:因此 $\delta N_e \sim N_e$,从(37.3)又得到(37.4).

因此,归因于扰动的未补偿电荷密度,分别来说,远小于电子和离子电荷密度扰动;这种等离体称为*准中性等离体*. 对于所考虑的现象范围,这种性质使得等离体中的势分布能够正好由"准中性方程"

$$N_e = zN_i, \tag{37.5}$$

以及对于离子的动理方程和表达电子的"浸渐"分布的方程一起来确定①.

当然,在初始瞬间(如果我们考虑具有初始条件的问题),电子密度可以任意规定而无需满足不等式(37.4). 然而,结果产生的强电场引起电子的运动,它迅速地(在特征"电子"时间内)恢复电中性(这个过程在扩散情况下曾在 §25 中分析过).

从电动力学方程(37.2),过渡到条件(37.5),不仅意味着等离体动力学方程的极重要简化,而且意味着它们的量纲结构的根本变化. 的确,势 φ 在动理方程中和在电子分布中仅作为与电荷 e 的乘积出现,而在条件(37.5)中电荷根本不出现(与方程(37.2)大不相同). 因此,通过变换

$$e\varphi \to \psi, \tag{37.6}$$

电荷 e 从方程中完全消除了,而长度参量(德拜半径 a_e)与它一起消失.

因为方程不包含长度参量,等离体的自相似运动是可能的. 这样的解出现在当问题的初始条件或边界条件中也不含长度量纲的参量时,在这种情况所有函数只能以组合形式 $\boldsymbol{r}/t$ 依赖于坐标和时间. 例如,设等离体初始时被约束于半空间 $x<0$. 在时刻 $t=0$,"约束被解除",而等离体开始向真空膨胀. 电子首先开始运动,使得接近边界处电子密度形成一过渡层,特征宽度 $\sim a_e$. 过了时间 $t_1 \gg a_e/v_{Te}$ 后,电子运动被阻尼而电子密度浸渐地跟随势而与玻尔兹曼公式一致. 于是所有量的变化都由离子的运动所支配. 因此,在时间 $t_2 \gg a_e/v_{Ti} \gg a_e/v_{Te}$ 后,边界扩展的距离远大于 a_e. 到此时等离体变成准中性的,而运动是自相似的. ②

我们可以写下关于准中性等离体的动力学方程的展开形式,为明确起见,采用如 §36 中所示那样,电子密度到处具有玻尔兹曼分布

$$N_e = N_0 e^{\psi/T_e} \tag{37.7}$$

的特殊情况;如果场没有势阱,则这个分布不受慢变场的影响. 根据公式(37.7)和条件(37.5),势可以直接用离子分布函数表达为

$$\psi = T_e \ln \frac{zN_i}{N_0} = T_e \ln\left[\frac{z}{N_0}\int f_i \mathrm{d}^3 p\right]. \tag{37.8}$$

---

① 必须强调,这个结果本身对有碰撞或无碰撞等离体都适用. 还注意到,因为不等式(37.4)的推导并不涉及弱场的假设. 即使当等离体的电磁性质不能用电容率(即通过假设 $\boldsymbol{D}$ 和 $\boldsymbol{E}$ 之间的线性关系)来描述时. 准中性的性质也会出现.

② 详细情况见下列文献:А. В. Гуревич. Л. В. Парийсkзя, Л. П. Питаевский, ЖЗТФ, 49(1965), 647; 英译见:A. V. Gurevich, L. V. Parĭskaya, L. P. Pitaevskiĭ. Soviet Physics JETP. 22(1966), 449.

将这个表达式代入离子的动理方程(带有自洽场 $\boldsymbol{E}=-\nabla\varphi$);我们得到

$$\frac{\partial f_i}{\partial t}+\boldsymbol{v}\cdot\frac{\partial f_i}{\partial \boldsymbol{r}}-zT_e\frac{\partial f_i}{\partial \boldsymbol{p}}\cdot\frac{\partial}{\partial \boldsymbol{r}}\ln\int f_i\mathrm{d}^3p=0. \tag{37.9}$$

虽然这个方程是非线性的,它的解不依赖于等离体平均密度:如果 $f_i(t,\boldsymbol{r})$ 是一个解,则 Cf_i 也是解,带有任意恒定因子 C.

必须提到,在一维情况,方程(37.9)具有一类解,特征是在其函数 $f_i(t,x,\boldsymbol{p})$ 中,仅经过某个函数 $\chi(t,x)$ 而依赖于坐标 x 和时间 t:

$$f_i=f_i[\chi(t,x),\boldsymbol{p}]. \tag{37.10}$$

这些解在某种意义上类似于寻常流体力学中的简单波①.

§38 双温等离体流体力学

对于具有

$$T_e>>T_i \tag{38.1}$$

的双温等离体,理论论述是特别简单的. 在 §33 我们早已看到,在这种情况下,离子声波能在等离体中以速率 $\sim(T_e/M)^{1/2}$ 传播. 这个速率一般也是等离体中微扰传播的特征速率. 因为(由于(38.1))它远大于离子的热速率,对于等离体运动的大多数问题,一般可以忽略离子速率的热散布. 于是,等离体离子组分的运动,在"单流体近似"中用速度 $\boldsymbol{v}\equiv\boldsymbol{v}_i$ 来描述,这个速度是空间中位置(和时间)的指定函数,满足方程

$$M\frac{\mathrm{d}\boldsymbol{v}}{\mathrm{d}t}=ez\boldsymbol{E},$$

或

$$\frac{\partial\boldsymbol{v}}{\partial t}+(\boldsymbol{v}\cdot\nabla)\boldsymbol{v}=\frac{ez}{M}\boldsymbol{E}. \tag{38.2}$$

这个方程要与连续性方程

$$\frac{\partial N_i}{\partial t}+\nabla\cdot(N_i\boldsymbol{v})=0, \tag{38.3}$$

和确定电场势 φ(因而场 $\boldsymbol{E}=-\nabla\varphi$)的泊松方程

$$\Delta\varphi=-4\pi e(zN_i-N_e) \tag{38.4}$$

相结合.

至于电子,在以速率 $v\lesssim(T_e/M)^{1/2}<<v_{Te}$ 运动的等离体中,电子分布浸渐跟随场分布. 正如我们在 §36 中看到的,电子密度 N_e 的特定表达式,于是很大程度上依赖于场的性质. 对于没有势阱的场,它简单地由玻尔兹曼公式(37.7)给

① 见下列文献:Гуревцч А. В., Питаевский Л. П. —ЖЗТФ,1969,т,56,1778.

出，所以方程(38.4)变成

$$\Delta\varphi = -4\pi e N_0 \left(\frac{zN_i}{N_0} - e^{e\varphi/T_e}\right). \tag{38.5}$$

方程(38.2)，(38.3)和(38.5)形成关于函数$\boldsymbol{v}$，N和φ的完备方程组. 对于准中性等离体，它们还可以进一步简化：在这个情况，按(37.8)我们有

$$e\varphi = T_e \ln\frac{zN_i}{N_0}, \quad e\boldsymbol{E} = -T_e\frac{\nabla N_i}{N_i}, \tag{38.6}$$

而(38.2)可重写成下列形式

$$\frac{\partial \boldsymbol{v}}{\partial t} + (\boldsymbol{v}\cdot\nabla)\boldsymbol{v} = -\frac{zT_e}{M}\frac{\nabla N_i}{N_i}. \tag{38.7}$$

方程组(38.3)和(38.7)形式上与具有粒子质量M和温度zT_e的等温理想气体的流体力学方程完全相同，这种气体中的声速是$(zT_e/M)^{1/2}$，与离子声波的速率的表达式一致，在这个近似下没有波的色散.

上述与流体力学的类比需要相当大的保留. 大家知道，流体力学方程并非总有在整个空间连续的解. 寻常流体力学中没有连续解意味着形成冲击波，即物理量发生间断的曲面. 在无碰撞流体力学中没有冲击波，因为冲击波本质上归因于能量耗散，但在这种情况并不出现耗散. 因此，没有连续解意味着，准中性假设在空间某个区域受到破坏. 在这类区域(约定称为*无碰撞冲击波*)，物理量对坐标和时间的依存性是振荡性的，这些振荡的特征波长不仅由问题的特征尺度确定，而且还由等离体的内禀性质，即其德拜半径确定①.

现在让我们转到更一般方程(38.2)—(38.4)，它并不假设准中性等离体的条件. 这些方程的一个重要性质是，它们具有一维解，其中所有量仅以组合形式$\xi = x - ut$而依赖于变量t和x，这里u为常量. 这类解描述以速率u传播而不改变轮廓的波. 如果我们变换到以速率u相对于原坐标系运动的参考系，则等离体运动变成定常的. 这种类型中最有意思的解，是在空间为周期性的那些解和在两个方向无穷远处都减小的那些解；后者通称*孤波*或*孤子*②(А. А. Веденов，Е. П. Велихов，Р. З. Сагдеев，1961).

如果对ξ求导用撇号表示，由(38.2)和(38.3)我们有

$$(v-u)v' = -\frac{e}{M}\varphi', \quad (N_i v)' - uN_i' = 0,$$

① 无碰撞冲击波的概念是由萨格捷耶夫引进的，见 Сагдеев Р. З. —Сборник《ВопросЫ теории плазмы》. 1964，вып. А. с. 20. 关于若干特殊情况下的这类结构曾由古列维奇，皮塔耶夫斯基(А. В. Гуревич，Л. П. Питаевский)给出，见 ЖЭТФ，65(1973). 590.(英译见 A. V. Gurevich，L. P. Pitaevskii，Soviet Physics JETP，38(1974)，291.).

② 源自英文词汇 solitary(孤立的，单独的).

为简单起见,我们采用 $z=1$.

采用当 $\xi\to\infty$ 时 $\varphi=0, v=0, N_i=N_0$ 的边界条件,对上列方程积分,我们求得

$$\frac{e}{M}\varphi=\frac{u^2}{2}-\frac{(u-v)^2}{2}, \tag{38.8}$$

$$N_i=N_0\frac{u}{u-v}=N_0\frac{u}{[u^2-2e\varphi/M]^{1/2}}. \tag{38.9}$$

方程(38.4)给出 $\varphi''=-A\pi e(N_i-N_e)$,或,乘以 $2\varphi'$并积分后,

$$\varphi'^2=-8\pi e\int_0^{\varphi}[N_i(\varphi)-N_e(\varphi)]\mathrm{d}\varphi. \tag{38.10}$$

函数 $N_i(\varphi)$取自(38.9),而 $N_e(\varphi)$由 §36 中公式给出. 在所考虑的波中,我们到处有 $\varphi>0$,如由(38.8)所看到的. 在这种场中一个电子的势能是 $U=-e\varphi<0$,即场对电子形成势阱.

方程(38.10)表明,确定波轮廓 $\varphi(\xi)$的问题简化为求积分. 同时,速率 u 直接与波幅相联系,即与 $\varphi(\xi)$的最大值(我们用 φ_m 表示)相联系. 当 $\varphi=\varphi_m$ 时,我们必须有 $\varphi'=0$. 令(38.10)右边的积分为零(并完成第一项的积分),我们得到

$$\frac{Mu^2}{e}\left[1-\left(1-\frac{2e}{Mu^2}\varphi_m\right)^{1/2}\right]=$$

$$=\frac{1}{N_0}\int_0^{\varphi_m}N_e(\varphi)\mathrm{d}\varphi, \tag{38.11}$$

它原则上确定 u 作为 φ_m 的函数. 同时很明显我们必须有

$$2e\varphi_m/Mu^2<1. \tag{38.12}$$

这个条件,一般来说,对波幅 φ_m(因而速率 u)的可能值设置了一个上限.

还要注意到,关于碰撞完全可以忽略的情况,必需场频率 ω 远大于电子和离子两者的特征碰撞频率 ν_e 和 ν_i. 但是因为 $\nu_e\sim(M/m)^{1/2}\nu_i\gg\nu_i$(见 §43),能够出现 $\nu_e\gg\omega\gg\nu_i$ 这样一种情况. 因而在这种情况下碰撞对离子的运动依然没有任何影响,而即使存在势阱情况下,但电子也可认为具有玻尔兹曼分布.

习 题

对于电子按(36.11)分布的等离体. 确定其中弱孤波($e\varphi_m/T_e\ll1$)的轮廓和速率(А. В. Гуревич. 1967).

解:在(36.11)中,所有项必须都保留;因为孤波的形成归因于表达式中最后的非线性项. 用(38.11)的计算给出

$$u^2=\frac{T_e}{M}\left[1+\frac{16}{15}\left(\frac{e\varphi_m}{\pi T_e}\right)^{1/2}\right].$$

波轮廓通过方程(38.10)的积分求得为

$$\varphi=\varphi_{\mathrm{m}}\mathrm{ch}^{-4}\left[\frac{x}{\sqrt{15}a_{\mathrm{e}}}\left(\frac{e\varphi_{\mathrm{m}}}{\pi T_{\mathrm{e}}}\right)^{1/4}\right].$$

§ 39　弱色散介质中的孤子

(无耗散介质中)存在具有稳定轮廓的非线性波是与存在色散紧密相联系的. 在无色散介质中,如果考虑到非线性,必然破坏波的稳定性,轮廓上各点的传播速度依赖于那些点的振幅,它导致波轮廓的畸变. 例如,理想可压缩流体的流体力学中,非线性效应导致波前陡度渐增(见第六卷, § 94). 至于色散,它导致波轮廓逐渐平滑. 两个效应可能相抵消,导致波轮廓稳定.

在这一节中,我们将一般地来研究这些现象,无耗散弱色散介质中考虑到弱非线性的相当广泛的一类情况下的波传播现象.

令 u_0 为忽略色散时线性近似下的波传播速率. 在这个近似下,对平行于 x 轴方向上的一维波传播,所有量仅以组合形式 $\xi=x-u_0t$ 而依赖于 x 和 t. 这个性质可以用微分方程形式

$$\frac{\partial b}{\partial t}+u_0\frac{\partial b}{\partial x}=0$$

来表达,其中 b 表示波中任一振荡量.

恒定速率 u_0 对应于色散关系为 $\omega=u_0k$ 的波. 在色散介质中,这个关系正好是函数 $\omega(k)$ 用小量 k 作幂展开式的第一项. 考虑到下一项,我们有①

$$\omega=u_0k-\beta k^3,\tag{39.1}$$

其中 β 是一个常量,它原则上可正可负.

在线性近似下,描述具有这种色散的介质中波(在一个方向)传播的微分方程是

$$\frac{\partial b}{\partial t}+u_0\frac{\partial b}{\partial x}+\beta\frac{\partial^3 b}{\partial x^3}=0;$$

的确,对于其中 $b\propto\exp(-\mathrm{i}\omega t+\mathrm{i}kx)$ 的波,由此得出(39.1).

最后,考虑到非线性导致方程中出现 b 的更高阶项. 对于恒定 b(不依赖于 x),简单对应于均匀介质的情况,这些项无论如何应满足变为零的条件. 仅考虑含有最低阶导数的项(k 很小!),我们写出弱非线性波的传播方程为

---

① $\omega(k)$可以被展成 k 的奇次幂这事实,是物理量必须为实数这样的考虑得出的. 对于介质的原始物理运动方程组仅含有实物理量和参量. 虚数单位 i 只是通过在这些方程中代入正比于 $\exp(-\mathrm{i}\omega t+\mathrm{i}kx)$ 的解时才出现. 因此由于这个代换得出的色散关系确定 $\mathrm{i}\omega$ 为 $\mathrm{i}k$ 的具有实系数的函数;这种函数的展开必须仅包括 $\mathrm{i}k$ 的奇次幂. 在耗散介质的一般情况, $\omega(k)$是复数($\omega=\omega'+\mathrm{i}\omega''$),因此所作陈述指频率的实部 $\omega'(k)$. 根据同样理由, $\omega''(k)$的展开式将仅包含 k 的偶次幂.

$$\frac{\partial b}{\partial t}+u_0\frac{\partial b}{\partial x}+\beta\frac{\partial^3 b}{\partial x^3}+\alpha b\frac{\partial b}{\partial x}=0, \tag{39.2}$$

其中 α 是一恒定参量,它又是原则上可正可负①.

为简化这个方程,我们用新变量 ξ 代替 x,用一新未知函数 a 代替 b,它们的定义为

$$\xi=x-u_0t,\quad a=\alpha b. \tag{39.3}$$

于是我们得到

$$\frac{\partial a}{\partial t}+a\frac{\partial a}{\partial \xi}+\beta\frac{\partial^3 a}{\partial \xi^3}=0. \tag{39.4}$$

这种形式的方程称为 KdV 方程②,为明确起见,我们将首先选用 $\beta>0$ 的特殊情况.

我们感兴趣的是描述具有定常轮廓波的解. 在这类解中,函数 $a(t,\xi)$ 仅依赖于差值 $\xi-v_0t$,其中 v_0 是某个常量:

$$a=a(\xi-v_0t); \tag{39.5}$$

而波的传播速率是

$$u=u_0+v_0. \tag{39.6}$$

将(39.5)代入(39.4)并用撇号来表示对 ξ 的求导,我们得到方程

$$\beta a'''+aa'-v_0a'=0. \tag{39.7}$$

我们注意到它对下列变换

$$a\to a+V,\quad v_0\to v_0+V \tag{39.8}$$

是不变式,其中 V 是任意常量.

方程(39.7)的第一积分是

$$\beta a''+\frac{1}{2}a^2-v_0a=\frac{c_1}{2}.$$

乘以 $2a'$ 并再作一次积分给出

$$\beta a'^2=-\frac{a^3}{3}+v_0a^2+c_1a+c_2. \tag{39.9}$$

方便的是用(39.9)右边三次方程的三个根来代替三个常量 v_0,c_1,c_2. 如果用 a_1, a_2, a_3 来表示这三个根,于是

$$\beta a'^2=-\frac{1}{3}(a-a_1)(a-a_2)(a-a_3). \tag{39.10}$$

---

① 然而,为避免误解,必须强调,弱非线性的这个形式决不是普适的. 例如,由电子分布(36.11)(§38,习题中所用的)中最后一项引起的等离体中波传播的弱非线性会对应于例如(39.2)那样的方程中 $\propto\sqrt{b}\,\partial b/\partial x$ 的一项.

② 这是科尔特威格和德弗里斯(D. J. Korteweg, G. de Vries(1895))对浅水表面波推导出来的.

常量 v_0 与新常量的关系是

$$v_0 = \frac{1}{3}(a_1 + a_2 + a_3). \tag{39.11}$$

我们将仅关心方程(39.10)中使 $|a(\xi)|$ 为有界的解；$|a|$ 的无限增加会与弱非线性的假设相矛盾. 容易看出如果根 a_1, a_2, a_3 不全是实数，这个条件不能满足. 因为，令 a_1 和 $a_2(=a_1^*)$ 为复数；于是(39.10)右边变成$\frac{1}{3}|a-a_1|^2(a_3-a)$，没有什么能防止 a 趋向 $-\infty$.

因此常量 a_1, a_2, a_3 必须是实数；令它们按次序使 $a_1 > a_2 > a_3$. 因为方程(39.10)右边的表达式必须为正，函数 $a(\xi)$ 只能在 $a_1 \geqslant a \geqslant a_2$ 范围内变化. 不失一般性，我们可以令 $a_3 = 0$；通过(39.8)类型的变换总可以达到这一点. 用这种选择，我们将方程(39.10)重写成

$$\beta a'^2 = \frac{1}{3}(a_1 - a)(a - a_2)a. \tag{39.12}$$

这个方程的解在 $a_2 = 0$ 和 $a_2 \neq 0$ 的两种不同情况下具有不同性质. 在第一种情况($a_2 = 0, a_1 > 0$)下，方程的积分给出

$$a(\xi) = a_1 \operatorname{ch}^{-2}\left(\frac{\xi}{2}\sqrt{\frac{a_1}{3\beta}}\right); \tag{39.13}$$

ξ 的零点取在函数的极大值处(这里和今后，为简化记号，我们将波轮廓写成某给定瞬间 $t=0$ 时 $\xi(=x)$ 的函数). 这个解描述孤波(或孤子)：当 $\xi \to \pm\infty$ 时，函数 $a(\xi)$ 与其导数一起成为零. 常量 a_1 给出孤子振幅，而其宽度随振幅增加而按 $a_1^{-1/2}$ 减小. 按照(39.11)有 $v_0 = \frac{1}{3}a_1$，因此孤子的速率是

$$u = u_0 + a_1/3. \tag{39.14}$$

这速率 $u > u_0$ 而且随振幅增加.

这里再次提醒，对于由 KdV 方程所描述的过程，假设了非线性很弱. 这个条件具有明显意义：例如，如果 a 是介质密度的改变，这个改变必须远小于未受扰密度. 同时，这些过程的"非线性程度"还由另外的量纲为 1 的参量 $L(a_1/\beta)^{1/2}$ 来描述，其中 L 是一特征长度而 a_1 是微扰的振幅. 这个参量定义非线性和色散的相对重要性，它可以或者小(如果色散占优势)或者大(如果非线性占优势). 对于孤子，其宽度 $L \sim (\beta/a_1)^{1/2}$，该参量是 1 的量级.

现在让我们转向 $a_2 \neq 0$ 的情况. 在此情况下，方程(39.12)的解于是描述无限广延的空间周期性波. 方程的积分给出

$$\xi = \int_a^{a_1} \frac{\sqrt{3\beta}\,\mathrm{d}a}{[a(a_1 - a)(a - a_2)]^{1/2}} = \left(\frac{12\beta}{a_1}\right)^{1/2} \mathrm{F}(s, \varphi), \tag{39.15}$$

其中 $\mathrm{F}(s, \varphi)$ 是第一类椭圆积分：

$$F(s,\varphi)=\int_0^{\varphi}\frac{d\varphi}{(1-s^2\sin^2\varphi)^{1/2}},\tag{39.16}$$

具有①

$$\sin\varphi=\sqrt{\frac{a_1-a}{a_1-a_2}},\quad s=\sqrt{1-\frac{a_2}{a_1}};\tag{39.17}$$

ξ 的零点取在函数 $a(\xi)$ 的一个最大值处.

利用雅可比椭圆函数对公式(39.15)求逆,我们有

$$a=a_1\mathrm{dn}^2\left(\sqrt{\frac{a_1}{12\beta}}\xi,s\right).\tag{39.18}$$

这是一个周期函数,按坐标 x 的周期(波长)是

$$\lambda=4\sqrt{\frac{3\beta}{a_1}}F\left(\frac{\pi}{2},s\right)=4\sqrt{\frac{3\beta}{a_1}}K(s),\tag{39.19}$$

其中 K(s)是第一类完全椭圆积分. 函数(39.18)在一个周期内的平均值是

$$\bar{a}=\frac{1}{\lambda}\int_0^{\lambda}a(\xi)d\xi=a_1\frac{E(s)}{K(s)},\tag{39.20}$$

其中 E(s)是第二类完全椭圆积分. 很自然的是考虑振荡量的平均值为零的一个周期波. 利用变换(39.8),并从函数(39.18)中减去平均量(39.20),就总可以达到这点. 于是波传播速率是

$$u=u_0+\left[\frac{a_1+a_2}{3}-a_1\frac{E(s)}{K(s)}\right].\tag{39.21}$$

小振幅振荡 a_1-a_2 对应于参量值 $s\ll1$. 应用近似表达式

$$\mathrm{dn}(z,s)\approx1-\frac{s^2}{4}+\frac{s^2}{4}\cos2z,\quad s\ll1,$$

我们发现在这个情况下,解(39.18)正该变成谐波

$$a=\frac{a_1+a_2}{2}+\frac{a_1-a_2}{2}\cos kx,\quad k=\sqrt{\frac{a_1}{3\beta}}.$$

速率(39.21)变成 $u=u_0-\frac{1}{3}a_1=u_0-\beta k^2$,与(39.1)一致.

大振幅的相反极限情况(在所考虑的波模型中)相当于 $a_2\to0$ 和 $s\to1$. 用极限公式

$$K(s)\approx\frac{1}{2}\ln\frac{16}{1-s^2},\quad s^2\to1,$$

我们发现在这个极限,波长对数式增长

① 为了避免与波数混淆,椭圆积分的通常参量 k 用 s 代替来表示.

$$\lambda = \sqrt{\frac{12\beta}{a_1}}\ln\frac{16a_1}{a_2}. \tag{39.22}$$

换句话说，相继的波腹进一步互相分离开. 借助于 $s=1$ 时函数 $\mathrm{dn}\, z$ 的极限表达式（它对有限 z 是有效的）$\mathrm{dn}\, z = 1/\mathrm{ch}\, z$，由(39.18)可获得每个波腹附近的波轮廓，结果又回到公式(39.13). 因此，在极限 $s\to 1$，周期波分成相距很远的一连串孤子.

迄今我们假设 $\beta>0$. 对于 $\beta<0$ 的情况并不需要专门考虑，因为在方程(39.4)中 β 的变号相当于变换 $\xi\to-\xi, a\to-a$. 因为这样的变换将(39.5)中的自变量 $\xi - v_0 t$ 变成 $-\xi - v_0 t$，波传播速率变成 $u = u_0 - v_0$. 例如，对孤子的上述结果的改变仅是 $a(\xi)$ 变为负，而孤子的速率 $u<u_0$.

KdV 方程具有某些特征，导致若干一般定理. 这些是以 KdV 方程与薛定谔类型方程的本征值问题之间的形式关系为基础的(C. S. Gardner, J. M. Greene, M. D. Kruskal, R. M. Miura, 1967).

让我们考虑方程

$$\frac{\partial^2\psi}{\partial\xi^2} + \left[\frac{1}{6\beta}a(t,\xi) + \varepsilon\right]\psi = 0; \tag{39.23}$$

再次选用 $\beta>0$ 的特殊情况. 这个方程具有薛定谔方程的形式，带有 $-a(t,\xi)$ 作为势能，它还依赖于参量 t. 令函数 $a(t,\xi)$ 在 ξ 的某个范围为正，而当 $\xi\to\pm\infty$ 时，它趋于零. 于是方程(39.23)具有本征值 ε 相当于"在势阱 $-a(t,\xi)$ 中的有限运动"，因为 a 依赖于 t，这些本征值一般也依赖于 t.

我们将证明，如果函数 $a(\xi,t)$ 满足 KdV 方程(39.4)，则本征值 ε 并不依赖于 t.

按(39.23)将 a 表达为

$$a = -6\beta\left(\frac{\psi''}{\psi} + \varepsilon\right),$$

并代入(39.4)，我们通过直接计算后求得

$$\psi^2\frac{\mathrm{d}\varepsilon}{\mathrm{d}t} = (\psi' A - \psi A')', \tag{39.24}$$

其中

$$A(t,\xi) = 6\beta\left(\frac{1}{\beta}\frac{\partial\psi}{\partial t} - \frac{3}{\psi}\psi'\psi'' + \psi''' - \frac{\varepsilon}{6}\psi'\right); \tag{39.25}$$

这里重要的是(39.24)右边结果是通过表达式 A 对 ξ 的导数表达的，这个表达式当 $\xi\to\pm\infty$ 时成为零（我们注意到方程(39.23)的离散谱本征函数在无穷远处为零）. 因而方程(39.24)对 ξ 从 $-\infty$ 至 ∞ 的积分，给出

$$\frac{\mathrm{d}\varepsilon}{\mathrm{d}t}\int_{-\infty}^{\infty}\psi^2\,\mathrm{d}\xi = 0;$$

而且,因为这里函数 ψ 的归一化积分的有限值,由此可见 $\mathrm{d}\varepsilon/\mathrm{d}t=0$.

现在我们将证明,对于(39.13)形式的定常"势"$a(\xi)$的情况,方程(39.23)总共只有一个离散本征值,相当于单孤子.用这个"势",方程(39.23)具有形式

$$\psi''+\left(\frac{U_0}{\operatorname{ch}^2(\alpha\xi)}+\varepsilon\right)\psi=0, \tag{39.26}$$

其中

$$U_0=\frac{a_1}{6\beta},\quad \alpha=\left(\frac{a_1}{12\beta}\right)^{1/2}. \tag{39.27}$$

方程(39.26)的离散本征值由下列公式

$$\varepsilon_n=-\alpha^2(s-n)^2,\quad s=\frac{1}{2}\left(-1+\sqrt{1+\frac{4U_0}{\alpha^2}}\right),$$

$$n=0,1,2,\cdots,$$

给出,其中我们必须有 $n<s$(见第三卷,§23,题4).对于(39.27)的参量值有 $s=1$,所以只有一个本征值,

$$\varepsilon=-\frac{a_1}{12\beta}. \tag{39.28}$$

然而,如果"势"$a(t,\xi)$代表彼此间隔很大的孤子总体(使得它们之间没有"相互作用"),则方程(39.23)的本征值谱由每个势阱中的"能级"(39.28)相加组成,每个能级由相应孤子的振幅 a_1 确定.

因为孤子传播速率随振幅增加,具有大振幅的孤子最终总将超过具有较小振幅的孤子.因此,任意初始的彼此间隔很大的孤子总体经过一系列相互"碰撞"后,最终将变成按增幅序排列的孤子总体(我们记住,KdV 方程所描述的所有扰动沿同一方向传播!).

上述结果立即导致下列重要结论:初始的和最终的孤子总体在孤子总数和孤子振幅方面都相同,所不同的只是孤子在总体中的排列次序.这是由下列事实直接得出的:每个单独的孤子对应于一个本征值 ε,而这些本征值并不依赖于时间.

占据空间有限区域并按 KdV 方程演化的任何正的($a>0$)初始扰动,最终将分裂成单独孤子的总体,其振幅不依赖于时间.这些孤子振幅和孤子数,原则上可以通过确定方程(39.23)在以初始分布 $a(0,\xi)$ 作为"势"下的离散本征值谱而求得.然而,如果初始扰动还包括 $a<0$ 的区域,其演化将产生一个波包,它逐渐扩展开而并不分裂成孤子.

然而,为避免误解,我们将更精确地规定所谓 KdV 方程中初始扰动的意思.介质中某个瞬间所形成的一个实际扰动,在其(某种意义上由按时间为二阶的完全波方程所描述的)演化过程中,一般地分开成分别沿正 x 方向和沿负 x 方向

传播的两个扰动. 因此,一旦分成两个扰动后,我们立即选取其中一个作为 KdV 方程的"初始"扰动.

习　题

对于具有 $T_i \ll T_e$ 的等离体中的离子声波,确定方程(39.2)中的系数 α 和 β.

解: 色散系数 β 由(33.4)通过按小量 ka_e 展开而求得

$$\beta = \frac{1}{2}a_e^2 u_0,$$

其中 $u_0 = (zT_e/M)^{1/2}$.

在确定非线性系数 α 时,我们可以忽略色散,即考虑 $k \to 0$ 的极限情况. 在这个极限,等离体总可认为是准中性的,因此相应地可用等温理想气体的流体力学方程(38.3),(38.7)来描述. 令 $N_i = N_0 + \delta N$,我们可以把这些方程写成准确度直至小量 δN 和 v 的二阶项. 在这些二阶项中,我们可以令 $v = u_0\delta N/N_0$,如在沿正 x 方向传播的波的线性近似中那样(u_0 为线性近似下的波速). 于是方程变成

$$\frac{\partial \delta N}{\partial t} + N_0\frac{\partial v}{\partial x} = -\frac{\partial}{\partial x}(v\delta N) = -\frac{2u_0}{N_0}\delta N\frac{\partial \delta N}{\partial x},$$

$$\frac{\partial v}{\partial t} + \frac{u_0^2}{N_0}\frac{\partial \delta N}{\partial x} = \frac{u_0^2}{N_0^2}\delta N\frac{\partial \delta N}{\partial x} - v\frac{\partial v}{\partial x} = 0.$$

将第一个方程对 t 求导,第二个方程对 x 求导,并消去 $\partial^2 v/\partial t\partial x$,我们求得

$$\left(\frac{\partial}{\partial t} - u_0\frac{\partial}{\partial x}\right)\left(\frac{\partial}{\partial t} + u_0\frac{\partial}{\partial x}\right)\delta N = -\frac{2u_0}{N_0}\frac{\partial}{\partial t}\left(\delta N\frac{\partial \delta N}{\partial x}\right).$$

同样准确度下,我们用 $-u_0\partial/\partial x$ 来代替右边的求导符号 $\partial/\partial t$ 和左边的差 $\partial/\partial t - u_0\partial/\partial x$ 中的求导符号 $\partial/\partial t$. 最后,在两边消去求导符号 $\partial/\partial x$ 并将结果与(39.2)比较,我们有

$$\alpha = u_0/N_0.$$

§40　无碰撞简并性等离体的电容率

§29 和 §31 中在计算无碰撞等离体的电容率时,我们完全忽略了所有量子效应. 这样所获得的结果是有局限性的. 首先,在温度方面受到非简并性条件的限制;对于电子,这个条件是

$$T \gg \varepsilon_F \sim \hbar^2 N_e^{2/3}/m, \tag{40.1}$$

其中 $\varepsilon_F = p_F^2/(2m)$ 而 p_F 是 $T=0$ 时费米分布的极限动量,它与电子数密度 N_e 的关系有 $p_F^3/(3\pi^2\hbar^3) = N_e$.

而且,将经典玻尔兹曼方程应用于外场中的等离体,这种可能性本身涉及对

场的频率 ω 和波矢 $\boldsymbol{k}$ 所强加的某些条件. 场发生变化的特征距离($\sim 1/k$)必须远大于电子德布罗意波长 $\hbar/\bar{p}$,而与此不均匀性有关的动量的相应不确定性($\sim \hbar k$)必须远小于电子热分布扩展区域的宽度($\sim T/\bar{v}$). 对于非简并性等离体,$\bar{p} \sim T/\bar{v} \sim (mT)^{1/2}$,所以这两个条件相重合. 对于简并性等离体,$\bar{p} \sim p_{\mathrm{F}}, v \sim v_{\mathrm{F}} = p_{\mathrm{F}}/m$,但 $T/\bar{v} \lesssim \bar{p}$,因为 $T \lesssim \varepsilon_{\mathrm{F}}$. 因此要求

$$\hbar k \bar{v} \ll T, \tag{40.2}$$

这对两种情况都是充分的. 最后,频率必须满足条件

$$\hbar\omega \ll \varepsilon_{\mathrm{F}}, \tag{40.3}$$

场能量子必须远小于电子平均能量(但这个条件其实通常是不重要的).

现在让我们考虑等离体的介电性质,对电子组分不强加条件(40.1)—(40.3);而离子组分可以仍然是非简并性的. 我们将计算电容率的电子贡献部分. 关于等离体粒子间的相互作用可以忽略的条件,假定还是满足的:

$$e^2 N_{\mathrm{e}}^{1/3} \ll \bar{\varepsilon}; \tag{40.4}$$

当 $\bar{\varepsilon} \sim \varepsilon_{\mathrm{F}}$,这变成 $N_{\mathrm{e}}^{1/3} \gg me^2/\hbar^2$,或 $e^2/(\hbar v_{\mathrm{F}}) \ll 1$(参见第五卷, §80;第九卷, §85).

放弃条件(40.2)意味着从一开始就必须应用关于密度矩阵的量子力学方程. 因为忽略电子间的相互作用,我们可以立即写出对单粒子密度矩阵 $\rho_{\sigma_1\sigma_2}(t, \boldsymbol{r}_1, \boldsymbol{r}_2)$(其中 σ_1 和 σ_2 是自旋指标)的闭合方程. 我们将假设电子分布不依赖于自旋,换句话说,密度矩阵对自旋指标的依存关系分开成为因子 $\delta_{\sigma_1\sigma_2}$,后者将被省略掉. 不依赖于自旋的密度矩阵 $\rho(t, \boldsymbol{r}_1, \boldsymbol{r}_2)$ 满足方程

$$\mathrm{i}\hbar \frac{\partial \rho}{\partial t} = (\hat{H}_1 - \hat{H}_2^*)\rho, \tag{40.5}$$

其中 $\hat{H}$ 是外场中的电子哈密顿算符,而下标 1 和 2 表明算符所作用的变量($\boldsymbol{r}_1$ 或 $\boldsymbol{r}_2$)(见第三卷, §14). 这个方程代替了关于经典单粒子分布函数的经典刘维尔定理 $\mathrm{d}f/\mathrm{d}t = 0$.

像§29 中那样,我们将计算纵向电容率. 因此,我们考虑具有标势为 $\varphi(t, \boldsymbol{r})$ 的电场,从而电子哈密顿算符变成

$$\hat{H} = -\frac{\hbar^2}{2m}\nabla^2 - e\varphi(t, \boldsymbol{r}). \tag{40.6}$$

假定为弱场,我们令

$$\rho = \rho_0(\boldsymbol{r}_1 - \boldsymbol{r}_2) + \delta\rho(t, \boldsymbol{r}_1, \boldsymbol{r}_2), \tag{40.7}$$

其中 ρ_0 是未受扰定常和均匀(但不一定平衡)状态气体的密度矩阵;由于均匀性 ρ_0 仅依赖于差值 $\boldsymbol{R} = \boldsymbol{r}_1 - \boldsymbol{r}_2$. 密度矩阵 $\rho_0(\boldsymbol{R})$ 与(未受扰)电子动量分布函数 $n_0(\boldsymbol{p})$ 由公式

$$n_0(\boldsymbol{p}) = \mathscr{N}_{\mathrm{e}} \int \rho_0(\boldsymbol{R}) \mathrm{e}^{-\mathrm{i}\boldsymbol{p}\cdot\boldsymbol{R}/\hbar} \mathrm{d}^3 x \tag{40.8}$$

相联系，其中 $\mathcal{N}_e$ 是电子总数（见第九卷(7.20)）. 这里函数 $n(\boldsymbol{p})$ 定义为动量和自旋分量具有确定值的电子的量子态的占有数. 具有自旋分量的任一值而在动量空间体积元 d^3p 内的态数是 $2d^3p/(2\pi\hbar)^3$. 因此 $n(\boldsymbol{p})$ 与以前所用分布函数 $f(\boldsymbol{p})$ 由关系式

$$f(\boldsymbol{p})=\frac{2n(\boldsymbol{p})}{(2\pi\hbar)^3} \tag{40.9}$$

相联系.

将(40.7)代入(40.8)并省略二阶小项，我们得到对密度矩阵的小校正的线性方程

$$\left[\mathrm{i}\hbar\frac{\partial}{\partial t}+\frac{\hbar^2}{2m}(\Delta_1-\Delta_2)\right]\delta\rho(t,\boldsymbol{r}_1,\boldsymbol{r}_2)=$$
$$=-e[\varphi(t,\boldsymbol{r}_1)-\varphi(t,\boldsymbol{r}_2)]\rho_0(\boldsymbol{r}_1-\boldsymbol{r}_2). \tag{40.10}$$

令①

$$\varphi(t,\boldsymbol{r})=\varphi_{\omega\boldsymbol{k}}\mathrm{e}^{\mathrm{i}(\boldsymbol{k}\cdot\boldsymbol{r}-\omega t)}. \tag{40.11}$$

于是(40.10)的解对和 $\boldsymbol{r}_1+\boldsymbol{r}_2$（以及对时间 t）的依存关系可以通过令

$$\delta\rho=\exp\left[\mathrm{i}\boldsymbol{k}\cdot\frac{\boldsymbol{r}_1+\boldsymbol{r}_2}{2}-\mathrm{i}\omega t\right]g_{\omega\boldsymbol{k}}(\boldsymbol{r}_1-\boldsymbol{r}_2) \tag{40.12}$$

而分开. 将这个表达式代入(40.10)，我们得到关于 $g_{\omega\boldsymbol{k}}(\boldsymbol{R})$ 的一个方程：

$$\left[\hbar\omega+\frac{\hbar^2}{2m}\left(\nabla+\mathrm{i}\frac{\boldsymbol{k}}{2}\right)^2-\frac{\hbar^2}{2m}\left(\nabla-\mathrm{i}\frac{\boldsymbol{k}}{2}\right)^2\right]g_{\omega\boldsymbol{k}}(\boldsymbol{R})=$$
$$=-e\varphi_{\omega\boldsymbol{k}}(\mathrm{e}^{\mathrm{i}\boldsymbol{k}\cdot\boldsymbol{R}/2}-\mathrm{e}^{-\mathrm{i}\boldsymbol{k}\cdot\boldsymbol{R}/2})\rho_0(\boldsymbol{R}).$$

现在我们可以在此方程中转向相对于 $\boldsymbol{R}$ 的傅里叶展开. 两边同乘以 $\exp(-\mathrm{i}\boldsymbol{p}\cdot\boldsymbol{R}/\hbar)$，再对 d^3x 积分（并应用(40.8)），我们得到

$$\left[\hbar\omega-\varepsilon\left(\boldsymbol{p}+\frac{\hbar\boldsymbol{k}}{2}\right)+\varepsilon\left(\boldsymbol{p}-\frac{\hbar\boldsymbol{k}}{2}\right)\right]g_{\omega\boldsymbol{k}}(\boldsymbol{p})=$$
$$=-\frac{e\varphi_{\omega\boldsymbol{k}}}{\mathcal{N}_e}\left[n_0\left(\boldsymbol{p}-\frac{\hbar\boldsymbol{k}}{2}\right)-n_0\left(\boldsymbol{p}+\frac{\hbar\boldsymbol{k}}{2}\right)\right]$$

（其中 $\varepsilon(\boldsymbol{p})=\boldsymbol{p}^2/2m$），或等价地

$$g_{\omega\boldsymbol{k}}(\boldsymbol{p})=\frac{e\varphi_{\omega\boldsymbol{k}}}{\hbar\mathcal{N}_e}\frac{n_0(\boldsymbol{p}+\hbar\boldsymbol{k}/2)-n_0(\boldsymbol{p}-\hbar\boldsymbol{k}/2)}{\omega-\boldsymbol{k}\cdot\boldsymbol{v}}. \tag{40.13}$$

密度矩阵在 $\boldsymbol{r}_1=\boldsymbol{r}_2\equiv\boldsymbol{r}$ 的值，确定系统中粒子数密度：$N=2\mathcal{N}\rho(t,\boldsymbol{r},\boldsymbol{r})$（见第九卷(7.19)）. 因此，归因于电场的电子密度的变化是

$$\delta N_e=2\mathcal{N}_e\delta\rho(t,\boldsymbol{r},\boldsymbol{r})=2\mathcal{N}_e\mathrm{e}^{\mathrm{i}(\boldsymbol{k}\cdot\boldsymbol{r}-\omega t)}g_{\omega\boldsymbol{k}}(\boldsymbol{R}=0),$$

---

① 哈密顿算符(40.6)必须是厄米算符，所以在其中的［从而还在方程(40.10)中的］函数 φ 是实数. 但是，在写下方程(40.10)后，由于它是线性的，我们可以分别地对每个复单色场分量来求解它.

或者，将 $g_{\omega k}(\boldsymbol{R}=0)$ 用傅里叶分量表达

$$\delta N_{\mathrm{e}}=2\mathscr{N}_{\mathrm{e}}\mathrm{e}^{\mathrm{i}(\boldsymbol{k}\cdot\boldsymbol{r}-\omega t)}\int g_{\omega k}(\boldsymbol{p})\frac{\mathrm{d}^3p}{(2\pi\hbar)^3}. \tag{40.14}$$

电荷密度中的相应变化是 $-e\delta N_{\mathrm{e}}$.

现在像在 §29 中那样来计算电容率：从电荷密度与电极化强度之间的关系 $(-e\delta N_{\mathrm{e}}=-\nabla\cdot\boldsymbol{P}=-\mathrm{i}\boldsymbol{k}\cdot\boldsymbol{P})$ 出发，我们写出

$$e\delta N_{\mathrm{e}}=\mathrm{i}\,\frac{\varepsilon_1-1}{4\pi}\boldsymbol{E}\cdot\boldsymbol{k}=k^2\,\frac{\varepsilon_1-1}{4\pi}\varphi_{\omega k}.$$

因此，对于具有电子分布函数 $n(\boldsymbol{p})$（现在省略下标 0）的等离体；它的纵向电容率的电子部分，我们得出下列公式

$$\varepsilon_1(\omega,k)-1=-\frac{4\pi e^2}{\hbar k^2}\int\frac{n(\boldsymbol{p}+\hbar\boldsymbol{k}/2)-n(\boldsymbol{p}-\hbar\boldsymbol{k}/2)}{\boldsymbol{k}\cdot\boldsymbol{v}-\omega-\mathrm{i}0}\frac{2\mathrm{d}^3p}{(2\pi\hbar)^3} \tag{40.15}$$

（Ю. Л. Климонтович，В. П. Силин，1952）；积分中的极点照例按朗道规则所规定的方式予以绕开.

在准经典情况，当条件(40.2)和(40.3)满足时，函数 $n\left(\boldsymbol{p}\pm\frac{1}{2}\hbar\boldsymbol{k}\right)$ 可以用 $\boldsymbol{k}$ 的幂展开. 于是

$$n\left(\boldsymbol{p}+\frac{\hbar\boldsymbol{k}}{2}\right)-n\left(\boldsymbol{p}-\frac{\hbar\boldsymbol{k}}{2}\right)\approx\hbar\boldsymbol{k}\cdot\frac{\partial n(\boldsymbol{p})}{\partial\boldsymbol{p}},$$

而（当考虑到关系式(40.9)时），(40.15)变成以前的公式(29.9). 然而，必须强调，这个公式中的分布 $n(\boldsymbol{p})$ 可以与简并性等离体相联系.

让我们把(40.15)应用到 $T=0$ 的完全简并性电子等离体，这时对 $p<p_{\mathrm{F}}$ 有 $n(\boldsymbol{p})=1$，而对 $p>p_{\mathrm{F}}$ 有 $n(\boldsymbol{p})=0$. 对(40.15)中两项分别作积分变量变换 $\boldsymbol{p}\pm\frac{1}{2}\hbar\boldsymbol{k}\to\boldsymbol{p}$，我们得到

$$\varepsilon_1-1=\frac{4\pi e^2}{\hbar k^2}\int\limits_{p<p_{\mathrm{F}}}\left\{\frac{1}{\omega_+-\boldsymbol{k}\cdot\boldsymbol{v}+\mathrm{i}0}-\frac{1}{\omega_--\boldsymbol{k}\cdot\boldsymbol{v}+\mathrm{i}0}\right\}\frac{2\mathrm{d}^3p}{(2\pi\hbar)^3},$$

其中 $\omega_\pm=\omega\pm\hbar k^2/2m$. 进行一次初等但相当费力的积分后，导致下列结果

$$\varepsilon_1(\omega,k)-1=\frac{3\Omega_{\mathrm{e}}^2}{2k^2v_{\mathrm{F}}^2}\{1-g(\omega_+)+g(\omega_-)\},$$

$$g(\omega)=\frac{m(\omega^2-k^2v_{\mathrm{F}}^2)}{2\hbar k^3v_{\mathrm{F}}}\ln\frac{\omega+kv_{\mathrm{F}}}{\omega-kv_{\mathrm{F}}}, \tag{40.16}$$

而且如果自变量 $u<0$，对数应理解为 $\ln|u|-\mathrm{i}\pi$. “等离体频率” Ω_{e} 仍然定义为 $\Omega_{\mathrm{e}}=(4\pi N_{\mathrm{e}}e^2/m)^{1/2}$.

在准经典极限，$\hbar k \ll p_F$，$\hbar\omega \ll \varepsilon_F$①，公式(40.16)导致并不含有 $\hbar$ 的一个简单表达式：

$$\varepsilon_1 - 1 = \frac{3\Omega_e^2}{k^2 v_F^2}\left[1 - \frac{\omega}{2kv_F}\ln\frac{\omega + kv_F}{\omega - kv_F}\right] + \begin{cases} 0, & \text{当} |\omega| > kv_F, \\ \mathrm{i}\dfrac{3\pi\Omega_e^2\omega}{2(kv_F)^3}, & \text{当} |\omega| < kv_F. \end{cases} \tag{40.17}$$

静态情况尤其令人感兴趣. 当 $\omega = 0$ 时，表达式(40.16)作为 k 的函数，在 $\hbar k$ 等于费米球直径

$$\hbar k = 2p_F \tag{40.18}$$

的点有奇异性；在这点，其中一个对数的自变量变为零. 在此点附近，

$$\varepsilon_1(0,k) - 1 = \frac{e^2}{2\pi\hbar\varepsilon_F}\left[1 - \xi\ln\frac{1}{|\xi|}\right],$$
$$\xi = (\hbar k - 2p_F)/(2p_F), \quad |\xi| \ll 1. \tag{40.19}$$

我们将证明，这个奇点(称为科恩奇点)的存在导致等离体中电荷场屏蔽性质的变化，它不再是指数式的. ②

我们将表达式(40.19)写成下列形式：

$$\varepsilon_1(0,k) = \beta - \alpha\xi\ln\frac{1}{|\xi|}, \tag{40.20}$$

其中 $\alpha = e^2/(2\pi\hbar v_F)$，而常量 β 可能也包括来自等离体的非简并性离子组分的非奇异贡献.

由于等离体中处于静止的小点电荷 e_1 所产生的场，它的傅里叶分量用电容率表达为下列公式

$$\varphi_k = \frac{4\pi e_1}{k^2\varepsilon_1(0,k)} \tag{40.21}$$

(见§31，题1). 关于电势作为离电荷 e_1 的距离的函数 $\varphi(r)$，我们有

$$\varphi(r) = \int \varphi_k e^{\mathrm{i}\boldsymbol{k}\cdot\boldsymbol{r}}\frac{\mathrm{d}^3k}{(2\pi)^3} = \frac{1}{2\pi^2 r}\mathrm{Im}\int_0^\infty \varphi_k e^{\mathrm{i}k\cdot r}k\mathrm{d}k. \tag{40.22}$$

当 $k\to 0$ 时，函数 $\varphi(k)$ 趋于常量极限，并且没有任何奇异性. 因此，当 $r\to\infty$ 时，(40.22)中积分的渐近形式由这个函数在 $\hbar k = 2p_F$ 的奇异性确定. 在该点附近，

$$\varphi_k = \frac{e_1\pi\hbar^2}{\beta p_f^2}\left[1 + \frac{\alpha}{\beta}\xi\ln\frac{1}{|\xi|}\right].$$

---

① 在 $T = 0$ 时，这些条件是充分的，问题在于当 $\hbar kv_F/\varepsilon_F \to 0$ 和 $T\to 0$ 时，ε_1 的极限值不依赖于过渡到极限的次序. 因此 $\hbar kv_F$ 与 T 之间的关系不重要.

② 当满足条件(40.18)时引出的奇点，它的物理推论是由科恩(W. Kohn(1959))指出的.

这个区域对积分渐近值的贡献是

$$\varphi(r) \approx \frac{2e_1\alpha}{\pi\beta^2 r}\mathrm{Im}(\mathrm{e}^{2\mathrm{i}p_\mathrm{F}r/\hbar}J),$$

$$J = \int_{-\infty}^{\infty} \xi\ln\frac{1}{|\xi|}\mathrm{e}^{2\mathrm{i}p_\mathrm{F}r\xi/\hbar}\mathrm{d}\xi;$$

由于迅速收敛性(见下面),对 ξ 的积分可以取为从 $-\infty$ 至∞.

为计算积分 J,我们将它分成从 $-\infty$ 至 0 和 0 至∞ 的两部分,并在每一部分中我们使积分路径在复 ξ 平面转动直至它与正虚轴重合. 然后,令 $\xi=\mathrm{i}y$,我们得到

$$J = \int_0^{\infty} \mathrm{e}^{-2p_\mathrm{F}ry/\hbar}\left[\ln\frac{1}{-\mathrm{i}y} - \ln\frac{1}{\mathrm{i}y}\right]y\mathrm{d}y.$$

括号中的差值正好是 $\mathrm{i}\pi$,所以 $J=\mathrm{i}\pi(\hbar/2p_\mathrm{F}r)^2$. 最后结果是

$$\varphi(r) \approx \frac{e_1\alpha\hbar^2}{2\beta^2p_\mathrm{F}^2}\frac{\cos(2p_\mathrm{F}r/\hbar)}{r^3}. \tag{40.23}$$

因此,远离电荷受屏蔽场的电势是振荡的,其振幅按幂律减小. 对 $T=0$ 的简并性等离体所推导出的这个结果,对于低温下在距离 $r \ll \hbar v_\mathrm{F}/T$ 处仍然有效.

习　　题

对于 $T=0$ 的简并性等离体. 在 k 值的准经典范围确定电子振荡谱.

解: 函数 $\omega(k)$ 由 $\varepsilon_1(\omega,k)=0$ 给出,而 ε_1 用(40.17)的表达式. 对于小 k($kv_\mathrm{F} \ll \Omega_\mathrm{e}$),我们发现 $kv_\mathrm{F}/\omega \ll 1$;将 $\varepsilon_1(\omega,k)$ 用这个比值作展开,我们求得

$$\omega = \Omega_\mathrm{e}\left[1+\frac{3}{10}\left(\frac{kv_\mathrm{F}}{\Omega_\mathrm{e}}\right)^2\right] \tag{1}$$

(А. А. Власов,1938).[①] 这部分谱对应于寻常等离体振荡(参见(32.5)).

对于大 k($kv_\mathrm{F} \gg \Omega_\mathrm{e}$,但仍有 $\hbar k \ll p_\mathrm{F}$),我们发现 $\omega \approx kv_\mathrm{F}$. 用逐步求近法求解方程 $\varepsilon_1=0$,我们得到

$$\omega = kv_\mathrm{F}\left[1+2\exp\left(-\frac{2k^2v_\mathrm{F}^2}{3\Omega_\mathrm{e}^2}-2\right)\right] \tag{2}$$

(И. И. Гольдман,1947). 这部分谱类似于不带电费米气体中的零声(参见第九卷(4.16)).

图 12 以图解显示谱的形状. 我们注意到:到处有 $\omega/k > v_\mathrm{F}$;因为当 $T=0$ 时,

---

① 我们注意到,简并等离体中准经典频率 Ω_e 的条件($\hbar\Omega_\mathrm{e} \ll \varepsilon_\mathrm{F}$)与理想等离体的条件(40.4)相同.

没有速率 $v > v_F$ 的粒子. 所以朗道阻尼严格为零.

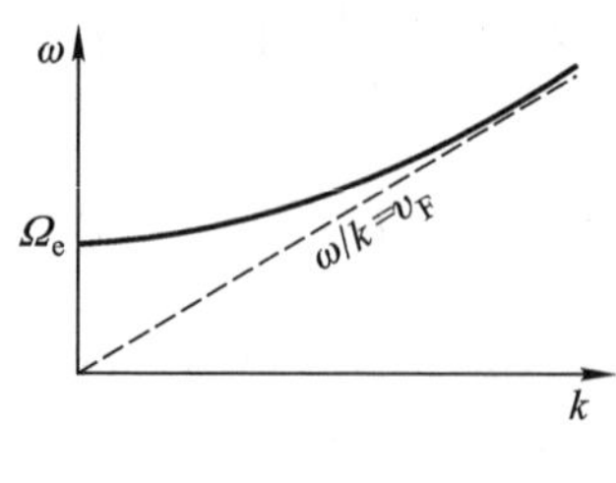

图 12

第四章

等离体中的碰撞

§41 朗道碰撞积分

关于等离体性质的研究，如果考虑到粒子间的碰撞，就必须从推导对电子和离子的分布函数的动理方程开始.

这个情况的特点与带电粒子间库仑相互作用力的缓慢减小有关. 如果玻尔兹曼碰撞积分被照原样应用，结果是对于互相碰撞粒子间的大距离来说，将导致积分是发散的. 这意味着远距碰撞起重要作用. 但在大距离时，粒子发生偏移只有微小动量变化. 这种情况容许具有类似于在福克尔－普朗克方程中那样的碰撞积分形式. 然而，与后者不相同的是，碰撞积分对所寻求分布函数来说现在不是线性关系. 但是碰撞中动量变化相对很小，在任何情况下意味着可以把碰撞积分所描述的过程当作动量空间中的扩散来处理. 因此，它可以写成

$$C(f) = -\nabla_p \cdot \boldsymbol{s} \equiv -\frac{\partial s_\alpha}{\partial p_\alpha},$$

其中 $\boldsymbol{s}$ 是动量空间中的粒子流密度. 问题是要把这个粒子流用分布函数来表达.

对于一个动量为 $\boldsymbol{p}$ 的粒子与动量为 $\boldsymbol{p}'$ 在范围 d^3p' 内的粒子之间每单位时间发生的碰撞数，我们写成

$$wf(\boldsymbol{p})f'(\boldsymbol{p}')\,\mathrm{d}^3q\mathrm{d}^3p';$$

在碰撞中，$\boldsymbol{p}$ 和 $\boldsymbol{p}'$ 分别变成 $\boldsymbol{p}+\boldsymbol{q}$ 和 $\boldsymbol{p}'-\boldsymbol{q}$. 这里已经考虑到碰撞中的动量守恒. 为简洁起见，省略了分布函数中的自变最 t 和 $\boldsymbol{r}$. 粒子 $\boldsymbol{p}$ 和粒子 $\boldsymbol{p}'$ 可以是等离体中的相同类型或者不同类型（电子，离子）. 我们将认为函数 w 是通过每个粒子碰撞前后动量之和的一半以及动量传递 $\boldsymbol{q}$ 来表达的：

$$w\left(\boldsymbol{p}+\frac{\boldsymbol{q}}{2},\boldsymbol{p}'-\frac{\boldsymbol{q}}{2};\boldsymbol{q}\right);$$

当然，它还依赖于相碰撞粒子的类型. 根据细致平衡原理（2.8），函数 w 关于初

始粒子和终末粒子的交换是对称的：

$$w\left(\boldsymbol{p}+\frac{\boldsymbol{q}}{2},\boldsymbol{p}'-\frac{\boldsymbol{q}}{2};\boldsymbol{q}\right)=w\left(\boldsymbol{p}+\frac{\boldsymbol{q}}{2},\boldsymbol{p}'-\frac{\boldsymbol{q}}{2};-\boldsymbol{q}\right),\qquad(41.1)$$

函数 w 含有一个 δ 函数的因子,它表达碰撞中能量守恒(动量守恒早已被考虑到).

让我们考虑(给定类型粒子)动量空间某点 $\boldsymbol{p}$ 垂直于 p_α 轴的单位面积. 按定义,粒子流密度分量 s_α 是每单位时间从左向右穿过这个面积比从右向左穿过它所超过的(该类)粒子数. 动量空间中的移动是碰撞的结果. 如果一个粒子在碰撞中接受动量的 α 分量等于 $q_\alpha(>0)$,这种碰撞的结果将是,对于从左向右穿过这面积的那些粒子,碰撞前它们的这个分量值位于从 $p_\alpha-q_\alpha$ 至 p_α. 因此,从左向右穿过该面积的粒子总数是

$$\sum\int\limits_{q_\alpha>0}\mathrm{d}^3q\int\mathrm{d}^3p'\int\limits_{p_\alpha-q_\alpha}^{p_\alpha}w\left(\boldsymbol{p}+\frac{\boldsymbol{q}}{2},\boldsymbol{p}'-\frac{\boldsymbol{q}}{2};\boldsymbol{q}\right)f(\boldsymbol{p})f'(\boldsymbol{p}')\,\mathrm{d}p_\alpha.$$

求和是对带撇号量所指的所有粒子类型采取的(当然,包括不带撇号量所指的给定类型). 类似地,从右向左穿过该面积的粒子数可写成

$$\sum\int\limits_{q_\alpha>0}\mathrm{d}^3q\int\mathrm{d}^3p'\int\limits_{p_\alpha-q_\alpha}^{p_\alpha}w\left(\boldsymbol{p}+\frac{\boldsymbol{q}}{2},\boldsymbol{p}'-\frac{\boldsymbol{q}}{2};-\boldsymbol{q}\right)f(\boldsymbol{p}+\boldsymbol{q})f'(\boldsymbol{p}'-\boldsymbol{q})\,\mathrm{d}p_\alpha.$$

由于(41.1),两个积分中的函数 w 是相同的. 因此这些积分的差含有被积表达式中的差

$$f(\boldsymbol{p})f'(\boldsymbol{p}')-f(\boldsymbol{p}+\boldsymbol{q})f'(\boldsymbol{p}'-\boldsymbol{q}).$$

现在我们应用动量传递 $\boldsymbol{q}$ 很小这个事实(更确切地说,积分中重要的 $\boldsymbol{q}$ 值远小于 $\boldsymbol{p}$ 和 $\boldsymbol{p}'$). 将上述差展开成 $\boldsymbol{q}$ 的幂函数,直至一级项我们求得

$$\left[-\frac{\partial f(\boldsymbol{p})}{\partial p_\beta}f'(\boldsymbol{p}')+f(\boldsymbol{p})\frac{\partial f'(\boldsymbol{p}')}{\partial p'_\beta}\right]q_\beta.$$

于是,至相同准确度,我们可以在被积表达式中令

$$w\left(\boldsymbol{p}+\frac{\boldsymbol{q}}{2},\boldsymbol{p}'-\frac{\boldsymbol{q}}{2};\boldsymbol{q}\right)\approx w(\boldsymbol{p},\boldsymbol{p}';\boldsymbol{q}).$$

对 $\mathrm{d}p_\alpha$ 的积分,它包括从 $p_\alpha-q_\alpha$ 至 p_α 的小区间,可用这个区间 q_α 简单相乘来代替. 结果是

$$s_\alpha=\sum\int\limits_{q_\alpha>0}\mathrm{d}^3q\int w(\boldsymbol{p},\boldsymbol{p}';\boldsymbol{q})\left[f(\boldsymbol{p})\frac{\partial f'(\boldsymbol{p}')}{\partial p'_\beta}-\right.$$

$$\left.-f'(\boldsymbol{p}')\frac{\partial f(\boldsymbol{p})}{\partial p_\beta}\right]q_\alpha q_\beta\,\mathrm{d}^3p'.\qquad(41.2)$$

由于(41.1),$w(\boldsymbol{p},\boldsymbol{p}';\boldsymbol{q})$是 $\boldsymbol{q}$ 的偶函数,因而(41.2)中整个被积表达式也是偶函数. 这使我们能够把对半空间 $q_\alpha>0$ 的积分用对整个 $\boldsymbol{q}$ 空间积分的一半来代替.

在重写表达式(41.2)时,我们同时在其中按照

$$w\mathrm{d}^3q = |\boldsymbol{v} - \boldsymbol{v}'|\mathrm{d}\sigma$$

引进碰撞截面来代替函数 w. 正如由于写下关于碰撞积分的形式(3.9)时所早已解释过的,从此以后可以认为独立积分的数目已通过应用能量守恒律而减少. 因此每类粒子在动量空间的动量流密度采取下列形式:

$$s_\alpha = \sum \int \left[f(\boldsymbol{p})\frac{\partial f'(\boldsymbol{p}')}{\partial p'_\beta} - f'(\boldsymbol{p}')\frac{\partial f(\boldsymbol{p})}{\partial p_\beta}\right] B_{\alpha\beta}\mathrm{d}^3p', \tag{41.3}$$

其中

$$B_{\alpha\beta} = \frac{1}{2}\int q_\alpha q_\beta |\boldsymbol{v} - \boldsymbol{v}'|\mathrm{d}\sigma. \tag{41.4}$$

剩下还要计算对于按库仑律相互作用的粒子的碰撞的量 $B_{\alpha\beta}$.

对于小偏移角,相碰粒子的动量变化 $\boldsymbol{q}$ 垂直于其相对速度 $\boldsymbol{v} - \boldsymbol{v}'$. 因此,张量 $B_{\alpha\beta}$ 对矢量 $\boldsymbol{v} - \boldsymbol{v}'$ 也是横向的:

$$B_{\alpha\beta}(v_\beta - v'_\beta) = 0. \tag{41.5}$$

立刻可以注意到,对于所有粒子的平衡分布,这样就自动保证了流(41.3)变为零. 用麦克斯韦分布 f 和 f'(具有相同温度 T),(41.3)中的被积表达式变成

$$\frac{ff'}{T}(v'_\beta - v_\beta)B_{\alpha\beta} = 0.$$

矢量 $\boldsymbol{v} - \boldsymbol{v}'$ 同时也是张量能够依赖的唯一矢量. 这种张量,对 $\boldsymbol{v} - \boldsymbol{v}'$ 为横向,必须具有下列形式

$$B_{\alpha\beta} = \frac{1}{2}B\left[\delta_{\alpha\beta} - \frac{(v_\alpha - v'_\alpha)(v_\beta - v'_\beta)}{(v - v')^2}\right],$$

其中标量

$$B = B_{\alpha\alpha} = \frac{1}{2}\int q^2 |\boldsymbol{v} - \boldsymbol{v}'|\mathrm{d}\sigma.$$

令 χ 为(二粒子质心系中)相对速度的偏移角. 对于小偏移角,动量改变具有数量为 $q \approx \mu|\boldsymbol{v} - \boldsymbol{v}'|\chi$,其中 μ 是粒子的约化质量. 因此

$$B = \frac{1}{2}\mu^2|\boldsymbol{v} - \boldsymbol{v}'|^3\int\chi^2\mathrm{d}\sigma = \mu^2|\boldsymbol{v} - \boldsymbol{v}'|^3\sigma_t,$$

其中

$$\sigma_t = \int(1 - \cos\chi)\mathrm{d}\sigma \approx \frac{1}{2}\int\chi^2\mathrm{d}\sigma$$

是输运截面. 关于库仑场中小角散射的微分散射截面,由卢瑟福公式给出为

$$\mathrm{d}\sigma \approx \frac{4(ee')^2\mathrm{d}o}{\mu^2(\boldsymbol{v} - \boldsymbol{v}')^4\chi^4} \approx \frac{8\pi(ee')^2\mathrm{d}\chi}{\mu^2(\boldsymbol{v} - \boldsymbol{v}')^4\chi^3} \tag{41.6}$$

(其中 e 和 e' 是相碰粒子上的电荷). 因此,输运截面是

$$\sigma_t = \frac{4\pi(ee')^2}{\mu^2(\boldsymbol{v} - \boldsymbol{v}')^4}L, \quad L = \int\frac{\mathrm{d}\chi}{\chi}. \tag{41.7}$$

所以，$B_{\alpha\beta}$的值是

$$B_{\alpha\beta}=\frac{2\pi(ee')^2}{|\boldsymbol{v}-\boldsymbol{v}'|}L\left[\delta_{\alpha\beta}-\frac{(v_\alpha-v'_\alpha)(v_\beta-v'_\beta)}{(\boldsymbol{v}-\boldsymbol{v}')^2}\right]. \tag{41.8}$$

积分 L 是对数发散的. 下限处的发散的物理原因是库仑力减小的缓慢性，导致小角度散射的高概率. 然而实际上，电中性等离体中，一个粒子的库仑场在充分大距离处受到其余电荷的屏蔽；令 $\chi_{\min}$ 表示仍能被认为是库仑散射的最小散射角的数量级. 上限处的发散只不过是由于所有公式都是在小角度散射的假设下写出的，而当 $\chi\sim1$ 时它们不再适用. 注意到大自变量的对数对该自变量的小变化是相当不敏感的，我们可以按它们的数量级的估计量取作积分限，写出

$$L=\ln(1/\chi_{\min}). \tag{41.9}$$

这个量称为*库仑对数*. 同时必须强调，确定它的这种方法使整个讨论限于所谓*对数准确度*，它不仅忽略了远小于大量 $1/\chi_{\min}$ 的量，而且也忽略了远小于其对数的量.

$\chi_{\min}$ 的实际估计依赖于粒子的散射是用经典力学描述还是用量子力学描述（表达式(41.8)本身对两种情况都是有效的，因为纯库仑散射在经典力学中和在量子力学中都是用卢瑟福公式描述的①）.

等离体中一个粒子的库仑场，德拜半径 a 量级的距离被屏蔽. 在经典情况，$\chi_{\min}$定义为在碰撞参量 $\sim a$ 处通过的散射角. 相应的动量变化是 $q\sim|ee'|/(a\bar{v}_{\mathrm{r}})$（即力 $\sim|ee'|/a^2$ 和渡越时间 $\sim a/\bar{v}_{\mathrm{r}}$ 的乘积）. ②q 除以动量 $\sim\mu\bar{v}_{\mathrm{r}}$，我们有 $\chi_{\min}\sim|ee'|/(a\mu\bar{v}_{\mathrm{r}}^2)$. 经典散射的条件是$|ee'|/\hbar\bar{v}_{\mathrm{r}}\gg1$（见第三卷，§127）. 因而我们有

$$L=\ln\frac{a\mu\bar{v}_{\mathrm{r}}^2}{|ee'|},\quad 当\frac{|ee'|}{\hbar\bar{v}_{\mathrm{r}}}\gg1. \tag{41.10}$$

在相反的极限情况$|ee'|/(\hbar\bar{v}_{\mathrm{r}})\ll1$，散射必须按量子力学方式应用玻恩近似处理. 这个情况下散射截面用具有波矢 $\boldsymbol{q}/\hbar$ 的散射势的傅里叶分量来表达. 屏蔽电荷“云”（尺度 $\sim a$）对这个分量的贡献，当 $qa/\hbar\gtrsim1$ 时变得很小；这正是纯库仑散射的条件. 从而角 $\chi_{\min}$ 按条件

$$q_{\min}a/\hbar\sim\mu\bar{v}\chi_{\min}a/\hbar\sim1$$

求出. 于是，在这个情况，

$$L=\ln\frac{\mu a\bar{v}_{\mathrm{r}}}{\hbar},\quad 当\frac{|ee'|}{\hbar\bar{v}_{\mathrm{r}}}\ll1. \tag{41.11}$$

---

① 在量子情况，对于同类粒子（电子）的散射，必须考虑到交换效应. 然而，这个效应并不改变小角度散射截面的极限形式(41.6).

② 这里以及下面所有类似地方，$\bar{v}_{\mathrm{r}}$ 是两个粒子相对速度$\boldsymbol{v}-\boldsymbol{v}'$的平均值. 如果两粒子为同一类型，它是平均值 $\bar{v}$；如果它们为不同类型，它是 $\bar{v}$ 和 $\bar{v}'$中的大者.

当然,当$|ee'| \sim \hbar\bar{v}_r$时,表达式(41.10)和(41.11)重合.

现在让我们通过将(41.8)代入(41.3),写出动量空间中流密度的最终表达式:

$$s_\alpha = \sum 2\pi(ee')^2 L\int\left(f\frac{\partial f'}{\partial p'_\beta} - f'\frac{\partial f}{\partial p_\beta}\right)\times$$
$$\times\frac{(\boldsymbol{v}-\boldsymbol{v}')^2\delta_{\alpha\beta}-(v_\alpha - v'_\alpha)(v_\beta - v'_\beta)}{|\boldsymbol{v}-\boldsymbol{v}'|^3}\mathrm{d}^3p'. \qquad (41.12)$$

相应的动理方程是

$$\frac{\partial f}{\partial t}+\boldsymbol{v}\cdot\frac{\partial f}{\partial \boldsymbol{r}}+e\left(\boldsymbol{E}+\frac{1}{c}\boldsymbol{v}\times\boldsymbol{B}\right)\cdot\frac{\partial f}{\partial \boldsymbol{p}} = -\nabla_p\cdot\boldsymbol{s} \qquad (41.13)$$

(其中e是与f有关的粒子上的电荷,即对电子是$-e$而对离子是ze).对于粒子间有库仑相互作用的气体,对数近似下的碰撞积分是由朗道(Л. Д. Ландау(1936))所确定的.

朗道碰撞积分的适用性依赖于满足某些条件.分布函数明显变化的特征长度$1/k$必须远大于屏蔽半径a,而特征时间$1/\omega$必须远大于$a/\bar{v}_r$;然而,在对数近似下,实际上充分的是只要这些条件以弱形式,即用$<$来代替$\ll$,

$$ka<1, \quad \omega<\bar{v}_r/a \qquad (41.14)$$

得到满足.

习　题

§34中曾经证明.具有波数$\boldsymbol{k}$的电子密度的微扰已经由于朗道阻尼被消除后,分布函数的微扰仍继续像$\mathrm{e}^{-\mathrm{i}\boldsymbol{k}\cdot\boldsymbol{v}t}$(34.16)那样振荡.求出当时间$t\gg 1/(k\bar{v})$时,由于库仑碰撞这些振荡的阻尼.

解:我们寻求下列形式的分布函数:

$$f=f_0+\delta f, \quad \delta f = a(t,\boldsymbol{v})\mathrm{e}^{-\mathrm{i}\boldsymbol{k}\cdot\boldsymbol{v}t+\mathrm{i}\boldsymbol{k}\cdot\boldsymbol{r}}, \qquad (1)$$

其中δf是平衡分布f_0的微扰,而a是速度的慢变函数(仅在区间$\sim\bar{v}\gg 1/(kt)$才有明显变化).将(1)代入(41.12),我们只需在被积表达式中保留下面这样的项:

$$-f_0(\boldsymbol{p}')\frac{\partial\delta f(\boldsymbol{p})}{\partial\boldsymbol{p}}\approx\frac{\mathrm{i}}{m}\boldsymbol{k}t\delta f(\boldsymbol{p})f_0(\boldsymbol{p}');$$

其余项仅有很小贡献,这或者是由于迅速振荡因子$\exp(-\mathrm{i}\boldsymbol{k}\cdot\boldsymbol{v}'t)$使积分变得很小.或者是由于它们并不包含因子$kt\gg 1/\bar{v}$.对于后一原因,在计算$\nabla_p\cdot\boldsymbol{s}$时需要求导的也只有指数因子.于是动理方程给出

$$\frac{\partial a}{\partial t} = -k_\alpha k_\beta b_{\alpha\beta}t^2 a,$$

其中数量级上系数$b_{\alpha\beta}\sim\bar{v}^2\nu$,而$\nu$是碰撞频率.因此

$$a(t,\boldsymbol{v}) = a_0(\boldsymbol{v})\exp\left\{-\frac{1}{3}k_\alpha k_\beta b_{\alpha\beta}t^3\right\}, \qquad (2)$$

从而振荡的阻尼时间是

$$\tau_{\mathrm{d}} \sim \nu^{-1/3}(k\bar{v})^{-2/3}.$$

因为朗道阻尼的整个理论仅当 $k\bar{v} >> \nu$ 才有意义,我们有 $\tau_{\mathrm{d}} << 1/\nu$. (2)式的结果仅当其中指数远小于(1)式中指数 kvt 时才正确;为此我们必须有 $t << (\nu k\bar{v})^{-1/2}$. 此时,振荡被阻尼到乘以因子 $\exp[-\sqrt{k\bar{v}/\nu}]$.

§42　电子与离子之间的能量传递

电子质量 m 和离子质量 M 之间的很大差别阻碍了电子与离子间的能量传递:当一个重粒子与一个轻粒子碰撞时,各自能量几乎不变. 因此,电子间和离子间各自平衡的建立要比电子与离子间平衡的建立快得多. 结果很容易导致这样一种情况,等离体的电子和离子组分各自具有麦克斯韦分布,但带有不同温度 T_{e} 和 T_{i},它们中 T_{e} 通常较大.

电子和离子温度之间的差别引起等离体两组分间的能量传递,这可确定如下(Л. Д. Ландау,1936).

对属于电子的和属于离子的物理量,我们将暂时分别用字母上带符号"′"和不带符号来表示. 每单位体积和单位时间离子能量的变化由下列积分给出:

$$\frac{\mathrm{d}E}{\mathrm{d}t} = \int \varepsilon C(f)\,\mathrm{d}^3p = -\int \varepsilon\, \nabla_p \cdot \boldsymbol{s}\,\mathrm{d}^3p,$$

或者,分部积分

$$\frac{\mathrm{d}E}{\mathrm{d}t} = \int \boldsymbol{s}\cdot\frac{\partial\varepsilon}{\partial\boldsymbol{p}}\mathrm{d}^3p = \int \boldsymbol{s}\cdot\boldsymbol{v}\,\mathrm{d}^3p \tag{42.1}$$

(对动量空间中无限远曲面上的积分照例为零).

确定动量空间中电子流和离子流的公式(41.3)中的求和,剩下的仅有相应于电子离子碰撞的那些项;电子电子和离子离子碰撞的项对麦克斯韦分布来说为零. 将温度分别为 T' 和 T 的麦克斯韦分布代入这些剩余项中,对于离子流我们得到

$$s_\alpha = \int ff'\left(\frac{v_\beta}{T} - \frac{v'_\beta}{T'}\right)B_{\alpha\beta}\mathrm{d}^3p'.$$

按(41.5),$B_{\alpha\beta}v'_\beta = B_{\alpha\beta}v_\beta$,作这个变换并将离子流 $\boldsymbol{s}$ 代入(42.1),我们求得

$$\frac{\mathrm{d}E}{\mathrm{d}t} = \left(\frac{1}{T} - \frac{1}{T'}\right)\int ff'v_\alpha v_\beta B_{\alpha\beta}\mathrm{d}^3p\mathrm{d}^3p'. \tag{42.2}$$

因为电子质量小,它们的速度平均来说远大于离子的. 因此在 $B_{\alpha\beta}$ 中我们令 $v'_\alpha - v_\alpha \approx v'_\alpha$. 于是量 $B_{\alpha\beta}$ 不再依赖于 v_α,从而在(42.2)中我们可以完成对 d^3p 的积分:

$$\int fv_\alpha v_\beta \mathrm{d}^3p = \frac{1}{3}\delta_{\alpha\beta}N\overline{v^2} = \delta_{\alpha\beta}N\frac{T}{M}.$$

因此

$$\frac{\mathrm{d}E}{\mathrm{d}t}=\frac{NT}{M}\left(\frac{1}{T}-\frac{1}{T'}\right)\int f'B\mathrm{d}^3p'. \tag{42.3}$$

最后,这里把由(41.8)的 $B=4\pi e^4z^2L/v'$(其中 ze 是离子电荷)代入,并注意到对于麦克斯韦分布有

$$\int f'\frac{\mathrm{d}^3p'}{v'}=N'\sqrt{\frac{2m}{\pi T'}},$$

我们得到

$$\frac{\mathrm{d}E}{\mathrm{d}t}=\frac{4NN'z^2e^4\sqrt{2\pi m}L}{MT'^{3/2}}(T'-T). \tag{42.4}$$

具有负号的同样表达式给出等离体中电子组分的能量减少,$-\mathrm{d}E'/\mathrm{d}t$. 将每单位体积的电子能量用电子温度表达为 $E'=3N'T'/2$,并对电子和离子量恢复应用下标 e 和 i,我们可以写出电子温度变化率的下列最终表达式:

$$\frac{\mathrm{d}T_e}{\mathrm{d}t}=-\frac{T_e-T_i}{\tau_{ei}^{\varepsilon}},\quad \tau_{ei}^{\varepsilon}=\frac{T_e^{3/2}M}{8N_iz^2e^4L_e(2\pi m)^{1/2}}. \tag{42.5}$$

这里库仑对数是

$$L_e=\begin{cases}\ln(aT_e/ze^2), & \text{当 } ze^2/(\hbar v_{Te})\gg 1,\\ \ln\left(\sqrt{mT_e}a/\hbar\right), & \text{当 } ze^2/(\hbar v_{Te})\ll 1.\end{cases} \tag{42.6}$$

量 τ_{ei}^{ε} 是关于电子离子间建立平衡的弛豫时间.

§43 等离体中粒子的平均自由程

我们由§41中的推导看出,输运截面 σ_t(41.7)在动理方程中起碰撞参量的作用. 它因而也一定会出现在平均自由程的定义中.

对于电子电子(ee)和电子离子(ei)碰撞,约化质量 $\mu\sim m$,以及因为电子速率远大于离子速率,我们有

$$\mu(v_e-v_i)^2\sim mv_{Te}^2\sim T_e.$$

由此得到电子平均自由程的估计量为

$$l_e\sim T_e^2/(4\pi e^4NL_e), \tag{43.1}$$

其中 L_e 由(42.6)给出. 估计量中省略了因子 z,它被假设为 $z_i\sim 1$. 电子平均自由时间 τ_e(或其倒数,碰撞频率 ν_e)是

$$\tau_e\sim\frac{1}{\nu_e}\sim\frac{l_e}{v_{Te}}\sim\frac{T_e^{3/2}m^{1/2}}{4\pi e^4NL_e}. \tag{43.2}$$

注意到

$$\frac{l_e}{a_e} \sim \frac{1}{L_e}\left(\frac{T_e}{N^{1/3}e^2}\right)^{3/2},$$

和由于等离体为稀薄的条件(27.1)而有 $l_e >> a_e$. 因此,碰撞频率远小于电子等离体频率:

$$\nu_e << v_{Te}/a_e = \Omega_e. \tag{43.3}$$

类似地,关于离子离子(ii)碰撞的离子平均自由程是

$$l_i \sim T_i^2/(4\pi e^4 N L_i), \quad L_i = \ln(aT_i/e^2), \tag{43.4}$$

其中 L_i 是用离子量代替电子量的库仑对数. 相应的平均自由时间是

$$\tau_{ii} \sim \frac{1}{\nu_{ii}} \sim \frac{T_i^{3/2} M^{1/2}}{4\pi e^4 N L_i}. \tag{43.5}$$

量 τ_e 确定等离体的电子组分建立局域热平衡的弛豫时间的数量级,而 τ_{ii} 是关于离子组分的相应弛豫时间. 虽然对 ee 和 ei 碰撞的频率 ν_{ee} 和 ν_{ei} 具有相同量级,但 τ_e 绝对不是电子和离子间建立平衡的弛豫时间,它仅描述从电子向离子的动量传递率,而不是描述它们之间的能量交换率. 电子离子平衡的弛豫时间由 §42 中所确定的量 τ_{ei}^{ε} 给出. 把这些不同的时间进行比较表明

$$\tau_{ee} : \tau_{ii} : \tau_{ei}^{\varepsilon} \sim 1 : (M/m)^{1/2} : (M/m). \tag{43.6}$$

平均自由程可用来估计等离体的动理系数.

为估计电导率 σ,我们应用熟悉的"气体动理学理论"的初等公式. 具有电荷 e 和质量 m 的粒子(载流子),在自由运动的时间 τ 内,从电场 E 获得"有序"速率 $V \sim \tau eE/m$. 这个运动所产生的电流密度是 $j \sim eNV$. 电导率是 j 和 E 之间的比例因子,因此是

$$\sigma \sim e^2 N\tau/m \sim e^2 Nl/(mv_T), \tag{43.7}$$

其中 l, m 和 v_T 选取属于较轻粒子即电子的量. 应用这个公式,σ 的估计量是

$$\sigma \sim T_e^{3/2}/e^2 m^{1/2} L_e. \tag{43.8}$$

热导率可用初等公式(7.10)类似地加以估计. 电子起主要作用,我们有 $\kappa \sim N_e l_e v_{Te} c_e$(其中 $c_e \sim 1$ 是电子热容),由此得

$$\kappa \sim T_e^{5/2}/(e^4 m^{1/2} L_e). \tag{43.9}$$

等离体的黏度,与电导率和热导率不同,主要归因于离子运动,这是由于等离体的大部分动量集中于离子组分. 而且,一个离子与电子发生碰撞时,其动量变化不大,为此仅考虑 ii 碰撞就够了. 黏度按(8.11)估计为 $\eta \sim N_i M l_i v_{Ti}$,由此

$$\eta \sim M^{1/2} T_i^{5/2}/(e^4 L_i). \tag{43.10}$$

关于表达式(43.8)—(43.10)中系数的计算,需要求解带朗道碰撞积分的线性化动理方程,这只能用近似数值计算方法完成. 例如,对于氢等离体($z=1$),关于 σ, κ 和 η 表达式中的系数,分别是 0.6,0.9 和 0.4.

§44 洛伦兹等离体

在计算等离体中对动理系数的电子贡献时，一般必须考虑到 ei 和 ee 两类碰撞. 然而，如果离子电荷充分大，ei 碰撞的影响可能占优势. 的确，ee 碰撞截面正比于$(e^2)^2$，而这种碰撞的频率 ν_{ee} 还正比于电子密度 N_e；类似地，ei 碰撞的频率正比于$(ze^2)^2N_i=e^4zN_e$，所以如果 $z\gg1$ 则有 $\nu_{ei}\gg\nu_{ee}$. 一个等离体，当其中的 ee 碰撞与 ei 碰撞比较起来可以忽略时，称为洛伦兹等离体. 虽然这不是一个很现实的情况，但就方法论上来说以及就对其他系统的可能应用①来说，这都是令人感兴趣的.

因为离子速率远小于电子速率，一级近似下可以忽略离子速率，即可认为离子是静止的，而且具有给定分布. 关于外电场中等离体行为的问题，有一从尤方向——电场 $\boldsymbol{E}$ 的方向. 如果电子分布函数仅略不同于平衡形式，$f=f_0(p)+\delta f$，小校正项 δf 对电场是线性的，即，具有形式 $\delta f=\boldsymbol{p}\cdot\boldsymbol{E}g(p)$. 这些条件下的电子离子碰撞积分，与 §11 关于轻气体在重气体中扩散问题给出的碰撞积分形式上相同：

$$C(f)=-\nu_{ei}(v)\delta f,\tag{44.1}$$

带有与速率有关的有效碰撞频率：

$$\nu_{ei}(v)=N_iv\sigma_t^{(ei)},\tag{44.2}$$

而 $\sigma_t^{(ei)}$ 是电子被离子散射的输运截面. 用(41.7)给出的 $\sigma_t^{(ei)}$ 和 $zN_i=N_e$，我们求得

$$\nu_{ei}(v)=\frac{4\pi ze^4N_eL}{m^2v^3}.\tag{44.3}$$

本节余下部分我们将简单地写为 $\nu(v)$，省略下标 ei.

现在让我们来计算，空间均匀(波矢 $\boldsymbol{k}=\boldsymbol{0}$)但周期性变化($\propto e^{-i\omega t}$)的电场中，洛伦兹等离体的电容率. 对平衡分布的校正 δf 以同样方式依赖于时间，关于它的动理方程是

$$-i\omega\delta f-e\boldsymbol{E}\cdot\frac{\partial f_0}{\partial\boldsymbol{p}}+\nu(v)\delta f=0.\tag{44.4}$$

还注意到$\partial f_0/\partial\boldsymbol{p}=-\boldsymbol{v}f_0/T$，由此我们求得

$$\delta f=-\frac{e}{T}\boldsymbol{E}\cdot\boldsymbol{v}\frac{f_0}{\nu(v)-i\omega}.\tag{44.5}$$

电容率借助于关系式(29.4)：$-i\omega\boldsymbol{P}=\boldsymbol{j}$，或者

---

① 例如，一个弱电离气体，其中 ei 碰撞由电子与中性原子之间的碰撞所代替.

$$-\mathrm{i}\omega\frac{\varepsilon-1}{4\pi}\boldsymbol{E}=-e\int\boldsymbol{v}\,\delta f\mathrm{d}^3p \tag{44.6}$$

予以确定. 用(44.5)代入并对$\boldsymbol{v}$的方向平均(按$\langle v_\alpha v_\beta\rangle=\frac{1}{3}\delta_{\alpha\beta}v^2$),我们得到

$$\varepsilon(\omega)=1-\frac{4\pi e^2}{3\omega T}\int\frac{v^2f_0\mathrm{d}^3p}{\omega+\mathrm{i}\nu(v)}. \tag{44.7}$$

在极限$\omega\gg\nu$①,这个公式给出

$$\varepsilon(\omega)=1-\frac{4\pi e^2N_e}{m\omega^2}+\mathrm{i}\frac{4\pi e^2N_e}{3\omega^3T}\langle v^2\nu(v)\rangle, \tag{44.8}$$

其中$\langle\rangle$是对电子的麦克斯韦分布求平均. 用(44.3)的$\nu(v)$来计算平均值,我们得到

$$\varepsilon(\omega)=1-\frac{\Omega_e^2}{\omega^2}+\mathrm{i}\frac{4\sqrt{2\pi}}{3}\frac{ze^4LN_e}{T^{3/2}m^{1/2}}\frac{\Omega_e^2}{\omega^3}\quad(\omega\gg\nu). \tag{44.9}$$

然而,这个公式的有效范围还有一个上限,由碰撞积分中使对数近似适用的一般条件(41.14)给出,$\omega\ll v_{Te}/a_e=\Omega_e$(频率必须远小于电子等离体频率)②.

公式(44.9)具有特殊意义,因为它对任何(不仅大)z的值都是有效的. 当$\omega\gg\nu$时,碰撞仅引起小校正,因而 ei 和 ee 碰撞可以各自单独地处理. 不存在离子时,均匀电场仅会引起电子整体的位移,这种系统中的碰撞不能引起耗散(由电容率的虚部ε''表示),在这些条件下,耗散仅归因于(44.9)中考虑到的 ei 碰撞.

在相反的极限情况,当$\omega\ll\nu$时,电容率是

$$\varepsilon=\mathrm{i}\frac{4\pi\sigma}{\omega},\quad\sigma=\frac{e^2N_e}{3T}\left\langle\frac{v^2}{\nu(v)}\right\rangle. \tag{44.10}$$

这个极限表达式中的量σ是等离体的静电导率(见第八卷, §58). 用(44.3)的ν,计算给出

$$\sigma=\frac{4\sqrt{2}}{\pi^{3/2}}\frac{T^{3/2}}{ze^2Lm^{1/2}}. \tag{44.11}$$

当然,通过用(44.5)的δf(带有$\omega=0$)直接计算电流密度

$$\boldsymbol{j}=-e\int\boldsymbol{v}\,\delta f\mathrm{d}^3p$$

也会得到同样结果.

我们还将计算洛伦兹等离体的其他动理系数,它们与恒定($\omega=0$)电场和温度梯度下等离体的行为有关. 让我们首先回想一下这些系数的定义(见第八卷,

---

① 符号ν(不带自变量)表示$v=v_T$时$\nu(v)$的值. 在现在的情况,$\nu=4\pi ze^4N_eL/(m^{1/2}T_e^{3/2})$.

② 对$\omega\gg\Omega_e$时ε''的计算在 §48 中讨论.

§25).

大家知道,热平衡的条件要求在整个介质内,不仅温度是恒定的,而且 $\mu+U$ 也是恒定的,其中 μ 是粒子的化学势,而 U 是外场中粒子的能量. 在目前情况下,我们考虑的是对于电子的平衡,所以 μ 应理解为电子化学势,而 $U=-e\varphi$,其中 φ 是电场势. 因此,电流 $\boldsymbol{j}$ 和耗散能流 $\boldsymbol{q}'$ 仅当 $T=\text{const}$ 和 $\mu-e\varphi=\text{const}$,即 $\nabla T=0$, $\nabla\mu+e\boldsymbol{E}=0$ 时,才同时为零. 关于满足所述条件的 $\boldsymbol{j}$ 和 $\boldsymbol{q}'$ 的表达式写出如下:

$$\boldsymbol{E}+\frac{1}{e}\nabla\mu=\frac{1}{\sigma}\boldsymbol{j}+\alpha\,\nabla T, \tag{44.12}$$

$$\boldsymbol{q}'=\boldsymbol{q}-\left(\varphi-\frac{\mu}{e}\right)\boldsymbol{j}=\alpha T\boldsymbol{j}-\kappa\,\nabla T. \tag{44.13}$$

这里 σ 是介质的电导率,κ 是热导率,α 是温差电系数;(44.12)中 ∇T 前的系数与(44.13)中 $\boldsymbol{j}$ 前的系数之间的关系是根据昂萨格原理得出的. 量 $(\varphi-\mu/e)\boldsymbol{j}$(从总能流减去的部分)是运流能流密度①.

为计算动理系数,我们从动理方程

$$-e\boldsymbol{E}\cdot\frac{\partial f_0}{\partial\boldsymbol{p}}+\boldsymbol{v}\cdot\frac{\partial f_0}{\partial\boldsymbol{r}}=-\nu(v)\,\delta f \tag{44.14}$$

出发. 用形式为②

$$f_0=\exp\left(\frac{\mu-\varepsilon}{T}\right) \tag{44.15}$$

的平衡分布代入,我们求得

$$\delta f=-\frac{f_0}{T\nu(v)}(e\boldsymbol{E}+\nabla\mu)\cdot\boldsymbol{v}+f_0\frac{\mu-\varepsilon}{T^2\nu(v)}\boldsymbol{v}\cdot\nabla T. \tag{44.16}$$

温差电系数是在 $\boldsymbol{E}+\frac{1}{e}\nabla\mu=0$ 条件下,由方程 $\boldsymbol{j}=-\alpha\sigma\,\nabla T$ 中的系数计算. 我们写出

$$\boldsymbol{j}=-e\int\boldsymbol{v}\,\delta f\mathrm{d}^3p=-\frac{e}{T^2}\int f_0\frac{\mu-\varepsilon}{\nu(v)}\boldsymbol{v}\,(\boldsymbol{v}\cdot\nabla T)\,\mathrm{d}^3p,$$

在对 $\boldsymbol{v}$ 的方向平均后求得

$$\alpha=\frac{N_e e}{3\sigma T^2}\left\langle\frac{v^2(\mu-\varepsilon)}{\nu(v)}\right\rangle=\frac{1}{eT}\left\{\mu-\frac{\langle v^2\varepsilon/\nu(v)\rangle}{\langle v^2/\nu(v)\rangle}\right\}. \tag{44.17}$$

---

① 关系式(44.12)和(44.13)在第八卷,§25 中是用不同记号写出的,其中用 φ 和 $\boldsymbol{E}$ 代表这里的 $\varphi-\mu/e$ 和 $\boldsymbol{E}+\nabla\mu/e$. 在唯象方法中该定义是允许的. 但在动理学理论中是不适当的,其中 $-e\boldsymbol{E}$ 必须理解为作用于电子的力.

② 用相同字母 ε 来表示电容率和电子能量 $\frac{1}{2}mv^2$ 两者,不会引起任何误解.

用(44.3)的 $\nu(v)$ 计算给出①

$$\alpha = \frac{1}{e}\left(\frac{\mu}{T} - 4\right). \tag{44.18}$$

为计算热导率,我们注意到对 $\boldsymbol{j} = \boldsymbol{0}$,必须有 $\boldsymbol{E} + \nabla\mu/e = \alpha\,\nabla T$. 将这个值代入(44.16),同时用(44.18)的 α,给出

$$\delta f = \frac{f}{T\nu(v)}\left(4 - \frac{\varepsilon}{T}\right)\boldsymbol{v}\cdot\nabla T.$$

用这个函数来计算能流

$$\boldsymbol{q} = \int \boldsymbol{v}\,\varepsilon\,\delta f \mathrm{d}^3 p,$$

得到

$$\kappa = \frac{N_e}{3T^2}\left\langle \frac{v^2\varepsilon(4T - \varepsilon)}{\nu(v)} \right\rangle, \tag{44.19}$$

和最后

$$\kappa = \frac{16\sqrt{2}}{\pi^{3/2}}\frac{T^{5/2}}{ze^4 L m^{1/2}}. \tag{44.20}$$

习　　题

求电子等离体波阻尼的碰撞部分.

解: 如果电容率的虚部很小,来自朗道阻尼和来自碰撞这两部分对它的贡献是加性的. 因此 ε 由(44.9)给出. 令它等于零给出 $\omega = \Omega_e - \mathrm{i}\gamma$,其中阻尼系数是

$$\gamma = \frac{\nu_{ei}}{3\sqrt{2\pi}} = \frac{2\sqrt{2\pi}}{3}\frac{ze^4 L N_e}{m^{1/2} T_e^{3/2}}.$$

由于稀薄等离体的条件,比值

$$\frac{\gamma}{\Omega_e} = \frac{\sqrt{2}zL}{3}\left(\frac{e^2 N_e^{1/3}}{T_e}\right)^{3/2} \ll 1,$$

这证明应用(44.9)的正确性.

§45　脱逸电子

库仑碰撞截面随施碰粒子速率的增加而迅速减小,如我们将看到的,导致下面这样的结果:在不管多么弱的电场中,等离体中充分快电子的分布函数受到高度畸变.

---

① 经典统计物理中,化学势含有形式为 ζT 的一项,带有不定常量 ζ(相当于熵中的不定相加常量). 这又在 α 中给出一个不定常量 ζ/e. 然而,这个不定性并不影响任何观察效应;因为这类项 $(\zeta/e)\nabla T$ 在(44.12)两边消去了. 如果 f_0 写成(44.15)的形式. 就固定了常量 ζ 的选择:$\mu = T\ln[N_e/(2\pi mT)^{3/2}]$.

一个以热速率 v 在电场 E 中运动的电子，在其平均自由时间内获得定向速率

$$V \sim \frac{eEl}{mv} \sim \frac{eE}{mvN_e\sigma_t(v)} \sim \frac{v^3 mE}{4\pi e^3 LN_e},$$

其中用了(41.7)的截面 σ_t. 对于 $v \sim v_c$，其中

$$v_c = \left(\frac{4\pi N_e e^3 L}{mE}\right)^{1/2}, \tag{45.1}$$

我们有 $V \sim v$；而对于 $v > v_c$，平均自由程和平均自由时间已由速率 V 所支配. 于是在平均自由时间内电子所获得的动量将是

$$\frac{eEl}{V} \sim \frac{eE}{VN_e\sigma_t(V)} \sim \frac{V^3 m^2 E}{4\pi e^3 LN_e} \sim mV\left(\frac{V}{v_c}\right)^2.$$

电子在其自由程末端所传递的动量是 $\sim mV$. 因此我们看到，具有充分高速率的电子将无限制地被加速；这些称为**脱逸电子**. 如果 $v_c \gg (T_e/m)^{1/2}$，这现象将只有在麦克斯韦分布的高能“尾巴”才能观察到；为此，电场必须满足条件

$$E \ll E_c = 4\pi e^3 LN_e/T_e. \tag{45.2}$$

在这些情况下，脱逸电子问题可作为定态问题求解. 绝大多数电子是麦克斯韦分布，起库的作用，从此库有稳态细流“流”向高能方面①.

根据脱逸电子是由电场定向加速所引起的事实，很明显它们主要在与电场方向成小角度 θ 内运动. 然而，如果我们仅试图计算脱逸电子流，则无需完全确定它们的分布函数；求得对角度平均后的能量分布 $\bar{f}$ 就足够了.

关于电场中电子动量分布的动理方程是

$$\frac{\partial f}{\partial t} - e\boldsymbol{E} \cdot \frac{\partial f}{\partial \boldsymbol{p}} + \nabla_p \cdot \boldsymbol{s} = 0, \tag{45.3}$$

其中 $\boldsymbol{s}$ 是动量空间中的碰撞流密度. 采用动量空间的球极坐标 p, θ, φ（极轴取为沿力 $-e\boldsymbol{E}$ 方向），我们有

$$-e\boldsymbol{E} \cdot \frac{\partial f}{\partial \boldsymbol{p}} = eE\left(\cos\theta \frac{\partial f}{\partial p} - \frac{\sin\theta}{p}\frac{\partial f}{\partial \theta}\right) =$$

$$= eE\left(\frac{\cos\theta}{p^2}\frac{\partial}{\partial p}(p^2 f) - \frac{1}{p\sin\theta}\frac{\partial}{\partial\theta}(\sin^2\theta \cdot f)\right).$$

流的散度是

$$\nabla_p \cdot \boldsymbol{s} = \frac{1}{p^2}\frac{\partial}{\partial p}(p^2 s_p) + \frac{1}{p\sin\theta}\frac{\partial}{\partial\theta}(\sin\theta \cdot s_\theta).$$

我们将方程(45.3)对角度求平均，即乘以 $2\pi\sin\theta\,d\theta/(4\pi)$ 并积分. 包含

① 脱逸电子的现象是由德莱赛（H. Dreicer(1958)）指出的；这里给出的定量理论应归于古列维奇（А. В. Гуревич(1960)）.

$\partial/\partial\theta$ 的所有项均消失,而在一级近似下因子 $\cos\theta$ 可用 1 代替. 由此我们获得关于平均后函数$\bar{f}$的方程

$$\frac{\partial\bar{f}}{\partial t}+\frac{eE}{p^2}\frac{\partial}{\partial p}(p^2\bar{f})+\frac{1}{p^2}\frac{\partial}{\partial p}(p^2\bar{s}_p)=0. \tag{45.4}$$

这个方程仅包含动量空间中流密度的径向分量. 这个分量与碰撞中的能量传递有关,ei 碰撞对它的贡献显然远小于 ee 碰撞的贡献.

因为脱逸电子仅是电子总数中的很小分数,在计算流 s_p 时我们只需考虑它们与绝大多数麦克斯韦电子的碰撞(而无需考虑相互之间的碰撞);后者的速率远小于脱逸电子的速率. 在这些条件下,无需重新计算 s_p;我们可以通过与早先推得的公式(22.5)的直接类比写出下列表达式:

$$s_p=-T_{\mathrm{e}}\nu_{\mathrm{ee}}(v)m\left[\frac{\partial f}{\partial p}+\frac{p}{mT_{\mathrm{e}}}f\right], \tag{45.5}$$

其中 $\nu_{\mathrm{ee}}(v)=4\pi e^4N_{\mathrm{e}}L/(m^2v^3)$ 是快电子与慢电子间的库仑碰撞频率(请比较(44.3))①. 因为表达式(45.5)适用于具有速率 $v\sim v_{\mathrm{c}}$ 的电子,关于库仑对数我们有

$$L=\ln(mv_{\mathrm{c}}^2a/e^2). \tag{45.6}$$

由方程(45.4)的形式可以看出

$$\bar{S}_p=\bar{s}_p+eE\bar{f} \tag{45.7}$$

为动量空间中(来自碰撞和来自场作用的)总径向流密度. 按照前述讨论,可以寻求脱逸电子分布的定态形式,即,动理方程(45.4)中的时间导数项可以忽略. 于是

$$4\pi p^2\bar{S}_p=\mathrm{const}\equiv n_{\mathrm{run}}. \tag{45.8}$$

这个等式(用(45.5)所给出的 $\bar{s}_p$),是确定分布函数$\bar{f}$的微分方程. 常量 n_{run} 给出所寻求的每单位时间和每单位体积的脱逸电子总数.

我们引进下式所定义的量纲为 1 的变数 u 和常数 b

$$u=p/p_{\mathrm{c}},\quad b=E/E_{\mathrm{c}},\quad p_{\mathrm{c}}=(mT_{\mathrm{e}}/b)^{1/2}. \tag{45.9}$$

于是方程(45.8)变成

$$-\frac{b}{u}\frac{\mathrm{d}\bar{f}}{\mathrm{d}u}-(1-u^2)\bar{f}=C, \tag{45.10}$$

其中常量 C 与 n_{run} 相差一个恒定因子. 因为我们假设场 $E\ll E_{\mathrm{c}}$,于是参数 $b\ll 1$;在本问题中,这是表征近似程度的小参数②.

---

① 在推导(22.5)时,我们仅应用了碰撞中能量传递小的性质,以及靶粒子速率相对于入射粒子速率为小的性质. 转换到目前情况,我们只需用 m 代替(22.5)中的 M 并选取 ee 碰撞的自由程作为平均自由程 l.

② 尤其是,对动理方程角度部分的分析表明,脱逸电子的运动方向位于角度范围 $\theta\sim b^{1/4}$.

方程(45.10)的解是

$$\bar{f}=F-CF\int_0^u \frac{u}{F}\mathrm{d}u, \tag{45.11}$$

其中

$$F=\frac{N_e}{(2\pi mT_e)^{3/2}}\exp\left\{\frac{1}{2b}\left(\frac{u^4}{2}-u^2\right)\right\} \tag{45.12}$$

是齐次方程的解. F 中的归一化因数由下列条件确定:当 $u\to 0$ 时,函数$\bar{f}$应该变成麦克斯韦分布

$$f_0=\frac{N_e}{(2\pi mT_e)^{3/2}}\exp\left(-\frac{u^2}{2b}\right).$$

当 $u\to\infty$,函数 F 无限增加,而$\bar{f}(u)$必须仍为有限. 因此我们有条件当 $u\to\infty$ 时 $\bar{f}/F\to 0$,由此求得常数 C 为①:

$$C=\frac{N_e}{(2\pi mT_e)^{3/2}}\left[\int_0^\infty \exp\left\{-\frac{1}{2b}\left(\frac{u^4}{2}-u^2\right)\right\}u\mathrm{d}u\right]^{-1} \tag{45.13}$$

积分利用鞍点法来计算,通过将指数在其 $u=1$ 处的极大值附近作展开. 这样得出关于每单位时间和每单位体积的脱逸电子数对场 E 的下列依赖关系:

$$n_{\text{run}}\sim N_e\nu_{ee}(v_{Te})\exp\left(-\frac{E_c}{4E}\right). \tag{45.14}$$

这里指数函数前的系数只是量纲上正确;更精确的计算会超出这里所用近似,而从一开始就要求对动理方程的更精确解.

§46　收敛碰撞积分

带有朗道碰撞积分的动理方程,使对等离体物理问题的求解仅能具有对数准确度:库仑对数的大自变量没有完全确定. 这个不确定性归因于大散射角处和小散射角处积分的发散性. 正如已经提及的,大散射角处的发散没有什么根本重要性;它仅是由于用动量传递 $\boldsymbol{q}$ 的幂作展开引起的,而在玻尔兹曼碰撞积分本身中并不出现. 小散射角处的发散是由于未考虑等离体对粒子相互散射的屏蔽效应. 要计算碰撞积分到高于对数准确度,我们(不仅在库仑对数中确定积分范围时,才考虑到屏蔽)必须从一开头就始终一贯地考虑到屏蔽.

在§41 中曾注意到,带电粒子间有屏蔽相互作用时,碰撞积分的适用性条件要求,在时间 $\sim a/\bar{v}_r$ 内和距离 $\sim a$ 上分布函数变化很小. 同样这些条件使我们能宏观上将电荷的屏蔽作为等离体的介电极化来处理.

我们将在两个极限情况下来考虑所提出的这个问题:(1) 当量子力学的玻

① 关于边界条件. 这里有类似于§24 中的表述.

恩近似可以应用于粒子碰撞时,(2) 当碰撞过程可应用准经典近似时.

玻恩情况

我们从第一种情况开始,它在满足条件

$$|ee'|/\hbar\bar{v}_r \ll 1 \tag{46.1}$$

时发生.

介电体对粒子散射的影响,最清楚的方式是用图解法的语言来表述. 在玻恩近似,两个粒子的散射(在非相对论情况下)用下列图①

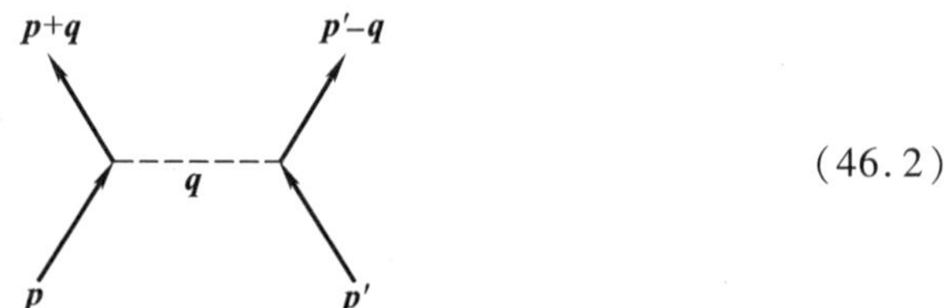

(46.2)

描述,其中虚线对应于函数 $4\pi/\boldsymbol{q}^2$,它是一个单位电荷的库仑势的傅里叶分量($\boldsymbol{q}$ 是散射中所传递的动量). 介质的唯一效应是这个函数要用介质中电势分量 $4\pi/q_\alpha q_\beta \varepsilon_{\alpha\beta}$来代替,其中 $\varepsilon_{\alpha\beta}(\omega, \boldsymbol{q}/\hbar)$ 是介质的电容率张量,而 $\hbar\omega$ 是所传递的能量(请比较第九卷, §85). 散射幅相应地包含一个额外因子 $q^2/(q_\alpha q_\beta \varepsilon_{\alpha\beta})$,而截面则包含此量的模平方,因此

$$\mathrm{d}\sigma = \mathrm{d}\sigma_{\mathrm{Ru}} \frac{q^4}{|\varepsilon_{\alpha\beta} q_\alpha q_\beta|^2}. \tag{46.3}$$

为简单起见,今后我们将假设等离体为各向同性的. 于是张量 $\varepsilon_{\alpha\beta}$化为两个标量 ε_t 和 ε_l,而乘积

$$\varepsilon_{\alpha\beta} q_\alpha q_\beta = \varepsilon_l q^2$$

只涉及其中一个;我们将省略下标 l,并用 ε 表示纵向电容率. 因此,散射截面变成

$$\mathrm{d}\sigma = \frac{\mathrm{d}\sigma_{\mathrm{Ru}}}{|\varepsilon(\omega, q/\hbar)|^2}, \tag{46.4}$$

其中 $\mathrm{d}\sigma_{\mathrm{Ru}}$是关于真空中散射的寻常卢瑟福截面②. 还注意到碰撞中所传递的能量与动量传递由

$$\hbar\omega = \boldsymbol{q} \cdot \boldsymbol{V} \tag{46.5}$$

---

① 如 §41 中那样,字母上不带“′”号和带“′”号的量指两个互碰粒子的(它们可以为相同或不同类型).

② 在全同粒子(以不同小角度)的散射中,$\mathrm{d}\sigma_{\mathrm{Ru}}$应理解为考虑到带交换效应的库仑散射截面(见第三卷, §137).

相联系，其中 V 是碰撞粒子的质心速度①. 矢量 $\boldsymbol{q}$ 的绝对值与质心系中散射角 χ 由通常公式

$$q=2\mu\left|\boldsymbol{v}-\boldsymbol{v}'\right|\sin\frac{\chi}{2} \tag{46.6}$$

相联系，其中 $\mu=mm'/(m+m')$.

对于大角度和小角度散射能自动给出正确处理并且没有发散的碰撞积分，可以通过将(46.4)代入通常的玻尔兹曼积分(参见(3.9))而获得：

$$C(f)=\sum\int\{f(\boldsymbol{p}+\boldsymbol{q})f'(\boldsymbol{p}'-\boldsymbol{q})-f(\boldsymbol{p})f'(\boldsymbol{p}')\}\cdot\frac{\left|\boldsymbol{v}-\boldsymbol{v}'\right|\mathrm{d}\sigma_{\mathrm{Ru}}}{\left|\varepsilon(\omega,q/\hbar)\right|^{2}}\mathrm{d}^{3}p'; \tag{46.7}$$

求和是对带撇号量所指的所有类型粒子进行的.

具有碰撞积分(46.7)的动理方程很复杂，这不仅是因为被积表达式不能用 $\boldsymbol{q}$ 的幂展开，还因为等离体的电容率本身是用所寻求的分布函数来定义的. 只有在稍微偏离平衡的情况下，当动理方程可以线性化时，才可达到重要简化. 于是电容率要用平衡分布函数来计算，因而不依赖于所寻求校正项.

准经典情况

现在让我们转到相反的极限情况，这时有

$$\left|ee'\right|/(\hbar\bar{v}_{\mathrm{r}})\gg1, \tag{46.8}$$

而对粒子的散射可应用准经典近似. 在这个情况，对于大角度和小角度散射，我们不能以相同方式考虑到介质对散射的影响(而在玻恩情况下这是可能的)；必须分别考虑到这两个范围，然后在中等角度将这些结果"连接"起来.

介电体中以速度 $\boldsymbol{v}$ 运动的电荷 e，它的场由下列方程

$$\nabla\cdot\boldsymbol{D}=4\pi e\delta(\boldsymbol{r}-\boldsymbol{v}t)$$

给出. 用傅里叶分量表示，这给出场势为②

$$\varphi_{\boldsymbol{k}}=\frac{4\pi e}{k^{2}\varepsilon(\boldsymbol{k}\cdot\boldsymbol{v},k)}\mathrm{e}^{-\mathrm{i}\boldsymbol{k}\cdot\boldsymbol{v}t}. \tag{46.9}$$

对于小散射角，粒子动量的变化由经典公式

$$\boldsymbol{q}=-\int\frac{\partial U}{\partial\boldsymbol{r}}\mathrm{d}t \tag{46.10}$$

给出(见第一卷，§20)，其中 U 是两个粒子的互作用能，而积分路径则取为沿直

---

① 通过把粒子的速度 $\boldsymbol{v}$ 和 $\boldsymbol{v}'$ 用它们的质心速度 $\boldsymbol{V}$ 和相对运动速度 $\boldsymbol{v}-\boldsymbol{v}'$ 来表达，并应用散射中 $\boldsymbol{V}$ 和 $|\boldsymbol{v}-\boldsymbol{v}'|$ 不变的事实，就很容易证明这点.

② 公式(46.9)的推导假设了 $\boldsymbol{D}$ 和 $\boldsymbol{E}$ 之间的线性关系，因而充分弱的场. 这个条件在(弱非理想气体中)距离 $r\gtrsim a$ 处肯定是满足的. 由此引起的积分发散要通过应用公式(46.9)予以消除. 这些距离相当于 $k\lesssim1/a$，对此电容率与 1 有相当大的差别.

线 $\boldsymbol{r}=\boldsymbol{\rho}+\boldsymbol{v}'t$（$\boldsymbol{\rho}$ 为碰撞参量矢量）. ①将能量 $U=e'\varphi$ 表达为傅里叶积分

$$U=4\pi ee'\int\frac{\mathrm{e}^{\mathrm{i}(\boldsymbol{k}\cdot\boldsymbol{r}-\omega t)}}{k^2\varepsilon(\omega,k)}\frac{\mathrm{d}^3k}{(2\pi)^3}\tag{46.11}$$

（其中用 $\omega=\boldsymbol{k}\cdot\boldsymbol{v}$），将上式代入（46.10），我们得到

$$\boldsymbol{q}=-4\pi\mathrm{i}ee'\int\frac{\mathrm{d}^3k}{(2\pi)^3}\left\{\frac{\boldsymbol{k}\mathrm{e}^{\mathrm{i}\boldsymbol{k}\cdot\boldsymbol{\rho}}}{k^2\varepsilon(\omega,k)}\int_{-\infty}^{\infty}\mathrm{e}^{-\mathrm{i}\boldsymbol{k}\cdot(\boldsymbol{v}-\boldsymbol{v}')t}\mathrm{d}t\right\}.$$

括号内的积分给出 $2\pi\delta(k_{\parallel})/|\boldsymbol{v}-\boldsymbol{v}'|$，其中 $k_{\parallel}$ 是矢量 $\boldsymbol{k}$ 在 $\boldsymbol{v}-\boldsymbol{v}'$ 方向的分量. 然后，通过对 $\mathrm{d}k_{\parallel}$ 积分消去 δ 函数，我们求得

$$\boldsymbol{q}=-\frac{4\pi\mathrm{i}ee'}{|\boldsymbol{v}-\boldsymbol{v}'|}\int\frac{\boldsymbol{k}_{\perp}\mathrm{e}^{\mathrm{i}\boldsymbol{k}_{\perp}\cdot\boldsymbol{\rho}}}{k_{\perp}^2\varepsilon(\omega,k_{\perp})}\frac{\mathrm{d}^2k_{\perp}}{(2\pi)^2},\tag{46.12}$$

其中 $\boldsymbol{k}_{\perp}$，跟 $\boldsymbol{\rho}$ 一样，是垂直于 $\boldsymbol{v}-\boldsymbol{v}'$ 平面内的二维矢量. 同时，频率是

$$\omega=\boldsymbol{k}_{\perp}\cdot\boldsymbol{v}=\boldsymbol{k}_{\perp}\cdot\boldsymbol{V}.\tag{46.13}$$

本节剩余部分中，我们将省略下标 ⊥ 并用 $\boldsymbol{k}$ 表示这个二维矢量.

我们现在借助于（46.12）来计算下列量

$$B_{\alpha\beta}=\frac{1}{2}\int q_{\alpha}q_{\beta}|\boldsymbol{v}-\boldsymbol{v}'|\mathrm{d}^2\rho,\tag{46.14}$$

当碰撞积分用小量 $\boldsymbol{q}$ 的幂作展开时，上述量出现在该积分中（（41.4）中的截面 $\mathrm{d}\sigma$ 现在写成碰撞面积 $\mathrm{d}^2\rho$）. 将两个（46.12）这样的积分的乘积写成对 $\mathrm{d}^2k\mathrm{d}^2k'$ 的二重积分，我们借助于公式

$$\int\mathrm{e}^{\mathrm{i}\boldsymbol{\rho}\cdot(\boldsymbol{k}+\boldsymbol{k}')}\mathrm{d}^2\rho=(2\pi)^2\delta(\boldsymbol{k}+\boldsymbol{k}')$$

完成对 $\mathrm{d}^2\rho$ 的积分. 这以后对 d^2k' 的积分于是只不过是除去 δ 函数，剩下

$$B_{\alpha\beta}=\frac{2e^2e'^2}{|\boldsymbol{v}-\boldsymbol{v}'|}\int\frac{k_{\alpha}k_{\beta}\mathrm{d}^2k}{k^4|\varepsilon(\boldsymbol{k}\cdot\boldsymbol{V},k)|^2}\tag{46.15}$$

（这里我们还曾应用了（28.9）中 $\varepsilon(-\omega,k)=\varepsilon^*(\omega,k)$ 这一性质）. 这些积分对小 k 是收敛的（因为当 $\omega,k\to0$ 时有 $|\varepsilon|^{-2}\to0$）②.

方程（46.15）含有非零频率 $\omega=\boldsymbol{k}\cdot\boldsymbol{V}$ 处的电容率；注意到这情形，因此有时说成这个公式考虑到动态屏蔽效应.（46.15）中的被积表达式，通过函数 ε 的自变量 $\boldsymbol{k}\cdot\boldsymbol{V}$ 而依赖于 $\boldsymbol{V}$ 的方向. 当积分是在对数近似下进行计算的时候，这个依赖性消失了. 在此近似下积分限于从 $k\sim1/a$ 到 $k\sim\mu\overline{v^2}/|ee'|$ 的范围. 积分中起

---

① $\boldsymbol{q}$ 是作为每个碰撞粒子的动量改变，还是作为它们相对运动的动量改变来进行计算是无关紧要的.

② 朗道碰撞积分中，由于库仑场屏蔽而导致发散的消除，这应归功于巴列斯库（R. Balescu（1960））和莱纳尔（A. Lenard（1960））. 完全收敛表达式（46.7）是由鲁哈泽和西林（А. А. Рухадзе, В. П. Силин（1961））给出的.

最重要作用的 k 值是远离这两个极限的那些值；在该范围有 $|\varepsilon|^2=1$，而积分简化为 $\int k_\alpha k_\beta \mathrm{d}^2k/k^4$. 将被积表达式对垂直于 $\boldsymbol{v}-\boldsymbol{v}'$ 的平面内 $\boldsymbol{k}$ 的所有方向求平均，我们回到以前的表达式(41.8)，带有 $L=\int \mathrm{d}k/k$.

为消去大动量传递处的发散性，如早已提到过的，我们必须将展成 $\boldsymbol{q}$ 的幂的碰撞积分与未作展开的积分"连接"起来(J. Hubbard, 1961; O. Aono, 1962).

现在让我们考虑差值

$$C_{\mathrm{cl}}(f)-C_{\mathrm{B}}(f), \tag{46.16}$$

其中 C_{cl} 是所寻求的收敛碰撞积分，而 C_{B} 是由(46.7)所给出的，它在玻恩近似情况下是正确的碰撞积分，但在这里只起辅助作用.

我们将散射角的变化范围分成两部分：

$$\text{I}\ )\ \chi<\chi_1,\quad \text{II}\ )\ \chi>\chi_1,$$

其中 χ_1 的选择使

$$|ee'|/(\mu a\bar{v}_{\mathrm{r}}^2)\ll\chi_1\ll 1. \tag{46.17}$$

对于库仑场中的经典小角散射，散射角 χ 与碰撞参量 ρ 之间由关系式

$$\rho=2|ee'|/[\mu(\boldsymbol{v}-\boldsymbol{v}')^2\chi]$$

相联系. 因此，(在条件(46.17)下)值 $\chi=\chi_1$ 对应于 $\rho=\rho_1\ll a$，结果在这个距离屏蔽不重要，而可将散射实际上看作纯库仑散射. 相同结论适用于 $\rho<\rho_1$(即 $\chi>\chi_1$)的整个范围. 因而，在这个范围，散射截面具有卢瑟福散射形式，而对碰撞积分的相应贡献是

$$C_{\mathrm{cl}}^{\text{II}}(f)=\sum\int_{\chi>\chi_1}[f(\boldsymbol{p}+\boldsymbol{q})f'(\boldsymbol{p}'-\boldsymbol{q})-f(\boldsymbol{p})f'(\boldsymbol{p}')]\,|\boldsymbol{v}-\boldsymbol{v}'|\,\mathrm{d}\sigma_{\mathrm{Ru}}.$$

$\chi>\chi_1$ 范围对积分(46.7)的贡献严格相似：在该范围，$q>q_1$，根据条件(46.8)

$$\frac{q_1}{\hbar}\sim\frac{\mu\bar{v}_{\mathrm{r}}\chi_1}{\hbar}\gg\frac{|ee'|}{\hbar\bar{v}_{\mathrm{r}}a}\gg\frac{1}{a},$$

所以在(46.7)中我们可以令 $|\varepsilon|^2=1$. 因而仍然需要考虑的仅是来自范围 $\chi<\chi_1(\rho>\rho_1)$ 对差值(46.16)的贡献.

整个这个范围动量传递很小，因而碰撞积分可以用 $\boldsymbol{q}$ 的幂展开. 展开式 C_{cl} 中出现的量 $B_{\alpha\beta}$ 按积分(46.14)计算，用(46.12)的 $\boldsymbol{q}$. $\rho>\rho_1$ 范围对这些积分的贡献是

$$(B_{\alpha\beta})_{\mathrm{cl}}^{\text{I}}=\frac{(ee')^2}{2\pi^2|\boldsymbol{v}-\boldsymbol{v}'|}F_{\alpha\beta},$$

$$F_{\alpha\beta}=\int_{\rho_1}^{\infty}\mathrm{d}^2\rho\left(\int_0^{\infty}\frac{\mathrm{i}k_\alpha \mathrm{e}^{\mathrm{i}\boldsymbol{k}\cdot\boldsymbol{\rho}}}{k^2\varepsilon}\mathrm{d}^2k\int_0^{\infty}\frac{\mathrm{i}k_\beta \mathrm{e}^{\mathrm{i}\boldsymbol{k}\cdot\boldsymbol{\rho}}}{k^2\varepsilon}\mathrm{d}^2k\right), \tag{46.18}$$

其中(对 $d^2\rho$ 和 d^2k)的二重积分中的极限,按惯例用对 ρ 和 k 的极限表示. 我们可以等同地将 $F_{\alpha\beta}$ 重写为

$$F_{\alpha\beta}=\int_0^{\infty}d^2\rho\left(\int_0^{q_1/\hbar}\cdots d^2k\right)_\alpha\left(\int_0^{q_1/\hbar}\cdots d^2k\right)_\beta-$$
$$-\int_0^{\rho_1}d^2\rho\left(\int_0^{q_1/\hbar}\cdots d^2k\right)_\alpha\left(\int_0^{q_1/\hbar}\cdots d^2k\right)_\beta+$$
$$+\int_{\rho_1}^{\infty}d^2\rho\left(\int_0^{\infty}\cdots d^2k\right)_\alpha\left(\int_{q_1/\hbar}^{\infty}\cdots d^2k\right)_\beta+$$
$$+\int_{\rho_1}^{\infty}d^2\rho\left(\int_{q_1/\hbar}^{\infty}\cdots d^2k\right)_\alpha\left(\int_0^{q_1/\hbar}\cdots d^2k\right)_\beta. \tag{46.19}$$

这里的第一项,当像推导(46.15)中那样进行变换时,给出对(46.18)的贡献为

$$\frac{2(ee')^2}{|\boldsymbol{v}-\boldsymbol{v}'|}\int_0^{q_1/\hbar}\frac{k_\alpha k_\beta}{k^4|\varepsilon|^2}d^2k.$$

这个表达式与通过积分(46.7)在 $\chi<\chi_1$ 范围的展开会得到的相同①;因此,它对差值(46.16)没有贡献.

为了将(46.19)中的其余项进行变换,我们注意到在它们的被积函数中可令 $\varepsilon=1$:于是积分仍收敛,其值由范围 $k\sim q_1/\hbar$ 确定,其中 $ka\gg1$,因而 $|\varepsilon|\approx1$. 也很重要的是由于条件(46.8),参量

$$q_1\rho_1/\hbar=2|ee'|/(\hbar v_r)\gg1; \tag{46.20}$$

因此我们仅需保留当 $q_1\rho_1/\hbar\to\infty$ 仍为有限的那些项. 在这个极限,(46.19)中第三和第四项变为零. 因此仅剩下

$$(B_{\alpha\beta})^{\mathrm{I}}_{\mathrm{cl}}-(B_{\alpha\beta})^{\mathrm{I}}_{\mathrm{B}}=$$
$$=-\frac{(ee')^2}{2\pi^2|\boldsymbol{v}-\boldsymbol{v}'|}\int_0^{\rho_1}d^2\rho\left(\int_0^{q_1/\hbar}\mathrm{i}k_\alpha e^{\mathrm{i}\boldsymbol{k}\cdot\boldsymbol{\rho}}\frac{d^2k}{k^2}\int_0^{q_1/\hbar}\mathrm{i}k_\beta e^{\mathrm{i}\boldsymbol{k}\cdot\boldsymbol{\rho}}\frac{d^2k}{k^2}\right), \tag{46.21}$$

其中下标“cl”和“B”表示 $B_{\alpha\beta}$ 的值分别与积分 C_{cl} 和 C_{B} 的展开式有关.

对 d^2k 的两个积分,每一个都是平行于矢量 $\boldsymbol{\rho}$;对(垂直于 $\boldsymbol{v}-\boldsymbol{v}'$ 的平面内)

① 关于小角度散射的卢瑟福截面,用 $\boldsymbol{q}$ 来表达是

$$d\sigma_{\mathrm{Ru}}=\frac{4(ee')^2}{q^4|\boldsymbol{v}-\boldsymbol{v}'|^2}d^2q$$

$\left(\text{其中应用了 } q\approx\mu|\boldsymbol{v}-\boldsymbol{v}'|\chi,\ do\approx\dfrac{d^2q}{\mu^2(\boldsymbol{v}-\boldsymbol{v}')^2}\right)$.

这些方向积分后，对于差值(46.21)我们得到(41.8)形式的表达式具有相反正负号以及具有

$$L=\int_0^{\rho_1}\rho\mathrm{d}\rho\left[\frac{\mathrm{i}}{2\pi}\int_0^{q_1/\hbar}\int_0^{2\pi}\cos\varphi\mathrm{e}^{\mathrm{i}k\rho\cos\varphi}\mathrm{d}\varphi\mathrm{d}k\right]^2.$$

应用贝塞尔函数的熟知积分表示，和等式 $\mathrm{J}'_0(x)=-\mathrm{J}_1(x)$，我们可将这个积分重新写为

$$L=\int_0^{\rho_1}\rho\mathrm{d}\rho\left[\int_0^{q_1/\hbar}\mathrm{J}_1(k\rho)\mathrm{d}k\right]^2=\int_0^{\rho_1q_1/\hbar}[\mathrm{J}_0(x)-1]^2\frac{\mathrm{d}x}{x},$$

或者，分部积分后

$$L=\ln\frac{q_1\rho_1}{\hbar}+2\int_0^{\infty}\mathrm{J}_1(x)[\mathrm{J}_0(x)-1]\ln x\mathrm{d}x.$$

这里我们应用了参量 $\rho_1q_1/\hbar$(它并不含辅助量 χ_1)很大的事实，在剩下的积分的上限用无穷大代替，而在第一项中我们令 $\mathrm{J}_0(q_1\rho_1/\hbar)\approx0$. 利用下列积分值

$$\int_0^{\infty}\mathrm{J}_1(x)\ln x\mathrm{d}x=-C+\ln 2,$$

$$\int_0^{\infty}\mathrm{J}_0(x)\mathrm{J}_1(x)\ln x\mathrm{d}x=\frac{1}{2}(\ln 2-C);$$

其中 $C=0.577\cdots$ 是欧拉常数($\gamma=\mathrm{e}^C=1.78\cdots$)，并利用(46.20)，最后我们求得

$$L=\ln\frac{\gamma|ee'|}{\hbar|\boldsymbol{v}-\boldsymbol{v}'|}. \tag{46.22}$$

这些计算的总结果是，在准经典情况，无发散的碰撞积分可表达为

$$C_{\mathrm{cl}}(f)=C_{\mathrm{B}}(f)-C_{\mathrm{L}}(f), \tag{46.23}$$

其中 C_{B} 由公式(46.7)给出，而 C_{L} 是具有库仑对数为(46.22)的朗道碰撞积分. 必须强调，后一积分中，$|\boldsymbol{v}-\boldsymbol{v}'|$ 是精确变量而非平均值 $\bar{v}_{\mathrm{r}}$.

由于推导中所作近似，这个结果当然是仅在“改进的对数准确度”下是有效的：具有碰撞积分(46.23)的动理方程仅在确定大对数的自变量的严格系数方面，使我们能改进计算的准确度(到这个准确度，意味着量 $\hbar$ 自然地从所有结果中消除掉；在(46.23)中它仅起辅助参量的作用).

习　　题

1. 对玻恩情况，在改进的对数准确度下，计算带单电荷($z=1$)的平衡($T_{\mathrm{i}}=T_{\mathrm{e}}$)等离体中，对频率 $\omega\gg\nu_{\mathrm{ei}}$ 的电容率的虚部.

解：在计算当 $\omega\gg\nu$ 时的 ε'' 时，我们只需考虑 ei 碰撞(如关于(44.8)的推导所解释过的那样). 因为碰撞积分(46.7)与通常的玻尔兹曼积分仅在 $\mathrm{d}\sigma_{\mathrm{Ru}}$ 前

面相差一个因子 $|\varepsilon|^{-2}$，所寻求的 ε'' 可利用相同公式(44.8)进行计算：

$$\varepsilon''(\omega)=\frac{4\pi e^2 N_\mathrm{i}N_\mathrm{e}}{3T\omega^3}\langle v_\mathrm{e}^3\langle\sigma_\mathrm{t}\rangle_\mathrm{i}\rangle_\mathrm{e},\tag{1}$$

其中 $\langle\cdots\rangle_\mathrm{e}$ 和 $\langle\cdots\rangle_\mathrm{i}$ 分别表示对电子速度 $\boldsymbol{v}_\mathrm{e}$ 和离子速度 $\boldsymbol{v}_\mathrm{i}$ 的平衡分布求平均. 与 §44 中计算的唯一差别是 σ_t 现在定义为

$$\sigma_\mathrm{t}=\int(1-\cos\chi)\left|\varepsilon\left(\frac{\boldsymbol{q}\cdot\boldsymbol{v}_\mathrm{i}}{\hbar},\frac{q}{\hbar}\right)\right|^{-2}\mathrm{d}\sigma_\mathrm{Ru},\tag{2}$$

而且 σ_t 必须对离子速度(当然这里不能忽略)求平均；在函数 ε 的自变量 $\omega=\boldsymbol{q}\cdot\boldsymbol{v}/\hbar$ 中，电子和离子的质心速度作为近似，可用离子速度代替. 卢瑟福截面写成

$$\mathrm{d}\sigma_\mathrm{Ru}=\frac{(ze^2)^2m^2}{4p_\mathrm{e}^4}\frac{2\pi\sin\chi\mathrm{d}\chi}{\sin^4(\chi/2)}=\frac{8\pi(ze^2)^2m^2}{p_\mathrm{e}^2q^3}\mathrm{d}q,\tag{3}$$

其中

$$q=2p_\mathrm{e}\sin\frac{\chi}{2},\quad 1-\cos\chi=\frac{q^2}{2p_\mathrm{e}^2},\quad 0\leqslant q\leqslant 2p_\mathrm{e}$$

($\boldsymbol{p}_\mathrm{e}=m\boldsymbol{v}_\mathrm{e}$ 是电子动量).

函数 $\varepsilon(\omega,q/\hbar)-1$ 由公式(31.11)确定，它由电子和离子两部分组成. 因为(2)中它的自变量 $\hbar\omega=\boldsymbol{q}\cdot\boldsymbol{v}_\mathrm{i}\ll qv_\mathrm{e}$，对电子部分可选取 $\omega=0$，于是

$$\varepsilon\left(\frac{\boldsymbol{q}\cdot\boldsymbol{v}_\mathrm{i}}{\hbar},\frac{q}{\hbar}\right)-1=\frac{\hbar^2}{q^2a_\mathrm{e}^2}\left\{2+F\left(\frac{v_{\mathrm{i}q}}{\sqrt{2}v_{T\mathrm{i}}}\right)\right\},\tag{4}$$

其中 $v_{\mathrm{i}q}$ 是 $\boldsymbol{v}_\mathrm{i}$ 沿 $\boldsymbol{q}$ 的分量，而且我们曾应用了当 $z=1$ 时 $a_\mathrm{i}=a_\mathrm{e}$ 的事实.

将(3)和(4)代入(2)，并进行明显的变量变换后得到

$$\langle\sigma_\mathrm{t}\rangle_\mathrm{i}=\frac{2\sqrt{\pi}e^4}{p_\mathrm{e}^4}\int_0^{4p_\mathrm{e}^2a_\mathrm{e}^2/\hbar^2}\int_{-\infty}^{\infty}\frac{\zeta\mathrm{e}^{-\xi^2}\mathrm{d}\xi\mathrm{d}\zeta}{[\zeta+2+F'(\xi)]^2+[F''(\xi)]^2},$$

其中 $F=F'+\mathrm{i}F''$. 对 $\mathrm{d}\zeta$ 的积分是初等的；但在代入极限时，我们必须注意到 $\hbar^2/(p_\mathrm{e}^2a_\mathrm{e}^2)\ll 1$，而丢掉量级 $\sim\hbar^2/(p_\mathrm{e}^2a_\mathrm{e}^2)$ 及更高阶的所有项. 结果是

$$\langle\sigma_\mathrm{t}\rangle_\mathrm{i}=\frac{4\pi e^4}{m^2v_\mathrm{e}^4}\left[\ln\frac{2mv_\mathrm{e}a_\mathrm{e}}{\hbar}+A\right],\tag{5}$$

其中

$$A=\frac{1}{\sqrt{\pi}}\int_0^{\infty}\mathrm{e}^{-\xi^2}\left\{\frac{2+F'}{F''}\left[\arctan\frac{2+F'}{F''}-\frac{\pi}{2}\right]-\right.$$
$$\left.-\frac{1}{2}\ln[(2+F')^2+F''^2]\right\}\mathrm{d}\xi$$

(这里我们曾应用 F' 为偶函数和 F'' 为奇函数的事实). 数值计算给出 $A=-0.69$.

(1)中的求平均借助于公式

$$\left\langle v^{-1}\right\rangle=\left(\frac{2m}{\pi T}\right)^{1/2},\quad \left\langle\frac{\ln v}{v}\right\rangle=\left(\frac{m}{2\pi T}\right)^{1/2}\left[\ln\frac{2T}{m}-C\right]$$

来实现,其中 C 为欧拉常数. 最后结果是

$$\varepsilon''=\frac{4\sqrt{2\pi}}{3}\frac{e^4N_e}{T^{3/2}m^{1/2}}\frac{\Omega_e^2}{\omega^3}L_B,\quad L_B=\ln\frac{\alpha_B(mT)^{1/2}a_e}{\hbar},$$

$$\ln\alpha_B=\frac{3}{2}\ln 2-\frac{C}{2}+A=\ln(1.06)\tag{6}$$

(В. И. Перель, Г. М. Элиашберг, 1961).

2. 与题1相同,但是在准经典情况.

解: 由(46.23),准经典情况下关于 σ_t 的表达式,是通过从(5)中对数减去 $\ln(\gamma e^2/\hbar v)$ 而得到:

$$\langle\sigma_t\rangle_i=\frac{2\pi e^4}{m^2v_e^4}\left[\ln\frac{2mv_e^2a_e}{\gamma e^2}+A\right].\tag{7}$$

关于 ε'',我们得到公式(6),但是对数 L_B 要用下式代替

$$L_{cl}=\ln\frac{Ta_e\alpha_{cl}}{e^2},\ \ln\alpha_{cl}=2\ln 2-2C+A=\ln(0.63).\tag{8}$$

3. 对于带单电荷($z=1$)等离体,假设电子和离子之间的温度差很小($\delta T=T_e-T_i\ll T_e$),在改进的对数准确度下确定从电子向离子的能量传递率①.

解: 因为比值 m/M 很小(因而每个事件的能量传递也很小). 一开始就很明显的是关于电子分布函数的方程归结为福克尔-普朗克类型的方程. 它具有下列形式(见§21)

$$\frac{\partial f_e}{\partial t}=\frac{1}{p_e^2}\frac{\partial}{\partial p_e}\left\{p_e^2B(p_e)\left[\frac{\partial f_e}{\partial p_e}+\frac{v_e}{T_i}f_e\right]\right\}.$$

我们用 $p_e^2/2m$ 乘这方程并对 $4\pi p_e^2\mathrm{d}p_e$ 求积分. 分部积分后,我们求得电子能量变率为

$$\frac{\mathrm{d}E_e}{\mathrm{d}t}=-\int Bv_e\left[\frac{\partial f_e}{\partial p_e}+\frac{v_e}{T_i}f_e\right]\mathrm{d}^3p_e.$$

假设电子分布函数是麦克斯韦型,且温度差很小,我们求得

$$\frac{\mathrm{d}E_e}{\mathrm{d}t}=\left(\frac{1}{T_e}-\frac{1}{T_i}\right)\int Bv_e^2f_e\mathrm{d}^3p_e\approx-\frac{\delta T}{T^2}N_e\langle Bv_e^2\rangle_e.\tag{9}$$

如同(21.11)中那样,系数 B 用一个电子与一个离子碰撞中电子动量变化的方

① 这个问题是由拉马扎什维利,鲁哈泽和西林(Р. Р. Рамазашвили, А. А. Рухадзе, В. П. Силин (1962))讨论的.

均值来表达：

$$B=\frac{\Sigma(\Delta p_{\mathrm{e}})^2}{2\delta t}=\frac{1}{2}N_{\mathrm{i}}v_{\mathrm{e}}\int\langle(\Delta p_{\mathrm{e}})^2\rangle_{\mathrm{i}}\mathrm{d}\sigma. \tag{10}$$

Δp_{e} 的值由等式(46.5)求出：

$$\Delta p_{\mathrm{e}}\approx-\frac{\boldsymbol{V}\cdot\boldsymbol{q}}{v_{\mathrm{e}}}\approx-\frac{\boldsymbol{v}_{\mathrm{i}}\cdot\boldsymbol{q}}{v_{\mathrm{e}}}\equiv\frac{v_{\mathrm{i}q}q}{v_{\mathrm{e}}}.$$

代入(10)以后，由此再代入(9)，并应用题 1 的 q 与散射角 χ 之间的关系，我们得到

$$\frac{\mathrm{d}E_{\mathrm{e}}}{\mathrm{d}t}=-\frac{\delta T}{T^2}Nm^2\langle v_{\mathrm{e}}^3\langle v_{\mathrm{i}q}^2\sigma_{\mathrm{t}}\rangle_{\mathrm{i}}\rangle_{\mathrm{e}}(N_{\mathrm{i}}=N_{\mathrm{e}}\equiv N). \tag{11}$$

公式(11)严格类似于题 1 中的(1)，因而以后的计算实际上完全相同. 在玻恩情况，

$$\langle v_{\mathrm{i}q}^2\sigma_{\mathrm{t}}\rangle_{\mathrm{i}}=\frac{4\pi e^4T}{m^2Mv_{\mathrm{e}}^4}\left[\ln\frac{2mv_{\mathrm{e}}a_{\mathrm{e}}}{\hbar}+A_1\right],$$

其中 A_1 是一个积分，它与题 1 中的 A 不同之处在于被积表达式中有一附加因子 $2\xi^2$；数值计算给出 $A_1=-0.52$. 对电子速度的求平均与题 1 中相同. 最后结果是

$$\frac{\mathrm{d}E_{\mathrm{e}}}{\mathrm{d}t}=-\frac{4\sqrt{2\pi m}N^2e^2}{MT^{3/2}}L_{\mathrm{B}}\delta T,\quad L_{\mathrm{B}}=\ln(\beta_{\mathrm{B}}(mT)^{1/2}a_{\mathrm{e}}/\hbar), \tag{12}$$

其中

$$\ln\beta_{\mathrm{B}}=\frac{3}{2}\ln 2-\frac{C}{2}+A_1=\ln(1.26).$$

类似地，在准经典近似，我们得到与(12)相同形式的表达式，但其中的 L_{B} 要用 L_{cl} 代替

$$L_{\mathrm{cl}}=\ln(Ta_{\mathrm{e}}\beta_{\mathrm{cl}}/e^2),\quad \ln\beta_{\mathrm{cl}}=2\ln 2-2C+A_1=\ln(0.75). \tag{13}$$

公式(12)和(13)通过确定(对于温度差很小的情况)(42.6)中对数函数的变量中的数值因数而改进了 §42 的结果.

§47　通过等离体波的相互作用

有些情况下，考虑到等离体中粒子库仑相互作用的动态屏蔽，不仅改进库仑对数的自变量，而且还导致定性上的新效应. 为研究这些效应，我们可以将碰撞积分表达成这样一种形式，它对小角度散射的贡献给出严格结果，而对大角度散射的贡献仅给出到具有对数准确度.

在准经典情况，大散射角($\chi\sim1$)由小碰撞参量

$$\rho\lesssim|ee'|/\mu\bar{v}_{\mathrm{r}}^2$$

所引起. 所寻求的碰撞积分具有朗道积分形式，具有 $B_{\alpha\beta}$ 由(46.15)给出：

$$B_{\alpha\beta}=\frac{2(ee')^2}{|\boldsymbol{v}-\boldsymbol{v}'|}\int\frac{k_\alpha k_\beta \mathrm{d}^2k}{k^4|\varepsilon(\boldsymbol{k}\cdot\boldsymbol{V},k)|^2},\tag{47.1}$$

其中积分范围直取至

$$k_{\max}\sim\mu\bar{v}_{\mathrm{r}}^2/|ee'|.\tag{47.2}$$

在相反的玻恩情况,所寻求的碰撞积分形式通过将(46.7)中被积表达式按 $\boldsymbol{q}$ 的幂次展开而求得. 结果仍导致朗道积分,具有 $B_{\alpha\beta}$ 由相同公式(47.1)给出,但唯一不同是现在积分上限取为

$$k_{\max}\sim\mu\bar{v}_{\mathrm{r}}/\hbar\tag{47.3}$$

(对于动量传递 $q\sim\mu\bar{v}_{\mathrm{r}}$,$k$ 的值是 $q/\hbar$). 让我们再次提及,大 k 处截止的物理意义在经典情况和玻恩情况是相同的:它发生在散射角 $\chi\sim1$. 然而,两个情况下 k 和 χ 之间的不同关系式导致关于 $k_{\max}$ 的不同表达式.

具有(47.1)形式的 $B_{\alpha\beta}$ 的朗道碰撞积分,称为巴列斯库 - 莱纳尔碰撞积分①. 我们可将(47.1)重写成对以后分析更加方便的一种形式:

$$B_{\alpha\beta}=2(ee')^2\int_{-\infty}^{\infty}\int_{k\leqslant k_{\max}}\delta(\omega-\boldsymbol{k}\cdot\boldsymbol{v})\delta(\omega-\boldsymbol{k}\cdot\boldsymbol{v}')\times\frac{k_\alpha k_\beta \mathrm{d}^3k\mathrm{d}\omega}{k^4|\varepsilon(\omega,k)|^2},\tag{47.4}$$

其中积分现在是对三维(而不是二维)矢量 $\boldsymbol{k}$ 进行的. 被积表达式中的两个 δ 函数保证等式 $\boldsymbol{k}\cdot\boldsymbol{v}=\boldsymbol{k}\cdot\boldsymbol{v}'$,即 $\boldsymbol{k}$ 垂直于 $\boldsymbol{v}-\boldsymbol{v}'$. 对 ω 的积分使 $\varepsilon(\omega,k)$ 中的自变量 ω 要用必要值 $\omega=\boldsymbol{k}\cdot\boldsymbol{v}=\boldsymbol{k}\cdot\boldsymbol{v}'=\boldsymbol{k}\cdot\boldsymbol{V}$ 代替.

我们注意到,对于使得 $\varepsilon(\omega,k)=0$ 的 $\omega=\boldsymbol{k}\cdot\boldsymbol{V}$ 和 $\boldsymbol{k}$ 的值,即对相当于等离体纵波色散关系的 $\omega,\boldsymbol{k}$ 值,(47.4)被积表达式中的因子 $|\varepsilon(\omega,k)|^{-2}$ 会变成无穷. $\boldsymbol{k}$ 的这些值可能对碰撞积分给出很大贡献. 这个贡献物理上可被描述为粒子间通过等离体波的发射和吸收这样的相互作用的结果. 然而,仅当等离体含有充分多粒子,其速率与波的相速 $v_{\mathrm{ph}}=\omega/k$ 可比较或大于相速时,这个效应才值得重视(因为只有这些粒子才能满足必要关系式 $\omega=\boldsymbol{k}\cdot\boldsymbol{V}$).

让我们考虑这样的等离体,其中电子和离子具有不同温度 T_{e} 和 T_{i}. 当 $T_{\mathrm{e}}\approx T_{\mathrm{i}}$ 时,只有相速 $v_{\mathrm{ph}}\gg v_{T\mathrm{e}}$ 的电子等离体波才能在等离体中传播(而无明显阻尼);因此,在这个情况能与波"互换"的电子数是指数式小.

然而,如果 $T_{\mathrm{e}}\gg T_{\mathrm{i}}$,离子声波也能在等离体中传播;它们的相速满足不等式

$$v_{T\mathrm{i}}\ll\omega/k\ll v_{T\mathrm{e}}.\tag{47.5}$$

这些波对电子间的碰撞积分能给出重要贡献(В. П. Силин,1962).

令 $B_{\alpha\beta}^{(\mathrm{pl})}$ 表示电子 - 电子量 $B_{\alpha\beta}^{(\mathrm{ee})}$ 中归因于这个效应的部分. 它是(47.4)中这样的积分范围引起的,这个范围位于离子声波色散关系 $\varepsilon(\omega,k)=0$ 这个方程的根附近. 这个根 $\omega(k)$ 本身是具有小虚部(波的阻尼系数)的复数;当 ω 在积分范

① 这个积分的形式推导将在 §51 末尾给出.

围有实值时，函数 $\varepsilon=\varepsilon'+i\varepsilon''$的实部通过零，而虚部仍很小. 注意到公式(30.9)，我们将(47.4)被积表达式中的因子$|\varepsilon|^{-2}$写成

$$\frac{1}{|\varepsilon|^2}=\frac{1}{\varepsilon'^2+\varepsilon''^2}=\frac{\pi}{|\varepsilon''|}\delta(\varepsilon').$$

对于电子电子碰撞积分，(47.4)中速度$\boldsymbol{v}$和$\boldsymbol{v}'$与电子相联系，而由于不等式$\omega \ll kv_{Te}$，两个 δ 函数的自变量中可以省略 ω 项. 因而 $B_{\alpha\beta}^{(ee)}$ 的有关部分是

$$B_{\alpha\beta}^{(pl)}=2\pi e^4\int_{-\infty}^{\infty}\int\delta(\boldsymbol{k}\cdot\boldsymbol{v})\delta(\boldsymbol{k}\cdot\boldsymbol{v}')\delta(\varepsilon')\frac{k_\alpha k_\beta d^3k d\omega}{k^4|\varepsilon''(\omega,k)|}, \tag{47.6}$$

对 d^3k 的积分是(在给定 ω 下)对范围(47.5)求积.

我们可以将对 d^3k 的积分变换到新变量

$$\kappa=\boldsymbol{k}\cdot\boldsymbol{n},\quad k_1=\boldsymbol{k}\cdot\boldsymbol{v},\quad k_2=\boldsymbol{k}\cdot\boldsymbol{v}',$$

其中 $\boldsymbol{n}$ 是沿$\boldsymbol{v}\times\boldsymbol{v}'$方向的单位矢. 变换的雅可比行列式的直接计算表明 d^3k 要用

$$\frac{d\kappa\, dk_1 dk_2}{|\boldsymbol{v}\times\boldsymbol{v}'|}$$

代替. 对 dk_1dk_2 的积分除去 δ 函数(它使 $k_1=k_2=0$)，因而 $\boldsymbol{k}=\kappa\boldsymbol{n}$. 变量$\kappa$ 可取正值和负值；仅对正值积分时，我们写出

$$B_{\alpha\beta}^{(pl)}=\frac{2\pi e^4 n_\alpha n_\beta}{|\boldsymbol{v}\times\boldsymbol{v}'|}2\int\int_{-\infty}^{\infty}\frac{\delta[\varepsilon'(\omega,\kappa)]}{\kappa^2|\varepsilon''(\omega,\kappa)|}d\omega d\kappa. \tag{47.7}$$

双温等离体在离子声波区(47.5)的电容率给出为①

$$\varepsilon'=1-\frac{\Omega_i^2}{\omega^2}+\frac{1}{k^2a_e^2},$$
$$\varepsilon''=\sqrt{\frac{\pi}{2}}\frac{\omega}{k^3}\left\{\frac{\Omega_e^2}{v_{Te}^3}+\frac{\Omega_i^2}{v_{Ti}^3}\exp\left(-\frac{\omega^2}{2k^2v_{Ti}^2}\right)\right\}. \tag{47.8}$$

(47.7)中对 $d\kappa$ 的积分的主要贡献，来自(如以后的计算将肯定的)范围 $a_e\kappa\gg1$；$\varepsilon'(\omega,k)$中最后一项因而可忽略. 注意到

$$\delta\left(1-\frac{\Omega_i^2}{\omega^2}\right)=\frac{\Omega_i}{2}[\delta(\omega-\Omega_i)+\delta(\omega+\Omega_i)],$$

(47.7)中对 $d\omega$ 的积分给出

$$B_{\alpha\beta}^{(pl)}=n_\alpha n_\beta\frac{4\pi e^4\Omega_i}{|\boldsymbol{v}\times\boldsymbol{v}'|}\int\frac{d\kappa}{\kappa^2\varepsilon''(\Omega_i,\kappa)},$$

或者，将 ε''的表达式代入，并应用变量 $\xi=\kappa^2a_i^2$，

---

① 见(33.3). 在(47.8)中也包括对 ε''的离子贡献. 虽然在区域(47.5)是指数式小，它确定下面(47.9)中的积分范围.

$$B_{\alpha\beta}^{(\mathrm{pl})}=n_\alpha n_\beta\frac{2\sqrt{2\pi}e^4 v_{Te}a_e^2}{|\boldsymbol{v}\times\boldsymbol{v}'|a_i^2}\int\frac{\mathrm{d}\xi}{1+\exp(-1/(2\xi)+L_1/2)},\tag{47.9}$$

其中

$$L_1=\ln\frac{\Omega_i^4 v_{Te}^6}{\Omega_e^4 v_{Ti}^6}=\ln\frac{z^2 MT_e^3}{mT_i^3}.\tag{47.10}$$

由于条件(47.5),在(47.9)中的积分必须在范围$(\Omega_i a_i/\Omega_e a_e)^2 \ll \xi \ll 1$内进行. 因为对小$\xi$积分收敛,下限可取为零.

当$L_1\to\infty$时,(47.9)中积分趋于零;假设L_1充分大,我们将在对数近似下来计算它,即在按$1/L_1$的幂展开式中仅取第一项. 对积分的主要贡献来自这样的范围,那里分母中的指数项可忽略. 为此,我们必须有$-1/(2\xi)+L_1/2>1$,即积分取为从0至$1/(L_1-1)\approx 1/L_1$,它简单给出$1/L_1$①. 因此,最后结果是

$$B_{\alpha\beta}^{(\mathrm{pl})}=n_\alpha n_\beta\frac{2\sqrt{2\pi}e^4 z v_{Te}T_e}{|\boldsymbol{v}\times\boldsymbol{v}'|T_i L_1}.\tag{47.11}$$

电子电子碰撞积分中$B_{\alpha\beta}^{(ee)}$的总值可通过将(47.11)与寻常库仑表达式(41.8)相加而求得,并在库仑对数L的自变量中用德拜半径

$$a=(a_e^{-2}+a_i^{-2})^{-1/2}\approx a_i.$$

当

$$zT_e/(T_i L L_1)\gg 1\tag{47.12}$$

时,等离体波的贡献(47.11)变成占优势的.

§ 48　高频极限下等离体中的吸收

公式(44.9)对等离体电容率虚部为有效的频率范围,受到不等式$\Omega_e \gg \omega \gg \nu_{ei}$的限制. 第一个不等式是具有屏蔽库仑相互作用的碰撞积分适用性的一般条件. 现在让我们考虑与此相反的极限,对此

$$\omega\gg\Omega_e.\tag{48.1}$$

我们可以立刻注意到,这里电容率的实部ε'肯定接近于1,而虚部ε''很小.

可变外场的能量耗散是由ei碰撞引起的,碰撞期间的量级等于或小于场变化周期. 这意味着对$\omega\gg\Omega_e$,在距离$\sim v_{Te}/\omega \ll v_{Te}/\Omega_e=a_e$发生的碰撞将是重要的. 在这种距离上,离子的库仑场不受屏蔽,因而是纯粹二粒子碰撞(而不像受屏蔽相互作用下那样基本上是多粒子碰撞). 在这些条件下,个别场能吸收的微

---

① 在对积分为重要的范围,$\xi\sim 1/L_1$,即$\kappa\sim 1/(a_i L_1^{1/2})$. 于是

$$\kappa a_e\sim\frac{a_e}{a_i L_1^{1/2}}\sim\left(\frac{T_e}{T_i L_1}\right)^{1/2}\gg 1,$$

与上面所作假设一致.

观事件变成带电粒子对碰撞中轫致辐射的逆过程. 这使我们能应用细致平衡原理通过轫致辐射截面来表达 ε''(В. Л. Гинзбург,1949)

介质每单位体积和每单位时间内电磁场能的耗散 Q 通过公式(30.5)用 ε'' 表达. 为了将这个量与轫致辐射截面联系起来,我们假设场是由单色平面波所产生的,其中能量密度是

$$\mathscr{E}=\frac{\overline{E^2}+\overline{H^2}}{8\pi}=\frac{|\boldsymbol{E}|^2}{8\pi};$$

(在后一表达式中,假设 $\boldsymbol{E}$ 表达为复量(比较 116 页脚注)). 因为电容率接近为1,这里我们令 $\varepsilon=1$. 于是公式(30.5)可写成

$$Q=\omega\varepsilon''\mathscr{E}. \tag{48.2}$$

另一方面,耗散等于电子离子碰撞中所吸收的能量 Q_{abs} 与这些碰撞中所辐射的能量之差. 这就是,受激(而非自发)发射的能量 Q_{st},它产生与原始场相干的光子,在这种意义上与之不可分辨.

光子的自发发射,即寻常轫致辐射的截面,可写成①

$$\mathrm{d}\sigma_{sp}=\frac{w(\boldsymbol{p}',\boldsymbol{p})}{v}\delta(\epsilon-\epsilon'-\hbar\omega)\frac{\mathrm{d}^3k}{(2\pi)^3}\mathrm{d}^3p'; \tag{48.3}$$

其中 $\boldsymbol{k}$ 是光子波矢,$\boldsymbol{p}$ 和 $\boldsymbol{p}'$是电子的初始和终末动量. 乘积 $N_i v\mathrm{d}\sigma_{sp}$(其中 N_i 是离子数密度)是电子每单位时间经历光子发射的概率;函数 $w(\boldsymbol{p}',\boldsymbol{p})$还依赖于所发射光子的偏振. 对 $\boldsymbol{p}$ 和 $\boldsymbol{k}$ 的方向积分,并对光子偏振求和,我们得到(按频率的)微分轫致辐射截面 $\mathrm{d}\sigma_\omega$;通过相对于 $\epsilon'=p'^2/2m$ 积分可消除(48.3)中的 δ 函数. 因而

$$\mathrm{d}\sigma_\omega=\frac{4m^2v'}{\pi vc^3}\bar{w}\omega^2\mathrm{d}\omega,$$

其中 $\bar{w}(\boldsymbol{p},\boldsymbol{p}')$是 $w(\boldsymbol{p},\boldsymbol{p}')$对 $\boldsymbol{p}$ 和 $\boldsymbol{p}'$的方向求平均后的值;这个值已不依赖于光子的偏振,由此对后者的求和相当于乘以 2. 按下述定义引进"有效辐射"κ_ω:

$$\hbar\omega\mathrm{d}\sigma_\omega=\kappa_\omega\mathrm{d}\omega,$$

于是我们可以写

$$\bar{w}=\frac{\pi vc^3}{4m^2v'\hbar\omega^3}\kappa_\omega. \tag{48.4}$$

受激辐射截面与(48.3)的差别仅在于 ħ 因子 $N_{\boldsymbol{k}e}$,处于波矢 $\boldsymbol{k}$ 和偏振方向 $\boldsymbol{e}$ 平行于 $\boldsymbol{E}$ 的量子态的光子数(见第四卷, §44). 因此受激辐射的总能量是

$$Q_{st}=N_i\sum_{\boldsymbol{e}}\int N_{\boldsymbol{k}e}\hbar\omega w(\boldsymbol{p}',\boldsymbol{p})f(\boldsymbol{p})\delta(\epsilon-\epsilon'-\hbar\omega)\frac{\mathrm{d}^3k}{(2\pi)^3}\mathrm{d}^3p\mathrm{d}^3p',$$

其中 $f(\boldsymbol{p})$是电子分布函数. 我们将认为这个函数为麦克斯韦分布,仅依赖于绝

---

① 为与电容率 $\varepsilon,\varepsilon',\varepsilon''$区别,本节将电子能量用 ϵ,ϵ'表示. ——译者注.

对值 p. 对 $\boldsymbol{p}$ 和 $\boldsymbol{p}'$的方向求平均,并注意到电场的单色性

$$\sum_{e}\int N_{ke}\frac{\mathrm{d}^3k}{(2\pi)^3}=\frac{\mathscr{E}}{\hbar\omega},$$

我们可以写出

$$Q_{\mathrm{st}}=N_{\mathrm{i}}\mathscr{E}\int\bar{w}f(p)\delta(\epsilon-\epsilon'-\hbar\omega)\mathrm{d}^3p\mathrm{d}^3p'. \tag{48.5}$$

在具有电子动量变化 $\boldsymbol{p}'\rightarrow\boldsymbol{p}$ 的逆跃迁(电磁场中电子非弹性散射)中所吸收的能量可以类似地进行计算. 根据细致平衡原理,确定对于直接过程和逆过程的截面的概率函数 w 是相等的. 因此我们得到 Q_{abs}的表达式,它与(48.5)的差别仅在于分布函数 $f(p)$ 要用 $f(p')$ 代替. 耗散 $Q=Q_{\mathrm{abs}}-Q_{\mathrm{st}}$;将此表达式与(48.2)进行比较得到

$$\varepsilon''=\frac{N_{\mathrm{i}}}{\omega}\int\bar{w}[f(p')-f(p)]\delta(\epsilon-\epsilon'-\hbar\omega)\mathrm{d}^3p\mathrm{d}^2p'. \tag{48.6}$$

我们将仅考虑这样的频率,它们使

$$\hbar\omega\ll T. \tag{48.7}$$

于是,差值 $p'-p$ 很小,我们可令

$$f(p')-f(p)=-\frac{\mathrm{d}f}{\mathrm{d}\epsilon}\hbar\omega=\frac{\hbar\omega}{T}f(p),$$

而在其余因子中令 $p=p'$. 将此代入(48.6)并将 $\bar{w}$ 用(48.4)的κ_ω来表达,我们最后得到关于电容率虚部的下列表达式:

$$\varepsilon''(\omega)=N_{\mathrm{i}}N_{\mathrm{e}}\frac{\pi^2c^3}{T\omega^3}\langle v\kappa_\omega\rangle, \tag{48.8}$$

其中角括号⟨…⟩表示对电子的麦克斯韦分布求平均.

让我们将这个公式应用于两个极限情况:准经典情况和玻恩情况. 在第一个情况,即当

$$ze^2/\hbar v\gg 1 \tag{48.9}$$

时,频率范围 $\omega\gg\Omega_{\mathrm{e}}$ 可以进一步被限制在更窄区间

$$mv_{Te}^3/(ze^2)\gg\omega\gg\Omega_{\mathrm{e}}; \tag{48.10}$$

左边的量是电子在离开离子的距离使散射角 $\chi\sim1$ 的量级时飞行时间的倒数. 容易看出(48.7)是从条件(48.9)和(48.10)必然得出的结果. 在准经典情况,一个电子与一个静止离子的碰撞中在频率(48.10)的有效辐射由公式

$$\kappa_\omega=\frac{16z^2e^6}{3v^2c^3m^2}\ln\frac{2mv^3}{\gamma\omega ze^2} \tag{48.11}$$

给出,其中 $\gamma=\mathrm{e}^C=1.78\cdots$,而 C 是欧拉常数(见第二卷(70.21)). 代入(48.8)

并完成求平均,我们得到①

$$\varepsilon''=\frac{4\sqrt{2\pi}}{3}\frac{ze^4N_e}{T^{3/2}m^{1/2}}\frac{\Omega_e^2}{\omega^3}\ln\frac{2^{5/2}T^{3/2}}{\gamma^{5/2}\omega ze^2m^{1/2}}. \tag{48.12}$$

在玻恩情况,即当 $ze^2/(\hbar v)\ll 1$,在频率 $\hbar w\ll T$ 的有效辐射由②

$$\kappa_\omega=\frac{16z^2e^6}{3v^2c^3m^2}\ln\frac{2mv^2}{\hbar\omega} \tag{48.13}$$

给出. 用(48.8)的计算给出

$$\varepsilon''=\frac{4\sqrt{2\pi}}{3}\frac{ze^4N_e}{m^{1/2}T^{3/2}}\frac{\Omega_e^2}{\omega^3}\ln\frac{4T}{\gamma\hbar\omega}, \tag{48.14}$$

它与(44.9)仅相差在对数函数的变量不同.

§49 朗道阻尼的准线性理论

§29—§32 中所描述的等离体振荡理论,是以在微扰论的线性近似下求解动理方程为基础的. 其适用性条件是对分布函数的校正 δf(29.2)远比未受扰函数 f_0 为小:

$$\frac{e\boldsymbol{E}}{|\boldsymbol{k}\cdot\boldsymbol{v}-\omega|}\cdot\frac{\partial f_0}{\partial\boldsymbol{p}}\ll f_0. \tag{49.1}$$

对于具有频率 $\omega\approx\Omega_e$ 和波数 $k\ll\Omega_e/v_{Te}$ 的弱阻尼等离体振荡,因而必须

$$\frac{eE}{\Omega_e}\frac{\partial f_0}{\partial p}\ll f_0.$$

对于麦克斯韦分布的等离体,这个条件(两边都平方后)可写成

$$E^2/4\pi\ll N_eT_e. \tag{49.2}$$

这个形式具有简单物理意义:波场能量密度必须远小于等离体电子的动能密度.

条件(49.2)保证了对大多数电子来说校正 δf 很小. 然而,即使它是满足的,仍有相对小量粒子,对于它们(49.1)不能满足,它们几乎与波同相运动($\boldsymbol{k}\cdot\boldsymbol{v}\approx\omega$),因而参与朗道阻尼(共振粒子);即使弱场也会使它们的分布函数受到相当大的改变. 这个变化是一种非线性效应,因而它的性质非常依赖于波场(按 ω 和按 $\boldsymbol{k}$)的谱,问题是只有在线性近似下,场的各个傅里叶分量才单独地作用于粒子.

这里我们将考虑等离体中的电磁微扰,它们是波矢在某区间 $\Delta\boldsymbol{k}$ 取连续值的等离体波总体.

---

① 同时应用积分值

$$\int_0^\infty e^{-x}\ln x\,dx=-C.$$

② 见第四卷(92.16). 在从这个公式变为(48.14)时,我们还考虑到了这样的事实,当 $\hbar\omega\ll T=mv_{Te}^2$ 时,电子通过辐射仅损耗小部分能量.

如果初始微扰包括波数 $k \sim \Omega_e/v_{Te}$ 的广阔波谱,则朗道阻尼扩展至(在场对它们的影响的意义上)处于相同条件的大量电子.结果证明是,分布函数的畸变在所有速率都相对很小;从而(在条件(49.2)下)线性理论在微扰发展的整个过程都适用.

另一方面,如果微扰只包含波数在 k_0($\ll \Omega_e/v_{Te}$)值附近很窄范围 $\Delta \boldsymbol{k}$,于是电子速度的共振范围

$$|\Delta \boldsymbol{v}| \sim \Delta \frac{\Omega_e}{k} \sim \frac{v_0}{k_0}|\Delta \boldsymbol{k}|, \quad \boldsymbol{v}_0 = \frac{\Omega_e}{k_0}\frac{\boldsymbol{k}_0}{k_0} \tag{49.3}$$

也很小,并位于 $v_0 \gg v_{Te}$ 附近.因而只有相当小数目的电子参与朗道阻尼,而电子分布函数可能改变极大.

这里将给出下述情况下这个现象的定量理论,当微扰是殆单色波且其振幅和相位按某种统计规律在空间被调制的情况.对初始微扰 $\boldsymbol{k}$ 值的谱很窄:

$$|\Delta \boldsymbol{k}|/k_0 \ll 1, \tag{49.4}$$

但同时

$$\frac{|\Delta \boldsymbol{k}|}{k} \gg \frac{1}{v_0}\left(\frac{e|\varphi_0|}{m}\right)^{1/2}, \tag{49.5}$$

其中 φ_0 是波电场势振幅的数量级(这个条件的意义将在下面解释).由于(49.2)(那里 $E \sim k\varphi_0$),不等式(49.5)右边的表达式很小:$e|\varphi_0|/mv_0^2 \ll 1$.我们还将假设对整个等离体平均来说场是均匀的;这意味着 $\boldsymbol{E}^2$ 对波的相位和振幅的统计分布求平均后是不依赖于坐标的(这种求平均相当于对尺度 $\Delta x \gg 1/|\Delta \boldsymbol{k}|$ 的空间区域的求平均).

初始瞬间的场 $\boldsymbol{E}$ 表达为傅里叶积分:

$$\boldsymbol{E} = \int \boldsymbol{E}_{\boldsymbol{k}} e^{i\boldsymbol{k}\cdot\boldsymbol{r}} \frac{d^3k}{(2\pi)^3}, \tag{49.6}$$

其中 $\boldsymbol{E}_{-\boldsymbol{k}} = \boldsymbol{E}_{\boldsymbol{k}}^*$,因为 $\boldsymbol{E}$ 是实量.关于初始微扰性质的假设(49.4),意味着(49.6)中的积分,实际上仅选取对点 $\boldsymbol{k} = \pm \boldsymbol{k}_0$ 邻近求积.微扰的空间均匀性条件,很容易通过将二阶张量 $E_\alpha E_\beta$ 写成二重积分

$$E_\alpha E_\beta = \iint E_{\boldsymbol{k}\alpha} E_{\boldsymbol{k}'\beta} \exp[i(\boldsymbol{k}+\boldsymbol{k}')\cdot\boldsymbol{r}] \frac{d^3k d^3k'}{(2\pi)^6}$$

予以表述.按统计分布求平均后,这个表达式应不依赖于 $\boldsymbol{r}$①.为此,平均值 $\langle E_{\boldsymbol{k}\alpha} E_{\boldsymbol{k}\beta} \rangle$ 必须包含 δ 函数 $\delta(\boldsymbol{k}+\boldsymbol{k}')$.因为等离体波是纵波,从而我们写出

---

① 对所考虑类型的微扰,积分 $E_{\boldsymbol{k}} = \int \boldsymbol{E}(\boldsymbol{r}) e^{-i\boldsymbol{k}\cdot\boldsymbol{r}} d^3x$ 实际上发散,因为 $\boldsymbol{E}(\boldsymbol{r})$ 在无穷远不为零.然而,在形式推导中这并不重要,因为这推导中包含方均量,它们肯定是有限的.

$$\langle E_{k\alpha}E_{k'\beta}\rangle=(2\pi)^3\frac{k_\alpha k_\beta}{k^2}(\boldsymbol{E}^2)_k\delta(\boldsymbol{k}+\boldsymbol{k}'). \tag{49.7}$$

这个关系式应认为是符号式地用$(\boldsymbol{E}^2)_k$所表示的量的定义. 注意到这些是实量. 表达式(49.7)仅当$\boldsymbol{k}=-\boldsymbol{k}'$时才不为零,并且相对于$\boldsymbol{k}$和$\boldsymbol{k}'$的互换是对称的. 因此$(\boldsymbol{E}^2)_k=(\boldsymbol{E}^2)_{-k}$;而$\boldsymbol{k}$的正负号的改变相当于取复共轭. 方均$\langle\boldsymbol{E}^2\rangle$用这些量表达为

$$\langle\boldsymbol{E}^2\rangle=\int(\boldsymbol{E}^2)_k\frac{\mathrm{d}^3k}{(2\pi)^3}. \tag{49.8}$$

(49.6)中,因而(49.8)中的积分,(如早已提到过的)是对点$\boldsymbol{k}_0$和$-\boldsymbol{k}_0$的邻近取的. 然而,更方便的是通过将(49.6)表示成下列形式

$$\boldsymbol{E}=\int_{k\approx k_0}\boldsymbol{E}_k\mathrm{e}^{\mathrm{i}\boldsymbol{k}\cdot\boldsymbol{r}}\frac{\mathrm{d}^3k}{(2\pi)^3}+\text{c. c.} \tag{49.9}$$

以消去$-\boldsymbol{k}_0$,其中积分仅对点$\boldsymbol{k}=\boldsymbol{k}_0$邻近取,而 c. c. 表示复共轭. 因此,(49.8)写成

$$\langle\boldsymbol{E}^2\rangle=2\int_{k\approx k_0}(\boldsymbol{E}^2)_k\frac{\mathrm{d}^3k}{(2\pi)^3}, \tag{49.10}$$

而关系式(49.7)写成

$$\left.\begin{aligned}&\langle E_{k\alpha}E^*_{k'\beta}\rangle=(2\pi)^3(\boldsymbol{E}^2)_k\frac{k_\alpha k_\beta}{k^2}\delta(\boldsymbol{k}-\boldsymbol{k}'),\\&\langle E_{k\alpha}E_{k'\beta}\rangle=0.\end{aligned}\right\} \tag{49.11}$$

微扰(49.9)随时间的进一步演化用表达式

$$\boldsymbol{E}=\int_{k\approx k_0}\mathrm{e}^{\mathrm{i}(\boldsymbol{k}\cdot\boldsymbol{r}-\omega t)}\boldsymbol{E}_k(t)\frac{\mathrm{d}^3k}{(2\pi)^3}+\text{c. c.} \tag{49.12}$$

表示,其中$\omega(\boldsymbol{k})\approx\Omega_e$是等离体波频率,而系数$\boldsymbol{E}_k(t)$由于朗道阻尼而缓慢变化. 电子分布函数类似地表达为

$$f=f_0(t,\boldsymbol{p})+\left\{\int_{k\approx k_0}f_k(t,\boldsymbol{p})\mathrm{e}^{\mathrm{i}(\boldsymbol{k}\cdot\boldsymbol{r}-\omega t)}\frac{\mathrm{d}^3k}{(2\pi)^3}+\text{c. c.}\right\}. \tag{49.13}$$

大括号中的表达式是分布函数变化的“无规”部分,在空间和时间上迅速振荡;对波的统计平均来说它变为零. 项$f_0(t,\boldsymbol{p})$是慢变平均分布①.

我们的目的是要推导一组方程,用以确定等离体态的平均特征,即函数$(\boldsymbol{E}^2)_k$和$f_0(t,\boldsymbol{p})$随时间的变化. 为使这组方程闭合,这些特征必须包括参与有关非线性效应的所有电子. 依次,对应于波矢扩展$\Delta\boldsymbol{k}$,速度范围(49.3)因而必须总是与共振波场影响下电子速度振荡的振幅广泛重叠. 这正是由不等式

① 不要与麦克斯韦平衡分布相混淆.

(49.5)所表达的条件;$(e|\varphi_0|/m)^{1/2}$是所述振幅的数量级. 因为,在以波的相速运动的坐标系中,波场是静态的,由一系列高度为$|\varphi_0|$的势峰所组成. 在这些坐标系中,一个共振电子在两峰间振荡,其速率在$\pm(2e|\varphi_0|/m)^{1/2}$范围间变化.

其中一个方程把$(\boldsymbol{E}^2)_{\boldsymbol{k}}$与$f_0$联系起来,它表达场的每个傅里叶分量的朗道阻尼:

$$\frac{\mathrm{d}}{\mathrm{d}t}(\boldsymbol{E}^2)_{\boldsymbol{k}}=-2\gamma_{\boldsymbol{k}}(\boldsymbol{E}^2)_{\boldsymbol{k}},\tag{49.14}$$

其中

$$\gamma_{\boldsymbol{k}}=2\pi^2e^2\Omega_{\mathrm{e}}\int\frac{\partial f_0}{\partial\boldsymbol{p}}\cdot\frac{\boldsymbol{k}}{k^2}\delta(\omega-\boldsymbol{k}\cdot\boldsymbol{v})\mathrm{d}^3p,\tag{49.15}$$

按(32.6)和(30.1),是波幅阻尼系数;(49.14)右边的因子 2 的出现是由于$(\boldsymbol{E}^2)_{\boldsymbol{k}}$是二次的.

第二个方程由无碰撞等离体的动理方程

$$\frac{\partial f}{\partial t}+\boldsymbol{v}\cdot\frac{\partial f}{\partial\boldsymbol{r}}-e\boldsymbol{E}\cdot\frac{\partial f}{\partial\boldsymbol{p}}=0\tag{49.16}$$

推出. 让我们首先把这个方程在线性近似下应用于微扰的个别傅里叶分量. 在方程的最后一项中,它已经包含小量$\boldsymbol{E}_{\boldsymbol{k}}\mathrm{e}^{\mathrm{i}(\boldsymbol{k}\cdot\boldsymbol{r}-\omega t)}$,我们令$f\approx f_0$. 在第一项中,我们忽略$f_{\boldsymbol{k}}$随$t$的慢变化. 于是我们得到关于$f_{\boldsymbol{k}}$的通常表达式:

$$f_{\boldsymbol{k}}=\frac{\mathrm{i}e\boldsymbol{E}_{\boldsymbol{k}}}{\omega-\boldsymbol{k}\cdot\boldsymbol{v}}\cdot\frac{\partial f_0}{\partial\boldsymbol{p}},\tag{49.17}$$

而且,在以后的求积中,ω要照常理解为$\omega+\mathrm{i}0$.

其次,我们将关于$\boldsymbol{E}$和f的完全表达式(49.12)和(49.13)代入(49.16)(用(49.17)的$f_{\boldsymbol{k}}$)并借助于(49.11)对波的统计分布求平均. 微扰的所有线性项消失;而二次项确定导数$\partial f_0/\partial t$为

$$\frac{\partial f_0}{\partial t}=e^2\frac{\partial}{\partial p_\alpha}\left\{\frac{\partial f_0}{\partial p_\beta}\int\limits_{\boldsymbol{k}\approx\boldsymbol{k}_0}\frac{k_\alpha k_\beta}{k^2}(\boldsymbol{E}^2)_{\boldsymbol{k}}\left[\frac{\mathrm{i}}{\omega-\boldsymbol{k}\cdot\boldsymbol{v}+\mathrm{i}0}-\frac{\mathrm{i}}{\omega-\boldsymbol{k}\cdot\boldsymbol{v}-\mathrm{i}0}\right]\frac{\mathrm{d}^3k}{(2\pi)^3}\right\}.$$

根据(29.8)将方括号中的差值用$2\pi\delta(\omega-\boldsymbol{k}\cdot\boldsymbol{v})$代替,最后我们有

$$\frac{\partial f_0}{\partial t}=\frac{\partial}{\partial p_\alpha}\left(D_{\alpha\beta}^{(\mathrm{nl})}\frac{\partial f_0}{\partial p_\beta}\right),\tag{49.18}$$

其中

$$D_{\alpha\beta}^{(\mathrm{nl})}(\boldsymbol{p})=2\pi e^2\int\limits_{\boldsymbol{k}\approx\boldsymbol{k}_0}(\boldsymbol{E}^2)_{\boldsymbol{k}}\frac{k_\alpha k_\beta}{k^2}(\omega-\boldsymbol{k}\cdot\boldsymbol{v})\frac{\mathrm{d}^3k}{(2\pi)^3}.\tag{49.19}$$

方程(49.14)和(49.18)构成所寻求的完全方程组. 以它们为基础的等离体理论

称为准线性理论①.

方程(49.18)具有速度空间中扩散方程的形式,$D_{\alpha\beta}^{(\mathrm{nl})}$作为扩散系数张量(上标 nl 指明这个“扩散”归因于非线性效应). 这些系数,作为电子速度的函数,只有在$\boldsymbol{v}_0$附近 $\Delta\boldsymbol{v}$(由(49.3)与扩展 $\Delta\boldsymbol{k}$ 相联系)范围不为零. 在这个速度范围发生扩散,从而分布函数有相应畸变(对绝大多数电子仍为麦克斯韦分布). 按照扩散过程的一般性质,畸变的本质是很显然的:扩散导致平滑化,或者在这个情况,函数 $f_0(p)$(在 $v\approx v_0 \gg v_{Te}$)的“尾巴”宽度 ~ Δv 的一个坪,如图 13 中图解所示. 注意到畸变的这种特征,主要变化是在导数$\partial f_0/\partial p$ 中,而 f_0 本身仍接近麦克斯韦分布的值.

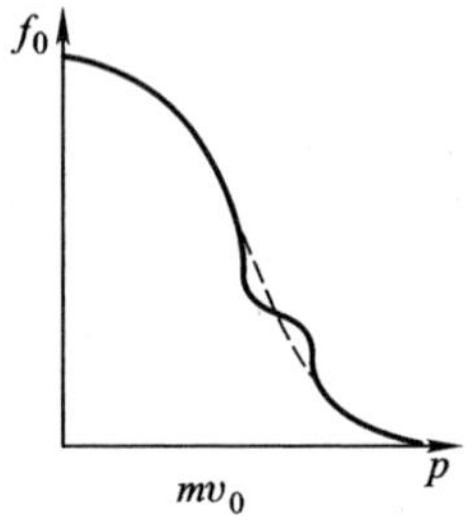

让我们估计这个过程的弛豫时间 τ_{nl}. 因为匀化发生在 $\Delta p = m\Delta v$ 范围内,我们有

$$\tau_{\mathrm{nl}} \sim m^2(\Delta v)^2/D^{(\mathrm{nl})}. \qquad (49.20)$$

为估计扩散系数,我们注意到按(49.10)有$(\boldsymbol{E}^2)_{\boldsymbol{k}}(\Delta k/2\pi)^3 \sim \langle \boldsymbol{E}^2\rangle$. (49.19)的被积表达式中出现 δ 函数,数量级上相当于对积分乘以 $1/(v_0\Delta k)$. 因而

$$D^{(\mathrm{nl})} \sim \frac{e^2\langle \boldsymbol{E}^2\rangle}{v_0\Delta k} \sim \frac{e^2\langle \boldsymbol{E}^2\rangle}{k_0\Delta v}. \qquad (49.21)$$

图 13

最后,用势振荡的振幅 φ_0 来表达$\langle \boldsymbol{E}^2\rangle$($\sim k^2|\varphi_0|^2$),并将(49.21)代入(49.20),我们求得②

$$\tau_{\mathrm{nl}} \sim \frac{(\Delta v)^3}{k_0(e|\varphi_0|/m)^2}. \qquad (49.22)$$

在上述讨论中,当然假设 τ_{nl}远小于朗道阻尼时间:$\tau_{\mathrm{nl}} \ll 1/\gamma$;否则,在非线性效应能出现之前,波已被阻尼掉了. 同时,方程(49.14)的适用性,其先决条件是 $1/\gamma$ 远小于电子平均自由时间:$1/\gamma \ll 1/\nu_e$,其中 ν_e 是平均碰撞频率. 然而,后一条件并不保证在所考虑现象中忽略碰撞的合法性(即应用(49.16)形式的动理方程的合法性):在与非线性效应的竞争方面,重要的不是总的碰撞弛豫时间,而只是关于 Δv 范围内的碰撞弛豫时间,我们用 τ_{coll}表示.

因为问题是关于接近 $v_0 \gg v_{Te}$的 Δv 范围内的弛豫,它仅包含所有电子中相对很小的分数,类似于脱逸电子问题的情况. 这是动量空间中的扩散过程,扩散

---

① 它是由韦杰诺夫,韦利霍夫,萨格捷耶夫(А. А. Веденов, Е. П. Велихов, Р. З. Сагдеев(1961))所发展的. 方程(49.14)和(49.18)是由罗曼诺夫,费里波夫(Ю. А. Романов, Г. Ф. Филиппов(1961))以及由德鲁蒙德,派因斯(W. E. Drummond, D. Pines(1961))独立推导的.

② 当 $\Delta v \sim (e|\varphi_0|/m)^{1/2}$时,严格地说,这里给出的理论是不适用的[(49.5)中记号 >> 变成 ~],这个估计给出 $\tau_{\mathrm{nl}} \sim k_0^{-1}(m/e|\varphi_0|)^{1/2}$. 当共振速率的扩展 Δv 与波场中电子振荡的速率幅一致时:τ_{nl}与这些振荡的周期具有相同数量级时,这个结果是可预期的.

系数是

$$D^{(\mathrm{coll})}=m^2\nu_{\mathrm{ee}}(v)v_{Te}^2=\frac{4\pi e^4 LN_{\mathrm{e}}T_{\mathrm{e}}}{mv^3}\approx\frac{m^2\nu_{\mathrm{ee}}(v_{Te})v_{Te}^5}{v^3}\tag{49.23}$$

(即动量空间中流密度(45.5)中$\partial f/\partial p$ 的系数).

所寻求的在范围 Δv 内的碰撞弛豫时间,与(49.20)的不同在于用 $D^{(\mathrm{coll})}$代替 $D^{(\mathrm{nl})}$:

$$\tau_{\mathrm{coll}}\sim\frac{m^2(\Delta v)^2}{D^{(\mathrm{coll})}}\sim\frac{(\Delta v)^2}{v_{Te}^2\nu_{\mathrm{ee}}(v_{Te})}\left(\frac{v_0}{v_{Te}}\right)^3.\tag{49.24}$$

当

$$\tau_{\mathrm{nl}}\gg\tau_{\mathrm{coll}}\tag{49.25}$$

时(即 $D^{(\mathrm{nl})}\ll D^{(\mathrm{coll})}$时),非线性效应不起任何作用:尽管有来自波场的微扰,碰撞能维持$\boldsymbol{v}_0$附近的麦克斯韦分布,从而朗道阻尼系数由通常的表达式给出,该表达式相对于$\boldsymbol{v}_0$附近导数$\partial f_0/\partial\boldsymbol{p}$ 的麦克斯韦分布的值. 因此,不等式(49.25)是朗道阻尼的严格线性理论可以适用的条件. 同时注意到,所阐述的准线性理论在弱得多的条件(49.2)下就有效. 条件(49.25)可写成

$$\frac{E^2}{4\pi}\ll N_{\mathrm{e}}T_{\mathrm{e}}\left[\sqrt{4\pi}L\eta^{3/2}\left(\frac{v_{Te}}{v_0}\right)^3\frac{\Delta v}{v_0}\right],\tag{49.26}$$

其中 $\eta=e^2N^{1/3}/T$ 是气态参量. 方括号中的很小因子表明(49.2)比(49.25)弱得多①.

在相反的极限情况 $\tau_{\mathrm{nl}}\ll\tau_{\mathrm{coll}}$,非线性效应导致上面所指出范围内导数$\partial f_0/\partial p$ 的很大减小,粗略地为 $D^{(\mathrm{coll})}/D^{(\mathrm{nl})}$ 的比值. 朗道阻尼系数相应地降低.

§50 相对论性等离体的动理方程

如果等离体中粒子(电子)的速度不是远小于光速,动理方程必须考虑到相对论性效应(С. Т. Беляев, Г. И. Будкер, 1956).

我们将首先证明相空间中的分布函数$f(t,\boldsymbol{r},\boldsymbol{p})$是相对论性不变量. 这个是通过注意到空间的粒子密度和粒子流密度,即积分

$$N=\int f\mathrm{d}^3p,\quad \boldsymbol{i}=\int\boldsymbol{v}f\mathrm{d}^3p$$

必须形成四维矢量 $i^k=(cN,\boldsymbol{i})$而表明的(参见第二卷,§28)②. 记住相对论力学

① 早已提到过,如果 $\tau_{\mathrm{nl}}\gg1/\gamma$,严格线性理论是不适用的. 这个可重写为

$$E^2/4\pi\ll N_{\mathrm{e}}T_{\mathrm{e}}[(\Delta v/v_{Te})^2(\Delta v/v_0)\gamma/\Omega_{\mathrm{e}}],$$

可以证明它是比(49.26)更弱的条件.

② 本节中,拉丁字母 k 和 l 表示四维矢量指标. 两个四维矢量 a 和 b 的标积用$(ab)\equiv a_kb^k$ 表示.

中具有动量 $\boldsymbol{p}$ 和能量 ε 的粒子速度是 $\boldsymbol{v}=\boldsymbol{p}c^2/\varepsilon$，我们可以将这个四维矢量写成

$$i^k=c^2\int p^k f\frac{\mathrm{d}^3p}{\varepsilon},\tag{50.1}$$

其中 $p^k=(\varepsilon/c,\boldsymbol{p})$ 是四维动量. 表达式 $\mathrm{d}^3p/\varepsilon$ 是一个四维标量（见第二卷，§10）. 因而很明显，因为积分(50.1)是一个四维矢量，所以 f 是一个四维标量①.

现在接着推导动理方程，我们注意到§41 中进行的计算直至动量空间中流密度的表达式(41.3)，(41.4)，在相对论情况下仍然有效. 我们只需重新计算量

$$B_{\alpha\beta}=\frac{1}{2}\int q_\alpha q_\beta v_{\mathrm{r}}\mathrm{d}\sigma.\tag{50.2}$$

量 $\boldsymbol{v}_{\mathrm{r}}$，如前所述那样，是两个粒子的相对速度. 然而，在相对论性力学中，它定义为一个粒子在另一粒子的静止坐标系中的速度，而一般并不简化为差 $\boldsymbol{v}-\boldsymbol{v}'$（见第二卷，§12）.

让我们首先弄清这些量的变换性质. 乘积

$$v_{\mathrm{r}}\mathrm{d}\sigma\cdot ff'\mathrm{d}^3p\mathrm{d}^3p'\mathrm{d}^3x\mathrm{d}t$$

是体积 d^3x 内和时间 $\mathrm{d}t$ 期间具有动量在给定范围 d^3p 和 d^3p' 的两个粒子间散射事件数；根据定义，这个数是不变量. 将它重写成下列形式

$$\varepsilon\varepsilon' v_{\mathrm{r}}\mathrm{d}\sigma\cdot f\cdot f'\cdot\frac{\mathrm{d}^3p}{\varepsilon}\cdot\frac{\mathrm{d}^3p'}{\varepsilon'}\cdot\mathrm{d}^3x\mathrm{d}t,$$

并注意到（用点分开的）最后五个因子是不变量，我们得出结论，第一个因子 $\varepsilon\varepsilon' v_{\mathrm{r}}\mathrm{d}\sigma$ 也是不变量. 由此可知积分

$$W^{kl}=\frac{1}{2}\varepsilon\varepsilon'\int q^k q^l v_{\mathrm{r}}\mathrm{d}\sigma\tag{50.3}$$

形成一个对称四维张量. 量(50.2)与这个四维张量的空间分量是由

$$B_{\alpha\beta}=\frac{W^{\alpha\beta}}{\varepsilon\varepsilon'}\tag{50.4}$$

相联系.

我们首先在一个粒子（比如说 e）为静止的参考系中来计算四维张量(50.3). 粒子 e' 被（碰撞前为）静止的粒子 e 以小角度 χ 散射的相对论性卢瑟福截面是②

---

① 然而，仅相对于动量的分布函数，即 $f(t,\boldsymbol{p})=\int f(t,\boldsymbol{r},\boldsymbol{p})\mathrm{d}^3x$ 不是一个四维标量（这种函数在第二卷，§10 中讨论过）.

② 这个表达式适用于电子受电子或离子的散射. 在第一种情况，它是从第四卷(81.7)得出的；在后一种情况，是从受固定库仑力心散射的截面第四卷(80.7)得到的.

$$d\sigma=\frac{4(ee')^2\varepsilon'^2}{p'^4\chi^4}2\pi\chi d\chi. \tag{50.5}$$

类似于推导(41.8)的计算给出关于张量(50.3)的空间分量的下列表达式：

$$W^{\alpha\beta}=2\pi(ee')^2L(v'^2\delta_{\alpha\beta}-v'_\alpha v'_\beta)mc^2\frac{\varepsilon'}{v'^3}. \tag{50.6}$$

其余分量应认为等于零：

$$W^{00}=W^{0\alpha}=0. \tag{50.7}$$

因为在所研究的这个坐标系中，碰撞中粒子的能量变化是关于小散射角的二阶量，从而 $W^{0\alpha}$ 和 W^{00} 该是三阶或四阶小量，而碰撞积分的整个推导仅准确至二阶量.

按照(50.6)和(50.7)，有

$$W_k^k=-W_\alpha^\alpha=-4\pi(ee')^2Lmc^2\varepsilon'/v'.$$

这个四维量可以写成不变量形式. 注意到在粒子 e 静止的坐标系中我们有

$$(uu')=\frac{\varepsilon'}{m'c^2},\quad \frac{[(uu')^2-1]^{1/2}}{(uu')}=\frac{v'}{c},$$

其中 $u^k=p^k/mc, u'^k=p'^k/(m'c)$ 是两个粒子的四维速度. 因此

$$W_k^k=-4\pi(ee')^2Lmm'c^4\frac{(uu')^2}{c[(uu')^2-1]^{1/2}}. \tag{50.8}$$

由(50.6)和(50.7)我们还发现

$$W^{kl}u_l=W^{kl}u'_l=0, \tag{50.9}$$

而且因为这些等式是相对论性不变形式，它们在任何参考系中都有效.

在任何参考系都有效的四维张量 W^{kl} 表达式显然必须对两个粒子是对称的. 仅依赖于四维矢量 u^k 和 u'^k 的这种四维张量的一般形式是

$$W^{kl}=\alpha g^{kl}+\beta(u^ku^l+u'^ku'^l)+\delta(u^ku'^l+u'^ku^l),$$

其中 α,β 和 δ 是标量. 这些标量由条件(50.8)和(50.9)确定，我们得到

$$\begin{aligned}W^{kl}=2\pi(ee')^2L\frac{mm'c^4(uu')^2}{c[(uu')^2-1]^{3/2}}\times\\ \times\{-[(uu')^2-1]g^{kl}-(u^ku^l+u'^ku'^l)+\\ +(uu')(u^ku'^l+u'^ku^l)\}.\end{aligned} \tag{50.10}$$

最后，选取任意参考系中这个四维张量的空间部分，我们得到关于碰撞积分中量 $B_{\alpha\beta}$ 的最终表达式：

$$\begin{aligned}B_{\alpha\beta}=2\pi(ee')^2L\frac{\gamma\gamma'(1-\boldsymbol{v}\cdot\boldsymbol{v}'/c^2)^2}{c[\gamma^2\gamma'^2(1-\boldsymbol{v}\cdot\boldsymbol{v}'/c^2)^2-1]^{3/2}}\times\\ \times\left\{\left[\gamma^2\gamma'^2\left(1-\frac{\boldsymbol{v}\cdot\boldsymbol{v}'}{c^2}\right)^2-1\right]\delta_{\alpha\beta}-\frac{\gamma^2}{c^2}v_\alpha v_\beta-\right.\end{aligned}$$

$$-\frac{\gamma'^2}{c^2}v'_\alpha v'_\beta+\frac{\gamma^2\gamma'^2}{c^2}\left(1-\frac{\boldsymbol{v}\cdot\boldsymbol{v}'}{c^2}\right)(v_\alpha v'_\beta+v'_\alpha v_\beta)\Bigg\},\qquad(50.11)$$

其中

$$\gamma=\frac{\varepsilon}{mc^2}=\left(1-\frac{v^2}{c^2}\right)^{-1/2},\quad \gamma'=\frac{\varepsilon'}{m'c^2}=\left(1-\frac{v'^2}{c^2}\right)^{-1/2}$$

是对两个粒子的洛伦兹因数. 我们注意到,尽管与非相对论性情况比较起来有更复杂的形式,三维张量(50.11)仍满足关系式

$$B_{\alpha\beta}v_\beta=B_{\alpha\beta}v'_\beta.\qquad(50.12)$$

为估计库仑对数,我们注意到在相对论性情况下发生的玻恩情况:$ze^2/(\hbar v)\sim ze^2/(\hbar c)\ll 1$. 因此,对于 ee 和 ei 碰撞

$$L\approx\ln(pa/\hbar)\approx\ln(T_e a/(\hbar c)).\qquad(50.13)$$

对于 ii 碰撞,T_e 必须用 T_i 代替(如果离子也是相对论性的),或者应该用寻常非相对论性表达式. 只要卢瑟福散射是电子动量和能量变化的主要原因,具有库仑碰撞积分的动理方程是有效的. 这里的竞争过程是韧致辐射(还有康普顿效应,如果等离体含有可观数量光子的话). 卢瑟福散射(输运)截面数量级上是

$$\sigma_{\mathrm{Ru}}\sim z^2\left(\frac{e^2}{mc^2}\right)^2\left(\frac{mc^2}{\varepsilon}\right)^2 L\sim z^2\left(\frac{e^2}{mc^2}\right)^2\left(\frac{mc^2}{T_e}\right)^2 L.\qquad(50.14)$$

韧致辐射具有能量 $\hbar\omega\sim T_e$ 的光子的截面是

$$\sigma_{\mathrm{br}}\sim\frac{z^2}{137}\left(\frac{e^2}{mc^2}\right)^2\ln\frac{T_e}{mc^2}\qquad(50.15)$$

(比较第四卷,(93.17)). 如果

$$\frac{T_e}{mc^2}\sim\left(\frac{137L}{\ln(137L)}\right)^{1/2},$$

这些截面是可比较的.

习 题

1. 试求从具有温度 $T_e\gg mc^2$ 的电子向具有温度 $T_i\ll Mc^2$ 的离子的能量传递率.

解: §42 中的计算直至(42.3)仍有效. 我们选用(50.4)和(50.6)的 $B_{\alpha\beta}^{(ei)}$,设其中 $v'\approx c$:

$$B_{\alpha\beta}^{(ei)}=4\pi e^4z^2L/c.$$

结果求得

$$\frac{\mathrm{d}E_i}{\mathrm{d}t}=-\frac{\mathrm{d}E_e}{\mathrm{d}t}=\left(1-\frac{T_i}{T_e}\right)\frac{4\pi z^2e^4N_iN_eL}{Mc}.$$

将极端相对论性电子的能量用其温度表达为 $E_e=3T_eN_e$(见第五卷,§44 习

题),我们得到

$$\frac{\mathrm{d}T_e}{\mathrm{d}t} = -(T_e - T_i)\frac{4\pi z^2 e^4 N_i L}{3McT_e}.$$

2. 试求相对论性洛伦兹等离体的电导率.

解:当我们忽略 ee 碰撞并趋向极限 $M\to\infty$ 时,相对论性情况的求解过程与§44 中非相对论性问题的求解相同.在恒定($\omega=0$)电场下对分布函数的校正仍是

$$\delta f = -\frac{e\boldsymbol{E}\cdot\boldsymbol{v}}{T_e\nu_{ei}(p)}f_0$$

(比较(44.5)),唯一差别是碰撞频率现在要由相对论性卢瑟福散射截面

$$\nu_{ei}(p) = N_i v\sigma_t,\quad \sigma_t \approx \int\frac{\chi^2}{2}\mathrm{d}\sigma \approx \frac{4\pi z^2 e^4 L}{v^2 p^2}$$

确定.计算电流作为积分 $-e\int v\delta f\mathrm{d}^3p$,我们求得电导率为

$$\sigma = \frac{\langle v^3 p^2\rangle}{12\pi z e^2 T_e L}.$$

在极端相对论性情况,$v\approx c$,$\langle p^2\rangle = 12(T_e/c)^2$,因而

$$\sigma = cT_e/(\pi z e^2 L).$$

§51 等离体中的涨落

等离体中的涨落理论,原则上可像寻常气体中的涨落理论(§19 和 §20)那样,以相同的方法建立起来.异时关联函数,例如

$$\langle\delta f_a(t_1,\boldsymbol{r}_1,\boldsymbol{p}_1)\delta f_b(t_2,\boldsymbol{r}_2,\boldsymbol{p}_2)\rangle,\quad \langle\delta\varphi(t_1,\boldsymbol{r}_1)\delta f_a(t_2,\boldsymbol{r}_2,\boldsymbol{p}_2)\rangle$$

(其中 φ 是电场势,而 a,b 区别粒子类型),像分布函数$\bar{f}_a$ 和势 $\bar{\varphi}$ 那样,(当 $t=t_1-t_2>0$ 时)满足相同的方程组,即线性化动理方程和线性化泊松方程.为求解这些方程,必须知道相应单时关联函数作为初始条件.但是,与中性粒子平衡气体大不相同,等离体中由于粒子间的库仑相互作用并扩展至很大距离($\sim a$),不同粒子的位置间有单时关联,在平衡情况,这个关联由第五卷,§79 中所计算的密度关联函数来描述.在非平衡情况,单时关联函数的确定是一个困难问题.

然而,对于无碰撞等离体的情况,这个困难可以一般方式予以克服.我们注意到,正是对无碰撞等离体,以特别自然的方式提出关于定常非平衡态中的涨落问题;因为这种等离体中没有外场存在时,任何仅依赖于粒子动量的分布函数 $\bar{f}_a(\boldsymbol{p})$ 都是动理方程的定常解.相对于这种分布的涨落的关联函数,与平衡情况一样,将仅通过差值 $\boldsymbol{r}=\boldsymbol{r}_1-\boldsymbol{r}_2$,$t=t_1-t_2$ 而依赖于两点的坐标和两个时间.等离体的无碰撞性,同时意味着所考虑的时间 t 远小于 $1/\nu$,其中 ν 是有效碰撞频率.

下面阐述的方法正好在这些条件下是适用的;等离体始终当作无碰撞的来处理.这个方法以严格涨落分布函数 $f_a(t,\boldsymbol{r},\boldsymbol{p})$ 的乘积的直接平均为基础①.

这些函数满足方程

$$\frac{\mathrm{d}f_a}{\mathrm{d}t}=\frac{\partial f_a}{\partial t}+\boldsymbol{v}\cdot\frac{\partial f_a}{\partial \boldsymbol{r}}-e_a\frac{\partial\varphi}{\partial\boldsymbol{r}}\cdot\frac{\partial f_a}{\partial\boldsymbol{p}}=0,\tag{51.1}$$

其中 φ 是严格电场势,它满足方程

$$\Delta\varphi=-4\pi\sum_a e_a\int f_a\mathrm{d}^3p.\tag{51.2}$$

方程(51.1)是刘维尔定理的类比.应强调的是,在这些严格方程中,碰撞尚未忽略.严格分布函数为

$$f_a(t,\boldsymbol{r},\boldsymbol{p})=\sum\delta[\boldsymbol{r}-\boldsymbol{r}_a(t)]\delta[\boldsymbol{p}-\boldsymbol{p}_a(t)]\tag{51.3}$$

(对类型 a 的所有粒子求和).考虑到粒子沿路径 $\boldsymbol{r}=\boldsymbol{r}_a(t)$ 的运动,它们是相互作用粒子运动方程的严格解.方程(51.1)容易通过对表达式(51.3)的直接微分,并应用自洽场中粒子的运动方程,而予以证实.

方程(51.1)和(51.2)本身不很有用,要应用(51.3)形式的分布函数会意味着分别跟随每个粒子的运动.然而,如果它们是对物理无穷小体积的平均②,就得到寻常的动理方程:令 $f_a=\bar{f}_a+\delta f_a,\varphi=\bar{\varphi}+\delta\varphi$,并将方程(不作任何近似的)求平均,我们得到

$$\frac{\partial\bar{f}_a}{\partial t}+\boldsymbol{v}\cdot\frac{\partial\bar{f}_a}{\partial\boldsymbol{r}}-e_a\frac{\partial\bar{\varphi}}{\partial\boldsymbol{r}}\cdot\frac{\partial\bar{f}_a}{\partial\boldsymbol{p}}=e_a\left\langle\frac{\partial\delta\varphi}{\partial\boldsymbol{r}}\cdot\frac{\partial\delta f_a}{\partial\boldsymbol{p}}\right\rangle,\tag{51.4}$$

$$\Delta\bar{\varphi}=-4\pi\sum e_a\int\bar{f}_a\mathrm{d}^3p.\tag{51.5}$$

(51.4)右边是碰撞积分③.

从严格方程(51.1)和(51.2)分别减去(51.4)和(51.5),我们得到关于分布函数和势的涨落部分的方程.动理方程中对 $\delta\varphi$ 和 δf_a 为二次的项描述碰撞对涨落的影响.忽略这些项并考虑空间均匀的情况,即令

$$\bar{f}_a=\bar{f}_a(\boldsymbol{p}),\quad\bar{\varphi}=0,\tag{51.6}$$

我们得到方程

$$\frac{\partial\delta f_a}{\partial t}+\boldsymbol{v}\cdot\frac{\partial\delta f_a}{\partial\boldsymbol{r}}-e_a\frac{\partial\delta\varphi}{\partial\boldsymbol{r}}\cdot\frac{\partial\bar{f}_a}{\partial\boldsymbol{p}}=0,\tag{51.7}$$

---

① 这个方法归功于罗斯托克(N. Rostoker(1961))和克利蒙托维奇和西林(Ю. Л. Климонтович, В. П. Силин(1962)).

② 或者,等效地,对严格力学问题的初始条件求平均,相当于一个特定宏观态.

③ 我们将在本节末尾再回到这个表达式,而目前仅注意到它相当于粒子具有库仑相互作用情况下方程(16.7)的右边.

$$\Delta\delta\varphi = -4\pi \sum_a e_a \int \delta f_a \mathrm{d}^3 p. \tag{51.8}$$

这些方程使我们能将任何瞬间 t 的函数 $\delta f_a(t,\boldsymbol{r},\boldsymbol{p})$，用它们在某个初始瞬间 $t=0$ 的值来表达，从而能将关联函数

$$\langle \delta f_a(t_1,\boldsymbol{r}_1,\boldsymbol{p}_1)\delta f_b(t_2,\boldsymbol{r}_2,\boldsymbol{p}_2)\rangle \tag{51.9}$$

用其 $t_1=t_2=0$ 时的值来表达. 关联函数的这个初值（我们用$g_{ab}(\boldsymbol{r}_1-\boldsymbol{r}_2,\boldsymbol{p}_1,\boldsymbol{p}_2)$表示）很大程度上是（见下面）任意函数. 必须立即强调，这决不是同时关联函数，它（以及完全异时关联函数）是我们试图寻求的. 保证所论述方法的有效性的核心点是，以任意选择的函数 g，由此所计算的关联函数(51.9)，经过一定的时间（当 t_1 和 t_2 为朗道阻尼时间的量级时）归结于仅为差值 $t=t_1-t_2$ 的函数，而与 g 的选择无关. 问题从而被解出：这个极限函数是所寻求的异时关联函数，而其当 $t_1-t_2=0$ 时的值是同时关联函数.

为完成上述程序，我们应用对于坐标的傅里叶展开和对于时间的单侧傅里叶展开的分量：

$$\delta f_{a\omega\boldsymbol{k}}^{(+)}(\boldsymbol{p}) = \int \mathrm{d}^3 x \int_0^{\infty} \mathrm{d}t \mathrm{e}^{-\mathrm{i}(\boldsymbol{k}\cdot\boldsymbol{r}-\omega t)}\delta f_a(t,\boldsymbol{r},\boldsymbol{p}), \tag{51.10}$$

以及关于 $\varphi_{\omega\boldsymbol{k}}^{(+)}$ 的类似表达式. 对方程(51.7)和(51.8)乘以 $\mathrm{e}^{-\mathrm{i}(\boldsymbol{k}\cdot\boldsymbol{r}-\omega t)}$并对 $\mathrm{d}t$ 从 0 至∞ 积分和对 d^3x 积分，我们得到

$$\begin{gathered}\mathrm{i}(\boldsymbol{k}\cdot\boldsymbol{v}-\omega)\delta f_{a\omega\boldsymbol{k}}^{(+)} - \mathrm{i}e_a\boldsymbol{k}\cdot\frac{\partial \bar{f}_a}{\partial \boldsymbol{p}}\delta\varphi_{\omega\boldsymbol{k}}^{(+)} = \delta f_{a\boldsymbol{k}}(0,\boldsymbol{p}),\\ -k^2\delta\varphi_{\omega\boldsymbol{k}}^{(+)} = 4\pi\sum_a e_a\int \delta f_{a\omega\boldsymbol{k}}^{(+)}\mathrm{d}^3 p.\end{gathered} \tag{51.11}$$

我们早已多次碰到过类似方程（比较(34.10)，(34.11)）；由此求得

$$\delta\varphi_{\omega\boldsymbol{k}}^{(+)} = -\frac{4\pi}{k^2\varepsilon_1(\omega,k)}\sum_a e_a\int\frac{\delta f_{a\boldsymbol{k}}(0,\boldsymbol{p})}{\mathrm{i}(\boldsymbol{k}\cdot\boldsymbol{v}-\omega)}\mathrm{d}^3 p, \tag{51.12}$$

其中 ε_1 是具有分布$\bar{f}(p)$的等离体的电容率①. 两个这种表达式相乘，接着求统计平均，给出

$$\begin{aligned}\langle\delta\varphi_{\omega\boldsymbol{k}}^{(+)}\delta\varphi_{\omega'\boldsymbol{k}'}^{(+)}\rangle &= \frac{16\pi^2}{k^4\varepsilon_1(\omega,k)\varepsilon_1(\omega',k')}\times\\ &\times\sum_{a,b} e_a e_b\int\frac{\langle\delta f_{a\boldsymbol{k}}(0,\boldsymbol{p})\delta f_{b\boldsymbol{k}'}(0,\boldsymbol{p}')\rangle}{\mathrm{i}(\boldsymbol{k}\cdot\boldsymbol{v}-\omega)\mathrm{i}(\boldsymbol{k}'\cdot\boldsymbol{v}'-\omega')}\mathrm{d}^3p\mathrm{d}^3p'.\end{aligned} \tag{51.13}$$

被积表达式分子中的平均值与“初始”关联函数 $g_{ab}(\boldsymbol{r}_1-\boldsymbol{r}_2,\boldsymbol{p}_1,\boldsymbol{p}_2)$的傅里

---

① 仅仅为了简化后来的公式，我们将假设函数$\bar{f}(p)$是各向同性的，因此相应电容率张量 $\varepsilon_{\alpha\beta}$简化为 ε_1 和 ε_t.

叶分量 $g_{abk}(\boldsymbol{p}_1,\boldsymbol{p}_2)$ 由公式

$$\langle \delta f_{ak}(0,\boldsymbol{p})\delta f_{bk'}(0,\boldsymbol{p}')\rangle=(2\pi)^3\delta(\boldsymbol{k}+\boldsymbol{k}')g_{abk}(\boldsymbol{p}_1,\boldsymbol{p}_2)$$

相联系(比较(19.13)). 跟任何同时关联函数一样,初始关联函数必须包含一个 δ 函数项,它表达在重合相空间元中仅有一个粒子这种情况:

$$\delta_{ab}\bar{f}(p)\delta(\boldsymbol{r}_1-\boldsymbol{r}_2)\delta(\boldsymbol{p}_1-\boldsymbol{p}_2)$$

(见(19.6)). 这项的傅里叶变换是 $\delta_{ab}\bar{f}(p)\delta(\boldsymbol{p}_1-\boldsymbol{p}_2)$. 因而我们必须在(51.13)中令

$$\begin{aligned}&\langle \delta f_{ak}(0,\boldsymbol{p})\delta f_{bk'}(0,\boldsymbol{p}')\rangle=\\&=(2\pi)^3\delta(\boldsymbol{k}+\boldsymbol{k}')[\delta_{ab}\bar{f}_a(p)\delta(\boldsymbol{p}-\boldsymbol{p}')+\mu_k(\boldsymbol{p},\boldsymbol{p}')],\end{aligned}\qquad(51.14)$$

其中 $\mu_k(\boldsymbol{p},\boldsymbol{p}')$ 是一个任意光滑(对实 $\boldsymbol{p}$ 和 $\boldsymbol{p}'$ 为非奇异的)函数,当 $|\boldsymbol{r}_1-\boldsymbol{r}_2|\to\infty$ 时趋于零的某个函数 $\mu(\boldsymbol{r}_1-\boldsymbol{r}_2,\boldsymbol{p}_1,\boldsymbol{p}_2)$ 的傅里叶换式.

将(51.14)代入(51.13)后,包含这个任意函数的项给出

$$\frac{4(2\pi)^5\delta(\boldsymbol{k}+\boldsymbol{k}')}{k^4\varepsilon_1(\omega,k)\varepsilon_1(\omega',k')}\sum_{a,b}e^ae^b\int\frac{\mu_k(\boldsymbol{p},\boldsymbol{p}')\mathrm{d}^3p\mathrm{d}^3p'}{\mathrm{i}(\boldsymbol{k}\cdot\boldsymbol{v}-\omega)\mathrm{i}(\boldsymbol{k}'\cdot\boldsymbol{v}'-\omega')}.\qquad(51.15)$$

我们将证明,这个表达式相应于时间表示中的这样一个函数,它随着 t 或 t' 的增加而迅速减小.

从拉普拉斯换式 $\langle\delta\varphi_{\omega k}^{(+)}\delta\varphi_{\omega'k'}^{(+)}\rangle$ 向时间 t_2 和 $t_1=t_2+t$ 的函数的变换(见128页脚注)通过公式

$$\langle\delta\varphi_k(t_1)\delta\varphi_{k'}(t_2)\rangle=\int\mathrm{e}^{-\mathrm{i}\omega t_1-\mathrm{i}\omega' t_2}\langle\delta\varphi_{\omega k}^{(+)}\delta\varphi_{\omega'k'}^{(+)}\rangle\frac{\mathrm{d}\omega\mathrm{d}\omega'}{(2\pi)^2}\qquad(51.16)$$

作出,其中积分是在复 ω 和 ω' 平面上沿被积表达式所有奇点上面通过的围道取的. 我们感兴趣的是当 $t_1,t_2\to\infty$ 时(51.16)的渐近形式. 为求出这个形式,我们必须将积分围道压低直至它们被奇点"挂"住为止;例如,$\omega=\omega_c$ 处的奇点给出对 $\mathrm{d}\omega$ 积分的渐近时间依赖关系 $\exp(-\mathrm{i}\omega_c t)$. 容易看出,表达式(51.15)仅在 ω 或 ω' 的下半平面(而不是在这些变量的实轴上)有奇点,因而积分(51.16)的渐近形式,以(51.15)作为 $\langle\delta\varphi_{\omega k}^{(+)}\delta\varphi_{\omega'k'}^{(+)}\rangle$,仅包括阻尼项.

例如,现在让我们考虑对于 ω 的积分. (51.15)中的因子 $1/\varepsilon_1(\omega,k)$ 具有极点在 $\varepsilon_1(\omega,k)$ 的零点处,它们全在 ω 平面的下半平面①. (51.15)中对 d^3p 的积分有类似性质:它具有形式

$$\int\frac{\psi(z)\mathrm{d}z}{z-\omega/k-\mathrm{i}0},$$

其中 $z\equiv p_x$,$\boldsymbol{p}$ 沿 $\boldsymbol{k}$ 的分量,而因子 $\psi(z)$(根据函数 $\mu_k(\boldsymbol{p},\boldsymbol{p}')$ 的假定性质)仅对复

---

① 假设分布 $\bar{f}(p)$ 对应于等离体的稳定态,因而等离体波是阻尼的. 显然,一般只有在这个情况,平稳涨落问题才有意义.

z 值才能有奇点. 这种形式的积分早已在§29末尾讨论过,并曾证明它仅在 ω 平面的下半平面可能有极点.

因而我们希望确定的,关联函数的无阻尼部分,仅来自(51.14)中第一项对积分(51.13)的贡献:

$$\langle \delta\varphi^{(+)}_{\omega k}\delta\varphi^{(+)}_{\omega' k'}\rangle = -\frac{4(2\pi)^5\delta(\boldsymbol{k}+\boldsymbol{k}')}{k^4\varepsilon_1(\omega,k)\varepsilon_1(\omega',k')}\sum_a e_a^2\int\frac{\bar{f}_a(p)\,\mathrm{d}^3p}{(\omega-\boldsymbol{k}\cdot\boldsymbol{v}+\mathrm{i}0)(\omega'+\boldsymbol{k}\cdot\boldsymbol{v}+\mathrm{i}0)}. \tag{51.17}$$

通过在被积表达式中令

$$[(\omega-\boldsymbol{k}\cdot\boldsymbol{v}+\mathrm{i}0)(\omega'+\boldsymbol{k}\cdot\boldsymbol{v}+\mathrm{i}0)]^{-1} = \frac{1}{\omega+\omega'+\mathrm{i}0}\left[\frac{1}{\omega-\boldsymbol{k}\cdot\boldsymbol{v}+\mathrm{i}0}+\frac{1}{\omega'+\boldsymbol{k}\cdot\boldsymbol{v}+\mathrm{i}0}\right]$$

而进行变换. (51.16)中对 ω' 的进一步积分,当 $t\to\infty$ 时不被阻尼的一项贡献来自极点 $\omega'=-\omega-\mathrm{i}0$ 处的残数,这个极点可通过图14中所示方式的积分围道而予以回避. 在这个意义上,因子 $1/(\omega+\omega')$ 要理解为 $-2\pi\mathrm{i}\delta(\omega+\omega')$. 在随后对 ω 的积分中,因子 $1/(\omega\pm\boldsymbol{k}\cdot\boldsymbol{v})$ 的意义由(29.8)给出,根据该式有

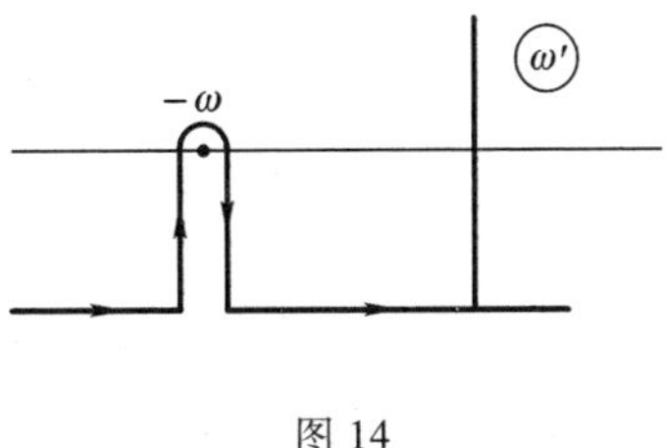

图 14

$$\frac{1}{\omega-\boldsymbol{k}\cdot\boldsymbol{v}+\mathrm{i}0}-\frac{1}{\omega-\boldsymbol{k}\cdot\boldsymbol{v}-\mathrm{i}0} = -2\pi\mathrm{i}\delta(\omega-\boldsymbol{k}\cdot\boldsymbol{v})$$

(这个记法含有这样的意思:对于 ω 和 ω' 的积分业已沿实轴进行).

因此,为计算长时间 t 的渐近极限下的关联函数,我们必须在积分(51.17)中作代换

$$[(\omega-\boldsymbol{k}\cdot\boldsymbol{v}+\mathrm{i}0)(\omega'+\boldsymbol{k}\cdot\boldsymbol{v}+\mathrm{i}0)]^{-1}\to-(2\pi)^2\delta(\omega+\omega')\delta(\omega-\boldsymbol{k}\cdot\boldsymbol{v}). \tag{51.18}$$

结果得到①

$$\langle \delta\varphi^{(+)}_{\omega k}\delta\varphi^{(+)}_{\omega' k'}\rangle = (2\pi)^4\delta(\omega+\omega')\delta(\boldsymbol{k}+\boldsymbol{k}')(\delta\varphi^2)_{\omega k}, \tag{51.19}$$

其中

① 为避免误解,可以提及这不是完整表达式,而仅是奇点在 $\omega+\omega'$ 的部分,它支配关联函数的渐近形式. 在完整表达式中,并非所有项都包含 $\delta(\omega+\omega')$,因为 t_1 和 t_2 的相应函数对于大 t_1 和 t_2 仅渐近地依赖于差值 $t=t_1-t_2$.

$$(\delta\varphi^2)_{\omega k}=\frac{32\pi^3}{k^4|\varepsilon_1(\omega,k)|^2}\sum_a e_a^2\int\overline{f}_a(p)\delta(\omega-\boldsymbol{k}\cdot\boldsymbol{v})\mathrm{d}^3p. \qquad (51.20)$$

由定义(51.19)看出(比较(19.13)),量$(\delta\varphi^2)_{\omega k}$是所寻求的关联函数的傅里叶换式——谱关联函数.从而公式(51.20)给出所提出的关于势的涨落问题的解.

其它关联函数可类似地确定.例如,将$\delta f^{(+)}_{a\omega' k'}$用(51.11)的$\delta\varphi^{(+)}_{\omega' k'}$来表达,乘以(51.12)的$\delta\varphi^{(+)}_{\omega k}$并求平均,我们得到关于势和分布函数的关联函数①:

$$(\delta\varphi\delta f_a)_{\omega k}=\frac{e_a\boldsymbol{k}}{\boldsymbol{k}\cdot\boldsymbol{v}-\omega+\mathrm{i}0}\cdot\frac{\partial\overline{f}_a}{\partial\boldsymbol{p}}(\delta\varphi^2)_{\omega k}+$$
$$+\frac{8\pi^2e_a}{k^2\varepsilon_1(\omega,k)}\overline{f}_a(p)\delta(\omega-\boldsymbol{k}\cdot\boldsymbol{v}). \qquad (51.21)$$

$\delta\varphi$和δf_a在$(\delta\varphi\delta f_a)_{\omega k}$中的次序是值得注意的:根据定义(比较第五卷,(122.11)),(51.21)是时空关联函数

$$\langle\delta\varphi(t,\boldsymbol{r})\delta f_a(0,0)\rangle$$

的傅里叶换式.然而,如果关联函数定义为$\langle\delta f_a(t,\boldsymbol{r})\delta\varphi(0,0)\rangle$,于是我们有

$$(\delta f_a\delta\varphi)_{\omega k}=(\delta\varphi\delta f_a)_{-\omega-k}=(\delta\varphi\delta f_a)^*_{\omega k} \qquad (51.22)$$

(比较第五卷,(122.13)).

最后,分布函数的谱关联函数是

$$(\delta f_a\delta f_b)_{\omega k}=2\pi\delta_{ab}\delta(\boldsymbol{p}_1-\boldsymbol{p}_2)\overline{f}_a(p_1)\delta(\omega-\boldsymbol{k}\cdot\boldsymbol{v}_1)+$$
$$+\frac{e_ae_b(\delta\varphi^2)_{\omega k}}{(\omega-\boldsymbol{k}\cdot\boldsymbol{v}_1+\mathrm{i}0)(\omega-\boldsymbol{k}\cdot\boldsymbol{v}_2-\mathrm{i}0)}\left(\boldsymbol{k}\cdot\frac{\partial\overline{f}_a}{\partial\boldsymbol{p}_1}\right)\left(\boldsymbol{k}\cdot\frac{\partial\overline{f}_b}{\partial\boldsymbol{p}_2}\right)-$$
$$-\frac{8\pi^2e_ae_b}{k^2}\left\{\left(\boldsymbol{k}\cdot\frac{\partial\overline{f}_a}{\partial\boldsymbol{p}_1}\right)\overline{f}_b\frac{\delta(\omega-\boldsymbol{k}\cdot\boldsymbol{v}_2)}{\varepsilon_1(\omega,k)(\omega-\boldsymbol{k}\cdot\boldsymbol{v}_1+\mathrm{i}0)}+\right.$$
$$\left.+\left(\boldsymbol{k}\cdot\frac{\partial\overline{f}_b}{\partial\boldsymbol{p}_2}\right)\overline{f}_a\frac{\delta(\omega-\boldsymbol{k}\cdot\boldsymbol{v}_1)}{\varepsilon_1^*(\omega,k)(\omega-\boldsymbol{k}\cdot\boldsymbol{v}_2-\mathrm{i}0)}\right\}. \qquad (51.23)$$

这是关联函数

$$\langle\delta f_a(t,\boldsymbol{r},\boldsymbol{p}_1)\delta f_b(0,0,\boldsymbol{p}_2)\rangle$$

的傅里叶换式.

如果(51.20)—(51.23)中$\overline{f}_a$取为麦克斯韦函数f_{0a},我们得到平衡无碰撞等离体中涨落的关联函数.

例如,让我们考虑势的涨落.对于麦克斯韦等离体,纵向电容率的虚部可表达为

① 注意到关于围道的回避规则,在第一项中($\omega-\mathrm{i}0$代替$\omega+\mathrm{i}0$)是相反的.这是由于:对$\omega=-\omega'$, $\boldsymbol{k}=-\boldsymbol{k}'$,我们有

$$(\boldsymbol{k}'\cdot\boldsymbol{v}-\omega'-\mathrm{i}0)^{-1}=-(\boldsymbol{k}\cdot\boldsymbol{v}-\omega+\mathrm{i}0)^{-1}.$$

$$\varepsilon''_1(\omega,k)=\frac{4\pi^2\omega}{k^2T}\sum_a e_a^2\int f_{0a}(p)\delta(\omega-\boldsymbol{k}\cdot\boldsymbol{v})\mathrm{d}^3p \qquad (51.24)$$

(见(30.1);对多种类型粒子的推广是明显的). 将这个表达式代入(51.20),我们得到

$$(\delta\varphi^2)_{\omega k}=\frac{8\pi T\varepsilon''_1(\omega,k)}{\omega k^2|\varepsilon_1(\omega,k)|^2}. \qquad (51.25)$$

纵向电场强度的关联函数是

$$(E_\alpha E_\beta)_{\omega k}=k_\alpha k_\beta(\delta\varphi^2)_{\omega k}. \qquad (51.26)$$

当然,这个结果也能从第九卷, §75— §77 所给出的平衡电磁涨落的一般宏观理论推导出来①. 根据该理论,电场强度的谱关联函数可通过一个公式用推迟格林函数来表达,在经典极限下($\hbar\omega\ll T$)它变成

$$(E_\alpha E_\beta)_{\omega k}=-\frac{2\omega T}{\hbar c^2}\mathrm{Im}D^{\mathrm{R}}_{\alpha\beta}(\omega,\boldsymbol{k}) \qquad (51.27)$$

(见第九卷,(76.3),(77.2)). 在具有空间色散的介质中,格林函数是②

$$D^{\mathrm{R}}_{\alpha\beta}(\omega,\boldsymbol{k})=\frac{4\pi\hbar}{\omega^2\varepsilon_t/c^2-k^2}\left(\delta_{\alpha\beta}-\frac{k_\alpha k_\beta}{k^2}\right)+\frac{4\pi\hbar c^2}{\omega^2\varepsilon_1}\frac{k_\alpha k_\beta}{k^2}. \qquad (51.28)$$

将这个函数的纵向部分(第二项)代入(51.27)给出(51.25)和(51.26).

最后,让我们回到方程(51.4),并证明右边的表达式

$$e_a\frac{\partial}{\partial\boldsymbol{p}}\cdot\left\langle\frac{\partial\delta\varphi(t,\boldsymbol{r})}{\partial\boldsymbol{r}}\delta f_a(t,\boldsymbol{r},\boldsymbol{p})\right\rangle \qquad (51.29)$$

实际上与等离体中碰撞积分的熟知表达式相同. 量(51.29)是由关联函数$\langle\delta\varphi(t,\boldsymbol{r})\delta f_a(0,0)\rangle$通过对 $\boldsymbol{r}$ 求导数并跟着令 $\boldsymbol{r}=0$ 而获得的. 因而我们求得

$$\left\langle\frac{\partial\delta\varphi}{\partial\boldsymbol{r}}\delta f_a\right\rangle=\int \mathrm{i}\boldsymbol{k}(\delta\varphi\delta f_a)_{\omega k}\frac{\mathrm{d}\omega\mathrm{d}^3k}{(2\pi)^4}=$$
$$=-\int\boldsymbol{k}\mathrm{Im}(\delta\varphi\delta f_a)_{\omega k}\frac{\mathrm{d}\omega\mathrm{d}^3k}{(2\pi)^4} \qquad (51.30)$$

(后一等式是借助于(51.22)得出的). 而由(51.21),并用(51.20)和(51.24),我们有

$$\mathrm{Im}(\delta\varphi\delta f_a)_{\omega k}=\left\{-\pi\boldsymbol{k}\cdot\frac{\partial\bar f_a}{\partial\boldsymbol{p}_a}(\delta\varphi^2)_{\omega k}-\frac{8\pi^2\varepsilon''}{k^2|\varepsilon|^2}\bar f_a\right\}e_a\delta(\omega-\boldsymbol{k}\cdot\boldsymbol{v}_a)=$$
$$=-\frac{32\pi e_a}{k^4|\varepsilon_1|^2}\sum_b e_b^2\int\boldsymbol{k}\cdot\left\{\frac{\partial\bar f_a}{\partial\boldsymbol{p}_a}\bar f_b-\bar f_a\frac{\partial\bar f_b}{\partial\boldsymbol{p}_b}\right\}\times$$

---

① 等离体中的自洽场是一宏观量,因而涨落的宏观理论对它是适用的. 然而,分布函数不是宏观量,因而它的涨落总需要用动理学方法处理.

② 这个表达式是由第九卷,(75.20)通过将该表达式分成横向和纵向部分,并分别用 $\varepsilon_t(\omega,k)$ 和 $\varepsilon_1(\omega,k)$ 代替 ε 而求得的.

$$\times \delta(\omega - \boldsymbol{k}\cdot\boldsymbol{v}_b)\mathrm{d}^3 p_b \cdot \delta(\omega - \boldsymbol{k}\cdot\boldsymbol{v}_a).$$

将这个表达式代入(51.30)很容易将(51.29)变换为巴列斯库－莱纳尔碰撞积分的形式(§47).

由于推导出的结论看来似乎奇怪的是,为了计算碰撞积分,只需考虑无碰撞等离体中的涨落就足够了.然而,这种情况的出现是由于等离体中碰撞时电场的重要傅里叶分量具有 $k \gtrsim 1/a \gg 1/l$,以致碰撞可以忽略.这里的情况完全类似于推导玻尔兹曼动理方程中的情况(§16):的确,方程(16.10)正好也意味着忽略碰撞对对关联函数的影响.

第五章

磁场中的等离体

§ 52　无碰撞冷等离体的电容率

这一章讨论外磁场中等离体的性质,这种等离体被称为*磁旋等离体*.通过强迫带电粒子沿磁力线在螺旋路径上运动,磁场对等离体的行为施加深刻影响.特别是,它影响其介电性质.

首先让我们回忆在有磁感强度为 $\boldsymbol{B}$ 的磁场存在的情况下,电容率张量的某些一般性质(见第八卷,§82).和磁场不存在的情况一样,有等式(28.6):

$$\varepsilon_{\alpha\beta}(-\omega,-\boldsymbol{k};\boldsymbol{B})=\varepsilon_{\alpha\beta}^{*}(\omega,\boldsymbol{k};\boldsymbol{B}). \tag{52.1}$$

按照昂萨格原理,当磁场和波矢同时变号时,这个张量是对称的:

$$\varepsilon_{\alpha\beta}(\omega,\boldsymbol{k};\boldsymbol{B})=\varepsilon_{\beta\alpha}(\omega,-\boldsymbol{k};-\boldsymbol{B}). \tag{52.2}$$

如果介质在空间反演下是不变的(如平衡等离体那样),$\varepsilon_{\alpha\beta}$ 是 $\boldsymbol{k}$ 的偶函数,因而(52.2)变成

$$\varepsilon_{\alpha\beta}(\omega,\boldsymbol{k};\boldsymbol{B})=\varepsilon_{\beta\alpha}(\omega,\boldsymbol{k};-\boldsymbol{B}). \tag{52.2a}$$

然而,必须强调,这种性质仅在处于热力学平衡的介质中才出现;这与性质(52.1)不同,它是根据 $\varepsilon_{\alpha\beta}$ 的定义得出的①.

一般情况下,张量 $\varepsilon_{\alpha\beta}$ 可分成一个厄米型部分 $\dfrac{1}{2}(\varepsilon_{\alpha\beta}+\varepsilon_{\beta\alpha}^{*})$ 和一个反厄米型部分 $\dfrac{1}{2}(\varepsilon_{\alpha\beta}-\varepsilon_{\beta\alpha}^{*})$.后者确定介质中场能的耗散;比较(30.3).

关于磁旋等离体的研究,我们将从无碰撞"冷"等离体这个简单情况开始.这种等离体的温度假设为很低,使得粒子的热运动可以忽略(对于这个条件的

---

① 还应强调,所谈的是可变电场的电容率问题.静($\omega=0$)电容率是纯热力学量,在经典理论范围,磁场一般对它没有影响(比较第五卷,§52);有限(当 $\boldsymbol{k}\neq\boldsymbol{0}$ 时)量 $\varepsilon_{\alpha\beta}(0,\boldsymbol{k};\boldsymbol{B})$ 与 $\varepsilon_{\alpha\beta}(0,\boldsymbol{k};0)$ 一致.

必要性将在下面表述）．在这个近似下，没有空间色散，而电容率仅依赖于电场的频率．也没有耗散，而张量 $\varepsilon_{\alpha\beta}$ 是厄米型的：

$$\varepsilon_{\alpha\beta}(\omega;\boldsymbol{B})=\varepsilon^{*}_{\beta\alpha}(\omega;\boldsymbol{B}). \tag{52.3}$$

由此式和等式(52.1)，可见

$$\varepsilon_{\alpha\beta}(\omega;\boldsymbol{B})=\varepsilon_{\beta\alpha}(-\omega;\boldsymbol{B}). \tag{52.4}$$

将厄米型张量分成实部和虚部，$\varepsilon_{\alpha\beta}=\varepsilon'_{\alpha\beta}+\mathrm{i}\varepsilon''_{\alpha\beta}$，由于(52.2)和(52.3)，我们有

$$\left.\begin{aligned}\varepsilon'_{\alpha\beta}(\omega;\boldsymbol{B})&=\varepsilon'_{\beta\alpha}(\omega;\boldsymbol{B})=\varepsilon'_{\alpha\beta}(\omega;-\boldsymbol{B}),\\ \varepsilon''_{\alpha\beta}(\omega;\boldsymbol{B})&=-\varepsilon''_{\beta\alpha}(\omega;\boldsymbol{B})=-\varepsilon''_{\alpha\beta}(\omega;-\boldsymbol{B}).\end{aligned}\right\} \tag{52.5}$$

从而，在无耗散介质中，$\varepsilon'_{\alpha\beta}$ 是场的偶函数，而 $\varepsilon''_{\alpha\beta}$ 是奇函数.

我们将假设等离体的各向异性仅起因于存在一个恒定均匀磁场（在等离体内其磁感强度由 $\boldsymbol{B}_0$ 表示）．在这种情况，磁感强度与单色弱电场强度之间的一般线性关系是

$$\boldsymbol{D}=\varepsilon_{\perp}\boldsymbol{E}+(\varepsilon_{\parallel}-\varepsilon_{\perp})\boldsymbol{b}(\boldsymbol{b}\cdot\boldsymbol{E})+\mathrm{i}g[\boldsymbol{E}\times\boldsymbol{b}], \tag{52.6}$$

其中 $\boldsymbol{b}=\boldsymbol{B}_0/B_0$，而 $\varepsilon_{\perp}$，$\varepsilon_{\parallel}$ 和 g 是 ω 和 B_0 的函数．这个关系可写成张量形式 $D_\alpha=\varepsilon_{\alpha\beta}E_\beta$，其中

$$\varepsilon_{\alpha\beta}=\varepsilon_{\perp}\delta_{\alpha\beta}+(\varepsilon_{\parallel}-\varepsilon_{\perp})b_\alpha b_\beta+\mathrm{i}ge_{\alpha\beta\gamma}b_\gamma. \tag{52.7}$$

如果 z 轴取为沿 $\boldsymbol{B}_0$，这个张量的分量是

$$\left.\begin{aligned}&\varepsilon_{xx}=\varepsilon_{yy}=\varepsilon_{\perp},\quad \varepsilon_{zz}=\varepsilon_{\parallel},\\ &\varepsilon_{xy}=-\varepsilon_{yx}=\mathrm{i}g,\quad \varepsilon_{xz}=\varepsilon_{yz}=0.\end{aligned}\right\} \tag{52.8}$$

由张量(52.7)为厄米型张量的条件，可以得出 $\varepsilon_{\perp}$，$\varepsilon_{\parallel}$ 和 g 是实量，而由(52.4)可见 $\varepsilon_{\perp}$ 和 $\varepsilon_{\parallel}$ 是频率的偶函数，而 g 为奇函数．表达式(52.7)必然满足昂萨格原理.

在弱场中，张量 $\varepsilon_{\alpha\beta}$ 必然可展开成矢量 $\boldsymbol{B}_0$ 的整幂．因此，当 $\boldsymbol{B}_0\to 0$，系数 $\varepsilon_{\perp}$ 趋于有限极限，没有磁场情况下的电容率．差值 $\varepsilon_{\perp}-\varepsilon_{\parallel}\propto B_0^2$，而系数 $g\propto B_0$.

这个近似下张量 $\varepsilon_{\alpha\beta}$ 的计算可以像 §31 公式(31.9)的推导那样，直接根据在可变电场 $\boldsymbol{E}$ 和恒定磁场 $\boldsymbol{B}_0$ 中粒子的运动方程进行计算．例如，对于电子有

$$m\frac{\mathrm{d}\boldsymbol{v}}{\mathrm{d}t}=-e\boldsymbol{E}-\frac{e}{c}\boldsymbol{v}\times\boldsymbol{B}_0. \tag{52.9}$$

速度 $\boldsymbol{v}$ 以类似场 $\boldsymbol{E}$ 那样的方式随时间变化（$\propto \mathrm{e}^{-\mathrm{i}\omega t}$）．在粒子运动区域内忽略 $\boldsymbol{E}$ 的空间变化，由(52.9)可得

$$\mathrm{i}\omega\boldsymbol{v}=\frac{e}{m}\boldsymbol{E}+\frac{e}{mc}\boldsymbol{v}\times\boldsymbol{B}_0.$$

这个矢量代数方程的解，包含平行于 $\boldsymbol{E}$，$\boldsymbol{b}$ 和 $\boldsymbol{E}\times\boldsymbol{b}$ 的项；如果适当选择这些项中

的系数,我们得到

$$\boldsymbol{v} = -\frac{\mathrm{i}e\omega}{m(\omega^2-\omega_{Be}^2)}\left\{\boldsymbol{E}-\frac{\omega_{Be}^2}{\omega^2}\boldsymbol{b}(\boldsymbol{E}\cdot\boldsymbol{b})-\mathrm{i}\frac{\omega_{Be}}{\omega}\boldsymbol{E}\times\boldsymbol{b}\right\}, \tag{52.10}$$

其中 $\omega_{Be}=eB_0/mc$. 归因于电子运动的极化强度 $\boldsymbol{P}$,从而电位移 $\boldsymbol{D}$,与电子速度由关系式(29.4)相联系:

$$-\mathrm{i}\omega\boldsymbol{P} = -\mathrm{i}\omega\frac{\boldsymbol{D}-\boldsymbol{E}}{4\pi}=\boldsymbol{j}=-eN_e\boldsymbol{v}.$$

对极化的离子贡献以类似方式计算,两个贡献是相加性的. 结果是

$$\left.\begin{aligned}\varepsilon_\perp &= 1-\frac{\Omega_e^2}{\omega^2-\omega_{Be}^2}-\frac{\Omega_i^2}{\omega^2-\omega_{Bi}^2},\\ \varepsilon_\parallel &= 1-\frac{\Omega_e^2+\Omega_i^2}{\omega^2},\\ g &= \frac{\omega_{Be}\Omega_e^2}{\omega(\omega^2-\omega_{Be}^2)}-\frac{\omega_{Bi}\Omega_i^2}{\omega(\omega^2-\omega_{Bi}^2)}.\end{aligned}\right\} \tag{52.11}$$

这里

$$\omega_{Be}=\frac{eB_0}{mc},\quad \omega_{Bi}=\frac{zeB_0}{Mc} \tag{52.12}$$

是电子和离子拉莫尔频率①;这些参量的值是磁旋等离体的重要特性(它们是磁场中带电粒子在圆轨道上的回旋频率).

比值

$$\frac{\omega_{Bi}}{\omega_{Be}}=\frac{zm}{M},\quad \frac{\Omega_i}{\Omega_e}=\left(\frac{zm}{M}\right)^{1/2} \tag{52.13}$$

是小量. 至于频率 Ω_e 与 ω_{Be}(或 Ω_i 与 ω_{Bi})的比值,它们依赖于完全不同的参量(等离体密度,和磁场强度 B_0),可在很宽广范围变化.

我们注意到,尽管离子质量很大,离子对磁旋等离体电容率的贡献,在充分低频率 ω 下仍可与电子贡献相比较,甚至大于后者. 当 $\omega\to0$ 时,g 中两项相消而 $g\to0$;这是很容易看出的,只要注意到由于等离体的电中性($N_e=zN_i$),我们有

$$\Omega_e^2/\omega_{Be}=\Omega_i^2/\omega_{Bi}. \tag{52.14}$$

当 $\omega\sim\omega_{Bi}$时,g 中两项仍是相同数量级,而当 $\omega\gg\omega_{Bi}$时,g 的离子部分可以忽略. 在横向电容率 $\varepsilon_\perp$ 中,只有在

$$\omega\sim\omega_{Bi}(M/m)^{1/2}\sim(\omega_{Bi}\omega_{Be})^{1/2}$$

范围内,两项才是可相比较的. 这里仅当

① 也称为回旋频率.

$$\omega \gg (\omega_{Bi}\omega_{Be})^{1/2} \tag{52.15}$$

时，离子贡献可以忽略.

最后，在纵向电容率 $\varepsilon_{\parallel}$ 中（它包含 Ω_e^2 和 Ω_i^2 的和），离子部分总是可以忽略的. 顺便提一句，因为假设电场 $\boldsymbol{E}$ 是均匀的，$\varepsilon_{\parallel}$ 不依赖于 $\boldsymbol{B}_0$；在交叉均匀场中，磁场并不影响粒子平行于 $\boldsymbol{B}_0$ 的运动.

最后让我们考虑以上所述公式的适用性条件. 在应用方程(52.9)于粒子的运动时，我们忽略了粒子所在区域内 $\boldsymbol{E}$ 的空间变化. 这个区域在恒定磁场 $\boldsymbol{B}_0$ 方向的尺度由距离 v_T/ω 确定，这是以平均热速率 v_T 运动的粒子在场的变化周期内所横越的距离. 在垂直于 $\boldsymbol{B}_0$ 方向的尺度当 $\omega < \omega_B$ 时由

$$r_B \sim v_T/\omega_B \tag{52.16}$$

确定，r_B 是粒子在磁场 $\boldsymbol{B}_0$ 中以速率 v_T 运动的圆轨道的半径（称为粒子的拉莫尔半径）. 上面所描述的近似，要求这些距离远小于（在相关方向上）电场 $\boldsymbol{E}$ 的变化尺度：

$$v_T|k_z|/\omega \ll 1, \quad v_T k_{\perp}/\omega_B \ll 1, \tag{52.17}$$

其中 $k_z \equiv k_{\parallel}$ 和 $k_{\perp}$ 分别是波矢沿着和横越磁场 $\boldsymbol{B}_0$ 的分量. 这些不等式必须对等离体中每种类型粒子都满足.

下面我们将看到频率 ω 还必须不太接近于 ω_{Be}，ω_{Bi} 或这些频率的倍数（条件(53.17)）. 当接近这类频率时，即使满足条件(52.17)也必须考虑到空间色散. 如我们将在§55 看到的，这消去了表达式(52.11)在 $\omega^2 = \omega_{Be}^2$ 或 $\omega^2 = \omega_{Bi}^2$ 处的极点.

§53　磁场中的分布函数

无碰撞磁旋等离体中的电容率张量，考虑到空间色散情况下，是根据电子和离子分布函数来计算的，而分布函数则由动理方程确定.

为明确起见，所有公式将是就电子的特殊情况写下的. 关于无碰撞等离体的动理方程曾在§27 给出. 对于电子，动理方程是①

$$\frac{\partial f}{\partial t} + \boldsymbol{v}\cdot\frac{\partial f}{\partial \boldsymbol{r}} - e\left(\boldsymbol{E} + \frac{1}{c}\boldsymbol{v}\times\boldsymbol{B}\right)\cdot\frac{\partial f}{\partial \boldsymbol{p}} = 0. \tag{53.1}$$

设等离体处于一个任意强度的恒定均匀磁场 $\boldsymbol{B}_0$ 以及一个可变弱电磁场 $\boldsymbol{E}$，$\boldsymbol{B}'$ 中，而

$$\boldsymbol{E}, \boldsymbol{B}' \sim e^{i(\boldsymbol{k}\cdot\boldsymbol{r}-\omega t)}. \tag{53.2}$$

① 严格地说，存在磁场时，粒子的相空间应定义为空间 $\boldsymbol{r}$，$\boldsymbol{P}$，其中 $\boldsymbol{P} = \boldsymbol{p} - e\boldsymbol{A}(t, \boldsymbol{r})/c$ 是广义动量. 但是 $d^3x d^3P = d^3x d^3p$，因为增加 $\boldsymbol{A}$ 仅改变空间每一点动量计算的起点. 因此可以认为分布函数仍然属于 $d^3x d^3p$.

同时,由麦克斯韦方程,有

$$\frac{\omega}{c}\boldsymbol{B}'=\boldsymbol{k}\times\boldsymbol{E}. \tag{53.3}$$

我们将 $\boldsymbol{B}=\boldsymbol{B}_0+\boldsymbol{B}'$代入(53.1),并将分布函数表达为 $f=f_0+\delta f$,其中 f_0是没有可变场情况下的定常均匀分布;小校正 δf 像场 $\boldsymbol{E}$ 和 $\boldsymbol{B}'$那样以正比于(53.2)右边的同样方式而依赖于 t 和 $\boldsymbol{r}$. 在方程中将(相对于弱场的)零级项和一级项分开,我们得到①

$$\frac{\partial f_0}{\partial \boldsymbol{p}}\cdot(\boldsymbol{v}\times\boldsymbol{B}_0)=0, \tag{53.4}$$

$$\mathrm{i}(\boldsymbol{k}\cdot\boldsymbol{v}-\omega)\delta f-\frac{e}{c}(\boldsymbol{v}\times\boldsymbol{B}_0)\cdot\frac{\partial\delta f}{\partial\boldsymbol{p}}=e\frac{\partial f_0}{\partial\boldsymbol{p}}\cdot\left\{\boldsymbol{E}+\frac{1}{\omega}\boldsymbol{v}\times(\boldsymbol{k}\times\boldsymbol{E})\right\}. \tag{53.5}$$

令 v_z和 k_z表示矢量$\boldsymbol{v}$ 和 $\boldsymbol{k}$ 沿场 $\boldsymbol{B}_0$的分量,$\boldsymbol{v}_\perp$ 和 $\boldsymbol{k}_\perp$ 表示在垂直于 $\boldsymbol{B}_0$的平面内的分量;φ 为$\boldsymbol{v}_\perp$与 $\boldsymbol{k}_\perp$,$\boldsymbol{B}_0$的平面之间的夹角(以螺旋沿 $\boldsymbol{B}_0$旋进的转动方向量度). 变量 v_z,$v_\perp$ 和 φ 是$\boldsymbol{v}$ 空间中的柱面坐标. 采用这些变量,方程(53.5)变成

$$\mathrm{i}\,(k_zv_z+k_\perp v_\perp\cos\varphi-\omega)\delta f+\omega_{Be}\frac{\partial\delta f}{\partial\varphi}=$$

$$=e\left\{\boldsymbol{E}+\frac{1}{\omega}\boldsymbol{v}\times(\boldsymbol{k}\times\boldsymbol{E})\right\}\cdot\frac{\partial f_0}{\partial\boldsymbol{p}}. \tag{53.6}$$

由方程(53.4)可以得到$\partial f_0/\partial\varphi=0$,即,$f_0$可以仅仅是 p_z和 $p_\perp$ 的任何函数:

$$f_0=f_0(p_z,p_\perp) \tag{53.7}$$

(对于无碰撞等离体,这是显然的结果. 因为 p_z和 $p_\perp$是不受磁场影响的变量).

为简化公式,我们应用记号

$$\alpha=\frac{k_zv_z-\omega}{\omega_{Be}},\quad \beta=\frac{k_\perp v_\perp}{\omega_{Be}}, \tag{53.8}$$

$$Q(v_z,v_\perp,\varphi)=\frac{e}{\omega_{Be}}\frac{\partial f_0}{\partial\boldsymbol{p}}\cdot\left\{\boldsymbol{E}+\frac{1}{\omega}\boldsymbol{v}\times(\boldsymbol{k}\times\boldsymbol{E})\right\}. \tag{53.9}$$

如果 f_0仅依赖于电子能量 $\varepsilon=p^2/2m$,则导数$\partial f_0/\partial\boldsymbol{p}=\boldsymbol{v}\mathrm{d}f_0/\mathrm{d}\varepsilon$,而它与大括号中第二项的乘积为零,因此

$$Q=\frac{e}{\omega_{Be}}\frac{\mathrm{d}f_0}{\mathrm{d}\varepsilon}\boldsymbol{v}\cdot\boldsymbol{E}. \tag{53.10}$$

用这些记号,方程(53.6)变成

$$\frac{\partial\delta f}{\partial\varphi}+\mathrm{i}(\alpha+\beta\cos\varphi)\delta f=Q(\varphi) \tag{53.11}$$

---

① 在冷等离体中,不需要考虑弱场 $\boldsymbol{B}'$所施加的洛伦兹力,因为当忽略(没有场的情况下)粒子的内禀运动时,洛伦兹力是二级小量.

（这里省略了 Q 的自变量 v_z 和 $v_\perp$）．上式的解是

$$\delta f = e^{-i(\alpha\varphi+\beta\sin\varphi)}\int_C^{\varphi} e^{i(\alpha\varphi'+\beta\sin\varphi')}Q(\varphi')\,d\varphi',$$

或者，变换积分变量 $\varphi'=\varphi-\tau$，

$$\delta f = e^{-i\beta\sin\varphi}\int_0^{\varphi-C} e^{i\beta\sin(\varphi-\tau)-i\alpha\tau}Q(\varphi-\tau)\,d\tau.$$

常量 C 由下列条件确定：函数 δf 是 φ 的以 2π 为周期的函数．因为积分的被积函数和积分前的系数是 φ 的周期函数，如果积分限不依赖于 φ，这个条件是满足的，为此我们必须取 $C=\infty$ 或 $C=-\infty$．这两种可能性之间的选择由朗道围道定则（29.6）决定：积分应在 $\omega\to\omega+i0$，即 $\alpha\to\alpha-i0$ 下作出．这种积分仅对 $C=-\infty$ 为收敛①．最后结果是

$$\delta f = e^{-i\beta\sin\varphi}\int_0^{\infty} e^{i\beta\sin(\varphi-\tau)-i\alpha\tau}Q(\varphi-\tau)\,d\tau =$$

$$=\int_0^{\infty}\exp\left\{-i\alpha\tau-2i\beta\cos\left(\varphi-\frac{\tau}{2}\right)\sin\frac{\tau}{2}\right\}Q(\varphi-\tau)\,d\tau. \tag{53.12}$$

在极限 $B_0\to 0$，这个表达式应该变成（29.2）．为了取极限，我们注意到对 $\alpha\gg 1$ 积分中的重要范围是 $\tau\ll 1$．于是 $\sin(\varphi-\tau)\approx\sin\varphi-\tau\cos\varphi$，而积分变成

$$\delta f = Q(\varphi)\int_0^{\infty} e^{-i(\alpha+\beta\cos\varphi)\tau}d\tau = Q(\varphi)\int_0^{\infty}\exp\left\{-i\tau\frac{\boldsymbol{k}\cdot\boldsymbol{v}-\omega}{\omega_{Be}}\right\}d\tau.$$

用 $\omega\to\omega+i0$ 进行积分，我们得到所需求的结果

$$\delta f = \frac{Q\omega_{Be}}{i(\boldsymbol{k}\cdot\boldsymbol{v}-\omega)}. \tag{53.13}$$

如果场频率等于拉莫尔频率 ω_{Be} 或其倍数，我们有（电子的）单或复回旋共振．为研究接近这类共振处等离体的介电性质，方便的是采用一个不同方法来求解方程（53.11），该方法基于将所寻求的函数展开成关于变量 φ 的傅里叶级数．

在（53.11）中进行变换

$$\delta f = e^{-i\beta\sin\varphi}g, \tag{53.14}$$

我们得到关于函数 g 的方程

$$\frac{\partial g}{\partial\varphi}+i\alpha g = e^{i\beta\sin\varphi}Q(v_z,v_\perp,\varphi).$$

要寻求傅里叶级数形式的解：

① 这个结论依赖于指数中 ω 的正负号．对于离子，电荷 $-e$ 要用 ze 来代替，因此 $\omega_{Be}\to-\omega_{Bi}$．于是当 $\omega\to\omega+i0$ 时 $\alpha\to\alpha+i0$，而 C 必须取作 ∞．

$$g=\sum_{s=-\infty}^{\infty}\mathrm{e}^{\mathrm{i}s\varphi}g_s(v_z,v_\perp),\tag{53.15}$$

而系数 g_s 求得为

$$g_s=Q_s/\mathrm{i}(\alpha+s),$$
$$Q_s(v_z,v_\perp)=\frac{1}{2\pi}\int_0^{2\pi}\mathrm{e}^{\mathrm{i}(\beta\sin\tau-s\tau)}Q(v_z,v_\perp,\tau)\,\mathrm{d}\tau.\tag{53.16}$$

展开式(53.15)自动地使 δf 为 φ 的周期性函数.

首先,我们注意到表达式 δf 的级数形式(53.14),(53.15),允许直接表述关于空间色散可以忽略的条件. 在级数项中,波矢是通过参量

$$\beta=k_\perp v_\perp/\omega_B,\quad \alpha+s=-(\omega-s\omega_B-k_zv_z)/\omega_B$$

而出现的. 等离体的电容率由速率 $v\sim v_T$ 处的分布函数确定. 如果

$$k_\perp v_\perp\ll\omega_B,\quad |\omega-s\omega_B|\gg|k_z|v_T,\tag{53.17}$$

这个函数中并不出现波矢. (53.17)的第一个不等式和对具有 $s=0$ 的第二个不等式与条件(52.17)相同. 我们看到,除这些条件之外,频率 ω 还必须不太靠近任何回旋共振频率.

在这些回旋共振的近邻,分布函数在一定条件下可以用傅里叶级数的单个项来表示;这些条件就是

$$|k_z|v_T\ll\omega_B,\quad |\omega-n\omega_B|\ll\omega_B,\tag{53.18}$$

其中 n 是任何数 $0,\pm1,\pm2\cdots$. 容易看出展开式(53.15)中的第 n 项于是远大于其余项:

$$g_n\sim\frac{Q_n\omega_B}{|k_zv_T|+|\omega-n\omega_B|}\gg Q_n,$$

而 $g_s\lesssim Q_s$,对 $s\neq n$(因为 $|s\omega_B-\omega|\gtrsim\omega_B$). 保留这一项,我们求得对于电子分布函数

$$\delta f=Q_n\frac{\omega_{Be}\exp\left[\mathrm{i}\left(n\varphi-\dfrac{k_\perp v_\perp}{\omega_{Be}}\sin\varphi\right)\right]}{\mathrm{i}[k_zv_z-(\omega-n\omega_{Be})]},\tag{53.19}$$

$$Q_n=\frac{1}{2\pi}\int_0^{2\pi}\exp\left[-\mathrm{i}\left(n\tau-\frac{k_\perp v_\perp}{\omega_{Be}}\sin\tau\right)\right]Q(v_z,v_\perp,\tau)\,\mathrm{d}\tau.$$

分布函数对角度 φ 的依存关系由这个公式显式确定. 特别是,当 $n=0$ 和 $k_\perp\to0$ 时,分布函数一般不依赖于 φ. 这个性质的来源显然是由于条件 $\omega\ll\omega_{Be}$ ((53.18)带有 $n=0$):拉莫尔回旋频率远大于场变化频率,并且导致分布函数对回旋角"求平均"①.

① 在 §1 对类似情况曾给出更加充分的论据.

§ 54　磁旋麦克斯韦等离体的电容率

电子对电容率张量的贡献由分布函数通过公式

$$P_\alpha = \frac{\varepsilon_{\alpha\beta} - \delta_{\alpha\beta}}{4\pi} E_\beta = \frac{e}{\mathrm{i}\omega} \int v_\alpha \delta f \mathrm{d}^3 p \tag{54.1}$$

进行计算，而离子贡献部分类似地以 $-ze$ 代替 e 进行计算. 对于麦克斯韦等离体，这个表达式中对 $\mathrm{d}^3 p$ 的积分可以显示积出.

函数 δf 由积分(53.12)给出，其中 Q 按定义(53.10)为

$$Q = -\frac{e\boldsymbol{E}\cdot\boldsymbol{v}}{\omega_{Be} T} f_0. \tag{54.2}$$

通过引进矢量

$$\boldsymbol{K} = \left(k_z\tau, 2\tilde{\boldsymbol{k}}_\perp \sin\frac{\tau}{2}\right), \quad \tilde{\boldsymbol{E}} = (E_z, \tilde{\boldsymbol{E}}_\perp), \tag{54.3}$$

来代替 $\boldsymbol{k} = (k_z, \boldsymbol{k}_\perp)$ 和 $\boldsymbol{E} = (E_z, \boldsymbol{E}_\perp)$，我们可以将积分更加简洁地重新写出；这里 $\tilde{\boldsymbol{k}}_\perp$ 是 $\boldsymbol{k}_\perp$ 在垂直于 $\boldsymbol{B}_0$ 的平面内转过角度 $\frac{1}{2}\tau$，而 $\tilde{\boldsymbol{E}}_\perp$ 是 $\boldsymbol{E}_\perp$ 转过角度 τ 的结果. 于是 δf 变成

$$\delta f = -\frac{e}{T\omega_{Be}} \int_0^\infty \exp\left\{\frac{\mathrm{i}}{\omega_{Be}}(\omega\tau - \boldsymbol{K}\cdot\boldsymbol{v})\right\} f_0(p)(\tilde{\boldsymbol{E}}\cdot\boldsymbol{v})\mathrm{d}\tau,$$

其中 $f_0(p)$ 是麦克斯韦分布函数.

将这个表达式代入(54.1)，并将积分变量 $\boldsymbol{p} = m\boldsymbol{v}$ 按

$$\boldsymbol{v} = \boldsymbol{u} - \mathrm{i}\boldsymbol{K}T/(m\omega_{Be})$$

进行变换. 对 $\mathrm{d}^3 u$ 的积分是初等运算，结果求得

$$\boldsymbol{P} = \frac{\mathrm{i}e^2 N_e}{m\omega\omega_{Be}} \int_0^\infty \left(\tilde{\boldsymbol{E}} - \frac{T}{m\omega_{Be}^2}(\tilde{\boldsymbol{E}}\cdot\boldsymbol{K})\boldsymbol{K}\right) \times \exp\left[-\frac{\mathrm{i}\omega\tau}{\omega_{Be}} - \frac{\boldsymbol{K}^2 T}{2m\omega_{Be}^2}\right]\mathrm{d}\tau. \tag{54.4}$$

同时根据定义(54.3)：

$$\boldsymbol{K}^2 = k_z^2\tau^2 + 4k_\perp^2 \sin^2\frac{\tau}{2}.$$

通过将表达式(54.4)写成分量形式，我们求得张量 $\varepsilon_{\alpha\beta}$ 的分量. 同时，坐标轴约定选择如下：z 轴沿 $\boldsymbol{B}_0$，x 轴沿 $\boldsymbol{k}_\perp$，而 y 轴沿 $\boldsymbol{B}_0 \times \boldsymbol{k}_\perp$，见图 15. 经过简单计算后得到

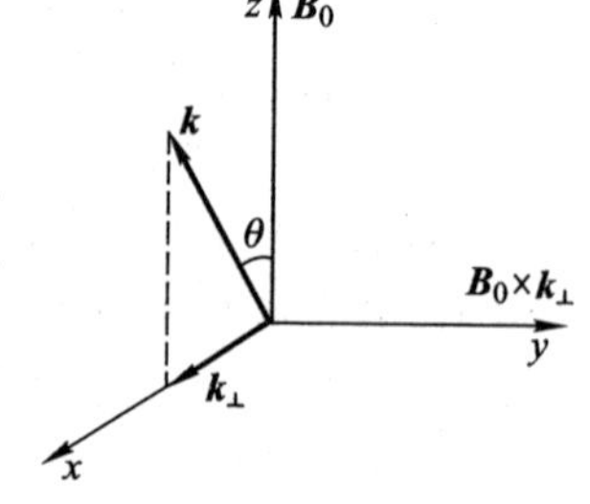

图 15

$$\varepsilon_{\alpha\beta}-\delta_{\alpha\beta}= \\ =\frac{\mathrm{i}\Omega_{\mathrm{e}}^2}{\omega\omega_{B\mathrm{e}}}\int_0^\infty \kappa_{\alpha\beta}\exp\left\{\mathrm{i}\tau\frac{\omega+\mathrm{i}0}{\omega_{B\mathrm{e}}}-\frac{1}{2}k_z^2r_{B\mathrm{e}}^2\tau^2-2k_\perp^2r_{B\mathrm{e}}^2\sin^2\frac{\tau}{2}\right\}\mathrm{d}\tau, \tag{54.5}$$

其中

$$\left.\begin{aligned}
&\kappa_{xx}=\cos\tau-(k_\perp r_{B\mathrm{e}})^2\sin^2\tau,\\
&\kappa_{yy}=\cos\tau+4(k_\perp r_{B\mathrm{e}})^2\sin^4\frac{\tau}{2},\\
&\kappa_{zz}=1-(k_zr_{B\mathrm{e}})^2\tau^2,\\
&\kappa_{xy}=-\kappa_{yx}=-\sin\tau+2(k_\perp r_{B\mathrm{e}})^2\sin\tau\sin^2\frac{\tau}{2},\\
&\kappa_{xz}=\kappa_{zx}=-k_zk_\perp r_{B\mathrm{e}}^2\tau\sin\tau,\\
&\kappa_{yz}=-\kappa_{zy}=-2k_zk_\perp r_{B\mathrm{e}}^2\tau\sin^2\frac{\tau}{2}
\end{aligned}\right\} \tag{54.6}$$

($r_{B\mathrm{e}}=v_{T\mathrm{e}}/\omega_{B\mathrm{e}}$是电子拉莫尔半径).

注意到等式

$$\varepsilon_{xy}=-\varepsilon_{yx},\quad \varepsilon_{xz}=\varepsilon_{zx},\quad \varepsilon_{yz}=-\varepsilon_{zy} \tag{54.7}$$

是明显的. 的确,对于固定坐标系,按照昂萨格原理理应是 $\varepsilon_{\alpha\beta}(\boldsymbol{B}_0)=\varepsilon_{\alpha\beta}(-\boldsymbol{B}_0)$,而对于上述约定将 z 轴和 x 轴固定于 $\boldsymbol{B}_0$和 $\boldsymbol{k}_\perp$ 方向上的这种坐标轴选择,当 $\boldsymbol{B}_0\to-\boldsymbol{B}_0$时 y 轴和 z 轴反向. 因此,对于这些坐标轴,

$$\left.\begin{aligned}
&\varepsilon_{xy}(\boldsymbol{B}_0)=-\varepsilon_{yx}(-\boldsymbol{B}_0),\\
&\varepsilon_{xz}(\boldsymbol{B}_0)=-\varepsilon_{zx}(-\boldsymbol{B}_0),\\
&\varepsilon_{yz}(\boldsymbol{B}_0)=\varepsilon_{zy}(-\boldsymbol{B}_0).
\end{aligned}\right\} \tag{54.8}$$

另一方面,$\boldsymbol{B}_0$(z 轴的方向)是一赝矢;而 $\boldsymbol{k}_\perp$ 和 $\boldsymbol{B}_0\times\boldsymbol{k}_\perp$($x$ 轴和 y 轴的方向)是真矢. 因此,由于坐标反演不变性的要求,含有一个下标 z 的分量 ε_{xz}和 ε_{yz}必须是 $\boldsymbol{B}_0$的奇函数,而所有其它分量必须是 $\boldsymbol{B}_0$ 的偶函数. 从而方程(54.8)蕴含(54.7).

我们注意到,由于关系式(54.7),各个分量 $\varepsilon_{\alpha\beta}=\varepsilon'_{\alpha\beta}+\mathrm{i}\varepsilon''_{\alpha\beta}$的厄米和反厄米型部分是通过它们的实部和虚部个别地表达的. 分成厄米和反厄米型部分的分法是用下列和表达的:

$$(\varepsilon_{\alpha\beta})=\begin{pmatrix}\varepsilon'_{xx} & \mathrm{i}\varepsilon''_{xy} & \varepsilon'_{xz}\\ -\mathrm{i}\varepsilon''_{xy} & \varepsilon'_{yy} & \mathrm{i}\varepsilon''_{yz}\\ \varepsilon'_{xz} & -\mathrm{i}\varepsilon''_{yz} & \varepsilon'_{zz}\end{pmatrix}+\begin{pmatrix}\mathrm{i}\varepsilon''_{xx} & \varepsilon'_{xy} & \mathrm{i}\varepsilon''_{xz}\\ -\varepsilon'_{xy} & \mathrm{i}\varepsilon''_{yy} & \varepsilon'_{yz}\\ \mathrm{i}\varepsilon''_{xz} & -\varepsilon'_{yz} & \mathrm{i}\varepsilon''_{zz}\end{pmatrix}. \tag{54.9}$$

虽然所有计算都是对于电容率的电子贡献部分作出的,严格类似的公式对于离子贡献部分也是有效的. 通过令 $\Omega_{\mathrm{e}},v_{T\mathrm{e}}\to\Omega_{\mathrm{i}},v_{T\mathrm{i}}$以及 $\omega_{B\mathrm{e}}\to-\omega_{B\mathrm{i}}$,并同时将

(54.5)中积分上限变为 $-\infty$;就可将这些公式变为适合于离子贡献的相应公式(见 206 页的脚注). 然后,用积分变量的变换 $\tau\to-\tau$,我们就回到先前的表达式(54.5),(54.6),其中要用 $\Omega_i, v_{Ti}, \omega_{Bi}$ 代替 $\Omega_e, v_{Te}, \omega_{Be}$,以及 κ_{xy} 和 κ_{yz} 的变号. 因此,从对电容率的电子贡献转变为离子贡献的定则在于用离子参量代替电子参量,并同时改变分量 ε_{xy} 和 ε_{yz} 的正负号.

§55 磁旋等离体中的朗道阻尼

当考虑到等离体粒子的热运动时,导致张量 $\varepsilon_{\alpha\beta}$ 中出现反厄米型部分. 在无碰撞等离体中,因为没有任何真正能量耗散,张量的这个部分归因于朗道阻尼.

我们在 §30 中曾经看到,朗道阻尼的机理依赖于电磁场能量向与波同相运动的粒子的传递:阻尼涉及速度 $\boldsymbol{v}$ 满足 $\omega=\boldsymbol{k}\cdot\boldsymbol{v}$ 条件的离子,即,速度 $\boldsymbol{v}$ 在波矢 $\boldsymbol{k}$ 方向的分量等于波的相速 ω/k 的那些粒子. 在磁旋等离体中,这个条件有些改变:粒子速度与波的相速在沿恒定磁场 $\boldsymbol{B}_0$ 方向上的分量必须相等

$$v_z k_z=\omega. \tag{55.1}$$

的确,由于粒子横切 $\boldsymbol{B}_0$ 的运动是圆轨道,不会伴有从场向粒子的任何系统性能量传递:如果在圆轨道的一部分中粒子与波同相运动并从波获得能量,则在圆轨道的相反部分中将有类似能量从粒子传递给场.

然而,在磁旋等离体中,还有无碰撞耗散的另一种机理,归因于粒子的拉莫尔回旋. 在随粒子以速率 v_z 沿场 $\boldsymbol{B}_0$ 运动的坐标系中,粒子以频率 ω_B 在圆轨道上运动. 这种粒子电动力学上来说是以 ω_B 辐射(同步辐射)的振子. 相反,当将振子置于可变外场中时,它在这个频率吸收. 在相对于等离体运动的坐标系中,电磁波频率受多普勒效应修正为 $\omega'=\omega-k_z v_z$. 因此,上述吸收过程所涉及的是满足

$$\omega-k_z v_z=\omega_B$$

的那些粒子.

如果 $\boldsymbol{k}_\perp=0$,在横切 $\boldsymbol{B}_0$ 方向波场是均匀的,即,作用于振子上的激励力不依赖于后者的坐标. 在这些条件下,振子仅在其频率 ω_B 处吸收. 然而,如果 $\boldsymbol{k}_\perp\neq 0$,激励力依赖于振子的坐标. 从而在倍频处也有吸收,即当

$$\omega-k_z v_z=n\omega_B, \tag{55.2}$$

其中 n 是任何正或负整数时也有吸收. 这个耗散机理称为*朗道回旋阻尼*;回旋共振是单共振($n=\pm1$)或复共振,取决于 n 的值.

因此,在下列频率范围

$$|\omega-n\omega_B|\lesssim|k_z|v_T,\quad n=0,\pm1,\pm2,\cdots \tag{55.3}$$

可以发生相当大阻尼(而值 $n=0$ 相应于条件(55.1)). 这些共振吸收线存在于

电子和离子频率 ω_{Be} 和 ω_{Bi} 处.

从数学观点看,条件(55.1)和(55.2)相应于极点,分布函数的傅里叶展式(53.14)—(53.16)中各项在这些点具有的极点. 张量 $\varepsilon_{\alpha\beta}$ 的反厄米型部分来自按朗道定则避开积分(54.1)中极点时的残数. 过渡到极限 $\boldsymbol{B}_0\to 0$ 具有数学上的独特性. 在磁场中,(对给定 k_z)"极点"值 v_z 形成由方程(55.2)确定的离散序列. 随着场的减小,极点渐渐接近,而在极限 $B_0=0$,极点值 v_z 已不依赖于离散数 n 而按照条件

$$\omega=\boldsymbol{k}\cdot\boldsymbol{v}=k_z v_z+\boldsymbol{k}_\perp\cdot\boldsymbol{v}_\perp$$

依赖于连续参量 $\boldsymbol{k}_\perp\cdot\boldsymbol{v}_\perp$(如在从(53.12)变为(53.13)中所显示的).

让我们作为例子来计算简单($n=1$)电子回旋共振区域内的电容率张量. 我们还将假定

$$|k_z|v_{Te}/\omega_{Be}\ll 1,\quad k_\perp v_{Te}/\omega_{Be}\ll 1. \tag{55.4}$$

于是对于分布函数可应用傅里叶级数的总共只有一项,相应于给定 n 值的表达式(53.19). 并且由于(55.4)的第二个条件,这个函数可以展成 $k_\perp$ 的幂. 当 $n=1$ 时,这种展式中只需取零级项,它与下列情况相适应,因为频率 ω_{Be} 处的回旋吸收并不需要外场在 xy 平面为不均匀场.

因此,我们将分布函数写成

$$\delta f=Q_1\frac{\omega_{Be}\mathrm{e}^{\mathrm{i}\varphi}}{\mathrm{i}[k_z v_z-(\omega-\omega_{Be})]}, \tag{55.5}$$

其中

$$Q_1=-\frac{ef_0}{2\pi T\omega_{Be}}\int_0^{2\pi}\boldsymbol{E}\cdot\boldsymbol{v}\,\mathrm{e}^{-\mathrm{i}\tau}\mathrm{d}\tau.$$

将 $\boldsymbol{E}\cdot\boldsymbol{v}$ 写成

$$\boldsymbol{E}\cdot\boldsymbol{v}=E_x v_\perp\cos\tau+E_y v_\perp\sin\tau+E_z v_z,$$

并完成积分,我们得到

$$Q_1=-\frac{ev_\perp}{2T\omega_{Be}}f_0(E_x-\mathrm{i}E_y). \tag{55.6}$$

用这个分布函数,极化强度矢量(54.1)只有 x 和 y 分量. 对 $v_\perp\mathrm{d}v_\perp\mathrm{d}\varphi$ 积分后,它们是

$$P_x=-\mathrm{i}P_y=(E_x-\mathrm{i}E_y)\frac{e^2N_e}{2\omega mk_z}\left(\frac{m}{2\pi T}\right)^{1/2}\int_{-\infty}^{\infty}\exp\left(-\frac{mv_z^2}{2T}\right)\times$$

$$\times\frac{\mathrm{d}v_z}{v_z-(\omega-\omega_{Be})/k_z-\mathrm{i}0\,\mathrm{sign}k_z}.$$

这个形式的积分可用(31.3)所定义的函数 F 来表达. 最后我们得到电容率张

量的分量为①：

$$\varepsilon_{xx}-1=\varepsilon_{yy}-1=\mathrm{i}\varepsilon_{xy}=\frac{\Omega_e^2}{2\omega(\omega-\omega_{Be})}F\left(\frac{\omega-\omega_{Be}}{\sqrt{2}v_{Te}|k_z|}\right),\tag{55.7}$$

$$\varepsilon_{zz}-1=\varepsilon_{xz}=\varepsilon_{yz}=0.$$

这个张量的反厄米型部分，它描述阻尼，是

$$\varepsilon''_{xx}=\varepsilon''_{yy}=\varepsilon'_{xy}=\frac{\pi^{1/2}\Omega_e^2}{2^{3/2}\omega|k_z|v_{Te}}\exp\left\{-\frac{(\omega-\omega_{Be})^2}{2v_{Te}^2k_z^2}\right\}.\tag{55.8}$$

厄米型部分在 $\omega=\omega_{Be}$ 紧邻具有形式

$$\varepsilon'_{xx}-1=\varepsilon'_{yy}-1=-\varepsilon''_{xy}=-\frac{\Omega_e^2(\omega-\omega_{Be})}{2\omega v_{Te}^2k_z^2},$$

$$|\omega-\omega_{Be}|/(v_{Te}|k_z|)\ll 1.\tag{55.9}$$

在点 $\omega=\omega_{Be}$ 本身，这个部分通过零值并变号. 这里我们看到，考虑空间色散怎样使得冷等离体的电容率(52.11)的极点消除：图 16 中由虚线所示的不连续变化被连续线所代替②.

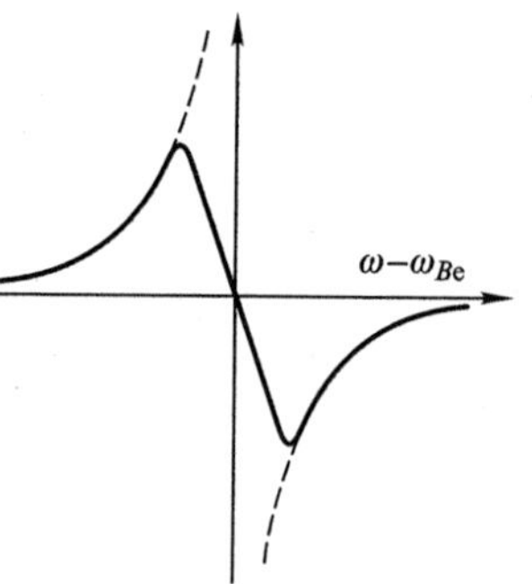

图 16

当极限 $|k_z|\to 0$，表达式(55.8)简化为 δ 函数：

$$\varepsilon''_{xx}=\varepsilon''_{yy}=\varepsilon'_{xy}\to\frac{\pi\Omega_e^2}{2\omega}\delta(\omega-\omega_{Be})\tag{55.10}$$

(的确，当 $\omega-\omega_{Be}\neq 0$ 时，此极限下函数(55.8)为零，同时在任何 k_z 值下这个函数对 $\mathrm{d}\omega$ 的积分都等于 $\pi\Omega_e^2/(2\omega)$). 这个结果的意义很清楚：不存在空间色散时($k\to 0$)，吸收线宽度趋于零，仅当 ω 与 ω_{Be} 严格重合时才出现阻尼. 在对 ω 积分的表达式中可用公式(55.10)代替(55.8).

公式(55.10)也可直接由冷等离体的电容率的表达式(52.11)通过朗道回避定则而推导出来，按照这个定则，极点处的频率 ω 要取为 $\omega+\mathrm{i}0$. 因此(52.11)中的极点因子实际上要理解如下：

$$\frac{1}{\omega^2-\omega_{Be}^2}\to\frac{1}{2\omega_{Be}}\left[\frac{1}{\omega-\omega_{Be}+\mathrm{i}0}-\frac{1}{\omega+\omega_{Be}+\mathrm{i}0}\right],$$

而按照定则(29.8)：

---

① 从极点 $v_z=(\omega-\omega_{Be})/k_z$ 的下面通过或上面通过取决于 k_z 的正负号；这是 F 的自变量中出现 k_z 的模的原因.

② 当然，表达式(55.7)并不具有(52.1)的性质. 仅当除邻近 $\omega=\omega_{Be}$ 的吸收线外还考虑邻近 $\omega=-\omega_{Be}$ 的吸收线时，才会出现这种性质.

$$\frac{1}{\omega^2-\omega_{Be}^2}\to \mathrm{P}\frac{1}{\omega^2-\omega_{Be}^2}-\frac{\mathrm{i}\pi}{2\omega_{Be}}[\delta(\omega-\omega_{Be})-\delta(\omega+\omega_{Be})]. \tag{55.11}$$

在(52.11)中作这种变换,我们得到(55.10).

当 $k_z=0$(即 $\boldsymbol{k}\perp\boldsymbol{B}_0$)时,磁旋等离体中没有任何朗道阻尼:粒子的速率在条件(55.1)和(55.2)中不再出现(除非当 ω 与某个 $n\omega_B$ 严格重合时),这些条件不能满足①. 应着重指出,这个性质归因于非相对论性近似;在相对论性等离体中,即使当 $k_z=0$ 时,朗道(回旋)阻尼仍能出现. 对于具有能量为 ε 的相对论性带电粒子,围绕 $\boldsymbol{B}_0$ 方向回旋的频率为

$$\omega_B\frac{mc^2}{\varepsilon}=\omega_B\sqrt{1-\frac{v^2}{c^2}}$$

(其中 ω_B 定义如前). 这个值要用来代替条件(55.2)右边的 ω_B. 特别是,对于 $k_z=0$ 我们有

$$\omega=n\omega_B\sqrt{1-\frac{v^2}{c^2}}; \tag{55.12}$$

要使这个条件得到满足,只需 $\omega<n\omega_B$.

相对论性磁旋等离体中的朗道阻尼,即使在极限 $\boldsymbol{k}\to 0$ 也能出现(与非相对论性磁旋等离体的情况和无磁场的相对论性情况都不同). 这是由于与均匀可变场处于简单回旋共振的粒子(条件(55.12)具有 $n=1$),因而在频率 $\omega<\omega_B$ 时存在(见习题 2).

习 题

1. 设满足条件(55.4),求磁旋等离体在 $\omega\lesssim|k_z|v_{Te}$ 下的电容率张量.

解:在相对于小参量 $k_\perp v_{Te}/\omega_{Be}$ 为零级的近似下,这个情况的分布函数(傅里叶级数(53.14).(53.15)中 $s=0$ 的项)是

$$\delta f=Q_0\frac{\omega_{Be}}{\mathrm{i}(k_zv_z-\omega)},$$

其中

$$Q_0=-\frac{ef_0}{\omega_{Be}T}\frac{1}{2\pi}\int_0^{2\pi}\boldsymbol{E}\cdot\boldsymbol{v}\,\mathrm{d}\tau=-\frac{ev_zE_z}{\omega_{Be}T}f_0.$$

用这个函数 δf,极化强度矢量 $\boldsymbol{P}$ 是沿 z 方向,张量 $\varepsilon_{\alpha\beta}-\delta_{\alpha\beta}$ 的唯一非零分量是

$$\varepsilon_{zz}-1=\frac{4\pi e^2}{\omega T}\int\frac{f_0(p)v_z^2\mathrm{d}^3p}{k_zv_z-\omega-\mathrm{i}0}.$$

① 在极限 $B_0\to 0$,阻尼当然重新出现,因为电子满足条件 $\omega=\boldsymbol{k}\cdot\boldsymbol{V}\equiv\boldsymbol{k}_\perp\cdot\boldsymbol{V}_\perp$.

经过恒等变换

$$v_z^2=\frac{1}{k_z}(k_zv_z-\omega)v_z+\frac{\omega}{k_z}v_z,$$

第一项对 $\mathrm{d}p_z$ 的积分给出零，而第二项给出结果为

$$\varepsilon_{zz}-1=\frac{\Omega_\mathrm{e}^2}{k_z^2v_{T\mathrm{e}}^2}\left[F\left(\frac{\omega}{\sqrt{2}\,|k_z|v_{T\mathrm{e}}}\right)+1\right].$$

这个表达式的虚部是

$$\varepsilon''_{zz}=\frac{\pi^{1/2}\omega\Omega_\mathrm{e}^2}{2^{1/2}|k_z|^3v_{T\mathrm{e}}^3}\exp\left(-\frac{\omega^2}{2k_z^2v_{T\mathrm{e}}^2}\right).$$

2. 对于极端相对论性磁旋电子等离体，试求在极限 $\boldsymbol{k}\to 0$ 时电容率张量的反厄米型部分.

解：在相对论性情况，动理方程(53.5)仍保持不变. 但是在向(53.6)形式的变换中，要用相对论性关系式 $\boldsymbol{p}=\varepsilon\boldsymbol{v}/c^2$（其中 ε 是电子能量）代替 $\boldsymbol{p}=m\boldsymbol{v}$，这导致用 $\omega_{B\mathrm{e}}mc^2/\varepsilon$ 代替 $\omega_{B\mathrm{e}}$；§53 中随后的公式采用这个变换后依然有效.

当 $k=0$ 时，阻尼只是由简单回旋共振引起的. 因此，为了计算 $\varepsilon_{\alpha\beta}$ 的反厄米型部分，只需在(53.14)和(53.15)中仅考虑到 $s=1$ 的项就够了. 类似于(55.5)和(55.6)，我们求得

$$\delta f=-\frac{\mathrm{i}ep_\perp c^2\mathrm{e}^{\mathrm{i}\varphi}f_0}{2T\varepsilon(\omega-\omega_{B\mathrm{e}}mc^2/\varepsilon)}(E_x-\mathrm{i}E_y).$$

极端相对论性（$T\gg mc^2$）函数 f_0 是①

$$f_0=\frac{N_\mathrm{e}c^3}{8\pi T^3}\mathrm{e}^{-\varepsilon/T}.$$

极化强度矢量计算为

$$\boldsymbol{P}=\frac{e}{\mathrm{i}\omega}\int\frac{\boldsymbol{p}c^2}{\varepsilon}\delta f\mathrm{d}^3p,$$

其中 d^3p 要表达为 $p^2\mathrm{d}p\mathrm{d}o=p\varepsilon\mathrm{d}\varepsilon\mathrm{d}o/c^2$. 对 $\mathrm{d}o$ 积分，并用 $cp=(\varepsilon^2-m^2c^4)^{1/2}$，给出

$$\varepsilon_{xx}-1=\varepsilon_{yy}-1=\mathrm{i}\varepsilon_{xy}=-\frac{\Omega_\mathrm{e}^2mc^2}{12\omega^2T^4}\int_{mc^2}^{\infty}\frac{(\varepsilon^2-m^2c^4)^{3/2}\mathrm{e}^{-\varepsilon/T}\mathrm{d}\varepsilon}{\varepsilon-\omega_{B\mathrm{e}}mc^2/\omega+\mathrm{i}0}.$$

如果极点 $\varepsilon=\omega_{B\mathrm{e}}mc^2/\omega$ 位于积分范围，即如果 $\omega<\omega_{B\mathrm{e}}$，积分具有虚部. 在这个情况，最后结果是

$$\varepsilon''_{xx}=\varepsilon''_{yy}=\varepsilon'_{xy}=\frac{\pi\Omega_\mathrm{e}^2\omega_{B\mathrm{e}}^3}{12\omega^5}\left(1-\frac{\omega^2}{\omega_{B\mathrm{e}}^2}\right)^{3/2}\exp\left(-\frac{mc^2\omega_{B\mathrm{e}}}{\omega T}\right).$$

---

① 在这个表达式中，归一化因子以极端相对论性准确度写出；由于随后相对于 p 从 0 至 ∞ 的积分，我们不能令 $\varepsilon\approx cp$.

§ 56　磁旋冷等离体中的电磁波

对于具有任何电容率张量 $\varepsilon_{\alpha\beta}(\omega,\boldsymbol{k})$ 的介质中传播的自由单色波，我们可以推导出一个一般方程，它确定频率对波矢的依存关系（所谓色散关系）.

对于电磁场，它对时间和坐标的依存关系由 $\exp(-\mathrm{i}\omega t+\mathrm{i}\boldsymbol{k}\cdot\boldsymbol{r})$ 给出，麦克斯韦方程组(28.2)变成①

$$[\boldsymbol{k}\times\boldsymbol{E}]=\frac{\omega}{c}\boldsymbol{B},\quad [\boldsymbol{k}\times\boldsymbol{B}]=-\frac{\omega}{c}\boldsymbol{D},\tag{56.1}$$

$$\boldsymbol{k}\cdot\boldsymbol{B}=0,\quad \boldsymbol{k}\cdot\boldsymbol{D}=0.\tag{56.2}$$

将(56.1)的第一个方程代入第二个，给出

$$\frac{\omega^2}{c^2}\boldsymbol{D}=-\boldsymbol{k}\times(\boldsymbol{k}\times\boldsymbol{E})=\boldsymbol{E}k^2-\boldsymbol{k}(\boldsymbol{k}\cdot\boldsymbol{E}),$$

或者用分量表示

$$E_\alpha k^2-k_\alpha k_\beta E_\beta=\frac{\omega^2}{c^2}D_\alpha=\frac{\omega^2}{c^2}\varepsilon_{\alpha\beta}E_\beta.\tag{56.3}$$

关于这些线性齐次方程组的相容性条件是下列行列式为零：

$$\left|k^2\delta_{\alpha\beta}-k_\alpha k_\beta-\frac{\omega^2}{c^2}\varepsilon_{\alpha\beta}\right|=0.\tag{56.4}$$

这就是所要求的色散关系②. 对于给定（实）$\boldsymbol{k}$，它确定频率 $\omega(\boldsymbol{k})$（一般是复数），或所谓介质的本征振动谱. 在存在频率色散和空间色散的一般情况下，方程(56.4)定义函数 $\omega(\boldsymbol{k})$ 的无穷的分支集合.

让我们考虑磁旋冷等离体中的电磁波，介质的电容率张量由公式(52.7)和(52.11)给出③. 因为这个张量是厄米型的；由方程(56.4)所确定的值 k^2c^2/ω^2 显然是实值.

由于不存在空间色散情况下，$\varepsilon_{\alpha\beta}$ 仅依赖于 ω，因而色散关系(56.4)对 $\boldsymbol{k}$ 是代数方程. 行列式的展开，通过简单计算给出④

$$A\left(\frac{kc}{\omega}\right)^4+B\left(\frac{kc}{\omega}\right)^2+C=0,\tag{56.5}$$

其中

$$A=\frac{1}{k^2}\varepsilon_{\alpha\beta}k_\alpha k_\beta=\varepsilon_\perp\sin^2\theta+\varepsilon_\parallel\cos^2\theta\equiv\varepsilon_1,\tag{56.6}$$

---

① 不要把波的可变磁场 $\boldsymbol{B}$ 与恒定磁场 $\boldsymbol{B}_0$ 相混淆！

② 晶体光学中称为菲涅耳方程.

③ 磁旋冷等离体中的电磁波是由阿普尔顿（E. V. Appleton(1928)）和拉森（H. Lassen(1927)）首先研究的（忽略了离子所起的作用）.

④ 当计算时方便的是取一个坐标面，比如说 xz 平面，通过 $\boldsymbol{B}_0$ 和 $\boldsymbol{k}$.

$$B=-\varepsilon_{\perp}\varepsilon_{\parallel}(1+\cos^2\theta)-(\varepsilon_{\perp}^2-g^2)\sin^2\theta, \tag{56.7}$$

$$C=\varepsilon_{\parallel}(\varepsilon_{\perp}^2-g^2), \tag{56.8}$$

而 θ 是 $\boldsymbol{k}$ 和 $\boldsymbol{B}_0$之间的夹角. 对于 ω 和 θ 的给定值,方程(56.5)给出 k^2的两个值,因此在等离体中一般可以传播两类波①.

让我们首先考虑严格沿磁场($\theta=0$)和严格横切磁场$\left(\theta=\frac{1}{2}\pi\right)$传播的波的情况. 这些波具有一些特殊性质.

当 $\theta=0$,色散关系的根是

$$\left(\frac{kc}{\omega}\right)^2=\varepsilon_{\perp}\pm g=1-\frac{\Omega_e^2}{\omega(\omega\pm\omega_{Be})}-\frac{\Omega_i^2}{\omega(\omega\mp\omega_{Bi})}. \tag{56.9}$$

由方程(56.3)容易看出,这些波是横波($E_z=0$)和圆偏振的($E_y/E_x=\mp\mathrm{i}$). 表达式(56.9)在 $\omega=\omega_{Be}$或 $\omega=\omega_{Bi}$变为无穷大对应于共振:矢量 $\boldsymbol{E}$ 旋转的频率和方向与电子或离子的拉莫尔回旋的频率和方向相重合. 作为说明,图 17 显示 $n^2=(ck/\omega)^2$随 ω 的近似变化. 当 $\omega\to 0$ 时,n^2的值趋于极限值

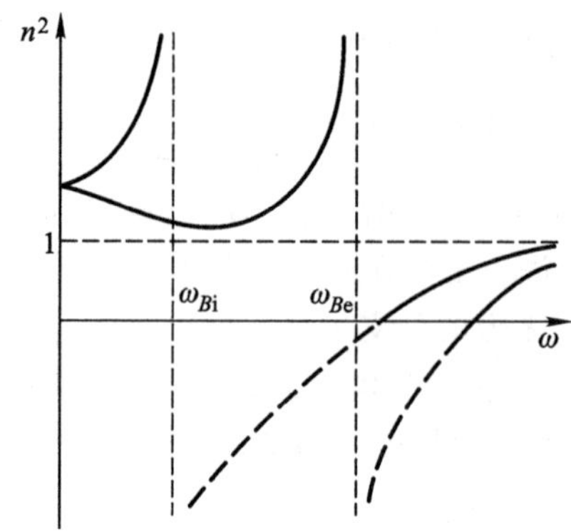

图 17

$$1+\frac{\Omega_i^2}{\omega_{Bi}^2}=1+\frac{c^2}{u_A^2}$$

(忽略 ω_{Bi},它远小于 ω_{Be};u_A是由下面的公式(56.18)定义). 当然,无阻尼波的传播仅对应于曲线的 $n^2>0$ 的那些部分(由图中实线所示).

当 $\theta=0$ 时,如果还有 $\varepsilon_{\parallel}=0$,方程(56.5)也是满足的,这对应于寻常纵等离体波,其频率 $\omega\approx\Omega_e$不依赖于 $\boldsymbol{k}$.

---

① 所论及的波通常区别为寻常波和非常波. 然而,这里的这些术语与单轴晶体光学中的并不相同;没有一个波的行为像各向同性介质中的波那样.

当 $\theta=\frac{1}{2}\pi$ 时，色散关系的两个根是

$$\left(\frac{ck}{\omega}\right)^2=\varepsilon_{\parallel},\quad \left(\frac{ck}{\omega}\right)^2=\varepsilon_{\perp}-\frac{g^2}{\varepsilon_{\perp}}. \tag{56.10}$$

第一个对应于具有色散关系

$$\omega^2\approx c^2k^2+\Omega_e^2$$

不依赖于 $\boldsymbol{B}_0$ 的波，这是横波($\boldsymbol{E}\perp\boldsymbol{k}$)并且是线偏振的，具有 $\boldsymbol{E}\parallel\boldsymbol{B}_0$. (56.10)的第二个根对应于具有 $\boldsymbol{E}\perp\boldsymbol{B}_0$ 并且对 $\boldsymbol{k}$ 具有纵向和横向两分量的波. 如果频率很高以致离子对 $\varepsilon_{\alpha\beta}$ 的贡献可以忽略(即条件(52.15) $\omega\gg(\omega_{Be}\omega_{Bi})^{1/2}$)，于是在这个波中①

$$\left(\frac{ck}{\omega}\right)^2=1-\frac{\Omega_e^2(\omega^2-\Omega_e^2)}{\omega^2(\omega^2-\omega_{Be}^2-\Omega_e^2)}. \tag{56.11}$$

在任何角度 $\theta\left(\text{不是 } 0 \text{ 或} \frac{1}{2}\pi\right)$ 的一般情况，我们首先注意到对于每个角度值存在使方程(56.5)中系数 A 变为零的频率：

$$\varepsilon_1\equiv\varepsilon_{\perp}\sin^2\theta+\varepsilon_{\parallel}\cos^2\theta=$$

$$=1-\frac{\Omega_e^2+\Omega_i^2}{\omega^2}\cos^2\theta-\left[\frac{\Omega_e^2}{\omega^2-\omega_{Be}^2}+\frac{\Omega_i^2}{\omega^2-\omega_{Bi}^2}\right]\sin^2\theta=0. \tag{56.12}$$

如果由这个方程确定的频率(所谓等离体共振频率)还满足“缓慢性”条件 $\omega\ll kc$，则按照§32 它们对应于等离体的纵向特征振荡. 同时 k^2 的二次方程(56.5)中 k^4 前的系数变为零意味着它的一个根变成无穷大；当 $A\to 0$，方程的根是 $-C/B$ 和 $-B/A$.

方程(56.12)是 ω^2 的三次方程，它具有三个实根. 应用 Ω_i/Ω_e 和 ω_{Bi}/ω_{Be} 很小的事实，这些根很容易确定. 通过忽略(56.12)中的离子贡献部分，可以求得两个根为：

$$\omega_{1,2}^2\approx\frac{1}{2}(\Omega_e^2+\omega_{Be}^2)\pm\frac{1}{2}[(\Omega_e^2+\omega_{Be}^2)^2-4\Omega_e^2\omega_{Be}^2\cos^2\theta]^{1/2}. \tag{56.13}$$

然而，在 $\omega\approx\omega_{Bi}$ 的范围必须考虑到离子的贡献，第三个根位于这个范围；假定 $\Omega_e\gg\omega_{Bi}$，我们容易求得这个根为

$$\omega_3^2\approx\omega_{Bi}^2\left(1-z\frac{m}{M}\tan^2\theta\right). \tag{56.14}$$

当 θ 是如此接近 $\frac{1}{2}\pi$ 使得 $\cos\theta\ll m/M$ 时，关于 $\omega_2(\theta)$ 和 $\omega_3(\theta)$ 的公式(56.13)

---

① 离子在其中不起任何作用的等离体振荡一般称为高频振荡，而离子的影响在其中是重要的振荡称为低频振荡.

和(56.14)是不适用的. 在这个范围,

$$\omega_2^2 \equiv \omega_{2\mathrm{h}}^2 = \frac{\omega_{Be}^2(\Omega_{\mathrm{i}}^2 + \omega_{Bi}^2)}{\Omega_{\mathrm{e}}^2 + \omega_{Be}^2}, \quad \omega_3^2 = \frac{\Omega_{\mathrm{e}}^2 \omega_{Bi}^2 \cos^2\theta}{\Omega_{\mathrm{e}}^2 + \omega_{Be}^2}. \tag{56.15}$$

对于 ω_3 或 ω_2,离子的作用都是不能忽略的.

图 18 用图解显示频率 $\omega_1, \omega_2, \omega_3$ 对角 θ 的依存关系①. $\omega_1(\theta)$ 和 $\omega_2(\theta)$ 的曲线任何地方都不相交. 它们在 $\theta=0$ 分别从频率 Ω_{e} 和 ω_{Be} 的较高者和较低者开始. 在 $\theta = \frac{1}{2}\pi$,它们分别达到各自的值为

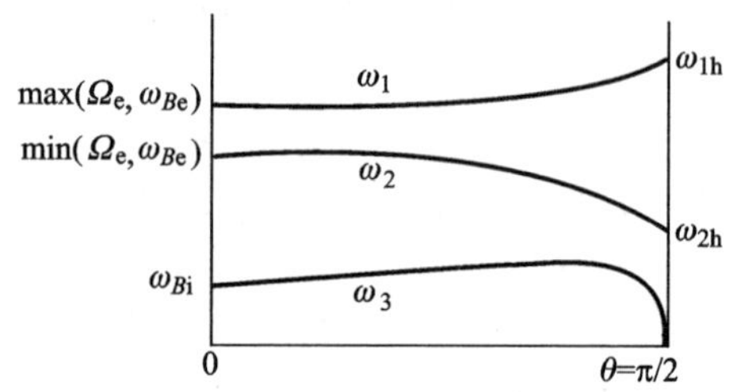

图 18

$$\omega_{1\mathrm{h}} = (\Omega_{\mathrm{e}}^2 + \omega_{Be}^2)^{1/2} \tag{56.16}$$

和 $\omega_{2\mathrm{h}}$. 频率 $\omega_{1\mathrm{h}}$ 和 $\omega_{2\mathrm{h}}$ 分别称为高混杂频率和低混杂频率. 当 $\Omega_{\mathrm{e}}^2 \gg \omega_{Be}^2$(从而肯定地 $\Omega_{\mathrm{i}}^2 \gg \omega_{Bi}^2$)时,$\omega_{2\mathrm{h}} = (\omega_{Be}\omega_{Bi})^{1/2}$.

频率 $\omega_1, \omega_2, \omega_3$ 的位置很大程度上决定由色散关系(56.5)所支配的频谱各分支的位形. 由于是 $(ck/\omega)^2$ 的二次式,对给定 ω 和 θ 它有两个根. 如果我们注意这些根(在给定 θ 下)作为 ω 的函数的变化和变为无穷,我们容易得到图 19,它图解式地显示这些函数的变化. 与横坐标相交的点由 $C=0$ 给出,即,$\varepsilon_{\parallel}=0$ 或 $\varepsilon_{\perp}^2 = g^2$. 它们的位置不依赖于 θ,而其中对应于 $\varepsilon_{\parallel}=0$ 的一个总是 $\omega \approx \Omega_{\mathrm{e}}$.

对于磁旋冷等离体,特征振荡频谱从而总共有五个分支. 其中两分支(图 19 中的Ⅰ和Ⅱ)达到低频振荡区;这些分支中相速(当 $\omega \to 0$ 时)的极限值等于

$$\left(\frac{\omega}{k}\right)_{\mathrm{I}} = \frac{u_{\mathrm{A}}|\cos\theta|}{(1+u_{\mathrm{A}}^2/c^2)^{1/2}}, \quad \left(\frac{\omega}{k}\right)_{\mathrm{II}} = \frac{u_{\mathrm{A}}}{(1+u_{\mathrm{A}}^2/c^2)^{1/2}}, \tag{56.17}$$

其中

$$u_{\mathrm{A}} = c\frac{\omega_{Bi}}{\Omega_{\mathrm{i}}} = \frac{B_0}{(4\pi N_{\mathrm{i}} M)^{1/2}}, \tag{56.18}$$

① 可以立即注意到具有频率 ω_3 的振荡实际上仅在角度近 $\frac{1}{2}\pi$ 的狭窄范围内存在. 在其它角度范围,它们由于简单离子共振处的回旋共振吸收而受到强阻尼.

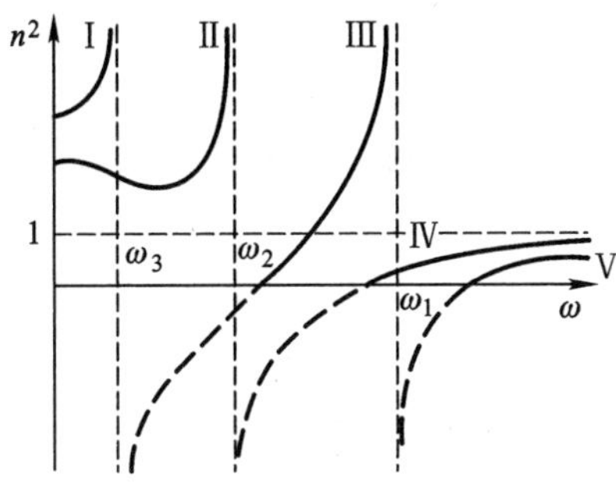

图 19

称为阿尔文速度. 表达式(56.17)很容易通过应用极限表达式

$$\varepsilon_{\perp} \approx 1 + \frac{u_{\mathrm{A}}^2}{c^2}, \quad \varepsilon_{\parallel} \approx -\frac{\Omega_{\mathrm{e}}^2}{\omega^2}, \quad g \sim O(\omega)$$

而由方程(56.5)求得.

当 $u_{\mathrm{A}} \ll c$ 时,相速(56.17)分别是 $u_{\mathrm{A}}|\cos\theta|$ 和 u_{A}. 这些极限值对应于按照寻常磁流力学方程(见第八卷, § 52)存在于冷等离体中的波. 的确,磁流力学波的频谱有三个分支,所有三分支的 $\omega(\boldsymbol{k})$ 都是线性的,但一般依赖于 $\boldsymbol{k}$ 的方向:

$$\left.\begin{aligned}
&(\omega/k)_{\mathrm{A}}^2 = u_{\mathrm{A}}^2\cos^2\theta,\\
&(\omega/k)_{\mathrm{f}}^2 = \frac{1}{2}\{u_{\mathrm{s}}^2 + u_{\mathrm{A}}^2 + [(u_{\mathrm{s}}^2 + u_{\mathrm{A}}^2)^2 - 4u_{\mathrm{s}}^2u_{\mathrm{A}}^2\cos^2\theta]^{1/2}\},\\
&(\omega/k)_{\mathrm{s}}^2 = \frac{1}{2}\{u_{\mathrm{s}}^2 + u_{\mathrm{A}}^2 - [(u_{\mathrm{s}}^2 + u_{\mathrm{A}}^2)^2 - 4u_{\mathrm{s}}^2u_{\mathrm{A}}^2\cos^2\theta]^{1/2}\}
\end{aligned}\right\} \qquad (56.19)$$

(其中 u_{s} 是形式上根据介质绝热压缩所计算的声速). 第一个分支称为阿尔文波,它的相速与(56.17)第一个分支的极限值完全相同. 为了在第二个公式中趋向冷等离体的极限,我们必须在其中令 $u_{\mathrm{s}}=0$(因为气体中 $u_{\mathrm{s}} \sim (T/M)^{1/2}$). 因此 $(\omega/k)_{\mathrm{f}}$,对应于快磁声波,等于 $(\omega/k)_{\mathrm{II}}$ 的极限值. 至于第三支,$(\omega/k)_{\mathrm{s}}$(慢磁声波),当 $u_{\mathrm{s}}\to 0$ 时相速趋于零,因而在冷等离体中并不出现. 注意到冷等离体的假设使我们能忽略离子速度的热扩展,并且即使没有碰撞情况下也对它们采用流体力学描述. 条件 $u_{\mathrm{A}} \ll c$ 表明在磁流力学方程中忽略位移电流是正确的.

对于高频的相反情况,两个分支(Ⅳ和Ⅴ)的相速趋于 $\omega/k=c$,对应于各向同性等离体中的横向高频波,这正如我们应该预期的,因为当 $\omega \gg \omega_{Be}$ 时磁场不起任何作用.

最后,让我们考虑当 $\Omega_{\mathrm{e}} \gg \omega_{Be}$ 时能发生的波这种令人感兴趣的情况;因而共振频率是 $\omega_2 \approx \omega_{Be}\cos\theta$. 我们将取频率范围(在分支Ⅱ上)介于 ω_2 和 $\omega_3 \approx \omega_{Bi}$

之间,由不等式

$$\omega_{Bi} \ll \omega \ll \omega_{Be}\cos\theta, \quad \omega \ll \Omega_e^2/\omega_{Be} \tag{56.20}$$

所确定. 条件 $\omega \gg \omega_{Bi}$ 使我们能忽略离子对 g 的贡献,而由条件 $\omega \ll \omega_{Be}$ 我们有

$$\varepsilon_{xy} = \mathrm{i}g = -\mathrm{i}\frac{\Omega_e^2}{\omega\omega_{Be}}. \tag{56.21}$$

在条件(56.20)下,我们还有 $\varepsilon_{\parallel} \gg g \gg \varepsilon_{\perp}$.

所寻求的色散关系的解可通过将前者写成

$$\left| k^2\varepsilon_{\alpha\beta}^{-1} - k_\alpha k_\gamma \varepsilon_{\gamma\beta}^{-1} - \frac{\omega^2}{c^2}\delta_{\alpha\beta} \right| = 0, \tag{56.22}$$

即将(56.4)中张量 $\varepsilon_{\alpha\beta}$ 变换至其逆[即在方程(56.3)中将 $\boldsymbol{E}$ 用 $\boldsymbol{D}$ 来表达],而更直接地求得. 逆张量的分量是

$$\varepsilon_{xx}^{-1} = \varepsilon_{yy}^{-1} \approx -\varepsilon_{\perp}/g^2, \quad \varepsilon_{zz}^{-1} = 1/\varepsilon_{\parallel}, \quad \varepsilon_{xy}^{-1} = -\varepsilon_{yx}^{-1} \approx \mathrm{i}/g,$$

而其中最大的是 ε_{xy}^{-1}. 忽略其余分量(并取 xz 平面为 $\boldsymbol{B}_0$ 和 $\boldsymbol{k}$ 的平面),我们得到色散关系

$$\begin{vmatrix} -\omega^2/c^2 & \mathrm{i}k_z^2/g \\ -\mathrm{i}k^2/g & -\omega^2/c^2 \end{vmatrix} = 0,$$

因此得

$$\omega = k^2c^2\frac{\omega_{Be}}{\Omega_e^2}|\cos\theta| = \frac{cB_0|\cos\theta|}{4\pi e N_e}k^2. \tag{56.23}$$

这些称为*螺旋波*①;它们是纯电子起源.

这些波的名称起因于它们的偏振的性质. 用坐标轴的上述选择,由等式 $\boldsymbol{k}\cdot\boldsymbol{D}=0$(56.2)给出,

$$D_x\sin\theta + D_z\cos\theta = 0. \tag{56.24}$$

将方程(56.3)写成

$$[k^2\varepsilon_{\alpha\beta}^{-1} - k_\alpha k_\gamma\varepsilon_{\gamma\beta}^{-1}]D_\beta = \frac{\omega^2}{c^2}D_\alpha, \tag{56.25}$$

我们求得 $D_x = -\mathrm{i}|\cos\theta|D_y$. 在同样近似下(即,所有 $\varepsilon_{\alpha\beta}^{-1}$ 中仅保留 ε_{xy}^{-1}),波的电场完全位于 xy 平面,它垂直于 $\boldsymbol{B}_0$: $E_z = \varepsilon_{z\beta}^{-1}D_\beta = 0$. 其它电场分量是

$$E_x = \varepsilon_{xy}^{-1}D_y, \quad E_y = \varepsilon_{yx}^{-1}D_x = -\varepsilon_{xy}^{-1}D_x,$$

而根据(56.24),得出

$$E_y = \mathrm{i}|\cos\theta|E_x. \tag{56.26}$$

① 在地球物理学应用中称为大气哨声.

因而在垂直于 $\boldsymbol{B}_0$ 的平面内该波是椭圆偏振的；当 $\theta=\frac{1}{2}\pi$，偏振变成线性的. 在 ζ 轴平行于 $\boldsymbol{k}$ 的坐标系 $\xi y\zeta$ 中，我们有

$$E_\xi=-\mathrm{i}\frac{|\cos\theta|}{\cos\theta}E_y,\quad E_\zeta=E_\xi\tan\theta. \tag{56.27}$$

矢量 $\boldsymbol{E}$ 环绕 $\boldsymbol{k}$ 方向回转描述一个圆锥.

我们注意到，关于 ε_{xy} 的表达式(56.21)具有简单物理意义. 当 $\omega_{Be}\gg\omega$（以及所意味着的条件(52.17) $k_\perp v_{Te}/\omega_{Be}=k_\perp r_{Be}\ll 1$ 处处满足）时. 可以认为电子（相对于 $\boldsymbol{B}_0$）的横向运动在恒定均匀电场 $\boldsymbol{E}$ 中发生. 当一个电荷在恒定均匀交叉场 $\boldsymbol{E}$ 和 $\boldsymbol{B}_0$ 中运动时，其平均横向速度（电漂移速度）是

$$\bar{v}_\perp=c[\boldsymbol{E}\times\boldsymbol{B}_0]/B_0^2 \tag{56.28}$$

（见第二卷，§22）. 正是这个速度对应于表达式(56.21). 因而螺旋波是与等离体中电子的电漂移相联系的.

§57 磁旋等离体中热运动对电磁波传播的影响

当考虑到粒子的热运动时，色散关系一般变为超越方程，并导致函数 $\omega(\boldsymbol{k})$ 的无穷分支集合. 然而，这些振荡的绝大多数是强阻尼的. 仅在例外情况下，阻尼才弱得使振荡能作为波传播. 这些情况首先包括上一节中所考虑的波，对这些波（如果满足条件(52.17)和(53.17)）. 热运动仅引起对色散关系的小校正，和小的朗道阻尼率.

然而，我们曾经看到对于冷等离体中的波，有这样的频率范围，在此范围比值 ck/ω 无定限地大（等离体共振邻近）. 但是当 $k\to\infty$ 时，条件(52.17)肯定不能满足，因此变得必须考虑到热运动. 现在我们将证明，考虑到热运动，即使作为电容率的小校正，也会消除色散关系的根的发散性，并导致等离体振荡谱的一些定性上新的性质（Б. Н. Гершман, 1956）. 而且，如我们将看到的，朗道阻尼为指数式小的条件仍可满足，以致 $\varepsilon_{\alpha\beta}$ 的反厄米型部分仍可忽略. 为明确起见，我们将取高频等离体共振邻域的特例，其中仅包括电子的热运动就足够了.

$\varepsilon_{\alpha\beta}$ 中的校正项正比于 $(kv_{Te})^2$①. 色散关系(56.5)的系数 A,B,C 中也出现类似校正. 为研究正好是这个方程的发散根，仅在系数 A 中包括改正项就足够了，没有校正情况下在共振点它变为零.

在共振频率（例如）ω_1 邻近，我们把这个系数写成

$$A=a_{\mathrm{r}}(\omega-\omega_1)-A_{1\mathrm{r}}\left(\frac{v_{Te}k}{\omega_1}\right)^2. \tag{57.1}$$

① 它们是这样推导的：将(54.5)的被积表达式按 k^2 的幂作展开，取展开式中的一阶项.

第二项是归因于热运动的校正. 系数 a_r 和 A_{1r} 是在点 $\omega=\omega_1$ 取的,所以它们已不依赖于变量 ω(但是当然依赖于 $\boldsymbol{k}$ 的方向,即依赖于角 θ). 在系数 B 和 C 中也令 $\omega=\omega_1$(并用 B_r 和 C_r 表示结果所得值),我们得到共振频率邻近的色散关系为

$$\left[a_r(\omega-\omega_1)-A_{1r}\frac{v_{Te}^2}{c^2}\left(\frac{kc}{\omega_1}\right)^2\right]\left(\frac{kc}{\omega_1}\right)^4+B_r\left(\frac{kc}{\omega_1}\right)^2+C_r=0. \tag{57.2}$$

我们感兴趣的是这个方程的那种根,当 $v_{Te}\to 0$ 时它变成

$$\left(\frac{kc}{\omega_1}\right)^2\approx-\frac{B_r}{a_r(\omega-\omega_1)},$$

即

$$\omega-\omega_1=-\frac{B_r\omega_1^2}{a_rc^2k^2}. \tag{57.3}$$

因为这个解中 $(kc/\omega_1)^2$ 很大,在求解时就应该从(57.2)中省略掉并不含此大量的项 C_r. 于是我们有下列色散关系

$$\omega-\omega_1=\frac{A_{1r}}{a_r}\left(\frac{kv_{Te}}{\omega_1}\right)^2-\frac{B_r}{a_r}\left(\frac{\omega_1}{kc}\right)^2. \tag{57.4}$$

这里要按照 A_{1r} 的正负号(a_r 和 B_r 总是正的)而区别两种情况①.

在图 20 中,实曲线显示对 $A_r>0$ 的色散关系(57.4). 曲线与横坐标轴相交于②

$$k^2=\frac{\omega_1^2}{cv_{Te}}\sqrt{\frac{B_r}{A_{1r}}}. \tag{57.5}$$

当 $v_{Te}\to 0$ 时,这个点在右边移向无穷,而我们回到相应于冷等离体色散关系(57.3)的曲线(在图 20 中用虚线显示).

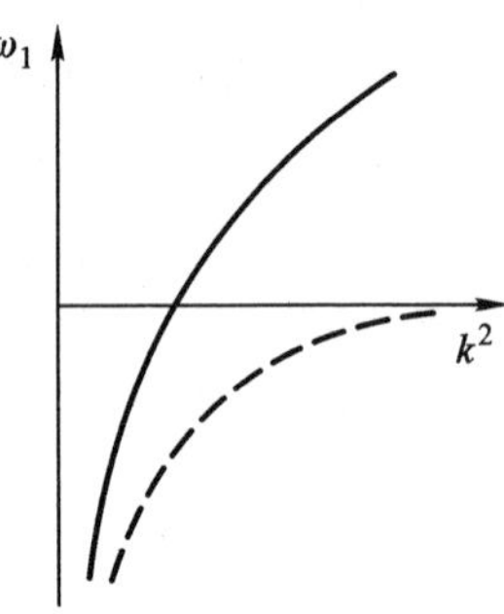

图 20

我们把注意力转向考虑到热运动,因而引起振荡谱分支扩展至 $\omega>\omega_1$ 的范围. 在零外场的极限,正是分支的这个部分相应于寻常纵向等离体振荡:没有场的情况下,系数 $B_r=0$,频率 ω_1 与 Ω_e 重合,$\omega-\Omega_e$ 作为 k^2 的函数的整

① 由表达式(56.6)和(56.7)容易证实 B_r 是正的:利用条件 $A=0$ 消去 $\varepsilon_\parallel$,我们求得 $B_r=\varepsilon_\perp^2\tan^2\theta+g^2\sin^2\theta>0$. 由对 A 的表达式(56.6)和对 $\varepsilon_\perp$ 和 $\varepsilon_\parallel$ 的表达式(52.11)得出 $\partial A/\partial\omega>0$,从而 $a_r=(\partial A/\partial\omega)_{\omega=\omega_1}$ 是正的.

② 对于 k 的这个值,此值 kv_{Te}/ω_1 包含 $(v_{Te}/c)^{1/2}$,因而很小. 这是如上所述关于朗道阻尼为很小的条件.

个曲线变成来自坐标原点的一条直线，其方程与(32.5)相同①.

当忽略热运动时，等离体共振中的振荡是纵向的. 要着重指出的是，当考虑到空间色散时，这个性质确切地说并不出现：量 $A=\varepsilon_{\alpha\beta}k_\alpha k_\beta/k^2\equiv\varepsilon_1$ 变成 k 的函数，而对于振荡为纵向的条件 $\varepsilon_1=0$，与由色散关系所给出的相同变量 ω, k 和 θ 之间的关系是不相容的. 然而，在等离体共振点本身(它们不再有区别)，以及邻近共振点，波都仍然几乎是纵向的：因为 A 很小而且波很慢(ω/kc 很小)，按照(32.10)，横向分量 $E^{(t)}$ 远小于 $E^{(l)}$.

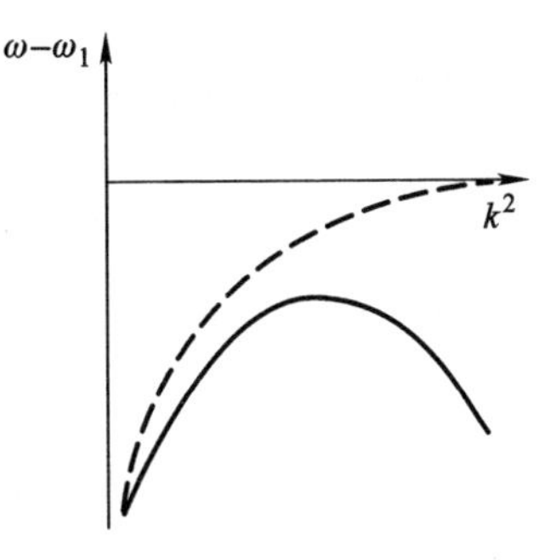

图 21

现在让我们转到 $A_{1\mathrm{r}}<0$ 的情况. 图 21 显示在这个情况下，$\omega-\omega_1$ 如何随 k 变化. 曲线并不进入 $\omega>\omega_1$ 区域，而是在点

$$k^2=\frac{\omega_1^2}{cv_{T\mathrm{e}}}\left(\frac{B_\mathrm{r}}{|A_{1\mathrm{r}}|}\right)^{1/2},\quad \omega-\omega_1=-\frac{2v_{T\mathrm{e}}}{a_\mathrm{r}c}(|A_{1\mathrm{r}}|B_\mathrm{r})^{1/2} \tag{57.6}$$

有一极大. 当 $v_{T\mathrm{e}}\to 0$ 时，这个点在右边移向无穷，同时趋向横坐标轴，我们又回到(57.3)的形式.

作为再一个例子，让我们考虑接近电子回旋共振沿磁场传播的横波. 当忽略热运动时，对于这些波的色散关系由公式(56.9)给出(用下面的正负号)，而在 $\omega=\omega_{B\mathrm{e}}$ 邻近②

$$\omega=\omega_{B\mathrm{e}}\left(1-\frac{\Omega_\mathrm{e}^2}{k^2c^2}\right) \tag{57.7}$$

同时 $kc\gg\Omega_\mathrm{e}$；这个谱整个是在 $\omega<\omega_{B\mathrm{e}}$.

为了在考虑到电子热运动情况下来考察这些波，必须用适用于回旋共振区域的电容率张量(55.7)来构造色散关系③. 展开行列式(56.4)(具有矢量 $\boldsymbol{k}$ 平行于 z 轴)，我们得到

$$\frac{k^2c^2}{\omega^2}=1+\frac{\Omega_\mathrm{e}^2}{\omega(\omega-\omega_{B\mathrm{e}})}F\left(\frac{\omega-\omega_{B\mathrm{e}}}{\sqrt{2}kv_{T\mathrm{e}}}\right). \tag{57.8}$$

在共振吸收线以外，即，对于 $|\omega_{B\mathrm{e}}-\omega|\gg kv_{T\mathrm{e}}$(但是当然仍有 $|\omega_{B\mathrm{e}}-\omega|\ll\omega_{B\mathrm{e}}$)，

---

① 为此，(磁旋等离体中)对应于图 20 中实曲线上段的波通常称为等离体波，和对应于曲线下段的寻常波或非常波大不相同. 然而，这个术语是约定俗成的：实际上正好有一个振荡分支，它与横坐标轴的交点($\omega=\omega_1$)没有任何有区别的特色.

② 为更加明确起见，我们认为，不仅 $\omega_{Be}-\omega\ll\omega_{Be}$，而且 $\Omega_\mathrm{e}>\omega_{Be}$，以致(56.9)右边的 1 肯定可以忽略.

③ 要记住，公式(55.7)也预先假定满足条件(55.4)：$\omega_{Be}\gg kv_{Te}$.

这个关系变成

$$\frac{k^2c^2}{\omega_{Be}^2}=-\frac{\Omega_e^2}{\omega_{Be}(\omega-\omega_{Be})}+\mathrm{i}\sqrt{\frac{\pi}{2}}\frac{\Omega_e^2}{\omega_{Be}kv_{Te}}\times\exp\left(-\frac{(\omega-\omega_{Be})^2}{2k^2v_{Te}^2}\right).$$

因此我们再次有对于频率实部的色散关系(57.7),和对于朗道阻尼率的表达式

$$\gamma=\sqrt{\frac{\pi}{2}}\omega_{Be}\frac{\omega_{Be}}{kv_{Te}}\left(\frac{\Omega_e}{ck}\right)^4\exp\left\{-\frac{1}{2}\left(\frac{\Omega_e}{ck}\right)^4\left(\frac{\omega_{Be}}{kv_{Te}}\right)^2\right\}. \tag{57.9}$$

当 ω 趋向更接近 ω_{Be},在范围 $|\omega_{Be}-\omega|\ll kv_{Te}$ 内,阻尼率增加并且变成与频率 ω 可比较:在这个范围,已无法谈论波的传播.

§58 磁旋等离体流体力学方程

如果运动等离体中特征空间尺度 L 远大于平均自由程

$$L\gg l, \tag{58.1}$$

我们可以认为,在等离体的任何小区域内,由于碰撞建立起了具有(对于电子和离子为相同的)温度、压强等局域值的热力学平衡. 在这种情况下,等离体的运动可以用宏观流体力学方程描述.

磁流力学方程已经在第八卷,§51 中给出,但是那里曾经假设介质的动理系数(黏度和热导率)不依赖于磁场. 在等离体中要使这点为正确,下列条件是必要的:

$$\nu_i\gg\omega_{Bi},\quad \nu_e\gg\omega_{Be}$$

(其中第二个可从第一个得出). 这些条件经常是太苛刻,因此必须推导不受上述限制的流体力学方程①.

关于质量密度 ρ 的连续性方程,当然,照常保持不变

$$\frac{\partial\rho}{\partial t}+\nabla\cdot\rho\boldsymbol{V}=0, \tag{58.2}$$

其中 $\boldsymbol{V}$ 是宏观速度. 关于纳维－斯托克斯方程:

$$\rho\left[\frac{\partial V_\alpha}{\partial t}+(\boldsymbol{V}\cdot\nabla)V_\alpha\right]+\frac{\partial P}{\partial x_\alpha}-\frac{1}{c}(\boldsymbol{j}\times\boldsymbol{B})_\alpha=-\frac{\partial\sigma'_{\alpha\beta}}{\partial x_\beta}, \tag{58.3}$$

和关于能量守恒方程:

$$\frac{\partial}{\partial t}\left(\frac{\rho V^2}{2}+\rho U+\frac{B^2}{8\pi}\right)=$$
$$=-\nabla\cdot\left[\rho\boldsymbol{V}\left(\frac{V^2}{2}+W\right)-\boldsymbol{\sigma}'\cdot\boldsymbol{V}+\frac{c}{4\pi}\boldsymbol{E}\times\boldsymbol{B}+\boldsymbol{q}\right], \tag{58.4}$$

一般形式也保持和以前的相同,其中 $\sigma'_{\alpha\beta}$ 是黏性应力张量,$\boldsymbol{\sigma}'\cdot\boldsymbol{V}$ 表示具有分量

① 而且,第八卷,§51 的方程中省略了代表温差电效应的项.

为 $\sigma'_{\alpha\beta}V_\beta$的矢量,$\boldsymbol{q}$ 是能流密度(包括归因于热传导和温差电效应的耗散部分以及通过粒子流的运流能量传递两部分;见下面的定义(58.8)),而 U 和 W 是每单位质量介质的内能和焓. 张量 $\sigma'_{\alpha\beta}$和矢量 $\boldsymbol{q}$ 必须用热力学量和速度的梯度来表达,这些表达式的形式正好依赖于磁场.

关于方程(58.3)应该作出下列评注. 这个方程考虑到磁场对等离体所施加的力(左边最后一项),但是没有考虑电场所施加的力

$$e(zN_i-N_e)\boldsymbol{E}.$$

这种处理在这里证明是正确的,因为由条件(58.1)可见,更有 $L\gg a$,从而等离体是准中性的,以致我们可以令 $zN_i=N_e$,等离体中没有任何未补偿电荷①.

方程(58.2)—(58.4)必须补充以麦克斯韦方程组,对于准定常电磁场(因此位移电流可省略)它们是

$$\nabla\times\boldsymbol{E}=-\frac{1}{c}\frac{\partial\boldsymbol{B}}{\partial t},\quad \nabla\cdot\boldsymbol{B}=0,\nabla\times\boldsymbol{B}=\frac{4\pi}{c}\boldsymbol{j}. \tag{58.5}$$

应注意所谓准定常场意味着其变化频率 $\omega\ll c/L$. 同时,可变磁场所感生的电场是 $E\sim\omega LB/c\ll B$;因此之故,在(58.4)中我们只需包括磁场能密度而无需包括电场的. 而且,忽略位移电流是与等离体的准中性假设一致的:(58.5)的最后一个方程蕴含$\nabla\cdot\boldsymbol{j}=0$.

最后,需要表达“广义欧姆定律”的方程:

$$\boldsymbol{E}+\frac{1}{c}\boldsymbol{V}\times\boldsymbol{B}=\boldsymbol{F}, \tag{58.6}$$

其中 $\boldsymbol{F}$ 是电流 $\boldsymbol{j}$ 和热力学量的梯度的某种线性组合. (58.6)左边 $\boldsymbol{E}$ 和 $\boldsymbol{B}$ 的组合起因于(见第八卷, § 49)当我们从介质中给定体积元的静止坐标系变到该体积元在其中以速度 $\boldsymbol{V}$ 运动的坐标系时 $\boldsymbol{E}$ 的变换.

在准中性等离体中,电子和离子组分的相对浓度是给定常数($N_e/N_i=z$). 因此只有温度和压强是独立热力学变量;将 $\boldsymbol{F}$ 和 $\boldsymbol{q}$ 用这些变量的梯度(和电流 $\boldsymbol{j}$)表达的问题形式上与金属中磁场电流热流效应②理论中的同样问题是相同的(见第八卷, § 25)③.

一方面,$\boldsymbol{j}$ 和 $\boldsymbol{q}$,以及另一方面,场和热力学量的梯度,它们之间的关系,写成

---

① 这个论证是以不等式 $l\gg a$ 为基础的. 应注意我们处处考虑的是全电离等离体. 在部分电离等离体中,不等式 $l\gg a$ 不必要满足,因为平均自由程由于与中性原子的碰撞而减小. 于是 $l\gg a$ 被认为是关于要使彻体电场力可忽略的附加必要条件.

② 英文为 thermogalvanomagnetic effects,指同时存在电场和磁场以及温度梯度情况下,电流和热流的流动引起的各种效应,通常分别称为磁场电流效应(galvanomagnetic effects)和磁场热流效应(thermomagnetic effects).——译者注.

③ 我们再次提醒,讨论涉及的是全电离等离体. 存在几种类型重粒子(各种离子,中性原子)的情况下,会使得必须考虑相应的扩散过程.

(44.12)和(44.13)的推广形式是：

$$F_{\alpha}+\frac{1}{e}\frac{\partial\mu_{e}}{\partial x_{\alpha}}=\sigma_{\alpha\beta}^{-1}j_{\beta}+\alpha_{\alpha\beta}\frac{\partial T}{\partial x_{\beta}}, \tag{58.7}$$

$$q_{\alpha}=-\frac{\mu_{e}}{e}j_{\alpha}+\beta_{\alpha\beta}j_{\beta}-\kappa_{\alpha\beta}\frac{\partial T}{\partial x_{\beta}}. \tag{58.8}$$

这里μ_e是电子化学势，张量$\sigma'_{\alpha\beta}$，$\alpha_{\alpha\beta}$，$\beta_{\alpha\beta}$依赖于磁场$\boldsymbol{B}$作为参量. (58.8)左边没有$-\varphi\boldsymbol{j}$项(比较(44.13))归因于这样的事实，这早已通过能流密度中的坡印亭矢量而包括在(58.4)中，通过利用麦克斯韦方程组(58.5)来变换其散度就可很容易得到确认. 在定态情况(§44)，我们有

$$-\nabla\cdot\frac{c}{4\pi}\boldsymbol{E}\times\boldsymbol{B}=\frac{\partial}{\partial t}\frac{B^{2}}{8\pi}+\boldsymbol{j}\cdot\boldsymbol{E}=\frac{\partial}{\partial t}\frac{B^{2}}{8\pi}-\nabla\cdot(\varphi\boldsymbol{j}).$$

因此，(58.8)中能流$\boldsymbol{q}$早已把通过粒子的能量传递$-e\varphi$排除在外.

根据昂萨格原理，关系式(58.7)和(58.8)中的系数满足下列关系：

$$\sigma_{\alpha\beta}(\boldsymbol{B})=\sigma_{\beta\alpha}(-\boldsymbol{B}),\quad \kappa_{\alpha\beta}(\boldsymbol{B})=\kappa_{\beta\alpha}(-\boldsymbol{B}), \tag{58.9}$$

$$\beta_{\alpha\beta}(\boldsymbol{B})=T\alpha_{\beta\alpha}(-\boldsymbol{B}). \tag{58.10}$$

因为$\boldsymbol{B}$是唯一可资用矢量参量，张量对方向$\boldsymbol{b}=\boldsymbol{B}/B$的依存关系可写成一般形式

$$\alpha_{\alpha\beta}(\boldsymbol{B})=\alpha_{1}\delta_{\alpha\beta}+\alpha_{2}b_{\alpha}b_{\beta}+\alpha_{3}e_{\alpha\beta\gamma}b_{\gamma} \tag{58.11}$$

(对于其它张量有类似结果)，其中标量系数α_1，α_2，α_3是场B的函数；这样的依存关系满足反演对称性条件($\boldsymbol{B}$是一个轴矢量而其分量不受反演的影响，像对真张量$\alpha_{\alpha\beta}$，等的分量所要求的那样). 注意到(58.11)形式的表达式自动满足关系式(58.9)，而(58.10)变成

$$\beta_{\alpha\beta}(\boldsymbol{B})=T\alpha_{\alpha\beta}(\boldsymbol{B}). \tag{58.12}$$

在磁流力学中对表达式(58.7)和(58.8)的实际应用，更方便的是将化学势的梯度用压强和温度梯度表达为

$$\nabla\mu_{e}=-s_{e}\nabla T+\frac{1}{N_{e}}\nabla P_{e},\quad \mu_{e}=w_{e}-Ts_{e},$$

其中$P_e=N_eT=Pz/(1+z)$是等离体中电子的分压，而s_e和w_e是等离体的电子组分中每个粒子的熵和焓. 我们最后将关系式(58.7)和(58.8)用矢量形式重写成

$$\boldsymbol{E}+\frac{1}{c}\boldsymbol{V}\times\boldsymbol{B}+\frac{1}{eN_{e}}\nabla P_{e}=$$

$$=\frac{\boldsymbol{j}_{\parallel}}{\sigma_{\parallel}}+\frac{\boldsymbol{j}_{\perp}}{\sigma_{\perp}}+\mathscr{R}(\boldsymbol{B}\times\boldsymbol{j})+\alpha_{\parallel}(\nabla T)_{\parallel}+\alpha_{\perp}(\nabla T)_{\perp}+\mathscr{N}(\boldsymbol{B}\times\nabla T), \tag{58.13}$$

$$q+\frac{w_e}{e}j=$$
$$=\alpha_{\|}Tj_{\|}+\alpha_{\perp}Tj_{\perp}+\mathscr{N}T(B\times j)-\kappa_{\|}(\nabla T)_{\|}-\kappa_{\perp}(\nabla T)_{\perp}+\mathscr{L}(B\times\nabla T),\tag{58.14}$$

对系数(全都是 $\boldsymbol{B}$ 的函数)用了新记号,而下标 $\|$ 和 $\perp$ 表示相对于 $\boldsymbol{B}$ 为纵向和横向的矢量分量.(58.13)中系数 $\alpha_{\|}$ 的定义与(58.7)中的相差是这里包括了 s_e/e. 系数 $\mathscr{R}$,$\mathscr{N}$和 $\mathscr{L}$ 分别描述霍尔效应,能斯特效应和勒迪克-里吉效应. 还应注意,(58.13)中的 $\mathscr{R}(\boldsymbol{B}\times\boldsymbol{j})$ 项和(58.14)中的 $\mathscr{L}(\boldsymbol{B}\times\nabla T)$ 项是非耗散动理效应,它们并不出现在乘积 $\boldsymbol{E}\cdot\boldsymbol{j}$ 和 $\boldsymbol{q}\cdot\nabla T$ 中,因而并不引致熵的增加.

至于黏性应力张量 $\sigma'_{\alpha\beta}$,则其通过宏观速度梯度表示的一般表达式早已在§13中给出. 当应用于等离体时,这个表达式由于两个第二黏度系数 ζ 和 ζ_1 变为零而稍微简化. 系数 ζ 为零是所有单原子气体的一般性质,等离体也属于这种气体. 没有 ζ_1 项的原因将在下节中解释.

为应用于等离体,(13.18)中的余留项可方便地重新整理,考虑到在等离体中磁场一般对黏性有强烈影响(而不像在中性气体中那样只有弱影响);从而区分寻常黏度系数 η 没有任何意义. 这里我们用不同于(13.18)的形式表述 $\sigma'_{\alpha\beta}$ 仅在于用

$$\eta_0(3b_\alpha b_\beta-\delta_{\alpha\beta})\left(b_\gamma b_\delta V_{\gamma\delta}-\frac{1}{3}\nabla\cdot\boldsymbol{V}\right)\tag{58.15}$$

代替带 η 的项,其中 $\boldsymbol{b}=\boldsymbol{B}/B$(代替 $\boldsymbol{h}$);见236页关于 η_0 的这个定义的适宜性的脚注.

如果取 z 轴平行于 $\boldsymbol{b}$,应力张量分量是

$$\begin{aligned}
\sigma'_{xx}&=-\eta_0\left(V_{zz}-\frac{1}{3}\nabla\cdot\boldsymbol{V}\right)+\eta_1(V_{xx}-V_{yy})+2\eta_3V_{xy},\\
\sigma'_{yy}&=-\eta_0\left(V_{zz}-\frac{1}{3}\nabla\cdot\boldsymbol{V}\right)+\eta_1(V_{xx}-V_{yy})-2\eta_3V_{xy},\\
\sigma'_{zz}&=2\eta_0\left(V_{zz}-\frac{1}{3}\nabla\cdot\boldsymbol{V}\right),\\
\sigma'_{xy}&=2\eta_1V_{xy}-\eta_3(V_{xx}-V_{yy}),\\
\sigma'_{xz}&=2\eta_2V_{xz}+2\eta_4V_{yz},\\
\sigma'_{yz}&=2\eta_2V_{yz}-2\eta_4V_{xz}.
\end{aligned}\tag{58.16}$$

§59 强磁场中等离体的动理系数

为计算磁旋等离体的动理系数,我们必须照例寻求 $f=f_0+\delta f$ 形式的粒子分布函数,其中 δf 是对局域平衡分布的小校正,并且正比于相应热力学量的梯度. 将这个表达式代入动理方程,例如,对于电子

$$\frac{\partial f_e}{\partial t}+\boldsymbol{v}\cdot\frac{\partial f_e}{\partial \boldsymbol{r}}-e\boldsymbol{E}\cdot\frac{\partial f_e}{\partial \boldsymbol{p}}-\frac{e}{c}(\boldsymbol{v}\times\boldsymbol{B})\cdot\frac{\partial f_e}{\partial \boldsymbol{p}}=C(f_e),\tag{59.1}$$

我们在左边四项中令 $f_e=f_{0e}$；因为 $\partial f_{0e}/\partial \boldsymbol{p}$ 平行于 $\boldsymbol{v}$，于是第四项变为零，以致那里必须保留 δf_e 项，而我们求得关于 δf_e 的方程为①

$$\frac{\partial f_{0e}}{\partial t}+\boldsymbol{v}\cdot\frac{\partial f_{0e}}{\partial \boldsymbol{r}}-e\boldsymbol{E}\cdot\frac{\partial f_{0e}}{\partial \boldsymbol{p}}=\frac{e}{c}(\boldsymbol{v}\times\boldsymbol{B})\cdot\frac{\partial \delta f_e}{\partial \boldsymbol{p}}+I(\delta f_e),\tag{59.2}$$

其中 I 是线性化碰撞积分.

让我们首先注意到纵向电导率 $\sigma_{\parallel}$ 和热导率 $\kappa_{\parallel}$ 一般不依赖于 $\boldsymbol{B}$，而具有如同没有磁场情况下的相同值（即，它们是寻常标量 σ 和 κ）. 的确，根据对称性考虑事先就很明显，当矢量 $\boldsymbol{E}$ 或 ∇T 平行于 $\boldsymbol{B}$ 时，分布函数 δf 不依赖于垂直于 $\boldsymbol{B}$ 平面内横向速度 $\boldsymbol{v}_{\perp}$ 的回转角 φ. 还有，

$$(\boldsymbol{v}\times\boldsymbol{B})\cdot\frac{\partial \delta f}{\partial \boldsymbol{p}}=-\frac{B}{m}\frac{\partial \delta f}{\partial \varphi},$$

因而当 $\partial\delta f/\partial\varphi=0$ 时，动理方程中并不出现磁场②.

由于类似理由，当速度 $\boldsymbol{V}$ 平行于 $\boldsymbol{B}$（沿 z 轴）时，确定黏性应力 $\sigma'_{\alpha\beta}$ 的黏度 η_0 也不依赖于磁场（从而与寻常黏度 η 相同）；于是它仅依赖于 z，在表达式 (58.16) 中仅保留含有

$$\sigma'_{xx}=\sigma'_{yy}=-\frac{1}{2}\sigma'_{zz}=-\frac{2}{3}\eta_0\frac{\mathrm{d}V}{\mathrm{d}z}$$

的项.

最后，系数 ζ_1 总是必须不依赖于场. 对于所述速度分布会对应力张量贡献

$$\sigma'_{xx}=\sigma'_{yy}=\frac{1}{2}\sigma'_{zz}=\zeta_1\frac{\mathrm{d}V}{\mathrm{d}z}.$$

但是，因为这个效应在没有外场情况下一般是不存在的，而即使当场存在时也有 $\zeta_1=0$③. （注意到这个理由并不依赖于等离体是经典的；因此，结果 $\zeta_1=0$ 在相对论性情况也是有效的，而在相对论性等离体中 $\zeta\neq0$.）

在强磁场极限下，当（对每类粒子）拉莫尔频率 $\omega_B\gg\nu$ 时，其它动理系数的

---

① 注意到在 §29 对于等离体电容率的计算中，这个方程中的磁场项是省略的，因为当 $\boldsymbol{E}$ 和 $\boldsymbol{B}$ 很小时它是二阶小量. 在目前问题中，磁场 $\boldsymbol{B}$（不像电场 $\boldsymbol{E}$）没有假定为很小.

② 然而，我们必须立即预先说明，这些论据（和下面的类似论据）假定粒子散射过程不依赖于磁场. 为此必须要磁场满足后面的不等式(59.10).

③ 我们必须再次强调，所有这些陈述依赖于动理方程(59.2)中含 $\boldsymbol{B}$ 项的形式，因此它们并不适用于分子具有磁矩的寻常气体. 在那种情况下是通过磁矩（而不是像等离体中那样通过粒子的电荷）而与磁场发生相互作用的.

计算可以类似地实现. 在这些条件下,碰撞项起小校正的作用①.

电导率

让我们首先计算确定等离体中电流的系数. 方便的是在等离体体积元为静止的参考系中来完成这个计算. 忽略 $\sim m/M$ 的量,我们可以认为这种参考系与离子组分为静止的参考系相符合. 于是电流是纯电子性的. 从而我们只需要求解对于电子的动理方程.

动理方程的左边必须以类似于 §6 中对寻常气体作过的方式借助于流体力学方程进行变换. 在所选参考系中,所考虑点的宏观速度(但当然不是其导数)为零②.

然而,这里(对于电子)不需要实行全部计算. 首先注意到,项 $\partial\delta f_e/\partial t$ 全然可以省略. 对时间的求导导致出现含有导数 $\partial T/\partial t$, $\partial P/\partial t$ 和 $\partial \boldsymbol{V}/\partial t$ 的项. 当然,前两个可以用标量 $\nabla\cdot\boldsymbol{V}$ 来表达(比较(6.16));而这些项如我们早已知道的,对单原子气体(例如等离体)总是相消的. 导数 $\partial\boldsymbol{V}/\partial t$ 利用流体力学方程(58.3)来表达,含有因数 $1/\rho$ 或 $1/M$;在动理方程中考虑到这类项仅会给出 $\sim m/M$ 的校正,它们是没有任何重要性的. 其次,在(59.2)中我们可令 $\boldsymbol{E}=0$,因为我们知道 $\boldsymbol{E}$ 仅能作为和式

$$\boldsymbol{E}+\frac{1}{eN_e}\nabla\boldsymbol{P}$$

而出现在所寻求的电流 $\boldsymbol{j}$ 中. 最后,因为我们并未打算计算"纵向"动理系数 $\sigma_{\parallel}$, $\kappa_{\parallel}$, η_0,它们是不依赖于磁场的,对于等离体的所有热力学量可认为仅依赖于垂直于 $\boldsymbol{B}$ 的平面中的坐标. 用 $\nabla_{\perp}$ 表示在该平面的求导算符,因此我们可以将动理方程写成

$$(\boldsymbol{v}\cdot\nabla_{\perp})f_{0e}=\frac{e}{c}(\boldsymbol{v}\times\boldsymbol{B})\cdot\frac{\partial\delta f_e}{\partial\boldsymbol{p}}+I(\delta f_e). \tag{59.3}$$

这个方程又可以通过逐步求近法求解而表成 $1/\omega_{Be}$ 的幂. 第一级近似(用上标(1)表示),完全忽略碰撞积分,因此方程是

$$(\boldsymbol{v}\times\boldsymbol{b})\cdot\frac{\partial\delta f_e^{(1)}}{\partial\boldsymbol{v}}=\frac{1}{\omega_{Be}}(\boldsymbol{v}\cdot\nabla_{\perp})f_{0e} \tag{59.4}$$

(其中 $\boldsymbol{b}=\boldsymbol{B}/B$). 通过直接代入容易看出方程的解是

$$\delta f_e^{(1)}=-\frac{1}{\omega_{Be}}(\boldsymbol{v}\cdot[\boldsymbol{b}\times\nabla_{\perp}f_{0e}]). \tag{59.5}$$

---

① 关于磁旋等离体的动理系数是由兰茨霍夫(R. Landshoff(1949)),弗拉德金(E. C. Фрадкин(1951)),布拉金斯基(С. И. Брагинский(1952))计算的. 下面给出的解析方法归功于塔姆(И. Е. Тамм(1951)).

② 通过利用矢量 $\partial f_0/\partial\boldsymbol{p}$ 与 $\boldsymbol{v}$ 的平行性,这个基本上早已假设过.

显然这个解仅能用来计算非耗散动理系数:不存在碰撞情况下没有任何能量耗散.

电流密度由下列积分

$$\boldsymbol{j} = -e\int \boldsymbol{v}\,\delta f_e \mathrm{d}^3 p \tag{59.6}$$

给出.用(59.5)代入后给出

$$\boldsymbol{j}^{(1)} = \frac{mc}{B}([\boldsymbol{b}\times\nabla_\perp]\cdot\langle \boldsymbol{v})\boldsymbol{v}\rangle N_e = \frac{mc}{3B}(\boldsymbol{b}\times\nabla_\perp)N_e\langle v^2\rangle,$$

其中求平均是对麦克斯韦分布进行的. 结果是

$$\boldsymbol{j}^{(1)} = \frac{c}{B}(\boldsymbol{b}\times\nabla_\perp P_e),$$

$$\nabla_\perp P_e = -\frac{B}{c}(\boldsymbol{b}\times\boldsymbol{j}^{(1)}). \tag{59.7}$$

将这个表达式与(58.13)中系数 $\mathscr{R}$ 的定义进行比较表明

$$\mathscr{R} = -1/(N_e ec). \tag{59.8}$$

在高一级近似,我们寻求(59.3)的解为 $\delta f_e = \delta f_e^{(1)} + \delta f_e^{(2)}$,而获得关于 $\delta f_e^{(2)}$ 的方程为:

$$\omega_{Be}(\boldsymbol{v}\times\boldsymbol{b})\cdot\frac{\partial\delta f_e^{(2)}}{\partial\boldsymbol{v}} = -I(\delta f_e^{(1)}) = \frac{1}{\omega_{Be}}I(\boldsymbol{v}\cdot[\boldsymbol{b}\times\nabla_\perp]f_{0e}) \tag{59.9}$$

(不能将算符 $\nabla_\perp$ 取出到 I 前面,因为在线性化碰撞积分中,被积表达式在其系数中含有例如 N_i 这样的量,它们依赖于坐标).

如早已提到过的,假设磁场够强使得 $\omega_{Be} \gg \nu_e$. 然而,在本节中我们将进一步同时认为

$$r_{Be} = v_{Te}/\omega_{Be} \gg a_e \tag{59.10}$$

(即,$\omega_{Be} \ll \Omega_e$);这个对磁场设置了上限. 当满足这个条件时磁场在碰撞区域内几乎不会引起电子轨道(更小程度上离子轨道)的任何弯曲,因而对碰撞过程没有任何影响. 换句话说,算符 I 并不明显依赖于磁场. 于是,根据对称性考虑,方程(59.9)右边必须具有形式为 $(\boldsymbol{v}\cdot[\boldsymbol{b}\times\nabla_\perp])\varphi(v^2)$ 的矢量结构;至于变量 $\boldsymbol{v}$,这是与(59.4)右边具有相同类型,但是以 $\boldsymbol{b}\times\nabla_\perp$ 代替 $\nabla_\perp$. 因此,(59.9)的解是

$$\delta f_e^{(2)} = -\frac{1}{\omega_{Be}^2}I(\boldsymbol{v}\cdot[\boldsymbol{b}\times[\boldsymbol{b}\times\nabla_\perp]]f_{0e}) = \frac{1}{\omega_{Be}^2}I(\boldsymbol{v}\cdot\nabla_\perp f_{0e}). \tag{59.11}$$

在电流的计算中,非零贡献仅来自 ei 碰撞. 的确,因为在所假设条件下,碰撞是小效应,可以认为 ee 和 ei 碰撞对电导率的贡献是独立的. 这意味着,例如,计算来自 ee 碰撞的贡献时,是通过求解仅具有这个碰撞积分的动理方程而求得的分布函数进行计算,好像电子全然并不与离子碰撞那样. 在那种情况下,对于

(59.11)形式的 $\delta f_e^{(2)}$，积分 $\int \boldsymbol{v}\delta f_e^{(2)}\mathrm{d}^3p$ 是零，因为由于碰撞中动量守恒定律，对任何分布函数 f_e 恒定地给出

$$\int \boldsymbol{v}\, C_{ee}(f_e)\mathrm{d}^3p = 0$$

(比较 §5).

因此，在计算电流时，(59.11)中的 I 要理解为电子离子碰撞积分. 于是①

$$I_{ei}(\boldsymbol{v}\cdot\nabla_\perp f_{0e}) = -\nu_{ei}(v)(\boldsymbol{v}\cdot\nabla_\perp)f_{0e}, \tag{59.12}$$

其中，按照(44.3)，

$$\nu_{ei}(v) = \frac{4\pi z e^4 N_e L_e}{m^2 v^3}.$$

按照分布函数(59.11)，(59.12)，对电流的贡献是

$$\boldsymbol{j}^{(2)} = \frac{eN_e}{3\omega_{Be}^2}\nabla_\perp\langle v^2\nu_{ei}(v)\rangle = \frac{4\sqrt{2\pi}ze^5L_eN_e}{3m^{3/2}\omega_{Be}^2}\nabla_\perp\frac{P_e}{T^{3/2}}. \tag{59.13}$$

为计算所寻求的动理系数，我们必须将电流 $\boldsymbol{j}_\perp = \boldsymbol{j}^{(1)} + \boldsymbol{j}^{(2)}$ 代入方程(58.13)：

$$\frac{1}{eN_e}\nabla_\perp P_e = \frac{\boldsymbol{j}_\perp}{\sigma_\perp} + \mathscr{R}B(\boldsymbol{b}\times\boldsymbol{j}_\perp) + \alpha_\perp\nabla_\perp T + \mathscr{N}B(\boldsymbol{b}\times\nabla_\perp T), \tag{59.14}$$

它确定这些系数. 首先令 $\nabla T = 0$ 并集合量级为 $1/\omega_{Be}$ 的项，我们求得

$$(\boldsymbol{j}^{(1)}/\sigma_\perp) + \mathscr{R}B[\boldsymbol{b}\times\boldsymbol{j}^{(2)}] = 0,$$

由此

$$\sigma_\perp = \frac{3\pi^{1/2}e^2N_e}{2^{1/2}m\nu_{ei}}, \tag{59.15}$$

其中 ν_{ei}(不带自变量)表示

$$\nu_{ei} = \nu_{ei}(v_{Te}) = \frac{4\pi z e^4 L_e N_e}{m^{1/2}T^{3/2}}. \tag{59.16}$$

量(59.15)在没有磁场情况下是与电导率(43.8)相同量级，后者在这里等于 $\sigma_\parallel$.

类似地，在(59.14)中令 $\nabla P_e = 0$ 并重新集合量级 $\sim 1/\omega_{Be}$ 的项，我们求得

$$\mathscr{R}B(\boldsymbol{b}\times\boldsymbol{j}^{(2)}) + \mathscr{N}B(\boldsymbol{b}\times\nabla T) = 0,$$

由此

$$\mathscr{N} = -\frac{\nu_{ei}}{(2\pi)^{1/2}mc\omega_{Be}^2} = -\frac{3cN_e}{2\sigma_\perp B^2}. \tag{59.17}$$

---

① 比较(44.1). 如果是与可认为不动的粒子发生碰撞，并且如果 δf 具有 $(\boldsymbol{v}\cdot\boldsymbol{A})g(v)$ 形式，而 $\boldsymbol{A}$ 是一恒定矢量，对于 $C(f)$ 这种类型公式是有效的. 在目前情况下，$\boldsymbol{A}$ 由矢量算符 $\nabla_\perp$ 表示.

至于系数 $\alpha_{\perp}$ 仅在相对于 $1/\omega_{Be}$ 的高一级近似下才出现;(对于 $z=1$)它的值是

$$\alpha_{\perp}=0.36(\nu_{ei}/\omega_{Be})^2. \tag{59.18}$$

电子热导率

等离体中的热流由电子和离子两部分贡献组成;让我们首先考虑前者. 电子对热流的贡献按下列积分

$$\boldsymbol{q}_e=\frac{m}{2}\int v^2\boldsymbol{v}\,\delta f_e\mathrm{d}^3p \tag{59.19}$$

计算. 相对于 $1/\omega_{Be}$ 的一级近似下,将(59.5)代入给出

$$\boldsymbol{q}_e^{(1)}=-\frac{m}{2\omega_{Be}}([\boldsymbol{b}\times\nabla_{\perp}]\cdot\langle\boldsymbol{v}\rangle\boldsymbol{v}v^2\rangle N_e=-\frac{m}{6\omega_{Be}}[\boldsymbol{b}\times\nabla_{\perp}]N_e\langle v^4\rangle,$$

由此

$$\boldsymbol{q}_e^{(1)}=-\frac{5c}{2eB}[\boldsymbol{b}\times\nabla_{\perp}]P_eT=-\frac{w_e}{e}\boldsymbol{j}^{(1)}-\frac{5cP_e}{2eB}[\boldsymbol{b}\times\nabla_{\perp}T], \tag{59.20}$$

其中 $w_e=5T/2$ 是每个电子的焓. 与(58.14)中系数 $\mathscr{L}$ 的定义比较表明

$$\mathscr{L}_e=-\frac{5cN_eT}{2eB^2}. \tag{59.21}$$

在高一级近似,积分(59.19)要用分布函数(59.11)来计算. 然而,ei 和 ee 碰撞都对热流有贡献. 对于前者,我们再次应用(59.11)和(59.12),得到

$$\boldsymbol{q}_e^{(ei)}=-\frac{mN_e}{6\omega_{Be}^2}\nabla_{\perp}\langle v^4\nu_{ei}(v)\rangle,$$

由此

$$\boldsymbol{q}_e^{(ei)}=-\frac{4\sqrt{2\pi}}{3}\frac{ze^4N_eL_e}{m^{3/2}\omega_{Be}^2}\nabla_{\perp}\frac{P_e}{\sqrt{T}}. \tag{59.22}$$

然而,为了由此求得热导率 $\kappa_{\perp}$ 的相应部分,我们还必须考虑到条件 $\boldsymbol{j}=\boldsymbol{j}^{(1)}+\boldsymbol{j}^{(2)}=0$,因为按(58.14),$\kappa_{\perp}$ 是用没有电流情况下的热流来定义的. 用(59.7)和(59.13),我们发现这个条件意味着压强和温度梯度之间的下列关系:

$$\frac{c}{B}(\boldsymbol{b}\times\nabla_{\perp}P_e)=\frac{eN_e\nu_{ei}}{\sqrt{2\pi}m\omega_{Be}^2}\nabla_{\perp}T$$

(在计算中,我们处处忽略高于 $1/\omega_{Be}$ 二阶的项). 应用这个关系来计算和式 $\boldsymbol{q}_e^{(1)}+\boldsymbol{q}_e^{(ei)}$,我们求得

$$\kappa_{\perp e}^{(ei)}=\frac{13}{6\sqrt{2\pi}}\frac{N_eT\nu_{ei}}{m\omega_{Be}^2}. \tag{59.23}$$

这个公式具有简单物理意义. 热导率在数量级上必须是 $\kappa_{\perp}\sim C_eD_{\perp}$,其中 $C_e\sim N_e$ 是单位体积电子的热容,而 $D_{\perp}$ 是横越磁场的电子扩散系数. 后者又可估

计为$\langle(\Delta x)^2\rangle/\delta t$，其中$\langle(\Delta x)^2\rangle$是时间$\delta t$内的方均位移. 在磁场中，横向位移仅归因于碰撞，而电子移动距离$\sim r_{Be}$. 因此$D_\perp\sim\nu_{ei}r_{Be}^2$，这导致(59.23).

现在让我们讨论来自ee碰撞的贡献. 这里的计算更加繁冗费力，我们将仅叙述其概要.

在方程(59.11)中，现在I要理解为线性化朗道碰撞积分：

$$I_{ee}(\delta f_e)=-\nabla_{\boldsymbol{p}}\cdot\boldsymbol{s}^{(ee)},$$

其中

$$s_\alpha^{(ee)}=2\pi e^4L_e\int\frac{w^2\delta_{\alpha\beta}-w_\alpha w_\beta}{w^3}\times$$
$$\times\left\{f_{0e}\frac{\partial\delta f'_e}{\partial p'_\beta}+\delta f_e\frac{\partial f'_{0e}}{\partial p'_\beta}-f'_{0e}\frac{\partial\delta f_e}{\partial p_\beta}-\delta f'_e\frac{\partial f_{0e}}{\partial p_\beta}\right\}d^3p',\tag{59.24}$$

而$\boldsymbol{w}=\boldsymbol{v}-\boldsymbol{v}'$. 用这个分布函数，积分(59.19)经过分部积分后变成

$$\boldsymbol{q}_e^{(ee)}=\frac{1}{2\omega_{Be}^2}\int\{v^2\boldsymbol{s}^{(ee)}+2\boldsymbol{v}(\boldsymbol{v}\cdot\boldsymbol{s}^{(ee)})\}d^3p.\tag{59.25}$$

这个公式中的系数要写成使得(59.24)中δf_e现在应理解为函数$(\boldsymbol{v}\cdot\nabla_\perp)f_{0e}$. 同时求导$\nabla_\perp$只须应用于麦克斯韦分布$f_{0e}$的指数函数中的温度$T$:

$$(\boldsymbol{v}\cdot\nabla_\perp)f_{0e}\to f_{0e}\frac{mv^2}{2T^2}(\boldsymbol{v}\cdot\nabla_\perp T);$$

而来自对指数函数前系数的求导的项相消掉了①.

经过简单但是冗长的计算后，将积分(59.25)变成$=\kappa_{\perp e}^{(ee)}\cdot\nabla_\perp T$形式，其中②

$$\kappa_{\perp e}^{(ee)}=\frac{\pi L_e e^4}{3T^2\omega_{Be}^2}\int\left\{wV^2+\frac{(\boldsymbol{w}\cdot\boldsymbol{V})^2}{w}+\cdots\right\}f_{0e}(p)f_{0e}(p')d^3pd^3p',$$

$\boldsymbol{w}=\boldsymbol{v}-\boldsymbol{v}'$，$\boldsymbol{V}=(\boldsymbol{v}+\boldsymbol{v}')/2$，而括号中的…代表含$\boldsymbol{w}\cdot\boldsymbol{V}$奇幂的项，它们积分后变为零. 注意到

$$f_{0e}(p)f_{0e}(p')\propto\exp\left(-\frac{mV^2}{T}-\frac{mw^2}{4T}\right),$$

并完成对d^3pd^3p'的积分，最后我们有

$$\kappa_{\perp e}^{(ee)}=\frac{2}{3\sqrt{\pi}}\frac{N_eT\nu_{ee}}{m\omega_{Be}^2},\tag{59.26}$$

其中

$$\nu_{ee}=\frac{4\pi e^4N_eL_e}{m^{1/2}T^{3/2}}.\tag{59.27}$$

---

① 根据§6中特别提到的一般性质，这是显然的：对形式为$\boldsymbol{v}f_0$的函数，同类粒子的碰撞积分为零.

② 这里并不出现压强梯度，因而无需利用条件$\boldsymbol{j}=0$来消去它.

因此对横向热导率的电子总贡献是

$$\kappa_{\perp e}=\frac{2N_{e}T\nu_{ee}}{3\sqrt{\pi}m\omega_{Be}^{2}}\left(1+\frac{13}{4}z\right). \tag{59.28}$$

离子热导率

我们首先注意到，对于 ii 碰撞，所考虑近似的适用性条件 $\omega_{Bi}\gg\nu_{ii}$ 比对于电子的相应条件要强得多．因为 $\nu_{ii}\sim\nu_{ee}(m/M)^{1/2}$ 和 $\omega_{Bi}\sim\omega_{Be}m/M$，由 $\omega_{Bi}\gg\nu_{ii}$ 可见 $\omega_{Be}\gg\nu_{ee}(M/m)^{1/2}$，它比 $\omega_{Be}\gg\nu_{ee}$ 强得多；至于条件 $r_{Bi}\gg a$ 肯定满足，由于它比(59.10)弱得多.

关于离子的动理方程类似于方程(59.2)；

$$\frac{\partial f_{0i}}{\partial t}+\boldsymbol{v}\cdot\frac{\partial f_{0i}}{\partial\boldsymbol{r}}+ze\boldsymbol{E}\cdot\frac{\partial f_{0i}}{\partial\boldsymbol{p}}=-\frac{ze}{c}(\boldsymbol{v}\times\boldsymbol{B})\cdot\frac{\partial\delta f_{i}}{\partial\boldsymbol{p}}+I(\delta f_{i}). \tag{59.29}$$

然而，在其左边的变换方面与电子情况有一点差别．用

$$f_{0i}=\frac{N_{i}}{(2\pi TM)^{3/2}}\exp\left\{-\frac{M}{2T}(\boldsymbol{v}-\boldsymbol{V})^{2}\right\}$$

代入，现在我们必须求 $\boldsymbol{V}$ 对 t 的导数(然后再次假设这样选择参考系使 $\boldsymbol{V}=0$)．在 $\boldsymbol{V}=0$ 情况下，按流体力学的运动方程，我们有

$$\frac{\partial\boldsymbol{V}}{\partial t}=-\frac{1}{\rho}\nabla P+\frac{1}{\rho c}(\boldsymbol{j}\times\boldsymbol{B}),$$

其中压强 $P=P_{e}+P_{i}$，而密度 $\rho=N_{i}M$．于是动理方程变成

$$\boldsymbol{v}\cdot\nabla_{\perp}f_{0i}-\frac{f_{0i}}{N_{i}T}\boldsymbol{v}\cdot\left[\nabla_{\perp}P-\frac{1}{c}(\boldsymbol{j}\times\boldsymbol{B})\right]=$$

$$=-\frac{ze}{c}[\boldsymbol{v}\times\boldsymbol{B}]\cdot\frac{\partial\delta f_{i}}{\partial\boldsymbol{p}}+I(\delta f_{i}), \tag{59.30}$$

其中我们再次(像(59.3)中那样)令 $\boldsymbol{E}=0$ 并用 $\nabla_{\perp}$ 代替 ∇①．

我们可以利用对于 $1/\omega_{Bi}$ 的逐步近似法来求解方程(59.30)．在一级近似下，类似于(59.5)，我们有

$$\delta f_{i}^{(1)}=\frac{1}{\omega_{Bi}}\left\{\boldsymbol{v}\cdot\boldsymbol{b}\times\left[\nabla_{\perp}f_{0i}-\frac{f_{0i}}{N_{i}T}\nabla_{\perp}P+\frac{f_{0i}}{cN_{i}T}(\boldsymbol{j}\times\boldsymbol{B})\right]\right\}.$$

但在这个近似下，由(59.7)有 $\nabla_{\perp}P_{e}=\boldsymbol{j}\times\boldsymbol{B}/c$，由此

$$\delta f_{i}^{(1)}=\frac{1}{\omega_{Bi}}\left\{\boldsymbol{v}\cdot\boldsymbol{b}\times\left[\nabla_{\perp}f_{0i}-\frac{f_{0i}}{P_{i}}\nabla_{\perp}P_{i}\right]\right\}. \tag{59.31}$$

当然，这个分布函数对电流不能给出任何贡献，$\int\delta f_{i}^{(1)}\boldsymbol{v}d^{3}p=0$，这是在等离体中离子组分为静止的参考系中我们应该预期的．于是热流为

---

① 对于电子，左边第二项该包含的不是 M/ρ 而是 $m/\rho=m/(MN_{i})$，因此可以忽略.

$$\boldsymbol{q}_{\mathrm{i}}^{(1)}=\frac{M}{2}\int v^2\boldsymbol{v}\,\delta f_{\mathrm{i}}^{(1)}\,\mathrm{d}^3p=$$
$$=\frac{M}{6\omega_{B\mathrm{i}}}\boldsymbol{b}\times\left[\nabla_{\perp}(N_{\mathrm{i}}\langle v^4\rangle)-\frac{\langle v^4\rangle}{T}\nabla_{\perp}P_{\mathrm{i}}\right]=$$
$$=\frac{5cP_{\mathrm{i}}}{2zeB}(\boldsymbol{B}\times\nabla T),$$

由此

$$\mathscr{L}_{\mathrm{i}}=\frac{5cN_{\mathrm{i}}T}{2zeB^2}=-\frac{\mathscr{L}_{\mathrm{e}}}{z^2}. \tag{59.32}$$

为计算高一级近似的热流,只有 ii 碰撞是重要的:ei 碰撞作出的贡献要小一个因数 $\sim(m/M)^{1/2}$,因为与电子碰撞时离子的动量改变很小. 计算完全类似于上面所给关于 ee 碰撞的计算①. 因而热导率的离子贡献部分是由(59.26)将电子量用相应离子量代替而得:

$$\kappa_{\perp\mathrm{i}}=\frac{2N_{\mathrm{i}}T\nu_{\mathrm{ii}}}{3\sqrt{\pi}M\omega_{B\mathrm{i}}^2},$$
$$\nu_{\mathrm{ii}}=\frac{4\pi z^2e^4L_{\mathrm{i}}N_{\mathrm{i}}}{M^{1/2}T^{3/2}}. \tag{59.33}$$

(59.33)与(59.23)的比较表明(当 $z\sim1$ 时)$\kappa_{\perp\mathrm{i}}\sim\kappa_{\perp\mathrm{e}}(M/m)^{1/2}$. 因此,在磁场如此强使得 $\omega_{B\mathrm{i}}\gg\nu_{\mathrm{ii}}$时,横向热导率几乎完全是离子的. 电子热导率当 $\omega_{B\mathrm{i}}\propto(m/M)^{1/4}\nu_{\mathrm{ii}}$时变成与之可比较的(在作比较时要考虑到这种场中磁场对κ_{i}的影响是可忽略的). 在更弱的场中,对$\kappa_{\perp}$的离子贡献变得不重要;在那种情况下,如果 $\omega_{B\mathrm{e}}\gg\nu_{\mathrm{ee}}$,则$\kappa_{\perp}$由公式(59.28)给出.

黏度

运动等离体的动量主要集中于离子,从而黏度由离子分布函数确定. 同时因为一个离子与电子之间的碰撞,离子的动量并没有很大改变,所以在动理方程中只需考虑离子离子碰撞.

将动理方程(59.29)左边以类似于§6 和§8 中的方式进行变换,并取与那里相同的形式②. 因而对于黏度问题的动理方程是:

$$\frac{M}{T}v_{\alpha}v_{\beta}\left(V_{\alpha\beta}-\frac{1}{3}\delta_{\alpha\beta}\nabla\cdot\boldsymbol{V}\right)f_{0\mathrm{i}}=$$
$$=-\frac{ze}{cM}(\boldsymbol{V}\times\boldsymbol{B})\cdot\frac{\partial\delta f_{\mathrm{i}}}{\partial\boldsymbol{v}}+I_{\mathrm{ii}}(\delta f_{\mathrm{i}}). \tag{59.34}$$

---

① 把(59.31)和(59.5)区别开来的带∇P_{i}的项在这里是不重要的:分布函数的这个部分$\propto\boldsymbol{v}f_{0\mathrm{i}}$具有碰撞积分为零;比较 233 页脚注①.

② 这里必须注意到等离体压强 $P=(N_{\mathrm{i}}+N_{\mathrm{e}})T=N_{\mathrm{i}}(1+z)T$,而每个离子的热容是 $3(1+z)/2$.

对于这个方程要寻求下列形式的解：

$$\delta f_{\mathrm{i}}=\sum_{n=0}^{4} g_{n}(v^{2}) V_{\gamma\delta}^{(n)} v_{\gamma} v_{\delta}, \tag{59.35}$$

其中 $V_{\gamma\delta}^{(n)}$是张量分量 $V_{\alpha\beta}$的线性组合，根据定义(13.18)和(58.15)，它出现在关于黏性应力张量表达式中

$$\sigma'_{\alpha\beta}=\sum_{n=1}^{4} \eta_{n} V_{\alpha\beta}^{(n)}; \tag{59.36}$$

必须回忆起所有 $V_{\alpha\alpha}^{(n)}=0$. 应力张量作为积分

$$-\sigma'_{\alpha\beta}=\int M v_{\alpha} v_{\beta} \delta f_{\mathrm{i}} \mathrm{d}^{3} p$$

予以计算. 用(59.35)代入，借助于公式

$$\langle v_{\alpha} v_{\beta} v_{\gamma} v_{\delta}\rangle=\frac{v^{4}}{15}(\delta_{\alpha\beta} \delta_{\gamma\delta}+\delta_{\alpha\gamma} \delta_{\beta\delta}+\delta_{\alpha\delta} \delta_{\beta\gamma})$$

对$\boldsymbol{v}$ 的方向求平均并与(59.36)比较，我们求得

$$\eta_{n}=-\frac{2M}{15} \int v^{4} g_{n}(v^{2}) \mathrm{d}^{3} p. \tag{59.37}$$

确定函数 g_n的方程，通过将(59.35)代入(59.34)，并使方程两边相同张量 $V_{\alpha\beta}^{(n)}$的系数相等而获得. 我们将省略这些相当繁冗费力的计算的细节而仅给出最后结果.

不为零的黏性系数 η_3和 η_4，即使忽略碰撞积分时也出现，因而正比于 $1/\omega_{B\mathrm{i}}$. 至于黏性系数 η_1和 η_2仅在高一级近似下当考虑到碰撞时才出现，因而正比于 $1/\omega_{B\mathrm{i}}^2$①：

$$\eta_{1}=\frac{\eta_{2}}{4}=\frac{2\pi^{1/2}(ze)^{4} L_{\mathrm{i}} N_{\mathrm{i}}^{2}}{5(MT)^{1/2} \omega_{B\mathrm{i}}^{2}}, \quad \eta_{3}=\frac{\eta_{4}}{2}=\frac{N_{\mathrm{i}} T}{2\omega_{B\mathrm{i}}}. \tag{59.38}$$

最后，可以注意到本节推导出的关于"横向"动理系数的所有表达式，即使在比一般公式(58.1)苛刻程度差些的条件下仍然是有意义的. 容易确认只要问题的特征尺度远大于相应粒子的拉莫尔半径 r_B，对分布函数的校正是很小的；这个保证了上述表达式是适用的. 对于流体力学方程本身的适用性，如果压强和温度梯度是横切磁场的，该条件也是充分的.

在这个讨论中，我们到处考虑的是这样的等离体，其中电子和离子温度是相等的. 然而，因为电子和离子之间很大的质量差异，时常会出现"双温"条件. 在

---

① 对于磁旋等离体，按(58.15)中那样定义黏度 η_0的适宜性，归因于所有其它系数 η 当 $B\to\infty$ 时于是趋于零这样的事实.

这种情况,我们也能表述流体力学类型的方程组,并计算在其中出现的动理系数①

习 题

1. 对处于均匀($k=0$)可变电场中的磁旋电子等离体. 在考虑到电子离子碰撞的情况下(洛伦兹情况;见§44),确定其电容率张量.

解:如在本节开头注意到的,如果均匀电场 $\boldsymbol{E}$ 平行于磁场 $\boldsymbol{B}$(沿 z 轴),则后者一般不出现在动理方程中. 因此分量 $\varepsilon_{xz},\varepsilon_{yz},\varepsilon_{zz}$ 不依赖于 $\boldsymbol{B}$[同时 $\varepsilon_{xz}=\varepsilon_{yz}=0$. 而 ε_{zz} 由公式(44.7)给出]. 为了求出其它分量可以认为 $\boldsymbol{E}\perp\boldsymbol{B}$.

我们寻求电子分布函数的下列形式的校正:

$$\delta f_e=(\boldsymbol{v}\cdot\boldsymbol{E})g_1(v)+(\boldsymbol{v}\cdot[\boldsymbol{E}\times\boldsymbol{b}])g_2(v). \tag{1}$$

对于这种类型函数(比较231页的脚注)的碰撞积分

$$C_{ei}(f_e)=-\nu_{ei}(v)\delta f_e,$$

因此动理方程是

$$(\nu_{ei}(v)-i\omega)\delta f_e-\frac{e}{c}(\boldsymbol{v}\times\boldsymbol{B})\cdot\frac{\partial\delta f_e}{\partial\boldsymbol{p}}=e\boldsymbol{E}\cdot\frac{\partial f_{0e}}{\partial\boldsymbol{p}}=$$

$$=-\frac{e}{T}\boldsymbol{v}\cdot\boldsymbol{E}f_{0e}. \tag{2}$$

它与无碰撞方程的差别仅在于用 $\omega+i\nu_{ei}(v)$ 代替 ω. 将(1)代入(2)导致对于 g_1 和 g_2 的两个代数方程,求解此方程得到

$$\delta f_e=\frac{-ie(\omega+i\nu_{ei}(v))f_{0e}}{T[(\omega+i\nu_{ei}(v))^2-\omega_{Be}^2]}\left(\boldsymbol{v}-\frac{i\omega_{Be}[\boldsymbol{b}\times\boldsymbol{v}]}{\omega+i\nu_{ei}(v)}\right)\cdot\boldsymbol{E}\equiv\boldsymbol{g}\cdot\boldsymbol{E} \tag{3}$$

电容率张量是

$$\varepsilon_{\alpha\beta}=\delta_{\alpha\beta}+\frac{4\pi e}{i\omega}\int v_\alpha g_\beta d^3p.$$

让我们写出当碰撞可以认为是小微扰时,即对于频率

$$|\omega\pm\omega_{Be}|>>\nu_{ei}$$

情况下的最后结果. 在这种情况下可以令

$$\boldsymbol{g}=\boldsymbol{g}_0+i\nu_{ei}(v)\frac{\partial\boldsymbol{g}_0}{\partial\omega},$$

其中 $\boldsymbol{g}_0$ 是 $\nu_{ei}(v)=0$ 时的函数 $\boldsymbol{g}$. 于是

---

① 布拉金斯基(С. И. Брагинский)研究这个问题的论文:Явления переноса в плазме(等离体中的输运现象),в сборнике《Вопросы теории плазмы》, выпуск 1, Атомиздат, 1963. 英译本:S. I. Braginskii, Transport processes in a plasma, Reviews of Plasma Physics, 1(1965), 205, Consultants Bureau, New York.

$$\varepsilon_{\alpha\beta}=\varepsilon_{\alpha\beta}^{(0)}+\mathrm{i}\frac{4\sqrt{2\pi}ze^{4}L_{\mathrm{e}}N_{\mathrm{e}}}{m^{1/2}T^{3/2}\omega}\frac{\mathrm{d}}{\mathrm{d}\omega}[(\varepsilon_{\alpha\beta}^{(0)}-\delta_{\alpha\beta})\omega].\tag{4}$$

其中 $\varepsilon_{\alpha\beta}^{(0)}$ 是不考虑碰撞时的电容率张量. 这个公式[根据对(44.9)的同样理由]不仅在洛伦兹等离体情况下有效,而且对具有任何 z 的等离体也是有效的.

2. 设有一个在 x 轴方向不均匀而在 z 轴方向受磁场约束的等离体. 在条件 $\omega_{Be}\gg\nu_{ei}$ 下,确定等离体中的密度和磁场分布,假设给定温度分布(И. Е. Тамм, 1951).

解:按条件,温度 T 和压强 P 的梯度沿 x 轴方向. 因而电场 $\boldsymbol{E}$(定态情况下的有势场)也沿 x 轴方向,它是由等离体的不均匀性引起的. 约束意味着在 x 轴方向没有等离体的运动和电流:$V_x=0,j_x=0$.

应用这些结果和麦克斯韦方程 $\nabla\times\boldsymbol{B}=4\pi\boldsymbol{j}/c$,通过取方程(58.13)的 y 分量. 我们得到

$$\frac{c}{4\pi}\frac{\mathrm{d}B}{\mathrm{d}x}=-j_y=\mathscr{N}\sigma_{\perp}B\frac{\mathrm{d}T}{\mathrm{d}x}.$$

对于 $\mathscr{N}\sigma_{\perp}$ 的表达式用(59.17)代入这个公式,我们有

$$\frac{\mathrm{d}}{\mathrm{d}x}\frac{B^2}{8\pi}=-\frac{3}{2}N_{\mathrm{e}}\frac{\mathrm{d}T}{\mathrm{d}x}.\tag{1}$$

磁场从等离体的较热部分"被排出".

通过取方程(58.3)的 x 分量并忽略黏性项(它作出 $1/B$ 的高阶小量贡献),我们得到第二个方程.

$$\frac{\mathrm{d}}{\mathrm{d}x}(P_{\mathrm{e}}+P_{\mathrm{i}})=\frac{1}{c}j_yB,$$

利用同样的麦克斯韦方程可以把它变换(当 $z=1$ 时)成

$$2N_{\mathrm{e}}T+\frac{B^2}{8\pi}=\mathrm{const.}\tag{2}$$

利用方程(2)消去方程(1)中的磁场,可使它变成更方便的形式. 积分后,我们有

$$N_{\mathrm{e}}T^{1/4}=\mathrm{const.}\tag{3}$$

公式(2)和(3)给出问题的解. 温度分布由热传导方程确定.

§60　漂移近似

上一节在考察强磁场中等离体的动理系数时,我们应用朗道碰撞积分,它假设不等式 $r_{Be}\gg a$(59.10)有效. 现在我们将表明如何去除这个限制,即,怎样能够获得这样的公式,它即使对于如此强的磁场使得对电子有相反的不等式成立

$$r_{Be}\ll a\tag{60.1}$$

的情况也是适当的.

这时方便的是利用一种特殊近似,所谓漂移近似,不仅在求解方程时而且在动理方程本身中都作此近似. 漂移近似的适用条件是磁场和电场随时空的变化充分缓慢:这指的是场频率 ω 和有效碰撞频率 ν 必须远小于拉莫尔频率,而场发生变化的特征距离 $1/k$ 必须远大于拉莫尔半径. 这些条件必须对要应用漂移近似的每类粒子都是满足的. 在本节中,我们(为明确起见)将就电子的特殊情况写出所有公式(关于离子的相应公式照例通过作变换 $e\to -ze,\omega_{Be}\to -\omega_{Bi}$, $m\to M$ 而获得). 因此我们将假设满足条件:

$$\omega,\nu_{ei} \ll \omega_{Be},\quad 1/k \gg r_{Be}. \tag{60.2}$$

所讨论的方法是以近似求解给定场 $\boldsymbol{E}(t,\boldsymbol{r})$ 和 $\boldsymbol{B}(t,\boldsymbol{r})$ 中带电粒子的运动方程为基础的,这种给定场考虑到这些场随 t 和 $\boldsymbol{r}$ 变化的缓慢性. 这类场中粒子的运动是两种运动的组合:(以频率 ω_{Be})在"拉莫尔圆"轨道上的快变回旋与导向中心(简称导心,即这些轨道的中心)的慢变移动的组合. 求解方法是将运动的快变回旋部分分出来并对它求平均.

电子的位矢和速度可以写成

$$\boldsymbol{r}=\boldsymbol{R}(t)+\boldsymbol{\zeta}(t),\quad \boldsymbol{v}=\boldsymbol{V}+\dot{\boldsymbol{\zeta}},\quad \boldsymbol{V}=\dot{\boldsymbol{R}}, \tag{60.3}$$

其中 $\boldsymbol{R}$ 是导心位矢而 ζ 是电子相对于导心的回旋位矢①. 在零级近似下,场的时空变化以及碰撞都完全被忽略,我们有在交叉的均匀恒定场 $\boldsymbol{E}$ 和 $\boldsymbol{B}$ 中运动的简单问题. 我们知道(见第二卷,§22),这个情况下矢量 $\boldsymbol{\zeta}$ 严格位于垂直于 $\boldsymbol{B}$ 的平面内,并在该平面内以恒定角速度 $\omega_{Be}=eB/(mc)$ 回旋,数值上保持不变. 圆的半径 $|\boldsymbol{\zeta}|$ 与恒定速率 $|\dot{\boldsymbol{\zeta}}|\equiv v_\perp$ 由 $|\boldsymbol{\zeta}|=v_\perp/\omega_{Be}$ 相联系;$\boldsymbol{\zeta}$ 和 $\dot{\boldsymbol{\zeta}}$ 之间的矢量关系是

$$\boldsymbol{\zeta}=-\frac{1}{\omega_{Be}}(\boldsymbol{b}\times\dot{\boldsymbol{\zeta}}), \tag{60.4}$$

其中 $\boldsymbol{b}=\boldsymbol{B}/B$. 轨道中心以速度

$$\dot{\boldsymbol{R}}=\boldsymbol{V}_0=v_{0\parallel}\boldsymbol{b}+\boldsymbol{w}_0$$

运动,其中 $v_{0\parallel}$ 是沿磁场的匀加速运动的速率. 它满足方程

$$m\dot{v}_{0\parallel}=-e\boldsymbol{b}\cdot\boldsymbol{E}, \tag{60.5}$$

而

$$\boldsymbol{w}_0=\dot{\boldsymbol{R}}_\perp=\frac{c}{B}(\boldsymbol{E}\times\boldsymbol{b}) \tag{60.6}$$

是垂直于 $\boldsymbol{B}$ 平面中的电漂移速度②.

---

① 本节中的量 $\boldsymbol{V}$ 不要与 §59 中用 $\boldsymbol{V}$ 表示的宏观速度相混淆!

② 当然,这里我们假设 $E/B\ll 1$,因此,$w\ll c$,从而相对论性效应可以忽略.

从现在起，我们将应用这个近似，忽略由场 $\boldsymbol{E}$ 和 $\boldsymbol{B}$ 的非恒定性引起的项，即，实际上将认为这些场是恒定的. 因此，将从所有量中省略掉下标 0.

漂移近似的实质是要将动理方程变换到慢变量 $\boldsymbol{R}, v_{\parallel}, v_{\perp}=|\dot{\boldsymbol{\zeta}}|$. 这些量共同构成分布函数中的五个独立变量.

新变量下的相空间体积元是

$$\mathrm{d}^3x\mathrm{d}^3p=\mathrm{d}^3R\cdot 2\pi m^3\mathrm{d}v_{\parallel}\cdot v_{\perp}\mathrm{d}v_{\perp}=2\pi m^3\mathrm{d}^3R\mathrm{d}v_{\parallel}\mathrm{d}J, \tag{60.7}$$

其中引进量

$$J=v_{\perp}^2/2 \tag{60.8}$$

在以后将是方便的(至于关系式(60.7)的检验，必须记住在所应用的近似下，可以认为场是恒定的).

电子流密度可以通过新变量来表达. 对于一个电子，流密度是 $-e\boldsymbol{v}\delta(\boldsymbol{r}-\boldsymbol{r}_{\mathrm{e}})$；其中 $\boldsymbol{r}$ 表示空间中的变动坐标，而 $\boldsymbol{r}_{\mathrm{e}}$ 表示电子的位矢. 令 $\boldsymbol{v}=\boldsymbol{V}+\dot{\boldsymbol{\zeta}}$ 和 $\boldsymbol{r}_{\mathrm{e}}=\boldsymbol{R}+\boldsymbol{\zeta}$，我们写出

$$-e\boldsymbol{v}\delta(\boldsymbol{r}-\boldsymbol{r}_{\mathrm{e}})\approx -e(\boldsymbol{V}+\dot{\boldsymbol{\zeta}})[\delta(\boldsymbol{r}-\boldsymbol{R})-\boldsymbol{\zeta}\cdot\nabla_r(\boldsymbol{r}-\boldsymbol{R})].$$

我们将这个表达式对回旋角求平均. 利用明显关系式

$$\omega_{B\mathrm{e}}\langle\dot{\zeta}_{\alpha}(\boldsymbol{b}\times\boldsymbol{\zeta})_{\beta}\rangle=\langle\dot{\zeta}_{\alpha}\dot{\zeta}_{\beta}\rangle=\frac{1}{2}v_{\perp}^2\delta_{\alpha\beta},$$

其中 α 和 β 是(垂直于磁场平面内的)二维矢量下标，结果得到

$$-e\boldsymbol{V}\delta(\boldsymbol{r}-\boldsymbol{R})+\frac{mcJ}{B}(\boldsymbol{b}\times\nabla_r)\delta(\boldsymbol{r}-\boldsymbol{R}).$$

将上式乘以电子分布函数 f_{e} 并对 $\mathrm{d}^3p=2\pi m^3\mathrm{d}v_{\parallel}\mathrm{d}J$ 积分，我们求得 $\boldsymbol{R}$ 空间中电流密度为①：

$$\boldsymbol{j}_{\mathrm{e}}=-e\int\boldsymbol{V}f_{\mathrm{e}}\mathrm{d}^3p-\frac{mc}{B}\nabla\times\left(\boldsymbol{b}\int Jf_{\mathrm{e}}\mathrm{d}^3p\right). \tag{60.9}$$

这个表达式中第一项对应于随运动拉莫尔轨道的电荷传递；而第二项考虑到粒子在这些轨道上的回旋②. 这个第二项具有简单物理意义：如果将它写成 $c\nabla\times\boldsymbol{M}$ 的形式，则矢量

$$\boldsymbol{M}=-\frac{m\boldsymbol{b}}{B}\int f_{\mathrm{e}}J\mathrm{d}^3p \tag{60.10}$$

将是由于电荷回旋引起的等离体的磁化强度. 磁矩(60.10)不依赖于电荷的正负号，并且是沿着与磁场相反的方向，即，对应于抗磁性.

---

① 在第二项中应用分部积分法，它将算符 ∇_r 转换为 $\boldsymbol{b}f_{\mathrm{e}}$.

② 注意到电荷密度 $-e\delta(\boldsymbol{r}-\boldsymbol{r}_{\mathrm{e}})$ 的类似求平均导致通常表达式 $-e\int f_{\mathrm{e}}\mathrm{d}^3p$；归因于粒子回旋的校正项仅当考虑到二阶小量(相对于坐标的二阶导数)时这里才会出现.

现在让我们将动理方程变换到新变量. 因为分布函数f_e与如前所述同样的相空间体积元有关(只不过表成不同形式(60.7)),动理方程仍然具有形式$\mathrm{d}f_e/\mathrm{d}t = C(f_e)$,或者将左边利用新变量进行展开,

$$\frac{\partial f_e}{\partial t} + v_{\parallel}\frac{\partial f_e}{\partial R_{\parallel}} + \frac{c}{B}(\boldsymbol{E}\times\boldsymbol{b})\cdot\frac{\partial f_e}{\partial \boldsymbol{R}_{\perp}} = C(f_e). \tag{60.11}$$

其中我们曾引用关于矢量分量的一个明显记号,并利用了等式(60.5)和(60.6). 在这个近似下,没有含$\dot{v}_{\perp}$的项,因为在漂移期间$v_{\perp}$并不变化.

其次,让我们将碰撞积分用漂移变量来表达①. 首先注意到用这些变量表示的碰撞事件是速度$v_{\parallel}$和$v_{\perp}$以及导心位矢垂直于磁场的分量$\boldsymbol{R}_{\perp}$的“瞬时”变化.(至于平行于磁场的分量$R_{\parallel}$则几乎等于粒子本身的相应坐标而在碰撞中不改变).

碰撞仅发生在这样的粒子之间,它们在碰撞参量ρ不超过屏蔽半径$a(\rho\lesssim a)$的情况下通过. 如果ρ远小于碰撞粒子的拉莫尔半径,则磁场对散射过程没有任何影响,因为在这样的距离,场不会对粒子轨道引起任何可观的曲率. 对于这样一些碰撞采用漂移变量的术语进行描述一般不是出于自然的. 应用以这些变量所表达的碰撞积分因而仅当至少一个碰撞粒子的$r_B \ll a$时才是适当的.

在粒子的库仑相互作用下,不管有或没有磁场存在,远距碰撞,因而所有变量的微小变化,是重要的. 所以§41中所给出的$\boldsymbol{p}$空间中碰撞积分的推导,因而在变量$\boldsymbol{R}_{\perp}=(X,Y)$,$v_{\parallel}$,$J$(具有$z$轴沿磁场)空间中仍然有效,如果现在我们将动量的分量用四个变量$g_k\{X,Y,v_{\parallel},J\}$来代替,并将$\Delta g_1,\Delta g_2,\cdots$了解为这些变量在碰撞中的变化.

于是仍然可使碰撞积分成为下列形式

$$C(f) = -\sum_{k=1}^{4}\frac{\partial s_k}{\partial g_k} = -\frac{\partial \boldsymbol{s}_{\perp}}{\partial \boldsymbol{R}_{\perp}} - \frac{\partial s_{\parallel}}{\partial v_{\parallel}} - \frac{\partial s_J}{\partial J} \tag{60.12}$$

(根据定义,流$\boldsymbol{s}_{\perp}$仅在垂直于$\boldsymbol{B}$的平面内才有分量). 这里重要的是,变量g_k空间中的体积元简单地归结为它们的微分的乘积;因而碰撞积分具有寻常散度的形式. §41中所给出的推导过程仅需略微改变. 首先,写下(41.2)时我们曾根据动量守恒,应用了$\Delta\boldsymbol{p}\equiv\boldsymbol{q}=-\Delta\boldsymbol{p}'$的事实. 对于这里所考虑的漂移变量,当然没有任何这种关系. 重复没有这个假设下的推导,我们求得(例如,对于电子离子碰撞)

$$s_k^{(\mathrm{ei})} = \sum_{l=1}^{4}\frac{1}{2}\int\left\{\langle\Delta g_{ek}\Delta g_{el}\rangle f_i\frac{\partial f_e}{\partial g_{el}} + \langle\Delta g_{ek}\Delta g_{il}\rangle f_e\frac{\partial f_i}{\partial g_{il}}\right\}\mathrm{d}^3p_i, \tag{60.13}$$

---

① 用漂移变量来表达碰撞积分是由栗弗席兹(E. M. Лифшиц(1937))对电子气体完成的,而由别里亚耶夫(С. Т. Беляев(1955))将结果推广到等离体.

其中 $d^3p_i = 2\pi M^3 dJ_i dv_{i\parallel}$，$\Delta g_k$是碰撞中量 g_k的变化，而角括号〈　〉表示对碰撞求平均.

(60.13)的推导中一个重要之点是同时利用了在碰撞积分中对换初态和末态的可能性，对换后 Δg_k的线性项显然相消；此外，这也允许积分要对整个 g 空间进行. 在 §41 中这个变换是依靠时间反演对称性实现的，后者将元碰撞与元逆碰撞的概率联系起来. 有磁场时，这样的对称性仅当场 $\boldsymbol{B}$ 的方向反转时才存在，因而是将基本上不同的场中的碰撞概率联系起来. 然而，我们在下文将看到在这个情况下通过对碰撞参量积分可使时间反演对称性恢复.

最后，在(60.13)中我们曾应用下列事实：仅当拉莫尔"圆"彼此间以不超过屏蔽半径 a 的距离通过时才发生互散射. 假设分布函数在这种距离上仅有稍微变化，我们近似令 $f_i(\boldsymbol{R}_i, v_{i\parallel}, J_i) \approx f_i(\boldsymbol{R}_e, v_{i\parallel}, J_i)$ 并对 d^3R_i积分. 结果在(60.13)中仅剩下对 d^3p_i的积分；而对碰撞的求平均包括对位置 R_i的积分. 在下面的实例中，这个求平均将通过适当的散射截面来表达. 目前我们将仅仅指出，平均值 $\langle \Delta\boldsymbol{R}_\perp \Delta J\rangle$，$\langle \Delta\boldsymbol{R}_\perp \Delta v_\parallel\rangle$ 为零. 正如由下面事实所看到的：乘积 $\Delta X\Delta J$，$\Delta Y\Delta J$（以及同样以 $\Delta v_\parallel$ 代替 ΔJ）在 xy 平面形成一个矢量. 因为拉莫尔圆在该平面没有任何从尤方向，对这个矢量求平均时结果必然为零.

以漂移变量表示的碰撞积分，它的一个重要性质是，当将它包括在动理方程中时，对于用分布函数表示的（寻常空间中）粒子流的表达式发生改变. 为了看出这个，我们将动理方程写为

$$\frac{\partial f_e}{\partial t} + \frac{\partial(\boldsymbol{V}f_e)}{\partial \boldsymbol{R}_\perp} + \frac{\partial}{\partial v_\parallel}(v_\parallel f_e) = -\frac{\partial \boldsymbol{s}_{e\perp}}{\partial \boldsymbol{R}_\perp} - \frac{\partial s_{e\parallel}}{\partial v_\parallel} - \frac{\partial s_{eJ}}{\partial J} \tag{60.14}$$

（因为假设 $\boldsymbol{B}$ 和 $\boldsymbol{E}$ 恒定，可将 $\boldsymbol{V}$ 取至微分号内）. 这个方程对 d^3p 的积分得到

$$\frac{\partial N_e}{\partial t} + \nabla \cdot \int (\boldsymbol{V}f_e + \boldsymbol{s}_{e\perp}) d^3p = 0, \quad N_e = \int f_e d^3p, \tag{60.15}$$

（其中为了简洁，省略了对电子变量的下标 e；N_e是拉莫尔圆的空间数密度，因而由($\nabla_{\boldsymbol{R}}$)所作用的表达式是这些小圆的流密度. 我们看到，寻常表达式 $\int \boldsymbol{V}f_e d^3p$ 上还增加了碰撞项 $\int \boldsymbol{s}_{e\perp} d^3p$. 这项基本上是横截磁场的扩散流. 在这个描述下（与扩散的寻常描述大不相同），它直接出现在动理方程中.

当应用这些表达式时，当然，我们必须考虑到电流密度是与实际粒子流有关，而不是与小圆流有关这个事实. 按照(60.9)，粒子流与小圆流相差一个描述磁化的旋度项. 因此对于电子流密度的最后表达式是

$$\boldsymbol{j}_e = -e\int \boldsymbol{V}f_e d^3p - \frac{mc}{B}\nabla\times\left(\boldsymbol{b}\int f_e J d^3p\right) - \int e\boldsymbol{s}_{e\perp} d^3p. \tag{60.16}$$

表达式(60.13)的意义，仅当算出其中的平均值后才能正确评价. 我们将指

出,对于电子离子碰撞中电子积分的例子,这是如何完成的.

在碰撞参量 ρ 的值由下列不等式

$$\text{I}\ )\ \rho \ll r_{Be},\quad \text{II}\ )\ r_{Be} \ll \rho \ll a \tag{60.17}$$

所规定的两个不同范围,计算是以不同方式完成的. 注意到对参量 ρ 的积分将具有对数性质,如通常对库仑散射那样. 以对数准确度,没有必要区别强($\gg$)和弱($>$)不等式. 因而范围(60.17)基本包括碰撞参量的整个变化(根据(60.1),当然假设 $r_{Be} \ll a$). 对于范围 I 的存在,还必须

$$r_{Be} \gg \rho_{\min} = ze^2/(mv_{Te}^2), \tag{60.18}$$

其中 $\rho_{\min}$ 是散射角变成 ~1 的碰撞参量(这里我们仅考虑准经典情况 $e^2/\hbar v_{Te} \gg 1$).

同时还将认为 $r_{Bi} \gtrsim a$. 于是,对于所有碰撞参量 $\rho \lesssim a$,(碰撞过程中)磁场对离子运动的影响是不重要的:离子路径仅在距离 ~ρ 受到场的影响而略微弯曲. 同时(在极限 $m/M \to 0$)可忽略离子反冲,即,对所有离子特征变量 $\boldsymbol{R}_\perp, v_\parallel, J$ 的变化取为零①. 于是(60.13)中大括号内的第二项变为零,所以电子流的电子离子碰撞部分变成

$$s_\alpha^{(ei)} = -\frac{N_i}{2}\langle \Delta X_\alpha \Delta X_\beta \rangle^{(ei)} \frac{\partial f_e}{\partial X_\beta}. \tag{60.19}$$

量 $\langle \Delta X_\alpha \Delta X_\beta \rangle$ 形成横截场方向的空间张量,我们写成明显横向形式

$$\langle \Delta X_\alpha \Delta X_\beta \rangle = \frac{1}{2}\langle (\Delta \boldsymbol{R}_\perp)^2 \rangle (\delta_{\alpha\beta} - b_\alpha b_\beta); \tag{60.20}$$

于是电子流(60.19)变成

$$\boldsymbol{s}^{(ei)} = -\frac{N_i}{4}\langle (\Delta \boldsymbol{R}_\perp)^2 \rangle^{(ei)} \nabla_\perp f_e, \tag{60.21}$$

其中 $\nabla_\perp = \nabla_{\boldsymbol{R}} - \boldsymbol{b}(\boldsymbol{b} \cdot \nabla_{\boldsymbol{R}})$ 是横截 $\boldsymbol{b}$ 方向的微分算符.

对于"速度流"的表达式类比于(60.19)是

$$\left.\begin{aligned} s_\parallel^{(ei)} &= -\frac{N_i}{2}\left\{\langle (\Delta v_\parallel)^2 \rangle^{(ei)} \frac{\partial f_e}{\partial v_\parallel} + \langle \Delta v_\parallel \Delta J \rangle^{(ei)} \frac{\partial f_e}{\partial J}\right\}, \\ s_J^{(ei)} &= -\frac{N_i}{2}\left\{\langle \Delta v_\parallel \Delta J \rangle^{(ei)} \frac{\partial f_e}{\partial v_\parallel} + \langle (\Delta J)^2 \rangle^{(ei)} \frac{\partial f_e}{\partial J}\right\}. \end{aligned}\right\} \tag{60.22}$$

在平衡时,即,对于麦克斯韦分布

$$f_e = \text{const} \cdot \exp\left\{-\frac{m}{T}\left(\frac{v_\parallel^2}{2} + J\right)\right\}, \tag{60.23}$$

碰撞积分必须为零. 将(60.23)代入(60.22)并令流等于零,我们求得

---

① 如果有碰撞参量使得 $a \gg \rho \gg r_{Bi}$,就不能这样做. 在这种碰撞中,离子在电子的场中漂移,而其大质量显不出来.

$$\langle \Delta v_{\parallel} \Delta J \rangle^{(\mathrm{ei})} = -v_{\parallel} \langle (\Delta v_{\parallel})^2 \rangle^{(\mathrm{ei})} = -\frac{1}{v_{\parallel}} \langle (\Delta J)^2 \rangle^{(\mathrm{ei})}. \tag{60.24}$$

让我们首先计算来自范围 I 的贡献. 在这个范围可以认为磁场一般不影响散射过程,因为在这种距离无论对离子或电子的路径都没有可观曲率. 于是描述碰撞的自然变量是电子的寻常动量 $\boldsymbol{p}$,而漂移变量也必须用这个来表达. 根据(60.3),(60.4)和(60.8)有

$$\boldsymbol{r} = \boldsymbol{R} - \frac{1}{m\omega_{Be}}(\boldsymbol{b} \times \boldsymbol{p}_{\perp}), \quad v_{\parallel} = \frac{p_{\parallel}}{m}, \quad J = \frac{p_{\perp}^2}{2m^2}.$$

因为粒子的坐标 $\boldsymbol{r}$(不像轨道中心的坐标 $\boldsymbol{R}$!),不受碰撞的影响,因此我们求得

$$\Delta \boldsymbol{R}_{\perp} = \frac{1}{m\omega_{Be}}(\boldsymbol{b} \times \boldsymbol{q}_{\perp}), \quad \Delta v_{\parallel} = \frac{q_{\parallel}}{m}, \quad \Delta J = \frac{1}{m^2}\boldsymbol{p}_{\perp} \cdot \boldsymbol{q}_{\perp}, \tag{60.25}$$

其中 $\boldsymbol{q}$ 是动量 $\boldsymbol{p}$ 的小变化.

用下标 I 表示来自这类碰撞的贡献,现在我们写出

$$\langle (\Delta \boldsymbol{R}_{\perp})^2 \rangle_{\mathrm{I}}^{(\mathrm{ei})} = \int (\Delta \boldsymbol{R}_{\perp})^2 v \mathrm{d}\sigma = \frac{1}{m^2 \omega_{Be}^2} \int q_{\perp}^2 v \mathrm{d}\sigma, \tag{60.26}$$

其中 $\mathrm{d}\sigma$ 是对于一个电子被一个静止离子散射的截面. 用(41.6)给出的 $\mathrm{d}\sigma$ 并完成积分得到

$$\langle (\Delta \boldsymbol{R}_{\perp})^2 \rangle_{\mathrm{I}}^{(\mathrm{ei})} = \frac{8\pi z^2 e^4 L_{\mathrm{I}}}{m^2 \omega_{Be}^2 v} \frac{1 + \cos^2\theta}{2}, \tag{60.27}$$

其中 θ 是 $\boldsymbol{r}$ 和 $\boldsymbol{b}$ 之间的夹角,而

$$L_{\mathrm{I}} = \ln \frac{m r_{Be} v_{Te}^2}{z e^2} = \ln \frac{m v_{Te}^3}{z e^2 \omega_{Be}} \tag{60.28}$$

是在最大碰撞参量 $\rho \sim r_{Be}$(范围 I 的上限)处"截断"的库仑对数. 最后,用漂移变量来表达这个结果,我们有

$$\langle (\Delta \boldsymbol{R}_{\perp})^2 \rangle_{\mathrm{I}}^{(\mathrm{ei})} = \frac{8\pi z^2 e^2 c^2 L_{\mathrm{I}}}{B^2} \frac{v_{\parallel}^2 + J}{(v_{\parallel}^2 + 2J)^{3/2}}. \tag{60.29}$$

类似计算给出

$$\langle \Delta v_{\parallel} \Delta J \rangle_{\mathrm{I}}^{(\mathrm{ei})} = -\frac{8\pi z^2 e^4 L_{\mathrm{I}}}{m^2} \frac{J v_{\parallel}}{(v_{\parallel}^2 + 2J)^{3/2}}, \tag{60.30}$$

而其余两个量由(60.24)予以确定.

现在让我们转向范围 II. 这里漂移变量恰好是自然变量,而碰撞被描述为离子为静止的库仑场中,沿 $\boldsymbol{b}$ 方向(z 轴方向)运动的一个小圆的漂移偏差. 速率 $v_{\perp}$ 因而 J 不会由于漂移而引起改变;这又意味着 $v_{\parallel}$ 的守恒,因为受重离子散射中能量守恒. 因此范围 II 对量(60.24)没有任何贡献.

对 $\langle (\Delta \boldsymbol{R}_{\perp})^2 \rangle$ 的贡献可计算为

$$\langle(\Delta \boldsymbol{R}_{\perp})^2\rangle_{\mathrm{II}}^{(\mathrm{ei})}=\int(\Delta \boldsymbol{R}_{\perp})^2|v_{\parallel}|\mathrm{d}\sigma=\int(\Delta \boldsymbol{R}_{\perp})^2|v_{\parallel}|\mathrm{d}^2\rho, \tag{60.31}$$

其中 ρ 是碰撞前小圆中心的位矢 $\boldsymbol{R}_{\perp}$ 的值. 当小圆在恒定均匀磁场 $\boldsymbol{B}$ 和恒定电场 $\boldsymbol{E}=ez\boldsymbol{R}/R^3$（离子的场）中移动时，$\boldsymbol{R}_{\perp}$ 的变化由漂移方程

$$\frac{\mathrm{d}\boldsymbol{R}_{\perp}}{\mathrm{d}t}=\frac{c}{B}(\boldsymbol{b}\times\boldsymbol{E})=\frac{zec}{B}\frac{\boldsymbol{b}\times\boldsymbol{R}_{\perp}}{(R_{\parallel}^2+R_{\perp}^2)^{3/2}} \tag{60.32}$$

确定（见(60.6)）. 在一级近似下，我们可在这个方程的右边令 $\boldsymbol{R}_{\perp}\approx\boldsymbol{\rho}$，$R_{\parallel}=v_{\parallel}t$. 一次碰撞中 $\boldsymbol{R}_{\perp}$ 的总变化通过相对于 t 从 $-\infty$ 至 ∞ 积分而求得，结果是

$$\Delta\boldsymbol{R}_{\perp}=\frac{2zec}{B|v_{\parallel}|}\frac{\boldsymbol{b}\times\boldsymbol{\rho}}{\rho^2}. \tag{60.33}$$

将这个表达式代入(60.31)并完成积分（以对数准确度，相应于范围Ⅱ的极限），我们求得

$$\langle(\Delta\boldsymbol{R}_{\perp})^2\rangle_{\mathrm{II}}^{(\mathrm{ei})}=\frac{8\pi z^2e^2c^2L_{\mathrm{II}}}{B^2|v_{\parallel}|},\quad L_{\mathrm{II}}=\ln\frac{a}{r_{Be}}. \tag{60.34}$$

贡献(60.29)和(60.34)一般是相同数量级：

$$N_{\mathrm{i}}\langle(\Delta\boldsymbol{R}_{\perp})^2\rangle\sim\nu_{\mathrm{ei}}r_{Be}^2,$$

其中 ν_{ei} 是平均电子离子碰撞频率. 然而，贡献(60.34)的特点是当 $v_{\parallel}\to0$ 时它变成无穷，而无论什么 $v_{\perp}$ 的值. 这个发散性的物理意义是：当速率 $v_{\parallel}$ 小时，小圆在离子场中花费的时间较长，在此期间漂移把它带到较大距离处.

当然，实际上当 $v_{\parallel}$ 小时公式(60.34)变成不适用，因为下列种种理由：(1) 如果 $r_{Bi}\gg a$，则对 $|v_{\parallel}|\ll v_{Ti}$，离子在碰撞期间能离开电子，这个机理在 $|v_{\parallel}|\sim v_{Ti}$ 处"截断"发散性；(2) 在推导该公式时，总是假设 $|\Delta\boldsymbol{R}_{\perp}|\ll\rho$；(3) 由于在其它粒子（三体碰撞）的场中漂移，小圆能离开给定离子.

上述公式解决了在漂移近似下构造动理方程的问题. 特别是，它使我们能在对 $1/B$ 开始不为零的近似下求得等离体的动理系数（见题 1）.

最后，还有必须解释对 $\mathrm{d}^2\rho$ 的积分如何在形式上恢复时间反演下的对称性，如在写出(60.13)时早已应用过的. 这个对称性的丧失由(60.33)中当 $\boldsymbol{B}$ 的方向反转时偏差 $\Delta\boldsymbol{R}_{\perp}$ 变号所显示. 然而，通过积分变量的变号 $\boldsymbol{\rho}\to-\boldsymbol{\rho}$，可以恢复原先的正负号，以致 $\boldsymbol{B}$ 的变号在这个近似下不能有任何影响（在范围Ⅰ，磁场决不会影响散射过程）.

习　题

1. 在漂移近似下，确定等离体的霍尔系数 $\mathscr{R}$ 和横向电导率 $\sigma_{\perp}$（С. Т. Беляев，1955）.

解：考虑具有电子密度梯度（但没有任何电场或温度梯度）的等离体，我们

假设(60.16)和(60.21)中的分布函数f_e是麦克斯韦分布,得到

$$\boldsymbol{j}=\frac{cT}{B}(\boldsymbol{b}\times\nabla N_e)+eD_\perp\nabla_\perp N_e,$$

横向扩散系数为

$$D_\perp=\frac{N_i}{4}\overline{\langle(\Delta\boldsymbol{R}_\perp)^2\rangle},$$

其中物理量上横线表示对电子的麦克斯韦分布求平均. 与一般表达式(58.13)进行比较,我们求得以前在$1/B$的一级近似下对$\mathscr{R}$的表达式(59.8). 在高一级近似下.

$$\sigma_\perp=T/(e^2N_e\mathscr{R}^2B^2D_\perp).\tag{1}$$

在范围Ⅱ(见(60.17)),我们采用(60.34)的$\langle(\Delta\boldsymbol{R}_\perp)^2\rangle$. 在对数准确度下有

$$\overline{|v_\parallel|^{-1}}=\left(\frac{m}{2\pi T}\right)^{1/2}\int_{-\infty}^{\infty}\exp\left(-\frac{mv_\parallel^2}{2T}\right)\frac{\mathrm{d}v_\parallel}{|v_\parallel|}\approx2\left(\frac{m}{2\pi T}\right)^{1/2}\ln\frac{v_{Te}}{v_{\min}},$$

其中$v_{\min}$由本节末尾所述机理之一确定. 例如,令$v_{\min}\sim v_{Ti}$,我们求得

$$D_\perp^{\mathrm{II}}=\frac{(2\pi m)^{1/2}z^2e^2c^2N_i}{T^{1/2}B^2}\ln\frac{M}{m}\ln\frac{a}{R_{Be}}.\tag{2}$$

类似地. 采用(60.27)的$\langle(\Delta\boldsymbol{R}_\perp)^2\rangle$我们求得范围Ⅰ对扩散系数的贡献:

$$D_\perp^{\mathrm{I}}=\frac{4(2\pi m)^{1/2}z^2e^2c^2N_i}{3T^{1/2}B^2}\ln\frac{mv_{Te}^3}{ze^2\omega_{Be}}.\tag{3}$$

如果假设与(60.1)相反的不等式(59.10)满足,则范围Ⅱ并不存在,而(3)中的对数由其寻常库仑值(41.10)所代替. 于是将(3)代入(1)给出对于$\sigma_\perp$的公式(59.15).

2. 确定对电子和中性原子之间碰撞的横向扩散系数$D_\perp$.

解:由于电子原子碰撞是短程的. 这里仅有范围Ⅰ,其中a要理解为原子的大小①. 公式(60.26)仍保持有效,但是我们现在必须在其中用电子受中性原子散射的截面代入. 对角度积分后,$D_\perp$用对于这个散射的输运截面σ_t表达为

$$D_\perp=\frac{N_a}{4}\overline{\langle(\Delta R_\perp)^2\rangle}=\frac{N_a}{2\omega_{Be}^2}\overline{v^3\sigma_t},$$

其中N_a是原子的数密度. 对输运截面σ_t不依赖于电子速率的情况,在对麦克斯韦分布求平均后我们有

$$D_\perp=\frac{2}{3\sqrt{\pi}}\left(\frac{2T}{m}\right)^{3/2}\frac{N_a\sigma_t}{\omega_{Be}^2}.$$

---

① 关于碰撞积分(60.12)的适用性也许有些疑问,因为对于短程势的散射,当然,它的发生具有散射角为1的量级. 然而,容易看出,在这个问题中,仅需轨道中心位置的改变$\Delta R_\perp\sim r_{Be}$远小于电子密度变化的特征距离;这相应于横向扩散方程适用性的条件(比较§59末尾).

第六章

不稳定性理论

§61 束不稳定性

根据§34的结果,在均匀无界介质中,波矢为 $\boldsymbol{k}$ 的微扰的振幅(当 $t\to\infty$ 时)具有渐近形式

$$e^{-i\omega(\boldsymbol{k})t}, \tag{61.1}$$

其中 $\omega(\boldsymbol{k})$ 是波在介质中传播的频率. 特别是,对于等离体中的纵波,频率 $\omega(\boldsymbol{k})$ 是方程[①]

$$\varepsilon_1(\omega,\boldsymbol{k})=0 \tag{61.2}$$

的根.

频率 $\omega(\boldsymbol{k})$ 一般是复数. 如果虚部 $\mathrm{Im}\,\omega\equiv-\gamma<0$,微扰最后被阻尼. 然而,如果在 $\boldsymbol{k}$ 的某个范围 $\gamma<0$,这种微扰增长;介质对该波长范围的振荡是不稳定的,于是 $|\gamma|$ 称为不稳定性增长率. 我们应该立即强调,提到微扰(按 $\exp(|\gamma|t)$)的"无限"增长时,这里和随后我们总是仅考虑线性近似下的行为. 当然,实际上,增长受到非线性效应的限制.

在无碰撞等离体中,频率的虚部归因于朗道阻尼. 等离体的热力学平衡态,相应于熵的绝对最大值,对于任何微扰都是稳定的. 然而,在§30早已注意到,对于等离体的非平衡分布,振荡能量的吸收可由放大所代替. 这由下列情况所表明:出现独立变量 $\boldsymbol{k}$ 和 $\omega(\omega>0)$ 的值的范围,在此范围电容率的虚部是负的,$\varepsilon''_1(\omega,\boldsymbol{k})<0$. 然而,必须强调,这种范围的存在本身并不一定意味着等离体是不稳定的(无论如何在线性近似下);等离体振荡谱的任何一个分支实际上也必须落在这个范围.

---

① 注意到对于各向异性等离体,这个色散关系指的是准纵向"慢"波(见§32).

通过静止等离体的定向电子束,提供了不稳定性的一个特例(А. И. Ахиезер,Я. Б. Файнберг,1949;D. Bohm,E. P. Gross,1949). 假设电子束为电补偿的:等离体与电子束中电子电荷密度之和等于等离体中离子电荷密度. 系统是均匀的和无界的,即,电子束和等离体扩展至整个空间,而电子束的定向速度 $\boldsymbol{V}$ 到处相同. 我们将认为速度 $\boldsymbol{V}$ 是非相对论性的.

让我们首先假定电子束和等离体都是冷的,即其粒子的热运动可以忽略. 关于这点的必要条件将在以后予以阐明.

在电子振荡频率范围,等离体-电子束系统的纵向电容率具有形式

$$\varepsilon_1(\omega,\boldsymbol{k})-1=-\frac{\Omega_e^2}{\omega^2}-\frac{\Omega_e'^2}{(\omega-\boldsymbol{k}\cdot\boldsymbol{V})^2}. \tag{61.3}$$

右边第一项相应于静止等离体;$\Omega_e=(4\pi e^2N_e/m)^{1/2}$ 是相应电子等离体频率. 第二项归因于束电子. 在随束运动的参考系 K′中,束电子对 ε_1-1 的贡献是 $-(\Omega'_e/\omega')^2$,其中 ω'是在该参考系中的振荡频率,而 $\Omega'_e=(4\pi e^2N'_e/m)^{1/2}$($N_e$ 为束中电子密度). 在回到原参考系 K 后,频率 ω'要由

$$\omega'=\omega-\boldsymbol{k}\cdot\boldsymbol{V} \tag{61.4}$$

代替,而我们得到表达式(61.3)①.

我们将认为束密度,在下列意义上

$$N'_e\ll N_e \tag{61.5}$$

为很小,因而 $\Omega'_e\ll\Omega_e$. 因此,束的存在仅略微改变等离体纵向振荡谱的主要分支,即,色散关系 $\varepsilon_1=0$ 的根,对此 $\omega\approx\Omega_e$. 然而,由于束的存在,除这个分支之外,还出现新的分支,现在我们必须考虑.

为了使具有分子 $\Omega_e'^2$小的项不会从色散关系

$$\frac{\Omega_e^2}{\omega^2}+\frac{\Omega_e'^2}{(\omega-\boldsymbol{k}\cdot\boldsymbol{V})^2}=1 \tag{61.6}$$

中消失,这个小的程度必须由分母很小予以补偿. 因此我们寻求 $\omega=\boldsymbol{k}\cdot\boldsymbol{V}+\delta$ 形式的解,其中 δ 很小. 于是方程变为

$$\frac{\Omega_e^2}{(\boldsymbol{k}\cdot\boldsymbol{V})^2}+\frac{\Omega_e'^2}{\delta^2}=1, \tag{61.7}$$

由此

$$\delta=\pm\frac{\Omega'_e}{[1-(\Omega_e/\boldsymbol{k}\cdot\boldsymbol{V})^2]^{1/2}}; \tag{61.8}$$

---

① 关于频率的变换律容易通过变换波的相因子而求得,参考系 K′中一点的位矢是 $\boldsymbol{r}'=\boldsymbol{r}-\boldsymbol{V}t$. 因此

$$\boldsymbol{k}\cdot\boldsymbol{r}-\omega t=\boldsymbol{k}\cdot\boldsymbol{r}'-(\omega-\boldsymbol{k}\cdot\boldsymbol{V})t=\boldsymbol{k}\cdot\boldsymbol{r}'-\omega' t.$$

条件 $\delta \ll \boldsymbol{k}\cdot\boldsymbol{V}$ 要求 $|\boldsymbol{k}\cdot\boldsymbol{V}|$ 不能太接近 Ω_e. 冷等离体的假设要求遵守条件 $kv_{Te} \ll \omega$,因此在目前情况下意味着想必 $v_{Te} \ll V$:束的速率远大于等离体电子的热速率.

如果$(\boldsymbol{k}\cdot\boldsymbol{V})^2 > \Omega_e^2$,则两个根(61.8)都是实根,而振荡并不增长. 然而,如果

$$(\boldsymbol{k}\cdot\boldsymbol{V})^2 < \Omega_e^2, \tag{61.9}$$

δ 的两个值是虚量,而其中之一 $\operatorname{Im}\omega = \operatorname{Im}\delta > 0$ 相应于增长振荡. 因而系统相对于具有充分小 $\boldsymbol{k}\cdot\boldsymbol{V}$ 值的振荡是不稳定的.

当考虑到等离体中电子的热运动时,出现不同情况. 在一般情况下,代替(61.3)我们将有

$$\varepsilon_1(\omega,\boldsymbol{k}) = \varepsilon_1^{(\mathrm{pl})}(\omega,\boldsymbol{k}) - \frac{\Omega_e'^2}{(\omega - \boldsymbol{k}\cdot\boldsymbol{V})^2}, \tag{61.10}$$

其中 $\varepsilon_1^{(\mathrm{pl})}$ 属于在没有电子束的情况下的等离体. 利用同样方法求解方程 $\varepsilon_1 = 0$,现在我们求得

$$\delta = \pm \frac{\Omega'_e}{[\varepsilon_1^{(\mathrm{pl})}(\boldsymbol{k}\cdot\boldsymbol{V},\boldsymbol{k})]^{1/2}}. \tag{61.11}$$

由于朗道阻尼,(对任何 $\boldsymbol{k}$)$\varepsilon_1^{(\mathrm{pl})}$ 总具有虚部. 因而 δ 总是复量,而根据(61.11)中的双重正负号,对于振荡的一个分支 $\operatorname{Im}\delta > 0$,即,这些振荡是不稳定的. 转向很大的 $\boldsymbol{V}$,对应于前面所讨论的冷等离体情况,归因于朗道阻尼的 $\operatorname{Im}\varepsilon_1$ 部分变成指数型小,而我们回到(61.8).

在上述分析中,忽略了束中电子速率的热扩展. 如果热速率的量

$$v'_{Te} \ll |\delta|/k, \tag{61.12}$$

这种忽略可证明为正当的.

习　题

1. 对 $\boldsymbol{k}\cdot\boldsymbol{V}$ 接近于 Ω_e 的值,确定冷等离体中束不稳定性区域的界限.

解:对于$(\boldsymbol{k}\cdot\boldsymbol{V})^2 - \Omega_e^2$ 的很小值,方程(61.7)的准确度不够. 在方程 $\varepsilon_1 = 0$(用(61.3)的 ε_1)中保留 δ 的高一阶项,我们得到

$$\frac{\Omega_e'^2}{\delta^2} \approx 1 - \frac{\Omega_e^2}{(\boldsymbol{k}\cdot\boldsymbol{V})^2} + \frac{2\Omega_e^2\delta}{(\boldsymbol{k}\cdot\boldsymbol{V})^3} \approx \frac{2(\boldsymbol{k}\cdot\boldsymbol{V} - \Omega_e)}{\Omega_e} + \frac{2\delta}{\Omega_e}.$$

引用下面所定义的新变量 ξ 和 τ

$$\delta = \xi\left(\frac{1}{2}\Omega_e\Omega_e'^2\right)^{1/3},\quad \tau = \left(\frac{2}{\Omega_e\Omega_e'^2}\right)^{1/3}(\boldsymbol{k}\cdot\boldsymbol{V} - \Omega_e),$$

我们将上面的方程化为

$$\xi^3 + \tau\xi^2 = 1 \tag{1}$$

(为明确起见认为 $\boldsymbol{k}\cdot\boldsymbol{V}$ 接近于 $+\Omega_e$ 而不是 $-\Omega_e$). 如果 $\tau>\frac{3}{2^{2/3}}$,方程(1)的所有三个根都是实根,这确定不稳定性区域. 其中两个相应于(61.6)的两个根,而(当 $\Omega_e\approx\boldsymbol{k}\cdot\boldsymbol{V}$ 时)接近于它们的另一个相应于静止等离体的振荡频率.

2. 在与(61.12)相反的条件下,研究速度具有热扩展时束的稳定性.

解:在所规定条件下,振荡谱中束分支不存在. 至于等离体振荡的主要分支,则小密度束的存在对其频率的实部影响很小,后者(在 $kv_{Te}\ll\Omega_e$ 时)仍然由公式(32.5)给出:

$$\omega=\Omega_e\left[1+\frac{3}{2}\left(\frac{kv_{Te}}{\Omega_e}\right)^2\right].$$

而阻尼率 γ 由等离体本身的阻尼率和由束的阻尼率之和给出. 根据(31.7)我们有

$$\gamma=\sqrt{\frac{\pi}{8}}\left[-\frac{\omega\Omega_e^2}{(kv_{Te})^3}\exp\left(-\frac{\omega^2}{2(kv_{Te})^2}\right)-\right.$$
$$\left.-\frac{\Omega_e'^2(\omega-\boldsymbol{k}\cdot\boldsymbol{V})}{(kv'_{Te})^3}\exp\left(-\frac{(\omega-\boldsymbol{k}\cdot\boldsymbol{V})^2}{2(kv'_{Te})^2}\right)\right]. \tag{2}$$

不稳定性区域由条件 $\gamma(k)>0$ 确定. 为此在所有情况下必须有 $\boldsymbol{k}\cdot\boldsymbol{V}>\omega$. 最大增长率将是在 $\delta\equiv\boldsymbol{k}\cdot\boldsymbol{V}-\omega\lesssim kv'_{Te}$. 在这个范围,(2)中第一项是指数式小(由于 $\Omega_e\gg kv_{Te}$)因而可以忽略(仅当 N'_e 不太小时). 于是阻尼率 γ 将仅由第二项给出:我们注意到,它正比于束密度 N'_e.

3. 双温等离体($T_e\gg T_i$)中,电子组分以宏观速度 V 相对于离子运动,而且 $V\ll v_{Te}$,研究其中离子声波的稳定性.

解:在条件 $V\ll v_{Te}$ 下,电子的定向运动对离子声波的色散关系只有一点儿影响. 这个色散关系还是由(33.4)给出:

$$\frac{\omega}{k}=\left(\frac{zT_e}{M}\right)^{1/2}\frac{1}{(1+k^2a_e^2)^{1/2}}. \tag{3}$$

阻尼率的电子部分通过变换(61.4)由(33.6)求得为:

$$\gamma=(\boldsymbol{k}\cdot\boldsymbol{V}-\omega)\left(\frac{\pi zm}{8M}\right)^{1/2}. \tag{4}$$

不稳定性条件是 $\boldsymbol{k}\cdot\boldsymbol{V}>\omega$;为此我们必须总有 $V>\omega/k$. 在不稳定性极限附近,(4)中因子 $\boldsymbol{k}\cdot\boldsymbol{V}-\omega$ 很小, 于是可能必须考虑到 γ 中阻尼的离子部分,它在寻常条件下很小.

§62 绝对不稳定性与对流不稳定性

如果色散关系具有 ω 上半平面的根,意味着平面波形式的一个很小初始微扰将增长,即相对于这种微扰系统是不稳定的. 然而实际上,任何初始微扰都是在空间具有有限广延的“波包”,而平面波仅是其个别傅里叶分量. 随着时间的推移,最后波包“扩展开”,而(在不稳定系统中)其振幅增大. 同时它像任何波包那样在空间移动. 这里有两种可能性.

一种情况下,不管波包的运动,微扰在空间任一点都无限制增大. 这称为绝对不稳定性. 另一种情况下,波包运动如此迅速,使得当 $t\to\infty$ 时在空间任何固定点微扰都趋于零,这称为对流不稳定性.

我们必须立即强调,这个差异是相对的;因为不稳定性的性质总是相对于某一个特殊参考系予以定义,而在不同参考系中这个性质可能会改变:一个不稳定性,在某个参考系中是对流性的,在“随波包一起”运动的参考系中变成绝对的,而一个绝对不稳定性在充分快地“离开”波包的参考系中会变成对流不稳定性.

然而,这种状况并不意味着两种类型不稳定性之间的差异没有任何物理意义. 在实际问题中,总有一个实验上从尤参考系,不稳定性是相对于该参考系予以讨论的. 容许认为一个物理系统为无限广延的,并不排除它实际上具有(例如器壁这样的)边界的事实,这种边界构成“实验室参考系”. 而且,系统的实际有界性可能导致这样的结果,在对流不稳定性中微扰在波包被(例如管中液体流动)“带出”系统边界之外前一般可能来不及发展.

下面所阐述的理论,它导致建立区别两种类型不稳定性的判据,是很一般的理论①. 问题可以是关于任何均匀和(哪怕在一个方向(x 轴方向))无限的系统. 因此这里我们将不具体规定介质和其中微扰的性质,将后者用某个 $\psi(t,\boldsymbol{r})$ 表示. 并且仅考虑一维波包的情况. 如果问题是关于三维系统,这意味着所考虑的微扰具有形式为

$$\psi(t,\boldsymbol{r})=\psi(t,x)\mathrm{e}^{\mathrm{i}(k_y y+k_z z)},$$

其中 k_y 和 k_z 是给定的.

让我们将 $\psi(t,x)$ 表达成相对于时间从 $t=0$(微扰出现的瞬间)至 $t=\infty$ 的单侧傅里叶展开. 这种展开的傅里叶分量将用 $\varphi(\omega,x)$ 表示:

$$\varphi(\omega,x)=\int_0^{\infty}\psi(t,x)\mathrm{e}^{\mathrm{i}\omega t}\mathrm{d}t. \tag{62.1}$$

我们以后必须考虑当 $t\to\infty$ 时增长的微扰. 我们将假设(例如事实上发生的)这个增长不比按某种指数增长 $\exp(\sigma_0 t)$ 进行得更快. 于是积分(62.1)可以通过认为 ω 是具有 $\mathrm{Im}\,\omega=\sigma>\sigma_0$ 的复量而使之收敛. 在这个区域,$\varphi(\omega,x)$ 作为复变量 ω 的函数没有任何奇点. 然而,在 $\mathrm{Im}\,\omega<\sigma_0$ 的区域,$\varphi(\omega,x)$ 要当作解析延拓来处理,当然,它在这个区域有奇点.

对于函数 $\psi(t,x)$,通过其傅里叶换式的反演表达式是

① 这种判据是由斯图罗克(P. A. Sturrock(1958))建立的. 下面给出的表述应归于布里格斯(R. J. Briggs(1964)),我们在 §62—§64 中主要将仿效他的分析.

$$\psi(t,x)=\int_{-\infty+\mathrm{i}\sigma}^{\infty+\mathrm{i}\sigma}\mathrm{e}^{-\mathrm{i}\omega t}\varphi(\omega,x)\frac{\mathrm{d}\omega}{2\pi},\tag{62.2}$$

其中 $\sigma>\sigma_0$，因此(62.2)中的积分围道(我们将称之为 ω 围道)从 ω 上半平面中函数 $\varphi(\omega,x)$ 的所有奇点上面通过.

函数 $\varphi(\omega,x)$ 同样也能相对于坐标 x 展成傅里叶积分

$$\varphi(\omega,x)=\int_{-\infty}^{\infty}\psi_{\omega k}^{(+)}\mathrm{e}^{\mathrm{i}kx}\frac{\mathrm{d}k}{2\pi}\tag{62.3}$$

(为简洁起见，省略 k_x 中的下标).

函数 $\psi_{\omega k}^{(+)}$ 在每个特定情况下是通过求解所涉及系统的线性化"运动方程"而获得并具有形式：

$$\psi_{\omega k}^{(+)}=\frac{g_{\omega k}}{\Delta(\omega,k)},\tag{62.4}$$

其中 $g_{\omega k}$ 由初始微扰确定，而函数 $\Delta(\omega,k)$ 是等离体本身的特征(例如，对于等离体来说，动理方程起"运动方程"的角色，$\Delta(\omega,k)$ 结果证明是等离体的纵向电容率，而 $g_{\omega k}$ 则通过公式(34.12)借助于初始微扰的傅里叶分量予以表达).

我们将认为 $g_{\omega k}$ 为复变量 ω 和 k 的函数，对于这些变量的有限值没有任何奇点，即，$g_{\omega k}$ 是它们的整函数①. 因此，$\psi_{\omega k}^{(+)}$ 的所有奇点都是因子 $1/\Delta(\omega,k)$ 的奇点. 方程

$$\Delta(\omega,k)=0\tag{62.5}$$

是系统的色散关系. 它的根 $\omega(k)$ 确定具有波数 k 的给定(实)值的振荡频率. 如我们在 §34 中曾经看到的，正是这些频率确定具有给定 k 值的微扰的傅里叶分量随时间变化(当 $t\to\infty$ 时)的渐近形式：

$$\psi_k(t)\simeq\mathrm{e}^{-\mathrm{i}\omega(k)t}=\mathrm{e}^{-\mathrm{i}\omega'(k)t+\omega''(k)t}.$$

若由此出发，则寻求空间给定点微扰变化的渐近形式会要求研究积分

$$\psi(t,x)\simeq\int\mathrm{e}^{-\mathrm{i}\omega'(k)t}\mathrm{e}^{\omega''(k)t}\mathrm{e}^{\mathrm{i}kx}\mathrm{d}k.\tag{62.6}$$

存在不稳定性情况下，当 k 值的某个范围有 $\omega''(k)>0$ 时，被积表达式中的一个因子当 $t\to\infty$ 时无限制地增大，而另外一个则渐渐变成迅速振荡的函数. 这些相反趋势使得难以估计这个积分.

作为替代，在实现对 ω 的积分之前，让我们回到关于表达式 $\psi(t,x)$ 的形式(62.2). 我们将 ω 围道向下移动直至它"挂附于"$\psi(\omega,x)$ 的第一个(最高的，即具有最大 ω'' 的)奇点；令这个点在 $\omega=\omega_c$(将变得很清楚的是 ω_c 不依赖于 x). 显然，积分的渐近值由该点邻域确定，因此

---

① 为此，在任何情况下必须使初始波包在空间充分快地(比 $\exp(-a|x|)$ 快地)减小.

$$\psi(t,x)\propto \mathrm{e}^{-\mathrm{i}\omega_c t}=\exp(-\mathrm{i}\omega_c' t+\omega_c'' t). \tag{62.7}$$

如果 $\omega_c''>0$,微扰在任何固定点 x 都增大,即不稳定性是绝对的,但如果 $\omega_c''<0$,微扰在一个固定点趋于零,即不稳定性是对流性的. 因此所寻求的判据归结为 ω_c 的确定.

函数 $\varphi(\omega,x)$ 由积分(62.3)给出,其中用(62.4)的 $\psi_{\omega k}^{(+)}$:

$$\varphi(\omega,x)=\int_{-\infty}^{\infty}\frac{g_{\omega k}}{\Delta(\omega,k)}\mathrm{e}^{\mathrm{i}kx}\frac{\mathrm{d}k}{2\pi}. \tag{62.8}$$

因假设 $g_{\omega k}$ 为 k 的整函数,则被积表达式(作为复变量 k 的函数)的奇异性位于 $1/\Delta(\omega,k)$ 的奇点处;这些通常是极点,即方程(62.5)的根 $k(\omega)$.

设对 ω 的某个值(ω 围道上的一点),具有充分大的正虚部 $\omega''=\sigma$,令奇点位于图 22 所示的 k 平面内:一些在上半平面而另一些在下半平面. 设(62.8)中相对于 k 的积分围道(我们称之为 k 围道)沿实轴通过. 我们现在逐渐减小 ω''来修正 ω. 奇点(在 k 平面)移动而对某些 ω 值可能达到实轴①. 这些 ω 值还不是函数 $\varphi(\omega,k)$ 的奇点:通过下列方式来移动 k 围道以便从已经越过实轴的奇点邻域去除它是没有任何妨碍的,如图 22b 中所示. 然而,如果两个移动奇点接近到一起并将积分围道被紧夹于两者之间,从而消除了将这个围道从其邻域去除的可能性(图 22c).

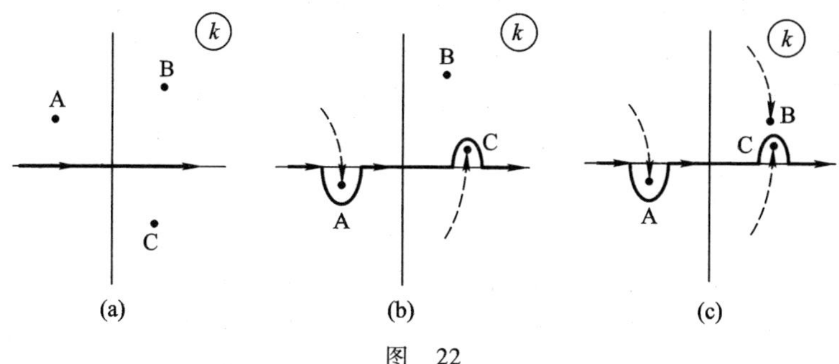

图 22

因此确定不稳定性性质的 ω 的值,是从那些值中这样选取的,使得色散关系的两个根 $k(\omega)$ 碰到一起. 同时唯一要考虑的是使得两个根从 k 围道的相反的两边逼近这样的情况;换句话说,当 $\omega''\to 0$ 时这些根必须位于实轴两对边. 顺便提一句,注意到 ω_c 的值必须不依赖于 x,因为它们是由函数 $1/\Delta(\omega,k)$ 的性质唯一确定的.

当方程的两个单根重合时,形成一个二重根,在其附近色散关系是

$$\Delta(\omega,k)\approx(\omega-\omega_c)\left(\frac{\partial\Delta}{\partial\omega}\right)_c+\frac{1}{2}(k-k_c)^2\left(\frac{\partial^2\Delta}{\partial k^2}\right)_c=0, \tag{62.9}$$

① 对于不稳定介质的情况,奇点必须达到 k 的实轴而 $\omega''>0$,至少对 ω'值的某个范围. 因为肯定有 $\Delta(\omega,k)=0$ 的根对实 k 使得 $\omega''>0$.

因此 $k-k_c \propto \pm(\omega-\omega_c)^{1/2}$①. 注意到在点 $\omega=\omega_c$，函数 $\omega(k)$ 满足条件

$$\frac{d\omega}{dk}=0, \tag{62.10}$$

即，ω_c 是解析函数 $\omega(k)$ 的鞍点.

在点 $k=k_c$ 的邻域取的积分(62.8)，准确到相差一个恒定因子，具有形式为

$$\varphi(\omega,x)\propto\frac{e^{i(k_c x)}}{\sqrt{\omega-\omega_c}}; \tag{62.11}$$

因此函数 $\varphi(\omega,x)$ 在 $\omega=\omega_c$ 具有平方根极点. 积分(62.2)，现在在点 $\omega=\omega_c$ 邻域求积，作为 t 和 x 的函数具有下列形式:

$$\psi(t,x)\propto\frac{1}{\sqrt{t}}e^{-i(\omega_c t-k_c x)} \tag{62.12}$$

(因为这个渐近表达式是对 $t\to\infty$ 和对固定 x 推导出来的，它仅当 $|k_c x| \ll |\omega_c t|$ 时才有效).

虽然色散关系的根的重叠是函数 $\varphi(\omega,x)$ 的奇点的主要来源(并且正是它通常确定不稳定性的性质)，还可提及另一类型奇点，它出现在这样一个频率，对此频率色散关系的根 $|k|\to\infty$ ②. 然而，这样的频率 ω_c 的虚部实际上总是负的，因而显然不能导致绝对不稳定性(如果 ω''_c 为正，所考虑系统相对于无限小波长的振荡会是不稳定的). 后面我们将碰到这种情况(见(63.10)).

如早已强调过的，在一个参考系(实验室参考系)是对流不稳定性，在另一参考系中可能是绝对不稳定性. 让我们寻求参考系的速率 V，在此参考系中不稳定性是绝对的并且具有最大增长率.

从实验室参考系变换到以速率 V 运动的参考系可通过在所有公式中作变换 $\omega\to\omega-kV$ 而实现. 如我们上面看到的，值 ω_c 对应于当在 ω 围道上 ω'' 减小时，k 平面中函数 $1/\Delta(\omega,k)$ 的两个极点重叠的瞬间，而这些极点必须从实轴的相反两侧逼近，以致其中一个必须首先穿过该轴. 令 ω''_{max} 表示对于实 k 时 ω'' 的最大值(不依赖于 V!). 因为 $\omega''_c(k,V)$ 显然小于极点穿过实轴时 ω'' 的值，对于所有 V 我们就有 $\omega''_c(k,V)\leq\omega''_{max}$. 这意味着如果极点在实轴上 $\omega''(k)$ 的最大处重叠，就达到 ω''_c 的最高值. 在(62.10)中用 $\omega(k)-kV$ 代替 $\omega(k)$，并分离方程的实部和虚部(对实 k)，我们求得两个方程

---

① 在某些情况下可能有更大数目的根重合，形成高阶多重根. 然而，这类情况一般仅对系统参量的特殊值才出现，因为它们对点 ω_c，k_c 强加附加限制：在 $\Delta(\omega,k)$ 的展开中，除 $(\partial\Delta/\partial k)_c$ 之外的某些其它系数必须为零.

② 这种根导致函数 $\varphi(\omega,x)$ 的本性奇点. 例如，若 $|k|\to\infty$，按 $k^{-n}=C(\omega-\omega_c)$，奇点邻域对积分(62.8)的贡献是

$$\varphi(\omega,x)\propto\exp\left\{\frac{ix}{[C(\omega-\omega_c)]^{1/n}}\right\}.$$

$$\frac{\mathrm{d}\omega''}{\mathrm{d}k}=0, \tag{62.13}$$

$$V=\frac{\mathrm{d}\omega'}{\mathrm{d}k}. \tag{62.14}$$

因此不稳定性的最大增长率由作为实 k 的函数的 $\omega''(k)$ 的最大值给出. 参考系的速率,在此参考系中这种不稳定性出现,由导数 $\mathrm{d}\omega'/\mathrm{d}k$ 的相应值确定. V 的这个值自然地可采用来定义对流不稳定性介质中波包的群速.

§ 63　放大性与不透明性

迄今为止,我们分析了关于某个初始瞬间具有规定空间变化的微扰,随时间发展的不稳定性问题. 这种微扰的傅里叶展式包括具有波矢 $\boldsymbol{k}$ 为实值的分量,它们与时间的依存关系由频率 $\omega(\boldsymbol{k})$ 予以确定,这里 $\omega(\boldsymbol{k})$ 是色散关系的复根.

然而,关于不稳定性问题还有另一种可能的提法,其中我们考虑在某个空间区域建立起具有规定时间变化的一个微扰. 这种微扰的傅里叶展式包含具有实频率 ω 的分量,它们在空间的传播由波数 $k(\omega)$ 予以确定,这里 $k(\omega)$ 由求解色散关系(这次是给定 ω 求 k)而得出;相应地,波数(而非频率)是复数(如在上节中那样,我们考虑一维问题,因而写 $k\equiv k_x$ 来代替波矢 $\boldsymbol{k}$.)

波数是复数的事实可有各种含义. 有些情况下它可能只不过意味着有关波不能在介质中传播(不透明性);另外一些情况下它可能意味着当波从波源传播出时被介质所放大(放大性). 我们必须立刻强调 $\mathrm{Im}\,k$ 的正负号显然不能成为区别这两种可能性的判据:波可以在正的和负的 x 方向传播,而传播方向的改变等价于 k 的正负号的改变.

物理上很明显的是,只有不稳定介质才能够具有放大性质. 因此,例如,预先很清楚的是,对于等离体中具有色散关系 $\omega^2=\Omega_e^2+c^2k^2$ 的横电磁波(见 § 32,题 1),在频率 $\omega<\Omega_e$ 时有不透明性,因为这时 $k(\omega)$ 是虚数;实际上,这个方程所给出的函数 $\omega(k)$ 对所有实 k 都是实数,所以系统显然是稳定的.

为了问题的严格表述,让我们考虑关于坐标 x 的一个点源(或所谓信号). 它在 $t=0$ 开始,从而产生一个单色(具有某个频率 ω_0 的)微扰 ψ(系统对信号的响应). 于是点源强度是

$$g(t,x)=0,\qquad 当\ t<0, \tag{63.1}$$
$$g(t,x)=\mathrm{const}\cdot\delta(x)\mathrm{e}^{-\mathrm{i}\omega_0 t},\qquad 当\ t>0.$$

对于微扰 ψ 的物理本质以及同样这与源强度 g 的物理本质之间的关系,我们将不作具体说明. 唯一要点是微扰的 ωk 分量通过其源由下列形式的表达式

$$\psi_{\omega k}=g_{\omega k}/\Delta(\omega,k) \tag{63.2}$$

予以确定. 这种表达式是由系统的非齐次线性化“运动方程”推导得出的,在其

中 $g(t,x)$ 充当“右边”(正如(62.4)一样,是具有初条件由函数 $g(0,x)$ 所规定的齐次方程的解). 对于源(63.1)有①

$$g_{\omega k}=\frac{\text{const}}{\mathrm{i}(\omega-\omega_0)}. \tag{63.3}$$

于是函数 $\psi(t,x)$ 由反演公式求出为

$$\psi(t,x)=\text{const}\int_{-\infty+\mathrm{i}\sigma}^{\infty+\mathrm{i}\sigma}\Phi(\omega,x)\frac{\mathrm{e}^{-\mathrm{i}\omega t}}{\mathrm{i}(\omega-\omega_0)}\frac{\mathrm{d}\omega}{2\pi}, \tag{63.4}$$

$$\Phi(\omega,x)=\int_{-\infty}^{\infty}\frac{\mathrm{e}^{\mathrm{i}kx}}{\Delta(\omega,k)}\mathrm{d}k. \tag{63.5}$$

这个表达式必须满足方程 $\psi(t,x)=0$(对 $t<0$),与问题的条件一致:仅在 $t=0$ 源启动后微扰才出现.

现在的问题是寻求定态条件下〔即在微扰源开始起作用很长时间后($t\to\infty$)〕远离源处($|x|\to\infty$)$\psi(t,x)$ 的渐近表达式. 于是,如果当 $x\to\pm\infty$ 时,微扰趋于零,则我们有不透明性. 如果微扰在离源的一个方向或另一方向增加,则有放大性. 两种情况我们都可显然说只有对流不稳定(或稳定)系统. 对于绝对不稳定性,在空间每一点微扰都随时间无限增加,因此不可能达到稳定条件.

转向寻求所需要的渐近形式,我们首先注意到 $t\to\infty$ 的渐近极限必须在 $|x|\to\infty$ 之前采取:因为在有限时间内微扰不能传播至无穷,对有限 t 当 $|x|\to\infty$ 时 $\psi\to0$.

如同在 §62 中那样,我们将(63.4)中对 ω 的积分围道向下移动,以便得到 $t\to\infty$ 时的渐近表达式. 函数 $\Phi(\omega,x)$ 的解析性质与 §62 中函数 $\varphi(\omega,x)$ 的类似. 因为假设系统仅是对流不稳定的,则 $\Phi(\omega,x)$ 在 ω 的上半平面没有任何奇点,而(63.4)中被积表达式的最高奇点是实轴上的极点 $\omega=\omega_0$. 因此,当 $t\to\infty$ 时的渐近形式是

$$\psi(t,x)\propto\mathrm{e}^{-\mathrm{i}\omega_0 t}\Phi(\omega_0,x). \tag{63.6}$$

为寻求当 $|x|\to\infty$ 时函数 $\Phi(\omega_0,x)$ 的渐近形式,现在我们必须(对 $x>0$ 时)向上移动或(对 $x<0$ 时)向下移动对 k 的积分路径,直至它贴附于(63.5)中被积表达式的极点上(即,方程 $\Delta(\omega_0,k)=0$ 的根上).

令 $k_+(\omega)$ 和 $k_-(\omega)$ 分别表示当 $\mathrm{Im}\,\omega\to\infty$ 时位于 k 的上半平面和下半平面的极点. 当 $\mathrm{Im}\,\omega$ 减小时,极点移动,而对于实 $\omega=\omega_0$,它们或者仍留在原先半平面,或者进入另外的半平面. 在第一种情况,$\Phi(\omega_0,x)$ 中的积分围道仍留在实轴上(如图 22a 所示);而在第二种情况,围道变形如图 22b 所示绕过“跑”进另一半平面的极点 $k_+(\omega_0)$ 和 $k_-(\omega_0)$(点 A 和 C). 当积分围道移向上或移向下,两

① 在计算 $g_{\omega k}$ 时,必须记住反演变换公式中的积分是沿 $\mathrm{Im}\,\omega>0$ 的围道取的:因此当 $t\to\infty$ 时 $\mathrm{e}^{\mathrm{i}\omega t}\to0$.

种情况下它都分别贴附于极点 k_+ 和 k_-. 当 $x\to+\infty$ 时,函数 $\psi(t,x)$ 的渐近形式由来自最低极点 $k_+(\omega_0)$ 的贡献决定;而当 $x\to-\infty$ 时,则由最高极点 $k_-(\omega_0)$ 决定. 换句话说,这个极点是最接近实轴的(如果给定一类的所有极点仍处于其原先半平面),或者是最远离实轴的(如果那些极点已移动进入另一半平面). 用这些 k_+ 和 k_- 值,我们有

$$\left.\begin{array}{l}\psi(t,x)\propto\exp\{\mathrm{i}k_+(\omega_0)x-\mathrm{i}\omega_0 t\},\ \text{当}\ x>0,\\ \psi(t,x)\propto\exp\{\mathrm{i}k_-(\omega_0)x-\mathrm{i}\omega_0 t\},\ \text{当}\ x<0.\end{array}\right\}\qquad(63.7)$$

对于稳定系统,当 $\omega=\omega_0$ 时,所有极点仍处于其原先半平面,的确,因为不存在 $\mathrm{Im}\omega(k)>0$(对实 k)的振荡分支意味着仅对 $\mathrm{Im}\omega<0$ 的极点才能穿过实轴. 因此,在(63.7)中

$$\mathrm{Im}k_+(\omega_0)>0,\quad \mathrm{Im}k_-(\omega_0)<0,$$

所以发自源的波在两个方向都是阻尼的.

在对流不稳定性的情况,$k(\omega)$ 到达实轴具有 $\mathrm{Im}\omega>0$. 因此,显然有极点 k_+ 或 k_- 已进入对 $\omega=\omega_0$ 的另一半平面,即它们具有 $\mathrm{Im}k_+(\omega_0)<0$ 或 $\mathrm{Im}k_-(\omega_0)>0$. 这种极点 $k_+(\omega_0)$ 或 $k_-(\omega_0)$ 的存在分别使波向源的右边或源的左边得到放大.

总结上述论据,在对流不稳定的系统中,对于自源发出的频率为 ω_0 的波,我们得出区分不透明性和放大性的下列判据:具有复 $k(\omega_0)$ 和实 ω_0 的波,对给定 $\mathrm{Re}\omega=\omega_0$,当 $\mathrm{Im}\omega$ 从 $+\infty$ 变至 0 时,如果 $\mathrm{Im}k(\omega)$ 变号,则波被放大;如果 $\mathrm{Im}k(\omega)$ 并不变号,则有不透明性.

我们注意到,这个判据起源于因果性的必要条件. 当源瞬时开始起作用时,当 $x\to\pm\infty$ 时,微扰必需总是减小的,这简单地因为在有限时间内它不能传播至无穷. 另一方面,源的这种"无限快速地"突现能如 $\mathrm{e}^{-\mathrm{i}\omega t}$ 那样发生,带有 $\mathrm{Im}\omega\to\infty$. 因此很明显,(对实 ω)在离源的任一方向被放大的波,当 $\mathrm{Im}\omega\to\infty$ 时,在该方向必然被阻尼,这导致上面所表述的判据.

所得到的结果还有另一方面,它使我们能决定具有吸收或放大的介质中波传播的方向. 在不透明介质中(即,当 ω 和 k 为实量),传播的物理方向是群速度矢量的方向. 特别是在一维情况,具有正或负导数 $\mathrm{d}\omega/\mathrm{d}k$ 的波分别在正或负 x 方向运动. 然而,在具有吸收或放大的介质中,我们可以说 k_+ 群和 k_- 群的波分别沿正向和负向传播. 对于实 ω 和 k 这个一般表述与前面的表述相同:ω 和 k 的小变化由关系式

$$\delta k=\frac{\delta\omega}{\mathrm{d}\omega/\mathrm{d}k}$$

相联系. 由此可见,如果 ω 有虚部 $\mathrm{Im}\omega>0$,k 按 $\mathrm{d}\omega/\mathrm{d}k>0$ 或 <0 而移入上半或下半平面.

作为 §62 和 §63 中推导的判据的应用的简单例子,让我们考虑 §61 中讨

论过的冷等离体中冷电子束的不稳定性. 对于这个系统的色散关系是

$$\frac{\Omega_e^2}{\omega^2}+\frac{\Omega'^2_e}{(\omega-kV)^2}=1 \tag{63.8}$$

(见(61.6);对于在束的方向传播的波,$k\cdot\boldsymbol{V}=kV$). 这个方程的根 $k(\omega)$,当 $|\omega|\to\infty$ 时,具有形式①

$$k=(\omega\pm\Omega'_e)/V. \tag{63.9}$$

当 $\mathrm{Im}\omega\to\infty$ 时,两个根是在相同(上)半平面,即,两者是在 $k_+(\omega)$ 类. 因此,在它们的运动中,当 $\mathrm{Im}\omega$ 减小时,它们不能箍住 k 围道,所以不稳定性是对流性的. 初始瞬间所产生的微扰的渐近行为由频率 $\omega=\Omega_e$ 予以确定,邻近该频率方程(63.8)的根按

$$k^2=\frac{\Omega_e\Omega'^2_e}{2V^2(\omega-\Omega_e)} \tag{63.10}$$

趋于无穷. 因而,当 $t\to\infty$ 时,微扰中仅留有未阻尼等离体波.

对实值 $\omega<\Omega_e$,方程(63.8)具有两个复共轭根 $k(\omega)$. 其中 $\mathrm{Im}k(\omega)<0$ 的一个已从上半平面移至下半平面. 因而,当波由源以频率 $\omega_0<\Omega_e$ 传播时,它们在 $x>0$ 的方向即"顺束流"方向是被放大的.

§64　振荡谱两分支弱耦合情况下的不稳定性

让我们应用§62 和§63 中所发展的一般方法来研究下列这样情况下的不稳定性:具有 ω 和 k 的相邻近值并属于非耗散系统振荡谱两个不同分支的振荡之间的"相互作用"结果产生的不稳定性. 这里所谓非耗散系统,意思是表示其中既没有真耗散,也没有朗道阻尼的系统.

如果两分支 $\omega=\omega_1(k)$ 和 $\omega=\omega_2(k)$ 完全独立,则色散关系会分成两个因子

$$[\omega-\omega_1(k)][\omega-\omega_2(k)]=0. \tag{64.1}$$

邻近这类分支的交点,函数 $\omega_1(k)$ 和 $\omega_2(k)$ 会具有下列一般形式:

$$\omega_1(k)=\omega_0+v_1(k-k_0),$$
$$\omega_2(k)=\omega_0+v_2(k-k_0), \tag{64.2}$$

其中 v_1 和 v_2 是某些常量,而 ω_0 和 k_0 是交点处 ω 和 k 的(实!)值.

然而,这种情况一般是不现实的. 两分支间的耦合对于系统参量的(至多)某些特定值可能完全不存在,而当这些参量值略微变化时就会出现②. 因此,为

---

① 我们注意到(63.9)与没有静止等离体情况下束本身的色散关系相同.

② 例外情况是由于对称性规则而不存在相互作用,例如,如果各向同性介质中一个分支与纵波有关而另一个分支与横波有关的情况. 因为在这种介质中纵向流不能导致横向场,反过来也一样,这类波并不相互作用. 这里的情况类似于量子力学中所发现的具有不同对称性的交叉项的情况(见第三卷,§79).

了描绘真实情况，必须考虑到分支间存在弱耦合. 其效果是在方程(64.1)右边的零要用小量 ε 来代替. 于是邻近交点处的色散关系变成

$$[\omega-\omega_0-v_1(k-k_0)][\omega-\omega_0-v_2(k-k_0)]=\varepsilon. \tag{64.3}$$

对 ω 的解是

$$\omega(k)-\omega_0=\frac{1}{2}\{(v_1+v_2)(k-k_0)\pm[(k-k_0)^2(v_1-v_2)^2+4\varepsilon]^{1/2}\}, \tag{64.4}$$

而对 k 的解是

$$k(\omega)-k_0=\frac{1}{2v_1v_2}\{(v_1+v_2)(\omega-\omega_0)\pm[(\omega-\omega_0)^2(v_1-v_2)^2+4\varepsilon v_1v_2]^{1/2}\}. \tag{64.5}$$

分支间存在相互作用使其交点位移进入复数区域. 函数 $\omega(k)$ 对实 ω 和 k 的关系曲线，根据常量 ε 的正负号以及常量 v_1 和 v_2 的相对正负号的不同情况而具有不同性质. 对于下列四种情况

$$\left.\begin{array}{ll}(\mathrm{a}) & \varepsilon>0,\ v_1v_2>0,\\ (\mathrm{b}) & \varepsilon>0,\ v_1v_2<0,\\ (\mathrm{c}) & \varepsilon<0,\ v_1v_2>0,\\ (\mathrm{d}) & \varepsilon<0,\ v_1v_2<0,\end{array}\right\} \tag{64.6}$$

这些函数示于图 23，我们将依次分析这些情况.

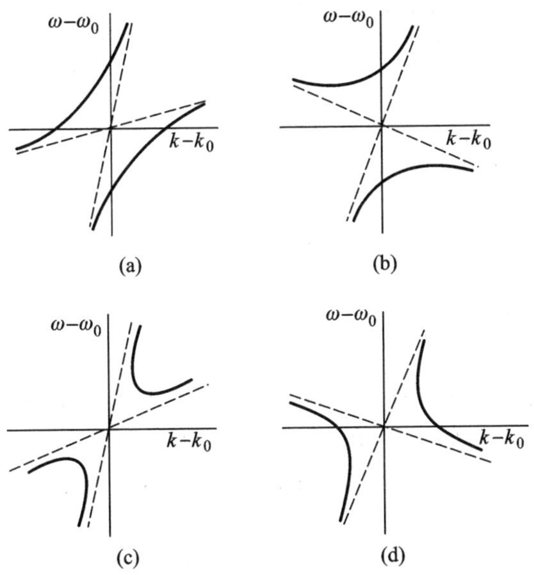

图 23

(a) 这里对所有(实)k 函数 $\omega(k)$ 是实值,因此系统是稳定的. 对所有 ω,函数 $k(\omega)$ 也是实的,所以对所有 ω 波的传播没有放大.

(b) 对所有 k,函数 $\omega(k)$ 是实值,因此系统是稳定的,函数 $k(\omega)$ 在频率范围

$$(\omega-\omega_0)^2<\frac{4\,|\varepsilon v_1 v_2|}{(v_1-v_2)^2} \tag{64.7}$$

是复值. 因为系统是稳定的,在这个范围有不透明性.

(c) 当

$$(k-k_0)^2<\frac{4\,|\varepsilon|}{(v_1-v_2)^2} \tag{64.8}$$

时,函数 $\omega(k)$ 是复值,并且其中一个有 $\mathrm{Im}\,\omega(k)>0$,即,有不稳定性. 这是对流不稳定性,的确,当 $|\omega|\to\infty$ 时,$k(\omega)$ 的根是

$$k\approx\omega/v_1,\qquad k\approx\omega/v_2, \tag{64.9}$$

而当 $\mathrm{Im}\,\omega\to\infty$ 时,它们位于 k 的相同半平面. 令 $v_1,v_2>0$;于是,这是上半平面,根属于 $k_+(\omega)$ 类. 对于在(64.7)范围的实 ω,根 $k(\omega)$ 形成复共轭对. 其中 $\mathrm{Im}\,k(\omega)<0$ 的一个已从上半平面移到下半平面. 因此,在频带(64.7),在正 x 轴方向传播的波有放大.

还容易求得这个情况下,由(62.14)所定义的波的"群速",即这样的参考系的速率,在其中发生有最大增长率的绝对不稳定性. 将方程(64.3)对 k 求导并按(62.13)和(62.14)代入 $\mathrm{d}\omega/\mathrm{d}k=V$,我们得到

$$\frac{V-v_1}{V-v_2}=-\frac{\omega-\omega_0-v_1(k-k_0)}{\omega-\omega_0-v_2(k-k_0)}. \tag{64.10}$$

因为这个等式左边是实值,右边也必须为实值(即使 ω 是复量),这个条件表明 $k=k_0$;于是由(64.10)有

$$V=\frac{v_1+v_2}{2}, \tag{64.11}$$

而由(64.3),相应最大增长率是

$$(\mathrm{Im}\,\omega)_{\max}=|\varepsilon|^{1/2}. \tag{64.12}$$

(d) 函数 $k(\omega)$ 对于所有(实)ω 为实值,但函数 $\omega(k)$ 在(64.8)范围是复值,因此,系统是不稳定的. 为阐明这个不稳定性的性质,我们注意到由(64.9)(v_1和 v_2的正负号相反时),当 $\mathrm{Im}\,\omega\to\infty$ 时,$k(\omega)$ 的两个根处在不同的半平面. 在 ω 的上半平面中,由

$$\omega=\omega_c=\omega_0+2\mathrm{i}\,\frac{\sqrt{v_1v_2\varepsilon}}{|v_1-v_2|} \tag{64.13}$$

所给出的一点处这两个根重叠. 这意味着绝对不稳定性,增长率为 $\mathrm{Im}\omega_c$. 对于 $v_1 = -v_2$,相应于以速率(64.11)运动的参考系中的微扰图像,增长率达到其最大值(64.12).

习 题

冷磁旋等离体中沿恒定磁场方向传播的低频($\omega \sim \omega_{Bi}$)"慢速"($\omega/k \ll c$)横电磁波,有一低密度冷电子束在相同方向运动通过等离体,试阐明不稳定性的性质.

解:为确立色散关系,我们首先对仅有电子束的情况,在束为静止的参考系中来写出它. 按照(56.9),在这个参考系中,我们有

$$k^2c^2 - \omega^2 = -\frac{\Omega_e'^2\omega}{\omega \pm \omega_{Be}},$$

其中 Ω'_e 是相应于束密度的等离体频率. 在回到实验室参考系时,这时束以速度 V(我们取为沿 x 轴)运动,我们必须在等式右边用 $\omega - kV$ 来代替 ω;差值 $k^2c^2 - \omega^2$ 相对于参考系的变换是不变式. 现在,在实验室参考系中,将归因于等离体电子和离子的项相加,我们得到

$$k^2c^2 - \omega^2 = -\frac{\Omega_e'^2(\omega - kV)}{\omega - kV \pm \omega_{Be}} - \frac{\omega\Omega_e^2}{\omega \pm \omega_{Be}} - \frac{\omega\Omega_i^2}{\omega \mp \omega_{Bi}}.$$

根据题设条件,与 ck 和 ω_{Be} 比较起来这里忽略 ω,并且还注意到 $\Omega_e^2/\omega_{Be} = \Omega_i^2/\omega_{Bi}$,我们将色散关系变成下列形式

$$\left[k^2c^2 - \frac{\Omega_i^2\omega^2}{\omega_{Bi}(\omega_{Bi} \mp \omega)}\right](\omega - kV \pm \omega_{Be}) = -\Omega_e'^2(\omega - kV). \tag{1}$$

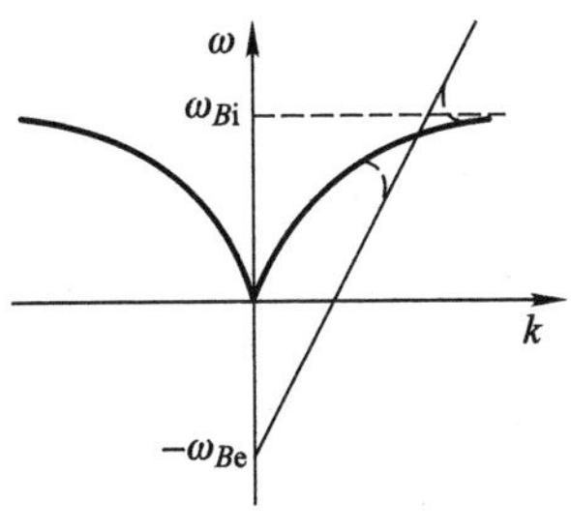

图 24

左边第一个因子对应于振荡谱的"主"支,而第二个因子对应于振荡谱的束分支;右边描述这些分支的"相互作用".

对于(1)中上面的正负号,两个独立分支的色散关系由图 24 中连续曲线所显示(仅考虑 $\omega > 0$ 的分支照常总是充分的). 邻近 ω_0, k_0 点(在该点它们相交),

方程(1)的展开式具有形式

$$2k_0c^2\left[k-k_0-\frac{\omega-\omega_0}{v_1}\right][\omega-\omega_0-V(k-k_0)]=\Omega'^2_{e}\omega_{Be},$$

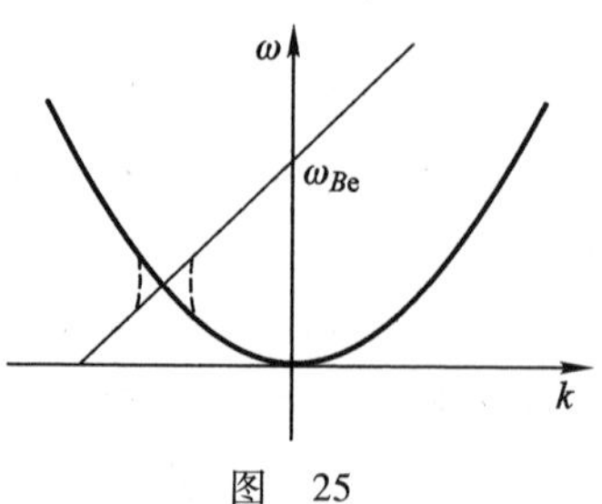

图 25

具有正系数 v_1(如由图 24 中曲线的斜率可清楚看出的). 与(64.3)的比较表明,我们有 C 的情况,对流不稳定性(图 24 中的虚线显示考虑到它们的相互作用后谱分支的形式).

对于(1)中取下面正负号的类似图形显示于图 25 中. 邻近交点色散关系具有形式

$$2k_0c^2\left[k-k_0+\frac{\omega-\omega_0}{v_1}\right][\omega-\omega_0-V(k-k_0)]=-\Omega'^2_{e}\omega_{Be},$$

其中又有 $v_1>0$. 现在我们有 D 的情况,绝对不稳定性(由图可以看出,这个情况下的第二个交点出现在 $\omega\gtrsim\omega_{Be}$,它与题中条件相矛盾).

§65 有限系统中的不稳定性

§61—§63 中所阐述的整个理论是与至少一个方向(x 轴方向)为无限的均匀介质相联系的. 应用到现实有界系统,这意味着忽略波从边界反射的效应;换句话说,这种理论限定时间为微扰沿系统长度传播所需时间量级.

现在让我们考虑相反情况下的稳定性问题,这时系统的有限性是重要的,而其本征振荡谱由终端处的边界条件予以确定(同时,我们将仍然仅限于研究一维情况,系统在 x 方向的长度将用 L 表示). 有限系统的频谱是离散的,如果哪怕其中一个本征频率具有正虚部,系统是不稳定的. 绝对不稳定性与对流不稳定性之间的区别,在这个情况下没有任何意义.

因此,关于阐明有限系统的稳定性或不稳定性的问题,与寻求其(复)本征频谱的问题是等效的. 对于具有虽然有限但充分大尺度 L 的系统,使得 $|\mathrm{Im}k|\cdot L\gg1$,确定这些频率的色散关系,可以一般形式建立起来(А. Г. Куликовский, 1966).

令 $k(\omega)$ 为对无限介质色散关系的解. 我们再次将这个多值函数的分支如

§63 中所定义的那样分成两类，$k_+(\omega)$和 $k_-(\omega)$. 可以认为有限系统的本征振荡是由两边界所反射的行波叠加的结果（在无吸收和放大的介质中，它们会是寻常驻波）. 反射一般伴随着属于频谱不同分支的波的互相转变. 因此，给定频率的行波是所有分支的叠加. 然而，远离边界处，每个波的主要贡献仅来自叠加中的一项. 例如，在从左边界 $x=0$ 沿正 x 方向传播的波中（图 26），远离该边界的渐近表达式是

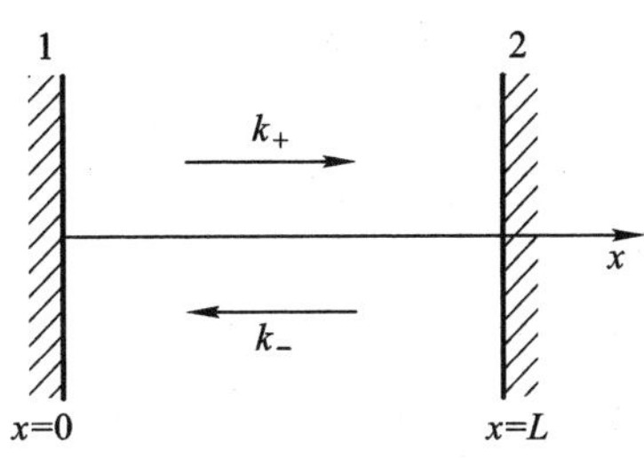

图 26

$$\psi \simeq a\ \exp\{\mathrm{i}[k_+(\omega)x-\omega t]\}, \tag{65.1}$$

而且作为 $k_+(\omega)$必须取为这类中 $\mathrm{Im}k_+(\omega)$（对给定实 ω）具有其代数最小值的分支①.

从右边界（$x=L$）反射后，波向左传播，在离该边界充分大距离处具有渐近形式

$$\psi \simeq R_2 a\exp\{\mathrm{i}k_+(\omega)L\}\exp\{\mathrm{i}[k_-(\omega)(x-L)-\omega t]\}, \tag{65.2}$$

其中 $k_-(\omega)$是这类中 $\mathrm{Im}k_-(\omega)$具有其代数最大值的分支. 系数 R_2依赖于在特定边界处的波转变律.

最后，第二次反射后，这时在左边界，我们又有向右传播的波：

$$\psi \simeq R_1 R_2 a\mathrm{e}^{\mathrm{i}(k_+-k_-)L}\mathrm{e}^{\mathrm{i}(k_+x-\omega t)}. \tag{65.3}$$

因为 $\psi(t,x)$是单值的，(65.3)必须与(65.1)重合，因此

$$R_1R_2\exp\{\mathrm{i}[k_+(\omega)-k_-(\omega)]L\}=1. \tag{65.4}$$

这个确定有限系统的频谱 ω，即是其色散关系.

对这个方程的两边取模，我们有

$$|R_1R_2|\exp\{-\mathrm{Im}(k_+-k_-)L\}=1. \tag{65.5}$$

---

① 这就是，如果所有 $\mathrm{Im}k_+(\omega)>0$ 则为最小正值，而如果有 $\mathrm{Im}k_+(\omega)<0$ 的分支，则为（绝对值）最大负值. 在第一种情况，(65.1)是（随 x 增加）最不快阻尼波；在第二种情况，它是最快放大波.

当 $L\to\infty$ 时,指数因子趋于零或无穷(视 $\mathrm{Im}(k_+-k_-)$ 的正负号而定). 因此,对充分长的系统,仅当

$$\mathrm{Im}[k_+(\omega)-k_-(\omega)]=0 \tag{65.6}$$

时,方程(65.5)才有可能成立. 因此,在这个情况,色散关系归结为仅依赖于介质本身的性质而不依赖于其边界条件的具体特点的一种形式. 方程(65.6)定义 ω 平面中的某一条曲线,离散本征频率(对大 L)相互很密切地位于其上. 如果曲线甚至部分地位于上半平面,系统是不稳定的. 因为这个不稳定性是由系统整体性质所决定,它被称为*整体不稳定性*.

关于有限系统的整体不稳定性与无限介质的不稳定性之间的关系还可作出一些评注. 首先,容易看出存在整体不稳定性情况下,无限系统肯定是不稳定的,因为存在使 $\mathrm{Im}\omega(k)>0$ 的实值 k. 的确,根据函数 $k_+(\omega)$ 和 $k_-(\omega)$ 的定义,$\mathrm{Im}\omega\to\infty$ 时它们的值位于 k 的不同半平面. 条件(65.6)意味着,随着 $\mathrm{Im}\omega$ 的减小,点 $k_+(\omega)$ 和 $k_-(\omega)$ 可能进入相同半平面,而且(在整体不稳定性的情况下)还是当 $\mathrm{Im}\omega>0$ 时这样发生的. 因此,这些点中至少有一个甚至更早地(即,显然当 $\mathrm{Im}\omega>0$ 时)穿过实轴;这就是所需要的.

然而,相反的论证仅对无限介质的绝对(非对流性)不稳定性才正确:绝对不稳定性的存在足以引起有限系统中的整体不稳定性. 的确,绝对不稳定性的条件是当 $\mathrm{Im}\omega>0$ 时函数 $k(\omega)$ 存在分支点,并且重叠分支属于 k_+ 和 k_- 类. 在这种点,条件(65.6)显然也是满足的.

一个对流不稳定介质,当存在边界时可以或者是稳定的,或者是不稳定的.

第七章

介　电　体

§66　声子相互作用

气体中动理现象(例如热传导和电导)的物理本质在于气体粒子热运动的传递过程;固体中的动理现象,粒子的角色由准粒子代替. 着手研究这些现象时,我们将从非磁性介电体中的热传导开始. 与其他类型固体中的动理过程比较起来,这个现象的物理图像相对来说简单得多,因为这里只有一类准粒子,即声子.

注意到自由声子的概念是谐振近似下,即,哈密顿函数中仅包括(原子位移的)二次项的近似下,晶格中原子振动量子化的结果(见第五卷, §72). 当考虑到高阶小量的项时,即考虑到位移的三阶或更高阶的非谐项时,结果产生各种声子相互作用过程①.

经典晶格能中的第一个非谐(三次)项具有形式

$$H^{(3)}=\frac{1}{6}\sum_{(ns)}\Lambda_{\alpha\beta\gamma}^{s_1s_2s_3}(\boldsymbol{n}_1-\boldsymbol{n}_3,\boldsymbol{n}_2-\boldsymbol{n}_3)U_{s_1\alpha}(\boldsymbol{n}_1)U_{s_2\beta}(\boldsymbol{n}_2)U_{s_3\gamma}(\boldsymbol{n}_3). \tag{66.1}$$

这里 $\boldsymbol{U}_s(\boldsymbol{n})$ 是晶格中的原子位移矢量;α,β,γ 是取值 x,y,z 的矢量下标;s_1,s_2,s_3 是元胞中原子编号;$\boldsymbol{n}_1,\boldsymbol{n}_2,\boldsymbol{n}_3$ 是整数"矢量",它们给出晶格中元胞的位置;求和号下的$(\boldsymbol{n},s)$表示对所有 $\boldsymbol{n}$ 和 s 求和. 因为晶体是均匀的,函数 Λ 仅依赖于元胞在晶格中的相对位置 $\boldsymbol{n}_1-\boldsymbol{n}_3,\boldsymbol{n}_2-\boldsymbol{n}_3$,而不依赖于它们的绝对位置.

二次量子化哈密顿量是这样求得的:将(66.1)中的位移矢量用算符$\hat{\boldsymbol{U}}_s(\boldsymbol{n})$来代替,后者是用具有准动量 $\boldsymbol{k}$ 的类型 g 声子(即,声子谱分支 g)的产生和湮灭算符 $\hat{c}_{\boldsymbol{k}g}^{+}$和 $\hat{c}_{\boldsymbol{k}g}$来表达:

$$\hat{\boldsymbol{U}}_s(\boldsymbol{n})=\sum_{g\boldsymbol{k}}[2M\mathscr{N}\omega_g(\boldsymbol{k})]^{-1/2}\{\hat{c}_{\boldsymbol{k}g}\boldsymbol{e}_s^{(g)}(\boldsymbol{k})\mathrm{e}^{\mathrm{i}\boldsymbol{k}\cdot\boldsymbol{r}_n}+\hat{c}_{\boldsymbol{k}g}^{+}\boldsymbol{e}_s^{(g)*}(\boldsymbol{k})\mathrm{e}^{-\mathrm{i}\boldsymbol{k}\cdot\boldsymbol{r}_n}\}, \tag{66.2}$$

---

① 研究晶体中的热传导时必须考虑原子振动的非谐性. 这是德拜(P. Debye(1914))和玻恩(M. Born(1914))首先注意到的.

其中 $\mathscr{N}$ 是晶格中元胞数，M 是元胞中原子的总质量，$\boldsymbol{e}_s^{(g)}(\boldsymbol{k})$ 是声子偏振矢量，而 $\omega_g(\boldsymbol{k})$ 是类型 g 声子的能量①. 这样代替的结果产生含算符 $\hat{c}$ 和 $\hat{c}^+$ 三个一组的项. 这些项代表涉及三个声子的过程：形式为 $\hat{c}^+\hat{c}^+\hat{c}$ 的乘积代表一个声子衰变成两个声子，而 $\hat{c}^+\hat{c}\hat{c}$ 代表两个互碰声子聚合成一个声子（项 $\hat{c}\hat{c}\hat{c}$ 和 $\hat{c}^+\hat{c}^+\hat{c}^+$ 会对应于能量守恒定律所禁戒的过程）.

例如，让我们写下对应于一个声子 $(\boldsymbol{k}_1, g_1)$ 衰变成两个声子 $(\boldsymbol{k}_2, g_2)$ 和 $(\boldsymbol{k}_3, g_3)$ 的项. 在(66.1)中将对 $\boldsymbol{n}_1, \boldsymbol{n}_2, \boldsymbol{n}_3$ 的求和变换为对 $\boldsymbol{\nu}_1 = \boldsymbol{n}_1 - \boldsymbol{n}_3, \boldsymbol{\nu}_2 = \boldsymbol{n}_2 - \boldsymbol{n}_3, \boldsymbol{n}_3$ 的求和，我们可以将这些项写成下列形式：

$$\hat{H}_{\mathrm{dec}}^{(3)} = \Omega \frac{\hat{c}_1 \hat{c}_2^+ \hat{c}_3^+}{\mathscr{N}^{3/2}(\omega_1\omega_2\omega_3)^{1/2}} \sum_{\boldsymbol{n}_3} \exp\{\mathrm{i}(\boldsymbol{k}_1 - \boldsymbol{k}_2 - \boldsymbol{k}_3)\cdot \boldsymbol{r}_{\boldsymbol{n}_3}\}, \tag{66.3}$$

其中

$$\Omega = (2M)^{-3/2} \sum_{(\boldsymbol{\nu}s)} \Lambda_{\alpha\beta\gamma}^{s_1 s_2 s_3}(\boldsymbol{\nu}_1, \boldsymbol{\nu}_2) e_{1\alpha} e_{2\beta}^* e_{3\gamma}^* \times \\ \times \exp\{\mathrm{i}(\boldsymbol{k}_1 \cdot \boldsymbol{r}_{\nu_1} - \boldsymbol{k}_2 \cdot \boldsymbol{r}_{\nu_2})\} \tag{66.4}$$

$$\hat{c}_1 \equiv \hat{c}_{\boldsymbol{k}_1 g_1},\ \omega_1 = \omega_{g_1}(\boldsymbol{k}_1),\ \boldsymbol{e}_1 = \boldsymbol{e}_{s_1}^{(g_1)}(\boldsymbol{k}_1), \cdots.$$

(66.3)中已将这样的指数因子分出来，它依赖于晶格中元胞的绝对位置 $\boldsymbol{n}_3$. 这个因子对所有 $\boldsymbol{n}_3$ 的求和给出 $\mathscr{N}$，如果 $\boldsymbol{k}_1 - \boldsymbol{k}_2 - \boldsymbol{k}_3$ 等于任何倒易晶格周期 $\boldsymbol{b}$；否则，它是零. 因此，

$$\hat{H}_{\mathrm{dec}}^{(3)} = \Omega \frac{\hat{c}_1 \hat{c}_2^+ \hat{c}_3^+}{\mathscr{N}^{1/2}(\omega_1\omega_2\omega_3)^{1/2}}, \tag{66.5}$$

而声子准动量满足守恒律

$$\boldsymbol{k}_1 = \boldsymbol{k}_2 + \boldsymbol{k}_3 + \boldsymbol{b}. \tag{66.6}$$

应该认为条件(66.6)比如是由准动量 $\boldsymbol{k}_1$ 和 $\boldsymbol{k}_2$ 的给定值确定准动量 $\boldsymbol{k}_3$ 的值的一个方程. 同时 $\boldsymbol{k}_1$ 和 $\boldsymbol{k}_2$ 必须在倒易晶格的某个选定元胞内取值（包括准动量的所有物理上不同的值），而我们必须证实 $\boldsymbol{k}_3$ 也在该元胞内. 最后的这个条件确定(66.6)中 $\boldsymbol{b}$ 的必要值，并且单值地确定. 的确，如果对给定 $\boldsymbol{k}_1, \boldsymbol{k}_2$ 和 $\boldsymbol{b}$，矢量 $\boldsymbol{k}_3$ 在选定元胞内，则 $\boldsymbol{b}$ 的任何改变，显然将使 $\boldsymbol{k}_3$ 带出该元胞. 使准动量守恒律含有非零矢量 $\boldsymbol{b}$ 的过程（在这个情况，声子衰变），称为 U 过程（又称倒逆过程）②，它不同于 N 过程（又称正常过程），对此有 $\boldsymbol{b}=0$. 应该说这两类过程之间的差异在一定意义上是约定的：每个具体过程可以是 N 过程或 U 过程，依赖于基胞的选择. 然而，重要的是没有任何一种选择能同时对所有可能过程使 $\boldsymbol{b}$ 为零. 方便的是这样选择倒易晶格的基胞，使得 $\boldsymbol{k}=0$ 的点（无限波长）处于其中心；今后将这样

① 本章内我们采用 $\hbar=1$ 的单位. 因此，动量和波矢的量纲是相同的，而能量和频率的量纲是相同的.

② 按德文术语 Umklapp.

假设. 对这种选择,所有低频声子对应于低准动量值($k \ll 1/d$,其中 d 是晶格常量),而仅涉及低频声子的所有过程是正常过程①. 大准动量值($k \sim 1/d$)对应于具有高能的短波声子(量级为德拜温度 Θ).

让我们回到声子衰变过程. 按照量子力学一般原理(见第三卷,(43.1)),两个新形成声子之一的准动量位于 d^3k_2 范围内的衰变概率,由微扰算符(66.5)的相应矩阵元的平方给出:

$$dW = 2\pi \left| \langle N_1 - 1, N_2 + 1, N_3 + 1 | \hat{H}^{(3)} | N_1, N_2, N_3 \rangle \right|^2 \times \\ \times \delta(\omega_1 - \omega_2 - \omega_3) \frac{\mathscr{V} d^3 k_2}{(2\pi)^3}, \tag{66.7}$$

其中 $N_1 \equiv N_{\boldsymbol{k}_1 g_1}$, N_2, N_3 是晶体初始态中声子占有数. 声子产生和湮灭算符的矩阵元给出为

$$\langle N - 1 | \hat{c} | N \rangle = \langle N | \hat{c}^+ | N - 1 \rangle = \sqrt{N}. \tag{66.8}$$

因此,我们获得衰变概率形式为:

$$dW = w N_1 (N_2 + 1)(N_3 + 1) \delta(\omega_1 - \omega_2 - \omega_3) \frac{d^3 k_2}{(2\pi)}, \tag{66.9}$$

其中

$$w = w(g_2 \boldsymbol{k}_2, g_3 \boldsymbol{k}_3; g_1 \boldsymbol{k}_1) = \frac{2\pi v}{\omega_1 \omega_2 \omega_3} |\Omega|^2, \tag{66.10}$$

而 $v = \mathscr{V}/\mathscr{N}$ 是晶格元胞的体积. 因此,过程的概率正比于晶体初态中初始声子的数目 N_1,还正比于晶体末态中最终声子的数目 $N_2 + 1$ 和 $N_3 + 1$. 后一性质与声子所遵循的玻色统计法有关,对涉及玻色子的所有过程是正确的②.

衰变的逆过程是两个声子 $\boldsymbol{k}_2$ 和 $\boldsymbol{k}_3$"融合"形成一个声子 $\boldsymbol{k}_1$. 我们可以很容易地证明,哈密顿算符中对此过程负责的项与(66.5)的差别在于分子中的 c 算符要代以 $\hat{c}_1^+ \hat{c}_2 \hat{c}_3$,而 Ω 代以 Ω^*. 这个过程的概率因此由下列公式:

$$dW = w N_2 N_3 (N_1 + 1) \delta(\omega_1 - \omega_2 - \omega_3) \frac{d^3 k_2}{(2\pi)^3} \tag{66.11}$$

给出,它与(66.9)的差别仅在于 N 因子方面. (66.11)和(66.9)中的 w 是相同的,与玻恩近似(微扰论的第一级近似)中正、逆两个散射事件的概率相等这个一般定则相一致(见第三卷,§126).

声子频谱分支总是包括三个声频支,当 $\boldsymbol{k} \to 0$ 时,它们的能量趋于零;对长波

---

① 另一方面,如果选择基胞使得 $\boldsymbol{k} = 0$ 的点,例如,在其顶点之一,低频也将对应于其它顶点的邻域,邻近这些顶点 $\boldsymbol{k}$ 不是很小.

② 声子分布函数 $N_{\boldsymbol{k}}$ 或 $N(\boldsymbol{k})$ 将定义为具有不同准动量值 $\boldsymbol{k}$ 的量子态占有数. 属于 $\boldsymbol{k}$ 空间中体积元 d^3k 的量子态数是 $d^3k/(2\pi)^3$,因此,相对于 d^3k 的分布是 $N_{\boldsymbol{k}}/(2\pi)^3$.

(小 $\boldsymbol{k}$)声频声子,函数 $\omega(\boldsymbol{k})$ 是线性的. 对这类声子,函数 w(66.10)的行为以后将是重要的.

注意到哈密顿量(66.1)中系数 Λ 的性质,它表达这样的事实:晶体整体的简单位移使其能量不变,不管晶体是否变形;由此可以确定函数 w 的行为. 这意味着,如果 $\hat{H}^{(3)}$ 中任何因子 $\boldsymbol{U}_s(\boldsymbol{n})$ 由 $\boldsymbol{U}_s+\boldsymbol{a}$ 所代替,其中矢量 $\boldsymbol{a}$ 不依赖于 $\boldsymbol{n}$ 和 s,而能量 $\hat{H}^{(3)}$ 必须不受影响. 为此我们必须有

$$\sum_{\boldsymbol{n}_1 s_1} \Lambda_{\alpha\beta\gamma}^{s_1 s_2 s_3}(\boldsymbol{n}_1,\boldsymbol{n}_2,\boldsymbol{n}_3)=0, \tag{66.12}$$

其中至少对一对变量 $\boldsymbol{n}_1$, s_1 求和.

过程中所涉及的三个声子,其中或者一个或者全部三个可能是长波声频声子(如果是有两个这种声子和一个短波声子,动量和能量守恒定律就不能满足). 对于一个声频声子,在极限 $\boldsymbol{k}\to 0$ 时,偏振矢量 $\boldsymbol{e}_s(\boldsymbol{k})$ 趋于不依赖于 s 的常量,因为元胞中所有原子同步振动,因子 $\exp(\mathrm{i}\boldsymbol{k}\cdot\boldsymbol{r}_{\boldsymbol{n}})$ 趋于 1. 由于(66.12)的性质,因此,量 Ω(66.4)趋于零,而对小 $\boldsymbol{k}$,它正比于 k 或(对声频声子是同一回事)正比于 ω. 如果有一个长波声子,结果是

$$w\propto k_1, \tag{66.13}$$

或者,如果有三个长波声子,则结果是

$$w\propto k_1k_2k_3. \tag{66.14}$$

我们注意到长波声频声子对应于宏观声波,它们可用宏观弹性理论进行处理;因此,还可由更明显方式达到这些结果(66.13)和(66.14). 弹性理论中形变晶体的能量可利用应变张量

$$U_{\alpha\beta}=\frac{1}{2}\left(\frac{\partial U_\alpha}{\partial x_\beta}+\frac{\partial U_\beta}{\partial x_\alpha}\right) \tag{66.15}$$

来表达,其中 $\boldsymbol{U}(\boldsymbol{r})$ 是弹性介质中 $\boldsymbol{r}$ 点的宏观位移矢量. 正是这个张量的分量是弹性能展开式中所用的小量. 二次量子化中,矢量 $\boldsymbol{U}$ 要用类似于(66.2)的算符 $\hat{\boldsymbol{U}}$ 代替. $\hat{\boldsymbol{U}}$ 对坐标的求导以获得算符 $\hat{\boldsymbol{U}}_{\alpha\beta}$ 给出附加因子 k,它导致结果(66.13)和(66.14).

§67 介电体中声子的动理方程

在固态晶体中,声子形成稀薄气体,它们的动理方程可以类似于对寻常气体的方式获得.

令 $N\equiv N_g(t,\boldsymbol{r},\boldsymbol{k})$ 为类型 g 声子的分布函数. (对每类声子的)动理方程可写出为:

$$\frac{\partial N}{\partial t}+\boldsymbol{u}\cdot\frac{\partial N}{\partial \boldsymbol{r}}=C(N), \tag{67.1}$$

其中 $\boldsymbol{u}=\partial\omega/\partial\boldsymbol{k}$ 是声子速度.

然而,与寻常气体情况的一个重要差别是:在声子气体的碰撞中,声子数和(由于存在倒逆过程)其总准动量一般都不是守恒的. 唯一余留的守恒律是能量守恒定律,它由

$$\sum_g\int\omega C(N)\frac{\mathrm{d}^3k}{(2\pi)^3}=0 \tag{67.2}$$

表达. 用 ω 乘(67.1),对 d^3k 积分,并对 g 求和,我们得到能量守恒定律的下列形式:

$$\frac{\partial E}{\partial t}+\nabla\cdot\boldsymbol{q}=0, \tag{67.3}$$

其中晶体的热能密度 E 和能流密度 $\boldsymbol{q}$ 由下列明显表达式

$$E=\sum_g\int\omega N\frac{\mathrm{d}^3k}{(2\pi)^3},\quad \boldsymbol{q}=\sum_g\int\omega\boldsymbol{u}N\frac{\mathrm{d}^3k}{(2\pi)^3} \tag{67.4}$$

给出.

(67.1)中的碰撞积分原则上必须考虑到,由于 g 类型声子与所有其它声子的相互作用而可能发生的一切过程. 然而,实际上主要贡献来自上一节中讨论过的三声子过程. 涉及更多声子的过程起因于哈密顿函数中以原子位移作幂展开的随后各项:这些项随幂次增大而迅速减小. 减小的原因是振动振幅 ξ 对晶格常量 d 的比值很小;固态晶体中直至熔点的所有温度下,它仍然很小①. 为了粗略估计,我们可以从经典关系式 $M\omega^2\xi^2\sim T$ 开始;估计本征频率为 $\omega\sim u/d$② 我们求得

$$(\xi/d)^2\sim T/Mu^2\ll 1. \tag{67.5}$$

碰撞积分总是(每单位时间)产生处于给定态($g\boldsymbol{k}$)的声子的过程和引走处于该态的声子的过程,这两类过程数之间的差值仅考虑到三声子过程,我们有

$$\begin{aligned}C(N)=\int\Big\{&\frac{1}{2}\sum_{g_1,g_2}\omega(\boldsymbol{k}_1,\boldsymbol{k}_2;\boldsymbol{k})\delta(\omega-\omega_1-\omega_2)\times\\&\times[(N+1)N_1N_2-N(N_1+1)(N_2+1)]+\\&+\sum_{g_1g_3}\omega(\boldsymbol{k},\boldsymbol{k}_1;\boldsymbol{k}_3)\delta(\omega_3-\omega-\omega_1)\times\\&\times[(N+1)(N_1+1)N_3-NN_1(N_3+1)]\frac{\mathrm{d}^3k_1}{(2\pi)^3},\end{aligned} \tag{67.6}$$

其中 $N_1\equiv N_{g_1}(\boldsymbol{k}_1)$,$\omega_1=\omega_{g_1}(\boldsymbol{k}_1)$,…. 大括号中的第一项对应于正和逆过程:

① “量子晶体”,固态氦中的情况除外.

② 在估计值中,我们将认为 u 是声速,虽然这当然字义上仅对长波声频声子才是正确的.

$$(g,\boldsymbol{k}) \rightleftarrows (g_1,\boldsymbol{k}_1)+(g_2,\boldsymbol{k}_2), \quad \boldsymbol{k}_2=\boldsymbol{k}-\boldsymbol{k}_1-\boldsymbol{b}; \tag{67.7}$$

这项中的因数$\frac{1}{2}$考虑到下列事实:由于声子的同一性,我们必须仅对末态的一半求和. 大括号中的第二项对应于下列过程:

$$(g_3,\boldsymbol{k}_3) \rightleftarrows (g,\boldsymbol{k})+(g_1,\boldsymbol{k}_1), \quad \boldsymbol{k}_3=\boldsymbol{k}+\boldsymbol{k}_1+\boldsymbol{b}; \tag{67.8}$$

这项中不需要因数$\frac{1}{2}$,因为衰变所形成的两个声子中有一个已经规定. 在(67.6)的被积表达式中,必须注意到,三重乘积 NN_1N_2和 NN_1N_3的项相消.

对于平衡声子分布,普朗克分布

$$N_0=(\mathrm{e}^{\omega/T}-1)^{-1}, \tag{67.9}$$

碰撞积分恒等于零. 对(67.6)的积分通过直接计算很容易证明这一点:因数的乘法运算给出

$$N_0(N_{01}+1)(N_{02}+1)=(N_0+1)N_{01}N_{02}\exp\frac{\omega_1+\omega_2-\omega}{T}, \tag{67.10}$$

而根据能量守恒定律,右边的指数因子等于 1.

如果没有倒逆过程,不仅声子的总能量该为零,而且声子的总准动量也该为零. 于是,不仅分布函数(67.9),而且对应于声子气体整体相对于晶格以任何速度 $\boldsymbol{V}$ 作平动(漂移)的函数

$$N_0=\left[\exp\frac{\omega-\boldsymbol{k}\cdot\boldsymbol{V}}{T}-1\right]^{-1}, \tag{67.11}$$

也该是平衡函数. 这个结果与统计物理的一般原理是一致的. 还可直接证明:用函数(67.11)的 N_0,等式(67.10)右边会出现附加因数 $\exp[\boldsymbol{V}\cdot(\boldsymbol{k}-\boldsymbol{k}_1-\boldsymbol{k}_2)/T]$,对于无倒逆的过程(其中 $\boldsymbol{k}=\boldsymbol{k}_1+\boldsymbol{k}_2$)等于 1.

当然,分布(67.11)导致非零能流 $\boldsymbol{q}$. 因此,没有倒逆过程时,尽管整个物体的温度为恒定,晶体中也会存在热流;换句话说,晶体会具有无穷大的热导率. 只是由于存在倒逆过程才呈现有限热导率①.

为计算热导率,我们必须写出对晶体的动理方程,其中温度在体积中缓慢变化. 照例,我们寻求下列形式的声子分布函数:

$$N(\boldsymbol{r},\boldsymbol{k})=N_0(\boldsymbol{k})+\delta N(\boldsymbol{r},\boldsymbol{k}), \tag{67.12}$$

其中 δN 是对平衡函数的小校正. 于是动理方程是

$$(\boldsymbol{u}\cdot\nabla T)\frac{\partial N_0}{\partial T}=I(\delta N), \tag{67.13}$$

---

① 建立在声子的动理方程基础上的介电体中热传导的量子理论应归于派尔斯(R. E. Peierls(1929)),他还首先提出对固体动理过程中倒逆过程所起作用的注意.

其中 $I(\delta N)$ 是线性化碰撞积分.

函数 δN 还必须满足补充条件:

$$\sum_g \int \omega \delta N \frac{d^3 k}{(2\pi)^3}=0, \tag{67.14}$$

它表示受扰分布函数像平衡函数那样给出晶格能密度的相同值. 正如在§6中早已注意到的,这个条件实质上规定了非平衡物体中温度的定义. 至于§6中强加于 δN 的另一个条件,并不适用于声子气体的情况,它与寻常气体大不相同. 声子气体中的粒子数一般不是给定量,而是由温度确定的. 晶体中声子的实际总动量(不是准动量!)自动为零,因为否则的话,会意味着有固体的流动,而这对于理想(无缺陷)晶格显然是不可能的. 晶格中每个原子仅完成有限运动,邻近格座的振动;这种运动的平均动量恒为零. 因此固态晶体中(与能流相联系)的声子流并不伴随质量传递①.

让我们显示写下线性化碰撞积分(67.6). 这里方便的是应用新未知函数 χ 来代替 δN,χ 由下式定义:

$$\delta N=-\frac{\partial N_0}{\partial \omega}\chi=\frac{N_0(N_0+1)}{T}\chi. \tag{67.15}$$

如果注意到

$$\delta \frac{N}{1+N}=\frac{N_0}{1+N_0}\frac{\chi}{T}, \tag{67.16}$$

线性化的实施得以简化.(例如,(67.6)第一个积分中)方括号内的表达式可以写成:

$$(N+1)(N_1+1)(N_2+1)\left[\frac{N_1}{N_1+1}\frac{N_2}{N_2+1}-\frac{N}{N+1}\right].$$

取至方括号外的因数中,我们可以立即令 $N=N_0$. 括号中的差值给出:

$$\frac{1}{T}\frac{N_0}{N_0+1}(\chi_1+\chi_2-\chi),$$

其中我们应用了等式

$$\frac{N_{01}}{N_{01}+1}\frac{N_{02}}{N_{02}+1}=\frac{N_0}{1+N_0}.$$

于是碰撞积分变成下列形式:

---

① 液体有所不同,其中声子动量是实际动量,而声子流的确涉及质量传递. 在液体中,原子完成无限运动:在充分长时间内,任何原子可达到体积中任何点.

$$C(N) \approx I(\chi) = \frac{1}{T}\int\left\{\frac{1}{2}\sum_{g_1g_2} w(\boldsymbol{k}_1,\boldsymbol{k}_2;\boldsymbol{k})N_0(N_{01}+1)\times\right.$$
$$\times(N_{02}+1)\delta(\omega_1+\omega_2-\omega)(\chi_1+\chi_2-\chi)+\sum_{g_1g_3} w(\boldsymbol{k},\boldsymbol{k}_1;\boldsymbol{k}_3)\times$$
$$\left.\times N_0N_{01}(N_{03}+1)\delta(\omega+\omega_1-\omega_3)(\chi_3-\chi_1-\chi)\right\}\frac{\mathrm{d}^3k_1}{(2\pi)^3}. \tag{67.17}$$

我们注意到被积表达式中出现的$\chi(\boldsymbol{k})$,像对气体的经典碰撞积分(6.4),(6.5)中那样,是作为各个 $\boldsymbol{k}$ 下它的值的简单和.

对(67.13)的一个解,我们总可以增加齐次方程的明显解:

$$\chi = \text{const}\cdot\omega, \tag{67.18}$$

由于碰撞中能量守恒,(67.18)的解使积分(67.17)恒为零. 如在§6 中早已阐明过的,这个"寄生"解只不过对应于温度中的恒定小变化,为附加条件(67.14)所排除.

第二个"寄生"解,

$$\chi = \boldsymbol{k}\cdot\delta\boldsymbol{V} \tag{67.19}$$

(其中 $\delta\boldsymbol{V}$ 是一常量),对应于声子气体作为整体的运动速度中的小变化(比较(6.6)),由于倒逆过程的存在而被排除;倒逆过程的效应是使总的声子准动量不守恒.

§68 介电体中的热传导 高温

方程(67.13)使我们能立即确定,对于在温度 T 远大于德拜温度 $\Theta\sim u/d$(或寻常单位中为 $\hbar u/d$)的高温下,介电体热导率的温度依存关系.

所有频谱支中声子能量最大值是 Θ 的量级. 因此,当 $T\gg\Theta$ 时,一般所有声子的能量 $\omega\ll T$,而且对于大多数声子 $\omega\sim\Theta$. 于是平衡分布函数(67.9)变成

$$N_0\approx T/\omega\gg 1. \tag{68.1}$$

在碰撞积分(67.17)中,温度分离为因数 T^2;函数 w 对频率 $\omega\sim\Theta$ 并不影响积分的温度依存关系. 方程(67.13)左边,导数 $\partial N_0/\partial T\approx 1/\omega$ 并不含有温度. 由此得出结论

$$\chi\propto\frac{\nabla T}{T^2},\quad \delta N=-\frac{\partial N_0}{\partial\omega}\chi\propto\frac{\nabla T}{T},$$

因而热流①

$$q = \sum_g \int \omega u \delta N \frac{d^3k}{(2\pi)^3} \propto \frac{\nabla T}{T}.$$

这样一来,热导率反比于温度:

$$\kappa \propto 1/T, \quad T \gg \Theta \tag{68.2}$$

(在经典理论中,这个结果是德拜得到的). 在各向异性晶体中,$\boldsymbol{q}$ 和 ∇T 的方向一般不相同,因此,热导率不是标量而是二阶张量;当考虑它的温度依存性时,我们将不计及这点.

让我们在所论及温度范围来估计声子平均自由程. 根据气体动理学理论的初等公式(7.10),$\kappa \sim C\bar{v}l$,其中 C 是(每单位体积的)热容量,$\bar{v}$ 是能量载体的平均速率,而 l 是其平均自由程. 晶体热容量在高温下是常量,声子的速率也是如此,它可估计为声速 u. 于是我们看到平均自由程 $l \sim 1/T$. 在如此高的温度使得原子振动的振幅是晶格常量 d 的量级时,这个平均自由程必须也变成 d 的量级. 根据(67.5)的估计值,这种温度是 $\sim Mu^2$,而对平均自由程 l 和有效碰撞频率 $\nu \sim u/l$,我们有下列估计值

$$l \sim Mu^2 d/T, \quad \nu \sim T/(Mud). \tag{68.3}$$

由此可见,在低于熔点的几乎一切温度下实际上我们有 $l \gg d$.

在这个分析中,基本上假设晶格中热阻的三声子机理对所有声子都是有效的. 各群声子所携带的能流是相加性的,因此它们对热导率的贡献也是相加性的. 如果该机理即使对任何一群声子是不充分的,它对提供有限热导率也就会是不充分的. 在这方面长波声频声子需要特殊分析.

让我们首先考虑仅涉及长波声频声子的过程,这些声子具有相当数值的小准动量(将以带适当下标的 $\boldsymbol{f}$ 表示). 对于这些过程,我们将在其对 f 的依存性方面来估计碰撞积分(67.17). 根据(66.14),在这个情况函数 $w \propto ff_1f_2 \sim f^3$. 因数 $N_0 \sim T/\omega \propto 1/f$. k 空间中的积分是对体积 $\sim f^3$ 积,而 δ 函数在体积中分出一曲面具有面积 $\sim f^2$. 因此我们求得碰撞积分为

$$I(\chi) \propto f^2\chi \propto f^4\delta N$$

(其中最后表达式考虑到了按(67.15)的定义 $\delta N \propto \chi/f^2$),这个结果也可用术语有效碰撞截面予以表述

$$\nu(f) \propto f^4. \tag{68.4}$$

① 平衡时 $\boldsymbol{q}$ 明显变为零形式上是根据对 d^3k 的积分变为零得出的,因为被积表达式是 $\boldsymbol{k}$ 的奇函数:频率 $\omega(\boldsymbol{k})$,因而 $N_0(\omega)$ 是 $\boldsymbol{k}$ 的偶函数. 而速度 $\boldsymbol{u} = \partial\omega/\partial\boldsymbol{k}$ 是奇函数. 函数 $\omega(\boldsymbol{k})$ 是偶函数,是由于时间反演下的对称性而不管晶格的对称性如何(见第五卷,§69).

在动理方程(67.13)左边,(对声频声子)因数 $\boldsymbol{u}$ 不依赖于 f,而 $\partial N_0/\partial T \propto 1/f$. 因此

$$\delta N \propto \frac{1}{f\nu}.$$

长波声子对能流 $\boldsymbol{q}$ 的贡献由积分(67.4)对体积 $\sim f^3$ 取值给出. 然而,这个积分

$$\int \omega u \delta N \frac{\mathrm{d}^3 f}{(2\pi)^3} \propto \int \frac{\mathrm{d}^3 f}{\nu(f)}, \tag{68.5}$$

对小 f 如 $1/f$ 那样发散. 因此,仅长波声频声子间的三声子过程会导致无穷大热导率;为了达到有限热导率,这些声子与短波声子之间的碰撞是必要的(И. Я. Померанчук,1941).

令具有准动量 $\boldsymbol{k}$ 的一个短波声子衰变成一个长波声频声子 $\boldsymbol{f}$ 和与声子 $\boldsymbol{k}$ 属于同一频谱支 $\omega(\boldsymbol{k})$ 的一个短波声子 $\boldsymbol{k}-\boldsymbol{f}-\boldsymbol{b}$(在下面的分析中,绝对值 k 没有 $k \gg f$ 的事实重要). 因为函数 $\omega(\boldsymbol{k})$ 在倒易晶格中是周期性的,我们有 $\omega(\boldsymbol{k}-\boldsymbol{f}-\boldsymbol{b})=\omega(\boldsymbol{k}-\boldsymbol{f})$,而能量守恒定律给出:

$$\omega(\boldsymbol{k})=\omega(\boldsymbol{k}-\boldsymbol{f})+u(\boldsymbol{n})f. \tag{68.6}$$

右边第二项,声频声子频率,是 f 的线性函数($u(\boldsymbol{n})=\omega(\boldsymbol{f})/f$ 是声波的相速,它依赖于方向 $\boldsymbol{n}=\boldsymbol{f}/f$). 将 $\omega(\boldsymbol{k}-\boldsymbol{f})$ 用小矢量 $\boldsymbol{f}$ 的幂作展开,我们可将这个方程变成下列形式

$$\boldsymbol{f}\cdot\frac{\partial\omega}{\partial\boldsymbol{k}}=fu(\boldsymbol{n}). \tag{68.7}$$

仅当短波声子的速率超过声速

$$\left|\frac{\partial\omega}{\partial\boldsymbol{k}}\right|>u(\boldsymbol{n}) \tag{68.8}$$

时,(68.7)才能满足. 在这个意义上,最“危险”的是具有最高声速的声频支,当提到声频声子时,我们指的是这个声频支①.

三声子过程的其它可能性,发生在当 $\boldsymbol{k}$ 空间中有简并性点时,在这些点声子频谱的两个或更多分支的能量相重合(C. Herring,1954);这类点(或者孤立的,或者形成一条线或一个面)的存在,许多情况下是晶格对称性的必然结论. 结果形成的可能性,可用作图法予以阐明,我们将首先给出早已讨论过的“超声”短波声子的发射这种情况.

对 $\boldsymbol{f}$ 的给定方向,我们取作 x 轴;在图 27a,连续曲线描绘短波声子的函数 $\omega(k_x)$(给定 k_y 和 k_z). 将条件(68.7)写成下列形式:

---

① 在各向同性固体中,声频谱的一支对应于纵振动,而另两支对应于横振动;纵声波速率超过横声波速率. 在各向异性晶体中,纵波和横波的划分一般没有什么意义. 然而,在文献中常将具有最高声速的那一支约定称为纵波.

$$v_x \equiv \frac{\partial \omega}{\partial k_x} = u(n_x),$$

我们看到,如果曲线在某点的斜率等于声速时,声频声子的发射是可能的. 于是,邻近这点短波声子的频率 $\omega(\boldsymbol{k})$ 和 $\omega(\boldsymbol{k}-\boldsymbol{f})$ 由曲线与虚线的交点给出,该虚线的斜率是 $u(n_x)$;这两点纵坐标的差值给出频率 uf.

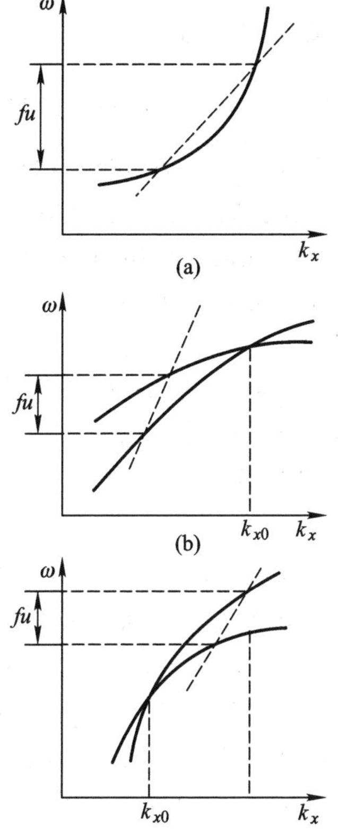

图 27

然而,如果两支 $\omega(k_x)$ 的曲线在某一点 $k_x=k_{x0}$ 相交,邻近该点三声子过程总是可能的,无论曲线的斜率如何,以及 k_{x0} 是否是简单交点(图 27b)或者是一个切点(图 27c). 并且两个短波声子属于不同频谱支.

现在让我们来估计,当有简并点时,长波声频声子的有效碰撞数. 这时应说起这个声子的吸收和发射过程 - 过程(67.8)(当这样的声子衰变时——过程(67.7)——所产生的两个声子也将是长波声子,即,回到早已讨论过的情况). 因此,我们应该在假设

$$\omega_1, \omega_3 \gg \omega \propto f \to 0$$

下来估计(67.17)中的第二项. 同时我们考虑到:$w \propto f$, $N_0 \propto 1/f$,以及被积表达式中余留的因数可用不依赖于 f 的平均值代替,因为积分仅在简并点近邻取值. 再次引进 $\delta N \propto \chi/f^2$,我们得到碰撞积分对 f 的依存性的下列形式的估计 $I(\chi) \propto \nu(f)\delta N$,其中

$$\nu(f) \propto f^2 \int \delta[\omega_1(\boldsymbol{k}-\boldsymbol{f}) + u(\boldsymbol{n})f - \omega_3(\boldsymbol{k})]\,\mathrm{d}^3k. \tag{68.9}$$

利用公式①

$$\int \delta(F)\,\mathrm{d}^3k = \oint \frac{\mathrm{d}S}{|\nabla_k F|}, \tag{68.10}$$

积分在曲面 $F(\boldsymbol{k})=0$ 上取. 于是,可将(68.9)的积分变换成 $\boldsymbol{k}$ 空间中的面积分,其中曲面由

---

① 注意到

$$\mathrm{d}^3k = \mathrm{d}S\mathrm{d}l = \mathrm{d}S\mathrm{d}F/|\nabla_k F|,$$

可立即推导出这个公式,其中 l 是沿曲面法线的距离.

$$\omega_1(\boldsymbol{k}-\boldsymbol{f})+u(\boldsymbol{n})f-\omega_3(\boldsymbol{k})=0 \tag{68.11}$$

定义．于是我们有

$$\nu(f)\propto f^2\Delta S(f)\left\langle\left|\frac{\partial\omega_3(\boldsymbol{k})}{\partial\boldsymbol{k}}-\frac{\partial\omega_1(\boldsymbol{k}-\boldsymbol{f})}{\partial\boldsymbol{k}}\right|^{-1}\right\rangle, \tag{68.12}$$

其中 $\Delta S(f)$是曲面(68.11)的面积,而角括号表示对曲面求平均.

让我们考虑一个典型情况,其中简并点在 $\boldsymbol{k}$ 空间形成一条曲线．因此,当 $f\to0$时,曲面(68.10)收缩至简并点位于其上的一条曲线,而对于小 f 则曲面变成环绕这条线的细管;因此,面积 ΔS 对 f 的依存关系与管直径与 f 的依存关系相同.

如果等能面 $\omega(\boldsymbol{k})$ 在简并曲线上相交但并不相切(见图 27b),点 $\boldsymbol{k}$ 离简并点的距离随f线性变化,而 $\Delta S\propto f$ 也是如此．因为在这个情况导数的差在交点为有限,我们有

$$\nu(f)\propto f^3. \tag{68.13}$$

积分(68.5)现在仅是对数发散,这个发散性要像当没有任何简并情况(见下面)那样去除．由于发散是弱的,通常在定律(68.2)中并不引起任何显著变化.

现在让等能面 $\omega(\boldsymbol{k})$ 在简并点为二次相切．于是,如我们由图 27c 所看到的,f 正比于离相切点距离的平方．面积正比于这距离本身，因此 $\Delta S\propto f^{1/2}$．在所论述情况下,对于(68.12)中导数的差值出现对 f 的同样依存关系,因为导数曲线相交而不相切．因此,在这个情况,

$$\nu(f)\propto f^2, \tag{68.14}$$

在热导率中没有任何发散性.

其它类型简并情况可以类似地进行研究①.

如果声子谱中没有任何简并性点,则(至少一个频谱支 $\omega(\boldsymbol{k})$ 中)对所有方向 $\boldsymbol{n}$ 都必须满足条件(68.6),以便保证三声子过程的有限热导率．否则的话,有限热导率仅由于高阶(四声子)过程的结果而出现,定律(68.2)并不成立．注意到在低温,平均自由程增加并可能变成与物体尺寸 L 可比较;积分(68.5)的发散性于是可在 $f\sim1/L$ 予以截止,这会使热导率依赖于 L.

§69 介电体中的热传导 低温

在低温($T\ll\Theta$),介电体中热传递的性质变得相当不同．问题是在这些条件下,倒逆过程的数目变得指数式小,这由下列论据可清楚看出.

具有倒逆的三声子过程中,准动量守恒由等式 $\boldsymbol{k}=\boldsymbol{k}_1+\boldsymbol{k}_2+\boldsymbol{b}$ 所表达,要求

① 关于它们的讨论,在赫林(C. Herring)的原文献:Phys Rev., **95**(1954),954 中可以找到.

三个准动量中至少一个应很大,让这一个为 $k_1 \sim b$. 于是能量 $\omega_1 \sim \Theta$,而因此能量守恒($\omega = \omega_1 + \omega_2$)要求能量 $\omega \sim \Theta$ 也应很大. 然而,当 $T \ll \Theta$ 时,绝大多数声子具有能量 $\sim T$,具有能量 $\sim \Theta$ 的声子数为指数式小量. 因此,无论对于声子衰变过程,还是对于二声子聚合的逆过程,初始声子数都是指数式小,因而发生这类过程的数目也都是指数式小. 容易看出这样的事实,在这些论证中是否三声子过程并不重要,这种论证对涉及更多数目声子的过程是同等适用的.

在这个情况,热传递的物理图像如下:声子的许多正常碰撞,其中总准动量是守恒的,仅导致在声子气体中建立"内部"平衡,声子气体仍可以任何速度 $\boldsymbol{V}$ 相对于晶格运动. 少数具有倒逆的碰撞仅使分布函数略微改变,但建立起(正比于温度梯度的)确定速度 $\boldsymbol{V}$;这个本身也决定热流. 现在我们将说明在问题的数学解中如何描述这个图像①.

动理方程可写为

$$\frac{\partial N_0}{\partial T}\boldsymbol{u}\cdot\nabla T = I_{\mathrm{N}}(\chi) + I_{\mathrm{U}}(\chi), \tag{69.1}$$

其中碰撞积分被分成与正常碰撞(下标 N)和倒逆碰撞(下标 U)相联系的两部分. 对应于气体整体以速度 $\boldsymbol{V}$ 运动的平衡分布函数,通过将 $N_0(\omega)$ 中的自变量 ω 用 $\omega - \boldsymbol{k}\cdot\boldsymbol{V}$ 代替而获得;当 $\boldsymbol{V}$ 很小时,我们有

$$N_0(\omega - \boldsymbol{k}\cdot\boldsymbol{V}) \approx N_0(\omega) - \boldsymbol{k}\cdot\boldsymbol{V}\frac{\partial N_0}{\partial \omega}. \tag{69.2}$$

按照上述图像,我们寻求方程(69.1)的下列形式的解:

$$\chi = \chi_{\mathrm{N}} + \chi_{\mathrm{U}}, \quad \chi_{\mathrm{N}} = \boldsymbol{k}\cdot\boldsymbol{V}, \tag{69.3}$$

χ_{U}是分布函数中归因于倒逆过程的变化部分,它远小于χ_{N}. 如果 ν_{U} 和 ν_{N}分别表示有和无倒逆过程时的有效碰撞频率的数量级($\nu_{\mathrm{U}} \ll \nu_{\mathrm{N}}$),于是

$$\chi_{\mathrm{U}}/\chi_{\mathrm{N}} \sim \nu_{\mathrm{U}}/\nu_{\mathrm{N}}. \tag{69.4}$$

代入(69.1)导致下列方程

$$\frac{\partial N_0}{\partial T}\boldsymbol{u}\cdot\nabla T = I_{\mathrm{N}}(\chi_{\mathrm{U}}) + I_{\mathrm{U}}(\chi_{\mathrm{N}}), \tag{69.5}$$

其中作用于函数χ 的线性算符由(67.17)定义. 在表达式(69.5)中我们曾考虑到 $I_{\mathrm{N}}(\chi_{\mathrm{N}}) = 0$ 的事实,并将 $I_{\mathrm{U}}(\chi_{\mathrm{U}})$项作为小量而忽略掉;在关系式(69.4)的条件下,右边余留的两项是相同数量级.

首先,必须强调,当忽略倒逆过程并且温度梯度不为零时,动理方程一般无解. 确实,让我们用 $\boldsymbol{k}$ 乘方程(69.5),对 $\mathrm{d}^3k/(2\pi)^3$ 积分,并对所有声子频谱支

① 必须注意到不含糊地将倒逆过程作为小效应予以分出,正好是通过§66 中所描述的对倒易晶格中元胞的选取而达到的;其结果是,只有低能长波声子间的一切碰撞才是正常碰撞.

求和．因为对正常碰撞，总准动量是守恒的，项 $I_N(\chi_U)$ 结果变为零，以至剩下

$$\sum_g \int \boldsymbol{k}(\boldsymbol{u}\cdot\nabla T)\frac{\partial N_0}{\partial T}\frac{\mathrm{d}^3k}{(2\pi)^3} = \sum_g \int \boldsymbol{k}I_U(\chi_N)\frac{\mathrm{d}^3k}{(2\pi)^3}. \tag{69.6}$$

当忽略倒逆过程时，这个方程右边为零，然而左边肯定不为零（显然被积函数为 $\boldsymbol{k}$ 的偶函数，因为 $\omega(\boldsymbol{k})$ 是偶函数而 $\boldsymbol{u}=\partial\omega/\partial\boldsymbol{k}$ 是奇函数）．这个矛盾情况意味着动理方程无解．

然而，考虑到倒逆过程后，方程(69.6)确定解(69.3)中的未知量 $\boldsymbol{V}$．为简化公式的记号，我们将假定晶体具有立方对称性．于是晶体的各向异性在(69.6)的积分中并不出现[①]，因此，代入(69.3)的 χ_N 后，这个方程变为

$$\beta_1\nabla T = -\nu_U\beta_2 T\boldsymbol{V}, \tag{69.7}$$

这里引用的记号是

$$\left.\begin{aligned}
\beta_1 &= \frac{1}{3}\frac{\partial}{\partial T}\sum_g\int \boldsymbol{k}\cdot\boldsymbol{u}N_0\frac{\mathrm{d}^3k}{(2\pi)^3},\\
\beta_2 &= \frac{1}{3}\frac{\partial}{\partial T}\sum_g\int \frac{k^2}{\omega}N_0\frac{\mathrm{d}^3k}{(2\pi)^3},\\
T\nu_U\beta_2 &= -\frac{1}{3}\sum_g\int \boldsymbol{k}\cdot I_U(\boldsymbol{k})\frac{\mathrm{d}^3k}{(2\pi)^3}
\end{aligned}\right\} \tag{69.8}$$

（将因数 β_2 分开是为了简化以后的公式）．

方程(69.7)确定 $\boldsymbol{V}$，于是能流用积分(67.4)来计算，其中 N 要代之以函数

$$\delta N_N = -\boldsymbol{k}\cdot\boldsymbol{V}\frac{\partial N_0}{\partial\omega} = \boldsymbol{k}\cdot\boldsymbol{V}\frac{T}{\omega}\frac{\partial N_0}{\partial T}.$$

于是 $\boldsymbol{q}=T\beta_1\boldsymbol{V}$；它与(69.7)一起给出 $\boldsymbol{q}=-\kappa\nabla T$，其中热导率是

$$\kappa = \beta_1^2/(\nu_U\beta_2). \tag{69.9}$$

值得注意的是在这个情况 κ 的计算并不需要求解出动理方程(69.5)，只要计算出积分(69.8)．

积分 β_1 和 β_2 由频率范围 $\omega\sim T$ 予以确定，此范围包含绝大多数声子．这些积分仅以幂律依赖于 T．因为只有声频声子能具有低能，β_1 和 β_2 实际上只需对三个声频支求和．容易看出，我们于是有

$$\beta_1,\beta_2\propto T^3. \tag{69.10}$$

积分 ν_U 中包含指数依赖关系．它的具体表达式可以通过(67.17)获得．对于倒逆过程我们有

① 对立方对称性，任何二阶张量归结为一个标量：$a_{\alpha\beta}=\frac{1}{3}a\delta_{\alpha\beta}$，$a\equiv a_{\alpha\alpha}$．

$$\chi_{N_1}+\chi_{N_2}-\chi_N=\boldsymbol{V}\cdot(\boldsymbol{k}_1+\boldsymbol{k}_2-\boldsymbol{k})=\boldsymbol{V}\cdot\boldsymbol{b}.$$

对绝大多数声子有 $\omega\sim T$，而分布函数 $N_0\sim1$，然而，对 $\omega\gg T$ 的声子，函数 $N_0\ll1$. 因此，在估计积分时无需考虑因数 $N_0+1\sim1$. 函数

$$N_0=\mathrm{e}^{-\omega/T}(N_0+1)$$

包含因数 $\mathrm{e}^{-\omega/T}$，它也许是指数式小，而它在对积分的估计中有决定性影响.

因此，如果我们仅考虑 ν_U 对温度的指数函数依存关系，我们有

$$\nu_U\propto\sum_{(g\boldsymbol{b})}\int\mathrm{e}^{-\omega/T}\delta(\omega-\omega_1-\omega_2)\mathrm{d}^3k\mathrm{d}^3k_1,\tag{69.11}$$

其中求和是对所有频谱支 g,g_1,g_2 以及对倒逆过程中出现的所有非零 $\boldsymbol{b}$ 取值的. 方程

$$\omega_g(\boldsymbol{k})=\omega_{g_1}(\boldsymbol{k}_1)+\omega_{g_2}(\boldsymbol{k}-\boldsymbol{k}_1)\tag{69.12}$$

定义六维 $\boldsymbol{k},\boldsymbol{k}_1$ 空间中的五维曲面. 令 $\Delta(g,g_1,g_2)$ 为这个超曲面上 $\omega_g(\boldsymbol{k})$ 的最小值；因为倒逆过程中所涉及的声子能量很大，这些值是 $\sim\Theta$. (69.11)中对(g)求和中的每个积分正比于 $\exp[-\Delta(g,g_1,g_2)/T]$. 仅保留其中最大者，我们有

$$\nu_U\propto\exp(-\Delta_{\min}/T),\tag{69.13}$$

其中 $\Delta_{\min}$ 是 $\Delta(g,g_1,g_2)$ 的最小者.

我们因此得出结论，热导率基本上按指数函数关系依赖于温度：

$$\kappa\propto\exp(\Delta_{\min}/T),\tag{69.14}$$

其中 $\Delta_{\min}\sim\Theta$(R. E. Peierls, 1929).

涉及更多声子的高阶过程导致同样特性的温度依存关系，并且 Δ 为每个过程中初始声子能量的最低可能值(或者等价地，参与过程的所有初、末声子总能量最低值的一半). 原则上，可能发现这个值小于对三声子过程的，在那种情况下，当然，当过程的阶次增加时，尽管指数函数的系数减小，高阶过程对热导率的贡献可能变成主要的.

与倒逆过程频率 ν_U 不同，正常碰撞的有效频率 ν_N 如温度的乘幂那样减小；考虑到在§71 中的应用，我们将确定这个减小的关系.

正常碰撞在具有 $\omega\sim T$ 的声频声子间发生，这些声子形成绝大多数. 它们的准动量 $k\sim\omega/u\sim T/u$. 在碰撞积分(67.17)中，积分是对由 δ 函数在体积 $\sim k^3$ 中区分出的具有面积 $\sim k^2$ 的曲面求的. 在这个区域，函数 $N_0\sim1$ 和函数 $w\propto k^3$(按照(66.14)). 因此 $\nu_N\propto T^5$. 比例系数最简单地按照下列条件来确定：当 $T\sim\Theta$ 时，这个表达式与估计量(68.3)必须归结为相同结果，所以

$$\nu_N\sim\frac{T^5}{\Theta^4 Mud}.\tag{69.15}$$

§ 70　杂质对声子的散射

在前两节中,我们曾假设晶格是理想的,无缺陷的. 现在让我们详细讨论,在介电体中的热传导方面,杂质原子对声子散射可能起的作用.

就长波声频声子而论,杂质原子是晶格中的点缺陷. 这类缺陷上散射的特征性质在于它是弹性散射(声子频率不改变). 并且其散射截面随频率降低而迅速减小,或者就等于,随波数如 k^4 那样变化①.

杂质对声子散射的碰撞积分具有形式

$$C(N_{\boldsymbol{k}}) = N_{\mathrm{imp}}\int w(\boldsymbol{k},\boldsymbol{k}')\{N_{\boldsymbol{k}'}(1+N_{\boldsymbol{k}}) - N_{\boldsymbol{k}}(1+N_{\boldsymbol{k}'})\}\delta(\omega'-\omega)\frac{\mathrm{d}^3k'}{(2\pi)^3}. \tag{70.1}$$

照例,大括号中的第一项给出每单位时间下列散射事件的数目:使一个声子从具有准动量的任何值 $\boldsymbol{k}'$ 的状态散射到具有给定值 $\boldsymbol{k}$ 的状态并且对应于相同能量这样的散射事件. 类似地,第二项给出使声子从该给定态进入任何其它态这样的散射事件数. 如果杂质原子无规分布, 它们之间的平均距离远大于散射振幅,则不同原子独立地散射,概率是加性的. 在((70.1)曾经假设过的)这些条件下,散射事件的总数正比于杂质原子浓度 N_{imp}. 对于各向异性介质中的散射,函数 $w(\boldsymbol{k},\boldsymbol{k}')$ 依赖于两个矢量 $\boldsymbol{k}$ 和 $\boldsymbol{k}'$ 的方向,而对其绝对值 $k=k'$ 的依赖关系是 $w\propto k^4$. 在(70.1)中,我们曾令 $w(\boldsymbol{k},\boldsymbol{k}')=w(\boldsymbol{k}',\boldsymbol{k})$. 这性质与散射幅很小有密切关系;在玻恩近似下,当忽略二阶项时,由幺正性条件可直接得出这个结果(见第三卷, § 126). 玻恩近似一般不适用于杂质原子对声子的散射. 然而,在低温下,当论及具有小 $\boldsymbol{k}$ 的声子时,散射幅为小量是由于另外理由,它正比于 k^2;如果忽略 $\propto k^4$ 的项,我们再次得到上述同样结果.

(70.1)大括号中的乘积 $N_{\boldsymbol{k}}N_{\boldsymbol{k}'}$ 相消,在代入 $N=N_0+\delta N$ 后,碰撞积分立即被线性化为:

$$C(N) \equiv I_{\mathrm{imp}}(\delta N) = N_{\mathrm{imp}}\int w(\delta N_{\boldsymbol{k}'} - \delta N_{\boldsymbol{k}})\delta(\omega'-\omega)\frac{\mathrm{d}^3k'}{(2\pi)^3}. \tag{70.2}$$

这个积分像 w 那样正比于 k^4. 因为当 $\omega \ll T$ 时, $\partial N_0/\partial T\propto 1/\omega\propto 1/k$,在这个频率范围,我们有

$$\delta N\propto k^{-5}. \tag{70.3}$$

一个类似情况早已在 § 68 中出现过(比较(68.4)). 依存关系(70.3)导致确定热流的积分的发散性. 因而晶体中杂质的存在本身并不能保证介电体的有限热

---

① 这是声波被远小于波长的障碍物散射的一般性质(比较第六卷, § 76),还可与长电磁波散射中的相应情况(第二卷, § 79)进行比较.

导率.

然而,这并不意味着杂质在确定热导率中一般不起任何作用. 问题是杂质原子的散射使声子的准动量并不守恒,在这个意义上它可能起到倒逆过程的作用. 在充分纯样品中,可能存在一个低温范围使得杂质(对具有 $\omega\sim T$ 的声子的)散射的有效频率 ν_{imp} 介于声子间正常碰撞和倒逆碰撞频率之间:

$$\nu_{\mathrm{N}} \gg \nu_{\mathrm{imp}} \gg \nu_{\mathrm{U}}. \tag{70.4}$$

在这种条件下,杂质散射起倒逆过程的作用,如果用 I_{imp} 代替 I_{U},公式(69.6)—(69.8)仍适用. 于是热导率由公式(69.9)给出,其中 ν_{imp} 代替 ν_{U}:

$$\kappa=\frac{\beta_1^2}{\beta_2\nu_{\mathrm{imp}}}.$$

按照(70.2),$\nu_{\text{imp}}\propto\omega^4\sim T^4$. 对声频声子,量 β_1 和 β_2 正比于 T^3(见(69.10)). 于是,在这个情况,我们有 $\kappa\propto 1/T$.

§71　介电体中声子气体动力学

当正常碰撞的平均自由程(l_{N})远小于倒逆过程的平均自由程(l_{U})时,

$$l_{\mathrm{N}}/l_{\mathrm{U}}\sim\nu_{\mathrm{U}}/\nu_{\mathrm{N}}\ll 1, \tag{71.1}$$

准动量近似守恒,使得低温下晶体中的声子系统在许多方面类似于寻常气体. 正常碰撞在气体(线度远大于 l_{N} 的)每个体元中建立内部平衡,而每个体元仍可以任何速度 $\boldsymbol{V}$ 运动. 如果速度 $\boldsymbol{V}$ 和温度 T 仅在远大于 l_{N} 的距离(和在远长于 $1/\nu_{\mathrm{N}}$ 的时间)才发生显著变化,则对它们可导出"流体力学"方程组. 我们将在对速度 $\boldsymbol{V}$ 和温度梯度(它们将被认为是同阶小量)为线性近似下来构造这个方程组. 而且,为简化公式,我们将再次(像 §69 中那样)假定晶体具有立方对称性.

所寻求的一个方程表达能量守恒定律. 它是通过将分布函数(69.2)代入(67.3)和(67.4)而获得的. 当实现对 $\boldsymbol{k}$ 的方向的积分时,$\omega(\boldsymbol{k}\cdot\boldsymbol{V})\partial N_0/\partial\omega$ 和 $\omega\boldsymbol{u}N_0$ 的积分为零(比较 273 页的脚注). 函数 $N_0(\omega)$ 仅通过 T 而依赖于坐标和时间. 忽略包含乘积 $\boldsymbol{V}\cdot\nabla T$ 的项,我们求得

$$\beta_3\frac{\partial T}{\partial t}+\beta_1 T\,\nabla\cdot\boldsymbol{V}=0, \tag{71.2}$$

其中

$$\beta_3=\partial E_0/\partial T, \tag{71.3}$$

E_0 是平衡能量密度,而 β_1 由(69.8)定义.

第二个方程表达准动量的(近似)守恒. 它由动理方程

$$\frac{\partial N}{\partial t}+\boldsymbol{u}\cdot\nabla N=C_{\mathrm{N}}(N)+C_{\mathrm{U}}(N) \tag{71.4}$$

通过以(69.2)形式的 N 代入,乘以 $\boldsymbol{k}$ 后对 d^3k 积分,并按声子类型求和而获得. 由于正常碰撞中准动量守恒,$\boldsymbol{k}C_N(N)$ 的积分为零. 结果得到

$$\beta_2 T\frac{\partial \boldsymbol{V}}{\partial t}+\beta_1\nabla T=-\nu_U\beta_2 T\boldsymbol{V},\tag{71.5}$$

其中 β_2 和 ν_U 由(69.8)给出. 方程(71.2)和(7.5)形成所寻求的介电体中声子气体的流体力学方程组.

方程(71.5)右边指数式小项(与 ν_U 一起的)描述倒逆过程的影响. 当忽略这项时,准动量严格守恒. 在这种条件下,未阻尼波能在声子气体中传播,类似于超流体中的第二声波(В. П. Пешков,1946). 的确,由(71.2)和(71.5)消去 $\boldsymbol{V}$,这种情况下我们得到下列波方程:

$$\frac{\partial^2 T}{\partial t^2}=\frac{\beta_1^2}{\beta_2\beta_3}\Delta T,\tag{71.6}$$

它描述具有速率为

$$u_2=(\beta_1^2/\beta_2\beta_3)^{1/2}\tag{71.7}$$

的温度振荡的传播.

如早已提过的,低温下对积分 β_1,β_2,β_3 的贡献几乎完全来自频谱的声频支. 对于线性色散关系 $\omega(\boldsymbol{k})$,这些积分正比于 T^3;速率(71.7)于是不依赖于温度,并且与声速为相同量级①.

迄今我们假设晶体为无限大. 在低温下,当声子平均自由程迅速增大时,实际可能出现这样一种情况,其中平均自由程变成与晶体的大小 L 可比较,甚至变得远大于后者. 这尤其适合于指数式增大的 l_U.

让我们考虑这样的介电体中的热传递,它具有 $l_U \gg L$(下面将更明确规定此条件)但仍有 $l_N \ll L$;后一不等式使我们能应用声子的流体力学方程(J. A. Sussmann, A. Thellung, 1963;Р. Н. Гуржи, 1964).

由于晶体表面的微观凹凸不平性,声子通常从该表面无规反射(或称漫反射);这意味着声子气体的宏观速度 $\boldsymbol{V}$ 在表面处为零. 然而,方程(71.2)和(71.5)并不允许有这种边界条件;它们的解只能满足表面处速度的法向分量为零的条件. 如寻常液体的流体力学中那样,切向速度分量为零的边界条件要求考虑到液体的黏性.

在定态情况,方程(71.2)给出 $\nabla\cdot\boldsymbol{V}=0$,即声子气体为不可压缩的. 考虑到黏性要在(71.5)右边增加 $\mu\,\Delta\boldsymbol{V}$ 的一项,类似于寻常黏性流体的纳维-斯托克

① 在具有声子能谱的各向同性液体(低温下的超流氦)中,总共只有一个声频支,其中 $\omega=uk$. 于是 $\beta_1/\beta_2=u^2,\beta_1/\beta_3=\frac{1}{3}$,而第二声速是 $u_2=u/\sqrt{3}$.

斯方程中的对应项. 在定态情况,这个方程是

$$\frac{\beta_1}{\beta_2 T}\nabla T=\mu\ \Delta \boldsymbol{V}-\nu_{\mathrm{U}}\boldsymbol{V}. \tag{71.8}$$

量 μ 具有量纲[m^2/s],起声子气体的运动黏度的作用①. 它的计算原则上需要相应动理方程的解. 然而,对于数量级估计,我们可以应用寻常气体动理学理论的公式,按此有

$$\mu\sim l_{\mathrm{N}}\bar{v}\sim u^2/\nu_{\mathrm{N}}. \tag{71.9}$$

当方程(71.8)中项 $\nu_{\mathrm{U}}\boldsymbol{V}$ 与 $\mu\Delta\boldsymbol{V}$ 相比较可忽略时,尺寸大小效应是占优势效应. 例如,让我们考虑沿直径为 R 的圆柱棒的热传递. R 是关于速度 $\boldsymbol{V}$ 变化的特征长度,因此 $\Delta\boldsymbol{V}\sim\boldsymbol{V}/R^2$. 我们看到,如果 $\mu/R^2\gg\nu_{\mathrm{U}}$,项 $\nu_{\mathrm{U}}\boldsymbol{V}$ 可忽略. 利用估计(71.9),这个条件变成 $l_{\mathrm{U}}\gg l_{\mathrm{eff}}$,其中

$$l_{\mathrm{eff}}\sim R^2/l_{\mathrm{N}} \tag{71.10}$$

在有限物体中起有效声子平均自由程的作用. 相反,如果 $l_{\mathrm{eff}}\gg l_{\mathrm{U}}$,物体的大小不重要,因而(69.14)有效.

当 $l_{\mathrm{U}}\gg l_{\mathrm{eff}}$时,沿棒的热传递过程是黏性声子气体的泊肃叶流. 这可用有效热导率 κ_{eff}来描述,它确定能流密度为 $-\kappa_{\mathrm{eff}}\nabla T$,其中$\nabla T$ 是沿棒的温度梯度. 通过将(71.10)代入表达式 $\kappa_{\mathrm{eff}}\sim Cul_{\mathrm{eff}}$,可以估计这个热流. 在低温下,晶格热容 $C\propto T^3$,而按(69.15),$l_{\mathrm{N}}\sim u/\nu_{\mathrm{N}}\propto T^{-5}$. 因此,有效热导率是

$$\kappa_{\mathrm{eff}}\propto R^2T^8,\quad \text{当 } R^2/l_{\mathrm{U}}\ll l_{\mathrm{N}}\ll R; \tag{71.11}$$

它随温度的降低而降低.

最后,在更低温度下,当还有 $l_{\mathrm{N}}\gg R$ 时,声子相互之间的碰撞变成不重要(如寻常高度稀薄气体的克努森情况中那样). 于是物体的大小 R 起平均自由程的作用,有效热导率是

$$\kappa_{\mathrm{eff}}\sim CuR\propto T^3R \tag{71.12}$$

(H. B. G. Casimir, 1938).

§72　介电体中的声吸收　长波

介电晶体中声吸收的特性,极大地依赖于声波波长与热声子平均自由程 l 之间的关系. 如果波长远大于 l($fl\ll1$,其中 f 是声波波矢 $\boldsymbol{f}$ 的值),以弹性理论的方程为基础的宏观理论是有效的(见第七卷, §35). 按照这个理论,声吸收系数由两项组成,它们分别由介质的热传导和黏性确定. 两项都正比于频率的平

① 纯定性地考虑这个问题,这里我们完全忽略了晶体的各向异性. 必须记住,即使具有立方对称性,黏性也不是用一个标量黏性系数来描述,而是要用具有不止一个独立分量的四阶张量来描述.

方. 这里我们的目的,是寻求它们对温度的依存关系.

热传导对声吸收系数的贡献,数量级上由公式

$$\gamma_{\mathrm{th}} \sim \omega^2 \frac{\kappa T \alpha^2 \rho}{u C^2} \tag{72.1}$$

给出①,其中 α 是物体的热膨胀系数,C 是每单位体积的热容,ρ 是密度. 在高温 $T \gg \Theta$ 下,热导率 $\kappa \propto 1/T$,而 C 和 α 不依赖于温度(见第五卷,§65,§67). 因此,在这个范围,γ_{th} 不依赖于温度. 在低温下,γ_{th} 的温度依存关系(在理想晶格中)主要由热导率确定,当 T 降低时,γ_{th} 指数式增加.

现在让我们来确定声吸收系数的黏性贡献部分(А. И. Ахиезер,1938).

外声场通过引起晶格的宏观形变而改变声子色散关系. 热声子波长远小于声波波长;因此,相对于热声子来说,可认为形变是均匀的,即,可以认为热声子是处于仍为有规则但周期性略改变的晶格中. 按小形变的一级近似,这种晶格中的声子频率 $\omega(\boldsymbol{k})$ 与未形变晶体中的声子频率值 $\omega^{(0)}(\boldsymbol{k})$ 由下列形式的公式

$$\omega(\boldsymbol{k}) = \omega^{(0)}(\boldsymbol{k})(1 + \lambda_{\alpha\beta} U_{\alpha\beta}) \tag{72.2}$$

相联系,其中

$$U_{\alpha\beta} = \frac{1}{2}\left(\frac{\partial U_\alpha}{\partial x_\beta} + \frac{\partial U_\beta}{\partial x_\alpha}\right)$$

是应变张量,而 $\boldsymbol{U}$ 是位移矢量. 晶体的特征张量 $\lambda_{\alpha\beta}$ 一般依赖于 $\boldsymbol{k}$;然而,对具有线性色散关系的长波声频声子,它并不依赖于 $\boldsymbol{k}$ 的绝对值.

(72.2)中的括号内还应包含形式为 $\lambda\ \nabla \times \boldsymbol{U}$ 的一项,它表达下列平凡事实:如果形变引起晶格体积元的转动($\nabla \times \boldsymbol{U} \neq 0$),这改变了(倒易晶格)轴的方向,色散关系中声子的准动量是相对这些轴定义的;项 $\lambda\ \nabla \times \boldsymbol{U}$ 应描述 $\boldsymbol{k}$ 的相应变化. 我们在(72.2)中没有写出这项,因为先验地显然它不能影响我们这里论及的声波中的能量耗散:实际物理效应(耗散)不能依赖于矢量 $\nabla \times \boldsymbol{U}$,即使对于物体整体的纯粹转动,它也不等于零.

由于晶格形变引起的声子分布函数的变化由动理方程

$$\frac{\partial N}{\partial \omega}\dot{\omega} + \frac{\partial N}{\partial T}\dot{T} = C(N) \tag{72.3}$$

给出,其中 $C(N)$ 是声子声子碰撞积分(67.6),$\dot{T}$ 是由形变必然引起的晶体中给定点的温度变化率. 以通常方式将这个方程线性化,并应用(67.15)所定义的 χ,我们可以将它化至下列形式:

---

① 为明确起见,我们给出每单位路程长度的吸收系数. 对于每单位时间的系数与频率和温度的依存关系是相同的,因为两个系数的定义仅相差一个恒定因数声速.

$$\omega \frac{\partial N_0}{\partial \omega}\left(\lambda_{\alpha\beta} \dot{U}_{\alpha\beta} - \frac{\dot{T}}{T} \right) = I(\chi), \tag{72.4}$$

其中 $I(\chi)$ 是线性化碰撞积分(67.17). 方程(72.3)左边的导数 $\dot{\omega}$ 已借助于(72.2)予以变换;此处及以后将略去未扰频率的上标(0).

导数 $\dot{T}$ 原则上可以借助于同一张量 $\lambda_{\alpha\beta}$ 来表达. 将方程(72.4)两边用 ω 乘,对 $\boldsymbol{k}$ 空间积分,并对所有声子频谱支求和,由于碰撞中能量守恒,结果右边归结为零. 方程左边给出

$$\frac{\dot{T}}{T} = \bar{\lambda}_{\alpha\beta} \dot{U}_{\alpha\beta}, \tag{72.5}$$

其中 $\bar{\lambda}_{\alpha\beta}$ 是张量 $\lambda_{\alpha\beta}$ 对 $\omega^2 \partial N_0/\partial\omega$ 求平均的结果. 在高温和低温两个极限情况下,$\bar{\lambda}_{\alpha\beta}$ 都是不依赖于温度. 的确,当 $T \gg \Theta$ 时,求平均中重要的声子是具有与温度无关的准动量 $k \sim k_{\max} \sim 1/d$ 的那些声子. 而当 $T \ll \Theta$ 时,长波声频声子是重要的声子,具有 $\lambda_{\alpha\beta}$ 不依赖于 k,因此求平均再次不会导致对温度的任何依存性.

用 $\lambda_{\alpha\beta} - \bar{\lambda}_{\alpha\beta} = \tilde{\lambda}_{\alpha\beta}$,我们将动理方程写成

$$\omega \frac{\partial N_0}{\partial \omega} \tilde{\lambda}_{\alpha\beta} \dot{U}_{\alpha\beta} = I(\chi). \tag{72.6}$$

其次,让我们推导关于非平衡声子气体中能量耗散的公式. 我们从玻色气体每单位体积的熵的表达式出发:

$$S = \sum_{g} \int \{(N+1)\ln(N+1) - N\ln N\} \frac{\mathrm{d}^3 k}{(2\pi)^3} \tag{72.7}$$

(见第五卷, §55). 这个表达式对时间求导数给出

$$\dot{S} = \sum_{g} \int \dot{N} \ln \frac{N+1}{N} \frac{\mathrm{d}^3 k}{(2\pi)^3}. \tag{72.8}$$

这里用积分 $C(N)$ 代替 $\dot{N}$ (比较 §4)并适当地重新命名表达式(67.6)中两项内的变量 $\boldsymbol{k}, \boldsymbol{k}_1$ 和 $\boldsymbol{k}_2$,我们可将 $\dot{S}$ 化至下列形式:

$$\dot{S} = \frac{1}{2} \sum_{g_1 g_2 g_3} \int w(\boldsymbol{k}_2, \boldsymbol{k}_3; \boldsymbol{k}_1) \delta(\omega_1 - \omega_2 - \omega_3) \times$$
$$\times \ln\left[\frac{(N_1+1)N_2N_3}{N_1(N_2+1)(N_3+1)} \right] [(N_1+1)N_2N_3 - N_1(N_2+1)(N_3+1)] \frac{\mathrm{d}^3 k_1 \mathrm{d}^3 k_2}{(2\pi)^6}.$$

用 T 乘上式给出耗散函数,即,每单位时间和体积所耗散的能量. 代入 $N = N_0 + \delta N$ (用(67.15)形式的 δN),并保留以 δN 的幂展开式中的第一(二次)项,我们求得

$$T\dot{S} = \frac{1}{2T} \sum_{g_1 g_2 g_3} \int w(\boldsymbol{k}_2, \boldsymbol{k}_3; \boldsymbol{k}_1) \delta(\omega_1 - \omega_2 - \omega_3) \times$$

$$\times(N_{01}+1)N_{02}N_{03}(\chi_1-\chi_2-\chi_3)^2\frac{\mathrm{d}^3k_1\mathrm{d}^3k_2}{(2\pi)^6}. \tag{72.9}$$

上述公式足以确定声波吸收系数的温度依存关系. 让我们首先考虑高温范围.

在这个情况,碰撞积分 $I(\chi)$ 包含温度因数 T^2(见 §68 开头). 在动理方程(72.6)左边我们有 $\omega\partial N_0/\partial\omega\approx -T/\omega$,而且对绝大多数声子频率 $\omega\sim\Theta$ 不依赖于温度. 因此,对于这些频率,我们有

$$\chi\sim\frac{1}{T}\tilde{\lambda}_{\alpha\beta}\dot{U}_{\alpha\beta}.$$

由表达式(72.9),其中应令 $N_0\approx T/\omega\gg 1$,现在我们求得耗散函数不依赖于温度. 对于吸收系数同样也是正确的;它是通过将耗散函数除以声波中的能流密度而获得的,而后者也是不依赖于温度的量. 因此,当 $T\gg\Theta$ 时,声波吸收系数的黏性部分和热传导部分都是不依赖于温度的.

在低温下,首先必须强调,与热传导问题的一个基本差别是:即使忽略倒逆过程(低温下其频率很小),声波吸收系数也是有限的. 注意到在热传导的情况,当忽略倒逆过程时,动理方程无解;这是因为将这个方程乘以 $\boldsymbol{k}$ 并对整个声子谱积分后会引致矛盾的结果:方程右边变为零而左边显然不为零(比较(69.6)). 然而,对于方程(72.6),并不出现这样的矛盾:因为它的左边是 $\boldsymbol{k}$ 的偶函数,乘以 $\boldsymbol{k}$ 后变成奇函数,而对 d^3k 积分变为零. 同时意味着,含有倒逆过程算符的项,即 $\boldsymbol{k}I_{\mathrm{U}}(\chi)$,它的积分也为零. 因为这不是由任何守恒律所保证的,因而对动理方程的解强加了一定条件:函数 $\chi(\boldsymbol{k})$ 必须是 $\boldsymbol{k}$ 的偶函数(因而 $\boldsymbol{k}I_{\mathrm{U}}(\chi)$ 是奇函数,因为容易证明算符 I 并不改变 χ 的奇偶性). 这个条件消去了归因于(当没有倒逆过程时)存在形式为 $\chi=\boldsymbol{k}\cdot\delta\boldsymbol{V}$ 的"寄生"解的任意性. 因为它是 $\boldsymbol{k}$ 的奇函数,从而保证了这些过程不存在的极限情况下的正确过渡.

当 $T\ll\Theta$ 时,具有能量 $\omega\sim T$ 的声子在碰撞积分中(和在耗散函数中)是最重要的. 这些是频谱声频支中的长波声子;它们的频率随 $\boldsymbol{k}$ 线性变化,因此它们具有 $k\sim T/u$. 根据(66.14),对于这种声子的碰撞,在积分(67.17)中函数 w 是 $w\propto kk_1k_2$. 分布函数 N_0 仅依赖于比值 ω/T,所以当 $\omega\sim T$ 时有 $N_0\sim 1$. 积分是对 $\mathrm{d}^3k_1=k_1^2\mathrm{d}k_1\mathrm{d}o_1$ 求积,而对 k_1 是在 $\sim T$ 的区域. 因此,每个因数 k,k_1,k_2 对积分贡献一个因数 T,而 δ 函数给出因数 $1/T$. 从而整个积分,在其对温度的依存关系方面估计为 χT^4. 当 $\omega\sim T$ 时,动理方程(72.6)左边不依赖于温度. 因此,当 $\omega\sim T$时,我们有

$$\chi\propto T^{-4}\tilde{\lambda}_{\alpha\beta}\dot{U}_{\alpha\beta}.$$

然后,积分(72.9)的类似估计导致这样的结果,耗散函数,从而声波吸收系数的黏性部分反比于 T. 因此

$$\gamma_{\text{vis}} \propto \omega^2/T, \quad 当\ T \ll \Theta. \tag{72.10}$$

对倒逆过程没有任何需要，其结果是这部分吸收系数仅以幂律随温度的降低而增加，而不是按指数律变化.

前述推导过程中耗散函数的应用，使得有可能回避将晶体中的黏性应力张量通过声子分布函数来表达的问题. 这不是一个平凡问题，因为实际动量流张量是复杂的，这个动量与声子的准动量不相同. 我们将阐明怎样从耗散函数的形式推导出这个表达式.

为此，我们再次从积分(72.8)出发，现在将其中的导数 $\dot{N}$ 写成动理方程(72.6)左边的表达式. 被积表达式中的对数写成下列形式[见(67.16)]：

$$-\ln\frac{N}{N+1} = -\ln\left[\frac{N_0}{N_0+1}\left(1+\frac{\chi}{T}\right)\right] \approx \frac{\omega-\chi}{T}.$$

结果求得

$$T\dot{S} = \sum_g \int \omega\tilde{\lambda}_{\alpha\beta}\delta N\frac{\mathrm{d}^3k}{(2\pi)^3}\cdot\dot{U}_{\alpha\beta}, \tag{72.11}$$

其中 $\delta N = -\chi\partial N_0/\partial\omega$.（根据 $\tilde{\lambda}_{\alpha\beta}$ 的定义，具有代替 χ 的因数 ω 的项恒变为零）. 代替 $\tilde{\lambda}_{\alpha\beta} = \lambda_{\alpha\beta} - \bar{\lambda}_{\alpha\beta}$，这里我们可以简单地令它为 $\lambda_{\alpha\beta}$，因为根据对 δN 所强加的补充条件(67.1 4)含有常量因数 $\bar{\lambda}_{\alpha\beta}$ 的项为零.

另一方面，(每单位体积的)耗散函数可以通过黏性应力张量 $\sigma'_{\alpha\beta}$ 表达为 $\sigma'_{\alpha\beta}\dot{U}_{\alpha\beta}$（比较第七卷，§34）. 因此，与(72.11)的比较给出黏性应力张量的下列表达式：

$$\sigma'_{\alpha\beta} = \sum_g \int \omega\lambda_{\alpha\beta}\delta N\frac{\mathrm{d}^3k}{(2\pi)^3}. \tag{72.12}$$

§73 介电体中的声吸收 短波

在短波的相反情况下，$fl \gg 1$，可以认为声波阻尼过程是当声量子与热声子碰撞时个别声量子被吸收的结果(Л. Д. Ландау，Ю. Б. Румер，1937). 为了使这个处理方法成为可容许的，热声子的能量和动量必须充分精确地予以确定：当通过一个声量子的吸收而改变时，由于有限平均自由程，它们必须进入量子不确定度以外的范围，这个条件由不等式 $fl \gg 1$ 所保证. 实际上，这种情况仅在低温下，当平均自由程变得充分长时，才能出现.

在一级近似下，即，当考虑涉及最少量声子的过程时，我们有三声子过程：

$$\boldsymbol{k}_1 + \boldsymbol{f} = \boldsymbol{k}_2, \quad \omega_1 + \omega = \omega_2, \tag{73.1}$$

其中 ω 和 $\boldsymbol{f}$ 是声量子的能量和准动量，而 $\omega_1, \boldsymbol{k}_1$ 和 $\omega_2, \boldsymbol{k}_2$ 属于热声子. 后者是 $\omega_1, \omega_2 \sim T$；$k_1, k_2 \sim T/u$. 我们以下将假设

$$\hbar\omega \ll T. \tag{73.2}$$

于是 ω_1,ω_2和 k_1,k_2分别远大于 ω 和 f.

如我们在§68 中曾经看到的,守恒律(73.1)仅当热声子速率超过所吸收(或所发射)声量子速率时才能得到遵守. 我们将不深入各种可能情况的讨论,而假设声波不是"纵"波(即,并不对应于具有最大速率的声子谱的声频支),并假设所述条件因而是满足的. 因为 ω 和 f 很小,初态和末态热声子一般属于声子谱的同一声频支;在低温时,它们是长波声子.

三声子过程中声子发射和吸收的概率由公式(66.9)或(66.11)给出. 同时占有数 $N_1 \equiv N(\boldsymbol{k}_1)$ 和 $N_2 \equiv N(\boldsymbol{k}_2)$ 由普朗克平衡分布函数(67.9)给出. 宏观声波对应于给定声子态 $\boldsymbol{f}$ 的很大占有数;与此相比较,"1"当然可以忽略. 省略因数 $N(\boldsymbol{f})$,我们获得每个声量子的概率.

因此,在声量子与具有一切可能 $\boldsymbol{k}_1$ 值的热声子的碰撞中,声量子的吸收概率由下列积分给出:

$$\int Ak_1k_2fN_1(N_2+1)\delta(\omega_1+\omega-\omega_2)\frac{d^3k_1}{(2\pi)^3}. \tag{73.3}$$

通过所有可能的声子 $\boldsymbol{k}_2$的声子 f 的发射这种逆过程的概率是

$$\int Ak_1k_2fN_2(N_1+1)\delta(\omega_1+\omega-\omega_2)\frac{d^3k_1}{(2\pi)^3}. \tag{73.4}$$

按照(66.14),公式(66.9)和(66.11)中函数 w 可写成形式 Ak_1k_2f,这里考虑到了所有三个声子都是长波声子(A 是所有声子的方向的函数).

声子吸收(声子数的相对减小率)由这两个概率的差值确定. 因为频率 ω 远比 ω_1和 ω_2小,我们有

$$N_1(N_2+1)-(N_1+1)N_2 = N_1 - N_2 = -\frac{\partial N_1}{\partial\omega_1}\omega.$$

因此,吸收系数是

$$\gamma \propto \omega f\int Ak_1k_2\left|\frac{\partial N_1}{\partial\omega_1}\right|\delta(\omega_1+\omega-\omega_2)\,d^3k_1. \tag{73.5}$$

我们感兴趣的是这个量对声频率 ω 和晶体温度 T 的依存关系. 它由下列事实完全支配:(73.5)中所有频率都是波矢的线性函数. 为简化讨论,取 $\omega = Uf$, $\omega_1 = uk_1$, $\omega_2 = uk_2$,就足够了,其中 U 和 u 是不依赖于方向的速率.

因为 f 很小,我们可令 $k_1 \approx k_2$. 根据相同理由,

$$\omega_2-\omega_1 \approx \frac{\partial\omega_1}{\partial\boldsymbol{k}_1}\cdot\boldsymbol{f} = uf\cos\theta = \omega\frac{u}{U}\cos\theta,$$

其中 θ 是 $\boldsymbol{f}$ 和 $\boldsymbol{k}$ 之间的夹角. 于是

$$\delta(\omega_1+\omega-\omega_2)=\frac{1}{\omega}\delta\left(1-\frac{u}{U}\cos\theta\right),$$

而积分(73.5)变成

$$\gamma\propto\omega\int Ak_1^2\left|\frac{\partial N_1}{\partial\omega}\right|\delta\left(1-\frac{u}{U}\cos\theta\right)k_1^2\mathrm{d}k_1\mathrm{d}\cos\theta, \tag{73.6}$$

或者,除去 δ 函数后,

$$\gamma\propto\omega\int k_1^4\left|\frac{\partial N}{\partial k_1}\right|\mathrm{d}k_1.$$

因为 N_1 仅是比值 $\omega_1/T=uk_1/T$ 的函数(由于迅速收敛性,对 k_1 的积分可扩展至 ∞),余留积分正比于 T^4. 因此

$$\gamma\propto\omega T^4. \tag{73.7}$$

这里,声吸收系数随频率线性变化.

用上面所假设的条件(73.2),所述的声衰减机理完全类似于等离体中的朗道阻尼. 这里"共振电子"由随声波同相运动的声子所代表. 因此,(73.6)和朗道阻尼公式(30.1)之间自然地存在相似性.

第八章

量 子 液 体

§74 费米液体中准粒子的动理方程

关于正常费米液体中准粒子的动理方程，早已就振荡在该液体中传播的问题这方面讨论过(见第九卷，§4 和 §5)，对于这些问题，方程中的碰撞积分是不重要的. 现在我们将继续讨论其动理方程，以便将它应用到与碰撞特别有关的耗散过程.

费米液体中的准粒子具有自旋为$\frac{1}{2}$. 相应地，它们的分布函数一般情况下对于自旋变量是矩阵. 然而，对于广泛类型的问题，其中只考虑不依赖于自旋变量的分布就足够了. 这种情况下，分布函数简化至标量函数 $n(\boldsymbol{r},\boldsymbol{p})$，这样归一化使得 $n\mathrm{d}^3p/(2\pi\hbar)^3$是单位体积中具有动量在 d^3p 范围和给定自旋分量的准粒子数.

费米液体频谱的特征性质是：准粒子的能量 ε 是分布函数的泛函. 当后者有小量改变时：

$$n(\boldsymbol{r},\boldsymbol{p}) = n_0(\boldsymbol{p}) + \delta n(\boldsymbol{r},\boldsymbol{p}) \tag{74.1}$$

(其中 n_0是平衡分布)，能量的相应改变是

$$\delta\varepsilon(\boldsymbol{r},\boldsymbol{p}) = \int f(\boldsymbol{p},\boldsymbol{p}')\,\delta n(\boldsymbol{r},\boldsymbol{p}')\frac{\mathrm{d}^3p'}{(2\pi\hbar)^3}, \tag{74.2}$$

其中$f(\boldsymbol{p},\boldsymbol{p}')$是准粒子相互作用函数. 因此，分布(74.1)对应于准粒子能量

$$\varepsilon(\boldsymbol{r},\boldsymbol{p}) = \varepsilon_0(\boldsymbol{p}) + \delta\varepsilon(\boldsymbol{r},\boldsymbol{p}), \tag{74.3}$$

其中 $\varepsilon_0(\boldsymbol{p})$是对应于平衡分布的能量.

动理方程是

$$\frac{\partial n}{\partial t} + \frac{\partial \varepsilon}{\partial \boldsymbol{p}}\cdot\frac{\partial n}{\partial \boldsymbol{r}} - \frac{\partial \varepsilon}{\partial \boldsymbol{r}}\cdot\frac{\partial n}{\partial \boldsymbol{p}} = C(n). \tag{74.4}$$

它的特征性质是，在不均匀液体中，即使没有外场，方程左边也含有涉及导数 $\partial\varepsilon/\partial\boldsymbol{r}$ 的项，这是由于 ε 对坐标的依存关系(74.3).

方程(74.4)右边的碰撞积分具有形式：

$$C(n)=\int w(\boldsymbol{p},\boldsymbol{p}_1;\boldsymbol{p}',\boldsymbol{p}'_1)[n'n'_1(1-n)(1-n_1)-\\ -nn_1(1-n')(1-n'_1)]\delta(\varepsilon+\varepsilon_1-\varepsilon'-\varepsilon'_1)\frac{\mathrm{d}^3p_1\mathrm{d}^3p'}{(2\pi\hbar)^6},\tag{74.5}$$

其中 n,n_1,n',n'_1 是互碰准粒子动量 $\boldsymbol{p},\boldsymbol{p}_1,\boldsymbol{p}',\boldsymbol{p}'_1$ 的函数. 假设早已考虑到碰撞中的动量守恒定律,因此 $\boldsymbol{p}+\boldsymbol{p}_1=\boldsymbol{p}'+\boldsymbol{p}'_1$;从而(74.5)中的积分(不是对三个而是)仅对两个动量求积. 能量守恒定律由明显写出 δ 函数而予以保证. 最后,w 是动量的函数,它确定碰撞概率. 方括号中的第一和第二两项分别给出作为碰撞的结果进入和离开特定量子态的准粒子数. 它们与玻尔兹曼气体的碰撞积分中对应项的差别是这里有因数$(1-n)$,等等. 这些因数的出现归因于费米统计法,由于此因数,碰撞使准粒子进入未占有态.

玻恩近似一般不适用于费米液体中准粒子的碰撞. 然而,正、逆散射过程的概率仍可认为相同. 我们所考虑的量是早已对准粒了自旋方向求平均后的量. 在这些条件下,散射概率仅依赖于互碰粒子的初动量和末动量. 这使我们能够应用 §2 中推导细致平衡原理的形式(2.8)时的同样论据. 这里重要的是,费米液体中仍然有空间反演下的不变性. 这样一来,我们得出下列等式

$$w(\boldsymbol{p}',\boldsymbol{p}'_1;\boldsymbol{p},\boldsymbol{p}_1)=w(\boldsymbol{p},\boldsymbol{p}_1;\boldsymbol{p}',\boldsymbol{p}'_1),$$

这在碰撞积分(74.5)中早已应用过. 函数 w 一般依赖于态占有数,因而依赖于温度. 然而,因为温度很低(整个费米液体理论中的重要之点),碰撞积分中的 w 应理解为对 $T=0$ 所计算出的函数.

其实,当我们用费米平衡分布函数

$$n_0(\varepsilon)=\left[\exp\frac{\varepsilon-\mu}{T}+1\right]^{-1}\tag{74.6}$$

代替 n 时,积分(74.5)恒等地变为零. 因为

$$\frac{n_0}{1-n_0}=\exp\left(-\frac{\varepsilon-\mu}{T}\right),$$

我们立即看到能量守恒定律导致等式

$$\frac{n_0n_{01}}{(1-n_0)(1-n_{01})}=\frac{n'_0n'_{01}}{(1-n'_0)(1-n'_{01})}.\tag{74.7}$$

让我们阐明如何借助于动理方程通过分布函数来表达费米液体中的质量,能量和动量守恒定律. 准粒子能量对其分布的依存性使之成为一个相当特殊的问题.

我们将方程(74.4)两边对 $2\mathrm{d}^3p/(2\pi\hbar)^3$ 积分(因数 2 是考虑到自旋的两个可能方向). 由于碰撞中准粒子数守恒,$C(n)$ 的积分为零. 在方程左边,$-(\partial n/\partial\boldsymbol{p})\cdot(\partial\varepsilon/\partial\boldsymbol{r})$ 的项用分部积分,于是方程变为

$$\frac{\partial N}{\partial t}+\nabla\cdot\boldsymbol{i}=0,$$

其中 N 是准粒子的数密度,

$$\boldsymbol{i}=\langle\boldsymbol{v}\rangle,\tag{74.8}$$

而 $\boldsymbol{v}=\partial\varepsilon/\partial\boldsymbol{p}$ 是准粒子的速度①. 这是准粒子的连续性方程,因此 $\boldsymbol{i}$ 是准粒子流密度. 因为费米液体中准粒子数与实际粒子数相同,$\boldsymbol{i}$ 同时也是实际粒子流密度,所以 $\boldsymbol{i}=\langle\boldsymbol{p}/m\rangle$.

现在让我们对方程(74.4)两边首先乘以 $\boldsymbol{p}$ 后再实施上述同样运算. 因为碰撞中准粒子的总动量守恒,$\boldsymbol{p}C(n)$ 的积分为零. 左边用矢量分量写出是

$$\frac{\partial\langle p_\alpha\rangle}{\partial t}+\int p_\alpha\left(\frac{\partial n}{\partial x_\beta}\frac{\partial\varepsilon}{\partial p_\beta}-\frac{\partial n}{\partial p_\beta}\frac{\partial\varepsilon}{\partial x_\beta}\right)\frac{2\mathrm{d}^3p}{(2\pi\hbar)^3}.$$

第二项中的被积表达式可以重写成

$$\frac{\partial}{\partial x_\beta}\left(p_\alpha\frac{\partial\varepsilon}{\partial p_\beta}n\right)+n\frac{\partial\varepsilon}{\partial x_\alpha}-\frac{\partial}{\partial p_\beta}\left(p_\alpha\frac{\partial\varepsilon}{\partial x_\beta}n\right).$$

积分后,第三项给出为零,第二项给出液体能量密度 E 的导数 $\partial E/\partial x_\alpha$;注意到费米液体中准粒子能量通过内能的变分来确定;

$$\delta E=\int\varepsilon\delta n\frac{2\mathrm{d}^3p}{(2\pi\hbar)^3}.\tag{74.9}$$

因此我们有下列形式的动量守恒方程:

$$\frac{\partial}{\partial t}\langle p_\alpha\rangle+\frac{\partial\Pi_{\alpha\beta}}{\partial x_\beta}=0,$$

其中动量流密度张量是

$$\Pi_{\alpha\beta}=\langle p_\alpha v_\beta\rangle+\delta_{\alpha\beta}(\langle\varepsilon\rangle-E).\tag{74.10}$$

最后,方程(74.4)两边乘以 ε 并积分,我们类似地获得能量守恒方程:

$$\partial E/\partial t+\nabla\cdot\boldsymbol{q}=0,$$

其中能流密度是

$$\boldsymbol{q}=\langle\varepsilon\boldsymbol{v}\rangle.\tag{74.11}$$

在平衡时,所有流 $\boldsymbol{i}$,$\boldsymbol{q}$ 和 $\Pi_{\alpha\beta}$ 均为零. 关于这些量,我们可以推导它们对受扰分布(74.1)中小校正 δn 为线性的表达式.

平衡函数 n_0 仅依赖于准粒子的能量,它本身又是对应于平衡分布. 这个事实用对 ε 的下标"0"来表示,我们以更明确形式写出定义(74.1):

---

① 这里和本节的以后部分,$\langle\cdots\rangle$ 表示对分布 n 的积分:

$$\langle\cdots\rangle=\int\cdots n\frac{2\mathrm{d}^3p}{(2\pi\hbar)^3}.$$

$$n(\boldsymbol{r},\boldsymbol{p})=n_0(\varepsilon_0)+\delta n(\boldsymbol{r},\boldsymbol{p}). \tag{74.12}$$

如果将 n_0 表达为准粒子实际能量 ε 的函数，我们必须令

$$n_0(\varepsilon_0)=n_0(\varepsilon)-\delta\varepsilon\frac{\partial n_0}{\partial\varepsilon},$$

受扰分布函数于是变为

$$n(\boldsymbol{r},\boldsymbol{p})=n_0(\varepsilon)+\delta\tilde{n}(\boldsymbol{r},\boldsymbol{p}),$$

$$\delta\tilde{n}=\delta n-\delta\varepsilon\frac{\partial n_0}{\partial\varepsilon}=\delta n-\frac{\partial n_0}{\partial\varepsilon}\int f(\boldsymbol{p},\boldsymbol{p}')\delta n(\boldsymbol{r},\boldsymbol{p}')\frac{\mathrm{d}^3p'}{(2\pi\hbar)^3}. \tag{74.13}$$

因为在积分(74.8)—(74.11)中，ε 和 $\boldsymbol{v}=\partial\varepsilon/\partial\boldsymbol{p}$ 已是准粒子的实际能量和速度，用(74.13)形式的 n 代入其中就够了，于是立即给出

$$\left.\begin{aligned}\boldsymbol{i}&=\int\boldsymbol{v}\,\delta\tilde{n}\frac{2\mathrm{d}^3p}{(2\pi\hbar)^3},\\ \boldsymbol{q}&=\int\varepsilon\,\boldsymbol{v}\,\delta\tilde{n}\frac{2\mathrm{d}^3p}{(2\pi\hbar)^3},\\ \Pi_{\alpha\beta}&=\int p_\alpha v_\beta\delta\tilde{n}\frac{2\mathrm{d}^3p}{(2\pi\hbar)^3}\end{aligned}\right\} \tag{74.14}$$

(在最后一个表达式中，我们还应用了(74.9))．现在，因为 $\delta\tilde{n}$ 的一阶项已经分出，我们当然可以在积分(74.14)中把 ε 当作 $\varepsilon_0(\boldsymbol{p})$ 处理.

就像已多次作过的那样，我们将 δn 表达为

$$\delta n=-\psi\frac{\partial n_0}{\partial\varepsilon}. \tag{74.15}$$

在这个情况，因数 $\partial n_0/\partial\varepsilon$ 的分离具有特殊意义．微扰 δn 集中于费米分布的漫变区．导数 $\partial n_0/\partial\varepsilon$ 也正好在该区域显著异于零；当这个因子被分出时，余留部分 ψ 是慢变函数．与(74.15)一起，我们将写成

$$\delta\tilde{n}=-\varphi\frac{\partial n_0}{\partial\varepsilon}=\frac{n_0(1-n_0)}{T}\varphi, \tag{74.16}$$

其中

$$\varphi=\psi-\int f(\boldsymbol{p},\boldsymbol{p}')\frac{\partial n_0(\varepsilon')}{\partial\varepsilon'}\psi(\boldsymbol{r},\boldsymbol{p}')\frac{\mathrm{d}^3p'}{(2\pi\hbar)^3}. \tag{74.17}$$

在对小比值 T/ε_F 的零级近似下，函数 $n_0(\varepsilon)$ 可用在极限能量 ε_F 处截止的阶跃函数来代替．于是

$$\frac{\partial n_0}{\partial\varepsilon}=-\delta(\varepsilon-\varepsilon_F), \tag{74.18}$$

对 d^3p 的积分归结为对费米面 $\varepsilon=\varepsilon_F$ 上的积分．动量空间中两个无限邻近的等能面之间的体积元是

$$\frac{\mathrm{d}S\mathrm{d}\varepsilon}{|\partial\varepsilon/\partial\boldsymbol{p}|},\tag{74.19}$$

其中 dS 是等能面上的一个面元. 因此对 d^3p 的积分变成按公式

$$\int\cdots\delta(\varepsilon-\varepsilon_{\mathrm{F}})\mathrm{d}^3p=\int\cdots\frac{\mathrm{d}S_{\mathrm{F}}}{\boldsymbol{v}_{\mathrm{F}}}\tag{74.20}$$

在费米面上的积分,其中$\boldsymbol{v}_{\mathrm{F}}$是费米面上的速度值. 这个公式并没有应用费米面是球形;在球面上,$\mathrm{d}S_{\mathrm{F}}=p_{\mathrm{F}}^2\mathrm{d}o$,具有恒定 p_{F}.

经过这个变换后,定义(74.17)变成

$$\varphi(\boldsymbol{r},\boldsymbol{p})=\psi(\boldsymbol{r},\boldsymbol{p})+\int f(\boldsymbol{p},\boldsymbol{p}'_{\mathrm{F}})\psi(\boldsymbol{r},\boldsymbol{p}'_{\mathrm{F}})\frac{\mathrm{d}S'_{\mathrm{F}}}{\boldsymbol{v}'_{\mathrm{F}}(2\pi\hbar)^3},\tag{74.21}$$

其中 $\boldsymbol{p}_{\mathrm{F}}$表示费米面上的动量(具有可变方向!). 粒子流的表达式是

$$\boldsymbol{i}=\int\frac{\boldsymbol{v}_{\mathrm{F}}}{v_{\mathrm{F}}}\varphi\frac{2\mathrm{d}S_{\mathrm{F}}}{(2\pi\hbar)^3},\tag{74.22}$$

而动量流由类似表达式给出. 在能量流中,近似(74.18)显然不充分:它会使 $\boldsymbol{q}$ 简单地化为运流能量传递 $\varepsilon_{\mathrm{F}}\boldsymbol{i}$,下列表达式中的第一项

$$\boldsymbol{q}=\varepsilon_{\mathrm{F}}\boldsymbol{i}-\int\boldsymbol{v}\,(\varepsilon-\varepsilon_{\mathrm{F}})\frac{\partial n_0}{\partial\varepsilon}\varphi\frac{2\mathrm{d}^3p}{(2\pi\hbar)^3}.\tag{74.23}$$

为使碰撞积分线性化,必须注意到作为实际能量 ε 的函数的平衡分布 $n_0(\varepsilon)$使碰撞积分为零①. 因此,线性化是通过代入形式为(74.13)和(74.16)的 n 而完成的,具体计算类似于从(67.6)变至(67.17)所进行的计算. 将(74.5)中方括号内的表达式写成下列形式

$$(1-n)(1-n_1)(1-n')(1-n'_1)\left[\frac{n'}{1-n'}\frac{n'_1}{1-n'_1}-\frac{n}{1-n}\frac{n_1}{1-n_1}\right],$$

并且注意到

$$\delta\frac{n}{1-n}=\frac{n_0}{1-n_0}\frac{\varphi}{T}.$$

结果得到

$$C(n)\equiv I(\varphi)=\frac{1}{T}\int wn_0n_{01}(1-n'_0)(1-n'_{01})(\varphi'+\varphi'_1-\varphi-\varphi_1)\times$$
$$\times\delta(\varepsilon'+\varepsilon'_1-\varepsilon-\varepsilon_1)\frac{\mathrm{d}^3p_1\mathrm{d}^3p'}{(2\pi\hbar)^6}.\tag{74.24}$$

现在把注意力转到(要通过求解动理方程)寻求的分布函数的微扰,出现在碰撞积分中的形式,如出现在流的表达式(74.14)中那样是相同的 $\delta\tilde{n}$. 如果动

---

① 应着重指出这个说明的一般性质. 它适用于涉及费米准粒子的任何碰撞积分,而不仅适用于积分(74.5).

理方程(74.4)左边可以省略 δn 的项(如在计算热导率和黏度中那样,见下节),则准粒子相互作用函数 $f(\boldsymbol{p},\boldsymbol{p}')$ 并不明显出现在结局方程中:对未知量 $\delta\tilde{n}$ 的带 f 的方程与对未知量 δn 的 $f\equiv 0$ 的方程相同. 换句话说,在这类问题中,"费米液体"效应并不出现,形式上与费米气体的情况完全相同.

我们将证明特定一类问题中出现的同样情况. 这类问题中,动理方程左边必须保留 δn 的一阶项. 如果函数 n_0 不依赖于坐标,这些项是

$$\frac{\partial\delta n}{\partial t}+\frac{\partial\delta n}{\partial \boldsymbol{r}}\cdot\frac{\partial\varepsilon_0}{\partial\boldsymbol{p}}-\frac{\partial n_0}{\partial\boldsymbol{p}}\cdot\frac{\partial\delta\varepsilon}{\partial\boldsymbol{r}}=$$

$$=\frac{\partial\delta n}{\partial t}+\boldsymbol{v}\cdot\frac{\partial\delta n}{\partial\boldsymbol{r}}-\boldsymbol{v}\cdot\frac{\partial n_0}{\partial\varepsilon}\frac{\partial}{\partial\boldsymbol{r}}\int f(\boldsymbol{p},\boldsymbol{p}')\delta n(\boldsymbol{r},\boldsymbol{p}')\frac{\mathrm{d}^3p'}{(2\pi\hbar)^3}.$$

用(74.13)的 $\delta\tilde{n}$,它们变成

$$\frac{\partial\delta n}{\partial t}+\boldsymbol{v}\cdot\frac{\partial\delta\tilde{n}}{\partial\boldsymbol{r}}. \tag{74.25}$$

如果可以忽略时间导数项,这里又只有 $\delta\tilde{n}$ 出现.

这些陈述不仅对电中性费米液体适用,而且对金属中的电子液体仍适用,后者将在下一章中考虑. 为此,以及为了不必再回到这个论题,我们在这里将作几点补充评注.

如果准粒子携有电荷 $-e$,于是在有电磁场的情况下,导数 $\dot{\boldsymbol{p}}=-\partial\varepsilon/\partial\boldsymbol{r}$ 还包含作用于电荷上的洛伦兹力的补充项. 因此,动理方程左边包含一项

$$-e\left(\boldsymbol{E}+\frac{1}{c}\left[\frac{\partial\varepsilon}{\partial\boldsymbol{p}}\times\boldsymbol{B}\right]\right)\cdot\frac{\partial n}{\partial\boldsymbol{p}}.$$

电场一般假设为很弱,在 $-e\boldsymbol{E}\cdot\partial n/\partial\boldsymbol{p}$ 的项中令 $n=n_0$ 就足够了. 磁场项对仅依赖于 ε 的函数 $n_0(\varepsilon)$ 恒为零. 然而,如果场很强,必须也保留 δn 的一阶项. 这些项是

$$-\frac{e}{c}(\boldsymbol{v}\times\boldsymbol{B})\cdot\frac{\partial\delta n}{\partial\boldsymbol{p}}-\frac{e}{c}\left(\frac{\partial\delta\varepsilon}{\partial\boldsymbol{p}}\times\boldsymbol{B}\right)\cdot\frac{\partial n_0}{\partial\boldsymbol{p}}=-\frac{e}{c}(\boldsymbol{v}\times\boldsymbol{B})\cdot\left\{\frac{\partial\delta n}{\partial\boldsymbol{p}}-\frac{\partial n_0}{\partial\varepsilon}\frac{\partial\delta\varepsilon}{\partial\boldsymbol{p}}\right\}$$

(其中 $\boldsymbol{v}=\partial\varepsilon_0/\partial\boldsymbol{p}$). 大括号中仅依赖于 ε 的因数 $\partial n_0/\partial\varepsilon$ 可取至 $\partial/\partial\boldsymbol{p}$ 后(它的导数平行于 $\boldsymbol{v}$,因而用 $\boldsymbol{v}\times\boldsymbol{B}$ 相乘时给出结果为零). 因此,这些项归结为下列形式

$$-\frac{e}{c}[\boldsymbol{v}\times\boldsymbol{B}]\cdot\frac{\partial\delta\tilde{n}}{\partial\boldsymbol{p}}, \tag{74.26}$$

它又是仅包含 $\delta\tilde{n}$.

§75　费米液体的热导率和黏度

费米液体的黏度和热导率对温度的依存关系,可通过简单定性论据予以建立(И. Я. Померанчук,1950).

按照气体动理学理论的初等公式(8.11),黏度是 $\eta \sim mN\bar{v}l$,其中 m 是粒子质量,N 是粒子数密度,$\bar{v}$ 是平均热速率和 l 是平均自由程. 目前这个情况,动理学理论的粒子是准粒子,但因为二者数目相同,乘积 mN 是不依赖于温度的量,即液体的密度①. 速率 $\bar{v} \sim v_F$,其中 v_F 是费米面上与温度无关的速率. 平均自由程 $l \sim v_F\tau$,其中 τ 是准粒子碰撞之间的时间. 这个时间随温度如 T^{-2} 那样变化(见第九卷,§1),所以对黏度也有

$$\eta \propto T^{-2}. \tag{75.1}$$

热导率按公式(7.10)估计:$\kappa \sim cN\bar{v}l$,其中 c 是(每个粒子的)热容. 对于费米液体,$c \propto T$,因此

$$\kappa \propto T^{-1}. \tag{75.2}$$

关于 η 和 κ 的精确确定,我们必须应用动理方程. 例如,热导率的计算序列如下.

对动理方程(74.4)左边,按 §7 中对经典气体热导率的计算程序那样,类似地进行变换.

设液体中有一温度梯度,并且液体是宏观上静止的. 后一条件意味着整个液体中压强恒定,且温度分布是定态的. 在方程(74.4)左边,我们用 n 和 ε 的局域平衡表达式(具有温度在整个液体中变化)代入. 于是 $\partial\varepsilon/\partial\boldsymbol{r}=0$,仅剩下 $\boldsymbol{v}\cdot\partial n_0/\partial\boldsymbol{r}$项(我们省略对 ε 和$\boldsymbol{v}$ 的下标"0"). 函数 n 仅涉及组合,$(\varepsilon-\mu)/T$,又因为我们将仅寻求($T\to 0$ 时的)极限形式,化学势 $\mu(T)$ 可取其 $T=0$ 时的值(它与极限能量 ε_F相同),于是

$$\boldsymbol{v}\cdot\frac{\partial n_0}{\partial \boldsymbol{r}}=\frac{\partial n_0}{\partial T}(\boldsymbol{v}\cdot\nabla T)=\frac{n_0(1-n_0)(\varepsilon-\mu)}{T^2}\boldsymbol{v}\cdot\nabla T,$$

而动理方程变成

$$n_0(1-n_0)\frac{\varepsilon-\mu}{T^2}\boldsymbol{v}\cdot\nabla T=I(\varphi), \tag{75.3}$$

用(74.24)的 $I(\varphi)$. 这个方程的解必须服从下列附加条件:

$$\int \boldsymbol{v}\,\varphi\,\frac{\partial n_0}{\partial\varepsilon}\,\frac{\mathrm{d}^3p}{(2\pi\hbar)^3}=0, \tag{75.4}$$

它表达没有任何宏观质量传递. 由于这个条件,能流(74.23)中仅剩下第二项.

如在 §75 中早已注意到的,方程组(75.3)和(75.4)并不显含准粒子相互作用函数,所以费米液体中的热传导问题(同样适用于黏性问题)与费米气体中

① 因为我们将寻求函数 $\eta(T)$ 在低温下的极限形式,这个极限当然是意味着对所有量当 $T\to 0$ 时趋于有限值.

的同样问题形式上完全相同.

在所有积分中,最重要区域是费米分布的漫变区,$\varepsilon-\mu\sim T$ 的范围;准粒子动量接近费米球半径 p_F,在这个范围 $\varepsilon-\mu=v_F(p-p_F)$. 任何地方动量不是作为差值 $p-p_F$出现的,我们可以令 $p=p_F$,而速率可以处处令它等于 v_F. 特别是,在 w 中可以这样做,于是 w 变成仅是描述矢量 $\boldsymbol{p},\boldsymbol{p}_1,\boldsymbol{p}',\boldsymbol{p}'_1$ 相对取向的角度的函数. 对于给定 $\boldsymbol{p}$ 和 $\boldsymbol{p}_1$,动量守恒定律固定了矢量 $\boldsymbol{p}'$ 和 $\boldsymbol{p}'_1=\boldsymbol{p}+\boldsymbol{p}_1-\boldsymbol{p}'$之间的角度;对这个角度的积分除去了碰撞积分中的 δ 函数. 剩下对绝对值 p_1 和 p'(和对其它角度变量)的积分. 对这些绝对值的积分用对 $T^2\mathrm{d}u_1\mathrm{d}u'$的积分来代替,其中 $u=(\varepsilon-\mu)/T=v_F(p-p_F)/T$ 是分布函数 n_0所依赖的变量;鉴于其迅速收敛性,这些积分可以取为从 $-\infty$ 至∞. 于是我们求得整个积分$I(\varphi)$ 正比于 T,而(75.3)的解是

$$\varphi=-T^{-2}g(u)\boldsymbol{v}\cdot\nabla T.$$

当将这个函数代入(74.23),对$\boldsymbol{v}$ 的方向积分,并使热流取 $\boldsymbol{q}=-\kappa\nabla T$ 的形式,具有

$$\kappa=\frac{8\pi v_F p_F^2}{3T}\int_{-\infty}^{\infty}ug(u)\left|\frac{\partial n_0}{\partial u}\right|\mathrm{d}u.$$

因此我们再次看到 $\kappa\propto T^{-1}$.

碰撞积分的上述简化足以精确求解动理方程(对黏性问题同样是正确的). 所获得的对 κ 和 η 的公式,将它们用参量 p_F和 v_F表达,而函数 w 对方向适当地求平均①.

§76 费米液体中的声吸收②

我们注意到(见第九卷,§4),费米液体中波传播的性质基本上依赖于乘积 $\omega\tau$ 的值,其中 τ 是平均自由时.

当 $\omega\tau\ll1$ 时,我们有寻常流体力学声波.(每单位距离上)这些波的吸收系数 γ 对频率和温度的依存关系可以由熟悉的公式 $\gamma\sim\omega^2\eta/(\rho u^3)$求得,其中 η 是黏度,ρ 是液体的密度,u 是声速(见第六卷,§77). 因为费米液体中 $\eta\propto T^{-2}$,我们有

$$\gamma\propto\omega^2/T^2. \tag{76.1}$$

这个结果可以更加形式地予以推导,注意到吸收是由声波色散关系

$$k=\frac{\omega}{u}(1+\mathrm{i}\alpha\omega\tau) \tag{76.2}$$

① 见下列文献:Brooker G. A., Sykes J. —Phys. Rev. Lett., 21(1968),279.

② 本节的结果应归于朗道(Л. Д. Ландау(1957)).

中(相对于小参量)的第一校正项所描述,其中 α 是常数. 这个表达式(对实频率)的虚部给出 γ;因为 $\tau \propto T^{-2}$,我们回到(76.1).

当 $\omega\tau \sim 1$ 时,吸收变成很强,因此声波的传播是不可能的.

当 $\omega\tau \gg 1$ 时,弱阻尼波(所谓零声)的传播又变成可能的. 吸收由色散关系中校正项描述,在这个情况含有小参量 $1/(\mathrm{i}\omega\tau)$:

$$k = \frac{\omega}{u_0}\left(1 + \frac{\mathrm{i}\alpha}{\omega\tau}\right) \tag{76.3}$$

(其中 u_0是零声传播速率). 吸收系数从而正比于碰撞频率:$\gamma \propto 1/\tau$,后者本身又正比于准粒子分布漫变区宽度的平方. 当 $\hbar\omega \ll T$,这个宽度由温度支配,所以 $1/\tau \propto T^2$,而吸收系数是

$$\gamma = aT^2, \quad T \gg \hbar\omega \gg \hbar/\tau. \tag{76.4}$$

然而,如果 $\hbar\omega \gg T$(但仍有 $\hbar\omega \ll \varepsilon_{\mathrm{F}}$作为整个理论的适用性的必要条件),分布在宽度 $\sim \hbar\omega$ 的区域内是漫变的. 于是零声的吸收是

$$\gamma = b\omega^2, \quad \hbar\omega \gg T. \tag{76.5}$$

特别是,这个情况包括 $T = 0$ 时所有频率的零声. 下面将证明公式(76.4)和(76.5)中常量 a 和 b 之间有一个关系.

寻常声与零声吸收性质的差别归因于其物理本质上的差别. 对于寻常声波,远小于波长的任何体积元中,一级近似下准粒子分布对应于液体在给定局域温度和速度下的平衡. 在这个近似下,没有任何耗散,仅当我们考虑到温度和速度梯度对准粒子分布的影响时才出现声吸收. 然而,对于零声波,振动本身引起每个体积元中分布函数偏离平衡,准粒子的碰撞引起声的吸收.

按照正常费米液体理论的基本概念,这种液体中的准粒子在一定意义上可以被认为是围绕粒子的自洽场中的粒子. 在零声波中,这个场是时间和空间上周期性的. 根据量子力学一般定则,这种场中两个准粒子的碰撞伴随着它们的总能量和总动量分别变化为 $\hbar\omega$ 和 $\hbar\boldsymbol{k}$;我们可以说碰撞中发射或吸收了一个"零声量子"①. 这种碰撞的总效应是导致声量子总数的减少;声吸收系数正比于这个减少率.

用这个处理方法,零声的吸收系数是

$$\gamma = \int W\{n_1 n_2(1-n'_1)(1-n'_2) - n'_1 n'_2(1-n_1)(1-n_2)\} \times \\ \times \delta(\varepsilon'_1 + \varepsilon'_2 - \varepsilon_1 - \varepsilon_2 - \hbar\omega)\delta(\boldsymbol{p}'_1 + \boldsymbol{p}'_2 - \boldsymbol{p}_1 - \boldsymbol{p}_2 - \hbar\boldsymbol{k})\frac{\mathrm{d}^3 p_1 \mathrm{d}^3 p_2 \mathrm{d}^3 p'_1 \mathrm{d}^3 p'_2}{(2\pi\hbar)^{12}}. \tag{76.6}$$

---

① 由一个准粒子的"零声量子"的这种发射(或吸收)是不可能的,因为零声的速率超过费米速率 v_{F}.

被积表达式中;明确显示保证碰撞时满足能量和动量守恒的 δ 函数. 大括号中第一项对应于吸收一个量子的碰撞 $\boldsymbol{p}_1, \boldsymbol{p}_2 \to \boldsymbol{p}'_1, \boldsymbol{p}'_2$,第二项对应于发射一个量子的碰撞 $\boldsymbol{p}'_1, \boldsymbol{p}'_2 \to \boldsymbol{p}_1, \boldsymbol{p}_2$. 函数 W,它与"辐射"碰撞的概率有关,由零声波的性质确定;而零声波本身可以被认为在 $T=0$ 下传播(见第九卷,§4),于是 W 不依赖于温度①.

然而,如果我们仅试图通过极限情况 $\hbar\omega \ll T$ 下的值来表达吸收系数,则无需知道函数 W. 为此,我们注意到积分(76.6)中准粒子能量的唯一重要值是费米分布漫变区中的那些值. 在这个区域,被积表达式中迅速变化的唯一因数是含有函数 $n(\varepsilon)$ 的那些. 而且,当我们从 $\hbar\omega \ll T$ 转到 $\hbar\omega \gg T$ 时,(76.6)中的对角度积分几乎不变. 因此,仅对能量来计算积分

$$J = \int \{n_1 n_2 (1-n'_1)(1-n'_2) - n'_1 n'_2 (1-n_1)(1-n_2)\} \times \\ \times \delta(\varepsilon'_1 + \varepsilon'_2 - \varepsilon_1 - \varepsilon_2 - \hbar\omega)\, d\varepsilon_1 d\varepsilon_2 d\varepsilon'_1 d\varepsilon'_2 \tag{76.7}$$

就足够了. γ 和 J 之间的比例因数仅依赖于 ω 而不依赖于 T,所以它可以由 $\hbar\omega/T \ll 1$ 时 γ 的极限值确定.

当然,在积分(76.7)中,我们可以忽略波中分布函数的微小畸变,令

$$n(\varepsilon) = \left[\exp\left(\frac{\varepsilon-\mu}{T}\right)+1\right]^{-1}.$$

引进记号

$$x = \frac{\varepsilon-\mu}{T}, \quad \xi = \frac{\hbar\omega}{T},$$

我们有

$$J = T^3 \int_{-\infty}^{\infty} \frac{(1-e^{-\xi})\delta(x'_1 + x'_2 - x_1 - x_2 - \xi)\, dx_1 dx_2 dx'_1 dx'_2}{(e^{x_1}+1)(e^{x_2}+1)(1+e^{-x'_1})(1+e^{-x'_2})}.$$

由于积分的迅速收敛性,积分范围可以扩展到从 $-\infty$ 至 ∞.

为完成积分,我们变换到变量 y_1, y_2, u_1, u_2,其中 $y = x - x'$, $u = e^x$. 对 u_1 和 u_2 的积分是初等的,给出

$$T^{-3}J = (1-e^{-\xi}) \int_{-\infty}^{\infty}\int\int_0^{\infty}\int \frac{\delta(y_1+y_2+\xi)\, du_1 du_2 dy_1 dy_2}{(u_1+1)(u_2+1)(u_1+e^{y_1})(u_2+e^{y_2})} =$$

$$= (1-e^{-\xi}) \int_{-\infty}^{\infty}\int \frac{y_1 y_2 \delta(y_1+y_2+\xi)\, dy_1 dy_2}{(1-e^{y_1})(1-e^{y_2})} =$$

$$= \int_{-\infty}^{\infty} y(\xi+y) \left\{\frac{1}{e^y-1} - \frac{1}{e^{y+\xi}-1}\right\} dy.$$

① 为避免误解,必须强调函数 W 与碰撞积分(74.5)中的 w 不相同.

为计算两个发散积分之差,我们首先采用有限下限 $-\Lambda$,写出

$$T^{-3}J=\int_{-\Lambda}^{\infty}\frac{y(\xi+y)\mathrm{d}y}{\mathrm{e}^{y}-1}-\int_{-\Lambda+\xi}^{\infty}\frac{y(y-\xi)\mathrm{d}y}{\mathrm{e}^{y}-1}=$$

$$=2\xi\int_{-\Lambda}^{\infty}\frac{y\mathrm{d}y}{\mathrm{e}^{y}-1}-\int_{-\Lambda+\xi}^{-\Lambda}\frac{y(y-\xi)\mathrm{d}y}{\mathrm{e}^{y}-1}.$$

因为打算取极限 $\Lambda\to\infty$,我们忽略第二个积分分母中的 e^{y}. 第一个积分进行变换如下:

$$\int_{-\Lambda}^{\infty}\frac{y\mathrm{d}y}{\mathrm{e}^{y}-1}=\int_{0}^{\infty}\frac{y\mathrm{d}y}{\mathrm{e}^{y}-1}+\int_{-\Lambda}^{0}\frac{y\mathrm{d}y}{\mathrm{e}^{y}-1}=$$

$$=\frac{\pi^{2}}{6}+\int_{-\Lambda}^{0}\left(\frac{y}{1-\mathrm{e}^{-y}}-y\right)\mathrm{d}y=\frac{\pi^{2}}{6}+\int_{0}^{\Lambda}\frac{y\mathrm{d}y}{\mathrm{e}^{y}-1}+\frac{\Lambda^{2}}{2},$$

消去相同项然后取极限 $\Lambda\to\infty$,最后我们有

$$J=\frac{2\pi^{2}\xi T^{3}}{3}\left(1+\frac{\xi^{2}}{4\pi^{2}}\right).$$

γ 和 J 之间的比例因数,如早已提过的,可由条件:当 $\xi\ll1$ 时我们由(76.4)有 $\gamma=aT^{2}$ 而求得. 这给出

$$\gamma=a\left[T^{2}+\left(\frac{\hbar\omega}{2\pi}\right)^{2}\right].\tag{76.8}$$

特别是,在高频极限 $\hbar\omega\gg T$,我们因此获得

$$\gamma=\frac{a}{4\pi^{2}}(\hbar\omega)^{2},\tag{76.9}$$

它建立了(76.4)和(76.5)中系数之间的关系.

§77　玻色液体中准粒子的动理方程

如果玻色超流体中准粒子的平均自由程远小于问题的特征尺度,液体的运动由朗道的双速流体力学方程描述(见第六卷,第十六章). 这些方程中的耗散项包括几个动理系数(热导率和四个黏性系数). 这些系数的计算要求对各种散射过程进行细致讨论,过程的多样性是由于存在两类准粒子(声子和旋子). 实际上,在液氦中,由于初始部分声子谱的不稳定性,情况变得进一步复杂化. 这里将不讨论这类问题.

当温度降低时,准粒子的平均自由程增加(即使仅由于准粒子的数密度减少). 因此,在充分低温度下,很容易有准粒子系统本质上的非平衡性. 在这些条件下,双速流体力学方程不适用. 况且温度和正常速度 $\boldsymbol{v}_{n}$ 的概念(它们只能通过准粒子的平衡分布来定义)一般也失去意义;同时,将液体密度分成超流部分和

正常部分的划分,也与$\boldsymbol{v}_n$一道失去意义. 然而,总密度ρ和超流速度$\boldsymbol{v}_s$仍保持其意义,在这个方面它们本质上是力学变量. 于是,描述超流体的完备方程组,现在必须由关于准粒子分布函数$n(t,\boldsymbol{r},\boldsymbol{p})$的动理方程,关于密度$\rho$的连续性方程,以及关于超流速度$\boldsymbol{v}_s$的方程一起组成.

动理方程具有通常形式①

$$\frac{\partial n}{\partial t}+\frac{\partial n}{\partial \boldsymbol{r}}\cdot\frac{\partial \tilde{\varepsilon}}{\partial \boldsymbol{p}}-\frac{\partial n}{\partial \boldsymbol{p}}\cdot\frac{\partial \tilde{\varepsilon}}{\partial \boldsymbol{r}}=C(n), \tag{77.1}$$

其中$\tilde{\varepsilon}$是准粒子能量,依赖于超流速度$\boldsymbol{v}_s$作为参量,符号ε保留给静止流体中准粒子的能量. ε和$\tilde{\varepsilon}$之间的关系可建立如下.

根据定义,$\varepsilon(p)$是在使$\boldsymbol{v}_s=0$的参考系K_0中准粒子的色散关系. 换句话说,在只有一种准粒子存在的情况下,液体的能量(以$T=0$时的能量为基准)是$\varepsilon(p)$,而其动量等于准粒子的动量$\boldsymbol{p}$. 我们作一伽利略变换,变换到静止参考系K,其中超流速度是$\boldsymbol{v}_s$. 在这个参考系,质量为M的液体的能量和动量是

$$E=\varepsilon(p)+\boldsymbol{p}\cdot\boldsymbol{v}_s+\frac{M\boldsymbol{v}_s^2}{2},\quad \boldsymbol{P}=\boldsymbol{p}+M\boldsymbol{v}_s. \tag{77.2}$$

由此可见,超流体运动的液体中,一个准粒子的能量是

$$\tilde{\varepsilon}(\boldsymbol{p})=\varepsilon(p)+\boldsymbol{p}\cdot\boldsymbol{v}_s \tag{77.3}$$

(比较推导超流条件的论据(第九卷,§23)).

因此,动理方程中出现的导数是②

$$\left.\begin{aligned}\frac{\partial \tilde{\varepsilon}}{\partial \boldsymbol{p}}&=\frac{\partial \varepsilon}{\partial \boldsymbol{p}}+\boldsymbol{v}_s,\\ \frac{\partial \tilde{\varepsilon}}{\partial \boldsymbol{r}}&=\frac{\partial \varepsilon}{\partial \boldsymbol{r}}+\frac{\partial}{\partial \boldsymbol{r}}(\boldsymbol{p}\cdot\boldsymbol{v}_s)=\frac{\partial \varepsilon}{\partial \rho}\nabla\rho+(\boldsymbol{p}\cdot\nabla)\boldsymbol{v}_s.\end{aligned}\right\} \tag{77.4}$$

在第二个方程中,我们曾应用能量ε靠可变密度ρ而依赖于坐标这样的事实;以及(在变换$\boldsymbol{p}\cdot\boldsymbol{v}_s$的导数时)超流总是有势流的事实:

$$\nabla\times\boldsymbol{v}_s=0. \tag{77.5}$$

对于密度的连续性方程是

$$\frac{\partial \rho}{\partial t}+\nabla\cdot\boldsymbol{i}=0, \tag{77.6}$$

其中$\boldsymbol{i}$根据定义是流体每单位体积的动量. 关于$\boldsymbol{i}$的表达式可由(77.2)第二个

---

① 当然,假设准经典条件是满足的:在准粒子波长$\hbar/p$量级的距离上,所有量仅略微变化.

② 严格地说,公式(77.2)是对均匀超流体流动($\boldsymbol{v}_s=\text{const}$)推导出来的. 在不均匀流动中,能量可能含有$\boldsymbol{v}_s$的空间导数的项. 然而,如果假设$\boldsymbol{v}_s$缓慢变化,在动理方程中这些项会导致高阶小量的校正.

公式通过对单位体积中所有准粒子求和而直接求得:

$$\boldsymbol{i}=\rho\,\boldsymbol{v}_s+\langle\boldsymbol{p}\rangle. \tag{77.7}$$

这里和本节其余部分,角括号表示对动量分布的积分:

$$\langle\cdots\rangle=\int\cdots n\frac{d^3p}{(2\pi\hbar)^3}.$$

还要推导对于超流速度的方程.为此,我们从由下式

$$\frac{\partial i_\alpha}{\partial t}+\frac{\partial \Pi_{\alpha\beta}}{\partial x_\beta}=0 \tag{77.8}$$

所表达的动量守恒定律出发,其中 $\boldsymbol{i}$ 由公式(77.7)给出,而 $\Pi_{\alpha\beta}$ 是动量流张量.令 $\Pi^0_{\alpha\beta}$ 为参考系 K_0 中这个张量的值.变换至参考系 K 给出①

$$\begin{aligned}\Pi_{\alpha\beta}&=\Pi^{(0)}_{\alpha\beta}+\rho v_{s\alpha}v_{s\beta}+v_{s\alpha}i^{(0)}_\beta+v_{s\beta}i^{(0)}_\alpha=\\&=\Pi^{(0)}_{\alpha\beta}+\rho v_{s\alpha}v_{s\beta}+v_{s\alpha}\langle p_\beta\rangle+v_{s\beta}\langle p_\alpha\rangle\end{aligned} \tag{77.9}$$

($\boldsymbol{i}^{(0)}=\langle\boldsymbol{p}\rangle$ 是参考系 K_0 中液体每单位体积的动量).这个确定张量 $\Pi_{\alpha\beta}$ 对速度 $\boldsymbol{v}_s$ 的依存关系.

为了对方程(77.8)作进一步的变换,我们回到动理方程(77.1),用 p_α 乘它,并对 $d^3p/(2\pi\hbar)^3$ 积分.由于准粒子的总动量在碰撞中是守恒的,方程右边变为零.左边的积分严格如(74.10)的推导中那样进行变换,给出

$$\frac{\partial}{\partial t}\langle p_\alpha\rangle+\frac{\partial}{\partial x_\beta}\left\langle p_\alpha\frac{\partial\tilde{\varepsilon}}{\partial p_\beta}\right\rangle+\left\langle\frac{\partial\tilde{\varepsilon}}{\partial x_\alpha}\right\rangle=0. \tag{77.10}$$

现在我们将对于 $\boldsymbol{i}$ 和 $\Pi_{\alpha\beta}$ 的表达式(77.7)和(77.9)代入(77.8),然后通过(77.6)和(77.10)消去 $\partial\rho/\partial t$ 和 $\partial\langle\boldsymbol{p}\rangle/\partial t$.结果得到

$$\frac{\partial v_{s\alpha}}{\partial t}+\frac{\partial}{\partial x_\alpha}\frac{v_s^2}{2}+\frac{1}{\rho}\frac{\partial\Pi^{(0)}_{\alpha\beta}}{\partial x_\beta}-\frac{1}{\rho}\left\langle\frac{\partial\varepsilon}{\partial\rho}\right\rangle\frac{\partial\rho}{\partial x_\alpha}-\frac{1}{\rho}\frac{\partial}{\partial x_\beta}\left\langle p_\alpha\frac{\partial\varepsilon}{\partial p_\beta}\right\rangle=0.$$

由条件 $\nabla\times\boldsymbol{v}_s=0$(第二项中早已应用过)得出最后三项的求和必须是某个函数的梯度.而且,没有准粒子时,张量 $\Pi^{(0)}_{\alpha\beta}$ 必须等于 $P_0\delta_{\alpha\beta}$,其中 $P_0(\rho)$ 是 $T=0$ 时液体的压强.由这些条件得出 $\Pi^{(0)}_{\alpha\beta}$ 的唯一可能形式为

$$\Pi^{(0)}_{\alpha\beta}=\left\langle p_\alpha\frac{\partial\varepsilon}{\partial p_\beta}\right\rangle+\delta_{\alpha\beta}\left[P_0+\rho\left\langle\frac{\partial\varepsilon}{\partial\rho}\right\rangle\right]. \tag{77.11}$$

对于 $\boldsymbol{v}_s$ 的方程现在变成

$$\frac{\partial\boldsymbol{v}_s}{\partial t}+\nabla\left[\frac{v_s^2}{2}+\frac{\mu_0}{m}+\left\langle\frac{\partial\varepsilon}{\partial\rho}\right\rangle\right]=0, \tag{77.12}$$

---

① 对 $\Pi_{\alpha\beta}$ 的伽利略变换公式,通过下列方式很容易求得:考虑粒子的一个经典系统,对此有 $\Pi_{\alpha\beta}=\sum p_\alpha v_\beta=\sum m v_\alpha v_\beta$,其中 $\sum$ 是对单位体积中所有粒子求和.

其中 μ_0 是液体(在 $T=0$ 时)的化学势,由热力学公式 $d\mu_0=mdP_0/\rho$ 与压强 P_0 相联系(其中 m 是液体粒子的质量,m/ρ 是分子体积).

方程(77.1),(77.6)和(77.12)形成对非平衡态情况下超流体描述的完备方程组(И. М. Халатников,1952).

为完备起见,让我们也考虑能量守恒定律.这个由

$$\frac{\partial E}{\partial t}+\nabla\cdot\boldsymbol{q}=0 \tag{77.13}$$

表达,其中 $\boldsymbol{q}$ 是液体中的能流密度.根据(77.2)

$$E=E_0(\rho)+\langle\varepsilon\rangle+\boldsymbol{v}_s\cdot\langle\boldsymbol{p}\rangle+\frac{\rho v_s^2}{2}, \tag{77.14}$$

其中 $E_0(\rho)$ 是 $T=0$ 时的能量,由热力学关系式 $dE_0=\mu_0 d\rho/m$ 与化学势相联系.通过将表达式(77.14)对时间求导数并应用对各个量的已知方程,可以求得能流密度.略去计算,我们将给出最后结果:

$$\boldsymbol{q}=(\langle\boldsymbol{p}\rangle+\rho\boldsymbol{v}_s)\left[\frac{\mu_0}{m}+\left\langle\frac{\partial\varepsilon}{\partial\rho}\right\rangle+\frac{v_s^2}{2}\right]+\left\langle(\varepsilon+\boldsymbol{p}\cdot\boldsymbol{v}_s)\left(\frac{\partial\varepsilon}{\partial\boldsymbol{p}}+\boldsymbol{v}_s\right)\right\rangle. \tag{77.15}$$

在"准粒子气体"整体为静止(即,正常速度 $\boldsymbol{v}_n=0$)的参考系中,平衡准粒子分布函数是具有表达式(77.3)给出的准粒子能量 $\tilde{\varepsilon}$ 的寻常玻色分布.在正常速度不为零的参考系中的分布,通过用 $\tilde{\varepsilon}-\boldsymbol{p}\cdot\boldsymbol{v}_n$ 代替 $\tilde{\varepsilon}$ 而获得.因此,当两种运动都存在时准粒子的平衡分布是

$$n(\boldsymbol{p})=\left[\exp\frac{\varepsilon+(\boldsymbol{v}_s-\boldsymbol{v}_n)\cdot\boldsymbol{p}}{T}-1\right]^{-1}. \tag{77.16}$$

通过将所得上述各方程对这个分布求平均,可以推导出双速流体力学方程(在这个近似下没有耗散项),但是我们这里将不作此推导.

习　题

试确定在频率 $\omega\gg\nu$ 时玻色液体中的声吸收系数,其中 ν 是准粒子碰撞频率.假设温度如此低,使得几乎所有准粒子都是声子(Л. Ф. Андреев, И. М. Халатников,1963).

解:在所述条件下,我们可以忽略方程(77.1)中的碰撞积分.我们令 $\rho=\rho_0+\delta\rho$,$n=n_0+\delta n$(其中 $\delta\rho$ 和 δn 是对平衡液体密度和平衡声子分布函数的小校正),并将方程(77.1),(77.6)和(77.12)相对于小量 $\delta\rho$,δn 和 $\boldsymbol{v}_s$ 线性化.假设所有这些量都正比于 $\exp(-i\omega t+i\boldsymbol{k}\cdot\boldsymbol{r})$,我们求得下列方程:

$$(\boldsymbol{k}\cdot\boldsymbol{v}-\omega)\delta n=\frac{\partial n}{\partial\varepsilon}\boldsymbol{v}\cdot\boldsymbol{k}\left(\frac{\partial\varepsilon}{\partial\rho}\delta\rho+\boldsymbol{p}\cdot\boldsymbol{v}_s\right), \tag{1}$$

$$\omega\delta\rho-\boldsymbol{k}\cdot\boldsymbol{v}_{\mathrm{s}}\rho=\int\boldsymbol{k}\cdot\boldsymbol{p}\delta n\frac{\mathrm{d}^3p}{(2\pi\hbar)^3},\tag{2}$$

$$\omega\,\boldsymbol{v}_{\mathrm{s}}-\boldsymbol{k}u_0^2\frac{\delta\rho}{\rho}=\boldsymbol{k}\int\left\{n\frac{\partial^2\varepsilon}{\partial\rho^2}\delta\rho+\frac{\partial\varepsilon}{\partial\rho}\delta n\right\}\frac{\mathrm{d}^3p}{(2\pi\hbar)^3}.\tag{3}$$

这里我们应用了热力学关系：

$$\mathrm{d}\frac{\mu_0}{m}=\frac{\mathrm{d}P_0}{\rho}=\frac{u_0^2}{\rho}\mathrm{d}\rho,$$

其中 u_0 是 $T=0$ 时的声速；这里和以后省略对 ρ 和 n 的下标“0”.

因为温度接近零度时声子数很少，方程(1)—(3)右边的表达式是小校正.全部忽略它们，我们从(2)和(3)得到

$$\omega=u_0k,\quad \boldsymbol{v}_{\mathrm{s}}=u_0\frac{\delta\rho}{\rho}\frac{\boldsymbol{k}}{k}.\tag{4}$$

在高一级近似，我们将这些代入(1)的右边得到：

$$\delta n=\frac{\partial n}{\partial\varepsilon}\frac{v\cos\theta}{v\cos\theta-\omega/k}\left(\frac{\partial\varepsilon}{\partial\rho}+\frac{pu_0}{\rho}\cos\theta\right)\delta\rho,\tag{5}$$

其中 θ 是 $\boldsymbol{p}$ 和 $\boldsymbol{k}$ 之间的夹角.声子色散关系写成

$$\varepsilon(p)=u_0p(1+\alpha p^2),\quad v=\frac{\partial\varepsilon}{\partial p}=u_0(1+3\alpha p^2),$$

在展开式中包括线性项后的其次项(对寻常压强下的液氦，$\alpha>0$，它意味着声子对自发衰变是不稳定的).

(5)式中“共振”分母的存在导致(见下面)积分时出现大对数因数.我们仅限于对数精确度，并忽略方程(3)的右边带 $\delta\rho$ 的项，它并没有这种分母.于是，从方程(2)和(3)消去 $\boldsymbol{v}_{\mathrm{s}}$，我们最后得到下列色散关系：

$$\frac{\omega^2}{k^2}-u_0^2=A\frac{u_0^2}{\rho}\int\frac{p^2}{\cos\theta-1+3\alpha p^2-\mathrm{i}0}\frac{\partial n}{\partial\varepsilon}\frac{\mathrm{d}^3p}{(2\pi\hbar)^3},\tag{6}$$

其中

$$A=\left(1+\frac{\rho}{u_0}\frac{\mathrm{d}u_0}{\mathrm{d}\rho}\right)^2.$$

对 $\cos\theta$ 积分的虚部由绕极点(它在积分范围 $\alpha>0$)通过来确定.实部的计算具有对数精确度是通过将积分在下限 $1-\cos\theta\sim\alpha p^2\sim\alpha T^2/u_0^2$ 和在上限 $1-\cos\theta\sim1$ 处截止来求得.方程(6)的左边写成

$$2u_0\left(\delta u-\frac{u_0}{\omega}\gamma\right),$$

其中 γ 是吸收系数，δu 是对声速的校正($u=u_0+\delta u$).积分的计算导致下列结果：

$$\left.\begin{aligned}\delta u &= \frac{3\rho_{\text{n}} u_0 A}{4\rho} \ln \frac{u_0^2}{\alpha T^2},\\ \gamma &= \frac{3\pi\omega\rho_{\text{n}} A}{4\rho},\end{aligned}\right\} \tag{7}$$

其中 $\rho_{\text{n}} = 2\pi^2 T^4/(45\hbar^3 u_0^5)$ 是液体正常密度的声子部分. 当然, γ 的频率和温度依存关系与 §73 中求得的那些相同.

第九章

金　　属

§78　剩余电阻

由于金属中包含不同种类的准粒子(传导电子和声子),就已经使金属的动理性质比介电体的要更加复杂得多.

当然,电荷是由传导电子传递的. 另一方面,热量则是由电子和声子两者传递的. 然而,实际上,充分高纯度的金属中的热传导,电子也是起支配作用的,主要是因为它们的速率(费米面上的速率 v_F)远大于声子的速率(声速). 而且,在低温下,电子热容显著超过声子热容.

传导电子经受各种类型的碰撞:相互之间的碰撞,与声子的碰撞,与杂质原子(以及其它晶格缺陷)的碰撞. 前两类碰撞的频率随温度降低而减小. 因此,在充分低温度下,杂质对电子的散射在动理现象中是决定性因素. 这个温度范围称为剩余电阻区,我们将它作为金属动理学中的第一个论题.

金属中电流 $\boldsymbol{j}$ 和耗散能流 $\boldsymbol{q}'$ 与电场 $\boldsymbol{E}$ 和温度梯度之间的关系,具有(44.12),(44.13)的形式:

$$\boldsymbol{E}+\nabla\frac{\mu}{e}=\frac{1}{\sigma}\boldsymbol{j}+\alpha\nabla T, \tag{78.1}$$

$$\boldsymbol{q}'=\boldsymbol{q}-\left(\varphi-\frac{\mu}{e}\right)\boldsymbol{j}=\alpha T\boldsymbol{j}-\kappa\nabla T. \tag{78.2}$$

这个形式适用于具有立方对称性的晶体,为简单起见,将到处假设这个对称性. 对并不具有立方对称性的晶体,系数 σ,κ 和 α 要用二阶张量代替. 关系式(78.2)中的 $\boldsymbol{j}$,如果通过(78.1)用 $\boldsymbol{E}$ 来表达,结果将更加方便:

$$\boldsymbol{q}'=\sigma\alpha T\left(\boldsymbol{E}+\nabla\frac{\mu}{e}\right)-(\kappa+T\sigma\alpha^2)\nabla T. \tag{78.3}$$

§74 中关于费米液体动理方程的所有论述,对金属中的电子流体在很大程度上仍有效. 准粒子的动量这里由其准动量代替,而费米面的形状一般很复杂而且对每个具体金属是不同的.

金属的动理系数原则上通过线性化动理方程

$$-e\boldsymbol{E}\cdot\boldsymbol{v}\frac{\partial n_0}{\delta\varepsilon}+\boldsymbol{v}\cdot\frac{\partial n_0}{\partial\boldsymbol{r}}=I(\delta\tilde{n})$$

来计算,其中$\boldsymbol{v}=\partial\varepsilon/\partial\boldsymbol{p}$,而碰撞积分对按(74.13)定义的未知小函数 $\delta\tilde{n}$ 线性化. n_0 对 $\boldsymbol{r}$ 的求导可任意地在μ = const 条件下实现,因为μ 的梯度仍会进入组合 $e\boldsymbol{E}+\nabla\mu$,如(78.1)所显示的那样. 于是

$$\frac{\partial n_0}{\partial T}=-\frac{\varepsilon-\mu}{T}\frac{\partial n_0}{\partial\varepsilon},$$

动理方程取下列形式

$$-\left(e\boldsymbol{E}+\frac{\varepsilon-\mu}{T}\nabla T\right)\cdot\boldsymbol{v}\frac{\partial n_0}{\partial\varepsilon}=I(\delta\tilde{n}). \tag{78.4}$$

电流密度和耗散能流密度由下列积分

$$\begin{aligned}\boldsymbol{j}&=-e\int\boldsymbol{v}\,\delta\tilde{n}\,\frac{2\mathrm{d}^3p}{(2\pi\hbar)^3},\\ \boldsymbol{q}'&=\int(\varepsilon-\mu)\boldsymbol{v}\,\delta\tilde{n}\,\frac{2\mathrm{d}^3p}{(2\pi\hbar)^3}\end{aligned} \tag{78.5}$$

给出(当 $\boldsymbol{q}'$是作为动能($\varepsilon-\mu$)流计算时,没有必要减去势能的运流传递 $\varphi\boldsymbol{j}$).

杂质原子对传导电子的散射,其特性是:它是弹性散射. 由于原子具有大质量,并且"束缚"于晶格,可以认为碰撞中电子能量不改变. 我们将证明,弹性散射的假设本身,足以给出金属电导率和热导率之间简单的关系.

为获得这个关系,我们注意到弹性碰撞算符并不影响函数 $\delta\tilde{n}$ 对能量 ε 的依存关系;碰撞只不过在等能面上移动粒子. 这意味着,$\delta\tilde{n}$ 中仅依赖于 ε 的任何因数,可以取出放到算符 I 外面. 因此我们可以寻求动理方程的下列形式的解:

$$\delta\tilde{n}=\frac{\partial n_0}{\partial\varepsilon}\left(e\boldsymbol{E}+\frac{\varepsilon-\mu}{T}\nabla T\right)\cdot\boldsymbol{l}(\boldsymbol{p}), \tag{78.6}$$

其中 $\boldsymbol{l}(\boldsymbol{p})$满足方程

$$I(\boldsymbol{l})=-\boldsymbol{v}. \tag{78.7}$$

电流密度按分布(78.6)计算为

$$\boldsymbol{j}=-e\int\left\{e(\boldsymbol{E}\cdot\boldsymbol{l})\boldsymbol{v}+\frac{\varepsilon-\mu}{T}(\boldsymbol{l}\cdot\nabla T)\boldsymbol{v}\right\}\frac{\partial n_0}{\partial\varepsilon}\frac{2\mathrm{d}^3p}{(2\pi\hbar)^3}. \tag{78.8}$$

第一项给出电导率张量

$$\sigma_{\alpha\beta}=-e^2\int v_\alpha l_\beta\frac{\partial n_0}{\partial\varepsilon}\frac{2\mathrm{d}^3p}{(2\pi\hbar)^3}. \tag{78.9}$$

具有立方对称性的晶体中，$\sigma_{\alpha\beta}=\sigma\delta_{\alpha\beta}$，电导率是

$$\sigma=-\frac{e^2}{3}\int \boldsymbol{l}\cdot\boldsymbol{v}\frac{\partial n_0}{\partial\varepsilon}\frac{2\mathrm{d}^3p}{(2\pi\hbar)^3},$$

或者，按(74.18)—(74.20)中那样对积分进行变换

$$\left.\begin{aligned}\sigma&=\frac{2e^2}{3}J_{\mathrm{F}},\\ J&=\int \boldsymbol{l}\cdot\boldsymbol{v}\frac{\mathrm{d}S}{v(2\pi\hbar)^3}.\end{aligned}\right\}\tag{78.10}$$

J_{F} 中积分取遍倒易晶格一个原胞内费米面的各叶.

类似地，与(78.1)比较，(78.8)中第二项给出

$$\alpha\sigma=\frac{2e}{3T}\int\eta(\boldsymbol{v}\cdot\boldsymbol{l})\frac{\partial n_0}{\partial\varepsilon}\frac{\mathrm{d}^3p}{(2\pi\hbar)^3},$$

其中 $\eta\equiv\varepsilon-\mu$. 对 d^3p 的积分用对等能面 $\eta=\mathrm{const}$ 的积分和对 η 的积分代替. 再次用如(78.10)中的 J，我们求得

$$\alpha\sigma=\frac{2e}{3T}\int J\eta\frac{\partial n_0}{\partial\eta}\mathrm{d}\eta.\tag{78.11}$$

函数

$$\frac{\partial n_0}{\partial\varepsilon}=-\frac{1}{T(\mathrm{e}^{\eta/T}+1)(\mathrm{e}^{-\eta/T}+1)}$$

当 $\eta\to\pm\infty$ 时指数式减小；因此，对 η 的积分可以扩展到 $-\infty$ 至 $+\infty$. 积分主要由范围 $|\eta|\sim T$ 支配；另一方面，$J(\eta)$ 仅在范围 $\eta\sim\mu\gg T$ 才显著变化. 因此，写出

$$J\approx J_{\mathrm{F}}+\eta\frac{\mathrm{d}J}{\mathrm{d}\varepsilon_{\mathrm{F}}}$$

就足够了. 代入(78.11)后，第一项的积分为零，因为被积表达式是 η 的奇函数，第二项给出

$$\alpha\sigma=\frac{2e}{3T}\frac{\mathrm{d}J}{\mathrm{d}\varepsilon_{\mathrm{F}}}2\int_0^\infty\eta^2\frac{\partial n_0}{\partial\eta}\mathrm{d}\eta=-\frac{8e}{3T}\frac{\mathrm{d}J}{\mathrm{d}\varepsilon_{\mathrm{F}}}\int_0^\infty\eta n_0\mathrm{d}\eta.$$

积分

$$\int_0^\infty\frac{\eta\mathrm{d}\eta}{\mathrm{e}^{\eta/T}+1}=\frac{\pi^2}{12}T^2;$$

还应用(78.10)，我们求得

$$\alpha=-\frac{\pi^2T}{3e}\frac{\mathrm{d}\ln J}{\mathrm{d}\varepsilon_{\mathrm{F}}}.\tag{78.12}$$

数量级上，$|\alpha|\sim T/(e\varepsilon_{\mathrm{F}})$.

现在让我们令 $\boldsymbol{E}=0$ 并计算能流. 再次应用立方对称性，我们求得

$$\boldsymbol{q}' = \frac{2\nabla T}{3T}\int_{-\infty}^{\infty} J\eta^2 \frac{\partial n_0}{\partial \eta}\mathrm{d}\eta.$$

这里令 $J = J_{\mathrm{F}}$ 就足够了，它给出

$$\boldsymbol{q}' = -\frac{2\pi^2}{9}TJ_{\mathrm{F}}\nabla T.$$

将此表达式与(78.3)和(78.10)比较表明，

$$\kappa + T\sigma\alpha^2 = \frac{\pi^2\sigma T}{3e^2}.$$

由上面所给 α 的估计量表明，左边的项 $T\sigma\alpha^2$ 远比右边小，比值是 $(T/\varepsilon_{\mathrm{F}})^2$. 忽略这一项，我们最后得到热导率与电导率之间的下列关系：

$$\kappa = \frac{\pi^2 T}{3e^2}\sigma, \tag{78.13}$$

称为维德曼－弗兰兹定律①.

我们必须再次强调，这个关系式的推导仅应用了传导电子的散射是弹性散射这个事实. 对这个推导的考察还很容易阐明，立方对称性的假设只不过使公式简化. 在一般情况下，当晶体具有任何对称性时，张量 $\kappa_{\alpha\beta}$ 和 $\sigma_{\alpha\beta}$ 之间存在类似关系(78.13).

为单独求系数 κ 和 σ 对温度的依存关系，需要用到碰撞积分. 对与杂质原子的碰撞，其形式严格类似于杂质对声子散射的积分(70.3)：

$$C(n) = N_{\mathrm{imp}}\int w(\boldsymbol{p},\boldsymbol{p}')[n'(1-n) - n(1-n')]\delta(\varepsilon-\varepsilon')\frac{2\mathrm{d}^3p'}{(2\pi\hbar)^3}. \tag{78.14}$$

因数 $1-n$ 和 $1-n'$ 是考虑到泡利原理（只有到未占有态的跃迁才可能）；因数 n' 和 n 表明散射仅能从占有态发生. 如(70.3)中那样，假设积分(78.14)中杂质原子无规分布和它们间的平均距离远大于散射幅；于是各个原子独立地散射. 等式 $w(\boldsymbol{p},\boldsymbol{p}') = w(\boldsymbol{p}',\boldsymbol{p})$ 早已在积分(78.14)中应用过. 玻恩近似一般不适用于杂质原子对传导电子的散射. 所给方程可以由推导(2.8)形式的细致平衡原理的论据予以证实. 然而，这里意味着金属晶格上由杂质原子占有的位置具有允许反演的对称性.

碰撞积分的线性化相当于用 $\delta\tilde{n}' - \delta\tilde{n}$ 代替 $n'(1-n) - n(1-n') = n' - n$. 于是方程(78.7)变成

$$N_{\mathrm{imp}}\int w(\boldsymbol{p},\boldsymbol{p}')(\boldsymbol{l}'-\boldsymbol{l})\delta(\varepsilon-\varepsilon')\frac{2\mathrm{d}^3p'}{(2\pi\hbar)^3} = -\boldsymbol{v}. \tag{78.15}$$

---

① (78.13)类型的公式是由德鲁德(P. Drude, 1900)定性导出的，他首先表述了传导电子参与金属的热平衡的概念. 经典统计法中的定量结果是由洛伦兹(H. A. Lorentz, 1905)给出的，而费米统计法中的定量结果则是由索末菲(A. Sommerfeld, 1928)给出的.

这个方程并不包含温度. 因此,解 $\boldsymbol{l}(\boldsymbol{p})$①也不依赖于温度,而按(78.10),电导率 σ 也是如此. 这样一来,在充分低温度下,当受杂质的散射为电阻的主要机理时,电阻趋于恒定(剩余)值. 因而热导率 κ 在这个范围正比于 T②.

为定量粗估剩余电阻,我们可应用初等公式(43.7),(对金属中的电子)在其中令 $p \sim p_F$:

$$\sigma \sim e^2 Nl/p_F, \tag{78.16}$$

其中 N 是电子密度. 对于受杂质的散射,平均自由程 $l \sim 1/(N_{imp}\sigma_t)$,其中 σ_t 是输运散射截面. 因此,剩余电阻 $\rho_{res} = 1/\sigma$ 是

$$\rho_{res} \sim \frac{N_{imp}\sigma_t p_F}{e^2 N}. \tag{78.17}$$

对上述讨论应增加一个补注. 关于动理方程对费米液体的适用性的一般条件,要求电子能量的量子不确定度应远小于费米分布热漫变的宽度($\sim T$). 这个不确定度是 $\sim \hbar/\tau$,其中 $\tau \sim l/v_F$ 是平均自由时. 对于受杂质的散射 $l \sim 1/(N_{imp}\sigma_t)$,不确定度 $\hbar/\tau$ 不依赖于温度,因此,即使当 $T=0$ 时也会使费米边界漫变. 乍看起来,由此会得出整个上述讨论须服从很严厉的条件

$$T \gg \hbar v_F \sigma_t N_{imp}, \tag{78.18}$$

它依赖于杂质浓度. 然而,实际上,并没有这种限制(Л. Д. Ландау,1934).

问题是由于杂质原子的固定位置以及它们对电子弹性散射的性质,计算电流的整个问题,原则上可以作为电子在给定的复杂有势外场中运动的量子力学问题来予以表述. 对于确定为这个场中定态的电子态,能量没有不确定性;在 $T=0$ 时,电子占有为锐费米面所界限的态区域,但在对外场中运动的量子数空间中,而不是在动量空间中. 对于问题的这个表述,不会出现(78.18)类型的条件.

§79 电子声子相互作用

在充分纯金属中,在广阔温度范围建立平衡的主要机理是传导电子和声子之间的相互作用.

一个电子能够发射(或吸收)一个声子的条件,要求电子的速率大于声子的速率;比较 §68 中对于一个声子发射另一个声子的类似结果. 然而,费米面处电子的速率通常远大于声子的速率;因此,上述条件是满足的,而对电子声子碰撞积分的主要贡献正是来自这些"单声子"过程.

考虑到这些过程,于是碰撞积分具有下列形式,类似于声子声子碰撞积分

---

① 俄文版和英文版均为 $\boldsymbol{g}(\boldsymbol{p})$,似有误——译者注.

② 这些讨论中假设方程(78.15)并不包含在 $\varepsilon = \varepsilon_F$ 附近迅速变化的量,所以(78.9)中的 $\boldsymbol{l}$ 可用 $\boldsymbol{l}_F$ 代替. 对于受寻常杂质的散射,这是正确的,但对受顺磁原子的散射则不正确.

(67.6)[①]:

$$C_{\mathrm{e,ph}}(n_{\boldsymbol{p}}) = \int w(\boldsymbol{p}',\boldsymbol{k};\boldsymbol{p})\{n_{p'}(1-n_p)N_k - $$
$$- n_p(1-n_{p'})(1+N_k)\}\delta(\varepsilon_p - \varepsilon_{p'} - \omega_k)\frac{\mathrm{d}^3k}{(2\pi)^3} + $$
$$+ \int w(\boldsymbol{p}';\boldsymbol{p},\boldsymbol{k})\{n_{p'}(1-n_p)(1+N_k) - n_p(1-n_{p'})N_k\}\times$$
$$\times\delta(\varepsilon_p + \omega_k - \varepsilon_{p'})\frac{\mathrm{d}^3k}{(2\pi)^3}. \tag{79.1}$$

第一项对应于,具有给定准动量 $\boldsymbol{p}$ 的一个电子发射具有准动量 $\boldsymbol{k}$ 的一个声子的过程,以及电子 $\boldsymbol{p}'$吸收一个声子 $\boldsymbol{k}$ 返回准动量 $\boldsymbol{p}$ 的逆过程:

$$\boldsymbol{p} = \boldsymbol{p}' + \boldsymbol{k} + \boldsymbol{b}; \tag{79.2a}$$

在这些过程中,跃迁发生在具有给定能量 ε_p 的一个电子态与较低能态之间. 第二项对应于,一个电子 $\boldsymbol{p}$ 吸收一个声子,以及电子 $\boldsymbol{p}'$发射声子的逆过程:

$$\boldsymbol{p} + \boldsymbol{k} = \boldsymbol{p}' + \boldsymbol{b}; \tag{79.2b}$$

在这些过程中,跃迁发生在一个给定电子态与较高能态之间. 根据声子发射声子的情况中(§66)那样的相同理由,等式(79.2)中 $\boldsymbol{b}$ 的值是由 $\boldsymbol{k}$ 和 $\boldsymbol{p}$ 的给定值并要求 $\boldsymbol{p}'$应处于倒易晶格的同一选定晶胞中而唯一确定. (79.1)中 δ 函数这个因数表达能量守恒定律;ε_p 是电子能量,ω_k 是声子能量. 如第七章中那样,声子分布函数(占有态的数目)由 N_k 表示;电子分布函数由 n_p 表示. 为简单起见,标志声子频谱支的下标,以及对这些声频支的求和号,都将省略. 假设跃迁概率不依赖于电子自旋,它在跃迁中不改变.

还有一个关于声子电子碰撞积分的类似表达式,要将它添加到声子分布函数的动理方程右边声子声子碰撞积分上

$$C_{\mathrm{ph,e}}(N_k) = \int w(\boldsymbol{p};\boldsymbol{p}',\boldsymbol{k})\{n_p(1-n_{p'})(1+N_k) - $$
$$- n_{p'}(1-n_p)N_k\}\delta(\varepsilon_{p'} + \omega_k - \varepsilon_p)\frac{2\mathrm{d}^3p}{(2\pi)^3}, \tag{79.3}$$

并且 $\boldsymbol{p} = \boldsymbol{p}' + \boldsymbol{k} + \boldsymbol{b}$. 这个积分是具有任何准动量 $\boldsymbol{p}$ 的电子所发射的 $\boldsymbol{k}$ 声子数与具有任何准动量 $\boldsymbol{p}'$的电子所吸收的 $\boldsymbol{k}$ 声子数之差. 因数 2 是考虑到发射(或吸收)声子的电子,具有两个可能的自旋方向.

在一阶微扰论中,这些积分中出现的电子的声子发射和吸收的概率,由对声子算符 $\hat{U}_s(\boldsymbol{n})$(66.2)为线性的电子声子相互作用算符予以确定;线性对应于下列这样的事实:这些算符对其中仅有一个声子态占有数改变 1 的跃迁负责. 这里

① 在§79—§83 中所采用的单位是使得 $\hbar = 1$.

不去重复 §66 中的讨论，我们应注意到，在当声子准动量 $\boldsymbol{k}$ 趋于零的极限，声子发射（或吸收）的概率正比于 k：

$$w \propto k. \tag{79.4}$$

根据玻恩近似下跃迁概率的一般性质，正、逆跃迁的概率是相等的，因此①

$$w(\boldsymbol{p}', \boldsymbol{k}; \boldsymbol{p}) = w(\boldsymbol{p}; \boldsymbol{p}', \boldsymbol{k}). \tag{79.5}$$

这个性质在积分(79.1)和(79.3)中早已被利用过.

考虑到电子声子相互作用算符中出现的声子产生和湮灭算符的对称性（由 $\hat{U}_s$ 是实算符的事实所表达），可以达到进一步的简化. 由于这个对称性，具有准动量 $\boldsymbol{k}$ 的声子发射过程，等价于具有准动量 $-\boldsymbol{k}$ 的声子吸收过程. 我们还考虑到电子能量 ε_p 和 $\varepsilon_{p'}$ 接近费米能量 ε_F 的事实. 令 $\boldsymbol{p}_F$ 和 $\boldsymbol{p}'_F$ 为沿 $\boldsymbol{p}$ 和 $\boldsymbol{p}'$ 方向终止在费米面上的矢量，并令函数 w 通过 $\boldsymbol{p}_F$ 和 $\boldsymbol{p}'_F$ 的方向及差值 $\eta_p = \varepsilon_p - \varepsilon_F$，$\eta_{p'} = \varepsilon_{p'} - \varepsilon_F$（它们描述电子能量对 ε_F 的接近程度）来表达. 关于这些变量，w 是一个慢变函数，它仅在范围 $\sim \varepsilon_F \gg T$ 有明显变化. 忽略 $\sim \eta \sim T$ 的量，我们可以在这些函数中令 $\eta_p = \eta_{p'} = 0$. 于是上述等价性由方程

$$w(\boldsymbol{p}'_F, \boldsymbol{k}; \boldsymbol{p}_F) = w(\boldsymbol{p}'_F; \boldsymbol{p}_F, -\boldsymbol{k}) \tag{79.6}$$

表达，w 仅为 $\boldsymbol{p}_F$ 和 $\boldsymbol{p}'_F$ 的方向的函数. 如果现在我们在(79.1)的第二项中将积分变量从 $\boldsymbol{k}$ 变换至 $-\boldsymbol{k}$，两个积分中的系数 w 变成相等，因为 $w_{-\boldsymbol{k}} = w_{\boldsymbol{k}}$，变换只不过是用 $N_{-\boldsymbol{k}}$ 代替 $N_{\boldsymbol{k}}$.

当然，当用平衡的电子和声子分布函数代入时，积分(79.1)和(79.3)变为零. 现在来考虑，当两个分布函数同时出现对平衡的微小偏差时，关于这些积分的线性化问题. 关于分布函数对平衡的微小偏差，我们写成

$$\left.\begin{aligned} &n = n_0(\varepsilon) + \delta\tilde{n}, \quad N = N_0(\omega) + \delta N, \\ &\delta\tilde{n} = -\frac{\partial n_0}{\partial \varepsilon}\varphi = \frac{n_0(1-n_0)}{T}\varphi, \\ &\delta N = -\frac{\partial N_0}{\partial \omega}\chi = \frac{N_0(1+N_0)}{T}\chi. \end{aligned}\right\} \tag{79.7}$$

进行严格类似于 §67 和 §74 中的变换. 例如，对(79.1)第一项的大括号中的表达式，重写成

$$(1-n)(1-n')(1+N)\left[\frac{n'}{1-n'}\frac{N}{1+N} - \frac{n}{1-n}\right],$$

将于变换成下列形式

$$n_0(1-n'_0)(1+N_0)\frac{1}{T}(\varphi' - \varphi + \chi).$$

---

① 初态和末态的量子数 i 和 f 在概率的记号中总是写成 fi 的次序.

这个表达式还可通过等式(它可由直接计算予以证实)

$$n_0(\varepsilon)[1-n_0(\varepsilon')]=[n_0(\varepsilon)-n_0(\varepsilon')]N_0(\varepsilon-\varepsilon') \tag{79.8}$$

方便地进一步进行变换. 于是我们求得

$$(n_0-n'_0)\frac{N_0(1+N_0)}{T}(\varphi'-\varphi+\chi)=$$

$$=-\frac{\partial N_0}{\partial\omega}(n_0-n'_0)(\varphi'-\varphi+\chi).$$

其它项可类似地进行变换,最后导致下列线性化碰撞积分:

$$C_{\mathrm{e,ph}}(n)=I_{\mathrm{e,ph}}(\varphi,\chi)=$$

$$=-\int\frac{\partial N_0}{\partial\omega}w(n'_0-n_0)\{(\varphi_{p'}-\varphi_p+\chi_k)\delta(\varepsilon_p-\varepsilon_{p'}-\omega_k)-$$

$$-(\varphi_{p'}-\varphi_p-\chi_{-k})\delta(\varepsilon_p-\varepsilon_{p'}+\omega_k)\}\frac{\mathrm{d}^3k}{(2\pi)^3}, \tag{79.9}$$

$$C_{\mathrm{ph,e}}(N)=I_{\mathrm{ph,e}}(\chi,\varphi)=$$

$$=\frac{\partial N_0}{\partial\omega}\int w(n'_0-n_0)(\varphi_{p'}-\varphi_p+\chi_k)\delta(\varepsilon_p-\varepsilon_{p'}-\omega_k)\frac{2\mathrm{d}^3p}{(2\pi)^3}, \tag{79.10}$$

在两个积分中,$\boldsymbol{p}=\boldsymbol{p}'+\boldsymbol{k}+\boldsymbol{b}$.

这些积分自然地分成两部分,分别作用于 φ 和 χ 的线性积分算符. 例如,

$$I_{\mathrm{e,ph}}(\varphi,\chi)=I^{(1)}_{\mathrm{e,ph}}(\varphi)+I^{(2)}_{\mathrm{e,ph}}(\chi). \tag{79.11}$$

注意到算符 $I^{(1)}_{\mathrm{e,ph}}$ 的一个重要性质是,它并不改变函数 $\varphi(\eta,\boldsymbol{p}_{\mathrm{F}})$ 对变量 η 的奇偶性,即,它使偶函数仍为偶函数,奇函数仍为奇函数. 的确,就对 η 的函数的作用而言,算符 $I^{(1)}_{\mathrm{e,ph}}$ 的形式为

$$I^{(1)}_{\mathrm{e,ph}}(\varphi(\eta))\sim\int K(\eta,\eta')[\varphi(\eta')-\varphi(\eta)]\mathrm{d}\eta,$$

其中

$$K(\eta,\eta')=[n_0(\eta')-n_0(\eta)][\delta(\eta-\eta'-\omega)-\delta(\eta'-\eta-\omega)].$$

注意到

$$n_0(\eta)=\frac{1}{2}\left[1-\mathrm{th}\frac{\eta}{2T}\right], \tag{79.12}$$

从而

$$n_0(\eta')-n_0(\eta)=\frac{1}{2}\left[\mathrm{th}\frac{\eta}{2T}-\mathrm{th}\frac{\eta'}{2T}\right],$$

我们看到

$$K(\eta,\eta')=K(-\eta,-\eta'),$$

由此立即得出算符的上述性质,将在 §80 和 §82 中应用.

对下列形式的函数

$$\varphi = \text{const} \cdot \varepsilon, \quad \chi = \text{const} \cdot \omega \tag{79.13}$$

(具有相同常数),碰撞积分(79.9)和(79.10)恒为零.动理方程的这个“寄生”解(像声子声子方程中的解(67.18)一样),对应于系统温度的恒定小量改变.然而,当

$$\varphi = \text{const} \tag{79.14}$$

和$\chi=0$时,积分(79.9)和(79.10)也为零.这个解归因于电子总数的恒定性(与声子总数不同);形式上,它对应于电子化学势的恒定小量改变.

为以下进行定量估计,我们注意到金属中电子谱参量的数量级可以仅通过晶格常量 d 和电子有效质量 m^* 来表达;例如,费米动量(以寻常单位表示)是 $p_F \sim \hbar/d$,速率是 $v_F \sim p_F/m^* \sim \hbar/m^* d$,和能量是 $\varepsilon_F \sim v_F p_F \sim \hbar^2/m^* d^2$.声子谱参量和电子声子相互作用参量还包含原子的质量 M.物质密度 $\rho \propto M$,声速 $u \propto \rho^{-1/2} \propto M^{-1/2}$;通过 $\hbar, d$ 和 m^* 使量纲正确(只有一种方式完成),我们得到估计量

$$u \sim v_F (m^*/M)^{1/2}. \tag{79.15}$$

因此,德拜温度是

$$\Theta \sim \hbar\omega_{max} \sim \hbar u/d \sim \varepsilon_F (m^*/M)^{1/2}. \tag{79.16}$$

质量 M 仅通过原子的位移算符 $\hat{U}_s$(66.2)而出现在电子声子相互作用算符中;这个相互作用不涉及任何其它为 $1/M$ 的小项,当 $U_s \sim d$ 时其能量 $\sim \varepsilon_F$.算符 $\hat{U}_s$ 的矩阵元,因而电子声子相互作用算符的矩阵元,是$\propto (M\omega)^{-1/2} \propto M^{-1/4}$;对于给定准动量 k,频率 $\omega \sim uk \propto M^{-1/2}$.散射概率由矩阵元的平方给出.因此,碰撞积分中的函数 w 正比于 $M^{-1/2}$,或者,使量纲正确,

$$w \sim \Theta v_F d^2. \tag{79.17}$$

这个估计量就长波声频声子的发射和吸收来说需要修正.在这个情况下 w 正比于 k 的事实意味着该估计量必须包括一个额外因数 $k/k_{max} \sim kd$:

$$w \sim \Theta v_F k d^3. \tag{79.18}$$

§80 金属中的动理系数 高温

在高温下 $T \gg \Theta$,晶体中所激发出的声子,具有一切可能的准动量,直至最大值与电子费米动量为相同量级:$k_{max} \sim p_F \sim 1/d$.根据德拜温度的定义,最大声子能量 $\omega_{max} \sim \Theta$,因而对所有声子 $\omega \ll T$.

因此,在这些条件下,声子能量远小于电子费米分布中漫变区宽度.这使我们能将声子发射和吸收当作电子的弹性散射来近似处理.散射角绝对不很小,因为电子和声子的准动量在这些条件下是相同数量级.

在高温下,当声子态占有数很大时,声子气体每个体积元中平衡的建立(声

子声子弛豫)很迅速.因此,当考虑金属的电导率和热导率时,我们可以认为声子分布函数为平衡分布.即,在碰撞积分中取$\chi=0$(本节末尾将作出χ的定量估计).换句话说,仅讨论电子的动理方程就够了.

可以立即注意到,在假设电子散射为弹性的近似下,仅以此近似为基础的§78的结果,包括给出比值σ/κ的维德曼-弗兰兹定律(78.13),仍然适用.然而,为分别确定系数σ和κ对温度的依存关系,必须更仔细地考察电子声子碰撞积分(79.9).

在所述条件下,这个积分大为简化.由于声子能量$\omega=\pm(\varepsilon'-\varepsilon)$很小,我们可以将差值$n_0'-n_0$展成$\omega$的幂展开式①:

$$n_0'-n_0\approx\pm\omega\frac{\partial n_0}{\partial\varepsilon}.$$

然后我们可以在δ函数的自变量中令$\omega=0$,得到

$$I_{\mathrm{e,ph}}(\varphi)=2\int w\frac{\partial N_0}{\partial\omega}\frac{\partial n_0}{\partial\varepsilon}\delta(\varepsilon'-\varepsilon)(\varphi'-\varphi)\omega\frac{\mathrm{d}^3k}{(2\pi)^3}.$$

当$\omega\ll T$时,声子分布函数$N_0\approx T/\omega$,所以$\partial N_0/\partial\omega\approx-T/\omega^2$.导数$\partial n_0/\partial\varepsilon\sim-1/T$.积分由范围$k\sim k_{\max}$支配,其中$\omega\sim\Theta$.当考虑到δ函数时,对$\mathrm{d}^3k$的积分对积分的估计量引入因数$k_{\max}^2/v_{\mathrm{F}}$:

$$I_{\mathrm{e,ph}}(\varphi)\sim-w\frac{T}{\Theta}\frac{k_{\max}^2}{v_{\mathrm{F}}}\frac{\varphi}{T}.$$

利用(79.17)的估计量w,由此给出

$$I_{\mathrm{e,ph}}(\varphi)\sim-\varphi\sim-T\delta\tilde{n}. \tag{80.1}$$

这意味着电子声子碰撞频率$\nu_{\mathrm{e,ph}}\sim T$(寻常单位中是$T/\hbar$).平均自由程$l\sim v_{\mathrm{F}}/T$,而(78.16)给出电导率(用寻常单位)为②:

$$\sigma\sim\frac{Ne^2\hbar}{m^*T}. \tag{80.2}$$

因此,当$T\gg\Theta$时,金属的电导率反比于温度.于是维德曼-弗兰兹定律表明热导率是常量:

$$\kappa\sim\frac{N\hbar}{m^*}. \tag{80.3}$$

---

① 考虑到这个差值中ω的存在与电子散射是弹性的近似是一致的.这是必须的,因为在使碰撞积分变成(79.9)的形式时,我们应用了等式(79.8).其右边当$\varepsilon=\varepsilon'$时变成不定的.

② 注意到电子能量的量子不确定度$\sim\hbar\nu_{\mathrm{e,ph}}\sim T$是电子分布中漫变区宽度的量级.然而,这个事实并不会使结果不适用,理由类似于§78末尾关于受杂质散射问题中所给出的.由于晶格中原子振动相对很慢的性质,以及电子散射的弹性性质,该问题原则上可表述为在已变形晶格的给定势场中电子运动的问题.

为了证明在碰撞积分中忽略 χ 是正确的，现在让我们来估计电子和声子分布中的校正函数 φ 和 χ. 我们可以，例如，在有电场但没有温度梯度的情况下来作这个估计.

因为电场并不影响声子的运动，声子的动理方程左边为零. 因此，方程归结为声子与电子以及声子与声子的碰撞积分之和变为零：

$$I_{\text{ph,e}}^{(1)}(\varphi)+I_{\text{ph,e}}^{(2)}(\chi)+I_{\text{ph,ph}}(\chi)=0 \tag{80.4}$$

（上标(1)和(2)区别积分(79.10)中的两部分，如在(79.11)中以同样方式曾经作过的）.

积分 $I_{\text{ph,e}}$ 可类似于上面对 $I_{\text{e,ph}}$ 那样进行估计. 然而，这里必须考虑到对电子准动量 $\boldsymbol{p}$ 的积分实际上仅在费米面附近具有厚度 $\sim T/v_{\text{F}}$ 和面积 $\sim p_{\text{F}}^2$ 的薄层体积中取. δ 函数的存在还要在积分的估计量中引入因数 $1/\varepsilon_{\text{F}}$. 结果是

$$\left.\begin{aligned} I_{\text{ph,e}}^{(2)}(\chi)&\sim -w\frac{\chi}{T}\frac{T}{\Theta}\frac{Tp_{\text{F}}^2}{v_{\text{F}}\varepsilon_{\text{F}}}\sim-\chi\frac{T}{\varepsilon_{\text{F}}},\\ I_{\text{ph,e}}^{(1)}(\varphi)&\sim-\varphi\frac{T}{\varepsilon_{\text{F}}}.\end{aligned}\right\} \tag{80.5}$$

声子声子碰撞积分估计为

$$I_{\text{ph,ph}}(\chi)\sim-\nu_{\text{ph,ph}}\delta N\sim-\nu_{\text{ph,ph}}\frac{T}{\Theta^2}\chi,$$

具有(68.3)的有效碰撞频率：

$$\nu_{\text{ph,ph}}\sim\frac{T}{Mud}\sim T\sqrt{\frac{m^*}{M}}.$$

因此，

$$I_{\text{ph,ph}}(\chi)\sim-\frac{T^2}{\Theta^2}\sqrt{\frac{m^*}{M}}\chi\sim-\frac{T^2}{\Theta\varepsilon_{\text{F}}}\chi. \tag{80.6}$$

比较(80.5)和(80.6)，首先表明

$$I_{\text{ph,e}}^{(2)}(\chi)/I_{\text{ph,ph}}(\chi)\sim\Theta/T\ll1;$$

声子电子碰撞的有效频率（对平衡电子，即，当 $\varphi=0$ 时）远小于声子声子碰撞频率. 因此，我们可以忽略(80.4)中第二项. 剩下两项的比较给出

$$\chi/\varphi\sim\Theta/T\ll1, \tag{80.7}$$

这个证明了在电子声子碰撞积分中忽略 χ 是正确的. 容易证实，当温度梯度存在时也得到相同结果(80.7).

然而，在论述温差电现象时，电子动理方程中忽略函数 χ 可能是不允许的.

根据公式(78.12)（它的推导仅以电子弹性散射的假设为基础），温差电系数是

$$\alpha^{\text{I}}\sim T/e\varepsilon_{\text{F}} \tag{80.8}$$

(上标"I"的意义将在以后解释). 这个量在下述意义上是"反常地"小:公式(78.8)中(第二项)积分的数量级减小一个比值 T/ε_F,因为

$$\varphi^{\mathrm{I}} = -\frac{\eta}{T}\boldsymbol{l}\cdot\nabla T \tag{80.9}$$

是变量 $\eta=\varepsilon-\mu$ 的奇函数. 这个情况在某种意义上是"偶然的",可能会有这样的结果,归因于声子的非平衡而对 φ 的微小增加会产生与(80.8)可比较的对 α 的贡献.

我们将寻求电子动理方程

$$\frac{\partial n_0}{\partial T}\boldsymbol{v}\cdot\nabla T = -\frac{\partial n_0}{\partial\varepsilon}\frac{\eta}{T}\boldsymbol{v}\cdot\nabla T = I^{(1)}_{\mathrm{e,ph}}(\varphi)+I^{(2)}_{\mathrm{e,ph}}(\chi) \tag{80.10}$$

的解为下列形式的和:$\varphi=\varphi^{\mathrm{I}}+\varphi^{\mathrm{II}}$,其中 φ^{I} 是(80.10)右边没有第二项时方程的解,而 φ^{II} 是方程

$$I^{(1)}_{\mathrm{e,ph}}(\varphi)+I^{(2)}_{\mathrm{e,ph}}(\chi)=0 \tag{80.11}$$

的解. 这里函数 φ^{I} 是函数 φ 的"主要"部分;因为注意到算符 $I^{(1)}_{\mathrm{e,ph}}$ 是变量 η 的偶函数(§79),这个部分具有形式(80.9),是 η 的奇函数. 方程(80.11)表明 $\varphi^{\mathrm{II}}\sim\chi$,因而

$$\varphi^{\mathrm{II}}/\varphi^{\mathrm{I}}\sim\chi/\varphi^{\mathrm{I}}\sim\Theta/T\ll 1.$$

然而,与 φ^{I} 不同的是,当 $\varepsilon=\mu$ 时,φ^{II} 绝不为零. 因此,在计算对电流密度的相应贡献时,主导项没有相消,仅在 φ^{II} 为相对很小的意义上结果很小. 这意味着后者对温差电系数的贡献是

$$\alpha^{\mathrm{II}}\sim\alpha^{\mathrm{I}}\frac{\varepsilon_F}{T}\frac{\Theta}{T}\sim\frac{\Theta}{eT}. \tag{80.12}$$

在所述温度范围的低端,那里 $T\sim\Theta$,代替小量 $e\alpha^{\mathrm{I}}\sim\Theta/\varepsilon_F$ 我们有 $e\alpha^{\mathrm{II}}\sim 1$.

因此,温差电系数由两个相加性部分组成. 这些可能具有相同数量级,但它们随温度的变化不相同. α 中第二项的物理来源是,晶体中的热传递引起声子流("声子风"),它携带电子与之一起流动①.

§81　金属中的倒逆过程

低温下电子声子散射的本质与 $T\gg\Theta$ 时的情况根本不同. 当 $T\ll\Theta$ 时,晶体中激发出的声子具有能量 $\omega\sim T$(一般属于声频支). 当这种声子被发射或被吸收时,电子能量的变化是 $\sim T$,即,变化量为费米分布中漫变区总宽度的量级. 电子准动量的变化等于声子准动量. 因为 $k\sim T/u\ll k_{\max}$,而 $k_{\max}\sim p_F$,这意味着电子准动量仅有相对小量改变. 因此,在低温下,有一个与弹性碰撞相反的极限

---

① 关于金属动理现象中声子对电子的曳引作用由古列维奇(Л. Э. Гуревич(1946))所阐明.

情况:电子能量的弛豫比其准动量方向的弛豫显著快得多.

能量弛豫是费米分布漫变区中的迅速"混合". 至于准动量方向的弛豫是分布遍及这个费米面的均等;它以小量($\sim T/u$)跳变发生,即,具有遍及费米面的慢扩散性质.

在继续对这些条件下的动理现象作细致分析之前,关于倒逆过程的作用,我们将作几个一般评述.

像在介电晶体中那样,理想(无杂质或缺陷)金属晶体中动理系数的有限性归因于这些倒逆过程的存在. 仅有正常过程情况下,它们使电子和声子的总准动量守恒,动理方程会有对应于电子和声子系统作为整体相对于晶格运动的"寄生"解. 这些是

$$\varphi=\boldsymbol{p}\cdot\delta\boldsymbol{V},\quad \chi=\boldsymbol{k}\cdot\delta\boldsymbol{V} \tag{81.1}$$

类型的解,具有恒定矢量 $\delta\boldsymbol{V}$(比较(67.19)). 如果电子的声子发射或声子吸收是在准动量守恒的条件下($\boldsymbol{p}=\boldsymbol{p}'+\boldsymbol{k}$)发生的,这些解使碰撞积分(79.9),(79.10)归结为零.

在高温下,当电子和声子两者的准动量都很大($\sim 1/d$)时,发生倒逆过程,一般具有与正常过程相同的频率. 因此,考虑它们的必要性,并不引起动理现象的任何特别性质.

电子准动量位于费米面附近,在这个意义上几乎不依赖于温度. 然而,在低温下,声子准动量变成很小,因此倒逆过程可能被阻止. 在这方面,对闭费米面和敞费米面情况是实质上不同的.

一个敞费米面,对于 $\boldsymbol{p}$ 空间(倒易晶格)中元胞的任何选择,都与元胞边界发生交叉. 显然,在这个情况,发射或吸收具有任意低能量的声子的倒逆过程总是可能的:在元胞边界处,即使电子准动量的很小改变,也能将电子传递到相邻元胞. 它们在费米面上扩散的过程中,所有电子最终将达到元胞边界,因而能参与倒逆过程. 因此,也是在这个情况,倒逆过程的概率(与正常过程比较起来)不包含任何附加小因数. 确实,分类成为正常过程和倒逆过程依赖于倒易元胞的选择,在这个意义上是约定的. 对于敞费米面,在倒逆过程的频率中没有任何附加小因数的这个性质,对元胞的任何选择都存在. 因此在这个情况下,一般适当的是放弃对两类散射事件作任何区别,而要认为它们都是正常(即,准动量守恒的)过程,但允许电子准动量的值在倒易晶格任何处. 对于声子,元胞的选择是使得 $\boldsymbol{k}=0$ 的点位于其中心;因此,(当 $T\ll\Theta$ 时唯一需考虑的)所有长波声子处于一个元胞体积中心附近的很小部分. 在这个论述中,通过将倒易晶格中的周期性条件

$$n(\boldsymbol{p}+\boldsymbol{b})=n(\boldsymbol{p}) \tag{81.2}$$

应用于电子分布函数,从而排除了"寄生"解(81.1). 平衡分布,仅依赖于电子能

量 $\varepsilon(\boldsymbol{p})$，必然满足这个条件，因为 $\varepsilon(\boldsymbol{p})$ 是周期函数. 除 $n_0(\boldsymbol{p})$ 之外，导数 $\partial n_0(\boldsymbol{p})/\partial\varepsilon$ 也是周期性的，因此 $\delta\tilde{n}$ 中的因数 $\varphi(\boldsymbol{p})$ 也是如此；这个必要条件消去了解(81.1)，因为它并不满足这个条件.

现在让我们考虑闭费米面. 在这个情况，我们可以这样来选择倒易元胞，使得费米面任何处都不与其边界交叉①. 因此倒逆过程对应于电子在元胞中费米面上任意点以及在相邻元胞中复制点之间的跃迁. 如图 29 中纲要式显示的. 连接这些点的矢量 $\boldsymbol{k}$ 是所发射或所吸收声子的准动量. 距离 k 一般很大($k\sim 1/d$)，在低温下具有能量 $\omega(\boldsymbol{k})$ 的声子数是指数式小，为正比于 $\exp[-\omega(\boldsymbol{k})/T]$. 于是倒逆散射事件的有效频率在这些条件下按下式：

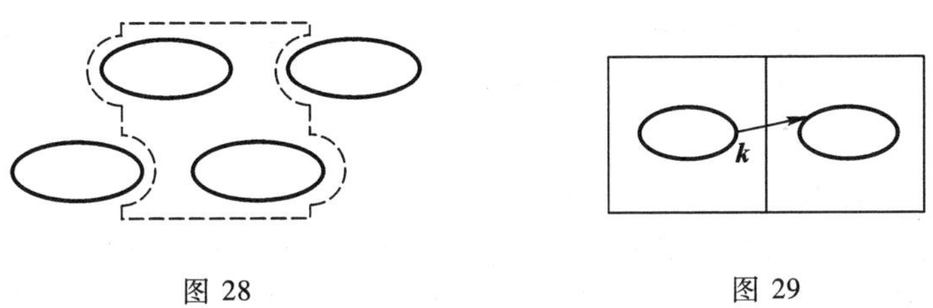

图 28　　　　图 29

$$\nu_{\mathrm{U}}\propto\exp\{-\omega(\boldsymbol{k}_{\min})/T\} \tag{81.3}$$

依赖于温度，其中 $\boldsymbol{k}_{\min}$ 是(所考虑类型的所有矢量中)其能量 $\omega(\boldsymbol{k})$ 具有最低值的声子准动量值. 当然，这里重要的是电子速率远大于声子速率($v_{\mathrm{F}}\gg u$). 由于这个原因，我们不能通过远离费米面来改变矢量 $\boldsymbol{k}$ 的长度以使(81.3)中的指数减小. 虽然声子能量可能减小 $\sim u\delta k$ 的量，过程所涉及的电子的能量会同时增加更大的量 $\sim v_{\mathrm{F}}\delta k$，因此 ν_{U} 减小而不是增加. 因此为求 $\boldsymbol{k}_{\min}$，无需考虑费米面附近分布的漫变区. 实际上重要的通常是与其在邻近元胞中的重复点最接近的费米面邻近的那些点.

解(81.1)意味着不存在电场时有一个宏观电子流，即，无穷大电导率. 倒逆过程的指数式小频率引起指数式大电导率(R. E. Peierls).

具有闭费米面的金属中，即使忽略倒逆过程时，热导率仍保持有限. 这是因为，按(78.2)，热导率 κ 在没有电流情况下定义热流，而条件 $\boldsymbol{j}=0$ 必然排除"寄生"解(81.1). 包括倒逆过程能改变 κ 的值，仅当它很小时. 这同样适用于温差电系数 α(根据定义(78.1))，它将温度梯度与电场联系起来，仍是在 $\boldsymbol{j}=0$ 的条件下(见§82，习题).

---

① 然而，如果费米面由许多闭腔组成，必须用别的方式，而不能用带平面边界的平行六面体那样的方式来定义元胞. 对于由两个不等价闭腔形成"费米面"的平面晶格情形，纲要式地阐明于图 28. 虚线显示元胞，它并不与这些空腔相交. 采用长方胞的任何选择，都不能避免相交.

然而,上述评注并不适用于具有闭式电子和空穴费米面的补偿金属,即具有相同数目电子和空穴($N_i = N_e$)的金属(见第九卷,§61).原因是在这个情况,解(81.1)不依赖于电流的存在.的确,对应于这个解的电流密度是

$$\begin{aligned} \boldsymbol{j} &= e\int \boldsymbol{v}\frac{\partial n_0}{\partial \varepsilon}(\boldsymbol{p}\cdot\delta\boldsymbol{V})\frac{2\mathrm{d}^3p}{(2\pi)^3} = \\ &= e\int \frac{\partial n_0}{\partial \boldsymbol{p}}(\boldsymbol{p}\cdot\delta\boldsymbol{V})\frac{2\mathrm{d}^3p}{(2\pi)^3} = \\ &= e\int \frac{\partial n_0^{(e)}}{\partial \boldsymbol{p}}(\boldsymbol{p}\cdot\delta\boldsymbol{V})\frac{2\mathrm{d}^3p}{(2\pi)^3} - e\int \frac{\partial n_0^{(h)}}{\partial \boldsymbol{p}}(\boldsymbol{p}\cdot\delta\boldsymbol{V})\frac{2\mathrm{d}^3p}{(2\pi)^3}. \end{aligned}$$

两个积分分别取费米面的电子体积和空穴腔体积求积,在第二个积分中,所用空穴分布是 $n^{(h)} = 1 - n$.现在我们可以分部积分;对元胞界面处积分结果为零,因为 $n_0^{(e)}$ 和 $n_0^{(h)}$ 远离相应费米面时迅速减小.结果是

$$\boldsymbol{j} = e\delta\boldsymbol{V}(N_h - N_e). \tag{81.4}$$

对于补偿金属,$\boldsymbol{j}=0$.

这意味着即使没有考虑到倒逆过程时,补偿金属的电导率也是有限的.另一方面,热导率和温差电系数是由倒逆过程所支配的,如果忽略这些过程,它们会是无穷大,因为那时条件 $\boldsymbol{j}=0$ 并不排除寄生解(81.1).

在本节(与下节)的论证和估计中,我们基本上含有关于费米面形式的最简单假设,即它或者是闭式或者是敞式,其所有特征尺度为 $1/d$ 量级.然而,实际金属的费米面,一般具有复杂形式,并且可能由几个不同叶组成;我们不准备停下来分析对实际金属动理系数行为中所产生的复杂性.例如,倒易晶格的不同胞中敞式费米面各叶可能由(宽度为 $\Delta p \ll p_F$ 的)窄桥相连接.问题中小参量 $\Delta p/p_F$ 的存在可能导致动理系数具有不同温度依存关系的新的"中间"温度范围.闭式费米面的各叶可能"反常地"靠近到一起,这可能使指数律(81.3)移动到"反常"低温范围.

§82 金属中的动理系数 低温

低温动理现象的定量研究中,我们将记住敞费米面的情况,因而将不特别注意倒逆过程.

首先,我们将证明声子系统中的弛豫的发生,(当 $T \ll \Theta$ 时)主要是由于声子电子(而不是声子声子)碰撞.

为估计声子电子碰撞积分(79.10),我们注意到在低温时 $\omega \sim T, \varepsilon - \mu \sim T$,因而 $N_0 \sim n_0 \sim 1, \partial N_0/\partial\omega \sim 1/T$.对 d^3p 的积分是沿费米面厚度 $\sim T/v_F$ 的一层的体积取的.因为 k/p 很小,δ 函数的自变量可以表达为

$$\varepsilon(\boldsymbol{p}) - \varepsilon(\boldsymbol{p}-\boldsymbol{k}) - \omega(\boldsymbol{k}) \approx \boldsymbol{k}\cdot\frac{\partial\varepsilon}{\partial\boldsymbol{p}} - \omega \approx \boldsymbol{v}_F\cdot\boldsymbol{k} - \omega. \tag{82.1}$$

通过在给定 $\boldsymbol{k}$ 下对 $\boldsymbol{p}$ 的方向(或等价地对 $\boldsymbol{v}_F$ 的方向)求积分可以消除 δ 函数,对被积表达式增加一个因数 $1/v_F k$. 最后,w 按公式(79.18)估计. 结果是

$$I_{ph,e}(\chi)\sim-\chi(m^*/M)^{1/2}\sim-T(m^*/M)^{1/2}\delta N,$$

所以有效碰撞频率是

$$\nu_{ph,e}\sim T\sqrt{\frac{m^*}{M}}.\tag{82.2}$$

低温下声子声子碰撞的有效频率,按照估计(69.15)是

$$\nu_{ph,ph}\sim T\sqrt{\frac{m^*}{M}}\left(\frac{T}{\Theta}\right)^4\ll\nu_{ph,e},\tag{82.3}$$

这个证明了前面的陈述.

今后我们将忽略声子声子碰撞. 于是声子动理方程是

$$\boldsymbol{u}\cdot\frac{\partial N_0}{\partial\boldsymbol{r}}=-\frac{\omega}{T}\frac{\partial N_0}{\partial\omega}\boldsymbol{u}\cdot\nabla T=I_{ph,e}(\chi,\varphi).\tag{82.4}$$

这个方程可以对于声子函数 χ 显式求解. 因为在这个方程中 $\boldsymbol{k}$ 是给定的,可将 $\chi_{\boldsymbol{k}}$ 取至积分号外,我们求得

$$\chi_{\boldsymbol{k}}=-\frac{\omega}{T\nu_{ph,e}}(\boldsymbol{u}\cdot\nabla T)+\\+\frac{1}{\nu_{ph,e}}\int w(n_0'-n_0)\delta(\varepsilon-\varepsilon'-\omega)(\varphi-\varphi')\frac{2\mathrm{d}^3p}{(2\pi)^3}\equiv\chi_1+\chi_2,\tag{82.5}$$

其中

$$\nu_{ph,e}=\int w(n_0'-n_0)\delta(\varepsilon-\varepsilon'-\omega)\frac{2\mathrm{d}^3p}{(2\pi)^3}.\tag{82.6}$$

容易看出 $\chi_2\gg\chi_1$:的确,由函数 χ_2 的定义,可见 $\chi_2\sim\varphi$(分子和分母中的积分仅在被积表达式中相差因数 $\varphi-\varphi'$). φ 的数量级由电子动理方程

$$(\boldsymbol{v}\cdot\nabla T)\frac{\partial n_0}{\partial T}=I_{e,ph}(\varphi)\sim-\nu_{e,ph}\delta\tilde{n}\sim-\nu_{e,ph}\frac{\varphi}{T}$$

予以确定,由此得

$$\varphi\sim\frac{v_F}{\nu_{e,ph}}|\nabla T|.$$

有效电子声子碰撞频率用上面对 $\nu_{ph,e}$ 那样的类似方式进行估计,唯一差别是积分 $I_{e,ph}$ 中对 d^3k 的积分是在动量空间中 $\sim(T/u)^3$ 的一个体积内取的(而不是积分 $I_{ph,e}$ 中对 d^3p 的积分中的体积 $\sim p_F^2T/v_F$):

$$\nu_{e,ph}\sim T^3/\Theta^2.\tag{82.7}$$

最后,注意到 $\chi_1\sim|\nabla T|u/\nu_{ph,e}$,我们有

$$\frac{\chi_1}{\chi_2}\sim\frac{u\nu_{\mathrm{e,ph}}}{v_{\mathrm{F}}\nu_{\mathrm{ph,e}}}\sim\frac{T^2}{\Theta^2}\ll 1, \tag{82.8}$$

这正是要证明的.

在计算电导率和热导率(但非温差电系数;见下面)时,我们可以忽略小量χ_1.因此,将(82.5)的$\chi\approx\chi_2$代入(形式为(79.11)的)线性化电子声子碰撞积分中,我们求得

$$I_{\mathrm{e,ph}}(\varphi,\chi)=I^{(1)}_{\mathrm{e,ph}}(\varphi)+I_{\mathrm{e,ph,e}}(\varphi), \tag{82.9}$$

其中$I_{\mathrm{e,ph,e}}(\varphi)$表示将$\chi_2$代入积分$I^{(2)}_{\mathrm{e,ph}}(\chi)$的结果.(82.9)中第一项是电子和平衡声子的碰撞积分;第二项可称为电子间通过声子的碰撞积分.

我们在函数$\varphi(\boldsymbol{p})$中(如§79中所作过的那样)引进作为自变量的是量$\eta=\varepsilon-\mu$和矢量$\boldsymbol{p}_{\mathrm{F}}$,后者具有$\boldsymbol{p}$的方向但终止在费米面上.(82.9)中的两项在其被积函数中具有差值

$$\varphi(\eta,\boldsymbol{p}_{\mathrm{F}})-\varphi(\eta',\boldsymbol{p}'_{\mathrm{F}}), \tag{82.10}$$

并有

$$\eta-\eta'=\pm\omega,\quad \boldsymbol{p}_{\mathrm{F}}-\boldsymbol{p}'_{\mathrm{F}}=\boldsymbol{\kappa},$$

其中$\boldsymbol{\kappa}$是$\boldsymbol{k}$在费米面$\boldsymbol{p}_{\mathrm{F}}$点处切平面上的投射.

关于变量$\boldsymbol{p}_{\mathrm{F}}$,函数$\varphi(\eta,\boldsymbol{p}_{\mathrm{F}})$在范围$\sim p_{\mathrm{F}}$上变化很显著;差值$\kappa\sim k\ll p_{\mathrm{F}}$.在这个意义上,$\varphi$随$\boldsymbol{p}_{\mathrm{F}}$缓慢变化,一级近似下我们可以在差值(82.10)中取$\boldsymbol{p}'_{\mathrm{F}}=\boldsymbol{p}_{\mathrm{F}}$,即用

$$\varphi(\eta,\boldsymbol{p}_{\mathrm{F}})-\varphi(\eta',\boldsymbol{p}_{\mathrm{F}}) \tag{82.11}$$

来代替它.然而,对η的依存关系很强,这是在下述意义上说的:$|\eta-\eta'|=\omega\sim T$是与$\varphi$发生显著变化的范围具有相同量级.

令L_0为由$I_{\mathrm{e,ph}}$(82.9)通过用(82.11)代替(82.10)而获得的算符;于是

$$I_{\mathrm{e,ph}}(\varphi)=L_0(\varphi)+L_1(\varphi),$$

以及$L_0\gg L_1$.电子动理方程(在电场和温度梯度都存在的情况下)呈现下列形式

$$-\left(e\boldsymbol{E}+\frac{\eta}{T}\nabla T\right)\cdot\boldsymbol{v}\frac{\partial n_0}{\partial\varepsilon}=L_0(\varphi)+L_1(\varphi). \tag{82.12}$$

右边两项具有相当不同的物理意义:第一项引起迅速的能量弛豫,第二项引起相对于准动量方向的缓慢“扩散”弛豫.

注意到算符L_0有两个明显性质.首先,对仅依赖于$\boldsymbol{p}_{\mathrm{F}}$的任何函数,它为零(因为差(82.11)为零).其次,下列积分为零:

$$\int L_0(\varphi)\,\mathrm{d}\eta=0; \tag{82.13}$$

算符L_0描述仅有能量改变的碰撞,而(82.13)只不过表述具有给定$\boldsymbol{p}$的方向的

电子数守恒.

我们将寻求动理方程的下列形式的解:

$$\varphi(\eta,\boldsymbol{p}_\mathrm{F})=a(\boldsymbol{p}_\mathrm{F})+b(\eta,\boldsymbol{p}_\mathrm{F}),\tag{82.14}$$

其中 $a(\boldsymbol{p}_\mathrm{F})$ 仅是 $\boldsymbol{p}_\mathrm{F}$ 的函数,而且 $|a|\gg|b|$. 函数 a(对此碰撞积分的 L_0 部分为零)很大的事实表达的是能量弛豫过程的迅速性. 将(82.14)代入(82.12)并忽略相对较小项 $L_1(b)$,我们求得下列方程

$$-\left(e\boldsymbol{E}+\frac{\eta}{T}\nabla T\right)\cdot\boldsymbol{v}\frac{\partial n_0}{\partial\varepsilon}=L_0(b)+L_1(a).\tag{82.15}$$

右边两项一般具有相同量级. 然而,在计算电导率或热导率时,只有其中一项是重要的. 因为通过下列事实可以看出:线性化电子声子算符 $I_{\mathrm{e,ph}}$(因而 L_0 和 L_1)作用于函数 $\varphi(\eta,\boldsymbol{p}_\mathrm{F})$ 后,并不改变 φ 相对于 η 的奇偶性①. 因此,我们将 φ 分成相对于 η 为偶(φ_g)和为奇(φ_u)的两部分

$$\varphi_\mathrm{g}=a+b_\mathrm{g},\quad \varphi_\mathrm{u}=b_\mathrm{u}$$

(不依赖于 η 的函数 a 显然是偶函数). 将 $\varphi=\varphi_\mathrm{g}+\varphi_\mathrm{u}$ 代入(82.15),接着分开 η 的奇次项和偶次项,结果给出两个方程:

$$-\frac{\eta}{T}\frac{\partial n_0}{\partial\varepsilon}\boldsymbol{v}_\mathrm{F}\cdot\nabla T=L_0(b_\mathrm{u}),\tag{82.16}$$

$$-\frac{\partial n_0}{\partial\varepsilon}e\boldsymbol{E}\cdot\boldsymbol{v}_\mathrm{F}=L_0(b_\mathrm{g})+L_1(a);\tag{82.17}$$

方程左边的速度 $\boldsymbol{v}$ 在充分准确度下已用费米面上的速度 $\boldsymbol{v}_\mathrm{F}$ 代替,后者不依赖于 η. 第二个方程对 η 的积分给出

$$e\boldsymbol{E}\cdot\boldsymbol{v}_\mathrm{F}=\int L_1(a)\,\mathrm{d}\eta,\tag{82.18}$$

因为按(82.13),含 L_0 的项消失.

热流($\boldsymbol{E}=0$ 时)完全由方程(82.16)的解确定,该方程仅包含算符 L_0:正如我们应预期的,它依赖于电子能量弛豫过程. 从该解计算出热流作为积分

$$\boldsymbol{q}'=\int\boldsymbol{v}\,\eta\delta\tilde{n}\frac{2\mathrm{d}^3p}{(2\pi)^3}\approx-\int\boldsymbol{v}_\mathrm{F}\eta\frac{\partial n_0}{\partial\eta}b_\mathrm{u}\frac{2\mathrm{d}^3p}{(2\pi)^3};\tag{82.19}$$

函数 φ 中为 η 偶函数的部分没有贡献,因为结果所得被积表达式是奇函数.

算符 L_0 是电子声子碰撞积分的主要部分. 因此相应有效碰撞频率是(82.7)的 $\nu_{\mathrm{e,ph}}$;更确切地说,这个量是关于能量交换的有效碰撞频率. 相应电子平均自由程是 $l\sim v_\mathrm{F}/\nu_{\mathrm{e,ph}}$. 热导率可由气体动理学理论的公式(7.10)予以估计:$\kappa\sim c\bar{v}lN$. 目前情况下,N 是电子的数密度,c 是(每个传导电子)热容的电子部分而 $\bar{v}$

① §79 中对 $I^{(1)}_{\mathrm{e,ph}}$ 曾经证明过这点. 我们不准备停下来给出对 $I_{\mathrm{e,ph,e}}$ 的严格类似证明.

$\sim v_F$. 量 N 和 v_F 不依赖于温度,电子费米液体的热容正比于 T,而按(82.7)平均自由程 $l \propto T^{-3}$. 因为这样所计算的热流适用于 $\boldsymbol{E}=0$,其中的系数不是热导率 κ 本身而是 $\kappa' = \kappa + T\sigma\alpha^2$(见(78.3)). 因而 $\kappa' \propto T^{-2}$. $T\sigma\alpha^2$ 项远小于 κ'(见 325 页脚注①),因而 $\kappa \propto T^{-2}$. 作为粗估,令

$$c \sim \frac{m^* p_F T}{N\hbar^3}$$

(以寻常单位,比较第九卷,(1.15)),我们求得

$$\kappa \sim \frac{\varepsilon_F p_F \Theta^2}{\hbar^2 \ T^2}. \tag{82.20}$$

电导率通过求解方程(82.18)而予以确定,该方程仅包含算符 L_1:如所预期,电流依赖于对电子准动量方向的弛豫过程. 在 §81 开头曾经注意到这些过程具有沿费米面扩散的性质. 下节中我们将证明动理方程(82.18)事实上如何能化成扩散方程的形式. 然而,电导率对温度的依存关系可以从下面的简单论据予以阐明.

沿费米面的移动以小跳变 $k \sim T/u$ 发生;这个量起动量空间中的"平均自由程"l_p 的作用,而"散射事件"的频率与电子声子碰撞频率 $\nu_{e,ph}$ 相同. 沿费米面的扩散系数可按气体动理学理论的公式 $D \sim l\bar{v} \sim l^2\nu$ 予以估计,并以 l_p 和 $\nu_{e,ph}$ 作为 l 和 ν. 因而我们有(以寻常单位)

$$D_p \sim \frac{p_F^2 \Theta}{\hbar}\left(\frac{T}{\Theta}\right)^5. \tag{82.21}$$

由此我们可以求得弛豫时间,它在按(78.16):$\sigma \sim e^2 N v_F \tau / p_F$ 估计电导率时要出现. 它是这样的时间,在此期间电子准动量改变量为其本身量级. 换句话说,在时间 τ 内电子必然沿费米面扩散一段距离 $\sim p_F$. 在扩散运动中,方均位移正比于时间(和正比于扩散系数). 因此我们求得关系式 $p_F^2 \sim D_p \tau$,而对于电导率(以寻常单位)为

$$\sigma \sim \frac{\hbar e^2 N}{m^* \Theta}\left(\frac{\Theta}{T}\right)^5. \tag{82.22}$$

因此,在低温,电导率正比于 T^{-5}①.

现在让我们论述温差电系数. 这里类似于高温情况.

如果电流 $\boldsymbol{j}$ 由方程(82.16)的解,函数 b_u 计算,于是,因为这是变量 η 的奇函数,一级近似下积分为零,而仅当我们考虑到被积表达式中以 η/ε_F 作展开中的高阶项时才得到不为零的结果. 这导致(和 $T \gg \Theta$ 的情况一样)温差电系数(以寻常单位)为

---

① 这个结果是布洛赫(F. Bioch(1929))首先推导的.

$$\alpha^{\mathrm{I}} \sim T/e\varepsilon_{\mathrm{F}}, \tag{82.23}$$

而不是“正常”量级的量 $\alpha \sim 1/e$①.

对温差电系数的另一贡献来自(82.5)的声子函数 χ 中所忽略的 χ_1 项:这个贡献是由于声子对电子的曳引作用. 如果保留这项,则碰撞积分(82.9)中应包含补充项:

$$I^{(2)}_{\mathrm{e,ph}}(\chi_1) \sim \nu_{\mathrm{e,ph}}\chi_1 \frac{\partial N_0}{\partial \omega} \sim -\nu_{\mathrm{e,ph}} \frac{u|\nabla T|}{\nu_{\mathrm{ph,e}} T}. \tag{82.24}$$

于是可将这项取至动理方程(82.12)的左边,那里它要与项

$$-\frac{\partial n_0}{\partial T}\frac{\eta}{T}(\boldsymbol{v} \cdot \nabla T) \tag{82.25}$$

相比较. 项(82.24)以比值 T^2/Θ^2 小于(82.25)(估计类似于(82.8)). 然而,考虑到这项时导致在动理方程的解 φ 中出现正比于 ∇T 的一项,而这已不是 η 的奇函数. 因此,在计算对电流的有关贡献时,没有补充小因数,而温差电系数包括一项

$$\alpha^{\mathrm{II}} \sim T^2/e\Theta^2 \tag{82.26}$$

(Л. Э. Гуревич, 1946)②.

随着温度的降低,电子声子碰撞频率也减小,最终在引起电阻和热阻方面,电子与杂质原子间的碰撞变成主要的. 注意到由于对温度的不同依存关系,过渡到“剩余热阻”要比过渡到“剩余电阻”出现晚得多.

在很纯金属中,可以存在一个温度区域,在此区域内金属的动理性质由电子间碰撞所支配. 金属中电子液体内的相应平均自由程,如任何其它费米液体中那样,按 T^{-2} 随温度变化,而小展开参量是比值 $T/\varepsilon_{\mathrm{F}}$(见 § 75). 当 $T \sim \varepsilon_{\mathrm{F}}$ 时,这个平均自由程必须变成 $\sim d$,因而

$$l_{\mathrm{ee}} \sim d(\varepsilon_{\mathrm{F}}/T)^2. \tag{82.27}$$

由此得出电导率和热导率对温度的依存关系是

$$\sigma \propto T^{-2}, \quad \kappa \propto T^{-1} \tag{82.28}$$

(Л. Д. Ландау, И. Я. Померанчук, 1936). 当温度降低时,有效电子电子碰撞频

---

① 由估计(82.20)—(82.23)我们看到 $T\alpha^2\sigma/\kappa \sim (\Theta/\varepsilon_{\mathrm{F}})^2 \ll 1$,这证明了推导(82.21)中所采用近似的正确性.

② 这里,下列评注是必要的. 因为声子准动量很小,能量守恒定律给出

$$\varepsilon(\boldsymbol{p}) - \varepsilon(\boldsymbol{p}-\boldsymbol{k}) \approx \boldsymbol{v}_{\mathrm{F}} \cdot \boldsymbol{k} \approx \pm\omega(\boldsymbol{k}).$$

由此我们看到 $\boldsymbol{v}_{\mathrm{F}}$ 和 $\boldsymbol{k}$ 之间的夹角 θ 几乎是 $\pi/2$: $\cos\theta \sim \omega/(v_{\mathrm{F}}k) \sim u/v_{\mathrm{F}} \ll 1$. 各向同性情况下,声子的准动量 $\boldsymbol{k}$ 和速度 $\boldsymbol{u}$ 处在相同方向,因此乘积 $\boldsymbol{u} \cdot \boldsymbol{v}_{\mathrm{F}}$ 也很小. 在通过 φ 给出流的积分中出现类似乘积,正比于 $\boldsymbol{u} \cdot \nabla T$;在各向同性情况下这会引致在 α^{II} 中出现附加小因数. 然而,在各向异性晶体中,包括具有立方对称性的晶体中,一般没有任何理由出现这种小因数.

率 ν_{ee} 比电子声子碰撞频率 $\nu_{e,ph}$ 来说，其减小要慢得多. 然而，因 ν_{ee} 中的小参量是 T/ε_F 而不是 $\nu_{e,ph}$ 中的 T/Θ，电子电子碰撞仅在很低温度下才起主要作用.

还注意到关系式(82.28)原则上可以与或者敞式或者闭式费米面相联系. 因为电子准动量很大，倒逆过程的必然存在对闭费米面情况一般并不导致任何附加小因数.

习 题

对于低温下具有闭费米面的金属. 忽略倒逆过程. 计算其温差电系数 α.

解：电子动理方程是

$$-e\boldsymbol{E}\cdot\frac{\partial n_0}{\partial \boldsymbol{p}}-\frac{\varepsilon-\mu}{T}\frac{\partial n_0}{\partial \varepsilon}(\boldsymbol{v}\cdot\nabla T)=C_{e,ph}(n). \tag{1}$$

注意到

$$\boldsymbol{u}\frac{\partial N_0}{\partial T}=-\frac{\omega}{T}\frac{\partial N_0}{\partial \omega}\boldsymbol{u}=-\frac{\omega}{T}\frac{\partial N_0}{\partial \boldsymbol{k}},$$

声子动理方程可写成

$$-\frac{\omega}{T}\frac{\partial N_0}{\partial \boldsymbol{k}}\cdot\nabla T=C_{ph,e}(N). \tag{2}$$

将方程(1)和(2)分别乘以 $\boldsymbol{p}$ 和 $\boldsymbol{k}$，并分别对 $2\mathrm{d}^3p/(2\pi)^3$ 和对 $\mathrm{d}^3k/(2\pi)^3$ 进行积分，然后将它们逐项相加. 由于没有倒逆过程时电子和声子的总准动量守恒，右边变为零. 结果得到

$$\int e\left(\boldsymbol{E}\cdot\frac{\partial n_0}{\partial \boldsymbol{p}}\right)\boldsymbol{p}\frac{2\mathrm{d}^3p}{(2\pi)^3}+\frac{\nabla T}{3}\int\frac{\varepsilon-\mu}{T}\frac{\partial n_0}{\partial \varepsilon}(\boldsymbol{v}\cdot\boldsymbol{p})\frac{2\mathrm{d}^3p}{(2\pi)^3}+$$
$$+\frac{\nabla T}{3}\int\frac{\omega}{T}\left(\frac{\partial N_0}{\partial \boldsymbol{k}}\cdot\boldsymbol{k}\right)\frac{\mathrm{d}^3k}{(2\pi)^3}=0; \tag{3}$$

第二和第三个积分是在晶体具有立方对称性的假设下写出的.

(3)中第一个积分如在(81.4)的推导中那样进行变换，给出 $-e\boldsymbol{E}(N_e-N_h)$. 第二个积分如在(78.12)的推导中那样进行计算. 结果是 $-AT\nabla T$，其中

$$A=\frac{\pi^2}{9}\left[\frac{\partial}{\partial \varepsilon}\int\boldsymbol{v}\cdot\boldsymbol{p}\frac{\mathrm{d}S}{v(2\pi)^3}\right]_{\varepsilon=\varepsilon_F}$$

(积分是在等能面 $\varepsilon=\mathrm{const}$ 上进行的). 第三个积分，经分部积分后，变成

$$-\frac{\nabla T}{3T}\int N_0(3\omega+\boldsymbol{k}\cdot\boldsymbol{u})\frac{\mathrm{d}^3k}{(2\pi)^3}$$

(对倒易格胞界面上的积分变为零，因为在低温下函数 N_0 随 ω 的增加而迅速减小). 对长波声频声子(低温下重要的唯一频支)，速度 $\boldsymbol{u}$ 和比值 $\boldsymbol{\kappa}=\boldsymbol{k}/\omega$ 仅依赖于 $\boldsymbol{k}$ 的方向(而不依赖于 ω). 关于对 ω 的积分应用通常表达式，我们求得(3)中

第三个积分是 $-BT^3\nabla T$,其中

$$B=\frac{\pi^4}{15}\sum\int\left(1+\frac{\boldsymbol{\kappa}\cdot\boldsymbol{u}}{3}\right)\kappa^2\frac{\mathrm{d}o_{\boldsymbol{k}}}{(2\pi)^3}$$

($\sum$是对声子谱的三个声频支求和).

从而方程(3)变成

$$-e\boldsymbol{E}(N_\mathrm{e}-N_\mathrm{h})=\nabla T(AT+BT^3).$$

将它与(78.1)(对 $\boldsymbol{j}=0$ 的情况)进行比较.给出温差电系数为

$$\alpha=\frac{AT+BT^3}{N_\mathrm{h}-N_\mathrm{e}}. \tag{4}$$

通过适当选取动理方程解中形式(81.1)的项,条件 $\boldsymbol{j}=0$ 可以满足.按照§81中的讨论,表达式(4)对未补偿金属是有限的.但当 $N_\mathrm{e}=N_\mathrm{h}$ 时变成无限.

§83 费米面上的电子扩散

本节我们将证明怎样可以将关于低温电导问题的动理方程(82.17)化成扩散方程的形式①.只关心这个问题时,我们将仅考虑函数 φ 中不依赖于 $\eta=\varepsilon-\mu$ 的部分,并用 $\varphi(\boldsymbol{p}_\mathrm{F})$ 表示它以代替如上节中那样的特殊符号 $a(\boldsymbol{p}_\mathrm{F})$.像在§82一样,我们将再次注意到敞费米面的情况.

函数

$$\frac{\delta\tilde{n}}{(2\pi)^3}=-\frac{\partial n_0}{\partial\varepsilon}\frac{\varphi}{(2\pi)^3}$$

是动量空间电子分布中的非平衡增量.由此通过下列步骤我们可以构成费米面上的分布:将体积元 d^3p 写成 $\mathrm{d}\varepsilon\mathrm{d}S/v$(74.19),对 $\mathrm{d}\varepsilon=\mathrm{d}\eta$ 积分,并将等能面上依赖于 ε 的面积元 $\mathrm{d}S$ 和速率 v 近似用费米面上的值 $\mathrm{d}S_\mathrm{F}$ 和 v_F 来代替.根据假设,函数 φ 不依赖于 ε,因数 $-\partial n_0/\partial\varepsilon$ 的积分给出1.于是费米面上的分布密度是下列表达式

$$\frac{\varphi(\boldsymbol{p}_\mathrm{F})}{(2\pi)^3v_\mathrm{F}}. \tag{83.1}$$

为使推导更加明晰起见,我们首先将动理方程(82.17)写成左边带有对时间的偏导数的形式,仿佛分布为非定常似的:

$$-\frac{\partial n_0}{\partial\varepsilon}\frac{\partial\varphi}{\partial t}-e\boldsymbol{E}\cdot\boldsymbol{v}_\mathrm{F}\frac{\partial n_0}{\partial\varepsilon}=L_1(\varphi).$$

这里已省略了含 L_0 的项,无论如何当将方程对 $\mathrm{d}\eta/v_\mathrm{F}$ 积分时它会消失:

$$\frac{\partial}{\partial t}\frac{\varphi}{v_\mathrm{F}}-\int L_1(\varphi)\frac{\mathrm{d}\eta}{v_\mathrm{F}}=-\frac{e\boldsymbol{E}\cdot\boldsymbol{v}_\mathrm{F}}{v_\mathrm{F}}. \tag{83.2}$$

---

① 下面给出的是古尔日和科比里奥维奇(Р. Н. Гуржи, А. И. Копелиович(1971))的证明.

左边第一项是费米面上电子密度的变率. 这个方程应具有连续性方程的形式,即,左边第二项必须是费米面上电子流 $\boldsymbol{s}$ 的散度,而右边的电场项则起源或汇密度的作用. 这里我们所考虑的是曲面上的二维散度,但是可以方便地将它写成三维形式:

$$-\int L_1(\varphi)\frac{\mathrm{d}\eta}{v_F}=\{\nabla_p-\boldsymbol{n}_F(\boldsymbol{n}_F\cdot\nabla_p)\}\boldsymbol{s}. \tag{83.3}$$

其中 ∇_p 是对 $\boldsymbol{p}$ 空间中笛卡儿坐标的寻常微分算符,而大括号内的算符是它在费米面任何给定点处切面上的投射($\boldsymbol{n}_F$ 为沿法线的单位矢量)①. 矢量 $\boldsymbol{s}(\boldsymbol{p}_F)$ 给定位于费米面上,但是在(83.3)中它形式上被认为给定位于整个空间(虽然仅依赖于 $\boldsymbol{p}_F$ 的方向).(现在我们忽略对时间的导数)动理方程变成

$$\{\nabla_p-\boldsymbol{n}_F(\boldsymbol{n}_F\cdot\nabla_p)\}\cdot\boldsymbol{s}=-e\boldsymbol{E}\cdot\frac{\boldsymbol{v}_F}{v_F}. \tag{83.4}$$

问题是要求出用函数 φ 表示的流 $\boldsymbol{s}$.

我们应用 $\boldsymbol{p}$ 空间的笛卡儿坐标,将费米面上要计算 $\boldsymbol{s}(\boldsymbol{p}_F)$ 的点取为原点,并且 z 轴沿此处的法线. 按照定义,流分量 s_x 是每单位时间(由于碰撞)从左向右(即沿正 x 方向)与从右向左通过 yz 平面上单位宽度条带电子数之差.

让我们考虑具有准动量 $\boldsymbol{p}$ 在 d^3p 范围的一个电子发射出具有准动量 $\boldsymbol{k}$ 在 d^3k 范围的一个声子这样的事件数与这种声子被吸收这样的倒逆事件数之间的差值. 它是(79.9)中被积表达式中第一项的负值:

$$\mathrm{d}^3p\frac{\mathrm{d}^3k}{(2\pi)^3}\frac{\partial N_0}{\partial\omega}w(n_0'-n_0)\delta(\varepsilon-\varepsilon'-\omega_k)(\varphi_{p'}-\varphi_p+\chi_k), \tag{83.5}$$

带有 $\boldsymbol{p}=\boldsymbol{p}'+\boldsymbol{k}$②. 这里声子函数 χ_k 要按(82.5)用 φ 来表达:

$$\chi_k=-\frac{1}{\nu_{ph,e}}\int w(n_0'-n_0)\delta(\varepsilon-\varepsilon'-\omega_k)(\varphi_{p'}-\varphi_p)\frac{2\mathrm{d}^3p}{(2\pi)^3}, \tag{83.6}$$

用(82.6)的 $\nu_{ph,e}$.

如果 $k_x<0$,声子的发射将导致那些电子(从左向右)通过该条带,这些电子的原始准动量的 x 分量位于范围

$$k_x<p_x<0; \tag{83.7a}$$

---

① 这个算符出现在高斯定理的二维形式中:

$$\oint\boldsymbol{e}\cdot\boldsymbol{s}\mathrm{d}l=\int\{\nabla-\boldsymbol{n}(\boldsymbol{n}\cdot\nabla)\}\cdot\boldsymbol{s}\mathrm{d}S.$$

左边的积分在所述曲面上绕一闭围道进行求积的($\boldsymbol{e}$ 为曲面上所述点的切面上围道的外法线的单位矢量);右边的积分是对由围道所包围的曲面部分进行求积的.

② 在前述论证中我们忽略了面密度定义(83.1)中的因数 $(2\pi)^{-3}$. 从而(83.5)中也忽略了一个相应因数.

还注意到在敞费米面的情况,我们约定包括整个倒易晶格的电子准动量值(见 §81);准动量守恒定律因而是不带 $\boldsymbol{b}$ 项写出的.

对于 $\boldsymbol{p}$ 的这些值,表达式(83.5)对流 s_x 给出正贡献. 如果 $k_x>0$,声子的发射导致具有

$$0<p_x<k_x \tag{83.7b}$$

的电子(自右向左)通过该条带;对流 s_x 的相应贡献为负.

现在清楚的是,要寻求 s_x,我们必须(1)将表达式(83.5)对 p_y 的单位区间和对 p_z 的整个范围积分(由于迅速收敛性,后一积分可扩展至从 $-\infty$ 至 $+\infty$);(2) 对 p_x 的区间(83.7)进行积分(考虑到费米面上所有量随 p_x 的变化缓慢,这简单归结为乘以区间长度,即乘以 $-k_x$,当我们注意到 s_x 中结果的正负号时);(3)最后再对 d^3k 积分.

流分量 s_y 与 s_x 的差别仅在于被积表达式中用 k_y 代替 k_x. 因此,流可写成矢量形式

$$\boldsymbol{s}(\boldsymbol{p}_{\mathrm{F}})=-\int\frac{\mathrm{d}^3k}{(2\pi)^3}\int_{-\infty}^{\infty}\boldsymbol{\kappa}\times$$
$$\times\left\{\frac{\partial N_0}{\partial\omega}w(n_0'-n_0)\delta(\varepsilon-\varepsilon'-\omega)(\varphi_{p'}-\varphi_p+\chi_k)\right\}\mathrm{d}p_z, \tag{83.8}$$

其中 $\boldsymbol{\kappa}$ 是 $\boldsymbol{k}$ 在点 $\boldsymbol{p}_{\mathrm{F}}$ 处切面上的投射.

首先,我们写出 $\mathrm{d}^3k=\mathrm{d}k_z\mathrm{d}^2\boldsymbol{\kappa}$ 并对 k_z 积分. 因为 $\boldsymbol{k}$ 很小,我们可将(83.8)中 δ 函数的自变量加以变换:

$$\delta(\varepsilon_p-\varepsilon_{p-k}-\omega_k)\approx\delta(\boldsymbol{k}\cdot\boldsymbol{v}_{\mathrm{F}}-\omega)=\frac{1}{v_{\mathrm{F}}}\delta\left(k_z-\frac{\omega}{v_{\mathrm{F}}}\right)$$

($\boldsymbol{v}_{\mathrm{F}}$ 的方向是沿费米面的法线). 对 k_z 的积分消除了 δ 函数并到处将 k_z 用 ω/v_{F} 代替. 因为 $\omega/v_{\mathrm{F}}\sim ku/v_{\mathrm{F}}\ll k$,我们可简单地令 $k_z=0$,即作变换

$$\boldsymbol{k}\to\boldsymbol{\kappa}. \tag{83.9}$$

对 $\mathrm{d}p_z=\mathrm{d}\varepsilon/v_z$ 的积分也可以以一般形式完成,因为被积表达式中唯一迅速变化的 ε 的函数是差值

$$n_0(\varepsilon-\omega)-n_0(\varepsilon)\approx-\omega\frac{\partial n_0}{\partial\varepsilon};$$

对 ε 的积分将这个因数转化为 ω. 经过这些运算后,表达式(83.8)变成

$$\boldsymbol{s}(\boldsymbol{p}_{\mathrm{F}})=-\frac{1}{2\pi v_{\mathrm{F}}^2}\int\boldsymbol{\kappa}\omega_{\boldsymbol{\kappa}}\frac{\partial N_0(\omega_{\boldsymbol{\kappa}})}{\partial\omega_{\boldsymbol{\kappa}}}w(\varphi_{p'}-\varphi_p+\chi_{\boldsymbol{\kappa}})\frac{\mathrm{d}^2\boldsymbol{\kappa}}{(2\pi)^2}. \tag{83.10}$$

为进一步将积分进行变换,我们再次应用 $\boldsymbol{k}$ 很小的性质,写出

$$\varphi(\boldsymbol{p}-\boldsymbol{k})-\varphi(\boldsymbol{p})\approx-\boldsymbol{k}\cdot\frac{\partial\varphi}{\partial\boldsymbol{p}}\approx-\boldsymbol{\kappa}\cdot\frac{\partial\varphi}{\partial\boldsymbol{p}}=-\kappa\boldsymbol{t}\cdot\frac{\partial\varphi}{\partial\boldsymbol{p}},$$

其中 $\boldsymbol{t}=\boldsymbol{\kappa}/\kappa$ 是费米面沿 $\boldsymbol{\kappa}$ 方向的切向单位矢量. 因为积分(83.6)中也出现同样差值,我们可以令函数 $\chi(\boldsymbol{k})$ 写成下列形式

$$\chi(\boldsymbol{k}) = \boldsymbol{\kappa}\cdot\boldsymbol{a}(\boldsymbol{t}). \tag{83.11}$$

最后,由于(79.4),

$$w = \kappa M(\boldsymbol{p}_{\mathrm{F}}, \boldsymbol{t}). \tag{83.12}$$

用这个记号,我们有

$$\boldsymbol{s} = -\frac{1}{2\pi v_{\mathrm{F}}^2}\int \boldsymbol{t}\kappa^3\omega_{\kappa}\frac{\partial N_0}{\partial\omega_{\kappa}}M\left(\boldsymbol{t}\cdot\boldsymbol{a} - \boldsymbol{t}\cdot\frac{\partial\varphi}{\partial\boldsymbol{p}}\right)\frac{\kappa\mathrm{d}\kappa\mathrm{d}\phi}{(2\pi)^2}, \tag{83.13}$$

其中 φ 是切面中 $\boldsymbol{\kappa}$ 方向的极角.

(83.13)中对 κ 的积分归结为积分

$$J = \int_0^{\infty}\kappa^4\omega_{\kappa}\frac{\partial N_0}{\partial\omega_{\kappa}}\mathrm{d}\kappa$$

的计算,由于迅速收敛性,积分可扩展至∞.具有很小准动量 $\boldsymbol{\kappa} = \kappa\boldsymbol{t}$ 的声子,其能量是 $\omega_{\kappa} = u(\boldsymbol{t})\kappa$,因此

$$J = \frac{1}{u^5}\int_0^{\infty}\omega^5\frac{\partial N_0}{\partial\omega}\mathrm{d}\omega = -\frac{5}{u^5}\int_0^{\infty}N_0\omega^4\mathrm{d}\omega =$$

$$= -\frac{5T^5}{u^5}\int_0^{\infty}\frac{x^4\mathrm{d}x}{\mathrm{e}^x - 1} = -120\zeta(5)\frac{T^5}{u^5}$$

(ζ 函数的值是 $\zeta(5) = 1.037$).

因而我们得出沿费米面电子流密度的下列表达式:

$$\boldsymbol{s} = -\frac{30\zeta(5)T^5}{\pi^2 v_{\mathrm{F}}^2}\left\langle\frac{M(\boldsymbol{t})}{u^5(\boldsymbol{t})}\boldsymbol{t}\left(\boldsymbol{t}\cdot\frac{\partial\varphi}{\partial\boldsymbol{p}} - \boldsymbol{t}\cdot\boldsymbol{a}\right)\right\rangle, \tag{83.14}$$

其中角括号表示对费米面给定点 $\boldsymbol{p}_{\mathrm{F}}$ 处切面上 $\boldsymbol{t}$ 的方向求平均. 我们还需要尽可能将 $\boldsymbol{a}$ 的表达式加以简化.

按定义(83.11),由(83.6)我们有

$$\boldsymbol{a} = \frac{\int M(n_0' - n_0)\delta(\varepsilon - \varepsilon' - \omega)(\partial\varphi/\partial\boldsymbol{p})\mathrm{d}^3p}{\int M(n_0' - n_0)\delta(\varepsilon - \varepsilon' - \omega)\mathrm{d}^3p}$$

(其中分子和分母中的公因数已经消除). 对 d^3p 的积分用对 $\mathrm{d}S_{\mathrm{F}}\mathrm{d}\varepsilon/v_{\mathrm{F}}$ 的积分代替(比较本节开头),两个积分中仅有一个相同因数 $n_0(\varepsilon - \omega) - n_0(\varepsilon)$ 依赖于 ε;对 $\mathrm{d}\varepsilon$ 积分的结果在分子和分母中相消. δ 函数的自变量于是可写成 $\boldsymbol{k}\cdot\boldsymbol{v}_{\mathrm{F}} - \omega \approx \boldsymbol{\kappa}\cdot\boldsymbol{v}_{\mathrm{F}}$(忽略了相对量级为 u/v_{F} 的量). 最后结果是

$$\boldsymbol{a} = \frac{\int v_{\mathrm{F}}^{-2}M\delta(\boldsymbol{n}\cdot\boldsymbol{t})(\partial\varphi/\partial\boldsymbol{p})\mathrm{d}S_{\mathrm{F}}}{\int v_{\mathrm{F}}^{-2}M\delta(\boldsymbol{n}\cdot\boldsymbol{t})\mathrm{d}S_{\mathrm{F}}} \tag{83.15}$$

(M 为费米面上位置 $\boldsymbol{p}_{\mathrm{F}}$ 和方向 $\boldsymbol{t}$ 的函数,而 $\boldsymbol{n}$ 为沿法线方向). 由于存在 δ 函数,

事实上仅沿费米面上一条曲线进行积分,那里法线垂直于声子准动量的方向 $\boldsymbol{t}$.

公式(83.4),(83.14)和(83.15)解决了使动理方程变成扩散方程形式的问题.这个方程是一个积分微分方程.流密度(83.14)可写成

$$s_{\alpha}=-D_{\alpha\beta}\left(\frac{\partial\varphi}{\partial p_{\beta}}-a_{\beta}\right), \tag{83.16}$$

其中

$$D_{\alpha\beta}=T^{5}\frac{30\zeta(5)}{\pi^{2}v_{\mathrm{F}}^{2}}\left\langle\frac{M(t)}{u^{5}(t)}t_{\alpha}t_{\beta}\right\rangle \tag{83.17}$$

(而 α,β 是二维矢量下标).第一项具有通常的微分形式带有扩散系数张量 $D_{\alpha\beta}$;这项与平衡声子对电子的散射有关.第二项,积分项.归因于非平衡声子对电子的曳引效应.

流密度作为积分

$$\boldsymbol{j}=-\frac{2e}{(2\pi)^{3}}\int\varphi\boldsymbol{n}\mathrm{d}S_{\mathrm{F}}$$

按函数 φ 进行计算.由方程(83.4)很清楚,用(83.16)和(83.17)的 $\boldsymbol{s}$,函数 φ(因而金属的电导率)随温度按 T^{-5} 变化,与上节中的结果一致.我们注意到声子对电子的曳引并不影响这个规律,尽管它的确影响动理方程的形式.

§84 强场中的磁场电流现象 一般理论

确定磁场对金属电导率影响的量纲为 1 的特征参量是比值 r_B/l,其中 r_B 是电子轨道拉莫尔半径,l 是平均自由程.

注意到(见第九卷,§57),磁场中传导电子的运动几乎总是准经典的,因为比值 $\hbar\omega_B/\varepsilon_{\mathrm{F}}$(其中 ω_B 是拉莫尔频率)很小.于是动量空间中的轨道是等能面 $\varepsilon(\boldsymbol{p})=\mathrm{const}$ 与平面 $p_z=\mathrm{const}$ 的截面的周线,z 轴平行于磁场.因为电子能量接近于界限能量 ε_{F},所述等能面接近于费米面.因此动量空间中轨道的尺度由费米面适当截面的线性尺度 p_{F} 给出.轨道在寻常空间中的尺度是

$$r_B\sim cp_{\mathrm{F}}/(eB),$$

它反比于磁场.因此,在磁场电流效应中,对于 $r_B\gg l$,认为场是弱场,而对于

$$r_B\ll l, \tag{84.1}$$

则认为场是强场.

对于弱磁场,动理学研究(对于任何电子色散关系)并不导致任何超出纯唯象理论的结果.这个情况下电导率张量 $\sigma_{\alpha\beta}$ 对磁场依存关系的性质,简单对应于以 B 的幂展开,考虑到由动理系数的对称性原理所强加的必要条件(见第八卷,§21).

然而,在强场中,为了寻求这种依存关系,动理学研究是需要的.强场条件(84.1)实际上仅在低温下是满足的,此时平均自由程 l 充分长.因此金属通常处于

归因于杂质原子对电子散射所引起的剩余电阻区,我们将记住这个情况. 传导电子与杂质原子之间的相互作用是在晶格常量 d 量级的距离上发生的. 如果 $r_B \ll l$ 但同时 $r_B \gg d$,磁场的存在并不影响这个相互作用,因而也不影响碰撞积分. 在这些条件下,碰撞积分的具体形式并不影响电导率张量对磁场的依存关系. 然而,它的确相当大程度上依赖于传导电子的能谱结构,即依赖于费米面的形式①.

现在让我们来构造描述磁场电流现象的动理方程.

这里为了适当地表达分布函数,不是采用准动量 $\boldsymbol{p}$ 的笛卡儿分量,而是采用与电子轨道有关的其它变量:能量 ε,准动量沿磁场(z 轴)的分量 p_z 以及从某个固定点到所考虑点"电子沿动量轨道的运动时间". 这后一个变量(我们用 τ 表示),是通过传导电子在磁场中的准经典运动方程

$$\frac{\mathrm{d}\boldsymbol{p}}{\mathrm{d}\tau} = -\frac{e}{c}\boldsymbol{v} \times \boldsymbol{B}, \quad \boldsymbol{v} = \frac{\partial \varepsilon}{\partial \boldsymbol{p}}$$

引入的. 这个方程的 x 和 y 分量是

$$\frac{\mathrm{d}p_x}{\mathrm{d}\tau} = -\frac{e}{c}v_y B, \quad \frac{\mathrm{d}p_y}{\mathrm{d}\tau} = \frac{e}{c}v_x B. \tag{84.2}$$

取这两个方程的平方和并应用 xy 平面中动量轨道上的长度元 $\mathrm{d}s$($\mathrm{d}s^2 = \mathrm{d}x^2 + \mathrm{d}y^2$),我们得到

$$\mathrm{d}\tau = \frac{c}{eB}\frac{\mathrm{d}s}{v_\perp}, \quad v_\perp^2 = v_x^2 + v_y^2, \tag{84.3}$$

这个等式的积分给出用旧变量 p_x, p_y, p_z 表示的新变量 τ.

采用新变量,动理方程的左边②是

$$\frac{\mathrm{d}n}{\mathrm{d}t} = \frac{\partial n}{\partial \varepsilon}\dot{\varepsilon} + \frac{\partial n}{\partial p_z}\dot{p}_z + \frac{\partial n}{\partial \tau}\dot{\tau}. \tag{84.4}$$

照例,将寻求下列形式

$$n = n_0(\varepsilon) + \delta\tilde{n}(\varepsilon, p_z, \tau) \tag{84.5}$$

的分布函数. §74 末尾曾经证明,在恒定电场和磁场中,费米液体中准粒子的相对于 $\delta\tilde{n}$ 线性化的动理方程与费米气体中粒子的具有相同形式. 并且导数 $\dot{\varepsilon}$,$\dot{p}_z$ 和 $\dot{\tau}$ 要通过电磁场中个别电子的运动方程来表达:

$$\dot{\boldsymbol{p}} = -e\boldsymbol{E} - \frac{e}{c}[\boldsymbol{v} \times \boldsymbol{B}]. \tag{84.6}$$

因此我们有

$$\dot{\varepsilon} = \frac{\partial \varepsilon}{\partial \boldsymbol{p}} \cdot \dot{\boldsymbol{p}} = -e\boldsymbol{v} \cdot \boldsymbol{E};$$

---

① 下面给出的理论归于栗弗席兹,阿兹贝尔,卡甘诺夫(И. М. Лифшиц, М. Я. Азбель, М. И. Каганов (1956)).

② 准经典动理方程的应用意味着忽略归因于磁场中能级量子化的效应. 这些将在 §90 中讨论.

磁场并不出现，因为它并不对电荷作功. 并且，对于 z 方向的磁场 $\boldsymbol{B}$，我们有 $\dot{p}_z = -eE_z$. 最后，方程(84.2)和(84.6)的比较表明，导数 $\mathrm{d}\tau/\mathrm{d}t$ 与 1 的差别仅由于电场 $\boldsymbol{E}$（这个差别不需要考虑）.

因为平衡分布函数 n_0 仅依赖于 ε，而 ε, p_z 和 τ 是自变量，我们有 $\partial n_0/\partial p_z = 0, \partial n_0/\partial\tau = 0$. 认为电场非常弱，在动理方程的线性化时，要忽略掉同时含小量 $\delta\tilde{n}$ 和 $\boldsymbol{E}$ 两者的项. 于是表达式(84.4)简化为

$$\frac{\mathrm{d}n}{\mathrm{d}t} \approx -\frac{\partial n_0}{\partial\varepsilon} e\boldsymbol{v}\cdot\boldsymbol{E} + \frac{\partial\delta\tilde{n}}{\partial\tau}.$$

我们将 $\delta\tilde{n}$ 表示成下列形式

$$\delta\tilde{n} = \frac{\partial n_0}{\partial\varepsilon} e\boldsymbol{E}\cdot\boldsymbol{g}, \quad \boldsymbol{g} = \boldsymbol{g}(\varepsilon, p_z, \tau) \tag{84.7}$$

（比较(78.6)）. 动理方程左边于是最后变成

$$\frac{\mathrm{d}n}{\mathrm{d}t} = \frac{\partial n_0}{\partial\varepsilon} e\boldsymbol{E}\cdot\left(-\boldsymbol{v} + \frac{\partial\boldsymbol{g}}{\partial\tau}\right). \tag{84.8}$$

动理方程右边的碰撞积分，线性化后可写成下列形式：

$$C(n) = \frac{\partial n_0}{\partial\varepsilon} e\boldsymbol{E}\cdot I(\boldsymbol{g}) \tag{84.9}$$

（注意到描述杂质原子对电子弹性散射的碰撞积分中，含仅依赖于 ε 的 $\delta\tilde{n}$ 的任何因数可取至积分号外）. 线性积分算符 $I(\boldsymbol{g})$ 的具体形式并不需要说明.

使表达式(84.8)和(84.9)彼此相等，我们最后得到确定函数 $\boldsymbol{g}$ 的动理方程：

$$\frac{\partial\boldsymbol{g}}{\partial\tau} - I(\boldsymbol{g}) = \boldsymbol{v}. \tag{84.10}$$

电导率张量由积分(78.9)给出：

$$\sigma_{\alpha\beta} = -e^2\int\frac{\partial n_0}{\partial\varepsilon} v_\alpha g_\beta \frac{2\mathrm{d}^3p}{(2\pi\hbar)^3}.$$

在这个积分中，变换到新变量是通过代换 $\mathrm{d}^3p \to |J|\mathrm{d}\varepsilon\mathrm{d}p_z\mathrm{d}\tau$ 实现的，其中

$$J = \frac{\partial(p_x, p_y, p_z)}{\partial(\tau, \varepsilon, p_z)}$$

是变换的雅可比行列式，很容易从定义变量 τ 的方程(84.2)直接求得. 将(84.2)的第一个方程两边写成，例如雅可比行列式，

$$\frac{\partial(p_x, \varepsilon, p_z)}{\partial(\tau, \varepsilon, p_z)} = -\frac{eB}{c}\frac{\partial(\varepsilon, p_x, p_z)}{\partial(p_y, p_x, p_z)}$$

两边乘以 $\partial(p_y, p_x, p_z)/\partial(\varepsilon, p_x, p_z)$，我们求得 $|J| = eB/c$. 忽略分布 n_0 的热漫变，我们照例令 $\partial n_0/\partial\varepsilon = -\delta(\varepsilon - \varepsilon_\mathrm{F})$，然后得到最后表达式

$$\sigma_{\alpha\beta}=\frac{2e^3B}{c(2\pi\hbar)^3}\int v_\alpha g_\beta \mathrm{d}\tau \mathrm{d}p_z, \tag{84.11}$$

积分在费米面上进行.

根据定义(84.3),变量 τ 正比于 $1/B$. 因此,线性方程(84.10)中的项 $\partial\boldsymbol{g}/\partial\tau$ 正比于 B,从而远大于其它项. 这使我们可能通过逐步求近法来求解方程,将它表成 $1/B$ 的幂级数:

$$\boldsymbol{g}=\boldsymbol{g}^{(0)}+\boldsymbol{g}^{(1)}+\cdots \tag{84.12}$$

其中 $\boldsymbol{g}^{(n)}\propto B^{-n}$①. 这个级数中的各项满足方程

$$\left.\begin{aligned}
&\frac{\partial\boldsymbol{g}^{(0)}}{\partial\tau}=0,\\
&\frac{\partial\boldsymbol{g}^{(1)}}{\partial\tau}=I(\boldsymbol{g}^{(0)})+\boldsymbol{v},\\
&\frac{\partial\boldsymbol{g}^{(2)}}{\partial\tau}=I(\boldsymbol{g}^{(1)}),\cdots
\end{aligned}\right\} \tag{84.13}$$

这些方程的解是:

$$\left.\begin{aligned}
\boldsymbol{g}^{(0)}&=\boldsymbol{C}^{(0)},\\
\boldsymbol{g}^{(1)}&=\int_0^\tau[I(\boldsymbol{C}^{(0)})+\boldsymbol{v}(\tau)]\mathrm{d}\tau+\boldsymbol{C}^{(1)},\\
\boldsymbol{g}^{(2)}&=\int_0^\tau I(\boldsymbol{g}^{(1)})\mathrm{d}\tau+\boldsymbol{C}^{(2)},\cdots,
\end{aligned}\right\} \tag{84.14}$$

其中 $\boldsymbol{C}^{(0)},\boldsymbol{C}^{(1)},\cdots$ 仅是 ε 和 p_z 的函数.

函数 $\boldsymbol{g}$ 必须满足某些条件. 如果电子动量轨道(即费米面与平面 $p_z=\mathrm{const}$ 的截面的周线)是闭合的,电子的运动是周期性的;相应地,函数 $\boldsymbol{g}(\varepsilon,p_z,\tau)$ 也必须是 τ 的周期函数(周期 T 依赖于 p_z). 然而,如果轨道是敞开的,则动量空间中的运动是无限的,而函数 $\boldsymbol{g}$ 只需满足为有限的条件.

现在让我们把方程(84.13)对 τ 求平均. 如果函数 $\boldsymbol{g}$ 是周期性的,对周期的平均值

$$\overline{\frac{\partial\boldsymbol{g}}{\partial\tau}}=\frac{1}{T}\int_0^T\frac{\partial\boldsymbol{g}}{\partial\tau}\mathrm{d}\tau=\frac{\boldsymbol{g}(T)-\boldsymbol{g}(0)}{T}$$

为零,因为 $\boldsymbol{g}(T)=\boldsymbol{g}(0)$. 如果函数 $\boldsymbol{g}$ 不是周期性的,对 τ 的无限区间求平均的结果平均值为零,因为 $\boldsymbol{g}$ 为有限. 因此,在一切情况下,方程的求平均给出

$$\overline{I(\boldsymbol{g}^{(0)})}\equiv\overline{I(\boldsymbol{C}^{(0)})}=-\overline{\boldsymbol{v}},\quad \overline{I(\boldsymbol{g}^{(1)})}=0,\cdots, \tag{84.15}$$

① 如 §59 中计算强磁场中等离体的动理系数时那样.

这些关系原则上确定函数 $\boldsymbol{C}^{(0)}, \boldsymbol{C}^{(1)}, \cdots$.

在接着计算电导率张量时,让我们首先回忆它的某些一般性质,这是从唯象理论得出的(见第八卷,§21).

动理系数的对称性原理给出

$$\sigma_{\alpha\beta}(\boldsymbol{B}) = \sigma_{\beta\alpha}(-\boldsymbol{B}). \tag{84.16}$$

张量 $\sigma_{\alpha\beta}$ 可分成对称和反对称两部分:

$$\sigma_{\alpha\beta} = \sigma_{\alpha\beta}^{(s)} + \sigma_{\alpha\beta}^{(a)}. \tag{84.17}$$

利用(84.16),对于这些我们有

$$\begin{aligned} \sigma_{\alpha\beta}^{(s)}(\boldsymbol{B}) &= \sigma_{\beta\alpha}^{(s)}(\boldsymbol{B}) = \sigma_{\alpha\beta}^{(s)}(-\boldsymbol{B}), \\ \sigma_{\alpha\beta}^{(a)}(\boldsymbol{B}) &= -\sigma_{\beta\alpha}^{(a)}(\boldsymbol{B}) = -\sigma_{\alpha\beta}^{(a)}(-\boldsymbol{B}). \end{aligned} \tag{84.18}$$

因此分量 $\sigma_{\alpha\beta}^{(s)}$ 是 $\boldsymbol{B}$ 的偶函数,而 $\sigma_{\alpha\beta}^{(a)}$ 是 $\boldsymbol{B}$ 的奇函数. 代替反对称张量 $\sigma_{\alpha\beta}^{(a)}$,我们可以应用由

$$a_{xy} = a_z, \quad a_{zx} = a_y, \quad a_{yz} = a_x$$

所定义的其对偶轴矢量 $\boldsymbol{a}$,于是,电流密度矢量的分量是

$$j_\alpha = \sigma_{\alpha\beta} E_\beta = \sigma_{\alpha\beta}^{(s)} E_\beta + [\boldsymbol{E} \times \boldsymbol{a}]_\alpha. \tag{84.19}$$

当电流仅由电导率张量的对称部分确定时,能量耗散是:$\boldsymbol{j} \cdot \boldsymbol{E} = \sigma_{\alpha\beta}^{(s)} E_\alpha E_\beta$. 因而电阻张量 $\rho_{\alpha\beta} = \sigma_{\alpha\beta}^{-1}$ 也可以分成对称和反对称部分,后者具有一个对偶轴矢量 $\boldsymbol{b}$. 于是 $\boldsymbol{E}$ 可用 $\boldsymbol{j}$ 由公式表达为

$$E_\alpha = \rho_{\alpha\beta}^{(s)} j_\beta + [\boldsymbol{j} \times \boldsymbol{b}]_\alpha. \tag{84.20}$$

电流中 $\boldsymbol{E} \times \boldsymbol{a}$ 项和电场中 $\boldsymbol{j} \times \boldsymbol{b}$ 项描述霍尔效应.

§85　强场中的磁场电流现象　特殊情况

闭合轨道

让我们从电子在 $\boldsymbol{B}$ 的给定方向下的每个动量轨道(即对每个 p_z)都是闭合的情况开始. 如果费米面是闭合的,则对 $\boldsymbol{B}$ 的任何方向,轨道总是闭合的. 对于敞费米面,可能出现对 $\boldsymbol{B}$ 的任何方向轨道都是闭合的,也可能仅对磁场的某些方向(或某些方向范围)截面才是闭合的.

在(xy 平面内)闭合轨道上的运动中,这个平面上速度的平均值为零:$\bar{v}_x = \bar{v}_y = 0$,根据运动方程(84.2),考虑到通过整个轨道后 p_x 和 p_y 回到其初值的事实,这是显然的. $\bar{v}_z$ 的值总不为零,因为沿场方向的运动是无限的. (84.15)的第一个等式现在给出:

$$\overline{I(C_x^{(0)})} = \overline{I(C_y^{(0)})} = 0,$$

由此 $C_x^{(0)} = C_y^{(0)} = 0$①. 于是解(84.14)变成

$$\left.\begin{aligned} g_x &= \frac{c}{eB}p_y + C_x^{(1)} + g_x^{(2)} + \cdots, \\ g_y &= -\frac{c}{eB}p_x + C_y^{(1)} + g_y^{(2)} + \cdots, \\ g_z &= C_z^{(0)} + g_z^{(1)} + \cdots \end{aligned}\right\} \tag{85.1}$$

(函数$\boldsymbol{v}(\tau)$的积分通过方程(84.2)完成).

电导率张量的分量按公式(84.11)进行计算. 例如,

$$\sigma_{xx} = \frac{2e^2}{(2\pi\hbar)^3}\int\oint\frac{\mathrm{d}p_y}{\mathrm{d}\tau}\left[\frac{c}{eB}p_y + C_x^{(1)} + g_x^{(2)}\right]\mathrm{d}\tau\mathrm{d}p_z$$

(再次应用(84.2)给出的 v_x). 因为 $C_x^{(1)}$ 不依赖于 τ,开头两项对 τ 的积分相当于导数 $\mathrm{d}p_y^2/\mathrm{d}\tau$ 和 $\mathrm{d}p_y/\mathrm{d}\tau$ 对 τ 的积分,结果为零. 因而对积分的唯一贡献来自 $g_x^{(2)}$ 的项,所以 $\sigma_{xx} \propto B^{-2}$.

其次我们计算

$$\sigma_{xy} = \frac{2e^2}{(2\pi\hbar)^3}\int\oint\frac{\mathrm{d}p_y}{\mathrm{d}\tau}\left[-\frac{c}{eB}p_x + C_y^{(1)}\right]\mathrm{d}\tau\mathrm{d}p_z.$$

第二项的积分又给出为零的结果,而第一项的积分中

$$\oint p_x\frac{\mathrm{d}p_y}{\mathrm{d}\tau}\mathrm{d}\tau = \int p_x\mathrm{d}p_y = \pm S(p_z),$$

其中 $S(p_z)$是费米面被平面 $p_z = \mathrm{const}$ 所截的截面面积. 正号和负号分别与周线围住较小和较大能量区域的情况有关即与闭合轨道分别是电子轨道和空穴轨道的情况有关(见第九卷, §61);我们将这两种情况的面积分别用 S_e 和 S_h 表示. 正负号的差别是由于通过轨道时方向的改变. S 对 p_z 的积分给出费米面内部动量空间中的体积 Ω(如果闭合轨道是在敞费米面上,则 Ω 是费米面与倒格胞界面之间的体积). 从而

$$\sigma_{xy} = \frac{ec}{B}\frac{2(\Omega_\mathrm{h} - \Omega_\mathrm{e})}{(2\pi\hbar)^3} = \frac{ec}{B}(N_\mathrm{h} - N_\mathrm{e}), \tag{85.2}$$

其中 Ω_e 和 Ω_h 是费米面的电子腔和空穴腔的体积. 量

$$N_\mathrm{e} = \frac{2\Omega_\mathrm{e}}{(2\pi\hbar)^3}, \quad N_\mathrm{h} = \frac{2\Omega_\mathrm{h}}{(2\pi\hbar)^3}$$

分别是(晶体每单位体积)具有能量 $\varepsilon < \varepsilon_\mathrm{F}$ 的电子占有态数和具有能量 $\varepsilon > \varepsilon_\mathrm{F}$ 的自由态数. 对于闭费米面,这些概念具有完全确定的意义;N_e 和 N_h 是金属电子谱的特性,不依赖于磁场 $\boldsymbol{B}$ 的方向. 对于敞曲面,它们的意义变成更多是约定

① 线性齐次方程$\overline{I(C)} = 0$ 会有除平凡解 $C = 0$ 以外的不管什么样的解是没有任何理由的.

的,因为它们可能依赖于 $\boldsymbol{B}$ 的方向.

表达式(85.2)是 $\boldsymbol{B}$ 的奇函数,因而属于张量 $\sigma_{\alpha\beta}$的反对称部分①. 张量对称部分的分量 $\sigma_{xy}^{(s)}$ 由 σ_{xy}展开式中下一项给出,它正比于 B^{-2}.

剩余分量 $\sigma_{\alpha\beta}$对 B 的依存关系可类似地予以确定. 例如

$$\sigma_{zz}=\frac{2e^3B}{(2\pi\hbar)^3c}\int\oint v_zC_z^{(0)}\,\mathrm{d}\tau\mathrm{d}p_z.$$

对 τ 的积分引入因数 B^{-1},而 $C_z^{(0)}$ 不依赖于 B;因此 σ_{zz}也不依赖于 B.

结果求得

$$\sigma_{zz}^{(s)}=\mathrm{const},\quad \text{其它 } \sigma_{\alpha\beta}^{(s)}\propto B^{-2},\quad \boldsymbol{a}\propto B^{-1}. \tag{85.3}$$

所有分量 $\sigma_{\alpha\beta}^{(s)}$ 和 $\boldsymbol{a}$,除

$$a_z=\frac{ec}{B}(N_\mathrm{h}-N_\mathrm{e})$$

外,都依赖于碰撞积分的形式. 注意到除 σ_{zz}外,当 $B\to\infty$ 时所有 $\sigma_{\alpha\beta}$都趋于零. 这个行为的物理原因是电子在轨道上的局域性,远小于平均自由程;由于电子沿磁场的运动仍然总是无限的,σ_{zz}是有限的.

展开中的小参量是比值 r_B/l. 因此,正比于 B^{-2}的分量 $\sigma_{\alpha\beta}^{(s)}$可作出数量级估计为

$$\sigma^{(s)}\sim\sigma_0(r_B/l)^2,\quad \sigma_0\sim Ne^2l/p_\mathrm{F}.$$

注意到 $\sigma^{(s)}\propto 1/l$;这意味着,当平均自由程增加时,磁场中横向电导率趋于零,而不是当不存在场时那样趋于无穷.

张量 $\sigma_{\alpha\beta}$反对称部分的分量可估计为

$$\sigma^{(a)}\approx\sigma_0r_B/l\sim ecN/B.$$

然而,必须强调,这个估计量不依赖于 l 的事实并不意味着 $\sigma_{\alpha\beta}^{(a)}$($\sigma_{xy}^{(a)}$ 除外)的精确值不依赖于碰撞积分的具体形式;张量 $\sigma_{\alpha\beta}$的精确计算会要求通过求解具体动理方程来完全确定函数 $\boldsymbol{C}^{(1)}$ 和 $\boldsymbol{g}^{(2)}$.

由(85.3)我们也可以求得电阻率张量 $\rho_{\alpha\beta}=(\sigma^{-1})_{\alpha\beta}$②. 仅保留 $1/B$ 的最低阶项,我们求得

$$\rho_{\alpha\beta}^{(s)}=\mathrm{const},\quad b_x,b_y=\mathrm{const},\quad b_z\propto B, \tag{85.4}$$

---

① 由动理方程的推导显然可见,出现在其中的 B 不是作为矢量 $\boldsymbol{B}$ 的绝对值而是作为其分量 $B_z=B$. 因此变换 $\boldsymbol{B}\to-\boldsymbol{B}$ 也要求在所给公式中作变换 $B\to-B$.

② 当然,电阻率张量必须由 $\sigma_{\alpha\beta}=\sigma_{\alpha\beta}^{(s)}+\sigma_{\alpha\beta}^{(a)}$ 进行计算,只有在然后才能分成对称和反对称部分. 因而我们可求得下列公式:

$$\rho_{\alpha\beta}^{(s)}=\frac{1}{\sigma}\{\sigma_{\alpha\beta}^{(s)-1}\sigma^{(s)}+a_\alpha a_\beta\},\quad b_\alpha=-\frac{1}{\sigma}\sigma_{\alpha\beta}^{(s)}a_\beta.$$

其中 $\sigma=\sigma^{(s)}+\sigma_{\alpha\beta}^{(s)}a_\alpha a_\beta$ 是张量 $\sigma_{\alpha\beta}$的行列式,而 $\sigma^{(s)}$ 是其对称部分的行列式(见第八卷,§21 习题).

并且所有这些量除

$$b_z \approx -\frac{1}{a_z} = \frac{B}{ec(N_e - N_h)} \tag{85.5}$$

外都依赖于碰撞积分的形式. 当 $B \to \infty$ 时,所有分量 $\rho_{\alpha\beta}^{(s)}$ 趋于常量极限.

补偿金属,其中 $N_e = N_h$,需要专门处理. 在这个情况下表达式(85.2)为零,而 $\sigma_{xy}^{(a)}$ 的表达式以正比于 B^{-3} 的项开始. 因此,在这个情况,

$$a_x, a_y \propto B^{-1}, \quad a_z \propto B^{-3}; \tag{85.6}$$

$\sigma_{\alpha\beta}^{(s)}$ 对 $\boldsymbol{B}$ 的依存关系仍如前所述. 对于电阻率张量,现在我们有

$$\left.\begin{aligned} &\rho_{zz}^{(s)} = \text{const}, \quad \rho_{yz}^{(s)}, \quad \rho_{xz}^{(s)} = \text{const}, \\ &\rho_{xy}^{(s)}, \quad \rho_{xx}^{(s)}, \quad \rho_{yy}^{(s)} \propto B^2, \quad \boldsymbol{b} \propto B. \end{aligned}\right\} \tag{85.7}$$

敞开轨道

对于具有敞费米面的金属,允许有敞开轨道,有几种情况是可能的;这里我们将仅考虑其中一种情况,用以阐明这种情况的特征性质.

让我们以“皱折柱体”类型费米面为例,这类型费米面连续地从一个倒格胞进入下一个(图 30). 如果磁场不是垂直于柱轴,所有截面都是闭合的,并且 $\sigma_{\alpha\beta}$ 对 $\boldsymbol{B}$ 的渐近依存关系又是由(85.3)给出.

然而,如果磁场垂直于柱轴,则会有敞开截面. 照例,我们取 z 轴平行于磁场而 x 轴在这里平行于柱轴(图 31 显示横切一个倒格胞中费米面部分的剖面). 当 $|p_z| < |p_1|$ 时,轨道是敞开的,并且在 p_x 轴方向是无限的. 平均速度值是

$$\bar{v}_x = \frac{c}{eB}\overline{\frac{\mathrm{d}p_y}{\mathrm{d}\tau}} = 0,$$

$$\bar{v}_y = -\frac{c}{eB}\overline{\frac{\mathrm{d}p_x}{\mathrm{d}\tau}} \neq 0,$$

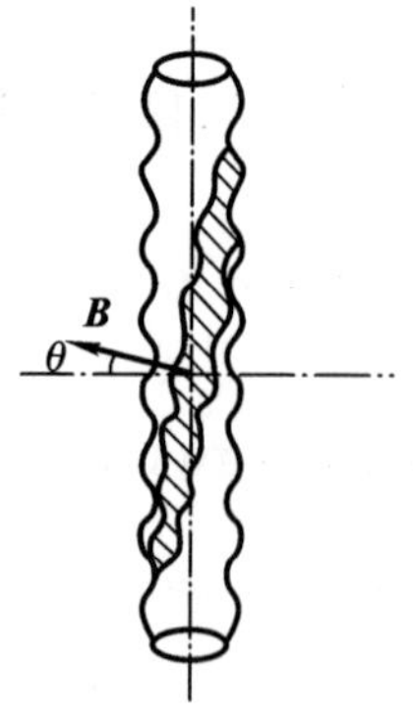

图 30

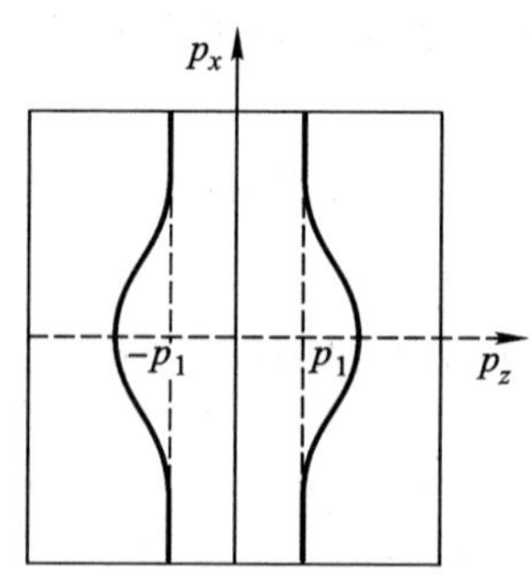

图 31

因为 p_x 的变化没有限制；同样总有 $\bar{v}_z \neq 0$. 动理方程的解中 $\boldsymbol{C}^{(0)}$ 的非零分量现在是 $C_y^{(0)}$ 和 $C_z^{(0)}$；因而在动理方程的解(85.1)中，第二行要用

$$g_y = C_y^{(0)} + g_y^{(1)} + \cdots$$

代替. 如前所述同样方式，现在我们求得

$$\sigma_{xx}^{(s)} \propto B^{-2}, \quad 其余\ \sigma_{\alpha\beta}^{(s)} = \text{const}, \quad a_x \propto B^{-3}, \quad a_y, a_z \propto B^{-1}. \tag{85.8}$$

由此得到对于电阻率张量，

$$\rho_{xx}^{(s)} \propto B^2, \quad 其余\ \rho_{\alpha\beta}^{(s)} = \text{const}, \quad b_x \propto B^{-1}, \quad b_y, b_z \propto B. \tag{85.9}$$

注意到在垂直于磁场的平面内，有电阻的明显各向异性：沿 y 轴的电阻 ρ_{yy} 趋于常量，而沿 x 轴的电阻如磁场平方那样增加①.

具有敞费米面的金属，其磁场电流现象性质的另一特征是它们在相当大程度上依赖于强磁场的方向. 这里变化发生在当 $\boldsymbol{B}$ 的方向接近垂直于柱轴的平面时，而关系式(85.3)和(85.4)要用(85.8)和(85.9)代替. 当 $\boldsymbol{B}$ 与该平面成一小角度 θ 时(见图 30)，电子的动量轨道变成很大，具有尺度量级为 p_F/θ，其中 p_F 是柱费米面的横向尺度. 因此，实际空间中的轨道也变成很大，具有尺度量级为 r_B/θ，其中 r_B 是相应于动量 p_F 的拉莫尔半径. 对于使 $r_B/\theta l \sim 1$ 的角度，上面所采用的按 r_B/l 的幂作展开变得不适用，在这个角度范围，电阻对场的依存关系改变了.

当然，应着重指出，这整个讨论与单晶相联系. 在多晶材料中，对于各向异性磁场电流现象的性质依赖于微晶方向分布，有一个求平均过程.

强磁场中金属内的磁场热流现象可以类似地进行讨论. 特别是，当 $B \to \infty$ 时会发现电子热导率张量的分量趋于零. 但是，在这些条件下，通过声子的热传递变得重要，必须要考虑到电子声子相互作用，整个图像非常复杂.

§86　反常趋肤效应

由宏观电动力学大家知道，交变电磁场在导体内部深处是受阻尼的，不仅场本身而且它所产生的电流都集中于导体表面附近(所谓*趋肤效应*). 让我们回忆一下与这个问题有关的某些公式(见第八卷，§45 和 §46).

金属中的准定态电磁场满足麦克斯韦方程组

$$\nabla \times \boldsymbol{E} = -\frac{1}{c}\frac{\partial \boldsymbol{B}}{\partial t}, \tag{86.1}$$

$$\nabla \times \boldsymbol{B} = \frac{4\pi}{c}\boldsymbol{j}, \quad \nabla \cdot \boldsymbol{B} = 0 \tag{86.2}$$

---

① 实际空间的 xy 平面中电子轨道与动量空间的 $p_x p_y$ 平面中电子轨道的区别仅在于尺度不同上和旋转 90°上(见第九卷，§57). 因此，在给定情况下，在实际空间中电子的运动在 y 方向是无限的.

（假设金属是非磁性的，所以其中 $\boldsymbol{H}=\boldsymbol{B}$）. 当然，这里我们假设宏观方程适用性的一般条件是满足的：场发生显著变化的距离 δ 远大于原子尺度. 此外，如果这些距离也远大于传导电子平均自由程 l，则电流密度 $\boldsymbol{j}$ 与电场 $\boldsymbol{E}$ 之间的关系由在空间同一点处将它们的值联系起来的线性表达式给出：$j_\alpha=\sigma_{\alpha\beta}E_\beta$，其中 $\sigma_{\alpha\beta}$ 是电导率张量. 这些条件下的趋肤效应称为*正常的*. 在讨论这个情况时，我们将假设介质各向同性（要不就假设晶体具有立方对称性）；于是张量 $\sigma_{\alpha\beta}$ 简化为一标量，以致 $\boldsymbol{j}=\sigma\boldsymbol{E}$.

让我们以简单几何位形为例，其中金属占据由平面 $x=0$ 为边界的 $x>0$ 的半空间. 对金属施加一个均匀外电场，平行于金属表面并以频率 ω 随时间变化. 方程（86.1）和（86.2）变成

$$\nabla\times\boldsymbol{E}=\frac{\mathrm{i}\omega}{c}\boldsymbol{B},\quad \nabla\times\boldsymbol{B}=\frac{4\pi}{c}\sigma\boldsymbol{E},\quad \nabla\cdot\boldsymbol{B}=0. \tag{86.3}$$

问题的对称性表明，金属中所有量的分布仅是坐标 x 的函数. 于是（86.3）的第一个方程表明磁场 $\boldsymbol{B}$ 到处平行于边界平面. 通过假定电场 $\boldsymbol{E}$ 也是到处位于该平面，我们可以满足所有方程. 同时这也自动满足金属表面法向电流分量为零的必要边界条件：由 $E_x=0$ 可以得出到处 $j_x=0$①.

由（86.3）的头两个方程消去 $\boldsymbol{B}$，我们求得

$$\nabla\times(\nabla\times\boldsymbol{E})=\nabla(\nabla\cdot\boldsymbol{E})-\Delta\boldsymbol{E}=4\pi\mathrm{i}\omega\sigma\boldsymbol{E}/c^2.$$

对于切向场，它仅依赖于 x，$\nabla\cdot\boldsymbol{E}=0$，上述方程变成

$$\boldsymbol{E}''=-\frac{4\pi\mathrm{i}\omega\sigma}{c^2}\boldsymbol{E}, \tag{86.4}$$

撇号表示对 x 求导. 当 $x\to\infty$ 时趋于零的解是

$$\boldsymbol{E}=\boldsymbol{E}_0\mathrm{e}^{-\mathrm{i}\omega t}\mathrm{e}^{(\mathrm{i}-1)x/\delta}, \tag{86.5}$$

其中 $\boldsymbol{E}_0$ 是金属表面处的电场振幅，而

$$\delta=c/\sqrt{2\pi\sigma\omega}. \tag{86.6}$$

量 δ 称为*场穿透深度*；它随场频率的增加而减小. 金属中的磁场按相同规律减小；从方程（86.3）可以得出 $\boldsymbol{E}$ 和 $\boldsymbol{B}$ 到处由关系式 $\boldsymbol{E}=\zeta\boldsymbol{B}\times\boldsymbol{n}$ 相联系，其中 $\boldsymbol{n}$ 是垂直于表面（并进入金属内，即，在正 x 方向）的单位矢量，而

$$\zeta=(1-\mathrm{i})\frac{\omega\delta}{2c}=(1-\mathrm{i})\sqrt{\frac{\omega}{8\pi\sigma}}. \tag{86.7}$$

尤其是金属表面处场的值之间存在这个关系式：

$$\boldsymbol{E}_0=\zeta[\boldsymbol{B}_0\times\boldsymbol{n}]. \tag{86.8}$$

---

① 各向异性介质中情况有所不同. 在那里要满足这个条件，表面除切向电场外，还必须有法向电场存在.

量 ζ 称为金属的面阻抗. 注意到 ζ 的实部确定金属中场能耗散(见第八卷, §67).

为了使关系式 $\boldsymbol{j}=\sigma\boldsymbol{E}$ 会在同一空间点和同一时刻的电流和电场之间成立, 电子平均自由程 l 和平均自由时 $\tau\sim l/v_F$ 必须满足条件 $l\ll\delta$ 和 $\tau\omega\ll 1$, 即, l 必须远小于场变化特征距离 δ, 而 τ 必须远小于场周期. 当这些条件的第一个不满足时, 场和流之间的关系不再是局域的, 而引起电导率的空间色散. 当第二个条件不满足时, 出现电导率的频率色散. 于是要阐明流和场之间的关系需要求助于动理方程.

因而趋肤效应的本性依赖于三个特征尺度 δ, l 和 v_F/ω 的相对大小. 公式(86.5)—(86.8)所描述的正常趋肤效应对应于最低频率范围, 使得

$$l\ll\delta,\quad l\ll v_F/\omega. \tag{86.9}$$

当场频率增加时, 或者当(随着金属降低温度)平均自由程增加时, 穿透深度减小. 在金属中, 条件 $l\ll\delta$ 通常是首先受到破坏, 流与场的关系变成非定域的; 于是趋肤效应称为反常的. 在这一节, 我们将考虑

$$\delta\ll l,\quad \delta\ll v_F/\omega \tag{86.10}$$

的极限情况. l 和 v_F/ω 之间的关系可以是任意的①.

关于趋肤效应的边界问题的解, 我们从无限金属中电流与随时间和空间变化的电场

$$\boldsymbol{E}=\boldsymbol{E}_0 e^{i(\boldsymbol{k}\cdot\boldsymbol{r}-\omega t)}$$

之间的关系这个辅助问题开始. 假设电场波矢满足对应于条件(86.10)的不等式

$$(1/k)\ll l,\quad (1/k)\ll v_F/\omega. \tag{86.11}$$

电子分布函数中的改变部分 δn 像电场那样以相同方式变化.

因为条件 $v_F k\gg v_F/l\sim 1/\tau$, 动理方程中碰撞积分 $C(n)\sim\delta n/\tau$ 与空间导数项 $\boldsymbol{v}\cdot(\partial n/\partial\boldsymbol{r})\sim v_F k\delta n$ 比较起来可以忽略. 因为 $kv_F\gg\omega$, 我们也可以忽略时间导数项 $\partial n/\partial t\sim\omega\delta n$.

用后一近似, 电子费米液体中准粒子的动理方程又简化为对于气体的方程, 当分布函数予以重新定义, δn 用(74.13)的 $\delta\tilde{n}$ 代替. 目前情况下, 这些近似将动理方程引向简单形式

$$\boldsymbol{v}\cdot\frac{\partial\delta\tilde{n}}{\partial\boldsymbol{r}}-e\boldsymbol{E}\cdot\frac{\partial n_0}{\partial\boldsymbol{p}}=0.$$

---

① 当 $\omega\sim c^2/(\sigma l^2)$ 时, 即(用估计量 $\sigma\sim le^2N/p_F$)当 $\omega\sim c^2p_F/(e^2l^3N)$ 时, 可以达到等式 $\delta\sim l$. 这与不等式 $\delta\sim l\ll v_F/\omega$ 是相容的, 若 $l\gg c/\Omega$, 其中 $\Omega\sim(Ne^2/m^*)^{1/2}$ 是金属的等离体频率($m^*\sim p_F/v_F$ 为传导电子的有效质量). 对于寻常金属, $\Omega\sim10^{15}-10^{16}\ \mathrm{s}^{-1}$.

令

$$\frac{\partial \delta \tilde{n}}{\partial \boldsymbol{r}} = \mathrm{i}\boldsymbol{k}\delta \tilde{n}, \quad \frac{\partial n_0}{\partial \boldsymbol{p}} = \boldsymbol{v}\frac{\partial n_0}{\partial \varepsilon},$$

于是我们求得

$$\delta \tilde{n} = -\frac{\mathrm{i}e\boldsymbol{E}\cdot\boldsymbol{v}}{\boldsymbol{k}\cdot\boldsymbol{v}}\frac{\partial n_0}{\partial \varepsilon}. \tag{86.12}$$

这个表达式在 $\boldsymbol{k}\cdot\boldsymbol{v}=0$ 有一极点. 为计算电流

$$\boldsymbol{j} = -e\int \boldsymbol{v}\delta\tilde{n}\frac{2\mathrm{d}^3p}{(2\pi\hbar)^3},$$

这个极点必须通过写 $\boldsymbol{k}\cdot\boldsymbol{v}\to\boldsymbol{k}\cdot\boldsymbol{v}-\mathrm{i}0$ 而予以回避①:

$$\boldsymbol{j} = \mathrm{i}e^2\int\frac{\boldsymbol{v}(\boldsymbol{E}\cdot\boldsymbol{v})}{\boldsymbol{k}\cdot\boldsymbol{v}-\mathrm{i}0}\frac{\partial n_0}{\partial\varepsilon}\frac{2\mathrm{d}^3p}{(2\pi\hbar)^3}. \tag{86.13}$$

照例忽略平衡分布函数的热漫变,我们写 $\partial n_0/\partial\varepsilon = -\delta(\varepsilon-\varepsilon_F)$ 并通过公式(74.20)将对 d^3p 的积分变换成对费米面的积分. 按照微分几何的通常公式,面元是 $\mathrm{d}S=\mathrm{d}o_{\boldsymbol{\nu}}/K$,其中 $\mathrm{d}o_{\boldsymbol{\nu}}$ 是对曲面法线方向 $\boldsymbol{\nu}$ 的立体角元,而 K 是曲面的高斯曲率,即 $K=1/(R_1R_2)$,在所研究点主曲率半径乘积的倒数. 还注意到费米面上任何点的法线方向与速度 $\boldsymbol{v}=\partial\varepsilon/\partial\boldsymbol{p}$ 的方向相同,我们求得

$$\boldsymbol{j} = -\frac{2\mathrm{i}e^2}{(2\pi\hbar)^3}\int\frac{\boldsymbol{\nu}(\boldsymbol{E}\cdot\boldsymbol{\nu})}{K(\boldsymbol{\nu})}\frac{\mathrm{d}o_{\boldsymbol{\nu}}}{\boldsymbol{k}\cdot\boldsymbol{\nu}-\mathrm{i}0}. \tag{86.14}$$

如果 $\boldsymbol{\nu}$ 的方向由相对于以 $\boldsymbol{k}$ 的方向作为极轴的方位角 φ 和极角 θ 来予以具体化,则 $\boldsymbol{k}\cdot\boldsymbol{\nu}=k\cos\theta$ 和 $\mathrm{d}o_{\boldsymbol{\nu}}=\sin\theta\mathrm{d}\varphi\mathrm{d}\theta$.

(86.14)中相对于变量 $\mu=\cos\theta$ 的积分是在实轴的 $-l\leqslant\mu\leqslant l$ 段进行求积. 沿极点 $\mu=0$ 下方的半圆通过. 于是容易看出,沿直线段的积分(即主值)为零,仅剩下来自半圆的贡献. 为了证明这点,我们注意到 $\varepsilon(\boldsymbol{p})$ 是偶函数,因而当 $\boldsymbol{p}\to-\boldsymbol{p}$ 时费米面 $\varepsilon(\boldsymbol{p})=\varepsilon_F$ 不变;因为 $\boldsymbol{p}$ 的变号改变了法线矢量 $\boldsymbol{\nu}$ 的正负号,由此得出 $K(-\boldsymbol{\nu})=K(\boldsymbol{\nu})$. 因此,(86.14)中的积分可以写成

$$\frac{1}{2}\left\{\int\frac{\boldsymbol{\nu}(\boldsymbol{E}\cdot\boldsymbol{\nu})\mathrm{d}o_{\boldsymbol{\nu}}}{K(\boldsymbol{\nu})(\boldsymbol{k}\cdot\boldsymbol{\nu}-\mathrm{i}0)}-\int\frac{\boldsymbol{\nu}(\boldsymbol{E}\cdot\boldsymbol{\nu})\mathrm{d}o_{\boldsymbol{\nu}}}{K(\boldsymbol{\nu})(\boldsymbol{k}\cdot\boldsymbol{\nu}+\mathrm{i}0)}\right\},$$

其中大括号包括两项积分之和,它们彼此通过积分变量变换 $\boldsymbol{\nu}\to-\boldsymbol{\nu}$ 而得出;于是上面所作陈述是显然的.

在被积函数的极点 $\boldsymbol{k}\cdot\boldsymbol{\nu}=k\cos\theta=0$,即法线 $\boldsymbol{\nu}$ 垂直于波矢 $\boldsymbol{k}$ 的给定方向. 因此,相对于变量 $\cos\theta$ 的残数是积分

$$\int\frac{\boldsymbol{\nu}(\boldsymbol{E}\cdot\boldsymbol{\nu})}{kK(\boldsymbol{\nu})}\mathrm{d}\varphi,$$

① 这相当于通常在 $\omega-\boldsymbol{k}\cdot\boldsymbol{v}$ 中用 $\omega\to\omega+\mathrm{i}0$.

沿费米面上 $\boldsymbol{v}\perp\boldsymbol{k}$ 的点的几何轨迹进行求积.

从而我们最后得到电流与电场之间关系的下列形式

$$j_\alpha=\sigma_{\alpha\beta}(\boldsymbol{k})E_\beta, \tag{86.15}$$

其中

$$\sigma_{\alpha\beta}(\boldsymbol{k})=\frac{2\pi e^2A_{\alpha\beta}}{(2\pi\hbar)^3k},\quad A_{\alpha\beta}=\int_0^{2\pi}\frac{\nu_\alpha\nu_\beta}{K(\varphi)}\mathrm{d}\varphi \tag{86.16}$$

是垂直于 $\boldsymbol{k}$ 的平面内的实张量;如果 $\boldsymbol{k}$ 的方向取为 x 轴,则下标 α 和 β 取值为 y 和 z. 矢量 $\boldsymbol{j}$ 完全位于这个平面,因而对 $\boldsymbol{k}$ 是横向的.

注意到对电流的贡献仅来自具有 $\boldsymbol{v}\cdot\boldsymbol{k}=0$ 的电子,即,来自垂直于波矢运动的电子. 这是认为自由程无限长这样一种近似的自然推论:电子运动方向与 $\boldsymbol{k}$ 成一角度时,电子在其自由运动通过在空间振荡着的电场时,这些振荡使场对电子的总作用归结为零. 在高一级近似下,当考虑到乘积 kl 的有限值时,对电流的贡献中,已有一个来自对垂直于 $\boldsymbol{k}$ 的平面呈小角度范围 $\sim1/kl$ 运动的电子的贡献.

现在让我们直接转到反常趋肤效应中场穿透的问题. 这里是一个涉及半空间的问题,要在考虑到金属表面处的边界条件下来求解. 对于分布函数的这些边界条件,就入射到表面上的电子而论,依赖于表面的物理性质. 然而,重要的是在这个情况,电流主要仅归因于几乎平行于金属表面运动的电子(所谓滑移电子). 对于这些电子,反射定律很大程度上不依赖于金属表面完美程度,而近似当成镜面反射,即,电子被反射后,速度 $\boldsymbol{v}$ 对表面的法向分量反向而切向分量不变(为了不打断讨论,关于这个问题的更详细论述将推迟到这一节末尾).

镜面反射相当于对分布函数的下述边界条件:

$$\delta\tilde{n}(v_x,v_y,v_z)=\delta\tilde{n}(-v_x,v_y,v_z),\quad 当\ x=0. \tag{86.17}$$

在这个条件下,半空间问题等价于无限介质问题,其中场分布对平面 $x=0$ 是对称的:$\boldsymbol{E}(t,x)=\boldsymbol{E}(t,-x)$. 半空间($x>0$)问题中从边界反射的电子对应于无限介质问题中从 $x<0$ 一边自由通过平面 $x=0$ 的电子.

在极端反常趋肤效应问题中,我们可以认为场 $\boldsymbol{E}$(它仅依赖于一个坐标 x)到处平行于平面 $x=0$. 根据(86.15);电流矢量 $\boldsymbol{j}$ 位于同一平面,因而金属表面上所有点电流的法向分量为零的条件必然满足①.

不用假设 $\boldsymbol{j}=\sigma\boldsymbol{E}$,对于二维矢量 $\boldsymbol{E}$,代替(86.4)我们有方程

$$\boldsymbol{E}''=-\frac{4\pi i\omega}{c^2}\boldsymbol{j}. \tag{86.18}$$

---

① 随后的近似中,当考虑到比值 δ/l 的有限性时,除了有电导率张量的分量 $\sigma_{\alpha\beta}$ 外,还有分量 $\sigma_{\alpha x}$ 和 σ_{xx}. 为了满足边界条件 $j=0$,因而我们必须包括垂直于表面的场 E_x(如在 340 页的脚注中早已注意到的).

在随后的公式中，我们将意味着已把所有函数中的时间因数 $e^{-i\omega t}$ 消除，所以 $\boldsymbol{E}$，$\boldsymbol{j}$ 等将仅是 x 的函数.

函数 $\boldsymbol{E}(x)$，对称地延拓到 $x<0$ 的范围，在 $x=0$ 是连续的，但导数 $\boldsymbol{E}'(x)$ 为 x 的奇函数，在 $x=0$ 有不连续，当 x 通过零时改变正负号. 根据方程(86.1)，这些导数与磁场由

$$\boldsymbol{E}'=\frac{i\omega}{c}[\boldsymbol{B}\times\boldsymbol{n}]$$

相联系，其中 $\boldsymbol{n}$ 又是 x 轴方向的单位矢量. 在半空间问题中，在 $x=0$ 的条件因而将是 $\boldsymbol{E}'=i\omega\boldsymbol{B}_0\times\boldsymbol{n}/c$，其中 $\boldsymbol{B}_0$ 是金属边界处的磁场. 在无限介质问题中，这对应于

$$\boldsymbol{E}'(+0)-\boldsymbol{E}'(-0)=2\frac{i\omega}{c}[\boldsymbol{B}_0\times\boldsymbol{n}].$$

我们用 e^{-ikx} 去乘方程(86.18)两边，并对 x 从 $-\infty$ 至 ∞ 积分①. 在方程左边，我们有

$$\int_{-\infty}^{\infty}\boldsymbol{E}''e^{-ikx}dx=\int_{-\infty}^{0}(\boldsymbol{E}'e^{-ikx})'dx+\int_{0}^{\infty}(\boldsymbol{E}'e^{-ikx})'dx+ik\int_{-\infty}^{\infty}\boldsymbol{E}'e^{-ikx}dx.$$

因为在无穷处 $\boldsymbol{E}(x)$ 为零，头两个积分正好给出差值 $\boldsymbol{E}'(-0)-\boldsymbol{E}'(+0)$. 最后一项中，我们可以简单地分部积分，因为 $\boldsymbol{E}(x)$ 本身是连续的. 结果是

$$\frac{2i\omega}{c}[\boldsymbol{B}_0\times\boldsymbol{n}]+k^2\boldsymbol{E}(k)=\frac{4\pi i\omega}{c^2}\boldsymbol{j}(k),$$

其中 $\boldsymbol{E}(k)$ 和 $\boldsymbol{j}(k)$ 是 $\boldsymbol{E}(x)$ 和 $\boldsymbol{j}(x)$ 的傅里叶换式.

根据(86.15)，这些傅里叶换式由 $j_\alpha(k)=\sigma_{\alpha\beta}(k)E_\beta(k)$ 相联系. 于是我们求得下列表达式

$$E_\alpha(k)=\zeta_{\alpha\beta}(k)[\boldsymbol{B}_0\times\boldsymbol{n}]_\beta,\tag{86.19}$$

其中 $\zeta_{\alpha\beta}(k)$ 是二维张量，通过其逆予以规定：

$$\zeta^{-1}_{\alpha\beta}(k)=-\frac{c}{2i\omega}\left[k^2\delta_{\alpha\beta}-\frac{4\pi i\omega}{c^2}\sigma_{\alpha\beta}(|k|)\right].\tag{86.20}$$

函数 $\sigma_{\alpha\beta}$ 的自变量写成 $|k|$，作为它是矢量 $\boldsymbol{k}$ 的绝对值的提示.

函数 $\boldsymbol{E}(x)$ 本身由(86.19)乘以 e^{ikx} 并对 $dk/(2\pi)$ 积分而获得. 因为 $\zeta_{\alpha\beta}(k)$ 是偶函数，我们有

$$E_\alpha(x)=\frac{1}{\pi}\int_0^\infty\zeta_{\alpha\beta}(k)\cos kx\,dk[\boldsymbol{B}_0\times\boldsymbol{n}]_\beta.\tag{86.21}$$

尤其是，金属边界处场的值是

---

① 随后的计算与磁场穿透超导体的问题的解中(见第九卷，§52)的计算. 形式上完全相同.

$$E_{0\alpha}=\zeta_{\alpha\beta}[\boldsymbol{B}_0\times\boldsymbol{n}]_\beta,\quad \zeta_{\alpha\beta}=\frac{1}{\pi}\int_0^\infty\zeta_{\alpha\beta}(k)\,\mathrm{d}k. \tag{86.22}$$

对于面阻抗的实际计算，我们取对称张量 $\sigma_{\alpha\beta}(k)$ 的主轴方向作为 y 轴和 z 轴. 张量 $\zeta_{\alpha\beta}$ 随着 $\sigma_{\alpha\beta}$ 被引向主轴，而其主值是

$$\zeta^{(\alpha)}=-\frac{2\mathrm{i}\omega}{\pi c}\int_0^\infty\frac{\mathrm{d}k}{k^2-\mathrm{i}b^{(\alpha)}/k},\quad b^{(\alpha)}=\frac{\omega e^2A^{(\alpha)}}{\pi c^2\hbar^3},$$

其中 $A^{(\alpha)}$ 是张量 $A_{\alpha\beta}$ 的主值. 积分给出①

$$\zeta^{(\alpha)}=(1-\mathrm{i}\sqrt{3})\frac{2\pi^{1/3}\hbar}{3^{3/2}}\left(\frac{\omega^2}{ce^2A^{(\alpha)}}\right)^{1/3}. \tag{86.23}$$

量 $A^{(\alpha)}$ 仅依赖于费米面的形状和大小. 注意到阻抗(86.23)全然不依赖于电子平均自由程. 对于数量级估计，我们可以认为费米面的曲率半径是 $\sim p_\mathrm{F}$；于是 $A\sim p_\mathrm{F}^2$，和

$$\zeta\sim\left(\frac{\hbar^3\omega^2}{ce^2p_\mathrm{F}^2}\right)^{1/3}. \tag{86.24}$$

注意到阻抗的实部确定金属中场能的耗散. 在所考虑近似下(其中忽略了电子碰撞)，这个耗散具有朗道阻尼的性质②.

反常趋肤效应中金属内部电场的阻尼规律不是指数式的，因而穿透深度的概念在这个情况下没有像(86.5)中那样的字面意义. 因为(86.21)的被积表达式中包含振荡因数 $\cos kx$，对任何给定 x，积分主要由 $k\sim 1/x$ 范围予以确定. 当这些值 $k\gg b^{1/3}$ 时，出现函数 $\boldsymbol{E}(x)$ 的显著减小③. 因此，穿透深度 δ 是 $b^{-1/3}$ 的量级，或

$$\delta\sim\left(\frac{c^2\hbar^3}{\omega e^2A}\right)^{1/3}\sim\left(\frac{c^2\hbar^3}{\omega e^2p_\mathrm{F}^2}\right)^{1/3}. \tag{86.25}$$

当频率增加时，这个穿透深度继续减小，但比对正常效应的情况慢得多. 由表达

---

① 积分围道(实轴的右半边)可在复 k 平面中绕过角度 $-\pi/6$ 而不穿过被积表达式的任何极点. 沿直线 $k=u\mathrm{e}^{-\mathrm{i}\pi/6}$ 积分给出

$$I\equiv\int_0^\infty\frac{k\mathrm{d}k}{k^3-\mathrm{i}b}=\mathrm{e}^{\mathrm{i}\pi/6}\int_0^\infty\frac{u\mathrm{d}u}{u^3+b},$$

用 $u^3+b=b/\xi$ 代入后给出

$$I=\frac{\mathrm{e}^{\mathrm{i}\pi/6}}{3b^{1/3}}\int_0^1\xi^{-2/3}(1-\xi)^{-1/3}\mathrm{d}\xi=\frac{\Gamma(1/3)\Gamma(2/3)}{3b^{1/3}\Gamma(1)}\mathrm{e}^{\mathrm{i}\pi/6}=\frac{\pi(\sqrt{3}+\mathrm{i})}{3^{3/2}b^{1/3}}.$$

② 反常趋肤效应本质的现象是伦敦(H. London(1940))首先注意到的. 这个效应的定性理论应归于皮帕德(A. B. Pippard(1947))，而这里所给出的定量理论应归于路透，桑德海默(G. E. H. Reuter, E. H. Sondheimer(1948)).

③ 当 $x\gg\delta$ 时，积分(86.21)由 $k\ll b^{1/3}$ 所支配. 于是 $\zeta(k)\sim k$，而电场 $\boldsymbol{E}(x)$ 如 x^{-2} 那样减小.

式(86.6)和(86.25)所确定的值(我们分别用 δ_n 和 δ_a 表示),当 $\delta \sim l$ 时数量级上是可比较的. 因为其中一个按 $\omega^{-1/2}$ 减小,另一个按 $\omega^{-1/3}$ 减小,显然对于 ω 的同一个值,我们有 $\delta_a^3 \sim \delta_n^2 l$.

最后,关于电子由金属界面反射的本性作几点评注. 如果表面是理想的(无缺陷的),并与晶体学平面重合,则原子在其中的位形具有相应于晶格平移对称性的周期性. 在那种情况下,电子的反射不仅能量守恒而且电子准动量的切向分量 p_y 和 p_z 也守恒. 反射电子准动量的法向分量 p_x' 由入射电子的 p_x 值通过方程

$$\varepsilon(p_x', p_y, p_z) = \varepsilon(p_x, p_y, p_z) \tag{86.26}$$

确定,并且必须有 $v_x' = \partial\varepsilon/\partial p_x' > 0$,反射电子运动离开边界(入射电子的速度是 $v_x = \partial\varepsilon/\partial p_x < 0$). 方程(86.26)可能具有几个这种解,且一般 $v'_x \neq -v_x$.

然而,对于掠入射电子,这些解总包括一个对应于准动量的小变化,具有 $v_x' = -v_x$(即字面意义上的镜面反射). 的确,对于几乎平行于边界运动的电子具有小法向速度 $v_x = \partial\varepsilon/\partial p_x$,这意味着电子相应于 $\boldsymbol{p}$ 空间中等能面上一点 P,它邻近于 ε 作为 p_x 的函数的极值点(那里 $\partial\varepsilon/\partial p_x = 0$). 但邻近这种点,在极值点的另一边,总有一点 P' 那里导数 $\partial\varepsilon/\partial p_x$ 与 P 点的值仅相差正负号.

可以证明正是具有这种准动量变化的掠入射电子的反射,以很高概率发生. 而且,对于由具有原子尺度粗糙度的欠完美表面的反射,当严格地说准动量的切向分量不守恒时,该陈述仍然正确. 一个直观解释是掠射电子的波函数在 x 方向缓慢变化,从而并"没有觉察到"表面的原子粗糙度①.

值得注意的是,极度反常趋肤效应中面阻抗的值事实上对电子反射的本质相当不敏感. 例如,漫反射中(当无论什么样的入射角,反射电子的所有方向都是等概然的),阻抗值与(86.23)仅相差一个因数 9/8. 从平表面漫反射的边界条件可表述为:对 $x=0$ 有 $\delta\tilde{n}(v_x>0, y_y, v_z)=0$. 然而,这里傅里叶方法不适当,这个问题必须采用所谓维纳－霍普夫方法来求解②.

§87　红外区的趋肤效应

迄今我们已经讨论过趋肤效应的两个极限情况:正常效应,当平均自由程 l 是三个特征长度 δ, l 和 v_F/ω 中的最小者时;和反常效应,当穿透深度 δ 是最小长度时. 现在让我们考虑第三种情况,其中最小的长度是 v_F/ω:

$$v_F/\omega \ll \delta, \quad v_F/\omega \ll l. \tag{87.1}$$

这种情况是由反常趋肤效应通过进一步增大频率这种自然方式达到的;虽然穿

① 这个陈述的证明见下列评论文章:Андреев А. Ф., УФН, **105**(1971), 113(英译:A. F. Andreev, Soviet Physics Uspekhi, **14**(1972), 609).

② 见下列文献:G. E. H. Reuter, E. H. Sondheimer, Próc. Roy. Soc. **A195**(1948), 336.

透深度因而减小,但乘积 $\omega\delta$ 如 $\omega^{2/3}$ 那样增大. 对于寻常金属,条件(87.1)在红外区是满足的.

这些条件(87.1)对频率设置一个低限. 然而,下面所阐述结果的适用性,它基于费米液体理论,还受到一个频率上限:$\hbar\omega \ll \varepsilon_F$. 如果这个条件不满足,会导致从费米分布的深处激发出准粒子,这些在费米液体理论框架中是没有任何意义的.

为了确定电流和电场之间的关系式,我们必须再回到动理方程. 然而,现在由于条件 $\omega \gg v_F/\delta$,含时间导数的项远大于含空间导数的项,还由于条件 $\omega \gg v_F/l$,含时间导数的项也远大于碰撞积分. 忽略这些项后,我们有下列形式

$$\frac{\partial \delta n}{\partial t} - e\boldsymbol{E} \cdot \boldsymbol{v}\frac{\partial n_0}{\partial \varepsilon} = 0$$

的动理方程. 写成 $\partial\delta n/\partial t = -\mathrm{i}\omega\delta n$,由此我们求得

$$\delta n = -\frac{\partial n_0}{\partial \varepsilon}\psi, \quad \psi = \frac{e\boldsymbol{E} \cdot \boldsymbol{v}}{\mathrm{i}\omega}. \tag{87.2}$$

动理方程中没有含坐标导数的项意味着没有空间色散. 在这个意义上趋肤效应又是"正常"的. 然而,含时间导数的项的存在导致电导率的频率色散. 这里情况类似于计算无碰撞等离体中电容率的情况. 二者的差别仅在于金属的各向异性和费米液体效应. 费米液体效应的结果是电流密度由一个积分表达,它不仅依赖于分布函数 δn,而且还依赖于准粒子(传导电子)的相互作用函数 $f(\boldsymbol{p},\boldsymbol{p}')$. 必须注意到,由于动理方程中存在 $\partial\delta n/\partial t$ 的项,这里不可能通过应用有效分布函数 $\delta\tilde{n}$ 消去准粒子的相互作用.

根据(74.21)和(74.22),电流密度通过对电子分布函数的校正表达为

$$\boldsymbol{j} = -e\int \boldsymbol{\nu}\left[\psi(\boldsymbol{p}_F) + \int f(\boldsymbol{p}_F,\boldsymbol{p}'_F)\psi(\boldsymbol{p}'_F)\frac{\mathrm{d}S'_F}{v'_F(2\pi\hbar)^3}\right]\frac{2\mathrm{d}S_F}{(2\pi\hbar)^3},$$

其中 $\boldsymbol{\nu}$ 是速度 $\boldsymbol{v}_F$ 方向的单位矢量,它与费米面上法向矢量相同. 用(87.2)的 ψ 代入,我们求得电流和电场之间的关系为下列形式:$j_\alpha = \sigma_{\alpha\beta}(\omega)E_\beta$,其中电导率张量是

$$\left.\begin{aligned} \sigma_{\alpha\beta} &= -\frac{e^2}{\mathrm{i}\omega m}N^{(\mathrm{eff})}_{\alpha\beta}, \\ N^{(\mathrm{eff})}_{\alpha\beta} &= \int \nu_\alpha\left[v_F\nu_\beta + \int f(\boldsymbol{p}_F,\boldsymbol{p}'_F)\nu'_\beta\frac{\mathrm{d}S'_F}{(2\pi\hbar)^3}\right]\frac{2\mathrm{d}S_F}{(2\pi\hbar)^3}. \end{aligned}\right\} \tag{87.3}$$

张量 $N^{(\mathrm{eff})}_{\alpha\beta}$ 的对称性由晶体的对称性确定(它并不像(86.15)中那样依赖于场的方向). 在具有立方对称性的晶体中(为简单起见下面将假设这种情况),这个张量,从而 $\sigma_{\alpha\beta}$ 简化为一标量:$N^{(\mathrm{eff})}_{\alpha\beta} = N^{(\mathrm{eff})}\delta_{\alpha\beta}$,和

$$\sigma(\omega) = -\frac{e^2}{\mathrm{i}m\omega}N^{(\mathrm{eff})}. \tag{87.4}$$

通过这个电导率对金属性质的描述,可按通常方式由通过电容率的描述来代替:

$$\varepsilon(\omega) = 1 + \mathrm{i}\frac{4\pi\sigma(\omega)}{\omega} = 1 - \frac{4\pi e^2}{m\omega^2}N^{(\mathrm{eff})}. \tag{87.5}$$

记号 $N^{(\mathrm{eff})}$ 的应用类比于极高频下对电容率的极限表达式(见第八卷,§59):$\varepsilon = 1 - 4\pi e^2 N/(m\omega^2)$,其中 N 是物质每单位体积中电子的总数. 因而 $N^{(\mathrm{eff})}$ 在金属红外光学中代表有效电子数;它依赖于传导电子的相互作用函数.

与 $N^{(\mathrm{eff})}$ 一起,再来定义有效等离体频率

$$\Omega = \left(\frac{4\pi e^2}{m}N^{(\mathrm{eff})}\right)^{1/2} \tag{87.6}$$

是有用的. 于是电导率是

$$\sigma = \mathrm{i}\Omega^2/(4\pi\omega). \tag{87.7}$$

Ω 的值仅由金属的电子谱参量确定;因而,作为粗估,它等于 $\varepsilon_F/\hbar$,费米界限能量. 因为目前这个理论限于条件 $\hbar\omega \ll \varepsilon_F$,我们有 $\Omega \gg \omega$.

场对金属的穿透问题由方程(86.4)描述,在用(87.7)的 σ 代入后,(86.4)变成

$$\boldsymbol{E}'' - \frac{\Omega^2}{c^2}\boldsymbol{E} = 0.$$

当 $x\to\infty$ 时趋于零的解是

$$\boldsymbol{E} = \boldsymbol{E}_0 \mathrm{e}^{-x/\delta}, \quad \delta = c/\Omega \tag{87.8}$$

(对典型金属,$c/\Omega \sim 10^{-5}$ cm). 因而场是按指数律阻尼的,穿透深度不依赖于频率. 通过(86.3)的第一个方程容易看出,电场和磁场之间的关系现在由(86.8)给出,带有阻抗

$$\zeta = -\frac{\mathrm{i}\omega}{c}\delta = -\frac{\mathrm{i}\omega}{\Omega}. \tag{87.9}$$

纯虚数阻抗表示电磁波从金属表面的全反射,没有耗散. 这个结果是应该预期的,因为所用近似没有考虑到电子的碰撞,它是耗散的原因.

用(87.7),要使这个理论适用的基本条件可以写成

$$\Omega \gg \omega \gg \Omega v_F/c. \tag{87.10}$$

左边不等式通常是与 $\hbar\omega \gg \Theta$ 相容的(其中 Θ 是德拜温度). 在这个情况,公式(87.3)中的费米参量 v_F 和函数 f,于是必须不是取在费米面本身上,而是对 $|\varepsilon - \varepsilon_F| \gg \Theta$ 取的. 如在第九卷,§65 曾经证明,电子声子相互作用导致结果是在这个范围的 v_F 不同于在范围 $|\varepsilon - \varepsilon_F| \ll \Theta$ 的 v_F(例如,关于低温下金属的静态性质,它是重要的);对于准粒子相互作用函数,同样结果也是正确的.

§ 88　金属中的螺旋波

交变外电磁场并不能深透金属的事实，换句话说，意味着具有频率直至等离体频率($\omega \sim \Omega$)的未阻尼电磁波，不能在金属中传播.

然而，存在恒定磁场 $\boldsymbol{B}$ 时，情况完全不同. 磁场改变了电子运动的特性，并从而极大地影响金属的电磁性质. 并且重要的是在垂直于磁场的平面中，运动变成有限的. 在强场中，当轨道的拉莫尔半径 $r_B \sim cp_F/eB$ 变得远小于平均自由程时，

$$r_B \ll l \tag{88.1}$$

(或者等价地，$\omega_B \tau \gg 1$ 时，其中 $\omega_B \sim v_F/r_B \sim eB/(m^* c)$ 是拉莫尔频率和 $\tau \sim l/v_F$ 是平均自由时)，横截磁场方向的电导率极大地减小，当 $B\to\infty$ 时趋于零. 我们可以说在这些方向金属的行为像介电体，因而对于电场偏振方向在垂直于 $\boldsymbol{B}$ 的平面中的波，能量耗散减小. 换句话说，这种波(在一级近似下)的无阻尼传播因而变成可能. 并且可容许的波频率受限于条件

$$\omega \ll \omega_B; \tag{88.2}$$

仅当这个条件满足时，在场的周期期间电子轨道才能经受可观曲率变化，从而导致对于这些频率金属电磁性质的改变.

电子(在垂直于 $\boldsymbol{B}$ 的平面内)的有限运动，预先假定其动量轨道，费米面的一个截面，也是有限的. 因此，关于上述讨论，对具有闭费米面的金属，对 $\boldsymbol{B}$ 的任何方向都适用；而对具有敞费米面的金属，仅对使得其截面闭合的那些 $\boldsymbol{B}$ 的方向才适用. 对敞截面，在磁场中电子运动仍然是无限的，电导率并不减小，电磁波在所述方向的传播不可能出现.

金属中无阻尼电磁波可认为是电子费米液体能谱的玻色支. 这些波的宏观本质由其长波长(远大于晶格常量)显现出来. 由于这个原因，激发仅相当于相对很小的相体积，它们对金属中热力学量的贡献可以忽略.

我们再次写出麦克斯韦方程组：

$$\nabla\times\tilde{\boldsymbol{B}} = \frac{4\pi}{c}\boldsymbol{j},\quad \nabla\times\boldsymbol{E} = -\frac{1}{c}\frac{\partial\tilde{\boldsymbol{B}}}{\partial t}, \tag{88.3}$$

其中 $\tilde{\boldsymbol{B}}$ 表示波的弱交变磁场(与恒定磁场 $\boldsymbol{B}$ 大不相同). 从这些方程中消去 $\tilde{\boldsymbol{B}}$ 给出

$$\nabla\times(\nabla\times\boldsymbol{E}) = \nabla(\nabla\cdot\boldsymbol{E}) - \Delta\boldsymbol{E} = -\frac{4\pi}{c^2}\frac{\partial\boldsymbol{j}}{\partial t}.$$

对于单色平面波，由此有

$$(-k_\alpha k_\gamma + k^2\delta_{\alpha\gamma})E_\gamma = \frac{4\pi i\omega}{c^2}j_\alpha. \tag{88.4}$$

电场 $\boldsymbol{E}$ 通过 $E_\alpha=\rho_{\alpha\beta}j_\beta$ 用电流来表达，其中 $\rho_{\alpha\beta}=(\sigma^{-1})_{\alpha\beta}$ 是电阻率张量. 于是我们得到线性齐次方程组

$$\left[k^2\rho_{\alpha\beta}-k_\alpha k_\gamma\rho_{\gamma\beta}-\frac{4\pi\mathrm{i}\omega}{c^2}\delta_{\alpha\beta}\right]j_\beta=0. \tag{88.5}$$

这个方程的行列式给出的方程确定波的色散关系.

在 §84 和 §85 中，我们曾推导过定态情况下强磁场中金属（在剩余电阻区）的电导率张量的形式. 现在让我们来阐明对非定常情况下那里的结果必须如何修改.

电场在时间和空间上的周期性（因而电子分布函数的交变部分的周期性）导致动理方程左边出现下列项

$$\frac{\partial\delta n}{\partial t}+\boldsymbol{v}\cdot\frac{\partial\delta\tilde{n}}{\partial\boldsymbol{r}}=-\mathrm{i}\omega\delta n+\mathrm{i}\boldsymbol{k}\cdot\boldsymbol{v}\,\delta\tilde{n}$$

（比较(74.25)）. 类似于(84.7)，我们令 δn 和 $\delta\tilde{n}$ 为下列形式

$$\delta n=\frac{\partial n_0}{\partial\varepsilon}e\boldsymbol{E}\cdot\boldsymbol{h},\quad \delta\tilde{n}=\frac{\partial n_0}{\partial\varepsilon}e\boldsymbol{E}\cdot\boldsymbol{g}.$$

根据(74.21)，函数 $\boldsymbol{h}$ 和 $\boldsymbol{g}$ 由线性积分表达式

$$\boldsymbol{g}=\boldsymbol{h}+\int f(\boldsymbol{p},\boldsymbol{p}'_{\mathrm{F}})\boldsymbol{h}'\frac{\mathrm{d}S'_{\mathrm{F}}}{v'_{\mathrm{F}}(2\pi\hbar)^3}\equiv\hat{L}\boldsymbol{h}$$

相联系. 于是动理方程变成

$$\frac{\partial\boldsymbol{g}}{\partial\tau}-\left[I(\boldsymbol{g})+\mathrm{i}\omega\hat{L}^{-1}\boldsymbol{g}-\mathrm{i}(\boldsymbol{k}\cdot\boldsymbol{v})\boldsymbol{g}\right]=\boldsymbol{v}. \tag{88.6}$$

它与以前的方程(84.10)的差别在于将那里的 $I(\boldsymbol{g})$ 用方括号内的表达式代替. 这个表达式现在不仅依赖于杂质原子对电子散射的本质，而且还依赖于电子间的相互作用函数.

由于条件 $r_B\ll l$，方程(88.6)中项 $I(\boldsymbol{g})$ 远小于项 $\partial\boldsymbol{g}/\partial\tau$，如在以前的方程(84.10)中那样. 由于条件 $\omega\ll\omega_B$，项 $\mathrm{i}\omega\hat{L}^{-1}g\sim\mathrm{i}\omega g$ 也很小. 我们还对波数强加一个条件，$kv_{\mathrm{F}}\ll\omega_B$，即

$$kr_B\ll 1, \tag{88.7}$$

波长必须远大于拉莫尔半径. 于是(88.6)的方括号中最后一项也很小. 在这些条件下，利用逐步求近法求解动理方程的方法（§84）于是仍然适用，因而那里所求得的电阻率张量，其按 $1/B$ 的幂展开式中为首几项的结果也适用. 然而，由于方程(88.6)中出现 ω 和 $\boldsymbol{k}$，一般将有电导率的频率和空间色散.

若干长度和时间的特征参量的存在，和费米面几何性质的多样性，引致与金属中电磁波传播有关的大量现象. 我们（在本节和下节中）将仅限于研究几个典型情况.

让我们以具有闭费米面的未补偿金属为例. 根据(85.4)和(85.5),电阻率张量的最大分量是

$$\rho_{xy} = -\rho_{yx} = \frac{B}{ec(N_e - N_h)}, \tag{88.8}$$

这属于张量的非耗散(反厄米型)部分. 这个分量一般不依赖于碰撞积分的形式,因而不依赖于方程(88.6)方括号中表达式的形式. 因此,公式(88.8)在波场中仍适用.

通过电阻率张量 $\rho_{\alpha\beta}$(或电导率张量 $\sigma_{\alpha\beta}$)对介质的描述等价于应用电容率张量的描述

$$\varepsilon_{\alpha\beta} = \frac{4\pi i\sigma_{\alpha\beta}}{\omega},\quad (\varepsilon^{-1})_{\alpha\beta} = \frac{\omega\rho_{\alpha\beta}}{4\pi i}.$$

这里张量$(\varepsilon^{-1})_{\alpha\beta}$仅有分量

$$(\varepsilon^{-1})_{xy} = -(\varepsilon^{-1})_{yx} = \frac{\omega B}{4\pi ice(N_e - N_h)}.$$

这个表达式与§56中对等离体中的螺旋波求得的相同,除掉要用差值 $N_e - N_h$ 代替 N_e. 因此,§56中所获得的结果可直接转用于金属中的这些波,它们同样称为螺旋波①.

螺旋波的色散关系是

$$\omega = \frac{cB|\cos\theta|}{4\pi e|N_e - N_h|}, \tag{88.9}$$

其中 θ 是 $\boldsymbol{k}$ 和 $\boldsymbol{B}$ 之间的夹角. 波的电场在垂直于磁场 $\boldsymbol{B}$ 的平面内是椭圆偏振的. 以磁场 $\boldsymbol{B}$ 的方向作为 z 轴(如§56中那样),而通过 $\boldsymbol{k}$ 和 $\boldsymbol{B}$ 的平面作为 xz 平面,我们求得电场

$$E_y = \pm i|\cos\theta|E_x, \tag{88.10}$$

上面和下面的符号分别与 $N_e > N_h$ 和 $N_e < N_h$ 的情况相联系.

§89　金属中的磁等离体波

现在让我们考虑具有闭费米面的补偿金属($N_e = N_h$)中的波. 除了强制性条件(88.1)和(88.2)之外,我们将假设还满足不等式:

$$\omega \gg v_F/l,\quad \omega \gg kv_F. \tag{89.1}$$

由于第一个不等式暗示动理方程(88.6)中碰撞积分 $I(\boldsymbol{g})$ 远小于项 $i\omega\hat{L}^{-1}\boldsymbol{g}$,而由于第二个不等式暗示项 $i(\boldsymbol{k}\cdot\boldsymbol{v})\boldsymbol{g}$ 也很小. 忽略这些项,我们得到方程

---

① 这种波在金属中传播的可能性曾由康斯坦丁诺夫和佩雷尔(O. B. Константинов, B. N. Перель(1960))指出过.

$$\frac{\partial \boldsymbol{g}}{\partial \tau} - \mathrm{i}\omega \hat{L}^{-1}\boldsymbol{g} = \boldsymbol{v}, \tag{89.2}$$

它与方程(84.10)的差别在于用 $\mathrm{i}\omega \hat{L}^{-1}\boldsymbol{g}$ 代替项 $I(\boldsymbol{g})$.

§85 中对定常情况下的电阻率张量所获得的结果因而仍适用,除了在 $1/B$ 的幂展开式中小参量不是 r_B/l 而是 $-\mathrm{i}\omega/\omega_B$. 电导率没有空间色散,但是有频率色散.

根据(85.7),在定常情况,对于补偿金属的电阻率张量,其分量的展开式中首项是这样的:

$$\rho_{zz} = \mathrm{const}; \quad \rho_{xx}, \rho_{yy}, \rho_{xy} \propto B^2; \quad \rho_{xz}, \rho_{yz} \propto B. \tag{89.3}$$

然而,为了显示出这个张量中的参量 r_B/l,我们必须查明不仅 B 而且 l 如何出现在其分量中. 为此,我们写出例如估计量

$$\rho_{xx} \sim \rho_0\left(\frac{l}{r_B}\right)^2 \sim \frac{B}{ecN}\frac{l}{r_B},$$

其中 $\rho_0 \sim p_F/(Ne^2 l)$. 类似地,

$$\rho_{yz} \sim \rho_0\frac{l}{r_B} \sim \frac{B}{ecN}, \quad \rho_{zz} \sim \rho_0 \sim \frac{B}{ecN}\frac{r_B}{l}.$$

现在,采用上述展开参量的变换,我们求得张量 $\rho_{\alpha\beta}(\omega)$ 为下列形式:

$$\rho_{\alpha\beta} = \frac{B}{ecN}\begin{bmatrix} \dfrac{\omega_B}{-\mathrm{i}\omega}a_{xx} & \dfrac{\omega_B}{-\mathrm{i}\omega}a_{xy} & a_{xz} \\ \dfrac{\omega_B}{-\mathrm{i}\omega}a_{xy} & \dfrac{\omega_B}{-\mathrm{i}\omega}a_{yy} & a_{yz} \\ -a_{xz} & -a_{yz} & \dfrac{-\mathrm{i}\omega}{\omega_B}a_{zz} \end{bmatrix}, \tag{89.4}$$

其中所有 $a_{\alpha\beta} \sim 1$ 是量纲为 1 的实系数;这里应该认为量 N 和 m^* ($\omega_B = eB/(m^*c)$ 中)是以某种方式所选择的参量并具有正确数量级. (89.4)中所有项属于张量的反厄米型(即非耗散的)部分. 因而很显然,仅包括这些项将给出无阻尼波.

在 $\boldsymbol{B}$ 和 $\boldsymbol{k}$ 的方向为任意的一般情况下,波色散关系要用相当冗长的公式来表达. 我们将仅考虑一个特例,用以阐明这些波的基本性质.

我们将假定金属晶格具有高于二阶的对称轴,和假定磁场 $\boldsymbol{B}$ 沿此轴(z 轴). 量 a_{xx}, a_{yy} 和 $a_{xy} = a_{yx}$ 形成 xy 平面中的二维对称张量,在所述对称性下简化为一标量: $a_{xx} = a_{yy} \equiv a_1$, $a_{xy} = 0$. 量 a_{xz} 和 a_{yz} 在同一平面中形成二维矢量,在所述对称性下为零. 因而仅余剩下列分量

$$\rho_{xx} = \rho_{yy} = \frac{B}{ecN}\frac{\omega_B}{-\mathrm{i}\omega}a_1, \quad \rho_{zz} = \frac{B}{ecN}\frac{-\mathrm{i}\omega}{\omega_B}a_2. \tag{89.5}$$

我们再次取 xz 平面包含 $\boldsymbol{k}$ 和 $\boldsymbol{B}$ 的方向. 如果忽略 ρ_{zz}(它远小于 ρ_{xx}),色散关系分成两个方程:

$$\frac{4\pi\mathrm{i}\omega}{c^2}-k^2\rho_{yy}=0,\quad \frac{4\pi\mathrm{i}\omega}{c^2}-k_z^2\rho_{xx}=0;$$

这里我们假设 $\boldsymbol{k}$ 和 $\boldsymbol{B}$ 之间的夹角 θ 不太接近于 $\frac{1}{2}\pi$,所以 k_z^2 不太小($\cos\theta\gg\omega/\omega_B$). 因而我们求得对两类波的色散关系

$$\left.\begin{aligned}\omega^{(1)}&=ku_{\mathrm{A}}\sqrt{a_1},\\ \omega^{(2)}&=ku_{\mathrm{A}}|\cos\theta|\sqrt{a_1},\end{aligned}\right\}\tag{89.6}$$

其中①

$$u_{\mathrm{A}}=\frac{B}{(4\pi Nm^*)^{1/2}}.\tag{89.7}$$

金属中的这些电磁波称为*磁等离体波*. 这两种类型分别类似于等离体中的快*磁声波*和阿尔文波②. 对应于慢*磁声波*的振荡,分明不能具有满足(89.1)第二个条件的速率 ω/k,因而在金属中不能出现.

§90 磁场中金属电导率的量子振荡

§84 和 §85 中所给出的磁场电流效应的理论,在下列意义上是准经典的. 量子行为仅出现在电子分布函数的形式上;没有考虑到磁场中(具有闭合电子轨道)能级的离散性. 然而,这个离散性引致定性上新的效应,即电导率作为磁场函数的振荡性质(所谓*舒布尼科夫-德哈斯效应*). 这个效应类似于磁矩的振荡性质(德哈斯-范阿尔芬效应),但是它的理论更复杂,因为它是动理学性质的现象而不是热力学性质的现象. 我们将在无相互作用电子的模型的框架下来研究它,而不管费米液体效应影响的问题(它看来似乎还没有被研究过).

如 §84 中那样,将假设在条件(84.1)的意义上磁场很强,我们写成下列形式

$$\omega_B\tau\gg1,\tag{90.1}$$

其中 τ 是电子平均自由时和

$$\omega_B=\frac{eB}{m^*c}\tag{90.2}$$

---

① 对色散关系(89.6),(89.7),条件 $kv_{\mathrm{F}}\ll\omega$ 意味着我们必须有 $u_{\mathrm{A}}\gg v_{\mathrm{F}}$. 在可达到的磁场 $\boldsymbol{B}$ 下. 这个实际上仅在具有低载流子密度下的半金属(例如铋)中得以满足.

② 存在这类波的可能性是由布克斯鲍姆和戈尔特(S. J. Buchsbaum, J. Golt(1961))指出的. 这里所给出的理论应归于卡涅尔和斯科博夫(Э. А. Канер, В. Г. Скобов(1963)).

是拉莫尔频率；m^* 是电子的回旋质量①.

当然，同时磁场必须不太强使得不至于破坏准经典性条件

$$\hbar\omega_B \ll \varepsilon_F. \tag{90.3}$$

$\hbar\omega_B$ 和 T 之间可以有任何关系.

我们将仅限于考察横向（相对于磁场，它在 z 方向）电导率的量子振荡，并且为了简化公式而假设晶体具有平行于磁场的（对称阶数 >2 的）对称轴. 在这种晶体中，电导率张量的对称部分（耗散部分）仅具有分量 $\sigma_{xx}=\sigma_{yy}$ 和 σ_{zz}. 横向分量问题比较简单，这是由于碰撞对它们的影响（如我们在 §84 中所看到的）与磁场的影响比较起来可认为是小微扰；对于纵向电导率 σ_{zz} 情况并非如此②.

如 §84 中那样，我们考虑处于剩余电阻区的金属，因此我们涉及的是电子与杂质原子之间的碰撞. 因为这些碰撞是弹性的，具有不同能量的电子独立地参与产生电流.

令 $g(\varepsilon)$ 为每单位能量范围电子的量子态数. 于是具有能量在 $\mathrm{d}\varepsilon$ 范围的电子的空间数密度是 $n(\varepsilon)g(\varepsilon)\mathrm{d}\varepsilon$，其中 $n(\varepsilon)$ 表示态占有数. 令 $j_y(\varepsilon)$ 为这些电子所产生的横向电流密度. 当电场和电子密度梯度同时存在时，电流密度是下列和：

$$j_y(\varepsilon)=eD(\varepsilon)\frac{\partial n}{\partial y}g(\varepsilon)+\sigma_{yy}(\varepsilon)E_y. \tag{90.4}$$

第一项是扩散电荷传递；$D(\varepsilon)$ 是对具有能量为 ε 的电子（在实际空间中！）的扩散系数.

对于分布

$$n_0(\varepsilon-e\varphi)\approx n_0(\varepsilon)-e\varphi\frac{\partial n_0}{\partial\varepsilon},$$

电流(90.4)必须为零，该分布对应于在具有势 $\varphi(\boldsymbol{r})$ 的弱静电场中电子气体的统计平衡分布（n_0 为费米分布）. 因此作为 $\sigma_{yy}(\varepsilon)$ 和 $D(\varepsilon)$ 之间的关系我们有

$$\sigma_{yy}(\varepsilon)=-e^2g(\varepsilon)D(\varepsilon)\frac{\partial n_0}{\partial\varepsilon}.$$

总电导率，包括来自所有能量电子的贡献是

$$\sigma_{yy}=-e^2\int g(\varepsilon)D(\varepsilon)\frac{\partial n_0}{\partial\varepsilon}\mathrm{d}\varepsilon=-e^2\sum_s D(\varepsilon_s)\frac{\partial n_0(\varepsilon_s)}{\partial\varepsilon}. \tag{90.5}$$

最后的表达式中是对电子的所有量子态求和；s 约定表示所有态量子数组. 这个

---

① 注意到（见第九卷，(57.6)）定义是 $m^*=(1/2\pi)\partial S/\partial\varepsilon$，其中 $S(\varepsilon,p_z)$ 是等能面被平面 $p_z=\mathrm{const}$ 所截截面积；这里这个等能面定义于 $\boldsymbol{p}$ 空间（而不是第九卷中那样定义于 $p/\hbar$ 空间）.

② 至于对电导率张量的反对称部分，则量子振荡仅在相对于 $1/(\omega_B\tau)$ 的二级近似下才出现.

公式将电导率的计算问题归结为没有电场情况下电子扩散系数的计算.

扩散系数又通过(21.4)类型的公式

$$D=\sum\frac{(\Delta y)^2}{2\delta t},$$

用微观散射事件的性质来表达,其中$\sum$是对时间δt内电子所经受的碰撞求和,而Δy是碰撞中电子坐标y平均值的变化(在垂直于场的平面内,电子运动是有限的,在准经典轨道的直观图像中Δy是轨道中心的位移).令

$$N_{\mathrm{imp}}W_{s's}\delta(\varepsilon_s-\varepsilon_{s'})$$

表示散射中电子从态s跃迁到态s'的概率;δ函数表达散射是弹性的这个事实,因数N_{imp}是杂质原子浓度,表达受无规分布原子的散射事件是独立地发生的.于是扩散系数是

$$D(\varepsilon_s)=\frac{1}{2}N_{\mathrm{imp}}\sum_{s'}(y_s-y_{s'})^2W_{ss'}\delta(\varepsilon_s-\varepsilon_{s'}),$$

其中y_s是态s中坐标的平均值.将这个表达式代入(90.5),我们求得电导率为

$$\sigma_{yy}=-\frac{e^2}{2}N_{\mathrm{imp}}\sum_{ss'}(y_s-y_{s'})^2\frac{\partial n_0(\varepsilon_s)}{\partial\varepsilon}W_{s's}\delta(\varepsilon_s-\varepsilon_{s'})\tag{90.6}$$

(S. Titeica, 1935; Б. И. Давыдов, И. Я. Померанчук, 1939)①.

在这个公式的实际应用中,必须使s的意义明确.磁场中传导电子能级的离散量子化发生在当$\boldsymbol{p}$空间中有闭合准经典轨道时(即等能面的闭合截面),我们将假设如此情况.量子态由四个量子数

$$s=(n,\ P_x,\ P_z=p_z,\sigma)\tag{90.7}$$

定义,其中n是(大)正整数;$\sigma=\pm1$表示电子自旋分量的值;P_x和P_z是广义准动量$\boldsymbol{P}=\boldsymbol{p}-e\boldsymbol{A}/c$的分量.磁场的矢势在规范$A_x=-By,A_y=A_z=0$下选取.因为坐标$x$和$z$是循环坐标,广义准动量分量$P_x$和$P_z$是守恒的(见第九卷,§58).能级仅依赖于其中三个量子数n,p_z和σ;它们由表达式

$$\varepsilon_{n\sigma}(p_z)=\varepsilon(n,\ p_z)+\sigma\beta B\xi_n(p_z)\tag{90.8}$$

给出,而且函数$\varepsilon(n,p_z)$为方程

$$S(\varepsilon,p_z)=2\pi\frac{e\hbar B}{c}\left(n+\frac{1}{2}\right)\tag{90.9}$$

的解.(90.8)的第二项中,$\beta=e\hbar/2mc$是玻尔磁子,因数$\xi_n(p_z)$描述电子磁矩中归因于晶格中自旋轨道相互作用引起的电子磁矩变化.

§84和§85所考虑的电导率张量实际上是精确函数$\sigma_{\alpha\beta}(B)$对小量子振荡求平均的结果.尤其是,由(85.3),这样求平均后的横向电导率是$\overline{\sigma}_{yy}\propto B^{-2}$.首

① 在杂质散射中,泡利原理并不影响公式的形式;比较碰撞积分(78.14),其中与这个原理联系的乘积nn'相消.

先,我们将证明这个结果是从公式(90.6)得出的,并且将确定这个公式中量 $W_{s's}$ 和对于电子和杂质的准经典碰撞积分(78.14)中函数 $w(\boldsymbol{p}',\boldsymbol{p})$ 之间的关系.

§84 中曾注意到,电子准经典运动的条件同时也保证散射过程不依赖于磁场.场不存在情况下,具有准动量从 $\boldsymbol{p}$ 变化至 $\boldsymbol{p}'$ 的散射概率,曾经在碰撞积分(78.14)中表达为

$$w(\boldsymbol{p}',\boldsymbol{p})\delta(\varepsilon-\varepsilon')\frac{\mathrm{d}^3p'}{(2\pi\hbar)^3}. \tag{90.10}$$

为了使这个表达式写成也适用于磁场中散射情况的形式,仅需变换到对磁场中运动仍有意义的变量:

$$w(P_x',p_z',\varepsilon';P_x,p_z,\varepsilon)\delta(\varepsilon-\varepsilon')\frac{\mathrm{d}P_x\mathrm{d}p_z\mathrm{d}\varepsilon}{(2\pi\hbar)^3v_y} \tag{90.11}$$

(导数 $v_y=\partial\varepsilon/\partial p_y$ 也理解为要用新变量来表达).准经典轨道中运动的 y 坐标与广义准动量由关系式 $P_x=p_x+eBy/c$ 相联系;因而(对轨道的)平均值是

$$\bar{y}=\frac{c}{eB}[P_x-\bar{p}_x(\varepsilon,p_z)]\equiv\frac{\kappa}{B}. \tag{90.12}$$

对振荡求平均后的电导率 $\overline{\sigma}_{yy}$,由(90.6)通过对离散变量 s 的求和用对连续变量 ε 的积分来代替.为简洁起见,应用记号

$$a(\varepsilon,p_z',p_z)=\frac{1}{2}\int(\kappa-\kappa')^2\frac{w\mathrm{d}P_x\mathrm{d}P_x'}{v_yv_y'(2\pi\hbar)^4}, \tag{90.13}$$

我们求得

$$\overline{\sigma}_{yy}=-\frac{e^2N_{\mathrm{imp}}}{B^2}\int a\frac{\partial n_0}{\partial\varepsilon}\delta(\varepsilon-\varepsilon')\mathrm{d}\varepsilon\mathrm{d}\varepsilon'\frac{2\mathrm{d}p_z\mathrm{d}p_z'}{(2\pi\hbar)^2} \tag{90.14}$$

(因数 2 来自电子自旋的两个方向,散射概率假设为不依赖于自旋,因而自旋分量不变).对 ε'的积分消去 δ 函数.在对 ε 的积分中,我们可以认为慢变因数 a 为常量(取其在 $\varepsilon=\mu$ 时的值),从而仅对导数$\partial n_0/\partial\varepsilon$ 积分.结果是

$$\overline{\sigma}_{yy}=\frac{e^2N_{\mathrm{imp}}}{B^2}\int a\frac{2\mathrm{d}p_z\mathrm{d}p_z'}{(2\pi\hbar)^2}\equiv\frac{1}{B^2}\int b(p_z)\cdot 2\mathrm{d}p_z. \tag{90.15}$$

现在让我们考虑到能级的离散性.这意味着,(90.14)中(给定 P_x 和 p_z 下)对连续变量 ε 的积分于是必须用对 n 的求和来代替,即

$$\int\cdots\mathrm{d}\varepsilon\to\hbar\omega_B\sum_n\cdots,$$

其中

$$\hbar\omega_B=\frac{\partial\varepsilon(n,p_z)}{\partial n},$$

正如由(90.9)和回旋质量 m^* 的定义显然可见的.应用上述记号,我们有

$$\sigma_{yy} = -\frac{e^2 N_{\text{imp}}}{B^2}\int \sum_{nn'\sigma} a(\varepsilon_{n\sigma}, p_z', p_z)\frac{\partial n_0(\varepsilon_{n\sigma})}{\partial \varepsilon}\times$$

$$\times \delta(\varepsilon_{n\sigma} - \varepsilon_{n'\sigma})\hbar\omega_B \hbar\omega_B' \frac{\mathrm{d}p_z \mathrm{d}p_z'}{(2\pi\hbar)^3} \tag{90.16}$$

(注意到由于对两个变量 p_z 和 p_z' 的积分,函数 a 可认为对它们是对称的).

这个表达式的振荡部分 $\tilde{\sigma}_{yy}$ 借助于泊松求和公式

$$\frac{1}{2}F(0) + \sum_{n=1}^{\infty} F(n) = \int_0^{\infty} F(x)\,\mathrm{d}x + 2\mathrm{Re}\sum_{l=1}^{\infty}\int_0^{\infty} F(x)\,\mathrm{e}^{2\pi i l x}\mathrm{d}x \tag{90.17}$$

予以分出(比较第九卷, §63),它是由这个公式中对 l 求和产生的,而平均 $\overline{\sigma}_{yy}$ 来自第一(积分)项.

我们将认为与平均 $\overline{\sigma}_{yy}$ 比较起来振荡振幅很小(这对磁场强度强加一定条件,见后面的(90.26)). 因而充分的是每次仅考虑到(90.16)(对 n 和对 n')求和之一中的振荡部分. 考虑到 a 对 p_z 和 p_z' 的对称性,并类似于(90.15)定义 b,我们有

$$\tilde{\sigma}_{yy} = \frac{4}{B^2}\mathrm{Re}\sum_{l=1}^{\infty}\sum_{\sigma=\pm 1}\tilde{J}_{l\sigma}, \tag{90.18}$$

其中 $\tilde{J}_{l\sigma}$ 是积分

$$J_{l\sigma} = -\int_0^{\infty}\mathrm{d}n\int b(\varepsilon_{n\sigma}, p_z)\frac{\partial n_0(\varepsilon_{n\sigma})}{\partial\varepsilon}\frac{\partial\varepsilon_{n\sigma}}{\partial n}\mathrm{e}^{2\pi i l n}\mathrm{d}p_z$$

的振荡部分. 用(90.8)的函数 $\varepsilon(n, p_z)$ 代替 n 作为积分变量,我们对 ε 作分部积分(并且可以将慢变因数 b 认为是常量). 被积出项并不导致对磁场的振荡依存性(而且仅是对 $\overline{\sigma}_{yy}$ 的小校正);忽略这项,我们得到

$$\tilde{J}_{l\sigma} = 2\pi i l\iint_0^{\infty}\frac{b(\varepsilon, p_z)}{\exp\dfrac{\varepsilon - \mu_\sigma}{T} + 1}\frac{\partial n}{\partial\varepsilon}\mathrm{d}p_z\mathrm{d}\varepsilon. \tag{90.19}$$

这里 $\mu_\sigma = \mu - \sigma\beta\xi B$,和引进函数

$$n(\varepsilon, p_z) = \frac{cS(\varepsilon, p_z)}{2\pi e\hbar B} - \frac{1}{2} \tag{90.20}$$

(比较(90.9));在函数 $b(\varepsilon_{n\sigma}, p_z)$ 的自变量中,与大量 ε 比较起来忽略了项 $\beta\xi B$.

(90.19)中对 p_z 的积分像对研究德哈斯-范阿尔芬效应时出现的类似积分(见第九卷,(63.8))那样完全相同的方式实现. 积分由 $p_z = p_{z,\text{ex}}(\varepsilon)$ 点附近的范围予以确定,在此点 $n(\varepsilon, p_z)$(即截面面积 S)作为 p_z 的函数具有极值. 结果是

$$\tilde{J}_{l\sigma} = \sum_{\text{ex}}\int_0^{\infty}\frac{2\pi i\sqrt{l}\exp\{2\pi i l n_{\text{ex}} \pm i\pi/4\}\, b_{\text{ex}}(\varepsilon)}{\left[\exp\dfrac{\varepsilon - \mu_\sigma}{T} + 1\right]\left|\partial^2 n/\partial p_z^2\right|_{\text{ex}}^{1/2}}\frac{\mathrm{d}n_{\text{ex}}}{\mathrm{d}\varepsilon}\mathrm{d}\varepsilon, \tag{90.21}$$

其中

$$n_{\text{ex}}(\varepsilon)=n(\varepsilon,p_{z\,\text{ex}}(\varepsilon)),\quad b_{\text{ex}}(\varepsilon)=b(\varepsilon,p_{z\,\text{ex}}(\varepsilon)),$$

指数函数中的 ± 号指其中 $p_{z,\text{ex}}$ 分别是函数 $n(\varepsilon,p_z)$ 的极大或极小的情况；$\sum\limits_{\text{ex}}$ 表示对所有极值求和.

积分(90.21)同样也是完全类似于第九卷中的积分(63.9)，差别仅在被积表达式中的慢变因数 b 和 $\mathrm{d}n_{\text{ex}}/\mathrm{d}\varepsilon=cm_{\text{ex}}^{*}/(e\hbar B)$，这些因数(和 $\left|\partial^2 n/\partial p_z^2\right|_{\text{ex}}^{-1/2}$ 一样)可用它们在 $\varepsilon=\mu$ 处即费米面上的值代替. 对 ε 积分和对 σ 求和于是导致最后结果

$$\left.\begin{aligned}&\tilde{\sigma}_{yy}=\sum_{\text{ex}}\sum_{l=1}^{\infty}(-1)^{l}\sigma_{yy}^{(l)}\cos\left\{l\frac{cS_{\text{ex}}}{e\hbar B}\pm\frac{\pi}{4}\right\},\\&\sigma_{yy}^{(l)}=\frac{2^{5/2}\pi^{1/2}(e\hbar)^{1/2}b_{\text{ex}}}{c^{1/2}B^{3/2}l^{1/2}}\left|\frac{\partial^2 S}{\partial p_z^2}\right|_{\text{ex}}^{-1/2}\frac{\lambda_l}{\operatorname{sh}\lambda_l}\cos\left(\pi l\xi_{\text{ex}}\frac{m_{\text{ex}}^{*}}{m}\right),\\&\lambda_l=2\pi^2 lT/(\hbar\omega_B),\quad \omega_B=cB/(m_{\text{ex}}^{*}c),\end{aligned}\right\}\tag{90.22}$$

其中 $S_{\text{ex}},\xi_{\text{ex}},m_{\text{ex}}^{*}$ 和 b_{ex} 是在费米面上 $\varepsilon=\mu$ 处取值①.

如果对 $\boldsymbol{B}$ 的给定方向仅有费米面的一个极值截面，则电导率 σ_{yy} 的振荡部分与纵向磁化率之间有正比关系. 将(90.22)与第九卷的公式(63.13)比较给出

$$\tilde{\sigma}_{yy}=\frac{(2\pi)^4\hbar^3 m_{\text{ex}}^{*}b_{\text{ex}}}{S_{\text{ex}}^2}\frac{\partial\tilde{M}_z}{\partial B}.\tag{90.23}$$

上述计算预先假定电导率的振荡振幅远小于其平均值. 不仅如此，这个必要条件实际上是使 § 84 和 § 85 中所阐述的整个理论可适用的条件：很显然，平均值仅当它们形成电导率张量的主要部分时才有实际意义.

当 $\hbar\omega_B\sim T$ 时，振荡振幅由(90.22)求和中为首几项确定，具有 $l\sim1,\lambda_l\sim1$. 根据(90.15)中的定义，b_{ex} 的值可估计出为 $b_{\text{ex}}\sim\bar{\sigma}B^2/p_{\text{F}}$. 导数 $\partial^2S/\partial p_z^2\sim1$. 因此，我们有对振荡振幅的下列估计值：

$$\tilde{\sigma}/\bar{\sigma}\sim(\hbar\omega_B/\varepsilon_{\text{F}})^{1/2},\quad \hbar\omega_B\sim T.\tag{90.24}$$

由于强制性条件(90.3)，这个比值很小.

然而，如果 $T\ll\hbar\omega_B$，则估计值改变了. 在这个情况下，振荡振幅由(90.22)中大量项的求和确定，具有 $\lambda_l\sim1$，即 $l\sim\hbar\omega_B/T\gg1$. 这种项的数目是 l 本身的量级. 与以前的估计值比较，这里出现一个附加因数 $l^{-1/2}l\sim(\hbar\omega_B/T)^{1/2}$，因此

---

① 关于电导率的振荡，阿希泽尔(А. И. Ахиезер(1939))和达维多夫，波姆兰丘克(Б. И. Давыдов, И. Я. Померанчук(1939))讨论了电子色散关系为二次的情况，而科谢维奇，安德列耶夫(А. М. Косевич, В. В. Андреев(1960))讨论了任何色散关系的情况.

$$\frac{\tilde{\sigma}}{\overline{\sigma}} \sim \left(\frac{\hbar\omega_B}{\varepsilon_F}\right)^{1/2}\left(\frac{\hbar\omega_B}{T}\right)^{1/2}. \tag{90.25}$$

这个比值要很小的必要条件导致条件

$$\hbar\omega_B \ll (\varepsilon_F T)^{1/2}. \tag{90.26}$$

习　　题

对于具有平方色散关系($\varepsilon = p^2/(2m)$)的电子气,确定其横向电导率.电子在杂质原子上各向同性地散射,具有截面不依赖于能量.

解:问题导致对出现于(90.15)和(90.23)中量 $b(p_z)$ 的计算.对于平方色散关系,$\boldsymbol{p}=m\boldsymbol{v}$ 和 $\overline{\boldsymbol{p}}=0$.因为沿闭合轨道的平均速度 $\overline{\boldsymbol{v}}=0$;因此,按(90.12),$\kappa = cP_x/e$.根据正文中的讨论,当计算 $(\kappa-\kappa')^2$ 的平均值时,我们可以认为散射过程不依赖于磁场.因此,$\boldsymbol{P}$ 和 $\boldsymbol{p}$ 之间的差别不重要:如果散射原子的位置取为 $\boldsymbol{r}=0$,我们有 $\boldsymbol{P}=\boldsymbol{p}$.

在所考虑的情况下,散射概率具有形式 $v\sigma_0\mathrm{d}o'/4\pi$,其中 $\mathrm{d}o'$ 是散射后动量 $\boldsymbol{p}'$ 方向的立体角元,而 σ_0 是恒定总散射截面.这个表达式可以写成等价形式:

$$\frac{\sigma_0}{4\pi m}\mathrm{d}p_z'\mathrm{d}\varphi'\delta(\varepsilon-\varepsilon')\mathrm{d}\varepsilon',$$

其中 φ' 是 xy 平面中 $\boldsymbol{p}'$ 方向的方位角,它在这里代替(90.11).类似地,我们将 $\boldsymbol{p}$ 空间中的体积元写成 $\mathrm{d}^3p \to m\mathrm{d}p_z\mathrm{d}\varphi\mathrm{d}\varepsilon$,和

$$p_x = (2m\varepsilon - p_z^2)^{1/2}\cos\varphi.$$

于是我们求得

$$a(\varepsilon, p_z', p_z) = \frac{c^2\sigma_0}{8\pi e^2}\int (p_x - p_x')^2\frac{\mathrm{d}\varphi\mathrm{d}\varphi'}{2\pi\hbar} = \frac{\sigma_0 c^2}{8e^2\hbar}(4m\varepsilon - p_z^2 - p_z'^2)$$

和

$$b(\varepsilon, p_z) = e^2 N_{\mathrm{imp}}\int_{-\sqrt{2m\varepsilon}}^{\sqrt{2m\varepsilon}} a\frac{\mathrm{d}p_z'}{(2\pi\hbar)^2} = \frac{c^2\sqrt{2m\varepsilon}}{16\pi^2\hbar^3 l}\left(\frac{10}{3}m\varepsilon - p_z^2\right).$$

其中 $l = 1/(\sigma_0 N_{\mathrm{imp}})$ 是平均自由程.

平均电导率按(90.15)计算,并等于

$$\overline{\sigma}_{yy} = c^2 p_F N/(B^2 l),$$

其中 $N = p_F^3/(3\pi^2\hbar^3)$ 是电子数密度.费米球的截面面积在 $p_z=0$ 为最大,并且 $S_{\mathrm{ex}} = \pi p_F^2$.因此

$$b_{\mathrm{ex}} = 5c^2 N/(16 l).$$

电导率的振荡部分,按(90.23)求出为

$$\tilde{\sigma}_{yy}=B^2\overline{\sigma}_{yy}\frac{5}{6N\varepsilon_F}\frac{\partial\tilde{M}_z}{\partial B}.$$

至于磁化强度的振荡部分 $\tilde{M}_z$,对于所讨论的模型由第五卷的公式(60.6)给出.

第十章

非平衡系统的图解法

§91　松原响应率

关于弱交变外场中各种系统的行为的研究，通常归结为对相应响应率的计算. 在这一节中，我们将推导把响应率与某个辅助量相联系的公式，它可通过松原图解法予以计算；这开辟了用这种方法来研究各种系统的动理性质的道路（А. А. Абрикосов，И. Е. Дзялошинский，Л. П. Горьков，1962）.

注意到响应率 $\alpha(\omega)$ 定义如下（见第五卷，§123）. 令外界对系统的作用可通过在哈密顿算符中包括微扰算符

$$\hat{V}(t) = -\hat{x}f(t) \tag{91.1}$$

来描述；其中 $\hat{x}$ 是表征系统的某个物理量的薛定谔（时间无关）算符，微扰广义力 $f(t)$ 是时间的给定函数；我们假设没有外界作用情况下 x 的平均值为零. 于是，在相对于 f 的一级近似下，平均值 $\bar{x}(t)$ 和力 $f(t)$ 两者的傅里叶分量之间有线性关系；而响应率是这个关系式中的系数：

$$\bar{x}_\omega = \alpha(\omega)f_\omega. \tag{91.2}$$

根据久保公式（第五卷，§126），函数 $\alpha(\omega)$ 可以用算符形式

$$\alpha(\omega) = \mathrm{i}\int_0^\infty \mathrm{e}^{\mathrm{i}\omega t}\langle \hat{x}_0(t)\hat{x}_0(0) - \hat{x}_0(0)\hat{x}_0(t)\rangle \mathrm{d}t \tag{91.3}$$

予以表达，其中 $\hat{x}_0(t)$ 是用系统的未微扰哈密顿算符（由下标 0 指出）所定义的海森伯算符，而 $\langle\cdots\rangle$ 表示对系统的指定未微扰定态求平均，或者对具有未微扰哈密顿算符的吉布斯分布求平均①.

现在让我们纯粹形式地考虑，遵循“松原”运动方程的系统，它与实际方程

① 整个这一章中采取 $\hbar = 1$.

的差别在于时间的变换 $t\to -\mathrm{i}\tau$；新变量 τ 在有限区间

$$-1/T\leqslant\tau\leqslant 1/T \tag{91.4}$$

取值. 令此系统经受一微扰

$$\hat{V}(\tau)=-\hat{x}f(\tau). \tag{91.5}$$

于是平均值 $\bar{x}$ 也将是 τ 的函数. 我们将函数 $f(\tau)$ 在区间(91.4)展成傅里叶级数：

$$f(\tau)=\sum_{s=-\infty}^{\infty}f_s\mathrm{e}^{-\mathrm{i}\zeta_s\tau},\quad \zeta_s=2\pi sT, \tag{91.6}$$

函数 $\bar{x}(\tau)$ 也类似地作展开①.

松原响应率定义为两个展开式的分量之间的比例系数：

$$\bar{x}_s=\alpha_{\mathrm{M}}(\zeta_s)f_s. \tag{91.7}$$

现在我们的目的是，首先，要获得对 $\alpha_{\mathrm{M}}(\zeta_s)$ 类似于(91.3)的一个公式；其次，要求得 $\alpha_{\mathrm{M}}(\zeta_s)$ 与所寻求函数 $\alpha(\omega)$ 之间的一个关系.

我们从第一部分任务开始，令 $\hat{H}$ 为系统的未微扰哈密顿算符. 量 x 的"精确"松原算符按公式②

$$\hat{x}^{\mathrm{M}}(\tau)=\hat{\sigma}^{-1}(\tau,0)\hat{x}_0^{\mathrm{M}}(\tau)\hat{\sigma}(\tau,0) \tag{91.8}$$

进行计算，其中 $\hat{\sigma}$ 是松原 S 矩阵：

$$\hat{\sigma}(\tau,0)=\mathrm{T}_\tau\exp\left\{-\int_0^\tau\hat{V}_0^{\mathrm{M}}(\tau')\mathrm{d}\tau'\right\}, \tag{91.9}$$

下标 0 表示松原"相互作用绘景"③中的算符

$$\hat{x}_0^{\mathrm{M}}(\tau)=\exp(\tau\hat{H}_0)\hat{x}\exp(-\tau\hat{H}_0), \tag{91.10}$$

以及类似地对于 $\hat{V}_0^{\mathrm{M}}(\tau)$. 在一级微扰理论中，表达式(91.9)简化为：

$$\hat{\sigma}(\tau,0)\approx 1-\int_0^\tau\hat{V}_0^{\mathrm{M}}(\tau')\mathrm{d}\tau'. \tag{91.11}$$

对吉布斯分布求平均后的值是

$$\bar{x}(\tau)=\mathrm{Tr}\{\mathrm{e}^{-\hat{H}/T}\hat{x}^{\mathrm{M}}(\tau)\}. \tag{91.12}$$

按照第九卷(38.6)，我们有

$$\mathrm{e}^{-\hat{H}/T}=\mathrm{e}^{-\hat{H}_0/T}\hat{\sigma}\left(\frac{1}{T},0\right)\approx\exp(-\hat{H}_0/T)\left(1-\int_0^{1/T}\hat{V}_0^{\mathrm{M}}(\tau')\mathrm{d}\tau'\right),$$

---

① 对于量 x，它具有经典极限，我们必须应用对应于玻色统计法的方法；于是展开式(91.6)是由"偶频率"ζ_s 的项构成的.

② 下面所应用的所有概念和公式可在第九卷，§38 中找到.

③ 即使当初始算符 $\hat{V}(\tau)$ 显含变量 τ 时，公式(91.8)也是适用的(尽管第九卷，§38 给出的推导中并没有这样的含意).

而按照(91.8)和(91.11)

$$\hat{x}^{\mathrm{M}}(\tau)\approx\hat{x}_0^{\mathrm{M}}(\tau)-\int_0^{\tau}\{\hat{x}_0^{\mathrm{M}}(\tau)\hat{V}_0^{\mathrm{M}}(\tau')-\hat{V}_0^{\mathrm{M}}(\tau')\hat{x}_0^{\mathrm{M}}(\tau)\}\mathrm{d}\tau'.$$

将这些表达式代入(91.12),以相同精确度给出

$$\bar{x}(\tau)=\mathrm{Tr}\Big\{\mathrm{e}^{-\hat{H}_0/T}\Big[\int_0^{\tau}(\hat{V}_0^{\mathrm{M}}(\tau')\hat{x}_0^{\mathrm{M}}(\tau)-\hat{x}_0^{\mathrm{M}}(\tau)\hat{V}_0^{\mathrm{M}}(\tau'))\mathrm{d}\tau'-$$
$$-\int_0^{1/T}\hat{V}_0^{\mathrm{M}}(\tau')\hat{x}_0(\tau)\mathrm{d}\tau'\Big]\Big\}.$$

在第一个积分中,变量 $\tau'<\tau$,而在第二个积分中,我们将积分区域分成从 0 至 τ 和从 τ 至 $1/T$ 两部分. 经过相消,和用(91.5)的 $\hat{V}_0(\tau)$ 代入,我们看到结果可写成

$$\bar{x}(\tau)=\int_0^{1/T}f(\tau')<\mathrm{T}_\tau\hat{x}_0^{\mathrm{M}}(\tau)\hat{x}_0^{\mathrm{M}}(\tau')>\mathrm{d}\tau';\qquad(91.13)$$

(注意到对 τ 编序的算符 T_τ 使含 τ 的因数从右至左按 τ 的增序排列,不改变乘积的正负号). (91.13)中的〈…〉是对具有哈密顿算符 $\hat{H}_0$ 的吉布斯分布求平均. 求平均的结果仅依赖于差值 $\tau-\tau'$. 最后,将 $f(\tau')$ 表示成傅里叶展开式(91.6)的形式,我们得到对松原响应率的所寻求公式:

$$\alpha_{\mathrm{M}}(\zeta_s)=\int_0^{1/T}\mathrm{e}^{\mathrm{i}\zeta_s\tau}\langle\mathrm{T}_\tau\hat{x}_0^{\mathrm{M}}(\tau)\hat{x}_0^{\mathrm{M}}(0)\rangle\mathrm{d}\tau.\qquad(91.14)$$

我们看到 $\alpha_{\mathrm{M}}(\zeta_s)$ 是用由算符 $\hat{x}$ 所构成的松原格林函数[①]的傅里叶分量表达的(比较第九卷(37.2)中的定义). 我们注意到 $\alpha_{\mathrm{M}}(\zeta_s)$ 的这个公式与对 $\alpha(\omega)$ 的公式(91.3)的差别,后者包含(相对于时间 t 的)推迟对易式,而不是这里对 τ 的编序积.

为了解决所提任务的第二部分,即寻求函数 $\alpha(\omega)$ 和 $\alpha_{\mathrm{M}}(\zeta_s)$ 之间的关系,我们必须从公式(91.3)和(91.1)开始,并将这些函数用算符 $\hat{x}$ 的矩阵元表达. 这里我们将不给出有关计算,因为它们与早先的类似计算实际上完全相同(比较第五卷, §126;第九卷, §36, §37). 我们只限于指出结果:

$$\alpha(\omega)=\sum_{m,n}\exp^{(-E_n/T)}\frac{|x_{mn}|^2}{\omega-\omega_{mn}+\mathrm{i}0}(1-\exp^{(-\omega_{mn}/T)}),\qquad(91.15)$$

$$\alpha_{\mathrm{M}}(\zeta_s)=\sum_{m,n}\exp^{(-E_n/T)}\frac{|x_{mn}|^2}{\mathrm{i}\zeta_s-\omega_{mn}}(1-\exp^{(-\omega_{mn}/T)}).\qquad(91.16)$$

这里 x_{mn} 是薛定谔算符 $\hat{x}$ 相对于系统定态的矩阵元,以及 $\omega_{mn}=E_m-E_n$. 对两个

① 简称松原函数,又称温度格林函数,虚时格林函数. ——译者注.

表达式的比较表明

$$\alpha_{\mathrm{M}}(\zeta_s)=\alpha(\mathrm{i}\zeta_s),\quad \zeta_s>0. \tag{91.17}$$

因为响应率 $\alpha(\omega)$ 在正的虚半轴 ω 上是实量，则函数 $\alpha_{\mathrm{M}}(\zeta_s)$ 当 $\zeta_s>0$ 时是实的. 另一方面，由(91.6)看出 $\alpha_{\mathrm{M}}(-\zeta_s)=\alpha_{\mathrm{M}}^{*}(\zeta_s)$. 从而 $\alpha_{\mathrm{M}}(\zeta_s)$ 是 ζ_s 的实偶函数，用 $\alpha(\omega)$ 由公式表达为

$$\alpha_{\mathrm{M}}(\zeta_s)=\alpha(\mathrm{i}\,|\zeta_s|). \tag{91.18}$$

这给出所寻求的关系式. 为确定 $\alpha(\omega)$，我们必须构造这样一个函数，它在上半 ω 平面是解析函数，它在正虚半轴上离散点 $\omega=\mathrm{i}\zeta_s$ 处的值等于 $\alpha_{\mathrm{M}}(\zeta_s)$；这样给出所寻求的响应率.

在下一章，上述方法将应用于超导体动理性质的问题.

最后，我们将证明，由 $\alpha(\omega)$ 我们可以求得量 x 达到其平衡值 $x=0$ 的弛豫公式. 为此，我们将假定 x 的初始非平衡值是由 $t<0$ 时作用而以后解除的广义力所产生的. 在某一时刻 t，$x(t)$ 的值由整个以前时间 $f(t')$ 的值确定：

$$x(t)=\int_{-\infty}^{t}\alpha(t-t')f(t')\,\mathrm{d}t',$$

函数 $\alpha(t)$ 与响应率由傅里叶逆变换式相联系

$$\alpha(t)=\int_{-\infty}^{\infty}\alpha(\omega)\mathrm{e}^{-\mathrm{i}\omega t}\frac{\mathrm{d}\omega}{2\pi}$$

(比较第五卷，§123). 如果当 $t>0$ 时 $f=0$，于是

$$x(t)=\int_{-\infty}^{0}\alpha(t-t')f(t')\,\mathrm{d}t'.$$

t 大时 $x(t)$ 的行为由 $t\to\infty$ 时 $\alpha(t)$ 的渐近形式确定. 后者又是由 $\alpha(\omega)$ 的奇点确定，这个奇点位于 ω 的下半平面并且最接近实轴. 尤其是，x 的弛豫按简单指数律 $x\propto\mathrm{e}^{-t/\tau}$，具有弛豫时间 τ，对应于 $\alpha(\omega)$ 在 $\omega=-\mathrm{i}/\tau$ 的简单极点.

§92　非平衡系统的格林函数

物理动理学中的问题总是涉及非平衡态的分析研究. 然而，上节中所描述的方法的应用，在某些情况下容易使动理学量的计算归结为对处于热力学平衡系统的格林函数的计算；这表明应用图解法(例如，松原函数方法)的可能性，后者基本上适用于平衡态. 当然，这个可能性总是限于与不太远离平衡态相联系的物理问题.

现在我们将着手建立一个图解法，它原则上适合于计算处于任何非平衡态的系统的格林函数. 于是这种方法所获得的对格林函数的方程就其意义而言类似于动理方程. 然而，当应用于平衡系统时，同样的图解法使之可能得到(非零温下的)格林函数和响应率，直接作为连续实频率的函数，而无需任何解析延拓

(在这方面方便)可以证明,在复杂情况下,比松原函数方法更加有用).①

对于非平衡系统的格林函数,以类似于平衡情况的方式定义为

$$
\begin{aligned}
\mathrm{i}G_{\sigma_1\sigma_2}(X_1,X_2) &= \langle n\mid \mathrm{T}\hat{\Psi}_{\sigma_1}(X_1)\hat{\Psi}^+_{\sigma_2}(X_2)\mid n\rangle = \\
&= \begin{cases} \langle n\mid \hat{\Psi}_{\sigma_1}(X_1)\hat{\Psi}^+_{\sigma_2}(X_2)\mid n\rangle, & t_1>t_2, \\ \mp\langle n\mid \hat{\Psi}^+_{\sigma_2}(X_2)\hat{\Psi}_{\sigma_1}(X_1)\mid n\rangle, & t_1<t_2. \end{cases}
\end{aligned}
\tag{92.1}
$$

唯一区别在于(由符号$\langle n\mid\cdots\mid n\rangle$所表示的求平均)现在是对系统的任何量子态进行求平均,而不一定是像平衡态中那样对定态进行求平均②. 这里和后面,上面的正负号指费米统计法,而下面的正负号指玻色统计法;在后一种情况(对无自旋粒子的系统)自旋附标σ_1,σ_2当然必须省略. 对于玻色统计法的情况,假设没有凝聚,即所考虑系统或者其粒子(例如,声子或光子)数并非守恒量,或者处于温度高于开始凝聚的温度. 在不均匀非平衡系统中,函数(92.1)已分别依赖于变量对$X_1=(t_1,\boldsymbol{r}_1)$和$X_2=(t_2,\boldsymbol{r}_2)$,而不是如平衡情况中那样仅依赖于它们的差值$X_1-X_2$.

图解法使我们能将互作用粒子系统的格林函数通过理想气体的格林函数来表达. 然而,同时有必要引进除G以外的其它函数. 为了不致打断随后的分析,现在将给出这些函数的定义和它们的一些性质.

为了§93中将阐述的理由,适当的是将(92.1)的函数用G^{--}来表示:因而我们将这个定义写成下列形式③:

$$
\begin{aligned}
\mathrm{i}G^{--}_{12} &= \langle \mathrm{T}\hat{\Psi}_1\hat{\Psi}^+_2\rangle = \\
&= \begin{cases} \langle \hat{\Psi}_1\hat{\Psi}^+_2\rangle, & t_1>t_2, \\ \mp\langle \hat{\Psi}^+_2\hat{\Psi}_1\rangle, & t_1<t_2. \end{cases}
\end{aligned}
\tag{92.2}
$$

下列函数的定义

---

① 这个方法应归于凯尔迪什(Л. В. Келдыш(1964)). 在某些方面它类似于米尔斯(R. Mills(1962))对平衡态所发展的方法.

② 第九卷,§36中对$T\neq 0$的平衡系统所给的函数G的定义,也涉及对吉布斯分布的求平均. 这里让我们再一次提出,根据统计物理学基本原理,对平衡系统的统计平均结果,并不依赖于这是通过闭系的精确定态波函数实现的,还是通过处于"恒温器"中系统的吉布斯分布实现的. 唯一差别是在第一种情况,求平均的结果是通过系统中的能量和粒子数来表达的,而在第二种情况则是通过温度和化学势来表达的.

③ 为了减轻记号的负担,我们将认为自旋附标包括在变量X中:$X=(t,\boldsymbol{r},\sigma)$. 当没有误解的可能时,我们还将进一步简化而用下标代表自变量X:$\Psi_1\equiv\Psi(X_1)$,$G_{12}\equiv G(X_1,X_2)$等等. 最后,求平均将简单地用$\langle\cdots\rangle$表示,而不是用$\langle n\mid\cdots\mid n\rangle$.

$$iG_{12}^{++} = \langle \tilde{\mathrm{T}}\, \hat{\Psi}_1 \hat{\Psi}_2^+ \rangle = \begin{cases} \mp \langle \hat{\Psi}_2^+ \hat{\Psi}_1 \rangle, & t_1 > t_2, \\ \langle \hat{\Psi}_1 \hat{\Psi}_2^+ \rangle, & t_1 < t_2, \end{cases} \tag{92.3}$$

与(92.2)的差别在于用 $\tilde{\mathrm{T}}$ 代替 T, $\tilde{\mathrm{T}}$ 表示算符因数是按反编时序排列的,从右至左时间减小.

另外两个函数定义为不按编时序排列的 Ψ 算符乘积的下列平均值:

$$iG_{12}^{+-} = \langle \hat{\Psi}_1 \hat{\Psi}_2^+ \rangle, \quad iG_{12}^{-+} = \mp \langle \hat{\Psi}_2^+ \hat{\Psi}_1 \rangle. \tag{92.4}$$

对于费米系统,这些定义中正负号的差别是由于下列一般定则:当 Ψ 算符交换时,必须变号.

注意到(92.4)的第二个函数,对 $t_1 = t_2 \equiv t$ 时,与单粒子密度矩阵相同;详细写出是

$$\mp iG^{-+}(t, \boldsymbol{r}_1; t, \boldsymbol{r}_2) = \mathscr{N}\rho(t, \boldsymbol{r}_1, \boldsymbol{r}_2) \tag{92.5}$$

(比较第九卷,(7.17),(31.4)).这里 t_2 从哪一边趋向极限 t_1 没有关系,因为当 $t_2 = t_1$ 时 G^{-+} 是连续的.当 $t_1 = t_2$ 时 iG^{+-} 的值与 iG^{-+} 的值由

$$i\{G^{+-}(t, \boldsymbol{r}_1; t, \boldsymbol{r}_2) - G^{-+}(t, \boldsymbol{r}_1; t, \boldsymbol{r}_2)\} = \delta(\boldsymbol{r}_1 - \boldsymbol{r}_2) \tag{92.6}$$

相联系,它是根据费米或玻色 Ψ 算符的对易关系得出的.

这样所定义的四个 G 函数不是独立的.根据定义,某种程度上很明显它们是线性相关的.

$$G^{--} + G^{++} = G^{-+} + G^{+-}. \tag{92.7}$$

函数 G^{--} 和 G^{++},当它们的自变量交换时,也由"反厄米共轭性"关系相联系:

$$G_{12}^{--} = -G_{21}^{++*}. \tag{92.8}$$

函数 G^{-+} 和 G^{+-} 本身是反厄米性的:

$$G_{12}^{-+} = -G_{21}^{-+*}, \quad G_{12}^{+-} = -G_{21}^{+-*}. \tag{92.9}$$

这些函数与推迟或超前格林函数之间的关系,在下面的讨论中将是重要的.后面两个函数类似于平衡情况中那样定义(比较第九卷,§36):

$$\left.\begin{aligned} iG_{12}^{\mathrm{R}} &= \begin{cases} \langle \hat{\Psi}_1 \hat{\Psi}_2^+ \pm \hat{\Psi}_2^+ \hat{\Psi}_1 \rangle, & t_1 > t_2, \\ 0, & t_1 < t_2, \end{cases} \\ iG_{12}^{\mathrm{A}} &= \begin{cases} 0, & t_1 > t_2, \\ -\langle \hat{\Psi}_1 \hat{\Psi}_2^+ \pm \hat{\Psi}_2^+ \hat{\Psi}_1 \rangle, & t_1 < t_2. \end{cases} \end{aligned}\right\} \tag{92.10}$$

这两个 G 函数是"厄米共轭"的:

$$G_{12}^{\mathrm{A}} = G_{21}^{\mathrm{R}*}. \tag{92.11}$$

定义(92.2)—(92.4)和(92.10)的直接比较给出

$$\left.\begin{aligned} G^{\mathrm{R}} &= G^{--} - G^{-+} = G^{+-} - G^{++}, \\ G^{\mathrm{A}} &= G^{--} - G^{+-} = G^{-+} - G^{++}. \end{aligned}\right\} \tag{92.12}$$

在具有空间均匀性的定态的情况,当所有函数仅依赖于差值 $t=t_1-t_2$ 和 $\boldsymbol{r}=\boldsymbol{r}_1-\boldsymbol{r}_2$ 时,它们可以相对于这些变量作傅里叶展开. 由(92.8)和(92.11),傅里叶分量满足下列等式

$$G^{--}(\omega,\boldsymbol{p})=-[G^{++}(\omega,\boldsymbol{p})]^*,\quad G^{\mathrm{A}}(\omega,\boldsymbol{p})=[G^{\mathrm{R}}(\omega,\boldsymbol{p})]^*,\tag{92.13}$$

而由(92.9)得出傅里叶分量 $G^{+-}(\omega,\boldsymbol{p})$ 和 $G^{-+}(\omega,\boldsymbol{p})$ 是虚量.

对于无互作用粒子系统,函数 G^{--} 满足方程

$$\hat{G}_{01}^{-1}G_{12}^{(0)--}=\delta(X_1-X_2),\tag{92.14}$$

其中 $\hat{G}_0^{-1}$ 表示微分算符

$$\hat{G}_0^{-1}=\mathrm{i}\frac{\partial}{\partial t}-\varepsilon(-\mathrm{i}\nabla)+\mu=\mathrm{i}\frac{\partial}{\partial t}+\frac{\Delta}{2m}+\mu\tag{92.15}$$

$(\varepsilon(\boldsymbol{p})=\boldsymbol{p}^2/2m)$,而

$$\delta(X_1-X_2)=\delta_{\sigma_1\sigma_2}\delta(t_1-t_2)\delta(\boldsymbol{r}_1-\boldsymbol{r}_2);\tag{92.16}$$

对 G 的上标(0)指出这个函数属于理想气体,对 $\hat{G}_0^{-1}$ 的下标 1 指出求导是相对于 t_1 和 $\boldsymbol{r}_1$. (92.14)右边的 δ 函数起因于函数 G^{--} 在 $t_1=t_2$ 时的不连续性①. 函数 G^{R} 和 G^{A} 具有类似不连续性,从而 $G^{(0)\mathrm{R}}$ 和 $G^{(0)\mathrm{A}}$ 满足类似方程. 函数 G^{++} 在 $t_1=t_2$ 具有带反号的不连续性,因而

$$\hat{G}_{01}^{-1}G_{12}^{(0)++}=-\delta(X_1-X_2).\tag{92.17}$$

最后,函数 G^{+-} 和 G^{-+} 在 $t_1=t_2$ 是连续的,从而对于理想气体,它们满足方程②:

$$\hat{G}_{01}^{-1}G_{12}^{(0)+-}=0,\quad \hat{G}_{01}^{-1}G_{12}^{(0)-+}=0.\tag{92.18}$$

我们将计算均匀定态理想气体的全部 G 函数,假定气体粒子具有某个(不一定平衡的)动量分布 $n_{\boldsymbol{p}}$. 为简化公式,我们将假定这个分布不依赖于自旋.(费米统计法中)G 函数对自旋的依存关系于是分开成为一个因数 $\delta_{\sigma_1\sigma_2}$,我们将和自旋下标一起省略这个因数.

将理想气体的 Ψ 算符写成寻常展开式:

$$\hat{\Psi}_0(t,\boldsymbol{r})=\frac{1}{\sqrt{\mathscr{V}}}\sum_{\boldsymbol{p}}\hat{a}_{\boldsymbol{p}}\exp\{\mathrm{i}[\boldsymbol{p}\cdot\boldsymbol{r}-\varepsilon(\boldsymbol{p})t+\mu t]\},\tag{92.19}$$

---

① 见第九卷. §9. 那里给出的推导并不依赖于所假设的对系统基态的求平均,而关于对任何量子态的求平均仍保持有效.

② 如果是相对于 G 函数中的第二个变量求导而不是对第一个变量求导时,$\mathrm{i}\partial/\partial t$ 必须变号,即,算符 $\hat{G}_{01}^{-1}$ 必须用 $\hat{G}_{02}^{-1}$ 代替:

$$\hat{G}_{02}^{-1*}G_{12}^{(0)--}=\delta(X_1-X_2).\tag{92.14a}$$

等等.

并对 $\hat{\Psi}_0^+$ 作类似展开(见第九卷,(9.3)). 当将这些表达式代入 G 函数的定义中时,必须记住,唯一非零对角矩阵元是具有相同动量 $\boldsymbol{p}$ 的粒子湮没算符和产生算符的乘积的那些矩阵元:

$$\langle \hat{a}_p^+ \hat{a}_p \rangle = n_p, \quad \langle \hat{a}_p \hat{a}_p^+ \rangle = 1 \mp n_p.$$

从而,我们求得,例如:

$$G^{(0)-+}(t,\boldsymbol{r}) = \pm \frac{\mathrm{i}}{\mathscr{V}} \int n_p \exp\{\mathrm{i}\boldsymbol{p}\cdot\boldsymbol{r} - \mathrm{i}\varepsilon(\boldsymbol{p})t + \mathrm{i}\mu t\} \frac{\mathscr{V}\mathrm{d}^3p}{(2\pi)^3},$$

其中 $t = t_1 - t_2$, $\boldsymbol{r} = \boldsymbol{r}_1 - \boldsymbol{r}_2$. 利用恒等变换将这个表达式重写成

$$G^{(0)-+}(t,\boldsymbol{r}) = \pm 2\pi\mathrm{i} \int n_p \exp(\mathrm{i}\boldsymbol{p}\cdot\boldsymbol{r} - \mathrm{i}\omega t)\delta(\omega - \varepsilon + \mu)\frac{\mathrm{d}\omega\mathrm{d}^3p}{(2\pi)^4},$$

我们看到

$$G^{(0)-+}(\omega,\boldsymbol{p}) = \pm 2\pi\mathrm{i}n_p\delta(\omega - \varepsilon + \mu). \tag{92.20}$$

类似地求得

$$G^{(0)+-}(\omega,\boldsymbol{p}) = -2\pi\mathrm{i}(1 \mp n_p)\delta(\omega - \varepsilon + \mu). \tag{92.21}$$

为计算 G^{R},最方便的是直接从方程

$$\left[\mathrm{i}\frac{\partial}{\partial t} - \varepsilon(-\mathrm{i}\nabla) + \mu\right]G^{(0)\mathrm{R}}(t,\boldsymbol{r}) = \delta(t)\delta(\boldsymbol{r})$$

出发,用傅里叶方法求解它,并考虑到 $G^{\mathrm{R}}(\omega,\boldsymbol{p})$ 在上半 ω 平面不能有奇点的事实,由此立即求出

$$G^{(0)\mathrm{R}}(\omega,\boldsymbol{p}) = [\omega - \varepsilon(\boldsymbol{p}) + \mu + \mathrm{i}0]^{-1} \tag{92.22}$$

(根据(92.13),函数 $G^{(0)\mathrm{A}}(\omega,\boldsymbol{p})$ 可通过简单取上式的复共轭而求得).

最后,于是借助于(92.12)求出

$$G^{(0)--}(\omega,\boldsymbol{p}) = [\omega - \varepsilon(\boldsymbol{p}) + \mu + \mathrm{i}0]^{-1} \pm 2\pi\mathrm{i}n_p\delta(\omega - \varepsilon + \mu) =$$
$$= \mathrm{P}\frac{1}{\omega - \varepsilon + \mu} + \mathrm{i}\pi(\pm 2n_p - 1)\delta(\omega - \varepsilon + \mu). \tag{92.23}$$

我们注意到下列事实,表达式(92.22)一般不依赖于态(即分布 n_p)的性质,求平均是对此实现的. 函数 $G^{(0)\mathrm{R}}$(以及 $G^{(0)\mathrm{A}}$)的这个性质,实际上并不依赖于系统态的均匀性和定态性,如在(92.22)的推导中所假设的那样:函数 $G^{(0)\mathrm{R}}(X_1, X_2)$结果必然仅依赖于差值 $X_1 - X_2$.

应用于平衡系统时,表达式(92.21)—(92.23)中的 n_p 要取为费米或玻色分布函数. 于是将 G 函数通过 T 和 μ 来表达;这样就完成了从对给定量子力学定态求平均到对吉布斯分布求平均的转变.

习　　题

对于液体中声子气体的均匀定态,求其格林函数.

解：类似于(92.4)的定义，对于声子场我们有：

$$\mathrm{i}D_{12}^{+-}=\langle\hat{\rho}_1'\hat{\rho}_2'\rangle,\quad \mathrm{i}D_{12}^{-+}=\langle\hat{\rho}_2'\hat{\rho}_1'\rangle,\tag{1}$$

其中 $\hat{\rho}'=\hat{\rho}'^{+}$ 是介质密度可变部分的算符. 因为这个算符是自共轭的，(1)中的两个函数由

$$D_{12}^{+-}=D_{21}^{-+}\tag{2}$$

相联系(它们当然照常具有(92.9)的性质).

对于无互作用声子气体(见第九卷，(24.10))

$$\hat{\rho}'=\hat{\rho}'^{+}=\sum_{\boldsymbol{k}}\mathrm{i}\left(\frac{\rho_0 k}{2uv}\right)^{1/2}(\hat{c}_{\boldsymbol{k}}\mathrm{e}^{\mathrm{i}(\boldsymbol{k}\cdot\boldsymbol{r}-ukt)}-\hat{c}_{\boldsymbol{k}}^{+}\mathrm{e}^{-\mathrm{i}(\boldsymbol{k}\cdot\boldsymbol{r}-ukt)}\tag{3}$$

(其中 ρ_0 是未微扰密度，而 u 是声速). 将(3)代入(1)并从求和变为求积分，我们有

$$\mathrm{i}D^{(0)-+}(t,\boldsymbol{r})=\frac{\rho_0}{2u}\int\{\langle\hat{c}_{\boldsymbol{k}}^{+}\hat{c}_{\boldsymbol{k}}\rangle\mathrm{e}^{\mathrm{i}(\boldsymbol{k}\cdot\boldsymbol{r}-ukt)}+$$

$$+\langle\hat{c}_{\boldsymbol{k}}\hat{c}_{\boldsymbol{k}}^{+}\rangle\mathrm{e}^{\{-\mathrm{i}(\boldsymbol{k}\cdot\boldsymbol{r}-ukt)\}}\frac{k\mathrm{d}^3k}{(2\pi)^3};$$

或者，在第二项中将积分变量 $\boldsymbol{k}$ 用 $-\boldsymbol{k}$ 代替，并将平均值通过声子态的占有数 $N_{\boldsymbol{k}}$ 来表达.

$$\mathrm{i}D^{(0)-+}(t,\boldsymbol{r})=\int\frac{\rho_0 k}{2u}\{N_{\boldsymbol{k}}\mathrm{e}^{-\mathrm{i}ukt}+(1+N_{-\boldsymbol{k}})\mathrm{e}^{\mathrm{i}ukt}\}\mathrm{e}^{\mathrm{i}\boldsymbol{k}\cdot\boldsymbol{r}}\frac{\mathrm{d}^3k}{(2\pi)^3}.$$

被积表达式(不带因数 $\mathrm{e}^{\mathrm{i}\boldsymbol{k}\cdot\boldsymbol{r}}$)已是相对于坐标的傅里叶分量. 还有，相对于时间作展开得出

$$\mathrm{i}D^{(0)-+}(\omega,\boldsymbol{k})=\frac{\pi\rho_0 k}{u}\{N_{\boldsymbol{k}}\delta(\omega-uk)+(1+N_{-\boldsymbol{k}})\delta(\omega+uk)\}.\tag{4}$$

对于函数 $D^{(0)+-}$ 按照(2)我们有

$$D^{(0)+-}(\omega,\boldsymbol{k})=D^{(0)-+}(-\omega,-\boldsymbol{k}).\tag{5}$$

还有两个格林函数由

$$\mathrm{i}D_{12}^{--}=\langle T\hat{\rho}_1'\hat{\rho}_2'\rangle,\quad \mathrm{i}D_{12}^{++}=\langle\tilde{\mathrm{T}}\hat{\rho}_1'\hat{\rho}_2'\rangle\tag{6}$$

定义，并有

$$D_{12}^{--}=D_{21}^{--},\quad D_{12}^{++}=D_{21}^{++}.\tag{7}$$

对于无互作用声子系统，类似计算给出(比较第九卷，§31. 习题)

$$D^{(0)--}(\omega,\boldsymbol{k})=-[D^{(0)++}(\omega,\boldsymbol{k})]^{*}=$$

$$=\frac{\rho_0 k}{2u}\left[\frac{1}{\omega-uk+\mathrm{i}0}-\frac{1}{\omega+uk-\mathrm{i}0}\right]-2\pi\mathrm{i}[N_{\boldsymbol{k}}\delta(\omega-uk)+N_{-\boldsymbol{k}}\delta(\omega+uk)].\tag{8}$$

按照(7)，$D^{(0)--}(\omega,\boldsymbol{k})=D^{(0)--}(-\omega,-\boldsymbol{k})$.

$$\left(\frac{\partial^2}{\partial t^2}-u^2\Delta\right)D^{(0)--}(t,\boldsymbol{r})=\rho_0\delta(t)\Delta\delta(\boldsymbol{r}),\tag{9}$$

它代替对寻常粒子的格林函数的方程(92.14).

§93　非平衡系统的图解法

整个图解法的基础是将系统的哈密顿算符中分出相互作用算符:$\hat{H}=\hat{H}_0+\hat{V}$,其中 $\hat{H}_0$ 是无互作用粒子系统的哈密顿算符.图解法是相对于 $\hat{V}$ 的微扰论.

对于非平衡系统,图解法是像 $T=0$ 的平衡情况那样,用相同方式予以构造①.格林函数 $G\equiv G^{--}$ 用相互作用绘景(即对于理想气体)中的 Ψ 算符表达为

$$\mathrm{i}G_{12}^{--}=\langle\hat{S}^{-1}\mathrm{T}[\hat{\boldsymbol{\Psi}}_{01}\hat{\boldsymbol{\Psi}}_{02}^{+}\hat{S}]\rangle,\tag{93.1}$$

其中

$$\hat{S}\equiv\hat{S}(\infty,-\infty)=\mathrm{T}\exp\left(-\mathrm{i}\int_{-\infty}^{\infty}\hat{V}_0(t)\,\mathrm{d}t\right),\tag{93.2}$$

而 $\hat{V}_0(t)$ 是相互作用绘景中的算符 $\hat{V}$.(93.1)中的$\langle\cdots\rangle$是对无互作用粒子系统的某个态求平均.下面方便的将是,假设这是均匀定态但并非基态(以后我们将看到可以将初态消去,以致所表述的理论中的方程不依赖于初态).这里与 $T=0$ 的情况有一点差别,那里是对基态求平均.这个差别很重要:算符 $\hat{S}^{-1}$ 的求平均已无法(像第九卷 §12 中从(12.12)推导(12.14)那样)与其它因数的求平均分开,问题在于非基态在算符 $\hat{S}^{-1}$ 的作用下不能变换至其本身,而是变换至其它激发态的叠加(这可直观地认为是准粒子互散射的所有可能过程的结果)②.

表达式(93.1)要按 $\hat{V}$ 的幂展开.同时方便的是首先应用 $\hat{S}$ 的幺正性和算符 $\hat{V}$ 是厄米算符的事实,将 $\hat{S}^{-1}$ 进行变换:

$$\hat{S}^{-1}=\hat{S}^{+}=\tilde{\mathrm{T}}\exp\left(\mathrm{i}\int_{-\infty}^{\infty}\hat{V}(t)\,\mathrm{d}t\right);\tag{93.3}$$

符号 $\tilde{\mathrm{T}}$ 已经在 §92 中引进过,表示反编时序.

将$\hat{S}$和$\hat{S}^{-1}$展开成级数并代入(93.1),我们得到包含各种项的和,每一项要借

---

① 下面的讨论基本上以第九卷,§12 和 §13 的讨论为基础.

② 注意到根据同样理由,对于有交变外场的情况(即,当算符 $\hat{V}$ 明显依赖于时间,即使在薛定谔绘景中),第九卷,§12 和 §13 中所阐述的图解法.即使当 $T=0$ 也不是一般地适用的:交变场使系统的基态激发.然而,必须强调,这里所描述的图解法即使当交变场存在时也是有效的.

助于威克定理完成求平均过程，而 Ψ 算符成对缩并的每种方式对应着一定的图①.

首先注意到（如在 $T=0$ 的“寻常”图解法中那样），只有相连图（不包含单独的真空圈图）需要考虑. 真空圈图互相消去. 通过考察开头几个图容易证实这点，根据它们可以发现这种缩减的一般原理.

如果在(93.1)中因数 $\mathrm{T}\hat{\Psi}_1\hat{\Psi}_2^+\hat{S}$ 内作出产生相连图的所有缩并，我们得到第九卷 §13 中所描述的由寻常图解所代表的项（当然，尽管对应于连续线的函数带有不同的具体形式）. 我们注意到这里所谈的是在坐标表象中的图；对于非平衡态（当各个 G 函数分别依赖于变量 X_1 和 X_2 时）变换到动量表象不方便. 缩并所引起的其它项，还包括来自 $\hat{S}^{-1}=\hat{S}^+$ 的 Ψ 算符参与的项. 在各级微扰论中，它们是由寻常项通过将 $\hat{S}$ 的任何因数 $\hat{V}$ 用 $\hat{S}^+$ 的一个因数 $\hat{V}$ 代替而获得的. 这些项由同样图形的图表示，但带有读解它们的多少有些不同的规则. 这些改变来自三个原因：(1) $\hat{S}^+$ 中互作用算符以 $+\mathrm{i}\hat{V}$ 形式出现（而不是像 $\hat{S}$ 中那样的 $-\mathrm{i}\hat{V}$）；(2) $\hat{S}^+$ 中的所有 Ψ 算符总是在乘积 $\mathrm{T}\hat{\Psi}_1\hat{\Psi}_2^+\hat{S}$ 中算符的左边；(3) 在因数 $\hat{S}^+$ 内部，算符按 $\tilde{\mathrm{T}}$（不是 T）积编序.

现在让我们仔细研究，对于外场 $U(t,\boldsymbol{r})\equiv U(X)$ 中的（例如，费米）粒子系统这样的简单情况，这些改变怎样影响图解法的构造.

表达式(93.1)展开式中的一阶项是

$$\left\langle \mathrm{T}\hat{\Psi}_1\hat{\Psi}_2^+\left(-\mathrm{i}\int\hat{\Psi}_3^+U_3\hat{\Psi}_3\mathrm{d}^4X_3\right)\right\rangle+\left\langle\tilde{\mathrm{T}}\,\mathrm{i}\int\hat{\Psi}_3^+U_3\hat{\Psi}_3\mathrm{d}^4X_3\cdot\mathrm{T}\hat{\Psi}_1\hat{\Psi}_2^+\right\rangle.$$

这个和中的第二项是所述情况的特征；在对基态求平均时，只有第一项必须考虑. 在第一项中，所有四个 Ψ 算符都在 T 乘积中；它们按

$$T\Psi_1\Psi_2^+(-\mathrm{i}\Psi_3^+U_3\Psi_3) \tag{93.4}$$

成对缩并，给出因数 $G_{32}^{(0)--}$ 和 $G_{13}^{(0)--}$. 在第二项中，缩并的 Ψ 算符不是由 T 或 $\tilde{\mathrm{T}}$ 互相编序的：

$$\tilde{T}(\mathrm{i}\Psi_3^+U_3\Psi_3)T(\Psi_1\Psi_2^+); \tag{93.5}$$

它们的缩并给出因数 $G_{32}^{(0)+-}$ 和 $G_{13}^{(0)--}$，此外，这里由 $+\mathrm{i}U_3$ 代替 $-\mathrm{i}U_3$.

这里引进的图元素与寻常图解法中出现的那些，差别在于在直线端点处有

---

① 注意到在宏观极限，威克定理的有效性并不依赖于对怎样的均匀定态实现求平均；见第九卷 §13 末尾.

附加的符号 + 或 -. 虚线在一端(图的一个顶点)带有 + 或 - 表示因数 $+\mathrm{i}U(X)$ 或 $-\mathrm{i}U(X)$：

$$
\underset{+}{- - - - - - - \bullet} = +\mathrm{i}U(X) \qquad \underset{-}{- - - - - - - \bullet} = -\mathrm{i}U(X) \tag{93.6}
$$

(比较第九卷, § 19). 端点带有 + 或 - 的实线与各个 G 函数相联系：

$$
\left.\begin{aligned}
&\overset{1-\qquad\qquad 2-}{\longleftarrow\!\!-\!\!-\!\!-\!\!-\!\!-} = \mathrm{i}G_{12}^{(0)--} \qquad \overset{1+\qquad\qquad 2-}{\longleftarrow\!\!-\!\!-\!\!-\!\!-\!\!-} = \mathrm{i}G_{12}^{(0)+-}, \\
&\overset{1+\qquad\qquad 2+}{\longleftarrow\!\!-\!\!-\!\!-\!\!-\!\!-} = \mathrm{i}G_{12}^{(0)++} \qquad \overset{1-\qquad\qquad 2+}{\longleftarrow\!\!-\!\!-\!\!-\!\!-\!\!-} = \mathrm{i}G_{12}^{(0)-+}.
\end{aligned}\right\} \tag{93.7}
$$

直线端点处的数字表明函数的自变量(变量 X_1 和 X_2).

(93.4)和(93.5)的两项于是由下图表示：

3 -　　3 +

1 -　2 -　　1 -　2 -　　(93.8)

实线的外端点被标以 -, 这些为对函数 G^{--} 的校正. 相应于图的顶点的变量隐含对该变量的积分①. 用解析形式写出是

$$
\begin{aligned}
\mathrm{i}G_{12}^{(1)--} = \int \{ & \mathrm{i}G_{13}^{(0)--}\mathrm{i}G_{32}^{(0)--}(-\mathrm{i}U_3) + \\
& + \mathrm{i}G_{13}^{(0)-+}\mathrm{i}G_{32}^{(0)+-}\mathrm{i}U_3\}\mathrm{d}^4X_3.
\end{aligned} \tag{93.9}
$$

在二级微扰论中, 对函数 G^{--} 的校正由下列四个图给出：

(93.10)

(略去了数字). 图的每个顶点处的正负号 + 或 - 与该处所有三条线的端点相联系.

类似地, 其它 G 函数中的校正项由实线两个外端点处具有其它正负号的图代表. 例如, 在一阶微扰论中, 函数 G^{-+} 有两个图：

-　　+

-　+　　-　+　　(93.11)

从而凯尔迪什方法中的图是这样得到的：在寻常图解法中的那些图, 通过以各种可能方式对它们的顶点和自由端指定附加指标 + 或 - 而获得. 这个规则在对其它类型互作用的图解法中仍然有效.

对于粒子间成对相互作用的系统, 寻常图解法中两个粒子间的相互作用势

---

① 更确切地说, 对 $\mathrm{d}t\mathrm{d}^3x$ 积分和对相同自旋下标的一对求和. 这里将认为后者包括在对 d^4X 的积分中.

由一条内部虚线相联系. 现在我们指定这种线的端点附加的一对相同指标 + 或 -:

$$\left.\begin{aligned}&\overset{1+\qquad\qquad 2+}{\cdots\cdots\cdots} = \mathrm{i}U(X_1 - X_2) \equiv \mathrm{i}\delta(t_1 - t_2)U(\boldsymbol{r}_1 - \boldsymbol{r}_2),\\&\overset{1-\qquad\qquad 2-}{\cdots\cdots\cdots} = -\mathrm{i}U(X_1 - X_2).\end{aligned}\right\} \tag{93.12}$$

例如,对于对相互作用的系统,对函数 G^{--} 的一阶校正由四个图的和表示:

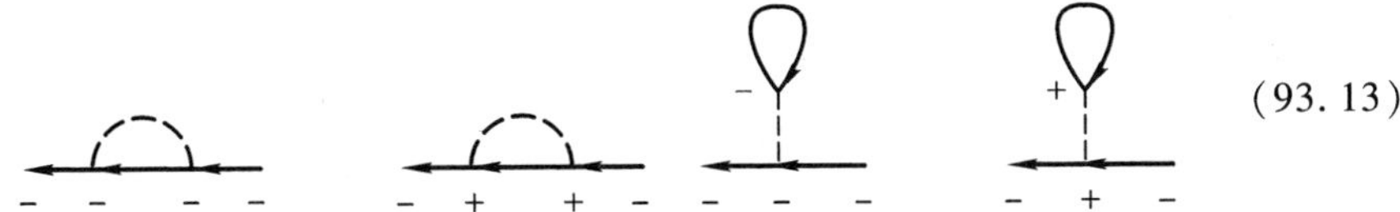

(93.13)

(而不是寻常图解法中第九卷(13.13)中的两个图). 实线形成闭圈对顶点的任一符号仍然与因数 $N_0(\mu,T)$(理想气体密度)相联系.

早已提到过凯尔迪什图解法也适用于 $T\neq 0$ 的平衡系统. 让我们假定没有外场,并且从坐标表象变换到动量表象,将所有 G 函数展成傅里叶积分. 于是图中每条线,照例,指定一个确定的"四维动量",动量表象中函数 $U(Q)$ 和 $G^0(P)$ 由相同规则与这些线相联系.

当 $T=0$ 时,费米分布函数是

$$n_p = \begin{cases}1, & p < p_{\mathrm{F}},\\ 0, & p > p_{\mathrm{F}}.\end{cases}$$

因而,按照(92.20)和(92.21),对于 $T=0$ 的费米系统,我们有

$$G^{(0)-+}(P) = 0,\ 当\ p > p_{\mathrm{F}},\quad G^{(0)+-}(P) = 0,\ 当\ p < p_{\mathrm{F}}.$$

对于包含"正"顶点的 G^{--} 的所有图恒等于零. 从而凯尔迪什图解法(不像松原图解法),当应用于平衡系统时,当 $T=0$ 时直接变成寻常图解法.

§94 自能函数

像任何"合理的"图解法那样,凯尔迪什图解法允许将图按"块"求和. 这些当中最重要的是所谓自能函数.

注意到(见第九卷 §14)这个概念是在考虑下列这样的格林函数图时产生的:它不能分成仅由一条实线相连的两部分. 我们可以将对应于这种图的两端线的因数 $\mathrm{i}G^{(0)}$ 分出来并将它们(在坐标表象中作为两个自变量 X_1 和 X_2 的函数)表达成下列形式:

$$\int \mathrm{i}G_{13}^{(0)}(-\mathrm{i}\Sigma_{34})\mathrm{i}G_{42}^{(0)}\mathrm{d}^4X_3\mathrm{d}^4X_4.$$

代表图的整个内部的函数 $-\mathrm{i}\Sigma_{34}$ 称为自能函数. 精确自能函数,由 $-\mathrm{i}\Sigma$ 表示,是所有可能的这类型图之和. 在这个图解法中每个顶点必须给以正负号 + 或 -,根

据这样的事实,对应于其“出”和“入”顶点的正负号有四个精确自能函数;它们由 Σ^{--},Σ^{++},Σ^{-+} 和 Σ^{+-} 表示.

精确 G 函数通过精确 Σ 函数由恒等式表达,对 G^{--} 它可图解式地写成:

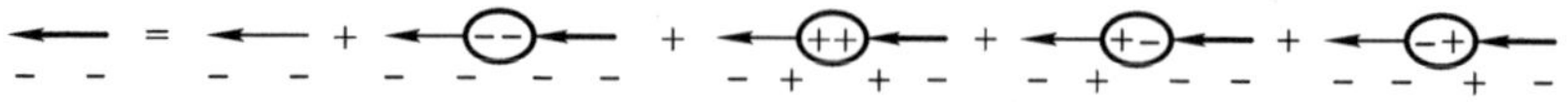

$$\underset{-\ -}{\longleftarrow} = \underset{-\ -}{\longleftarrow} + \underset{-\ -\ \ -\ -}{\longleftarrow\!(--)\!\longleftarrow} + \underset{-\ +\ \ +\ -}{\longleftarrow\!(++)\!\longleftarrow} + \underset{-\ +\ \ -\ -}{\longleftarrow\!(+-)\!\longleftarrow} + \underset{-\ -\ \ +\ -}{\longleftarrow\!(-+)\!\longleftarrow} \tag{94.1}$$

类似地可写出对其它 G 函数的结果(粗线是精确 G 函数,而卵形线表示 Σ 函数;比较第九卷(14.4)). 用解析形式写出是

$$\begin{aligned} G_{12}^{--} = G_{12}^{(0)--} + \int \{ & G_{14}^{(0)--}\Sigma_{43}^{--}G_{32}^{--} + G_{14}^{(0)-+}\Sigma_{43}^{++}G_{32}^{+-} + \\ & + G_{14}^{(0)-+}\Sigma_{43}^{+-}G_{32}^{--} + G_{14}^{(0)--}\Sigma_{43}^{-+}G_{32}^{+-}\}\mathrm{d}^4X_3\mathrm{d}^4X_4, \end{aligned} \tag{94.2}$$

以及对其它三个 G 函数的方程.

这些方程可简洁地利用矩阵写出:

$$G = \begin{pmatrix} G^{--} & G^{-+} \\ G^{+-} & G^{++} \end{pmatrix}, \quad \Sigma = \begin{pmatrix} \Sigma^{--} & \Sigma^{-+} \\ \Sigma^{+-} & \Sigma^{++} \end{pmatrix}. \tag{94.3}$$

于是,例如(94.2)那样的四个方程可联合写成一个矩阵方程

$$G_{12} = G_{12}^{(0)} + \int G_{14}^{(0)}\Sigma_{43}\,G_{32}\mathrm{d}^4X_3\mathrm{d}^4X_4; \tag{94.4}$$

被积表达式中的因数按矩阵乘法规则予以组合.

理想气体 G 函数所满足的方程(92.14)—(92.18)可类似地联合写成

$$\hat{G}_{01}^{-1}G_{12}^{(0)} = \sigma_z\delta(X_1 - X_2), \tag{94.5}$$

其中①

$$\sigma_z = \begin{pmatrix} 1 & 0 \\ 0 & -1 \end{pmatrix}.$$

现在让我们回到方程(94.4)并应用算符 $\hat{G}_{01}^{-1}$ 作用于其两边. 考虑到(94.5),我们得到一组四个积分微分方程,联合写成一个矩阵方程为

$$\hat{G}_{01}^{-1}G_{12} = \sigma_z\delta(X_1 - X_2) + \int \sigma_z\,\Sigma_{13}\,G_{32}\mathrm{d}^4X_3. \tag{94.6}$$

应指出这个方程可以另一种等价方式写出,注意到图(94.1)中粗线完全同样也可以在左边而不是在右边. 因此,在(94.2)中,被积表达式每一项中的因数可以写成下列次序 $G_{14}\Sigma_{43}\,G_{32}^{(0)}$. 通过将算符 $\hat{G}_{02}^{-1*}$(见 367 页的脚注)施加于所造成的这种形式的等式,我们求得

$$\hat{G}_{02}^{-1*}\,G_{12} = \sigma_z\delta(X_1 - X_2) + \int G_{13}\Sigma_{32}\,\sigma_z\mathrm{d}^4X_3. \tag{94.7}$$

---

① 符号 σ_z 取自泡利矩阵的标准记号,这里当然与自旋没有任何关系.

自能函数本身可以表达成骨架图的级数形式，骨架图的图形元素是对应于精确 G 函数的粗实线. 例如，在具有成对相互作用的粒子系统中，

$$-\mathrm{i}\Sigma^{--}= \quad + \quad + \quad + \quad +\cdots \tag{94.8}$$

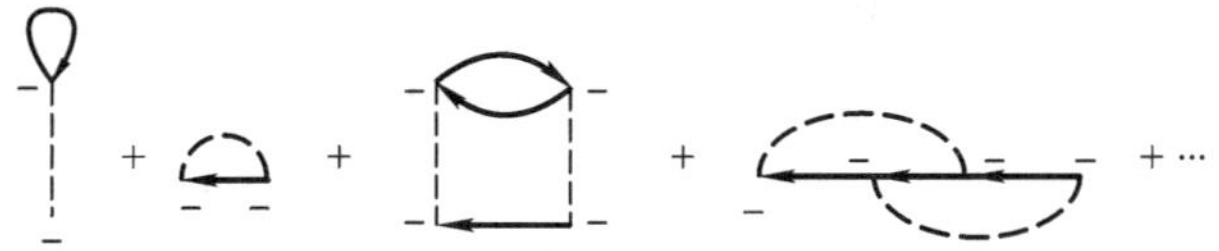

$$-\mathrm{i}\Sigma^{-+}= \quad + \quad +\cdots \tag{94.9}$$

对 Σ^{++} 和 Σ^{+-} 有类似结果；级数的后续项包含具有更多虚线的图①. 从而方程(94.4)或(94.7)构成关于精确 G 函数的完全(虽然很复杂的)方程组.

方程(94.6)并不涉及函数 $G^{(0)}$，后者依赖于无互作用粒子系统"零"态的选择. 从而(94.6)不依赖于该选择②. 但是方程中微分算符的出现使它们的解不确定. 这个不确定性由积分方程(94.4)中出现函数 $G^{(0)}$ 而显现出来.

然而，方程组(94.6)的不足之处是，它并未显式考虑到由等式(92.7)所表明的 G 函数的线性依存关系. 为消除这个缺点，我们应当对矩阵 G 作线性变换，以致应用(92.7)后使其矩阵元之一为零. 这个变换可通过公式

$$G'=R^{-1}GR \tag{94.10}$$

予以完成，其中

$$R=\frac{1}{\sqrt{2}}\begin{pmatrix}1 & 1\\ -1 & 1\end{pmatrix},\quad R^{-1}=\frac{1}{\sqrt{2}}\begin{pmatrix}1 & -1\\ 1 & 1\end{pmatrix}.$$

容易看出经变换矩阵 G' 是

$$G'=\begin{pmatrix}0 & G^{\mathrm{A}}\\ G^{\mathrm{R}} & F\end{pmatrix}, \tag{94.11}$$

其中

$$F=G^{++}+G^{--}=G^{+-}+G^{-+}. \tag{94.12}$$

当矩阵 $G^{(0)}$ 和 Σ 也这样变换后，方程(94.4)仍保持为不变量.

经变换矩阵 Σ' 是

$$\Sigma'=R^{-1}\Sigma R=\begin{pmatrix}\Omega & \Sigma^{\mathrm{R}}\\ \Sigma^{\mathrm{A}} & 0\end{pmatrix}, \tag{94.13}$$

其中用的记号是

---

① 比较第九卷(14.9)，(14.10)；那里列出的全部一阶和二阶的图是骨架图(94.8)之中的.

② 这里需要一个重要评注. 当没有外场时，函数 $G^{(0)}$ 仅依赖于差值 X_1-X_2，而将函数 G 用 $G^{(0)}$ 的级数展开也会具有这个性质. 然而，在消去 $G^{(0)}$ 后，我们也能考虑(94.6)的解分别依赖于 X_1 和 X_2.

$$\Omega = \Sigma^{--} + \Sigma^{++},\ \Sigma^{\mathrm{R}} = \Sigma^{--} + \Sigma^{-+},\ \Sigma^{\mathrm{A}} = \Sigma^{--} + \Sigma^{+-}. \tag{94.14}$$

这个结果通过直接计算可以证明,其中考虑到等式

$$\Sigma^{++} + \Sigma^{--} = -(\Sigma^{+-} + \Sigma^{-+}), \tag{94.15}$$

它是由等式(92.7)得出的(通过将由方程(94.6)形成的表达式

$$\hat{G}_{0\,1}^{-1}(G^{--} + G^{++} - G^{-+} - G^{+-})$$

等于零很容易推导出来).

现在将经变换矩阵方程(94.4)展开,我们得到三个方程.其中一个是

$$G_{1\,2}^{\mathrm{A}} = G_{1\,2}^{(0)\mathrm{A}} + \int G_{1\,4}^{(0)\mathrm{A}} \Sigma_{4\,3}^{\mathrm{A}}\, G_{3\,2}^{\mathrm{A}} \mathrm{d}^4 X_3 \mathrm{d}^4 X_4. \tag{94.16}$$

对 G^{R} 的相应方程没有给出什么新结果,因为它只不过是方程(94.16)的“厄米共轭”.必须强调,方程(94.16)虽然包含属于理想气体的函数 $G^{(0)\mathrm{A}}$,它并不依赖于“零”态,因为函数 $G^{(0)\mathrm{A}}$ 并不依赖于此态(如在 §92 中注意到的).

最后,由(94.4)推导出的对函数 F 的第三个方程,包含涉及函数 $F^{(0)}$ 的项,它依赖于“零”态.然而,这些项通过微分算符 $\hat{G}_{0\,1}^{-1}$ 的作用化为零,因为 $\hat{G}_{0\,1}^{-1} F^{(0)} = 0$.结果得到的方程是

$$\hat{G}_{0\,1}^{-1} F_{12} = \int \{\Omega_{13} G_{0\,2}^{\mathrm{A}} + \Sigma_{13}^{\mathrm{R}} F_{32}\} \mathrm{d}^4 X_3. \tag{94.17}$$

方程(94.16)和(94.17)构成原则上描述非平衡系统行为的完全方程组.其中第二个是一个积分微分方程,形成玻尔兹曼方程的推广;在这方面应该记住,按照(92.5)和(92.6),函数 G^{-+} 和 G^{+-},从而 F,直接与系统中粒子分布函数相联系.方程(94.17)的解与动理方程的解一样,相应地含有任意性.然而,方程(94.16)是纯粹积分方程,从而不会在解中引进进一步的任意性.

然而,注意到方程(94.16)和(94.17)有一个基本特色,因此,它们一般与寻常动理方程相区别:它们包含不是一个而是两个时间变量,t_1 和 t_2.在下节中我们将证明,在准经典情况下这个差别如何消除.

§95　图解法中的动理方程

我们将应用一个简单例子来表明,如何实现从(94.16),(94.17)类型的方程向寻常准经典动理方程的过渡.让我们考虑在温度 $T \sim \varepsilon_{\mathrm{F}}$ 下的轻微非理想费米气体,假设满足准经典条件:所有量发生显著变化的时间间隔 τ 和距离 L 满足下列不等式

$$\tau \varepsilon_{\mathrm{F}} \gg 1, \quad L p_{\mathrm{F}} \gg 1 \tag{95.1}$$

(比较 §40).尽管在这个情况,当然得不出任何新结果,但分析具有某些有教益的特色,它们在更复杂情况下将是有用的.

量子化动理方程必须确定单粒子密度矩阵 $\rho(t,\boldsymbol{r}_1,\boldsymbol{r}_2)$①. 为转到准经典情况,适当的是应用坐标动量混合表象,对 $\boldsymbol{\xi}=\boldsymbol{r}_1-\boldsymbol{r}_2$ 采用傅里叶展开,但保留对 $\boldsymbol{r}=\frac{1}{2}(\boldsymbol{r}_1+\boldsymbol{r}_2)$ 的依存性. 同时

$$\boldsymbol{r}_1=\boldsymbol{r}+\frac{\boldsymbol{\xi}}{2},\quad \boldsymbol{r}_2=\boldsymbol{r}-\frac{\boldsymbol{\xi}}{2},$$

所以相应傅里叶变换式(省略自旋指标)是

$$\frac{1}{\mathcal{N}}n(t,\boldsymbol{r},\boldsymbol{p})=\int \mathrm{e}^{-\mathrm{i}\boldsymbol{p}\cdot\boldsymbol{\xi}}\rho\left(t,\boldsymbol{r}+\frac{\boldsymbol{\xi}}{2},\boldsymbol{r}-\frac{\boldsymbol{\xi}}{2}\right)\mathrm{d}^3\xi. \tag{95.2}$$

逆换式是

$$\rho(t,\boldsymbol{r}_1,\boldsymbol{r}_2)=\frac{1}{\mathcal{N}}\int \mathrm{e}^{\mathrm{i}\boldsymbol{p}\cdot(\boldsymbol{r}_1-\boldsymbol{r}_2)}n\left(t,\frac{\boldsymbol{r}_1+\boldsymbol{r}_2}{2},\boldsymbol{p}\right)\frac{\mathrm{d}^3p}{(2\pi)^3}. \tag{95.3}$$

函数 $n(t,\boldsymbol{r},\boldsymbol{p})$ 对坐标的积分给出粒子动量分布函数,如通过原密度矩阵对这个积分的表达式所看到的:

$$N=\int n(t,\boldsymbol{r},\boldsymbol{p})\mathrm{d}^3x=\mathcal{N}\int \mathrm{e}^{-\mathrm{i}\boldsymbol{p}\cdot(\boldsymbol{r}_1-\boldsymbol{r}_2)}\rho(t,\boldsymbol{r}_1,\boldsymbol{r}_2)\mathrm{d}^3x_1\mathrm{d}^3x_2. \tag{95.4}$$

对动量的积分给出坐标分布,即,粒子的空间数密度,如我们通过密度矩阵的表达式所看到的:

$$N(t,\boldsymbol{r})=\int n(t,\boldsymbol{r},\boldsymbol{p})\mathrm{d}^3p=\mathcal{N}\rho(t,\boldsymbol{r},\boldsymbol{r}). \tag{95.5}$$

函数 $n(t,\boldsymbol{r},\boldsymbol{p})$ 本身,在一般量子情况,决不能被认为是同时的坐标和动量分布函数;不消说这会与量子力学基本原理相矛盾,并且按(95.2)所定义的函数 $n(t,\boldsymbol{r},\boldsymbol{p})$ 在一般情况下甚至是非正的.

然而,函数 $n(t,\boldsymbol{r},\boldsymbol{p})$ 的确具有准经典近似下分布函数的字面意义. 为了证实这点,让我们考虑属于个别粒子并依赖于 $\boldsymbol{r}$ 和 $\boldsymbol{p}$ 的某个物理量的算符: $\hat{f}=f(\boldsymbol{r},\hat{\boldsymbol{p}})=f(\boldsymbol{r},-\mathrm{i}\nabla)$②. 根据密度矩阵的定义,量 f 的平均值是

$$\bar{f}=\int[\hat{f}_1\rho(t,\boldsymbol{r}_1,\boldsymbol{r}_2)]_{\boldsymbol{r}_1=\boldsymbol{r}_2=\boldsymbol{r}}\mathrm{d}^3x,$$

其中 $\hat{f}_1$ 作用于变量 $\boldsymbol{r}_1$. 我们向这里代入(95.3)形式的 ρ,并考虑到下列事实:在(95.1)的条件下,n 是比因数 $\exp(\mathrm{i}\boldsymbol{p}\cdot\boldsymbol{r}_1)$ 更加缓慢变化的 $\boldsymbol{r}_1$ 的函数. 因此,充分的是只需对后者求导,它相当于变换 $-\mathrm{i}\nabla_1\to\boldsymbol{p}$. 于是 $\bar{f}$ 的表达式变成

$$\bar{f}=\frac{1}{\mathcal{N}}\int f(\boldsymbol{r},\boldsymbol{p})n(t,\boldsymbol{r},\boldsymbol{p})\mathrm{d}^3x\frac{\mathrm{d}^3p}{(2\pi)^3}, \tag{95.6}$$

---

① 如在§40中那样,我们假设电子分布不依赖于自旋,并从 ρ 中略去自旋因数 $\delta\sigma_1\sigma_2$.

② 为明确起见,我们将认为所有算符 ∇ 位于 $\boldsymbol{r}$ 的右边. 在准经典近似下,这不是要点.

它(因为 f 是任意的)正好相当于经典分布函数的定义.

下面我们将论述格林函数 $G^{-+}(X_1,X_2)$ 的方程,(根据(92.5),)它与密度矩阵最紧密相关. 对于这个函数,我们引进"四维"混合表象

$$G^{-+}(X,P)=\int e^{iP\Xi}G^{-+}\left(X+\frac{1}{2}\Xi,X-\frac{1}{2}\Xi\right)d^4\Xi, \qquad (95.7)$$

其中 $P=(\omega,\boldsymbol{p})$, $X=(t,\boldsymbol{r})$, $\Xi=(\xi_0,\boldsymbol{\xi})$,并且 $t=(t_1+t_2)/2$, $\xi_0=t_1-t_2$. 于是

$$n(t,\boldsymbol{r},\boldsymbol{p})=-i\int G^{-+}(X,P)\frac{d\omega}{2\pi}; \qquad (95.8)$$

对 $d\omega/2\pi$ 的积分相当于令 $t_1=t_2$.

给出这些预备定义后,现在让我们来推导动理方程. 我们取方程(94.6)和(94.7)的(- +)分量,并且逐项相减:

$$(\hat{G}^{-1*}_{0\,2}-\hat{G}^{-1}_{0\,1})G^{-+}_{1\,2}=$$

$$=-\int(\Sigma^{--}_{13}G^{-+}_{32}+\Sigma^{-+}_{13}G^{++}_{32}+G^{-+}_{13}\Sigma^{++}_{32}+G^{--}_{13}\Sigma^{-+}_{32})d^4X_3. \qquad (95.9)$$

从方程左边作用于函数 G^{-+}_{12} 的算符是

$$\hat{G}^{-1*}_{02}-\hat{G}^{-1}_{01}=-i\left(\frac{\partial}{\partial t_1}+\frac{\partial}{\partial t_2}\right)-\frac{1}{2m}(\Delta_1-\Delta_2)=$$

$$=-i\left(\frac{\partial}{\partial t}-\frac{i}{m}\nabla_r\cdot\nabla_\xi\right).$$

现在我们取方程(95.9)两边的傅里叶分量并令 $t_1=t_2$(或者,等价地,对 $d\omega/2\pi$ 积分). 考虑到(95.8),我们求得(95.9)左边变成

$$\frac{\partial n}{\partial t}+\frac{\boldsymbol{p}}{m}\cdot\frac{\partial n}{\partial \boldsymbol{r}},$$

它正好是对于分布函数 $n(t,\boldsymbol{r},\boldsymbol{p})$ 的动理方程左边所需求的形式. 方程(95.9)右边,经过傅里叶变换后,因而必须给出碰撞积分 $C(n)$.

将右边变换到傅里叶分量时必须考虑到准经典性条件. (95.9)中的积分是下列形式

$$\int\Sigma(X_1,X_3)G(G_3,X_2)d^4X_3$$

诸项之和. 我们将因数 Σ 和 G 表达成"四维坐标"的差与半和的函数:

$$\int\Sigma\left(X_1-X_3,\frac{X_1+X_3}{2}\right)G\left(X_3-X_2,\frac{X_3+X_2}{2}\right)d^4X_3.$$

在相对于第一个自变量的变换中,重要范围是坐标差值 $|\boldsymbol{r}_1-\boldsymbol{r}_3|$, $|\boldsymbol{r}_3-\boldsymbol{r}_2|\sim1/p$,和时间差值 $|t_1-t_3|$, $|t_3-t_2|\sim1/\varepsilon$. 根据条件(95.1), Σ 和 G 作为其第二个自变量的函数在这些范围仅略微变化. 因此,我们可以近似地用 $X=\frac{1}{2}(X_1+X_2)$ 代替那些自变量:

$$\int \Sigma(X_1-X_3,X)G(X_3-X_2,X)\mathrm{d}^4X_3,$$

于是可以在 X 的给定值下取傅里叶表象. 方程(95.9)右边于是变成

$$C(n)=-\int\{\Sigma^{-+}(G^{--}+G^{++})+(\Sigma^{--}+\Sigma^{++})G^{-+}\}\frac{\mathrm{d}\omega}{2\pi}=$$

$$=\int\{-\Sigma^{-+}G^{+-}+\Sigma^{+-}G^{-+}\}\frac{\mathrm{d}\omega}{2\pi},\tag{95.10}$$

其中被积表达式中所有函数具有相同自变量 $(X,P)\equiv(t,\boldsymbol{r};\omega,\boldsymbol{p})$；在第二个等式中，我们曾应用关系式(92.7)和(94.15).

让我们将公式(95.10)应用到以前讨论过的殆理想费米气体的模型(第九卷，§6 和 §21). 像那里一样，我们将有条件地认为粒子间相互作用势 $U(\boldsymbol{r}_1-\boldsymbol{r}_2)$ 满足微扰论的适用条件；在转变到现实相互作用(它并不满足这个条件)时，只要将解答用散射幅表示就足够了.

注意到这里是在粒子相互作用微扰论的一级不为零近似下来寻求碰撞积分，我们可以认为(95.10)中的精确 G 函数与分布函数 n 的关系，由理想气体中那样的相同公式(92.20)和(92.21)表达；这意味着在气体粒子能量 $\varepsilon=p^2/2m$ 中忽略归因于相互作用的小校正①. 表达式(92.20)和(92.21)，严格地说，与气体的均匀定态相联系，但是在准经典情况下，由于 n 随坐标和时间的变化缓慢，我们可以应用同一表达式，将 n_p 认为是函数 $n(t,\boldsymbol{r},\boldsymbol{p})$ 而以 t 和 $\boldsymbol{r}$ 当作参量. 对 ω 的积分除去 δ 函数，剩下

$$C(n)=\mathrm{i}\,\Sigma^{-+}(\varepsilon-\mu,\boldsymbol{p};t,\boldsymbol{r})[1-n(t,\boldsymbol{r},\boldsymbol{p})]+$$
$$+\mathrm{i}\Sigma^{+-}(\varepsilon-\mu,\boldsymbol{p};t,\boldsymbol{r})n(t,\boldsymbol{r},\boldsymbol{p}).\tag{95.11}$$

根据这个表达式的形式很清楚，第一项描述粒子的"增益"，仅当 $1-n\neq0$ 才可能；第二项描述"损失"，它正比于 n. 仍然要计算的是自能函数 Σ^{-+} 和 Σ^{+-}.

对这些函数的第一个不为零的贡献来自二阶图(比较(94.9))；例如，

$-\mathrm{i}\Sigma^{-+}=$ [图(a)：顶点 $-$、$+$，线 P'、P_1、P_1'] $+$ [图(b)：顶点 $-$、$+$，线 P'、P_1、P_1']　　(95.12)

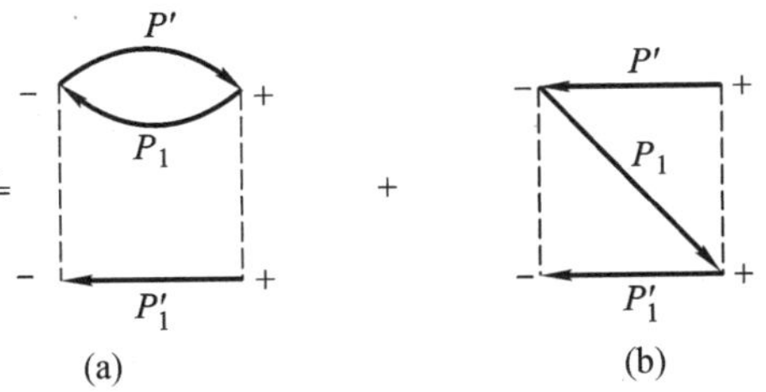

(a)　　(b)

其中 $P_1'=P+P_1-P'$. 当 U 用 U_0 代替时(见下面)，这两个图对 Σ 的贡献由等式 $\Sigma_a=-2\,\Sigma_b$ 相联系(负号来自图(a)中的圈图，而因数 2 来自该圈图中对自旋的

① 这个近似使我们能忽略(94.6)的其余分量，即，在有关近似下将它们认为恒等地满足.

求和;比较第九卷,§21 中的类似计算).将图(b)展开成解析形式,我们求得

$$\mathrm{i}\,\boldsymbol{\Sigma}^{-+}(P)=\int G^{-+}(P')G^{+-}(P_1)G^{-+}(P_1')U^2(\boldsymbol{p}_1-\boldsymbol{p}')\frac{\mathrm{d}^4P_1\mathrm{d}^4P'}{(2\pi)^8}.$$

简并性气体中,由于稀薄气体的条件,粒子波长($\sim 1/p$)必然远大于相互作用力程(见第九卷,§6);这使我们能将 $U(\boldsymbol{p}_1-\boldsymbol{p}')$ 用它在 $\boldsymbol{p}_1-\boldsymbol{p}'=0$ 的值代替:

$$U_0\equiv\int U(r)\,\mathrm{d}^3x.$$

用表达式(92.20)和(92.21)代替函数 G^{-+} 和 G^{+-},并通过对四维矢量 P_1 和 P' 的"时间"分量积分而消去两个 δ 函数,我们确认(95.11)中第一项事实上与碰撞积分(74.5)中"增益"项重合(并且 $w=2\pi U_0^2$).$\boldsymbol{\Sigma}^{+-}$ 的计算是类似的,(95.11)中的第二项与同一碰撞积分中的"损失"项相符合.

第十一章

超　导　体

§96　超导体的高频性质　一般公式

第九卷，§51 中曾经推导出将超导体中电流与其中电磁场的矢势相联系的公式．这里将把这些公式推广到随时间变化的场的情况．像第九卷中那样，我们的研究将以 BCS 模型①为基础，把金属中的电子认为是粒子间具有微弱吸引的各向同性气体②．

因为在金属中（尤其在超导体中），总是可以忽略麦克斯韦方程组中的位移电流：

$$\nabla \times \boldsymbol{H} = \frac{4\pi}{c}\boldsymbol{j}. \tag{96.1}$$

因此，在这个近似下，

$$\nabla \cdot \boldsymbol{j} = 0. \tag{96.2}$$

为了描述场，我们选择标势 $\varphi = 0$ 的规范．电流密度与电磁场矢量（相对于时间和坐标）的傅里叶分量，它们之间的线性关系可写成

$$j_\alpha(\omega,\boldsymbol{k}) = -Q(\omega,\boldsymbol{k})\left(\delta_{\alpha\beta} - \frac{k_\alpha k_\beta}{k^2}\right)A_\beta(\omega,\boldsymbol{k}), \tag{96.3}$$

它恒等地满足方程(96.2)，即，条件 $\boldsymbol{k}\cdot\boldsymbol{j}(\omega,\boldsymbol{k}) = 0$. 矢势 $\boldsymbol{A}$（平行于 $\boldsymbol{k}$）的纵向部分在(96.3)中并不出现，因而在方程组中根本不出现，所以可将它取为零，即假设 $\boldsymbol{k}\cdot\boldsymbol{A}(\omega,\boldsymbol{k}) = 0$. 对于 $\boldsymbol{A}$ 的这种选择，电流和场之间的关系简化为

$$\boldsymbol{j}(\omega,\boldsymbol{k}) = -Q(\omega,\boldsymbol{k})\boldsymbol{A}(\omega,\boldsymbol{k}). \tag{96.4}$$

---

① 现在通称 BCS 理论的低温超导微观理论是由巴丁、库珀、施里弗于 1957 年建立起来的（见 J. Bardeen, L. N. Cooper, J. R. Schrieffer, Phys. Rev., 108(1957),1175）．——译者注．

② §96 和 §97 中的结果应归于巴丁，马蒂斯（J. Bardeen, D. C. Mattis(1958)）和阿布里科索夫，戈里科夫，哈拉特尼科夫（А. А. Абрикосов, Л. П. Горьков, И. М. Халатников(1958)）．

我们的目的是要计算函数 $Q(\omega,\boldsymbol{k})$. 这个量属于广义响应率类型,而要求解该问题,我们应用 § 91 中所描述的方法.

我们在超导体的哈密顿量中形式上包括依赖于松原变量 τ(和依赖于坐标)的"矢势":①

$$\boldsymbol{A}(\tau,\boldsymbol{r}) = \boldsymbol{A}(\zeta_s,\boldsymbol{k})\mathrm{e}^{\mathrm{i}(\boldsymbol{k}\cdot\boldsymbol{r}-\zeta_s\tau)}, \quad \zeta_s = 2\pi sT. \tag{96.5}$$

应用戈里科夫方程,我们来计算对松原格林函数按 $\boldsymbol{A}$ 为线性的校正:

$$\mathcal{G}(\tau_1,\boldsymbol{r}_1;\tau_2,\boldsymbol{r}_2) = \mathcal{G}^{(0)}(\tau_1-\tau_2,\boldsymbol{r}_1-\boldsymbol{r}_2) + \mathcal{G}^{(1)}(\tau_1,\boldsymbol{r}_1;\tau_2,\boldsymbol{r}_2); \tag{96.6}$$

由于未微扰超导体"对 τ 的均匀性"和空间均匀性,$\mathcal{G}^{(0)}$ 仅依赖于其自变量的差值. 电流密度 $\boldsymbol{j}(\tau,\boldsymbol{r})$ 通过松原格林函数由

$$\boldsymbol{j}(\tau,\boldsymbol{r}) = -\frac{\mathrm{i}e}{m}\left[(\nabla'-\nabla)\mathcal{G}^{(1)}(\tau,\boldsymbol{r};\tau',\boldsymbol{r}')\right]_{\substack{\boldsymbol{r}'=\boldsymbol{r}\\ \tau'=\tau+0}} - \frac{e^2N}{mc}\boldsymbol{A}(\tau,\boldsymbol{r}) \tag{96.7}$$

表达,其中 N 是粒子的数密度②. 用(96.5)的场,这个关系实际上将具有形式

$$\boldsymbol{j}(\tau,\boldsymbol{r}) = -Q_{\mathrm{M}}(\zeta_s,\boldsymbol{k})\boldsymbol{A}(\tau,\boldsymbol{r}). \tag{96.8}$$

系数 Q_{M} 是松原响应率,按(91.18)有

$$Q(\mathrm{i}\,|\zeta_s|,\boldsymbol{k}) = Q_{\mathrm{M}}(\zeta_s,\boldsymbol{k}). \tag{96.9}$$

为确定所求函数 $Q(\omega,\boldsymbol{k})$,必须从点 $\omega=\mathrm{i}\,|\zeta_s|$ 解析延拓到整个上半平面.

Q_{M} 的计算完全类似于第九卷 § 51 中的计算. 注意到在具有 $\nabla\cdot\boldsymbol{A}=0$ 的势规范中,对能谱中的能隙 Δ 没有任何校正,而对松原函数 $\mathcal{G}$ 和 $\overline{\mathcal{F}}$ 的线性化戈里科夫方程具有形式③

$$\left[-\frac{\partial}{\partial\tau}+\frac{\nabla^2}{2m}+\mu\right]\mathcal{G}^{(1)}(\tau,\boldsymbol{r};\tau',\boldsymbol{r}') + \Delta\,\overline{\mathcal{F}}^{(1)}(\tau,\boldsymbol{r};\tau',\boldsymbol{r}') =$$

$$= -\frac{\mathrm{i}e}{mc}\boldsymbol{A}(\tau,\boldsymbol{r})\nabla\mathcal{G}^{(0)}(\tau-\tau',\boldsymbol{r}-\boldsymbol{r}'), \tag{96.10}$$

$$\left[\frac{\partial}{\partial\tau}+\frac{\nabla^2}{2m}+\mu\right]\overline{\mathcal{F}}^{(1)}(\tau,\boldsymbol{r};\tau',\boldsymbol{r}') - \Delta\,\mathcal{G}^{(1)}(\tau,\boldsymbol{r};\tau',\boldsymbol{r}') =$$

$$= \frac{\mathrm{i}e}{mc}\boldsymbol{A}(\tau,\boldsymbol{r})\nabla\overline{\mathcal{F}}^{(0)}(\tau-\tau',\boldsymbol{r}-\boldsymbol{r}').$$

对于(96.5)形式的场,我们可以立即将 $\mathcal{G}^{(1)}$ 与 $\overline{\mathcal{F}}^{(1)}$ 对 $(\tau+\tau')$ 和 $(\boldsymbol{r}+\boldsymbol{r}')$ 的依存关系分出来,令

$$\mathcal{G}^{(1)} = g(\tau-\tau',\boldsymbol{r}-\boldsymbol{r}')\exp\left[\frac{\mathrm{i}}{2}\boldsymbol{k}\cdot(\boldsymbol{r}+\boldsymbol{r}') - \frac{\mathrm{i}}{2}\zeta_s(\tau+\tau')\right], \tag{96.11}$$

以及对 $\overline{\mathcal{F}}^{(1)}$(用函数 f 代替 g)的类似结果. 经过这个变换后;例如,(96.10)的

---

① 这一节中我们令 $\hbar=1$.

② 比较第九卷(51.17),在与第九卷, § 51 中公式进行比较时,必须记住 e 现在是正量,元电荷.

③ 拉普拉斯算符写成 ∇^2,以区别于能隙 Δ!(本书中物理量能隙用斜体——译者注).

第一个方程变成

$$\left[-\left(\frac{\partial}{\partial\tau}-\frac{\mathrm{i}}{2}\zeta_s\right)+\frac{1}{2m}\left(\nabla+\frac{\mathrm{i}}{2}\boldsymbol{k}\right)^2+\mu\right]g+\Delta f=$$

$$=-\frac{\mathrm{i}e}{mc}\boldsymbol{A}(\zeta_s,\boldsymbol{k})\exp\left[\frac{\mathrm{i}}{2}\boldsymbol{k}\cdot(\boldsymbol{r}-\boldsymbol{r}')-\frac{\mathrm{i}}{2}\zeta_s(\tau-\tau')\right]\cdot\nabla\mathcal{G}^{(0)}.$$

现在我们将所有量展开成对 $\tau-\tau'$ 的傅里叶级数和对 $\boldsymbol{r}-\boldsymbol{r}'$ 的傅里叶积分：

$$g(\tau,\boldsymbol{r})=\mathrm{T}\sum_{s'=-\infty}^{\infty}\int g(\zeta'_{s'},p)\exp[\mathrm{i}\boldsymbol{p}\cdot\boldsymbol{r}-\mathrm{i}\zeta'_{s'}\tau]\frac{\mathrm{d}^3p}{(2\pi)^3}\tag{96.12}$$

等等．于是，我们得到对于傅里叶分量的两个代数方程：

$$\left.\begin{aligned}&\left[\mathrm{i}\left(\zeta'_{s'}+\frac{\zeta_s}{2}\right)-\frac{1}{2m}\left(\boldsymbol{p}+\frac{\boldsymbol{k}}{2}\right)^2+\mu\right]g(\zeta'_{s'},\boldsymbol{p})+\Delta f(\zeta'_{s'},\boldsymbol{p})=\\&=\frac{e}{mc}\boldsymbol{p}\cdot\boldsymbol{A}(\zeta_s,\boldsymbol{k})\mathcal{G}^{(0)}\left(\zeta'_{s'}-\frac{\zeta_s}{2},\boldsymbol{p}-\frac{\boldsymbol{k}}{2}\right),\\&\left[-\mathrm{i}\left(\zeta'_{s'}+\frac{\zeta_s}{2}\right)-\frac{1}{2m}\left(\boldsymbol{p}+\frac{\boldsymbol{k}}{2}\right)^2+\mu\right]f(\zeta'_{s'},\boldsymbol{p})-\Delta g(\zeta'_{s'},\boldsymbol{p})=\\&=-\frac{e}{mc}\boldsymbol{p}\cdot\boldsymbol{A}(\zeta_s,\boldsymbol{k})\overline{\mathcal{F}}^{(0)}\left(\zeta'_{s'}-\frac{\zeta_s}{2},\boldsymbol{p}-\frac{\boldsymbol{k}}{2}\right).\end{aligned}\right\}\tag{96.13}$$

费米系统的“未微扰”松原函数 $\mathcal{G}^{(0)}$ 和 $\overline{\mathcal{F}}^{(0)}$ 展成具有“奇频率”$(2s'+1)\pi T$ 的傅里叶级数．因而由(96.13)得出“频率”$\zeta'_{s'}$ 取值

$$\zeta'_{s'}=(2s'+1-s)\pi T.$$

函数 $\mathcal{G}^{(0)}$ 和 $\overline{\mathcal{F}}^{(0)}$ 是(见第九卷(42.7)，(42.8))

$$\left.\begin{aligned}\mathcal{G}^{(0)}(\zeta_s,\boldsymbol{p})&=-\frac{\mathrm{i}\zeta_s+\eta}{\zeta_s^2+\varepsilon^2},\\\overline{\mathcal{F}}^{(0)}(\zeta_s,\boldsymbol{p})&=\frac{\Delta}{\zeta_s^2+\varepsilon^2},\end{aligned}\right\}\tag{96.14}$$

其中

$$\eta=\frac{p^2}{2m}-\mu\approx v_{\mathrm{F}}(p-p_{\mathrm{F}}),\quad \varepsilon^2=\Delta^2+\eta^2\tag{96.15}$$

(常量 Δ 假定为实值)．通过应用这些公式，我们可以很容易地使方程组(96.13)的解具有形式

$$g(\zeta'_{s'},\boldsymbol{p})=\frac{e}{mc}\boldsymbol{p}\cdot\boldsymbol{A}(\zeta_s,\boldsymbol{p})\{\mathcal{G}^{(0)}(P_+)\mathcal{G}^{(0)}(P_-)+\overline{\mathcal{F}}^{(0)}(P_+)\overline{\mathcal{F}}^{(0)}(P_-)\},\tag{96.16}$$

其中

$$P_\pm=\left(\zeta'_{s'}\pm\frac{\zeta_s}{2},\ \boldsymbol{p}\pm\frac{\boldsymbol{k}}{2}\right).\tag{96.17}$$

应用(96.7),(96.11)和(96.12),我们得到电流密度为

$$\boldsymbol{j}(\zeta_s,\boldsymbol{k}) = -\frac{2eT}{m}\sum_{s'=-\infty}^{\infty}\int \boldsymbol{p}g(\zeta'_{s'},\boldsymbol{p})\frac{\mathrm{d}^3p}{(2\pi)^3} - \frac{Ne^2}{mc}\boldsymbol{A}(\zeta_s,\boldsymbol{k}),$$

其中函数 g 由(96.16)给出．考虑到矢量 $\boldsymbol{j}$ 和 $\boldsymbol{A}$ 对 $\boldsymbol{k}$ 是横向的,我们将被积表达式在垂直于 $\boldsymbol{k}$ 的平面内对矢量 $\boldsymbol{p}_\perp$ 的方向求平均．(96.16)中函数$\mathcal{G}^{(0)}$和$\overline{\mathcal{F}}^{(0)}$并不依赖于 $\boldsymbol{p}_\perp$ 的方向,因数 $\boldsymbol{p}_\perp(\boldsymbol{p}_\perp\cdot\boldsymbol{A})$ 的求平均将它转变为 $\boldsymbol{A}p^2\sin^2\dfrac{\theta}{2}$,其中 θ 是 $\boldsymbol{p}$ 和 $\boldsymbol{k}$ 之间的夹角．从而我们求得对于松原响应率的下列最后表达式:

$$Q_{\mathrm{M}}(\zeta_s,\boldsymbol{k}) = \frac{Ne^2}{mc} + \frac{e^2T}{m^2c}\int\sum_{s'=-\infty}^{\infty} p^2\sin^2\theta\times$$

$$\times\left[\mathcal{G}^{(0)}(P_+)\mathcal{G}^{(0)}(P_-) + \overline{\mathcal{F}}^{(0)}(P_+)\overline{\mathcal{F}}^{(0)}(P_-)\right]\frac{\mathrm{d}^3p}{(2\pi)^3}. \qquad (96.18)$$

现在让我们将这个函数从一系列离散点 $\zeta_s = 2s\pi T$ 向整个右半复 ζ 平面作解析延拓,即,向上半 ω 平面($\omega = \mathrm{i}\zeta$)作解析延拓．这相当于(96.18)中被积表达式的解析延拓;让我们考虑其中第一项,例如:

$$J_{\mathrm{M}}(\zeta_s) \equiv T\sum_{s'=-\infty}^{\infty}\mathcal{G}_+\left(\zeta'_{s'}+\frac{\zeta_s}{2}\right)\mathcal{G}_-\left(\zeta'_{s'}-\frac{\zeta_s}{2}\right) =$$

$$= T\sum_{s'=-\infty}^{\infty}\mathcal{G}_+((2s'+1)\pi T)\mathcal{G}_-((2s'+1)\pi T-\zeta_s) \qquad (96.19)$$

(为简洁起见,我们略去指标(0),并用下标 ± 来代替自变量 $\boldsymbol{p}_\pm = \boldsymbol{p}\pm\dfrac{1}{2}\boldsymbol{k}$)．这个表达式可以写成积分形式

$$J_{\mathrm{M}}(\zeta_s) = \frac{1}{4\pi\mathrm{i}}\oint\mathcal{G}_+(z)\mathcal{G}_-(z-\zeta_s)\tan\left(\frac{z}{2T}\right)\mathrm{d}z, \qquad (96.20)$$

沿图 32 中三个闭围道 C_1,C_2 和 C_3 取积分,它们一起围住因数 $\tan(z/2T)$ 在点 $z=(2s'+1)\pi T$ 处(图中用短划标志)极点的无穷集．被积函数在每个极点处的残数给出(96.19)求和中的对应项(在无穷处,$\mathcal{G}(z)\propto 1/z$,因而积分收敛)．在选择围道时,我们曾应用下列事实:$\mathcal{G}(z)$ 在两个半平面的每一个中都是解析的:

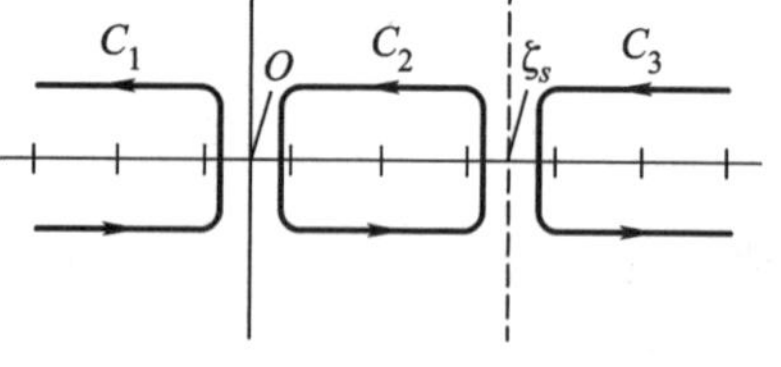

图 32

$$\mathcal{G}(z) = \begin{cases} G^{\mathrm{R}}(\mathrm{i}z), & \mathrm{Re}\,z>0, \\ G^{\mathrm{A}}(\mathrm{i}z), & \mathrm{Re}\,z<0, \end{cases}$$

其中 G^{R} 和 G^{A} 是解析函数(推迟和超前格林函数,见第九卷,§37);虚 z 轴一般是对函数$\mathcal{G}(z)$的割线．

现在我们展开围道使得它们竖直通过割线 $\mathrm{Re}\,z=0$ 和 $\mathrm{Re}\,z=\zeta_s$(图 33,使围

道闭合的无穷远处部分未显示出). 在一对线 C_1,C_2 上,我们通过令 $z=\mathrm{i}\omega'$,而在 C_2,C_3 上令 $z-\zeta_s=\mathrm{i}\omega'$,这样来进行积分变量变换. 于是,当 $\zeta_s>0$ 时,我们有

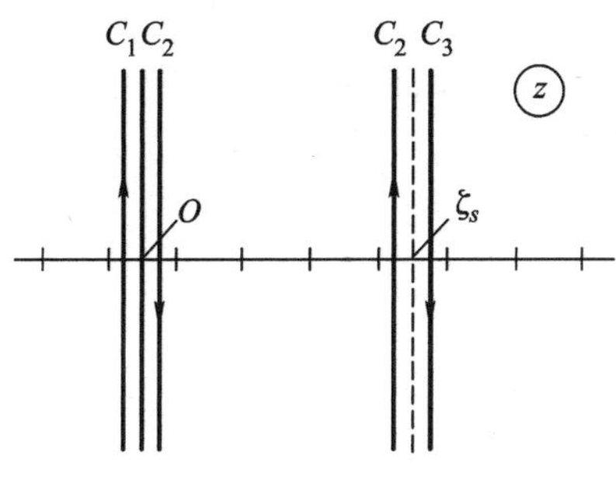

图 33

$$J_{\mathrm{M}}(\zeta_s)=-\frac{1}{4\pi}\int_{-\infty}^{\infty}\left\{\tan\frac{\mathrm{i}\omega'}{2T}\left[G_+^{\mathrm{R}}(\omega')-G_+^{\mathrm{A}}(\omega')\right]G_-^{\mathrm{A}}(\omega'-\mathrm{i}\zeta_s)+\right.$$
$$\left.+\tan\frac{\mathrm{i}\omega'+\zeta_s}{2T}\left[G_-^{\mathrm{R}}(\omega')-G_-^{\mathrm{A}}(\omega')\right]G_+^{\mathrm{R}}(\omega'+\mathrm{i}\zeta_s)\right\}\mathrm{d}\omega'. \qquad (96.21)$$

在这个表达式的推导中,ζ_s 仍被固定为 $2\pi sT$. 然而,对于这组值,

$$\tan\frac{\mathrm{i}\omega'+\zeta_s}{2T}=\tan\frac{\mathrm{i}\omega'}{2T}=\mathrm{i}\ \mathrm{th}\frac{\omega'}{2T}.$$

经过这样的变换后,很显然,表达式(96.21)对所有 $\zeta_s>0$ 是解析的,这是由于函数 G^{A} 和 G^{R} 在相应半平面是解析的. 现在令 $\mathrm{i}\zeta_s=\omega$,对解析延拓后的表达式,我们有①

$$J(\omega)\equiv J_{\mathrm{M}}(-\mathrm{i}\omega)=$$
$$=-\frac{\mathrm{i}}{4\pi}\int\mathrm{th}\frac{\omega'}{2T}\{\left[G_+^{\mathrm{R}}(\omega')-G_+^{\mathrm{A}}(\omega')\right]G_-^{\mathrm{A}}(\omega'-\omega)+$$
$$+\left[G_-^{\mathrm{R}}(\omega')-G_-^{\mathrm{A}}(\omega')\right]G_+^{\mathrm{R}}(\omega'+\omega)\}\mathrm{d}\omega'. \qquad (96.22)$$

(96.18)被积表达式中的第二项以类似方式进行解析延拓,结果与(96.22)的差别仅在于用 $F^{+\mathrm{R}}$ 和 $F^{+\mathrm{A}}$ 代替 G^{R} 和 G^{A}②. 所有这些函数给出为下列表达式(见第九卷, §41):

$$\left.\begin{aligned}G^{\mathrm{R}}(\omega,\boldsymbol{p})&=\frac{u_p^2}{\omega-\varepsilon+\mathrm{i}0}+\frac{v_p^2}{\omega+\varepsilon+\mathrm{i}0},\\F^{+\mathrm{R}}(\omega,\boldsymbol{p})&=\frac{\Delta}{2\varepsilon}\left[\frac{1}{\omega+\varepsilon+\mathrm{i}0}-\frac{1}{\omega-\varepsilon+\mathrm{i}0}\right],\end{aligned}\right\} \qquad (96.23)$$

---

① 所阐述的这个解析延拓方法应归于厄立希伯格(Г. М. Элиашберг(1962)).

② 第九卷, §41 中给出(对应于温度格林函数 $\mathcal{F}$ 的)格林函数 F^+ 的定义. $F^{+\mathrm{R}}$ 和 $F^{+\mathrm{A}}$ 的定义与 F^+ 的定义的差别在于编时序积(T 积)要用对易式代替,与 G^{R}、G^{A} 和 G 之间的关系相似.

其中

$$\left.\begin{array}{l}u_p^2\\v_p^2\end{array}\right\}=\frac{1}{2}\left(1\pm\frac{\eta}{\varepsilon}\right).$$

函数 G^{A} 和 $F^{+\mathrm{A}}$ 有与之相同的结果，但 i0 前面要变号．因此

$$G^{\mathrm{R}}-G^{\mathrm{A}}=2\operatorname{Im}G^{\mathrm{R}}=-\pi[u_p^2\delta(\omega-\varepsilon)+v_p^2\delta(\omega+\varepsilon)],$$

$$F^{+\mathrm{R}}-F^{+\mathrm{A}}=\frac{\pi\Delta}{2\varepsilon}[\delta(\omega-\varepsilon)-\delta(\omega+\varepsilon)],$$

而(96.22)中的积分归结于除去其 δ 函数．

经过简易但繁冗的代数运算后，我们达到下列最后的表达式①：

$$\begin{aligned}Q(\omega,\boldsymbol{k})=&\frac{Ne^2}{mc}-\frac{e^2}{4m^2c}\int p^2\sin^2\theta\operatorname{th}\frac{\varepsilon_+}{2T}\times\\&\times\left\{\left[1+\frac{\eta_+\eta_-+\Delta^2}{\varepsilon_+\varepsilon_-}\right]\left[\frac{1}{\varepsilon_+-\varepsilon_--\omega-\mathrm{i}0}+\frac{1}{\varepsilon_+-\varepsilon_-+\omega+\mathrm{i}0}\right]+\right.\\&\left.+\left[1-\frac{\eta_+\eta_-+\Delta^2}{\varepsilon_+\varepsilon_-}\right]\left[\frac{1}{\varepsilon_++\varepsilon_--\omega-\mathrm{i}0}+\frac{1}{\varepsilon_++\varepsilon_-+\omega+\mathrm{i}0}\right]\right\}\frac{\mathrm{d}^3p}{(2\pi)^3},\end{aligned}\tag{96.24}$$

其中

$$\eta_\pm=\frac{1}{2m}\left(\boldsymbol{p}\pm\frac{\boldsymbol{k}}{2}\right)^2-\mu,\quad\varepsilon_\pm^2=\Delta^2+\eta_\pm^2.\tag{96.25}$$

(96.24)大括号中的两项在起源和意义上有本质区别．第一项是 $\boldsymbol{p}$ 的奇函数，因而对 $T=0$($\operatorname{th}(\varepsilon_+/2T)=1$ 时)，其积分为零．Q 的这部分与元激发的无碰撞动力学有关．它的虚部，对所有 ω 和 $\boldsymbol{k}$ 下存在，与无碰撞朗道阻尼相联系．

第二项的积分即使当 $T=0$ 时也不为零．Q 的这部分与库珀对的形成或分裂相联系．这部分中被积表达式的极点位于 $\varepsilon_++\varepsilon_-=\pm\omega$ 处．为使它们存在(因而为了发生耗散，Q 的虚部)，频率必须超过 2Δ，库珀对结合能．

§97 超导体的高频性质 极限情况

现在让我们考察一般公式(96.24)．由于出现四个独立参量 $\hbar\omega,\hbar kv_{\mathrm{F}},\Delta$ 和 T，它们可以有各种相互关系，因而可以有大量极限情况．这里将只考虑几种极限情况．

当 $\hbar\omega\gg\Delta$ 时，超导体谱中的能隙不重要．一级近似中令 $\Delta=0$，我们会得到

① 曾经指出过(第九卷，§51)，由于被积表达式减小的缓慢性，在计算(96.18)形式的求和与积分时必须小心．按这里的运算次序避免了这个困难，如由下列事实所肯定的，最后表达式(96.24)满足必要条件：当 $\Delta=0$ 和 $\omega=0$ 时，$Q=0$(静态场中的正常金属)；见 387 页的脚注②.

正常电子费米气的横向电容率的公式;我们将不停下来去给出有关计算①.

伦敦情况

让我们首先研究伦敦极限情况

$$\hbar k v_F \ll \Delta_0, \tag{97.1}$$

其中 Δ_0 是当 $T=0$ 时 $\Delta(T)$ 的值. 我们将假设 $\Delta \leqslant T$,从而排除了极低温范围. 我们将认为在 $\omega \leqslant k v_F$ 的意义上频率很小.

当 $k \to 0$ 时,

$$1-\frac{\eta_+\eta_-+\Delta^2}{\varepsilon_+\varepsilon_-} \propto k^2.$$

(96.24)大括号中第二项因而很小,可予忽略. 在第一项中,第一个方括号等于 2;因为第二个方括号是 $\boldsymbol{p}$ 的奇函数,于是可以写出

$$Q(\omega,\boldsymbol{k})=\frac{Ne^2}{mc}-\frac{e^2}{2m^2c}\int\left[\operatorname{th}\frac{\varepsilon_+}{2T}-\operatorname{th}\frac{\varepsilon_-}{2T}\right]\frac{p^2\sin^2\theta}{\varepsilon_+-\varepsilon_--\hbar\omega-\mathrm{i}0}\frac{\mathrm{d}^3p}{(2\pi\hbar)^3}.$$

注意到 $\operatorname{th}(\varepsilon/2T)=1-2n_0(\varepsilon)$,其中

$$n_0(\varepsilon)=\left[\mathrm{e}^{\varepsilon/T}+1\right]^{-1} \tag{97.2}$$

是超导费米气体中元激发的分布函数(带有化学势为零的费米分布),从而令

$$\operatorname{th}\frac{\varepsilon_+}{2T}-\operatorname{th}\frac{\varepsilon_-}{2T}=-2\left[n_0(\varepsilon_+)-n_0(\varepsilon_-)\right]\approx-2\hbar\boldsymbol{k}\cdot\boldsymbol{v}\frac{\partial n_0}{\partial\varepsilon},$$

其中

$$\boldsymbol{v}=\frac{\partial\varepsilon}{\partial\boldsymbol{p}}=\frac{\eta\boldsymbol{p}}{m\varepsilon}.$$

于是

$$Q(\omega,\boldsymbol{k})=\frac{Ne^2}{mc}+\frac{e^2}{m^2c}\int\frac{\partial n_0}{\partial\varepsilon}\frac{\boldsymbol{k}\cdot\boldsymbol{v}\,p^2\sin^2\theta}{\boldsymbol{k}\cdot\boldsymbol{v}-\omega-\mathrm{i}0}\frac{\mathrm{d}^3p}{(2\pi\hbar)^3}. \tag{97.3}$$

当 $\omega=0$ 时,这个表达式与伦敦值 $N_s e^2/mc$ 一致,这正该如此,其中 $N_s(T)$ 是超导电子密度②. 因此我们可以将(97.3)重写成下列等效形式:

$$Q(\omega,\boldsymbol{k})=\frac{N_s e^2}{mc}+\frac{\omega e^2}{m^2c}\int\frac{\partial n_0}{\partial\varepsilon}\frac{p^2\sin^2\theta}{\boldsymbol{k}\cdot\boldsymbol{v}-\omega-\mathrm{i}0}\frac{\mathrm{d}^3p}{(2\pi\hbar)^3}. \tag{97.4}$$

---

① $Q(\omega,\boldsymbol{k})$ 与横向电容率 $\varepsilon_t(\omega,\boldsymbol{k})$ 之间的关系予以阐明如下. 将电流密度通过极化强度矢量由 $-\mathrm{i}\omega\boldsymbol{P}=\boldsymbol{j}$ 来表达,并引进电场强度 $\boldsymbol{E}=\mathrm{i}\omega\boldsymbol{A}/c$ 以代替矢势 $\boldsymbol{A}$,我们可以将(96.4)写成 $\boldsymbol{P}=-c\omega^{-2}Q\boldsymbol{E}$. 这表明

$$-cQ/\omega^2=(\varepsilon_t-1)/4\pi.$$

② 通过第九卷,§40 给出的关于计算 $\rho_s=mN_s$ 的公式,这个很容易予以证明. 注意到函数 $Q(0,\boldsymbol{k})$ 当 $T\to T_c$ 时(与 N_s 一起)趋于零,如在 386 页的脚注中早已提到的.

这个表达式中的第二项描述费米气体中元激发对电容率的贡献①.

当 $\omega \ll kv$ 时,我们可以忽略(97.4)被积表达式分母中的 ω:

$$Q(\omega,\boldsymbol{k})=\frac{N_s e^2}{mc}+\frac{\omega e^2}{4\pi^2 c\hbar^3 k}\int_{-1}^{1}\frac{\sin^2\theta\ \mathrm{d}\cos\theta}{\cos\theta-\mathrm{i}0}\times\int\frac{\partial n_0}{\partial\varepsilon}\frac{p^4}{m^2 v}\mathrm{d}p. \tag{97.5}$$

相对于 $\cos\theta$ 的积分按极点 $\cos\theta=\mathrm{i}0$ 处的残数计算,并且等于 $\mathrm{i}\pi$. 相对于 p 的积分,重写成下列形式

$$\int\frac{\partial n_0}{\partial\varepsilon}\frac{p^2\varepsilon}{\eta}\mathrm{d}\eta,$$

当 $|\eta|\ll\Delta$ 时是对数发散的. 在 $|\eta|\sim\omega\Delta/(kv_{\mathrm{F}})$ 处截断(此处 $kv\sim\omega$),我们在对数精确度下求得

$$\left.\frac{\partial n_0}{\partial\varepsilon}\right|_{\varepsilon=\Delta}p_{\mathrm{F}}^2\Delta\cdot 2\int_{\omega\Delta/kv_{\mathrm{F}}}^{\Delta}\frac{\mathrm{d}\eta}{\eta}.$$

从而

$$Q(\omega,\boldsymbol{k})=\frac{N_s e^2}{mc}-\mathrm{i}\frac{e^2 p_{\mathrm{F}}^2\Delta\omega\ln(kv_{\mathrm{F}}/\omega)}{2\pi c\hbar^3 Tk(\mathrm{e}^{\Delta/T}+1)(\mathrm{e}^{-\Delta/T}+1)}. \tag{97.6}$$

Q 的虚部确定耗散;这部分的负号对应于电容率的正虚部.

当 $T\to T_c$ 和 N_s 与 Δ 趋于零时,表达式(97.6)变得不适用. 这里(97.5)中相对于 p 的积分,主要贡献来自 $\eta\sim T\gg\Delta$ 范围,在其中我们可令 $\Delta=0$. 结果是

$$Q(\omega,\boldsymbol{k})=-\mathrm{i}\frac{3\pi}{4}\frac{Ne^2}{mc}\frac{\omega}{kv_{\mathrm{F}}},$$

其中 $N=p_{\mathrm{F}}^3/(3\pi^2\hbar^3)$ 是电子密度. 这个表达式简单地描述正常金属中的反常趋肤效应(具有色散关系 $\varepsilon=p^2/2m$)②.

皮帕德情况

在静磁场中,皮帕德极限情况对应于不等式

$$\hbar kv_{\mathrm{F}}\gg\Delta_0\sim T_c. \tag{97.7}$$

为了考虑交变电磁场,这里我们再增加一个条件

$$kv_{\mathrm{F}}\gg\omega. \tag{97.8}$$

这个情况下的计算,如果首先从 $Q(\omega,\boldsymbol{k})$(96.24)中减去其静态值 $Q(0,\boldsymbol{k})$ 会得到显著简化;这归结于丢掉常量项 $Ne^2/(mc)$ 并从被积表达式每一项($\varepsilon_+\pm$

---

① 通过将(97.4)与§31 习题 2 中关于无碰撞电子等离体的横向电容率的公式(2)进行比较可以确认这点. 在作比较时,必须注意到伦敦情况对应于准经典极限,所以对简并性气体的公式与对麦克斯韦等离体的公式的差别仅在于分布函数和色散关系 $\varepsilon(p)$ 的形式上.

② 见公式(86.16). 在作比较时,重要的是这个情况下 K 不依赖于 φ,而 Q 将 $\boldsymbol{j}$ 与 $\boldsymbol{A}$ 相联系,而不是如(86.16)中 σ 那样将 $\boldsymbol{j}$ 与 $\boldsymbol{E}$ 相联系.

$\varepsilon_- \pm \hbar\omega)^{-1}$中减去具有 $\omega=0$ 的类似项. 结果发现差值 $Q(\omega,\boldsymbol{k})-Q(0,\boldsymbol{k})$正比于 $1/k$. 皮帕德情况的 $Q(0,\boldsymbol{k})$具有对 k 的类似依存性:

$$Q(0,\boldsymbol{k})=\frac{c\beta}{4\pi k},\quad \beta=\frac{4\pi Ne^2}{mc^2}\frac{3\pi^2}{4\hbar v_F}\Delta\operatorname{th}\frac{\Delta}{2T}\tag{97.9}$$

(见第九卷(51.21)). 因此我们可以将 $Q(\omega,\boldsymbol{k})$写成下列形式

$$Q(\omega,\boldsymbol{k})=\frac{c}{4\pi k}[\beta+\gamma(\omega)],\tag{97.10}$$

其中 $\gamma(\omega)$是应当予以计算的一个函数,并且当 $\omega=0$ 时为零. 注意到由于对 k 的这个依存关系,第九卷关于穿透深度 δ 的公式(52.6)仍保持有效,只是应该在其中用 $\beta+\gamma(\omega)$代替 β. 然而,由于 $\gamma(\omega)$是复量(见下面),很自然的是这里不用 δ 本身,而是应用与之相关的面阻抗 $\zeta(\omega)=-\mathrm{i}\omega\delta/c$.

在确定差值 $Q(\omega,\boldsymbol{k})-Q(0,\boldsymbol{k})$的积分中,重要的是 $\cos\theta$ 的小值范围(如第九卷 §51 中 $Q(0,\boldsymbol{k})$的计算中那样),而当 $\cos\theta$ 增加时积分迅速收敛;因而我们可以令 $\sin\theta=1$,并将对 $\cos\theta$ 的积分扩展到从 $-\infty$ 至 ∞.

将积分利用

$$\mathrm{d}^3p=2\pi p^2\mathrm{d}p\mathrm{d}\cos\theta\approx 2\pi p_F^2 m\mathrm{d}\eta\mathrm{d}\cos\theta$$

$(\eta=p^2/(2m)-\mu)$进行变换,并应用新积分变量:

$$x_1=\varepsilon_+/\Delta,\quad x_2=\varepsilon_-/\Delta.$$

我们有

$$\eta_++\eta_-\approx 2\eta,\quad \eta_+-\eta_-\approx\hbar kv_F\cos\theta.$$

对 $\mathrm{d}\eta\mathrm{d}\cos\theta$ 的积分因而可以用对 $\mathrm{d}\eta_+\mathrm{d}\eta_-/(kv_F)$的积分代替,对每个变量 η_+ 和 η_- 都是从 $-\infty$ 至 ∞. 同时丢掉被积表达式中包含乘积 $\eta_+\eta_-$ 的所有项,它们因此是这些变量的奇函数,积分时给出结果为零. 于是我们可以相对于每个变量 x_1 和 x_2 从 1 至 ∞ 积分,令

$$\mathrm{d}\eta\mathrm{d}\cos\theta\to 4\frac{\varepsilon_+\varepsilon_-}{\hbar kv_F\eta_+\eta_-}\mathrm{d}\varepsilon_+\mathrm{d}\varepsilon_-=\frac{4\Delta^2x_1x_2\mathrm{d}x_1\mathrm{d}x_2}{\hbar kv_F[(x_1^2-1)(x_2^2-1)]^{1/2}}.$$

这些变换导致结果

$$\gamma(\omega)=-3\pi\frac{Ne^2}{mc^2}\frac{\Delta}{\hbar v_F}J,$$

$$\begin{aligned}J=&\int_1^\infty\int_1^\infty\frac{\mathrm{d}x_1\mathrm{d}x_2}{[(x_1^2-1)(x_2^2-1)]^{1/2}}\operatorname{th}\frac{x_1\Delta}{2T}\times\\&\times\left\{(x_1x_2+1)\left[\frac{1}{x_1-x_2-\tilde{\omega}-\mathrm{i}0}+\frac{1}{x_1-x_2+\tilde{\omega}+\mathrm{i}0}-\mathrm{P}\frac{2}{x_1-x_2}\right]+\right.\\&\left.+(x_1x_2-1)\left[\frac{1}{x_1+x_2-\tilde{\omega}-\mathrm{i}0}+\frac{1}{x_1+x_2+\tilde{\omega}+\mathrm{i}0}-\frac{2}{x_1+x_2}\right]\right\},\end{aligned}\tag{97.11}$$

其中 $\tilde{\omega}=\hbar\omega/\Delta$. 我们将仅考虑这个表达式的虚部,它确定对场能的吸收.

(97.11)中被积表达式的虚部,按规则(29.8)予以分开,此后通过对一个变量 x_1 或 x_2 的积分而消去 δ 函数;同时必须注意使 δ 函数自变量为零的点事实上的确位于此积分范围内. 简单计算给出,当 $\omega>0$ 时,

$$J''\equiv \operatorname{Im}J=\pi\int_1^{\infty}\frac{x(x+\tilde{\omega})+1}{(x^2-1)^{1/2}[(x+\tilde{\omega})^2-1]^{1/2}}\left[\operatorname{th}\frac{(x+\tilde{\omega})\Delta}{2T}-\operatorname{th}\frac{x\Delta}{2T}\right]dx+$$

$$+\pi\int_1^{\tilde{\omega}-1}\frac{x(\tilde{\omega}-x)-1}{(x^2-1)^{1/2}[(x-\tilde{\omega})^2-1]^{1/2}}\operatorname{th}\frac{x\Delta}{2T}dx; \tag{97.12}$$

第二项仅当 $\tilde{\omega}>2$ 时才存在. 类似地,很容易证实 $J''(-\tilde{\omega})=J''(\tilde{\omega})$. 积分(97.12)依赖于两个参量 Δ/T 和 $\hbar\omega/\Delta$,它们相互之间以及与 1 还可有各种关系. 这里让我们考虑几个可能的极限情况.

设 $T=0$. 于是(97.12)中第一个积分为零,第二个积分当 $\hbar\omega>2\Delta_0$ 时不为零,这就是,在库珀对的"结合能"处有一个吸收阈. 这个阈值的存在,它是谱中能隙的直接结果,是超导体的一个特定性质.

邻近阈值,当 $\tilde{\omega}-2\ll 1$ 时,在积分的整个范围 x 接近于 1. 令 $\tilde{\omega}-2=\delta$, $x-1=z\delta$,我们求得

$$J''\approx\frac{\pi\delta}{2}\int_0^1\frac{dz}{\sqrt{z(1-z)}}=\frac{\pi^2\delta}{2}=\pi^2\left(\frac{\tilde{\omega}}{2}-1\right).$$

集合上述公式,这样我们求得 $T=0$ 时邻近吸收阈对于 Q 虚部的下列表达式:

$$Q''=-\frac{3\pi^2Ne^2}{4mc}\frac{\Delta_0}{\hbar v_F k}\left(\frac{\hbar\omega}{2\Delta_0}-1\right). \tag{97.13}$$

如果温度不为零,让我们考虑低频 $\hbar\omega\ll\Delta$ 的情况,并假设 $\Delta(T)\sim T$(从而排除了邻近零温和邻近 T_c 的温度). (97.12)中第二个积分于是不存在. 在第一个积分中,重要范围是 $x-1\sim\tilde{\omega}\ll 1$. 将被积函数中两双曲正切函数的差展开成 $\tilde{\omega}$ 的幂,并应用变量 $x-1=u$,在对数精确度下我们求得

$$J''\approx\frac{\pi\hbar\omega}{2T}\operatorname{ch}^{-2}\frac{\Delta}{2T}\int_0^{\sim 1}\frac{du}{\sqrt{u(u+\tilde{\omega})}}=\frac{\pi\hbar\omega}{2T}\operatorname{ch}^{-2}\frac{\Delta}{2T}\ln\frac{\Delta}{\hbar\omega}.$$

于是结果得到

$$Q''=-\frac{3\pi}{8}\frac{Ne^2}{mc}\frac{\omega}{v_F k}\frac{\Delta}{T}\operatorname{ch}^{-2}\frac{\Delta}{2T}\ln\frac{\Delta}{\hbar\omega}. \tag{97.14}$$

§98　超导体的热导率

超导体中电子热传导的物理本性类似于玻色超流体中热传导或黏性的物理

本性．两种情况下我们所说的是量子液体正常组分(即量子液体中形成的元激发总体)的动理系数,这里我们也将在 BCS 模型框架下来考虑这个论题(Б. Т. Гейликман,1958).

对于存在温度梯度的超导体,我们从准粒子分布函数的动理方程出发:

$$\boldsymbol{v}\cdot\frac{\partial n}{\partial \boldsymbol{r}}-\frac{\partial \varepsilon}{\partial \boldsymbol{r}}\cdot\frac{\partial n}{\partial \boldsymbol{p}}=C(n), \tag{98.1}$$

其中$\boldsymbol{v}=\partial\varepsilon/\partial\boldsymbol{p}$是准粒子速度．准粒子的能量是

$$\varepsilon=[v_{\mathrm{F}}^2(p-p_{\mathrm{F}})^2+\Delta^2(T)]^{1/2}, \tag{98.2}$$

它本身通过能隙$\Delta(T)$而依赖于温度．因此,当存在温度梯度时,能量ε也变成坐标的函数,而导数$-\partial\varepsilon/\partial\boldsymbol{r}$代表作用于准粒子的力．这是方程(98.1)左边第二项的起源．

照例,我们令$n=n_0(\varepsilon)+\delta n(\boldsymbol{r},\boldsymbol{p})$,其中

$$n_0(\varepsilon)=(\mathrm{e}^{\varepsilon/T}+1)^{-1} \tag{98.3}$$

是平衡分布函数．在左边仅保留n_0的项,我们得到关于n_0的方程

$$\boldsymbol{v}\cdot\frac{\partial n_0}{\partial \boldsymbol{r}}-\frac{\partial \varepsilon}{\partial \boldsymbol{r}}\cdot\frac{\partial n_0}{\partial \boldsymbol{p}}=\left[\frac{\partial n_0}{\partial T}-\frac{\partial n_0}{\partial \varepsilon}\frac{\partial \varepsilon}{\partial T}\right]\boldsymbol{v}\cdot\nabla T.$$

方括号中含Δ的导数的项之差为零,剩下

$$-\frac{\varepsilon}{T}\frac{\partial n_0}{\partial \varepsilon}\boldsymbol{v}\cdot\nabla T=\frac{\boldsymbol{v}\cdot\nabla T}{T^2}\frac{\varepsilon}{(\mathrm{e}^{\varepsilon/T}+1)(\mathrm{e}^{-\varepsilon/T}+1)}.$$

碰撞积分依赖于准粒子散射机理．我们将考虑下列这样的情况:主要机理是静止杂质原子上的弹性散射,并假设这个散射为各向同性的．于是碰撞积分归结为下列表达式(比较(11.3)):

$$C(n)=-\nu\delta n,$$

其中$\nu=vN_{\mathrm{imp}}\sigma_{\mathrm{t}}$是有效碰撞频率,$N_{\mathrm{imp}}$是杂质原子数密度,而$\sigma_{\mathrm{t}}$是准粒子被一个杂质原子散射的输运截面．输运截面$\sigma_{\mathrm{t}}$是原子尺度量级的常量．

于是动理方程采取下列形式

$$\frac{\boldsymbol{v}\cdot\nabla T}{v}\frac{\varepsilon}{T}\frac{\partial n_0}{\partial \varepsilon}=\frac{\delta n}{l}, \tag{98.4}$$

其中$l=1/(N_{\mathrm{imp}}\sigma_{\mathrm{t}})$是常量平均自由程．

热流由下列积分

$$\boldsymbol{q}=\int\varepsilon\boldsymbol{v}\,\delta n\frac{2\mathrm{d}^3p}{(2\pi\hbar)^3} \tag{98.5}$$

计算(其中因数 2 来自准粒子自旋的两个方向)．但分布函数$n_0+\delta n$也同样与超导体中正常电流相联系,正常电流密度是

$$\boldsymbol{j}_{\mathrm{n}}=\boldsymbol{j}-\boldsymbol{j}_{\mathrm{s}}=-\frac{e}{m}\int\boldsymbol{p}\delta n\frac{2\mathrm{d}^3p}{(2\pi\hbar)^3}-\mathrm{e}(N-N_{\mathrm{s}})\boldsymbol{v}_{\mathrm{s}}.$$

(在所研究模型中,$\boldsymbol{j}=-e\boldsymbol{i}/m$,用公式(77.7)所给出的$\boldsymbol{i}$).

但热导率是在$\boldsymbol{j}=0$下通过热流来定义的.然而,在目前情况,这个条件并不要求方程(98.4)中有任何改变.理由是超导体中总电流密度是正常电流与超导电流之和:$\boldsymbol{j}=\boldsymbol{j}_n+\boldsymbol{j}_s$.存在温度梯度时出现的电流$\boldsymbol{j}_n$(在开路中)被超导电流自动地补偿:$\boldsymbol{j}_s=-\boldsymbol{j}_n$.同时重要的是,超导电子的运动并不涉及任何热量传递.以具有速度$\boldsymbol{v}_s=-\boldsymbol{j}_s/(eN_s)$的超流体流动为"背景"的准粒子的平衡分布函数,与(98.3)的差别在于用$\varepsilon+\boldsymbol{p}\cdot\boldsymbol{v}_s$代替$\varepsilon$(比较§77),在动理方程(98.1)中也必须作这种改变.但速度$\boldsymbol{v}_s$正比于$\boldsymbol{j}_n$,从而正比于小梯度∇T;因此上述改变仅会在动理方程左边给出二阶小量的项,这些无论如何在得出(98.4)时将必须予以略去.

将(98.4)的δn代入(98.5),对$\boldsymbol{p}$的方向求平均后,我们求得热导率的表达式为

$$\kappa=-\frac{1}{3T}\int v\varepsilon^2\frac{\partial n_0}{\partial\varepsilon}\frac{2\cdot4\pi p^2\mathrm{d}p}{(2\pi\hbar)^3},$$

或者,用$v\mathrm{d}p=\mathrm{d}\varepsilon$,$p^2\approx p_F^2$,我们有

$$\kappa=-\frac{lp_F^2}{3\pi^2\hbar^3T}\cdot2\int_{\Delta}^{\infty}\varepsilon^2\frac{\partial n_0}{\partial\varepsilon}\mathrm{d}\varepsilon.\tag{98.6}$$

最后,经过若干明显替换,我们得到

$$\kappa=\frac{2lp_F^2\Delta^3}{3\pi^2\hbar^3T^2}\int_1^{\infty}\frac{u^2\mathrm{d}u}{(\mathrm{e}^{u\Delta/T}+1)(\mathrm{e}^{-u\Delta/T}+1)}.\tag{98.7}$$

当$T\to0$,$\Delta\to\Delta_0$时,热导率按以下规律:

$$\kappa=\frac{2lp_F^2\Delta^2}{3\pi^2\hbar^3T}\mathrm{e}^{-\Delta/T}\tag{98.8}$$

趋于零.当$T\to T_c$,$\Delta\to0$时,(由(98.6)容易看出)热导率趋于极限

$$\kappa=\frac{4lp_F^2T}{3\pi^2\hbar^3}\int_0^{\infty}\varepsilon n_0(\varepsilon)\mathrm{d}\varepsilon=\frac{lp_F^2T}{9\hbar^3},$$

对应于正常金属的情况.

第十二章

相变动理学

§99　一级相变的动理学　成核

我们注意到,相变成核的热力学理论,其基本原理如下(见第五卷,§162).

从亚稳相向稳定相的转变,是通过涨落在均匀介质中发生新相的小量聚积——成核而实现的.然而,对界面的形成,能量上不利的效应会有下述结果:当核小于某个大小时,它是不稳定的并再次消失.仅当核的大小 a(对亚稳相的给定态)开始具有某个确定值 a_{cr}时才是稳定的;这个值称为*临界大小*,这个大小的核将称为*临界核*①.假定它们为包含大量分子的宏观物.因而整个理论仅对不太接近相的绝对不稳定性极限的亚稳态才适用(当逼近这个极限时,临界大小降至分子尺度量级的值).

采用纯热力学方法,认为介质处于平衡,人们只能处理介质中各种大小的涨落核出现的概率的问题.这点十分重要.因为亚稳相态实际并不对应于完全统计平衡,这个处理只能应用于这样的时间尺度,它远小于临界核形成时间(每单位时间概率的倒数),在此时间后,实际上出现过渡到新相的变化,即亚稳态不再存在.根据同样理由,仅当核具有大小 $a<a_{cr}$时,核形成概率的热力学计算才是适宜的;较大核发展成新相.换句话说,这么大的涨落一般不属于这群与所考虑(亚稳)的宏观态相对应的微观态.

对于成核的热力学概率,现在我们将用一个与之成正比的量,即介质中现有的各种大小的核的“平衡”(上述意义上的)分布函数来代替,这个量用$f_0(a)$表示($f_0\mathrm{d}a$ 是单位体积介质中具有大小在 $\mathrm{d}a$ 范围的核数).根据涨落的热力学理论

$$f_0(a)\propto\exp\left\{-\frac{R_{\min}(a)}{T}\right\},\tag{99.1}$$

① 在第五卷§162中所考虑的核只是新相的聚积正好具有这个临界大小的情况.

其中 $R_{\min}$ 是形成给定大小的核所需最小功．最小功由体积和面积两部分组成(对具有半径 a 的球形核)，具有形式

$$R_{\min} = -\frac{8\pi a^3\alpha}{3a_{cr}} + 4\pi a^2\alpha,$$

其中 α 是表面张力系数，临界半径 a_{cr} 用两相的热力学量来表达(见第五卷，§162，习题 2)．值 $a = a_{cr}$ 对应于 $R_{\min}(a)$ 的最大值，临近 a_{cr} 有

$$R_{\min} = \frac{4\pi}{3}\alpha a_{cr}^2 - 4\pi\alpha(a - a_{cr})^2. \tag{99.2}$$

$R_{\min}$ 的最大值对应于分布函数的按指数律的锐最小值．忽略指数前系数随 a 的远慢得多的变化，我们有

$$f_0(a) = f_0(a_{cr})\exp\left\{\frac{4\pi\alpha}{T}(a - a_{cr})^2\right\}, \tag{99.3}$$

其中①

$$f_0(a_{cr}) = \text{const} \cdot \exp\left\{-\frac{4\pi\alpha a_{cr}^2}{3T}\right\}.$$

根据上述讨论，值 $a = a_{cr}$ 对应于这样的极限，超过此值后大量新相开始形成.更确切地说，我们不应指一个极限点 $a = a_{cr}$ 而是应指邻近该点 a 值的一个临界范围，具有宽度 $\delta a \sim (T/4\pi\alpha)^{1/2}$．这种大小范围的核的涨落发展仍能以可观概率使它们回到次临界范围，但超过这个临界范围的核不可避免地发展成新相.

因为热力学理论仅限于实际相变前的阶段，它不能提供关于这个过程进程的信息，例如过程速率的信息．那会需要核的发展的动理学分析，这个核最终会并入新相②.

令 $f(t,a)$ 为所求的核按其大小的"动理学"分布函数．改变核的大小的"元过程"是一个分子附着于它或从它上面丢失的过程，这可认为是小变化，因为在目前理论中核是宏观物．因而我们可以用福克尔 - 普朗克方程类型的动理方程

$$\frac{\partial f}{\partial t} = -\frac{\partial s}{\partial a} \tag{99.4}$$

来描述核的生长过程，其中 s 是"大小空间"中的流密度，具有形式：

$$s = -B\frac{\partial f}{\partial a} + Af. \tag{99.5}$$

量 B 是"核大小扩散系数"；系数 A 与 B 通过一个关系相联系，这个关系是由对

---

① $f(a_{cr})$ 中的指数前因数不能仅仅通过相的宏观性质来表达．对于定性估计，我们可认为这个因数正比于基相(1)中粒子数密度 N_1 和正比于导数 $d\mathcal{N}/da$，其中 $\mathcal{N}$ 是新相(2)的核中粒子数．令 $N_1 \sim 1/v_1$，$\mathcal{N} \sim a_{cr}^3/v_2$，其中 v_1 和 v_2 是两个相中每个分子的体积，我们得到作为常量的估计值 $\text{const} \sim a_{cr}^2/(v_1 v_2)$.

② 下面给出的理论应归于泽利多维奇(Я. Б. Зельдович(1942)).

平衡分布 s 为零这个事实得出的．后者取(99.1)的形式，并忽略指数前系数的缓慢变化，我们求得

$$A = -\frac{B}{T}R'_{\min}(a). \tag{99.6}$$

现在让我们来求对应于连续相变过程的动理方程的定态解．这个解中 $s=$ const，并且流(沿增加核大小的方向)的这个恒定值正好是介质每单位体积内每单位时间通过这个临界范围的核数，即，它确定过程的速率．

我们可以将流的表达式(99.5)重写(应用(99.6))，通过比值 f/f_0 而不是函数 f 本身来表达．于是恒定流的条件变成

$$-Bf_0\frac{\partial}{\partial a}\frac{f}{f_0}=s. \tag{99.7}$$

因而

$$\frac{f}{f_0} = -s\int\frac{\mathrm{d}a}{Bf_0}+\text{const}.$$

这里的常量 s 和 const 是由对小 a 和对大 a 的边界条件予以确定的．随着核的减小，涨落概率迅速增大；因而小核以高概率出现．可以认为这种核的贮存量补充得如此快，尽管由于流 s 导致恒定耗失，仍使得它们的数目继续具有其平衡值. 这个情况用边界条件当 $a\to 0$ 时 $f/f_0\sim 1$ 来表达．对于大 a 的边界条件，可以这样确立：注意到超过临界范围时，按(99.1)定义的函数 f_0(它在那里实际上不适用)无限制地增长，而真分布函数 $f(a)$ 当然仍保持有限. 这个情况由条件 $f/f_0=0$表达，强加于超出临界范围的某处；确切在何处不重要(见下面)，我们将任意地认为它是 $a\to\infty$ ①.

满足上述两个条件的解是

$$\frac{f}{f_0}=s\int_a^{\infty}\frac{\mathrm{d}a}{Bf_0}, \tag{99.8}$$

而常量 s 由等式

$$\frac{1}{s}=\int_0^{\infty}\frac{\mathrm{d}a}{Bf_0} \tag{99.9}$$

确定．被积函数在 $a=a_{\mathrm{cr}}$具有锐最大．邻近该点应用表达式(99.3)，我们可以将(99.9)中对$(a-a_{\mathrm{cr}})$的积分扩展到从 $-\infty$ 至∞，而不管(99.8)和(99.9)中积分上限究竟取在(临界范围外)何处，即，边界条件究竟强加于何处．结果是

$$s=2\sqrt{\frac{\alpha}{T}}B(a_{\mathrm{cr}})f_0(a_{\mathrm{cr}}). \tag{99.10}$$

这个公式表达的是定态条件下亚稳相每单位时间每单位体积形成的“能生存”

① 在解一个不同的问题时(§24)曾经应用过类似论据．

核数(即,已通过临界范围的那些),用热力学理论所给出的临界核的平衡数来表达.

对于分布函数$f(a)$本身,次临界范围的公式(99.8)简单给出$f(a)\approx f_0(a)$.超过临界范围,(99.8)仅告诉我们$f \ll f_0$,与所述边界条件一致.按照过程的物理图像很显然,在这个范围,分布函数是常量:达到该点后,核单调地变大,实际上没有任何反向的变化.从而,这里我们可以忽略流的表达式(99.5)中含导数$\partial f/\partial a$的项,即,写成$s = Af$.按照流s的意义,系数A同时起大小空间的速度$\mathrm{d}a/\mathrm{d}t$的作用.然而,超过临界范围后核的生长,按照宏观方程发生,利用该方程可以独立地确定导数$\mathrm{d}a/\mathrm{d}t$;

$$A = \left(\frac{\mathrm{d}a}{\mathrm{d}t}\right)_{\text{macro}}, \tag{99.11}$$

下标指出这种计算的结果①.

于是按照(99.6),我们求得

$$B(a) = -\frac{T}{R'_{\min}(a)}\left(\frac{\mathrm{d}a}{\mathrm{d}t}\right)_{\text{macro}} = \frac{T}{8\pi\alpha(a-a_{\text{cr}})}\left(\frac{\mathrm{d}a}{\mathrm{d}t}\right)_{\text{macro}}. \tag{99.12}$$

严格地说,这样所计算的函数$B(a)$属于范围$a > a_{\text{cr}}$,然而我们感兴趣的是(要代入(99.10)中的)$B(a_{\text{cr}})$的值.然而,由于函数$B(a)$在$a = a_{\text{cr}}$没有奇异性,刚求得的函数在该点也可应用.当$a \to a_{\text{cr}}$时,导数$(\mathrm{d}a/\mathrm{d}t)_{\text{macro}}$趋于零(核处于不稳定平衡);除以$(a - a_{\text{cr}})$给出有限结果.

公式(99.12)使得原则上有可能去计算系数$B(a_{\text{cr}})$,从而计算核形成速率,无需应用微观处理.例如,对于沸腾过程,我们必须借助于流体力学方程来分析液体中气泡的生长;对于过饱和溶液中溶质的脱溶过程,我们必须分析脱溶颗粒的生长,作为物质从周围溶液向它扩散的结果.

习　　题

对于过饱和(但仍然是弱)溶液,确定物质脱溶的"核大小扩散系数";假定核为球形.

解:注意到热力学公式如下.从过饱和溶液脱溶的核的临界半径是

$$a_{\text{cr}} = \frac{2\alpha v'}{\mu' - \mu'_0}$$

(见第五卷,§162,习题2).在给定情况下,μ'_0和v'是核中物质的化学势和分

---

① 可能出现公式(99.11)与"微观"定义(21.4)之间的对应关系问题,根据它,速率$\Sigma\delta a/\delta t$(对元生长事件求和)不是A本身.而是和式$\tilde{A} = A + B'(a)$.但是导数$B'(a)$与值(99.6)比较起来很小(在临界范围以外),后者包括大因数$R'_{\min}/T$.因而$B'(a)$可以忽略.这个量级的量在推导(99.6)时早已忽略掉,当(99.1)中指数函数前系数被认为是常量时.

子体积,而 μ' 是溶液中溶质的化学势:$\mu' = T\ln c + \psi(P,T)$,其中 c 是浓度. 对溶质平表面上的饱和溶液,浓度取为 $c_{0\infty}$:$T\ln c_{0\infty} + \psi = \mu'_0$,我们有

$$\mu' - \mu'_0 = T\ln \frac{c}{c_{0\infty}} \approx \frac{T(c - c_{0\infty})}{c_{0\infty}},$$

后一等式适用于弱溶液. 因而临界半径是

$$a_{\text{cr}} = \frac{2\alpha v' c_{0\infty}}{T(c - c_{0\infty})}. \tag{1}$$

公式

$$c_{0a} = c_{0\infty}\left(1 + \frac{2\alpha v'}{Ta}\right) = c_{0\infty} + \frac{a_{\text{cr}}}{a}(c - c_{0\infty}) \tag{2}$$

确定对(具有半径 a 的)球形溶质表面上的饱和浓度 c_{0a}.

当核超过临界范围生长时,物质通过从周围溶液的扩散而到达核. 定态下,在半径为 a 的核周围,球对称浓度分布 $c(r)$ 由扩散方程

$$D\Delta c(r) = D\frac{1}{r}\frac{\partial^2}{\partial r^2}[rc(r)] = \frac{\partial c(r)}{\partial t} \equiv 0$$

的解确定. 带有边界条件 $c(\infty) = c$(过饱和溶液浓度的给定值)和 $c(a) = c_{0a}$. 因而

$$c(r) = c - (c - c_{0a})\frac{a}{r};$$

向核的扩散流量

$$I = 4\pi r^2 D\frac{\mathrm{d}c}{\mathrm{d}r} = 4\pi Da(c - c_{0a}) = 4\pi D(c - c_{0\infty})(a - a_{\text{cr}});$$

在最后一个等式中曾应用公式(2).

如果浓度定义为每单位体积中所溶解分子数,则 I 是每单位时间沉积在核表面的分子数. 于是

$$\left(\frac{\mathrm{d}a}{\mathrm{d}t}\right)_{\text{macro}} = \frac{Iv'}{4\pi a^2} = \frac{Dv'}{a^2}(a - a_{\text{cr}})(c - c_{0\infty}).$$

而按照(99.12),有

$$B(a_{\text{cr}}) = \frac{TDv'(c - c_{0\infty})}{8\pi\alpha a_{\text{cr}}^2} = \frac{Dv'^2 c_{0\infty}}{4\pi a_{\text{cr}}^3}.$$

§100 一级相变的动理学 聚结

上节中关于相变动理学的处理,仅与相变的初始阶段有关:新相所有核的总体积必须很小,使得它们的形成和生长对基相“亚稳度”没有可观影响,而由亚稳度所确定的核的临界大小可认为是一常量. 在这个阶段,有新相的核的涨落形成,而每个核的生长不依赖于其它核的行为. 为确定起见,下面我们将指的是

过饱和溶液中溶质脱溶过程的特例；于是亚稳度就是溶液的过饱和度．

在较后阶段，当溶液过饱和变得很微弱时，过程的性质完全不同．新核的涨落形成现在实际上停止了，因为这时临界大小变得很大．临界大小的增大，伴随着过饱和度的稳步减小，结果是早已形成的新相中较小的颗粒落到临界范围以下并再溶解．从而大颗粒“吞没”小颗粒在这个阶段起决定性作用，大颗粒生长作为小颗粒溶解的结果（聚结过程）．这个阶段将在本节中讨论．假设溶液初始浓度很小，使得脱溶颗粒互相远离，因而它们的直接“相互作用”可予以忽略①．

我们将考虑一个固溶体，其中脱溶颗粒处于静止状态，并且仅由于从周围溶液的扩散而生长．为了阐明过程的基本定性特色和处理方法，我们还将作一些其它简化假设，忽略环绕脱溶颗粒的弹性应力，并假设这些颗粒是球形的．

具有半径 a 的颗粒表面处，溶液的平衡浓度由热力学公式给出为

$$c_{0a}=c_{0\infty}\left(1+\frac{2\alpha v'}{Ta}\right), \tag{100.1}$$

其中 $c_{0\infty}$ 是溶质平表面上方饱和溶液的浓度，α 是相界处表面张力系数，v' 是溶质分子体积（见上节，习题）．浓度通过单位体积溶液中所溶解物质的体积来定义．用这个定义，颗粒表面处的扩散流 $i=D\partial c/\partial r$ 等于颗粒半径的变率：

$$\frac{\mathrm{d}a}{\mathrm{d}t}=D\left.\frac{\partial c}{\partial r}\right|_{r=a}$$

（其中 D 是溶质扩散系数）．由于假设浓度很小，这个变率也很小，使得环绕颗粒的浓度分布可以认为每个瞬间都等于对应于 a 的有关值的定态分布 $c(r)$；

$$c(r)=c-(c-c_{0a})\frac{a}{r},$$

其中 c 是溶液的平均浓度．从而扩散流 $i(r)=Da(c-c_{0a})/r^2$，并注意到(100.1)，我们有

$$i(a)=\frac{\mathrm{d}a}{\mathrm{d}t}=\frac{D(c-c_{0a})}{a}=\frac{D}{a}\left(\Delta-\frac{\sigma}{a}\right),$$

其中参量 $\sigma=2\alpha v'c_{0\infty}/T$ 和量 $\Delta=c-c_{0\infty}$ 是溶液的过饱和度．量

$$a_{\mathrm{cr}}(t)=\sigma/\Delta(t) \tag{100.2}$$

是临界半径：当 $a>a_{\mathrm{cr}}$ 时，颗粒变大（$\mathrm{d}a/\mathrm{d}t>0$），而当 $a<a_{\mathrm{cr}}$ 时它溶解（$\mathrm{d}a/\mathrm{d}t<0$）．在下列分析中，直至最后结果，我们将用 $a_{\mathrm{cr}}^3(0)/(D\sigma)$ 为单位来量度时间，其中 $a_{\mathrm{cr}}(0)$ 是聚结开始时的临界半径．从而我们有方程

$$\frac{\mathrm{d}a}{\mathrm{d}t}=\frac{a_{\mathrm{cr}}^3(0)}{a}\left(\frac{1}{a_{\mathrm{cr}}}-\frac{1}{a}\right). \tag{100.3}$$

---

① 这里给出的理论应归于栗弗席兹，斯列佐夫（И. М. Лифшиц В. В. Слезов(1958)）．

其次,令 $f(t,a)$ 为颗粒按大小的分布函数,这样归一化使得积分

$$N(t)=\int_0^\infty f(t,a)\,\mathrm{d}a$$

是单位体积中的颗粒数. 认为 $v_a=\mathrm{d}a/\mathrm{d}t$ 是颗粒在大小空间中的运动速率,我们可以写出该空间中的连续性方程为

$$\frac{\partial f}{\partial t}+\frac{\partial}{\partial a}(fv_a)=0. \tag{100.4}$$

最后,溶质总量守恒表达为下列方程

$$\Delta+q=\mathrm{const}\equiv Q,\quad q(t)=\frac{4\pi}{3}\int a^3 f(t,a)\,\mathrm{d}a, \tag{100.5}$$

其中 Q 是初始总浓度而 q 是(单位体积溶液中)脱溶颗粒的体积.

方程(100.3)—(100.5)形成所考虑问题的完备方程组. 它们可以这样变换,使得所涉及的变量是作分析时最方便的.

我们应用量纲为 1 的量

$$x(t)=a_{\mathrm{cr}}(t)/a_{\mathrm{cr}}(0). \tag{100.6}$$

当 $t\to\infty$ 时,过饱和度 $\Delta(t)$ 趋于零,而临界半径相应地趋于无穷. 因此,当 t 从 0 变至 ∞ 时,量

$$\tau=3\ln x(t) \tag{100.7}$$

也单调地从 0 变至 ∞,我们将采用这个量作为新时间变量. 我们采用比值

$$u=a/a_{\mathrm{cr}}(t) \tag{100.8}$$

作为(100.3)中的未知函数. 于是方程变成

$$\frac{\mathrm{d}u^3}{\mathrm{d}\tau}=\gamma(u-1)-u^3, \tag{100.9}$$

其中

$$\gamma=\gamma(\tau)=\frac{\mathrm{d}t}{x^2\,\mathrm{d}x}>0. \tag{100.10}$$

现在接着分析这些方程,我们首先将证明当 $\tau\to\infty$ 时,函数 $\gamma(\tau)$ 必须趋于特定有限极限.

方程(100.9)右边在 $u^2=\frac{1}{3}\gamma$ 处有一最大值为 $\gamma\left[\frac{2}{3}\left(\frac{1}{3}\gamma\right)^{1/2}-1\right]$. 从而变率 $\mathrm{d}u^3/\mathrm{d}\tau$ 作为 u 的函数可具有图 34 中所示三种形式的任何一种,随 γ 的值而定. 当 $\gamma=\gamma_0=27/4$ 时,曲线在 $u=u_0=3/2$ 处与横坐标轴相切.

横坐标轴上每一点描述一个颗粒向右或向左移动的态,随导数 $\mathrm{d}u^3/\mathrm{d}\tau$ 的正负而定,当 $\gamma>\gamma_0$ 时,u_1 左边所有点向左边移动,在达到原点时消失. 而具有 $u>u_1$ 的点向点 u_2 移动,从右边或从左边渐近地逼近 u_2. 这意味着具有 $u>u_1$,

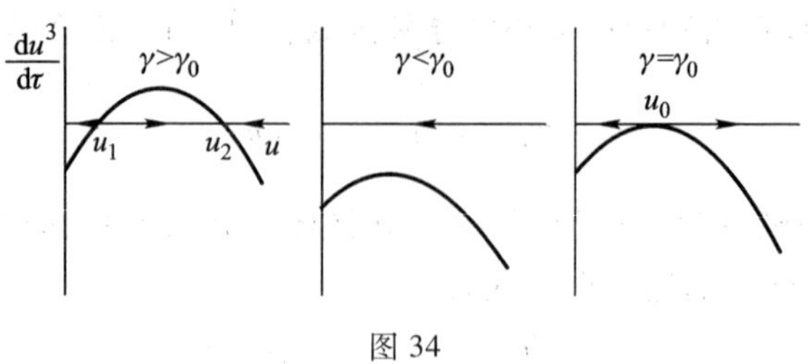

图 34

即，具有半径 $a > u_1 a_{\text{cr}}$ 的所有颗粒，(当 $\tau \to \infty$ 时)将渐近地达到大小 $a = a_{\text{cr}} u_2$，它随 a_{cr} 趋向无穷；脱溶颗粒的总体积 q 从而也会趋于无穷，所以物质守恒方程(100.5)不能满足．当 $\gamma < \gamma_0$ 时，所有点向左移动，在经过有限时间后达到原点时消失；在这个情况，$q(\tau) \to 0$，而方程(100.5)又不能满足．

从而函数 $\gamma(t)$ 必须趋于极限 γ_0 并且必须从下面趋近这个值：如果从上面趋近极限值(或者如果精确地有等式 $\gamma = \gamma_0$)，具有 $u > u_0$ 的所有点向左移动，反正会变成"堵塞"在 $u = u_0$ 点(该点变率 $du^3/d\tau = 0$)，而方程(100.5)不能得到满足，如在 $\gamma(\infty) > \gamma_0$ 的情况那样．因此，我们必须有

$$\gamma(\tau) = \frac{27}{4}\left[1 - \varepsilon^2(\tau)\right], \tag{100.11}$$

其中当 $\tau \to \infty$ 时 $\varepsilon \to 0$. 同时，从右边逼近的点愈来愈慢地渗透"堵塞点" $u = u_0$. 这个渗透速率由函数 $\varepsilon(\tau)$ 支配，而 $\varepsilon(\tau)$ 又必须由运动方程(100.9)和物质守恒方程(100.5)确定．

邻近点 $u = u_0$，方程(100.9)，用(100.11)的 γ，变成

$$\frac{du}{d\tau} = -\frac{2}{3}\left(u - \frac{3}{2}\right)^2 - \frac{\varepsilon^2}{2}.$$

采用新未知函数，两个小量的比值 $z = \left(u - \frac{3}{2}\right)/\varepsilon$，我们可以将这个方程写成下列形式

$$\frac{3}{2\varepsilon}\frac{dz}{d\tau} = -z^2 - \frac{3}{4} + \frac{3}{2}z\eta, \quad \eta = \frac{d(1/\varepsilon)}{d\tau}. \tag{100.12}$$

这个分析，类似于上面对(100.9)的分析，导致结论：当 $\tau \to \infty$ 时，函数 $\eta(\tau)$ 必须渐近地趋于有限极限 $\eta_0 = 2/\sqrt{3}$(该值是方程(100.12)右边作为 z 的函数在堵塞点 $z_0 = \frac{\sqrt{3}}{2}$ 与横坐标轴相切的 η 的值)．由渐近等式 $\eta = \eta_0$ 得出函数 $\varepsilon(\tau)$ 的极限形式

$$\varepsilon(\tau) = \sqrt{3}/2\tau. \tag{100.13}$$

当 $\tau^2 \gg 1$ 时，(100.11)中校正项可予以忽略．于是由方程 $1/\gamma = x^2 dx/dt = 4/27$ 求得临界半径对时间的依存关系的极限形式：

$$x(t)=\frac{a_{\mathrm{cr}}(t)}{a_{\mathrm{cr}}(0)}=\left(\frac{4t}{9}\right)^{1/3}. \tag{100.14}$$

因为 $\tau=\ln x^3$，于是结果(100.14)的适用性条件用实际时间 t 表达是 $\ln^2 t>>1$. 值得注意的是，虽然对 γ_0 的校正的相对大小随 τ 的增加而迅速减小，而一级近似(100.14)变成愈来愈接近精确，邻近堵塞点解的行为正好由这些校正予以确定.

现在让我们转到计算颗粒按大小的分布函数. 按变量 u 和 τ 的分布函数与按 t 和 a 的分布函数由关系式

$$\varphi(\tau,u)\,\mathrm{d}u=f(t,a)\,\mathrm{d}a,\quad f=\varphi/a_{\mathrm{cr}} \tag{100.15}$$

相联系. 对于这个函数的连续性方程是

$$\frac{\partial\varphi}{\partial\tau}+\frac{\partial}{\partial u}(v_u\varphi)=0,\quad v_u=\frac{\mathrm{d}u}{\mathrm{d}\tau}. \tag{100.16}$$

速率 v_u 由(100.9)给出，带有 $\gamma=27/4$，除在 u_0 的邻近($\sim\varepsilon$)外，处处有

$$v_u=\frac{\mathrm{d}u}{\mathrm{d}\tau}=-\frac{1}{3u^2}\left(u-\frac{3}{2}\right)^2(u+3). \tag{100.17}$$

方程(100.16)的解具有形式

$$\varphi(\tau,u)=\frac{\chi(\tau-\tau(u))}{-v_u},\quad \tau(u)=\int_0^u\frac{\mathrm{d}u}{v_u}, \tag{100.18}$$

其中 χ 是待确定函数.

我们看出，描述颗粒在 u 轴上从右向左运动的所有点，都从堵塞点邻域通过，并且如果到达较晚则在那里花较长时间. 从而这个邻域对具有 $u>u_0$ 的点起汇的作用，而对处于范围 $u<u_0$ 的点则起源的作用.

当 $\tau\to\infty$ 时，点 u_0 右边的分布函数由从无穷远区域到达这里的那些点确定，它们对应于初始($\tau=0$)分布"尾部"的颗粒. 因为该分布中的颗粒数当然随颗粒增大而(实际上按指数律)迅速减小，则在 $u>u_0$ 范围(u_0 直接邻域以外)的分布函数当 $\tau\to\infty$ 时趋于零.

在物质守恒方程(100.5)中，当 $\tau\to\infty$ 时项 $\Delta(\tau)\to 0$. 将积分 q 通过变量 τ 和 u 表达(并记住 $a^3=u^3x^3a_{\mathrm{cr}}^3(0)=u^3\mathrm{e}^{\tau}a_{\mathrm{cr}}^3(0)$)，我们求得方程

$$\kappa\mathrm{e}^{\tau}\int_0^u u^3\varphi(\tau,u)\,\mathrm{d}u=1,\quad \kappa=\frac{4\pi a_{cr}^3(0)}{3Q}; \tag{100.19}$$

这里要用(100.18)的 φ 代入，其中 v_u 来自(100.17)①. 立即很显然的是，等式(100.19)左边的表达式仅当函数 χ 具有形式

---

① 我们不打算停下来证明点 u_0 邻域(那里表达式(100.17)不适用)对积分的相对贡献当 $\tau\to\infty$ 时趋于零.

$$\chi(\tau-\tau(u))=A\mathrm{e}^{-\tau+\tau(u)}$$

时才与量 τ 无关.

函数 $\tau(u)$通过初等积分予以计算,结果是

$$\varphi(\tau,u)=A\mathrm{e}^{-\tau}P(u),\tag{100.20}$$

其中

$$P(u)=\frac{3^4\mathrm{e}}{2^{5/3}}\frac{u^2\exp[-1/(1-2u/3)]}{(u+3)^{7/3}(3/2-u)^{11/3}},\quad u<\frac{3}{2},\tag{100.21}$$

$$P(u)=0,\qquad u>3/2.$$

常量 A 通过将(100.20)代回方程(100.19)而确定;对结果所得积分的数值计算给出 $A=0.9/\kappa$. 函数 $P(u)$自然归一化为 1:

$$\int_0^{u_0}P(u)\mathrm{d}u=\int_0^{3/2}\frac{\mathrm{e}^{\tau(u)}}{-v_u}\mathrm{d}u=-\int_0^{-\infty}\mathrm{e}^{\tau}\mathrm{d}\tau=1.$$

从而每单位体积的颗粒数是

$$N=\int_0^{u_0}\varphi(\tau,u)\mathrm{d}u=A\mathrm{e}^{-\tau}=\frac{9A}{4t}.\tag{100.22}$$

还很容易求得(对分布(100.21))求平均后的值 $\bar{u}$. 为此,我们考虑积分

$$\int_0^{u_0}P(u)(u-1)\mathrm{d}u=\int_0^{u_0}\mathrm{e}^{\tau(u)}(u-1)\frac{\mathrm{d}u}{-v_u}=\int_{-\infty}^{0}\mathrm{e}^{\tau}[u(\tau)-1]\mathrm{d}\tau.$$

用(100.9)的 $u(\tau)-1$ 代入后给出

$$\frac{4}{27}\int_{-\infty}^{0}\mathrm{e}^{\tau}\left[u^3(\tau)+\frac{\mathrm{d}u^3(\tau)}{\mathrm{d}\tau}\right]\mathrm{d}\tau=\frac{4}{27}u^3(\tau)\mathrm{e}^{\tau}\Big|_{-\infty}^{0}=0.$$

从而

$$\bar{u}=\int_0^{u_0}P(u)u\mathrm{d}u=\int_0^{u_0}P(u)\mathrm{d}u=1,$$

即,$\bar{a}=a_{\mathrm{cr}}(t)$,平均大小等于临界大小.

我们可以把上述各公式归到一起,并用原变量(颗粒半径 a 和有量纲时间 t)将结果重新写出. 颗粒平均半径按

$$\bar{a}=\left(\frac{4\sigma D}{9}t\right)^{1/3}\tag{100.23}$$

随时间渐近增大. 颗粒按大小的分布任何时刻由函数(100.21)给出:半径在 $\mathrm{d}a$ 范围的颗粒数是 $P(a/\bar{a})\mathrm{d}a/\bar{a}$. 函数 $P(u)$仅当 $u<\frac{3}{2}$时才不为零,图示于图 35.

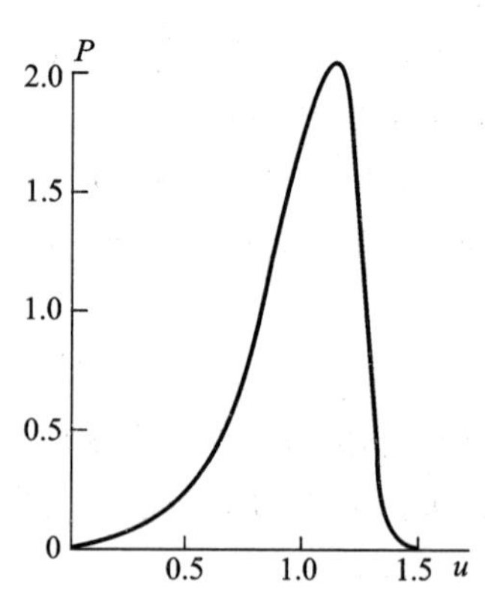

图 35

我们注意到,渐近分布与聚结开始时的初始分布无关.(每单位体积的)颗粒总数按照

$$N(t)=0.5Q/(D\sigma t) \tag{100.24}$$

随时间减少.溶液过饱和度按

$$\Delta(t)=(9\sigma^2/(Dt))^{1/3} \tag{100.25}$$

趋于零.

为了理解这些关系的意义,我们注意到上述讨论中认为溶液总体积为无限,从而溶质的总量也是无限.在有限体积中,过程当然会在有限时间后完成,即当整个溶质已经脱溶聚成一个团块时完成.

§ 101 二级相变点邻近序参量的弛豫

众所周知,二级相变中的物态变化由序参量 η 描述,量 η 在相变点一边("不对称"相中)不为零而在另一边("对称"相中)为零.第五卷第十四章中讨论的问题是,邻近相变点物体的热力学平衡性质.现在让我们来考虑非平衡系统中序参量的弛豫过程.

序参量的平衡值(这里用 $\bar{\eta}$ 表示),由相应热力学势为最小确定.考虑到对于空间均匀和空间不均匀情况都予以研究,我们将应用势 Ω,(对物体的给定总体积)它是温度 T 和化学势 μ 的函数;比较第五卷,§ 146.

在空间均匀物体中,η 的值由 $\Omega(T,\mu,\eta)$(每单位体积的热力学势)在给定 T 和 μ 下作为 η 的函数为最小来确定:

$$\frac{\partial\Omega}{\partial\eta}=0. \tag{101.1}$$

如果这个条件不满足,则出现弛豫过程,参量 η 随时间变化并趋于 $\bar{\eta}$. 在并不远离平衡的状态,即,当导数 $\partial\Omega/\partial\eta$ 的值很小但不为零时,弛豫率(导数 $\mathrm{d}\eta/\mathrm{d}t$)也很小.在朗道理论中,序参量的涨落是忽略的,我们必须假定这两个导数之间有简单正比关系:

$$\frac{\mathrm{d}\eta}{\mathrm{d}t}=-\gamma\frac{\partial\Omega}{\partial\eta}, \tag{101.2}$$

具有恒定比例系数 γ(Л. Д. Ландау, И. М. Халатников,1954).

在朗道理论中,邻近相变点的热力学势具有形式为

$$\Omega=\Omega_0(T,\mu)+(T-T_c)\alpha\eta^2+b\eta^4, \tag{101.3}$$

带有正系数 b. 如果不对称相对应于 $T<T_c$,于是也有 $\alpha>0$(见第五卷(146.3)).不对称相中序参量的平衡值,即方程(101.1)的解是

$$\bar{\eta}=\left[\frac{\alpha(T_c-T)}{2b}\right]^{1/2}. \tag{101.4}$$

弛豫方程(101.2)变成

$$\frac{\mathrm{d}\eta}{\mathrm{d}t}=-2\gamma[(T-T_c)\alpha\eta+2b\eta^3],$$

或者按小差值 $\delta\eta=\eta-\bar{\eta}$ 线性化

$$\frac{\mathrm{d}\delta\eta}{\mathrm{d}t}=-\frac{\delta\eta}{\tau_0}, \tag{101.5}$$

其中

$$\tau_0=1/[4\gamma\alpha(T_c-T)],\quad T<T_c. \tag{101.6}$$

当 $t\to\infty$ 时,差值 $\delta\eta$ 必须趋于零,因此我们必须有 $\tau_0>0$,从而 $\gamma>0$.

在范围 $T>T_c$ 的弛豫可以类似地讨论. 这里 $\bar{\eta}=0$,对于导数的线性化表达式是

$$\frac{\partial\Omega}{\partial\eta}=2\alpha(T-T_c)\delta\eta.$$

相应地,(101.6)由

$$\tau_0=1/[2\gamma\alpha(T-T_c)],\quad T>T_c \tag{101.7}$$

所代替.

量 τ_0 是序参量的弛豫时间. 我们看到当 $T\to T_c$ 时它趋于无穷. 这种情况对整个相变理论具有非常重要的意义. 如第五卷,§143 中早已注意到的,对 η 的给定非平衡值,它保证了对应于不完全平衡的宏观态的存在. 本节和下节中给出的理论,对序参量弛豫的处理,认为不取决于物体其它宏观特征的弛豫,理论之所以有意义,正是由于上述这种情况.

在空间不均匀系统中,我们必须考虑由下列积分

$$\Omega_t=\int\{\Omega_0+\alpha(T-T_c)\eta^2+b\eta^4+g(\nabla\eta)^2\}\mathrm{d}V \tag{101.8}$$

给出的总热力学势(见第五卷(146.5)). 相应平衡条件通过将积分对 η 作变分并令变分为零而求得. 对含梯度项作分部积分,我们得到平衡条件为下列方程的形式

$$2\alpha(T-T_c)\eta+4b\eta^3-2g\Delta\eta\approx\frac{\delta\eta}{\gamma\tau_0}-2g\Delta\delta\eta=0$$

(为明确起见,我们认为不对称相对应于 $T<T_c$ 的区域). 相应地,弛豫方程

$$\frac{\partial\delta\eta}{\partial t}=-\left\{\frac{\delta\eta}{\tau_0}-2\gamma g\Delta\delta\eta\right\} \tag{101.9}$$

中出现补充项.

对于函数 $\delta\eta(t,\boldsymbol{r})$ 的每个空间傅里叶分量,由此求得下列方程

$$\frac{\mathrm{d}\delta\eta_k}{\mathrm{d}t}=-\frac{\delta\eta_k}{\tau_k},\qquad\frac{1}{\tau_k}=\frac{1}{\tau_0}+2\gamma gk^2. \tag{101.10}$$

我们看到对 $\boldsymbol{k}\neq0$ 分量的弛豫时间当 $T\to T_c$ 时仍保持有限,但随 k 的减小而增大.

最后,如果我们在 Ω 中包括 $-\eta h$ 项,它描述外场对相变的影响(见第五卷(146.5)),则弛豫方程变成

$$\frac{\partial\delta\eta}{\partial t}=-\frac{\delta\eta}{\tau_0}+2\gamma g\Delta\delta\eta+\gamma h. \tag{101.11}$$

如果假设外场是周期性的

$$h\propto e^{i(\boldsymbol{k}\cdot\boldsymbol{r}-\omega t)},$$

于是我们得到下列关系式

$$\delta\eta_k=\chi(\omega,\boldsymbol{k})h$$

其中响应率是

$$\chi(\omega,\boldsymbol{k})=\frac{\gamma}{\tau_k^{-1}-i\omega}. \tag{101.12}$$

这个表达式在 $\omega=-i\tau_k^{-1}$ 有一极点,与 §91 末尾所作一般论点一致. 当 $\omega=0$ 和 $\boldsymbol{k}=0$ 时,它简化为 $\chi(0,0)=1/[4\alpha(T_c-T)]$,与第五卷(144.8)一致.

根据涨落耗散定理,响应率(101.12)(在经典极限 $\hbar\omega\ll T$ 下)通过公式

$$(\delta\eta^2)_{\omega k}=\frac{2T}{\omega}\mathrm{Im}\chi(\omega,\boldsymbol{k})=\frac{2\gamma T}{\omega^2+\tau_k^{-2}} \tag{101.13}$$

确定序参量涨落的谱关联函数. 这是关联函数 $\langle\delta\eta(0,0)\delta\eta(t,\boldsymbol{r})\rangle$ 的时空傅里叶分量;涨落的傅里叶分量的乘积的平均值与函数 $(\delta\eta^2)_{\omega k}$ 由关系式

$$\langle\delta\eta_{\omega k}\delta\eta_{\omega'k'}\rangle=(2\pi)^4\delta(\omega+\omega')\delta(\boldsymbol{k}+\boldsymbol{k}')(\delta\eta^2)_{\omega k}$$

相联系. (101.13)对 $d\omega/(2\pi)$ 的积分给出同时关联函数 $\langle\delta\eta(0,0)\delta\eta(0,\boldsymbol{r})\rangle$ 的空间傅里叶分量①:

$$(\delta\eta^2)_k=\int(\delta\eta^2)_{\omega k}\frac{d\omega}{2\pi}=\frac{T}{2gk^2+4\alpha(T_c-T)}. \tag{101.14}$$

§102 动理学标度不变性

上节中所阐述的理论并没有考虑到序参量的涨落. 因此它的适用性像朗道的相变热力学理论那样,受到相同条件的限制. 这些条件在相变点邻域,“涨落”区域,不能满足.

在这个区域,物体的动理学性质(像纯热力学性质那样,第五卷,§148),可用一组“临界指数”描述,它们明确规定逼近相变点时一些量的变化方式. 可证明,通过将第五卷 §149 中对热力学性质所表述的标度不变性假设扩展到包括

① 在将(101.14)与第五卷中公式(146.8)比较时,必须记住后一公式与有限空间 V 中展成傅里叶级数中的分量有关,而不是展成傅里叶积分.

动理效应以推导出这些指数间的某些关系是可能的，这个推广称为动理学标度不变性．

热力学量在相变点具有的奇异性质依赖于描述相变的序参量分量数，以及依赖于由它们所形成的有效哈密顿算符的结构（见第五卷，§147）．对于动理学量，由于描述弛豫的"运动方程"的各种可能形式，可能情况的范围变得更加多种多样．让我们首先考虑序参量只有一个分量的最简单情况（B. I. Halperin, P. C. Hohenberg, 1969）①．

原则上可能（尽管实际上难以实现）确定弛豫行为的一种方式，是计算外场作用下序参量 η 的精确的（考虑到涨落的）响应率 $\chi(\omega,k;T)$．弛豫期间 η 随时间的变化由 χ 作为复变量 ω 的函数的奇点予以确定（如在 §91 中阐释过的）．如果最邻近实轴的奇点是虚轴上 $\omega=-\mathrm{i}\tau^{-1}(k;T)$ 处的单极点，则序参量的每个傅里叶分量按指数律衰减，弛豫时间为 $\tau(k;T)$．除确定热力学量行为的临界指数之外，我们还引进表征函数 $\chi(\omega,k;T)$ 的两个指数 y 和 z：

$$\tau\propto|T-T_c|^{-y},\quad 当\ k=0,\tag{102.1}$$

$$\tau\propto k^{-z},\quad 当\ T=T_c,\tag{102.2}$$

并有 $y>0$，$z>0$，因为对 $k=0$，$T=T_c$，弛豫时间变成无限大．

似乎很合理的是假设，邻近二级相变点（在涨落区域），如果时间以 $\tau_0\equiv\tau(0;T)$ 为单位量度，而长度 $1/k$ 以 $r_c(T)$ 为单位量度，则弛豫时间不依赖于温度，这里 r_c 是序参量涨落的关联半径．换句话说，函数 $\tau(k;T)$ 必须取下列形式

$$\tau(k;T)=|T-T_c|^{-y}f(kr_c),\tag{102.3}$$

其中 f 仅以乘积 kr_c 通过 $r_c(T)$ 依赖于温度，而 $f(0)=\text{const.}$

因为当 $T\to T_c$ 时 $r_c\to\infty$，则与临界指数 z 的定义一致，我们必须有当 $\xi\to\infty$ 时 $f(\xi)\propto\xi^{-z}$．于是 τ 对温度的依存关系可以分成乘积形式

$$|T-T_c|^{-y}|T-T_c|^{z\nu},$$

其中 ν 是对于关联半径的临界指数②：

$$r_c\propto|T-T_c|^{-\nu}.\tag{102.4}$$

但是当 $T\to T_c$ 时（以及 $k\neq0$）τ 必须保持有限．由此得出，我们必须有

$$y=z\nu.\tag{102.5}$$

从而标度不变性的假设使我们能将（102.1）和（102.2）中的两个指数联系起来．

如静态情况中那样，有很好理由假定临界指数在相变点两边相同．问题在于空间不均匀性（$k\neq0$）消除了 $T=T_c$ 处所有量的奇异性，在这个意义上，它把

---

① 例如，邻近其居里点的铁磁体中，磁化强度矢量绝对值的弛豫就是这种情况，其中相对论性强相互作用固定了这个矢量的晶体学方向．

② 这里和下面关于热力学量的临界指数的记号与第五卷，§148 中的相同．

相变弄得模糊不清(在这方面,不均匀性像外场那样影响相变). 换句话说,点 $T=T_c$ 不再是有区别性的,所以没有任何理由预期当 T 从上面和从下面趋近 T_c 时,z 的值之间会有差别. 根据关系式(102.5),于是对指数 γ 同样也是正确的.

我们可以类似地把 z 与其它临界指数联系起来. 例如,让我们考虑当 $k=0$ 时在 $T=T_c$ 点响应率 χ 对 ω 的依存关系.

根据标度不变性,函数 $\chi(\omega,k;T_c)$ 可以表述成下列形式

$$\chi=|T-T_c|^{-\gamma}f(\omega\tau_0,kr_c),\quad f(0,0)=\text{const},$$

其中 γ 是当 $k=0$ 和 $\omega=0$ 时对于响应率的临界指数. 当 $k=0$ 和 $T\to T_c$ 时响应率必须趋于有限极限(如果 $\omega\neq0$). 因为 $\tau_0\propto|T-T_c|^{-z\nu}$,我们发现这意味着

$$f(\xi,0)\propto\xi^{-\gamma/\nu z},\quad 当\ \xi\to\infty.$$

因此所求的 χ 对 ω 依存关系是

$$\chi\propto\omega^{-\gamma/\nu z},\quad 当\ k=0,\quad T=T_c. \tag{102.6}$$

于是,在所考虑的情况下,标度不变性的要求使我们能确立动理学和热力学临界指数之间的一定关系,但是不足以由后者完全确定前者.

§103　液氦中邻近 λ 点的弛豫

现在让我们考虑"简并性"系统,其中序参量具有若干(n 个)分量 η_i,但有效哈密顿算符(在均匀系统中)仅依赖于这些分量的平方和. 换句话说,如果将这组量 η_i 认为是一个 n 维矢量,则有效哈密顿算符不依赖于矢量的方向.

一个典型例子是纯交换铁磁体,它的能量不依赖于磁化强度矢量的方向. 另一个例子是超流体(液氦),其中序参量由凝聚相的波函数

$$\varXi=\sqrt{n_0}\,e^{i\Phi} \tag{103.1}$$

表达(见第九卷,§26 和 §27). 这个复量是一组两个独立量,但均匀液体的能量仅依赖于模平方 $|\varXi|^2=n_0$,凝聚相的密度.

"简并性"系统的独特性质归因于在其振动谱中存在正是与"序参量矢量"方向的振动相联系的一个分支(软模);这些振动的频率在相变点变为零. 它们的色散关系一方面可以根据宏观运动方程求出,而另一方面必须满足标度不变性的必要条件. 如果这个假定正确,这允许将动理学临界指数完全通过热力学临界指数予以表达. 我们将就液氦的情况来这样做(R. A. Ferrell, N. Menyhárd, H. Schmidt, F. Schwabl, P. Szépfalusy, 1967).

在这个情况,"软模"是第二声. 邻近相变点,它由超流速度 $\boldsymbol{v}_s$ 和熵的联合振荡组成;第二声中正常速度振荡振幅是 $v_n\sim v_s\rho_s/\rho_n$,邻近相变点(λ 点)它像 ρ_s 那样很小. 注意到超流速度与凝聚相波函数的相位相联系,$\boldsymbol{v}=\hbar\nabla\Phi/m$,所以 $\boldsymbol{v}_s$ 的振荡含有相位振荡,即,"序参量矢量"的方向的振荡的意思. 对于这些振

荡的色散关系是

$$\omega = u_2 k, \tag{103.2}$$

其中

$$u_2 = \sqrt{\frac{TS^2\rho_s}{C_p\rho_n}} \approx \sqrt{\frac{T_\lambda S_\lambda^2\rho_s}{C_p\rho}} \tag{103.3}$$

是第二声的速率(S 为熵而 C_p 为单位质量液体的比热);邻近相变点,T 和 S 可用它们在 λ 点的值 T_λ 和 S_λ 代替,而 ρ_n(液体正常组分的密度)用总密度 ρ 代替①.

当 $T \to T_\lambda$ 时,密度 ρ_s 按

$$\rho_s \propto (T_\lambda - T)^{(2-\alpha)/3} \tag{103.4}$$

趋于零,其中 α 是关于比热的临界指数:

$$C_p \propto |T_\lambda - T|^{-\alpha} \tag{103.5}$$

(见第九卷(28.4)). u_2 趋于零的方式依赖于 α 的正负. 如果 $\alpha > 0$,因而 $C_p \to \infty$,则我们有

$$u_2 \propto (T_\lambda - T)^{(1+\alpha)/3}, \quad \alpha > 0.$$

如果 $\alpha < 0$,则 C_p 趋于有限极限(注意到临界指数仅定义邻近相变点比热的奇异部分的行为!);于是

$$u_2 \propto (T_\lambda - T)^{(2-\alpha)/6}, \quad \alpha < 0. \tag{103.6}$$

下面我们将假定 $\alpha < 0$(事实上看来对液氦是正确的 $\alpha \approx -0.02$).

第二声的阻尼由频率的虚部予以描述. 远在 λ 点以下时,这个虚部很小,但当向 λ 点逼近时虚部增大,而在 λ 点紧邻域($kr_c \sim 1$)变成 1 的量级($\mathrm{Im}\omega \sim |\omega|$). 在 λ 点以上充分远距离处,我们有寻常阻尼热波(热传导方程的解),具有色散关系

$$\omega = \mathrm{i}\frac{\kappa}{\rho C_p}k^2, \tag{103.7}$$

其中 κ 是热导率.

现在我们应用标度不变性假设,根据这个假设,色散关系在邻近 λ 点必须具有形式

$$\omega = k^z f(kr_c),$$

---

① 注意到液氦中第一声和第二声的速率作为色散方程

$$u^4 - u^2\left[\left(\frac{\partial P}{\partial \rho}\right)_s + \frac{\rho_s TS^2}{\rho_n C_v}\right] + \frac{\rho_s TS^2}{\rho_n C_p}\left(\frac{\partial P}{\partial \rho}\right)_s = 0$$

的根进行计算(见第六卷, §130). 在 λ 点紧邻域以外,热膨胀系数很小,因而差 $C_p - C_v$ 也很小,所以我们可以令 $C_p \approx C_v$,当 $T \to T_\lambda$ 时,C_p 变得与 C_v 显著不同. 但 $\rho_s \to 0$,于是我们得到(103.3).

这个还可写成①

$$\omega = k^z f\left(\frac{T - T_\lambda}{k^{1/\nu}}\right) \tag{103.8}$$

(有不同的函数 f),其中 ν 为对于关联半径的临界指数.

色散关系(103.2)和(103.7)的正确性并不受关于离 λ 点远度的任何条件的限制,而是在给定温度下,受条件 $kr_c \ll 1$ 所限制:波长必须远大于关联半径,因为否则的话,作为这些关系基础的宏观方程不再适用.

让我们首先考虑低于相变点的温度范围. 当 $kr_c \ll 1$ 时,色散关系对 k 为线性的这个必要条件,确定(103.8)中 $f(\xi)$ 的极限形式:

$$f(\xi) \propto (-\xi)^{\nu(z-1)}, \quad 当 \xi \to -\infty.$$

类似地求得色散关系对温度的依存关系为:

$$\omega \propto k(T_\lambda - T)^{\nu(z-1)}. \tag{103.9}$$

将这个结果与(103.6)比较求得

$$\nu(z-1) = \frac{2-\alpha}{6}.$$

临界指数 ν 和 α 由 $3\nu = 2 - \alpha$ 相联系(见第五卷(149.2));由此②

$$z = 3/2. \tag{103.10}$$

当 $T \to T_\lambda$ 时,频率必须趋于有限极限,因而 $f(0) = \text{const}$. 从而在 λ 点本身对于第二声的色散关系是

$$\omega \propto k^z. \tag{103.11}$$

并且 ω 的虚部与实部具有相同数量级. 当 $T \neq T_\lambda$ 时,对满足条件 $kr_c \gg 1$ 的短波,色散关系(103.11)是正确的.

最后,让我们考虑温度范围 $T > T_\lambda$. 这里,当 $kr_c \ll 1$ 时,ω 必须是 k 的二次函数. 这个意味着

$$f(\xi) \propto \xi^{\nu(z-2)}, \quad 当 \xi \to +\infty.$$

于是

$$\omega \propto k^2 (T - T_\lambda)^{\nu(z-2)}.$$

与(103.7)比较,将 ν 用 α 表示,给出热导率的温度依存关系:

$$\kappa \propto (T - T_\lambda)^{-(2-\alpha)/6}. \tag{103.12}$$

这个当 $T \to T_\lambda$ 时近似地按 $(T - T_\lambda)^{-1/3}$ 趋于无穷.

第二声涉及凝聚相波函数相位 Φ 的振荡. 因此量 $1/(\text{Im}\,\omega)$ 也代表相位弛

---

① 这些关系在涨落区域必须是正确的. 它意味着不等式 $|T - T_\lambda| \ll T_\lambda$ 必须总是满足的. 然而,有迹象表明在液氦中这个不等式实际必须很宽裕地满足,意味着理论应会有某个小数值参量.

② 如果 $\alpha > 0$,则 $z = 3/(2-\alpha)$.

豫时间．当 $k\to0$ 时它当然趋于无穷；在均匀液体中，相位变化并不导致能量变化，因而相位弛豫是不可能的．

对 $|\Xi|=\sqrt{n_0}$，凝聚相密度的弛豫时间一般与相位弛豫时间是不同样的．然而，按标度不变性的意义来说，我们可以断言，当 $kr_c\sim1$ 时两个时间在数量级上是一致的．根据(103.9)，这个时间是

$$\tau\sim\frac{1}{\omega(1/r_c)}\propto r_c(T_\lambda-T)^{-\nu(z-1)}\propto(T_\lambda-T)^{-\nu z}.$$

用(103.10)的 z，我们求得

$$\tau\propto(T_\lambda-T)^{-1+\alpha/2}. \tag{103.13}$$

对凝聚相密度的弛豫时间当 $k\to0$ 时仍保持有限，绝对不像相位弛豫时间那样趋于无穷．因此，凝聚相密度弛豫时间的温度依存关系(103.13)，当 $k=0$ 时仍保持有效(В. Л. Покровский，Н. М. Халатников，1969)①.

① 如果 $\alpha>0$，我们会得到 $\tau\propto(T_\lambda-T)^{-1}$，与朗道理论的结果(101.6)精确一致．然而，这个一致在某种意义上是偶然的．

索　　引[①]

① 这个索引不重复目录,而是其补充．索引包括目录中未直接反映出来的术语和概念．

外国人名译名对照表

一 拉丁字母序

Abramowitz, M. 阿布拉莫威茨
Alfvèn, H. 阿尔文
Aono, O. 奥诺
Appleton, E. V. 阿普尔顿
Balescu, R. 巴列斯库
Bardeen, J. 巴丁
Bessel, F. W. 贝塞尔
Bloch, F. 布洛赫
Bohm, D. J. 博姆
Bohr, N. H. D. 玻尔
Boltzmann, Ludwig, E. 玻尔兹曼,路德维希
Born, M. 玻恩
Bose, S. N. 玻色
Briggs, R. J. 布里格斯
Brittin, W. E. 布里丁
Brooker, G. A. 布鲁克
Buchsbaum, S. J. 布克斯鲍姆
Burnett, D. 伯内特
Casimir, H. B. G. 卡西米尔
Chapman, S. 查普曼
Clausius, R. J. E. 克劳修斯
Cohen, E. G. D. 科恩
Compton, A. H. 康普顿
Conte, S. D. 康特
Cooper, L. N. 库珀

Coulomb,C. A. de 库仑
Curie,P. 居里
de Broglie, L. V. 德布罗意
de Haas, W. J. 德哈斯
de Vries, G.. 德弗里斯
Debye, P. J. W. 德拜
Doppler, J. C. 多普勒
Dorfman, J. R. 多夫曼
Dreicer, H. 德莱赛
Drude, P. 德鲁德
Drummond, W. E. 德鲁蒙德
Druyvesteyn, M. J. 德鲁维斯坦
Einstein, A. 爱因斯坦
Enskog, D. 恩斯库格
Euler, L. 欧拉
Fermi, E. 费米
Ferrell, R. A. 费雷尔
Fokker,A. D. 福克尔
Fourier,J. B. J. 傅里叶
Franz, R. 弗兰兹
Fresnel, A. -J. 菲涅耳
Fried, B. D. 弗里德
Galileo, G.. 伽利略
Gardner, C. S. 加德纳
Gauss, C. F. 高斯
Gibbs, J. W. 吉布斯
Golt, J. 戈尔特
Gould, R. W. 古德
Green, G. 格林
Green, H. S. 格林
Greene, J. M. 格林
Gross, E. P. 格罗斯
Halperin, B. I. 哈尔佩兰
Hamilton, W. R. 哈密顿
Heisenberg, W. K. 海森伯

Hermite, C. 厄米
Herring, C. 赫林
Hohenberg, P. C. 霍恩伯格
Hopf, E. 霍普夫
Hubbard, J. 哈巴
Hückel, E. 休克尔
Hund, F. 洪德
Jacobi, C. G. J. 雅可比
Kawasaki, K. 川崎
Kirkwood, J. G. 柯克伍德
Knudsen, M. H. C. 克努森
Kohn, W. 科恩
Korteweg, D. J. 科尔特威格
Kruskal, M. D. 克鲁斯卡尔
Kubo, R. 久保亮五
Laguerre, E. 拉盖尔
Landshoff, R. 兰茨霍夫
Langmuir, I. 朗缪尔
Laplace, P. S. M. 拉普拉斯
Larmor, J. 拉莫尔
Lassen, H. 拉森
Lax, M. 拉克斯
Leduc,勒迪克
Legendre, A. M. 勒让德
Lenard, A. 莱纳尔
Liouville, J. 刘维尔
London, H. 伦敦
Lorentz,H. A. 洛伦兹
Mach,E. 马赫
Malmberg, J. H. 马尔姆伯格
Matsubara, T. 松原
Mattis, D. C. 马蒂斯
Maxwell, J. C. 麦克斯韦
Menyhard, N. 梅尼哈德
Mills, R. 米尔斯

Miura, R. M. 缪拉
Navier, C. -L. -M. -H. 纳维
Nernst, W. F. H. 能斯特
Nyquist, H. 尼奎斯特
O'Neil, T. M. 奥尼尔
Ohm, G. S. 欧姆
Onsager, L. 昂萨格
Oppenheim, I. 奥本海姆
Pauli, W. 泡利
Peierls, R. E. 派尔斯
Pines, D. 派因斯
Pippard, A. B. 皮帕德
Planck, M. 普朗克
Poiseuille, J. L. M. 泊肃叶
Poisson, S. D. 泊松
Poynting, J. H. 坡印亭
Prandtl, L. 普朗特
Price, P. J. 普里斯
Reuter, G. E. H. 路透
Reynolds, O. 雷诺
Righi, A. 里吉
Rostoker, N. 罗斯托克
Rutherford, E. 卢瑟福
Schmidt, H. 施密特
Schottky, W. 肖特基
Schrieffer, J. R. 施里弗
Schrödinger, E. 薛定谔
Schwabl, F. 施瓦布尔
Senftleben,森夫特利本
Sengers, J. V. 森杰斯
Sommerfeld, A. 索末菲
Sondheimer, E. H. 桑德海默
Sonine,索宁
Stegun, I. A. 斯特冈
Stokes, G. G. 斯托克斯

Stückelberg, E. C. G. 斯图克尔伯格
Sturrock, P. A. 斯图罗克
Sussmann, J. A. 苏斯曼
Sykes, J. 萨克斯
Szépfalusy, P. 舍法卢什
Thellung, A. 狄隆
Titeica, S. 齐采卡
Tonks, L. 汤克斯
Van Alphen, P. M. 范阿尔芬
Waldmann. L. 瓦尔德曼
Weinstock, J. 温斯托克
Wick, G. C. 威克
Wiedemann, G. H. 维德曼
Wiener, N. 维纳
Yvon, J. 伊翁

二　俄语字母序

Абрикосов, А. А. 阿布里科索夫
Азбель, М. Я. 阿兹贝尔
Андреев, А. Ф. 安德列耶夫
Андреев, В. В. 安德列耶夫
Афанасьев, А. М. 阿法纳斯耶夫
Ахиезер, А. И. 阿希泽尔
Беляев, С. Т. 别里亚耶夫
Боголюбов, Н. Н. 博戈留波夫
Брагинский, С. И. 布拉金斯基
Будкер, Г. И. 布德克尔
Веденов, А. А. 韦杰诺夫
Велихов, Е. П. 韦利霍夫
Власов, А. А. 弗拉索夫
Галкин, В. С. 加尔金
Ганцевич, С. В. 甘采维奇
Гейликман, Б. Т. 盖利克曼
Гершман, Б. Н. 盖尔希曼
Гинзбург, В. Л. 金兹堡

Гольдман, И. И. 戈利德曼
Гордеев, Г. В. 戈尔捷耶夫
Горьков, Л. П. 戈里科夫
Гуревич, А. В. 古列维奇
Гуревич, В. Л. 古列维奇
Гуревич, Л. Э. 古列维奇
Гуржи, Р. Н. 古尔日
Давыдов, Б. И. 达维多夫
Дзялошинский, И. Е. 加洛辛斯基
Зельдович, Я. Б. 泽利多维奇
Каган, Ю. М. 卡甘
Каганов, М. И. 卡甘诺夫
Кадомцев, Б. Б. 卡多姆采夫
Канер, Э. А. 卡涅尔
Катилюс, Р. 卡蒂留斯
Келдыш, Л. В. 凯尔迪什
Климонтович, Ю. Л. 克利蒙托维奇
Коган, М. Н. 科甘
Коган, Ш. М. 科甘
Константинов, О. В. 康斯坦丁诺夫
Копелиович, А. И. 科比里奥维奇
Косевич, А. М. 科谢维奇
Куликовский, А. Г. 库里科夫斯基
Ландау, Лев Давидович 朗道,列夫 · 达维多维奇
Лифшиц, Е. М. 栗弗席兹
Лифшиц, И. М. 栗弗席兹
Максимов, Л. А. 马克西莫夫
Парийская, Л. В. 帕里斯卡娅
Перель, В. И. 佩雷尔
Пешков, В. П. 彼什科夫
Питаевский, Л. П. 皮塔耶夫斯基
Покровский, В. Л. 波克罗夫斯基
Померанчук, И. Я. 波姆兰丘克
Рамазашвили, Р. Р. 拉马扎什维利
Романов, Ю. А. 罗曼诺夫

Румер, Ю. Б. 鲁默尔

Рухадзе, А. А. 鲁哈泽

Сагдеев, Р. З. 萨格捷耶夫

Силин, В. П. 西林

Скобов, В. Г. 斯科博夫

Слезов, В. В. 斯列佐夫

Тамм, И. Е. 塔姆

Терентьев, Н. М. 捷连梯耶夫

Фаддеева, В. Н. 法捷耶娃

Файнберг, Я. Б. 费因贝格

Филиппов, Г. Ф. 费里波夫

Фрадкин, Е. С. 弗拉德金

Фридлендер, О. Г. 弗里德棱杰尔

Халатников, И. М. 哈拉特尼科夫

Шубников, А. В. 舒布尼可夫

Шульман, А. Я. 舒尔曼

Элиашберг, Г. М. 厄立希伯格

《弹性理论（第五版）》

本书是《理论物理学教程》的第七卷，系统地讲述了弹性力学的基本理论和方法，重点讨论了弹性理论的基本方程，介绍了半无限弹性介质问题，固体接触问题的经典解法和晶体的弹性性质，还讨论了板和壳的问题，杆的扭转和弯曲以及弹性系统的稳定性问题，并用宏观连续介质力学方法深入地阐述了弹性波以及振动的理论问题，位错的力学问题，固体的热传导和黏滞性理论以及液晶的力学理论。本书叙述精练，推演论证严谨，更着重于问题的物理描述。本书可作为高等学校物理专业高年级本科生教材，也可供相关专业的研究生和科研人员参考。

《连续介质电动力学（第四版）》

本书是《理论物理学教程》的第八卷，系统阐述了实体介质的电磁场理论以及实物的宏观电学和磁学性质。全书论述条理清晰，内容广泛，包括导体和介电体静电学、恒定电流、恒定磁场、铁磁性和反铁磁性、超导电性、准恒电磁场、磁流体动力学、介质内的电磁波及其传播规律、空间色散、非线性光学和电磁波散射等内容。本书可作为理论物理专业的研究生和高年级本科生教材，也可供科研人员和教师参考。